T0132743

PHILIPPIKA

Altertumswissenschaftliche Abhandlungen
Contributions to the Study
of Ancient World Cultures

Herausgegeben von / Edited by
Joachim Hengstl, Elizabeth Irwin,
Andrea Jördens, Torsten Mattern,
Robert Rollinger, Kai Ruffing, Orell Witthuhn

95

2016
Harrassowitz Verlag · Wiesbaden

Helmuth Schneider

Antike zwischen Tradition und Moderne

Gesammelte Schriften
zur Wirtschafts-, Technik-
und Wissenschaftsgeschichte

Herausgegeben von
Kai Ruffing und Kerstin Droß-Krüpe

2016
Harrassowitz Verlag · Wiesbaden

Bis Band 60: Philippika. Marburger altertumskundliche Abhandlungen.

Bibliografische Information der Deutschen Nationalbibliothek
Die Deutsche Nationalbibliothek verzeichnet diese Publikation in der Deutschen
Nationalbibliografie; detaillierte bibliografische Daten sind im Internet
über http://dnb.dnb.de abrufbar.

Bibliographic information published by the Deutsche Nationalbibliothek
The Deutsche Nationalbibliothek lists this publication in the Deutsche
Nationalbibliografie; detailed bibliographic data are available on the internet
at http://dnb.dnb.de.

Informationen zum Verlagsprogramm finden Sie unter
http://www.harrassowitz-verlag.de

ISSN 1613-5628
ISBN 978-3-447-10648-1

Inhalt

Vorwort der Herausgeber

„Wie schwer es ist, gegen diese Phalanx aus Lexika und einschlägigen Handbüchern (sc. zur Rolle der plebs in der späten römischen Republik) anzutreten, mußte insbesondere Helmuth Schneider erfahren. Seine Dissertation ›Wirtschaft und Politik‹[1] wurde, was sie nicht ist, als marxistisch qualifiziert und eo ipso abgelehnt, seine Monographie über Caesars Militärdiktatur[2] ignoriert. Als er sich schließlich in einem Aufsatz über ›Protestbewegungen stadtrömischer Unterschichten‹ im ›Journal für Geschichte‹[3] an ein breites Publikum wandte, wurde er von Chr. Meier,[4] der eine Art historiographische Alleinvertretung für die späte Republik beansprucht, aufs entschiedenste zur Ordnung gerufen."[5]

Mit diesen Worten charakterisierte Wolfgang Will in seiner Monographie über die sozialen Konflikte in der späten römischen Republik die Reaktionen der Fachwelt auf die aus den 70er Jahren stammenden Monographien Helmuth Schneiders zu diesem Themenfeld. Angemerkt sei, dass die harschen Urteile bzw. Qualifizierungen gegenüber Schneider und insbesondere seiner Marburger Dissertation Will zu dem Diktum veranlassten, in den 60er und 70er Jahren seien Arbeiten anhand von drei Kriterien als marxistisch erkannt worden, namentlich der Zitation aus den Werken von Marx und Engels ohne exorzistische Formel, der Verwendung der Kürzel v.u.Z. und n.u.Z. und der schlichten Tatsache, dass sie aus Marburg stammten.[6]

In der Tat hatte Helmuth Schneider schon in seinen frühen Schriften einen Forschungsansatz für sich gewählt, der ihn mit einer gewissen Notwendigkeit in den Konflikt mit traditionellen Auffassungen und ihrer Betonung des Politischen bringen musste, nämlich die dezidierte Einbeziehung der wirtschaftsgeschichtlichen Strukturen und Rahmenbedingungen in seine Analyse der politischen Entwicklung:

„Wenn der Wirtschaftsgeschichte in dieser Darstellung größere Beachtung geschenkt wird, dann ist dies auf die Auffassung des Verfassers zurückzuführen, daß die politischen Entwicklungen in diesem Zeitraum in hohem Maße von den wirtschaftlichen und besonders von den landwirtschaftlichen Veränderungen in Italien und im Mittelmeerraum abhängig waren und deren Kenntnis nicht verstanden werden können. Der Ansatz dieser Arbeit ist aber wiederum nicht als ›wirtschaftshistorisch‹ im Sinne einer von der allgemeinen Geschichte getrennten Spezialdisziplin anzusehen. Es geht vielmehr darum, der allgemeinen Geschichte durch eine Rezeption wirtschaftsgeschichtlich orientierter Literatur den Horizont für neue Fragestellungen zu öffnen und die Voraussetzungen für ein angemessenes Verständnis der historischen Entwicklung zu schaffen."[7]

---

1 H. Schneider, Wirtschaft und Politik. Untersuchungen zur Geschichte der römischen Republik, Erlangen 1974 (Erlanger Studien 3).
2 H. Schneider, Die Entstehung der römischen Militärdiktatur. Krise und Niedergang einer antiken Republik, Köln 1977.
3 Siehe unten im Schriftenverzeichnis Nr. 2.
4 Chr. Meier, Nochmals zu den Unterschichten Roms, JfG 1.4 (1979), 44–46.
5 Vgl. W. Will, Der römische Mob. Soziale Konflikte in der späten Republik, Darmstadt 1991, 3.
6 Will (wie Anm. 5), 149.
7 Schneider (wie Anm. 2), 11–12.

Helmuth Schneider sah – und sieht – die wirtschaftlichen und sozialen Strukturen als eine wesentliche Triebkraft der historischen Entwicklung an, und dies schon in einer Zeit, als eine solche Sichtweise im Verbund mit einer Einbeziehung der Rolle der Massen als Träger der historischen Entwicklung zu den in den eingangs genannten harten Reaktionen damals bereits etablierter Althistoriker führten. Schneider blieb seiner Sicht freilich treu, worüber nicht nur die zahlreichen wirtschafts- und sozialgeschichtlichen Lemmata im Neuen Pauly Zeugnis ablegen, sondern auch die über nunmehr fast 40 Jahre vorgelegten Veröffentlichungen aus diesem Feld der Forschung, dem er sich konstant widmete und dem er seinen Stempel aufdrückte.

Trotz dieser Erfahrungen in seiner frühen Qualifikationsphase widmete sich Helmuth Schneider auch in seiner Habilitationsschrift in Gestalt der Technikgeschichte einem Themenbereich, der jedenfalls in der ersten Hälfte der 80er Jahre nicht im Mittelpunkt althistorischen Forschens stand. Freilich verstand Schneider auch hier seine Forschung nicht als eine, deren Aufgabe schlicht in der Rekonstruktion antiker technischer Gegebenheiten war, sondern ordnete dieselbe in die gesellschaftlichen sowie wirtschaftlichen Gegebenheiten der griechischen und römischen Zivilisation ein. Seine im Jahr 1986 in Berlin vorgelegte und im Jahr 1989 publizierte Habilitationsschrift widmete sich vor dem Hintergrund der in der Forschung diskutierten Frage des vermeintlich ausbleibenden technologischen Fortschritts in der Antike dem griechischen Technikverständnis bzw. insbesondere der Entstehung einer technischen Fachliteratur.[8] Auch dem Bereich der antiken Technikgeschichte blieb Schneider in den seitdem vergangenen drei Jahrzehnten treu und legte eine große Zahl von Veröffentlichungen zu diesem Thema vor. Abgesehen von solchen Einzelbeiträgen verfasste er auch eine Einführung in die antike Technikgeschichte,[9] die seinen breiten Zugang zu diesem Gebiet, das seine Arbeiten zur antiken Wirtschaftsgeschichte ergänzt, auf das Trefflichste demonstriert.

Seinen Marburger Jahren und seinem Doktorvater Karl Christ sowie seinen Berliner Jahren und seinen engen Kontakten zu Alexander Demandt ist der dritte große Bereich von Schneiders Forschungen geschuldet, nämlich der Wissenschaftsgeschichte. Diesem Themenbereich widmete er in den vergangenen Dezennien ebenfalls mehrere Aufsätze.

Am 29. Juli 2016 vollendet Helmuth Schneider sein 70. Lebensjahr. Ferner sind in diesem Jahr 40 Jahre vergangen, seit er in GWU seinen ersten Aufsatz publizierte. Beides lieferte den Anlass, mit der Herausgabe der Kleinen Schriften auf ein nunmehr vier Dezennien währendes reiches Forscherleben zurückzublicken, in denen Schneider nicht nur durch die Vorlage von Publikationen zu seinen Spezialgebieten hervortrat, sondern sich etwa auch als einer der Herausgeber des Neuen Pauly auch Verdienste um die Altertumswissenschaften generell erwarb. Die hier nun durch ein Personen- und ein Quellenregister erschlossenen, auch an entlegenerer Stelle publizierten Beiträge zu den Gebieten der Wirtschafts- und Sozialgeschichte, der Technikgeschichte und der Wissenschaftsgeschichte wurden mit ihm zusammen ausgewählt. Kleinere Versehen wurden stillschweigend berichtigt, die Seitenangaben der Originalpublikationen in eckigen Klammern beigefügt. Ein Schriftenverzeichnis dokumentiert alle wissenschaftlichen Arbeiten Helmuth Schneiders nach Jahren geordnet von 1974 bis zum heutigen Tag. Es ist uns eine angenehme Pflicht, Rebecca Frei, Jane Parsons-Sauer und Louisa D.

---

8   H. Schneider, Das griechische Technikverständnis. Von den Epen Homers bis zu den technologischen Fachliteratur, Darmstadt 1989 (Impulse der Forschung 54).
9   H. Schneider, Einführung in die antike Technikgeschichte, Darmstadt 1992.

Thomas für ihre Unterstützung beim Einscannen und Korrekturlesen der Beiträge in diesem Band herzlich zu danken. Ebenso gilt unser Dank allen Verlagen und Herausgebern, die dem Wiederabdruck der hier ausgewählten Aufsätze zugestimmt haben.

Wer Helmuth Schneider kennt, weiß, dass mit dieser Sammlung nur ein Zwischenstand dokumentiert werden kann. Mit der ihm eigenen Schaffenskraft widmet er sich im nunmehr fünften Dezennium seines wissenschaftlichen Arbeitens weiterhin seinen Spezialgebieten. Damit nicht genug, ist er darüber hinaus etwa als Herausgeber der Supplementbände des Neuen Pauly und in der universitären Lehre aktiv.

Mögen den hier vorgelegten ausgewählten Kleinen Schriften viele geneigte Leser beschieden sein! Helmuth Schneider wünschen wir, dass das nun angebrochene fünfte Jahrzehnt seines wissenschaftlichen Arbeitens ihm dieselbe Freude und Faszination bereitet, wie die vorangegangenen vier Dezennien!

Kassel, im Mai 2016   Kai Ruffing
                                                                        Kerstin Droß-Krüpe

Anstelle eines Vorwortes:
Der Historiker und seine Lektüre

Helmuth Schneider

Vorausschicken möchte ich, dass ich im Jahr 1966 an einem traditionsreichen humanistischen Gymnasium das Abitur ablegte und im Sommersemester desselben Jahres an der Universität Tübingen mein Studium begann, ein Studium übrigens, das damals nur wenige Vorschriften kannte und mir viele Freiheiten und vor allem Zeit für die eigene Lektüre jenseits der Lehrveranstaltungen ließ. Nach nunmehr fünfzig Jahren ist es Zeit, über die Vergangenheit nachzudenken, Zeit, sich Rechenschaft abzulegen über das Erreichte und das Versäumte. An dieser Stelle möchte ich in meiner Reflexion über die zurückliegenden fünfzig Jahre nicht auf meine eigenen Erfahrungen eingehen oder auf die Persönlichkeiten, denen ich während meiner Zeit an den Universitäten begegnet bin und denen ich viel zu verdanken haben, sondern ich möchte hier einen anderen Weg gehen, der natürlich auch bedingt ist durch einen Tatbestand, der hier erwähnt werden muss: Als Althistoriker habe ich mich immer in einem Umfeld bewegt, in dem der Wissenschaftsgeschichte der Altertumswissenschaften eine große Bedeutung beigemessen worden ist, und in diesem Rahmen wurde oft konstatiert, wie wenig wir über einzelne Gelehrte wissen. Auf dem Gebiet der Wissenschaftsgeschichte fehlen dem Historiker oft Zeugnisse zu den intellektuellen, wissenschaftlichen und politischen Voraussetzungen, die Persönlichkeit und Werk eines Wissenschaftlers geprägt haben. Nur wenige Altertumswissenschaftler haben über ihr eigenes Leben und über ihre wissenschaftliche Arbeit geschrieben; Bücher wie die von Ulrich von Wilamowitz-Moellendorff verfassten Erinnerungen sind ebenso selten wie umfassende Editionen der Korrespondenz, wie sie etwa für August Boeckh oder Theodor Mommsen vorliegen. Die Veränderungen in der Kommunikationstechnik in der zweiten Hälfte des 20. Jahrhunderts tragen zu diesem Sachverhalt durchaus bei; an die Stelle des Briefes sind das Telephongespräch und die meist bald gelöschte Email getreten, beide sind dem Wissenschaftshistoriker nicht zugänglich. Während die äußeren Daten zur wissenschaftlichen Karriere und oft auch die personellen Beziehungen klar sind, bleiben die intellektuellen Einflüsse und Anregungen, die inneren Beweggründe für Stellungnahmen und Sichtweisen, die Gespräche und die Lektüren im Dunkeln, die Mentalität einer Generation von Wissenschaftlern ist damit allenfalls in ihren Werken fassbar. Ohne hier den Anspruch zu erheben, dass die folgenden kurzen Bemerkungen in irgendeiner Weise repräsentativ für die Althistoriker meiner Generation sind, möchte ich hier einige Erinnerungen an frühe Lektüren aufzeichnen, die meine Vorstellungen als Historiker entscheidend geprägt haben. Einige bibliographische Hinweise mögen dazu dienen, sich die deutsche Verlagslandschaft früherer Jahrzehnte zu vergegenwärtigen. Gleichzeitig soll deutlich werden, wie das Wissen des Historikers abhängig ist von den Büchern, die von Wissenschaftlern geschrieben oder herausgegeben, die übersetzt und von Verlagen publiziert werden. Bislang war die Kultur der Wissenschaften immer auch eine Buchkultur.

Obgleich ich als Schüler die *Griechische Geschichte* von Hermann Bengtson (in der Sonderausgabe des Beck-Verlages von 1965) und die *Römische Geschichte* von Alfred Heuss (2. Aufl. 1964 bei Westermann) besaß und auch eifrig las, beides Werke, die mich damals durchaus beeindruckten, waren es nicht althistorische Bücher, die mich in meiner Schulzeit und zu Beginn meines Studiums faszinierten, sondern eher die großen klassischen Werke der Kulturgeschichte. An erster Stelle ist hier *Die Kultur der Renaissance in Italien* von Jacob Burckhardt (in der Kröner-Ausgabe von 1958) zu nennen: dieses Buch war für mich deswegen besonders wichtig, weil es in exemplarischer Weise zeigt, dass eine Darstellung, die weitgehend auf die politische Ereignisgeschichte verzichtet, dennoch von Relevanz für unser Wissen über eine Epoche ist. Die Welt der Herrscher und der Republiken wird nicht als Geschichte von Staaten im traditionellen Sinn abgehandelt, sondern unter dem Aspekt der Strukturen der Gewaltherrschaft analysiert. Die illegitime Herrschaft, die sich nicht auf dynastische Tradition berufen konnte, gestaltete ihre Macht entsprechend ihren eigenen Interessen, ohne Rücksicht auf andere zu nehmen, damit wurde der Staat zu einem Kunstwerk. Gerade die Kapitel über *Die Entdeckung der Welt und des Menschen* und über *Die Geselligkeit und die Feste* lenken den Blick auf verschiedene Facetten kultureller Entwicklung und auf elementare, für das Zusammenleben in einer Gesellschaft grundlegende Faktoren. Die Kultur der Renaissance beruhte nach Burckhardt wesentlich auch auf der Aneignung der literarischen, philosophischen und künstlerischen Tradition der Antike; die kulturelle Entwicklung Italiens war untrennbar mit der Antikerezeption verbunden. Das entsprechende Kapitel *Die Wiedererweckung des Altertums* war ein erster Hinweis auf derartige Rezeptionsprozesse, die sich in der Geschichte Europas keineswegs auf die italienische Renaissance des 15. und 16. Jahrhunderts beschränkten, sondern seit der Karolingischen Renaissance charakteristisch sind für die europäische Geschichte. Die Ausführungen von Jacob Burckhardt regen dazu an, Phänomene einer derartigen Antikerezeption in der Frühen Neuzeit und im 19. Jahrhundert klarer wahrzunehmen. In dieser Hinsicht war das Buch Burckhardts ein wichtiger Impuls für eine Beschäftigung mit der Antikerezeption in den unterschiedlichen Phasen der Geschichte der Neuzeit.

An die Seite von Burckhardts *Die Kultur der Renaissance in Italien* trat noch in den Anfängen des Studiums *Herbst des Mittelalters* von Johan Huizinga (ebenfalls bei Kröner, 9. Aufl. 1965). Der Glanz der höfischen Welt des Herzogtums Burgund verzauberte geradezu den jugendlichen Leser, und die Verbindung von Historie und Ästhetik hinterließ einen bleibenden Eindruck. In methodischer Hinsicht war für mich die Einbeziehung von Kunst und Literatur in die historische Darstellung ebenso bemerkenswert wie die Beschreibung und Interpretation von ästhetisch geprägten Idealen, die das Leben einer sozialen Elite prägten.

Ein anderes Werk der Mediävistik eröffnete mir den Weg zur modernen Geschichtswissenschaft. Als Student war ich mit dem ersten Band des Handbuchs der Deutschen Geschichte von Bruno Gebhardt vertraut, das in der damaligen Auflage einen breit angelegten Überblick vor allem über die Kaiser- und Königsgeschichte des Heiligen Römischen Reiches und seiner Territorien bot; bezeichnend für die damalige Sicht der Geschichtswissenschaft wurden *Staat, Gesellschaft, Wirtschaft im deutschen Mittelalter* in einem Kapitel am Schluss des Bandes relativ kurz abgehandelt; der Abschnitt *Wirtschaft, Gesellschaft, Recht im Spätmittelalter* umfasste wenig mehr als 20 Seiten. Eine völlig andere Welt begegnete dem Leser bei der Lektüre des von Jacques Le Goff verfassten Bandes *Das Hochmittelalter* (Fischer Weltgeschichte Band 11, 1965). Dieses Buch stellt nach einem Kapitel über die Grundlagen, in dem Westeuropa im frühen 11. Jahrhundert als eine „armselige Welt aus Lichtungen und verstreuten Siedlungen" charakterisiert wird, Wirtschaft und Gesellschaft in der Zeit zwischen 1060 und 1200 dar. Es war aufregend, hier zunächst von dem Bevölkerungswachstum, von den Rodungen und dem Anwachsen der

Anbauflächen zu lesen, sodann von der „Revolution in der Landwirtschaft", von den technischen Verbesserungen wie der „Verbreitung des Räderpfluges mit Streichbrett", der zunehmenden Verwendung eiserner Werkzeuge und der Einführung der Dreifelderwirtschaft, die eine deutliche Verbesserung der menschlichen Ernährung zur Folge hatte. Diese Agrarrevolution war dann auch die Voraussetzung für eine „Neubelebung des Handels" und einen „Aufschwung der Städte" und eine zunehmende Arbeitsteilung. Weitere Themen waren die soziale Lage der Bauern, die sich stetig verbesserte, und die Entstehung einer Stadtgesellschaft, wobei auch den sozialen Konflikten zwischen Rittern und Bauern sowie den Revolten des Volkes in den Städten Beachtung geschenkt wurde. Le Goff reduziert die Darstellung des Hochmittelalters jedoch nicht auf die sozialen und wirtschaftlichen Aspekte oder auf die politische Geschichte, sondern beschreibt auch den Aufstieg von Bildungsinstitutionen in den Städten und die Rezeption des griechisch-islamischen Wissens in Spanien, eine Literatur, die Ethik, Physik und Wirtschaft in den „Rang von Wissenschaften" erhob, und schließlich das Aufkommen eines neuen Stils in der Baukunst, der Gotik. Der Abschnitt über das 13. Jahrhundert (*Die Blütezeit 1180–1270*) schließlich beginnt mit einer Darstellung technischer Fortschritte, wobei das Beispiel der Textilproduktion im Zentrum steht; Handel und Transport werden durch den Ausbau der Straßen und die Errichtung von Brücken gefördert; so wird durch den Bau einer Straße durch die Alpen eine Verbindung zwischen Flandern und der Lombardei hergestellt und damit eine Voraussetzung für den Aufschwung der oberitalienischen Städte geschaffen. Das Buch von Jacques Le Goff, das mit seinem weiten Spektrum von Themen und Aspekten eine neue Sicht auf die Geschichte vorindustrieller Gesellschaften eröffnete und die Defizite einer rein politischen Ereignisgeschichte überdeutlich werden ließ, war für mich damals ein herausragendes Beispiel moderner Geschichtswissenschaft und ein geradezu verpflichtendes Vorbild für die eigenen Arbeiten.

Die französische Tradition der Geschichtswissenschaft, so vor allem die Schule der Annales, war zu Beginn meines Studiums in Deutschland kaum bekannt, in den Seminaren wurden die Positionen der französischen Historiker um Marc Bloch und Fernand Braudel nicht erwähnt. Unter diesen Umständen bot ein Sammelband des Suhrkamp-Verlages, der in dieser Zeit mit großem Engagement die Werke progressiver französischer Philosophen und Soziologen der deutschen Öffentlichkeit vermittelte, die längst überfälligen Informationen zur Schule der Annales (M. Bloch, F. Braudel, L. Febvre u. a., *Schrift und Materie der Geschichte. Vorschläge zur systematischen Aneignung historischer Prozesse*, herausgegeben von Claudia Honegger, 1977). In den ersten Sätzen der Vorbemerkung begründet die Herausgeberin die Edition von Aufsätzen aus den Annales mit folgenden Worten: „Dieser Band will versuchen, ein befremdliches Rezeptionsversäumnis zu mildern. Es gilt, mit dem ersten Auswahlband in deutscher Sprache eine Zeitschrift und eine Gruppe von französischen Historikern vorzustellen, die jahrzehntelang von deutschen Geschichts- und Sozialwissenschaftlern ignoriert wurden." Die Vorbemerkung enthält auch Hinweise zu Biographie der wichtigsten Vertreter der Schule der Annales, darunter auch zu Marc Bloch; hier erfährt der Leser die zuvor weitgehend verschwiegene Tatsache, dass Marc Bloch, der 1940 seinen Lehrstuhl an der Sorbonne aufzugeben gezwungen war und der sich nach der Besetzung von Vichy-Frankreich der Resistance angeschlossen hatte, im März 1944 von der Gestapo verhaftet und am 16. Juni 1944 in der Nähe von Lyon erschossen worden war.

Die Autoren der in dem Band publizierten Aufsätze sind Historiker, deren Bedeutung für die moderne Geschichtswissenschaft unumstritten ist; es finden sich hier Namen wie Fernand Braudel, François Furet, Marc Bloch, Pierre Goubert, Emmanuel Le Roy Ladurie, Jean-Louis Flandrin, Lucien Febvre, Jean-Pierre Vernant, Jacques Le Goff oder Georges Duby. Das Faszinierende der Texte dieses Bandes lag ebenfalls in dem weiten Spektrum der behandelten Themen und Aspekte. So untersucht Goubert den demographischen Wandel im Beauvaisis im 18. Jahrhundert und kommt zum Ergebnis, dass die großen Sterbewellen in der Frühen Neuzeit eine Folge der Getreidepreissteigerungen und des Hungers waren, während Le Roy Ladurie die Bedeutung von Veränderungen des Klimas für die Geschichte thematisiert und der Zusammenhang von Heiratsalter und Sexualität Gegenstand der Studie von Flandrin ist.

Eingeleitet wird der Band von Braudels berühmten Aufsatz *Geschichte und Sozialwissenschaften. Die longue durée*; hier betont Braudel, dass gerade auch die Verhältnisse, dies sich über lange Zeiten kaum ändern, das Leben von Menschen und sozialen Gruppen nachhaltig prägen können; überzeugend sind seine Bemerkungen über den strukturellen Zusammenhang von Geographie und Geschichte:

> „Das verständlichste Beispiel scheint noch das der geographischen Zwangsläufigkeit zu sein. Der Mensch ist Jahrhunderte hindurch abhängig vom Klima, von der Vegetation, vom Tierbestand, von der Kultur, von einem langsam hergestellten Gleichgewicht, dem er sich nicht entziehen kann, ohne alles in Frage zu stellen. Man braucht nur die Bedeutung des Almauftriebs im Leben der Bergbauern zu betrachten, die Stetigkeit bestimmter, in besonders günstigen Küstenlagen verwurzelter Lebensbereiche maritimer Populationen, man sehe sich nur die dauerhafte Wachstumsgestalt der Städte, die Beständigkeit der Straßen- und Verkehrslage, die überraschende Unbeweglichkeit des geographischen Rahmens der Zivilisation an" (S. 56).

Neben Suhrkamp gab auch der Kölner Verlag Kiepenheuer und Witsch wissenschaftliche Buchreihen heraus, die sich zum Ziel setzten, vorrangig solche Arbeiten zu publizieren, die den Methoden und Themen einer modernen Geschichts- und Sozialwissenschaft verpflichtet waren. In der *Neuen Wissenschaftlichen Bibliothek*, deren großformatige Bände einen auffallenden gelben Einband besaßen, erschienen zwei von Hans-Ulrich Wehler herausgegebene Bände zur Geschichtswissenschaft: Geschichte und Soziologie (1972) und Geschichte und Ökonomie (1973). Hier hat Wehler Beziehungen zwischen den Geschichtswissenschaften und den Gesellschaftswissenschaften hergestellt und demonstriert, welchen Erkenntnisgewinn eine interdisziplinäre Zusammenarbeit dieser Wissenschaften verspricht. Zugleich dokumentiert Wehler die internationale Diskussion und schafft so die Grundlage für eine Rezeption vor allem englischer, amerikanischer und französischer Arbeiten durch die deutsche Geschichtswissenschaft. Die *Neue Wissenschaftliche Bibliothek* hat in den Jahren zwischen 1970 und 1980 entscheidend zur Modernisierung der deutschen Wissenschaft und zur Vermittlung der internationalen Forschung in Deutschland beigetragen. Ein anderer Band, *Moderne Technikgeschichte* (herausgegeben von Karin Hausen und Reinhard Rürup, 1975), gab dann viele Anregungen für die eigenen Untersuchungen auf diesem Gebiet. Natürlich ist kein Transfer der Sicht moderner Entwicklungen auf die Antike möglich, aber man gewinnt durch die Lektüre Einsichten zur Fragestellung und Methodik, wobei von herausragender Bedeutung die Einbettung der Technik in die wirtschaftlichen, sozialen und kulturellen Kontexte ist.

In diesem Zusammenhang ist auch die große Monographie von David S. Landes, *Der entfesselte Prometheus. Technologischer Wandel und industrielle Entwicklung in Westeuropa von 1750 bis zur Gegenwart* (ebenfalls bei Kiepenheuer und Witsch, Studien-Bibliothek 1973) zu nennen. Dieses grandiose Werk wirtschafts- und technikhistorischer Forschung bietet wichtige Einsichten in den tiefgreifenden, durch die Industrialisierung bewirkten wirtschaftlichen und sozialen Wandel. Jede intensive Beschäftigung mit der Industriellen Revolution macht deutlich, dass die gegenwärtige Welt – und dies trifft in besonderem Maße auf die Situation nach den Innovationen im Bereich der Elektronik und Computertechnologie zu – sich vollkommen von den vorindustriellen Gesellschaften unterscheidet. An die Stelle der Werkstätten der Handwerker sind die Fabriken getreten, die Handarbeit wurde in großem Umfang durch die Bedienung von Maschinen ersetzt, und die dadurch erzielte enorme Steigerung der Produktivität ermöglichte den Übergang zu einer Massenanfertigung. Mit der Dampfkraft und der Elektrizität wurden neue Energiequellen erschlossen, die es möglich machen, Produktionsstätten und dann auch die Haushalte mit Energie zu versorgen; die Produktion, insbesondere die Aufbereitung von Erzen und die Verarbeitung der Metalle, war nicht mehr abhängig von einem Standort in der Nähe fließender Gewässer, die mittels Wasserräder die Energie lieferten, und die Haushalte verfügten auf diese Weise über eine Vielzahl von elektrischen Geräten, die einen grundlegenden Wandel in der Hausarbeit herbeigeführt haben, wodurch es wiederum Frauen möglich wurde, einer Erwerbstätigkeit außerhalb des Hauses nachzugehen. Aufgrund der Zentralisierung der Produktion in Fabriken und darüber hinaus in großen Industriestädten entstand mit der Arbeiterschaft eine neue soziale Gruppe, die sich mit den Gewerkschaften eine neue Organisationsform gab. Eisenbahn und Dampfschiffe steigerten erheblich die Kapazitäten im Transportwesen und stellten gleichzeitig neue Anforderungen an die Metallverarbeitung und den Maschinenbau. Telefon und Funk zusammen mit dem Radio veränderten grundlegend die Kommunikation. Die Zeit, in der eine Nachricht übermittelt werden konnte, war nicht mehr an den Boten und die Schnelligkeit der Verkehrsmittel gebunden, sondern es wurde möglich, ein direktes Gespräch mit einem Teilnehmer in einem anderen Land oder in einem anderen Kontinent zu führen; das Fernsehen schließlich bringt Bilder über ein fernes Geschehen unmittelbar und ohne Zeitverzug in die Wohnungen. In der modernen Kommunikation werden Zeit und Raum überwunden, und dies gilt mit dem Flugzeug und den Hochgeschwindigkeitszügen auch für den Personenverkehr. Während Goethe für die Reise von Karlsbad nach Rom – allerdings mit einem längeren Aufenthalt in Venedig – noch fast zwei Monate brauchte (vom 3. September bis 1. November 1786), kann man heute mit dem Flugzeug nach einem kurzen Flug von Frankfurt aus bereits mittags in Rom sein. Man ist auch unabhängig von den Jahreszeiten; war im 18. Jahrhundert eine Überquerung der Alpen im Winter mühselig und geradezu ausgeschlossen, hindern gegenwärtig Schnee und Eis kaum den Verkehr; die Gebirge sind durch moderne Verkehrswege erschlossen und so keine Barrieren mehr, die nur mit Mühe passiert werden können.

Es darf nicht übersehen werden, dass die Industrialisierung tiefgreifende Auswirkungen auch auf die Landwirtschaft besaß. Dies gilt nicht nur für den Rückgang des Anteils der in der Landwirtschaft arbeitenden Menschen an der Gesamtzahl der Beschäftigten (in Großbritannien von 1800 bis 1950 von ca. 40% auf 5%, in Deutschland von 1800 bis 1980 von 62% auf 3%, in Frankreich von 1850 bis 1980 von 52% auf 6%), sondern auch auf Produktion, Arbeit und Düngung. Die Maschinerie hielt durch den Mähdrescher und den Traktor Einzug in den Agrarbereich, chemischer Dünger und Insektizide sicherten die Ernten und steigerten die Erträge. Gleichzeitig wurde die Landwirtschaft durch die Erzeugnisse der Industrie marginalisiert. Wurde etwa die im Transportwesen oder beim Ackerbau benötigte Energie in den vorindustriellen Gesellschaften wesentlich als tierische Muskelkraft von der Landwirtschaft, die Ochsen großzog und schwere Arbeitspferde züchtete, geliefert, so tritt heute die Produktion von Antriebsmaschinen an die Stelle der Arbeitstiere. Pferde dienten als Reitpferde oder auch angespannt vor einer Kutsche oder einem Reisewagen der Mobilität; im militärischen Bereich war die Kavallerie eine wichtige Waffengattung, die über den Ausgang von Schlachten entscheiden konnte. Unter diesen Voraussetzungen war die Pferdezucht, die in vielen Ländern aufgrund ihrer militärischen Bedeutung besonders gefördert wurde, ein wichtiger Zweig der Landwirtschaft. Heute hingegen ist das Pferd längst durch Eisenbahn und Automobil ersetzt worden.

Die Technisierung der Welt verändert auch Erwartungen, Einstellungen und Verhalten der Menschen. Zumindest in den Industriegesellschaften erwarten die Menschen, dass Wasser und Nahrungsmittel im Überfluss vorhanden sind; man rechnet damit, dass ungeachtet schwankender Ernteerträge frisches Brot verfügbar ist ebenso wie den ganzen Tag über sauberes Trinkwasser aus der Leitung. Während der Urlauber an den Stränden des Mittelmeers sich heute Sonnenschein und Wärme wünscht, blickt in der vorindustriellen Welt der Mensch besorgt zum Himmel in der Hoffnung, dass der für eine gute Ernte notwendige Regen einsetzt.

Selbst der Blick auf die gegenwärtige Landschaft vermag zu täuschen; dies trifft gerade auf die Länder des Mittelmeerraumes zu. Wo es heute in den Gebirgen kahle Berghänge gibt, die der Bodenerosion preisgegeben sind, existierten früher dichte Urwälder, die zum Teil erst im 19. Jahrhundert abgeholzt worden sind, große Seen wie der Lago Fucino oder große Sumpfgebiete wie die Pontinischen Sümpfe sind erst im 19. und 20. Jahrhundert trockengelegt worden, um Anbauflächen zu gewinnen.

Angesichts eines derartigen Wandels aller Lebensverhältnisse ist es kaum noch möglich, von den gegenwärtigen Alltagserfahrungen her die Situation und die Mentalität von Menschen in vorindustriellen Gesellschaften zu erschließen. Es bedarf der genauen Analyse sowohl der schriftlichen Zeugnisse als auch der archäologischen Überreste, um die Realitäten der vorindustriellen Welt wirklich zu erfassen. Dies ist auch das zentrale Argument von Peter Laslett in seinem Buch *The World we have lost* (zuerst 1965, meine Ausgabe 1979). Das einleitende Kapitel trägt den bezeichnenden Titel *English Society before and after the coming of industry*, die Industrialisierung wird als tiefe Zäsur der englischen Geschichte gesehen. Laslett beschreibt die vorindustrielle Welt unter verschiedenen Gesichtspunkten; seine Themen sind etwa das Verschwinden des patriarchalischen Haushaltes, die Dorfgemeinschaft oder Hunger und Seuchen in der vorindustriellen Gesellschaft. Diese einzelnen Studien erhöhen die Sensibilität für die sozialen, wirtschaftlichen und kulturellen Gegebenheiten einer Welt, die dann durch die Industrialisierung vollständig transformiert wurde.

Immer wieder galt die Lektüre der Wiedergewinnung dieser verlorenen Welt; dabei waren gerade auch Texte aus dem 18. und 19. Jahrhundert wichtig. Nie ist mir ein Text begegnet, in dem die Verhältnisse einer großen Stadt der Frühen Neuzeit so anschaulich und lebensnah geschildert wurden wie im *Tableau de Paris* von Louis-Sébastien Mercier. Ursprünglich waren diese kurzen, prägnanten Texte, die jeweils einem Thema gewidmet sind und die Zustände in einer vorindustriellen Stadt engagiert, aber auch distanziert beschreiben, im *Journal des*

Dames erschienen, sie wurden dann in mehreren Bänden zwischen 1781 und 1788 publiziert. Zwei deutsche Übersetzungen in Auswahl liegen vor, als insel taschenbuch (1979) und in der Manesse Bibliothek (1990; nach dieser Ausgabe wird hier zitiert). In ihrer Summe lassen diese kleinen Prosastücke ein faszinierendes Bild der Stadt Paris vor den Augen des Lesers entstehen. Moden im Verhalten der Oberschicht erscheinen ebenso wie die soziale Not oder das kriminelle Verhalten der Armen, der Zustand der Gebäude wird ebenso geschildert wie das Leben auf den Straßen; alle Aspekte des Alltagslebens werden von Mercier erfasst. So beschreibt Mercier in einem Kapitel die Wasserversorgung und die Tätigkeit der Wasserträger; da die großen Aquädukte in Italien und in den Provinzen zu den sichtbaren Zeugnissen der römischen Zivilisation gehören, sind diese Abschnitte bei Mercier für einen Althistoriker von besonderem Interesse; daher sollen zumindest einige Sätze hier zitiert werden:

> „In Paris kauft man das Wasser. Die öffentlichen Brunnen sind so selten und werden so schlecht instand gehalten, dass man auf das Flusswasser zurückgreift. Kein Bürgerhaus ist mit ausreichendem Wasser versorgt. Zwanzigtausend Wasserträger steigen von morgens bis abends mit zwei Eimern vom ersten bis zum siebenten Stockwerk und manchmal noch höher; eine Lieferung Wasser kostet sechs Liards oder zwei Sous. Wenn der Wasserträger kräftig ist, macht er den Gang dreißigmal am Tag. Ist der Fluss trübe, trinkt man trübes Wasser. Man weiß nicht genau, was man da schluckt, aber man trinkt immerhin. Demjenigen, der es nicht gewöhnt ist, entkräftet das Seine-Wasser den Magen. Den Fremden bleibt fast nie die Unpässlichkeit einer leichten Diarrhöe erspart." (S. 172f.)

Den Gerüchen der Stadt, der verpesteten Luft, wendet sich Mercier in einem anderen Abschnitt zu und schreckt dabei vor einer drastischen Schilderung der Zustände vor der Einführung der Schwemmkanalisation nicht zurück:

> „In den Häusern stinkt es, was eine dauernde Belästigung für die Bewohner darstellt. Jeder hat in seinem Haus einen Abtritt. Von dieser Vielzahl von Fäkalgruben gehen abscheuliche Dünste aus. Die nächtliche Leerung verbreitet den scheußlichen Geruch im ganzen Viertel und kostet manche der Unglücklichen das Leben, deren Elend man an der gefährlichen und widerlichen Tätigkeit ermessen kann, der sie nachgehen. Diese Senkgruben sind oft so schlecht angelegt, das ihr Inhalt sich in die benachbarten Brunnen ergießt. Die Bäcker, die sich für gewöhnlich des Brunnenwassers bedienen, verzichten deswegen nicht darauf; und das alltäglichste Nahrungsmittel wird unweigerlich durchtränkt mit diesen mefitischen und bösartigen Bestandteilen. Die Kloakenentleerer schütten auch, um sich die Mühe eines Transports vor die Stadt zu ersparen, die Fäkalien im Morgengrauen in die Abflussgräbern und Rinnsteine. Diese entsetzliche Brühe ergießt sich nun die Straßen entlang auf die Seine zu und verseucht die Ufer, wo die Wasserträger morgens mit ihren Eimern das Wasser schöpfen, das die unempfindlichen Pariser zu trinken genötigt sind." (S. 30f.)

Mercier erwähnt daneben aber auch Missstände, die nicht auf einer mangelnden Infrastruktur oder technischer Rückständigkeit beruhen, sondern auf einer brutalen Ausnutzung der Notlage der Armen. Es handelt sich um den Wucher, um die Gewährung kurzfristiger Darlehen durch reiche Pariser an die Kleinhändler:

> „Diese Wucherer gibt es nirgends außer in Paris, und sie selbst halten ihr Gewerbe für überaus schimpflich, da sie es unter immerwährender Anonymität betreiben. Ihre Makler wohnen rund um die Hallen; die Frauen, die Früchte und Gemüse aus dem Korb verkaufen, den sie am Arm tragen, und die Kleinhändler aller Art brauchen am häufigsten einen bescheidenen Vorschuss von

sechs Livres für den Ankauf von Makrelen, Erbsen, Johannisbeeren, Birnen und Kirschen. Der
Geldverleiher überlässt ihnen die Summe unter der Bedingung, das man ihm am Ende der Woche
sieben Livres vier Sous zurückgibt; so bringt ihm sein Geld, das er arbeiten lässt, an die sechzig
Livres im Jahr ein, das heisst zehnmal seinen eigenen Wert. Da habt ihr ihn, den bescheidenen
Zinssatz dieser wucherischen Geldverleiher! [...] Worüber soll man sich aber mehr wundern, über
dieses außerordentliche Elend der kleinen Einzelhändler, die nicht einmal imstande sind, sechs
Livres aufzubringen, oder aber über den fortwährenden Erfolg solch schrecklichen Wuchers?" (S.
218f.)

Auch in der Romanliteratur des 18. und 19. Jahrhunderts werden die sozialen und wirtschaftlichen Verhältnisse der Frühen Neuzeit präzise beschrieben; ein eindrucksvolles Beispiel hierfür
ist die auf einer umfassenden Sichtung der Dokumente und zeitgenössischen Berichte beruhende ausführliche Schilderung der Hungerkatastrophe des Jahres 1628 in Mailand in Alessandro
Manzonis Roman *Die Verlobten* (*I promessi sposi*; dt. Ausgabe bei Winkler München 1960).
Manzoni zeigt im zwölften Kapitel, welche Auswirkungen aufeinander folgende Missernten in
Verbindung mit den Verwüstungen des Krieges hatten; die Verknappung des Getreides führte
unvermeidlich zu Preissteigerungen, gegen die es zu Protesten der Bevölkerung kam: Wenn die
Preissteigerung – so beginnt Manzoni seine Darstellung der Situation in Mailand –

„aber einen gewissen Grad erreicht, entsteht bei vielen Menschen die Ansicht, dass ihre Ursache
nicht in der Verknappung begründet liege. [...] Man vergisst, dass man die Sache befürchtet, vor-
ausgesagt hat; mit einem Male wird angenommen, dass Getreide genug da sei und dass das Übel
daher rühre, dass für den Verbrauch nicht genug auf den Markt gebracht werde. Vermutungen,
die weder im Himmel noch auf Erden Stich halten, die aber Wut und Hoffnung zugleich erwecken. Den wirklichen oder eingebildeten Getreideaufkäufern, den Grundbesitzern, die es nicht
alle an einem Tag verkauften, den Bäckern, die es erwarben, kurzum allen denjenigen, die davon
entweder etwas oder genug hatten oder im Rufe standen, es zu besitzen, wurde die Schuld an der
Verknappung und Preissteigerung in die Schuhe geschoben. Sie waren das Ziel der allgemeinen
Klagen, der Abscheu der schlecht oder gut gekleideten Masse. Es wurde auf das genaueste angegeben, wo sich die vollen, strotzenden, zum Bersten gefüllten Lager und Speicher befänden.
Aberwitzige Zahlen von Säcken wurden genannt. Man sprach mit Bestimmtheit von der ungeheuren Getreidemenge, die heimlich in andere Länder ausgeführt würde, in denen man wahrscheinlich ebenso überzeugt und empört zeterte, dass das dortige Getreide nach Mailand ginge. Von den
Behörden wurden jene Maßnahmen verlangt, die der Menge immer so gerecht, so einfach und
so geeignet erscheinen (oder zum mindesten bisher so erschienen sind), um das versteckte, einge-
mauerte, vergrabene Getreide – wie sie sagten – hervorströmen und den Überfluss wiederkehren
zu lassen. Die Behörden unternahmen dann auch einiges: wie die Festsetzung von Höchstpreisen
für einige Waren, die Androhung von Strafen für Händler, die sich weigerten zu verkaufen, oder
andere Verlautbarungen dieser Art. Da jedoch alle noch so gutgemeinten Verordnungen dieser
Welt das Nahrungsbedürfnis nicht zu verringern vermögen noch Lebensmittel außer der Jahreszeit
hervorzaubern können und da jene Maßnahmen insbesondere gewiss nicht imstande waren, die
Dinge von dorther zu beschaffen, wo sie etwa im Überfluss vorhanden waren, so blieb das Übel
bestehen, ja, es verschlimmerte sich noch."(S. 288f.)

Der weitere Verlauf der Hungersnot in Mailand bleibt Hintergrund der Romanhandlung. Es
ist natürlich nicht möglich, Manzonis Beschreibung einer neuzeitlichen Getreideknappheit den
Verhältnissen in der Antike gleichzusetzen, aber sie macht auf komplexe Zusammenhänge auf-

merksam und hilft so, die antiken Texte zu Schwierigkeiten in der Getreideversorgung und zu Hungerrevolten besser zu verstehen.

Es ist noch die Rolle der Sozialwissenschaften bei der Lektüre zu erwähnen. An erster Stelle stand hier Max Weber, dessen Vortrag *Die sozialen Gründe des Untergangs der antiken Kultur* damals in der von Johannnes Winckelmann herausgegeben Auswahl von Arbeiten Webers (Kröner, 3. Aufl. Stuttgart 1964) zugänglich war. Die Bedeutung Max Webers für die Alte Geschichte war zur Zeit meines Studiums bereits von Alfred Heuss erkannt worden, der in der Historischen Zeitschrift (201, 1965) einen längeren Aufsatz zu diesem Thema publiziert hatte, aber in den althistorischen Lehrveranstaltungen wurde Weber damals kaum jemals erwähnt. Der Vortrag über das Ende der antiken Kultur machte einen großen und nachhaltigen Eindruck, weil Weber das Ende Roms nicht als Ergebnis politischer Fehlentscheidungen der Principes und militärischer Niederlagen sah, sondern unter dem Aspekt des kulturellen Wandels analysierte, der wiederum soziale Ursachen hatte, vor allem nämlich den vom Ende der römischen Expansionskriege herbeigeführten Niedergang der antiken Sklaverei. Ebenso wie in dem großen Lexikonartikel *Agrarverhältnisse im Altertum* stehen hier die sozialen und wirtschaftlichen Strukturen sowie der Wandel dieser Strukturen im Mittelpunkt des Vortrags. Neben den genannten Texten übte ferner das Kapitel *Die Stadt* in Webers *Wirtschaft und Gesellschaft* einen erheblichen Einfluss auf die Sicht der Antike aus. Obgleich Max Weber zu Beginn des Kapitels die allgemeinen Merkmale der Stadt idealtypisch zu erfassen sucht, haben für ihn trotz aller betonten Gemeinsamkeiten die Unterschiede zwischen orientalischer und okzidentaler Stadt einerseits und zwischen mittelalterlicher und antiker Stadt andererseits größte Bedeutung. Daneben tritt die Unterscheidung zwischen verschiedenen Typen der Stadt, so etwa zwischen Konsumentenstadt und Produzentenstadt; im Fall der Produzentenstadt weist Weber wiederum auf die unterschiedliche Ausprägung im modernen Typus und im asiatischen, antiken und mittelalterlichen Typus hin:

> „Oder gerade umgekehrt: die Stadt ist Produzentenstadt, das Anschwellen ihrer Bevölkerung und deren Kaufkraft beruht also darauf, dass – wie etwa in Essen oder Bochum – Fabriken, Manufakturen oder Heimarbeitsindustrien in ihnen ansässig sind, welche auswärtige Gebiete versorgen: der moderne Typus, oder dass in Form des Handwerks Gewerbe am Ort bestehen, deren Waren nach auswärts versendet werden: der asiatische, antike und mittelalterliche Typus." (1. Aufl., S. 515).

Neben Max Weber bietet Thorstein Veblens *The Theory of the Leisure Class* (1899; die deutsche Übersetzung von 1971 trug den verfälschenden Titel *Theorie der feinen Leute*, was zur Folge hatte, dass dieses bedeutende Werk in Deutschland zunächst nicht angemessen wahrgenommen worden ist) wichtige Einsichten in das Verhältnis von Wirtschaft und Gesellschaft; heute gilt Veblen als einer der Väter der Institutionenökonomik. In der Tat macht Veblen deutlich, dass wirtschaftliche Entwicklungen nicht auf einer Eigengesetzlichkeit beruhen und sich geradezu zwangsläufig vollziehen, sondern von Kontexten abhängig sind, unter denen Werturteile eine nicht unerhebliche Rolle spielen. Es sind letztlich die Institutionen, die eine entscheidende Wirkung auf die Wirtschaft einer Gesellschaft und damit auf Wohlstand und Armut der Nationen besitzen.

Die Lektüre galt auch den Arbeiten anderer Soziologen, wobei das Interesse auf verschiedene Problemfelder gerichtet war: Soziale Konflikte und der Widerstand einzelner Gruppierungen in vorindustriellen Gesellschaften gegen die herrschenden Eliten waren hierbei deswegen ein wichtiges Thema, weil einerseits das marxistische Postulat, die Geschichte sei eine Geschichte der Klassenkämpfe, nicht mehr überzeugt hat, andererseits die deutsche Geschichtswissenschaft nach dem Zweiten Weltkrieg aber weitgehend unfähig war, die teilweise extrem gewaltsam ausgetragenen inneren Konflikte in der Antike, im Mittelalter und in der Frühen Neuzeit angemessen zu beschreiben und zu erklären. Unter diesen Umständen war es notwendig, nach einer Theorie zu suchen, die hier Antworten verspricht. Vor allem ging es darum, innere Kämpfe nicht einfach auf einen Dissens innerhalb einer politischen Elite oder auf persönliche Ambitionen einzelner Personen zurückzuführen, sondern sie als sozialen Protest oder als soziale Konflikte zu verstehen, die verursacht waren durch soziale Gegensätze zwischen relevanten Gruppen der Gesellschaft; soziale Konflikte sind dabei Kämpfe um einen angemessenen Anteil am gesellschaftlichen Reichtum und um politische Rechte wie etwa Freiheitsrechte. In den Jahren nach 1968 erschienen einige Bücher zu diesem Themenkomplex, so etwa in der Sammlung Luchterhand, die damals zahlreiche Klassiker der sozialwissenschaftlichen Literatur publizierte, die Studie *Theorie sozialer Konflikte* von Lewis A. Coser (1972), der den Versuch unternahm, die Bedeutung sozialer Konflikte und ihre positive Funktion für Gesellschaften herauszuarbeiten. Johan Galtungs unter dem Titel *Strukturelle Gewalt* (rororo aktuell, 1975) publizierte Studien waren ein weiterer grundlegender Beitrag zum Verständnis sozialer Verhältnisse und Konflikte. Galtung vertrat die Auffassung, es sei notwendig, in der Soziologie einen weit gefassten Begriff von Gewalt zu verwenden:

> „Gewalt liegt dann vor, wenn Menschen so beeinflusst werden, dass ihre aktuelle somatische und geistige Verwirklichung geringer ist als ihre potentielle Verwirklichung." (S. 9)

Eine solche Definition ist allerdings in vieler Hinsicht problematisch, aber sie hilft immerhin zu verstehen, dass auch ohne aktuellen Gewaltakt eine soziale Beziehung von Gewalt geprägt sein kann. Das Buch von H. J. Krysmansiki, *Soziologie des Konflikts* (Rowohlt 1971), wiederum war als Überblick über die älteren Theorien auch für den Althistoriker überaus hilfreich.

In soziologischen Arbeiten wurden vor allem die sozialen Konflikte in Industriegesellschaften thematisiert, Widerstand und Revolten in vorindustriellen Gesellschaften blieben – übrigens gerade auch in den Geschichtswissenschaften – lange Zeit wenig beachtet. Es gab aber sowohl in ländlichen Gebieten als auch in Städten zu Aufstandsbewegungen, die in den meisten Fällen nach relativ kurzer Zeit niedergeschlagen werden konnten. Eric J. Hobsbawm hat solchen Revolten der Unterschichten eine brillante Studie (*Sozialrebellen*, Luchterhand 1971) gewidmet, in der vor allem die Unterschiede zwischen diesen in der Regel zeitlich begrenzten Aufstandbewegungen und dem sozialistischen Klassenkampf, wie ihn linke Parteien im 19. und 20. Jahrhundert führten, klar herausgearbeitet werden. Für die Analyse der Konflikte in vorindustriellen Gesellschaften war Hobsbawms Darstellung ebenso bahnbrechend wie *The Making of the English Working Class* von E. P. Thompson (Pelican Books 1968, mein Exemplar 1978). Hier wird der Übergang von einer vorindustriellen Gesellschaft zu einer Industriegesellschaft exakt beschrieben. Diese Arbeiten analysieren Ursachen, Verlauf und Scheitern von praemodernen Protestbewegungen und bieten wichtige Überlegungen zu derartigen Bewegungen in der Antike, auch wenn eine einfache Übernahme von Resultaten der Untersuchungen vor allem zur Frühen Neuzeit nicht möglich ist, allein schon wegen der Existenz der Sklaverei in den antiken Gesellschaften.

Die Soziologie bot in den Jahren nach 1970 ein fast unübersehbares Feld bedeutender Werke, die auch das Interesse von Althistorikern verdienten. Es ist fast unmöglich, in diesem Zusammenhang einzelne Namen zu nennen; nur drei Texte sollen an dieser Stelle Erwähnung finden: Michel Foucault interpretierte in zwei Bänden von *Sexualität und Wahrheit* (Suhrkamp 1986) antike, meist griechische Texte zu Sexualität, Erotik und Geschlechterbeziehungen und bot damit einen Einblick in die griechische Kultur, wie er zuvor kaum je möglich war. Die Tatsache, das kulturelles Wissen ein Mittel sein kann, um Distinktion zu erwerben und Distanz zu wahren, wurde deutlich in Pierre Bourdieus *Die feinen Unterschiede. Kritik der gesellschaftlichen Urteilskraft* (1979, deutsche Übersetzung Suhrkamp 1982). Schließlich hat Karl Polanyi in seinem zuerst 1944 erschienen Werk *The Great Transformation* (deutsch bei Suhrkamp 1978) eine außerordentliche Wirkung auf die wirtschafthistorische Forschung im Bereich der Alten Geschichte besessen; sein Hinweis auf Redistribution sowie Reziprozität als Mechanismen der Verteilung von Gütern in frühen Gesellschaften und auf die im Agrarbereich weit verbreitete Subsistenzproduktion war gegen die moderne Wirtschaftstheorie gerichtet und fand eine starke Resonanz in der Althistorie, vor allem bei Moses Finley und seinen Schülern. Die These, dass die Marktwirtschaft als ein „selbst regulierendes System von Märkten" erst mit der Industrialisierung entstanden sei, stieß allerdings auf eine entschiedene Ablehnung. Fraglich bleibt auch, ob die Wirtschaft früherer Gesellschaften im Gegensatz zur modernen Marktwirtschaft ,embedded' war, denn auch die Unternehmen der Gegenwart sind durch eine Vielzahl gesetzlicher Bestimmungen Regeln unterworden, die von der Politik gesetzt werden. Ferner ist zu konstatieren, dass die Redistribution auch ein Kennzeichen der sozialen Marktwirtschaft der Gegenwart ist, man denke hier nur an die Rentenzahlungen, die durch Gesetz festgelegt sind. Immerhin sind die Bemerkungen zu den lokalen Märkten und zu ihrer Funktion in praemodernen Zeiten nicht unwichtig für die Analyse von Austauschbeziehungen auch in der Antike.

Die Soziologie ist eine Wissenschaft, deren Wurzeln weit in das 18. Jahrhundert zurückreichen. Durch einen Zufall stieß ich auf einen Band der seinerzeit wichtigen Reihe *Theorie* des Suhrkamp Verlages (herausgegeben von Hans Blumenberg, Jürgen Habermas, Dieter Henrich und Jacob Taubes): John Millar, *Vom Ursprung des Unterschied in den Rangordnungen und Ständen der Gesellschaft* (1967, ursprünglich *The Origin of the Distinction of Ranks*, 1779). Das Buch blieb zunächst – vielleicht wegen seines auf den ersten Blick befremdlich wirkenden Titels – unbeachtet; aber in dem Moment, in dem ich begann, es zu lesen, erschloss sich mir eine neue, bis dahin unbekannte Welt. Millar verbindet in seinem Werk die Interpretation antiker Texte mit den Zeugnissen zeitgenössischer Ethnologie. Er analysiert die Gesellschaft, in dem er systematisch die sozialen Beziehungen darstellt, und zwar die Stellung der Frau sowie die Situation von Mann und Frau, die Gewalt des Vaters über die Kinder, die Gewalt des Oberhauptes über ein Dorf oder einen Stamm sowie die Gewalt des Herrschers. Im abschließenden Kapitel wird die Beziehung zwischen Herrn und Knecht thematisiert, wobei Millar sich kritisch über die antike Sklaverei äußert. Eine kritische Beschreibung früher Gesellschaften und ein politisches Engagement bedingten einander: Millar trat aktiv für die Aufhebung der Sklaverei in Amerika und ein Verbot des Sklavenhandels ein. Es folgte die Lektüre der Werke von David Hume, Adam Ferguson und Adam Smith, dessen *Wealth of Nations* relevant ist für jegliche Beschäftigung mit der Wirtschaft praemoderner Gesellschaften. Smith geht in verschiedenen Kapiteln auf die historische Entwicklung der Wirtschaft ebenso ein wie auf die Herausbildung einer *commercial society* in seiner eigenen Zeit. Bemerkenswert ist die Tatsache, dass Smith immer wieder auf politische Maßnahmen im wirtschaftlichen Bereich und deren Wirkungen eingeht. Die Wirtschaft ist kein autonomer Bereich innerhalb einer Gesellschaft und schon gar nicht unabhängig von der Politik. Umgekehrt ist aber nicht zu übersehen, dass wirtschaftliche Interessen wiederum einen starken Einfluss auf die Politik haben können. Es war das Verdienst von Charles A. Beard (Eine ökonomische Interpretation der amerikanischen Verfassung, 1913, deutsche Übersetzung bei Suhrkamp 1974), die Relevanz solcher Interessen im politischen Raum am Beispiel der Diskussion über die amerikanische Verfassung nachgewiesen zu haben.

Lektüren nehmen im Leben eines Wissenschaftlers eine wichtige Rolle ein; Bücher können anregen, sie erweitern den Horizont, Thesen können rezipiert, reflektiert und auch abgelehnt werden; sie gehen mehr oder minder in die eigene Arbeit ein, aber vielleicht ist am wichtigsten die Tatsache, dass die Lektüre vergangener Jahre Teil der eigenen intellektuellen Persönlichkeit bleibt. Unter dieser Voraussetzung ist die Suche nach der vergangenen Zeit immer auch eine Reflexion der Lektüren der Vergangenheit.

Wirtschafts- und Sozialgeschichte

Die politische Rolle der *plebs urbana* während der Tribunate des L. Appuleius Saturninus

zuerst in:
Ancient Society 13/14, 1983, S. 193–221.

E. Gabba hat in seiner Analyse von Appian, *BC* I 28ff. die Ansicht vertreten, daß die politische Situation des Jahres 100 v. Chr. wesentlich von dem Gegensatz zwischen *plebs rustica* und *plebs urbana* geprägt war; Gabba, der prononciert von einer „opposizione fra città e campagna" spricht, geht davon aus, daß die Anhänger des Saturninus vom Land kamen, während die *plebs urbana* den Optimaten folgte:

> „Che in realtà la massa d'urto sulla quale Apuleio contava contro la plebe cittadina, legata all' oligarchia, provenisse dalla campagna è un dato di fatto".[1]

Nach Gabba bestand der größte Teil dieser ländlichen Anhängerschaft des Tribunen aus Veteranen des Marius. Der Widerstand der *plebs urbana* gegen die Agrargesetzgebung des Jahres 100 wird von Gabba mit dem Hinweis auf die feindselige Haltung der *plebs urbana* den Italikern gegenüber, die von dem Gesetz des Saturninus begünstigt wurden, erklärt.[2] Ähnlich wie Gabba hat auch E. Badian das Verhalten der stadtrömischen Bevölkerung während des zweiten Tribunats des Saturninus beschrieben:

> „What is clear is that the Plebs strongly opposed the legislation (des Saturninus, d. Verf.) and that unusual violence was needed in order to carry it".[3]

Die Opposition der *plebs urbana* gegen die populare Politik führt Badian einerseits auf politische Fehler des Saturninus, der die Interessen der stadtrömischen Unterschichten in seinen Gesetzen übergangen hatte, und andererseits auf Ressentiments der *plebs* einer italikerfreundlichen Politik gegenüber zurück.[4]

Der Auffassung von Gabba und Badian sind viele Historiker, die das zweite Tribunat des Saturninus untersuchten, gefolgt. So konstantierte E.S. Gruen einen Gegensatz zwischen den Veteranen und der [194] *plebs urbana*:

> „Hostility developed also between the veterans and the urban *plebs,* who felt that the former had received a lion's share of benefits from the legislative programme of 100".[5]

Nach A. W. Lintott war die Eskalation der Gewalttätigkeit in dieser Zeit eine Folge der Spaltung der *plebs* in städtische und ländliche Unterschicht:

---

1   E. Gabba, *Appiano e la storia delle* guerre *civili,* Firenze 1956, S. 75. In seinem neuen Forschungsbericht *Mario e Sulla,* in *ANRW* I 1 (1972), S. 780ff. hat Gabba seine Auffassungen bekräftigt.

2   Vgl. E. Gabba, in *ANRW* I 1, S. 781, wo es heißt, die Begünstigung der Italiker im Agrargesetz sei „uno dei principali motivi di ostilità della plebe urbana" gewesen.

3   E. Badian, *Foreign Clientelae 264-70 B.C.,* Oxford 1958, S. 207.

4   E. Badian, o. Anm. 3, S. 206f.

5   E.S. Gruen, *Roman Politics and the Criminal Court*s *149–78 B.C.,* Cambridge (Mass.) 1968, S. 182. Ähnlich R. Seager, *‚Populares‘* in *Livy and the Livian Tradition, CQ* 71 (1977), S. 387.

> „During the passage of the bill there was a battle between the city-dwellers and the country-
> dwellers, which the later won. There appears, therefore, not only to have been a schism between
> citizens and allies, but also between the city-dwellers and country-dwellers in Roman domestic
> politics at the time".[6]

Auch I. Hahn kommt in seiner eingehenden Analyse des Klassenkampfes der *plebs urbana* in
der späten Republik zu einem ähnlichen Ergebnis:

> „Die Parteigänger des Appuleius Saturninus waren ebenfalls die bäuerlichen Massen, die in Rom
> seine Agrargesetzgebung in heftigem Gegensatz zur *plebs urbana* zum Erfolg führten".[7]

C. Meier und R.E. Smith haben dagegen beiläufig dieser *communis opinio* widersprochen. Meier
betont zwar ebenfalls, daß Saturninus „seine Gesetze vornehmlich mit Hilfe der Veteranen des
Marius durchgebracht" habe, stellt aber gleichzeitig fest, dies bedeute nicht, „daß die *plebs urbana* gegen den Tribunen gestanden habe".[8] Smith äußert sich skeptisch über die Behauptung der
Quellen, die stadtrömische Bevölkerung habe die Politik des Saturninus bekämpft.[9]

Gabbas These von dem Gegensatz zwischen Landbevölkerung und stadtrömischer Bevölkerung im Jahre 100 beruht wesentlich auf der Interpretation von Appians Darstellung,
deren Qualität aber keineswegs unumstritten ist. Bereits M. Gelzer hat in seinen Ausführungen
über die historiographischen Quellen zur Gracchenzeit auf die Ungenauigkeit der Terminologie
bei Appian hingewiesen und der Darstellung der italischen Agrargeschichte bei Plutarch gegenüber Appian den [195] Vorzug gegeben.[10] Badian stimmte der Bewertung Appians bei Gelzer
durchaus zu und forderte, „that less reliance were placed on this one author to the exclusion of
other sources"[11] Zum Bericht Appians über das zweite Tribunat des Saturninus schreibt Badian
kritisch:

> „Thus Appian's sketchy summarizing has caused inextricable confusion: we can recognize contra-
> diction and non sequitur, but cannot extract the full truth".[12]

In diesem Zusammenhang verdient die Tatsache, daß auch Appians Aussagen zum Consulat
Cinnas *(BC* I 64) von der Forschung nicht akzeptiert wurden, unsere Aufmerksamkeit. C.M.
Bulst hält die Feststellung Appians, Cinna sei Anfang 87 nur von den neu in die römische
Bürgerschaft aufgenommenen Italikern unterstützt worden, für falsch.[13] Interessant ist dabei,
daß Appian in den Abschnitten über den Consulat Cinnas ebenso wie in den Kapiteln I 28ff.

---

 6 A.W. Lintott, *Violence in Republican Rome*, Oxford 1968, S. 178f.
 7 I. Hahn, Der Klassenkampf der *plebs urbana* in den letzten Jahrzehnten der römischen Republik, in J.
    Herrmann (Hg.), Die Rolle der Volksmassen in der Geschichte der vorkapitalistischen Gesellschafts-
    formationen, Berlin 1975, S. 127. Vgl. auch P.A. Brunt, *Social Conflicts in the Roman Republic*, London
    1971, S. 98; T.F. Carney, *A Biography of C. Marius*, Chicago 1970, S. 42 Anm. 200; H.H. Scullard, *From
    the Gracchi to Nero*, London 1976⁴, S. 61f.
 8 C. Meier, *Res publica amissa*, Wiesbaden 1966, S. 112f.
 9 R.E. Smith, *The Anatomy of Force in Late Republican Politics*, in *Ancient Society and Institutions. Studies
    presented to V. Ehrenberg*, Oxford 1966, S. 263.
10 M. Gelzer, *Kleine Schriften* II, Wiesbaden 1963, S. 75f.; vgl. auch S. 91f.
11 E. Badian, o. Anm. 3, S. 172, 296. Vgl. auch die Bemerkungen bei A.E. Astin, *Scipio Aemilianus*, Oxford
    1967, S. 332f.
12 E. Badian, o. Anm. 3, S. 207.
13 C.M. Bulst, *Cinnanum tempus*, Historia 13 (1964), S. 309f. Vgl. Auch die kritischen Bemerkungen von
    P.A. Brunt, *JRS* 55 (1965), S. 90 zu Appian, *BC* I 34.

von einem scharfen Gegensatz zwischen verschiedenen sozialen Gruppen ausgeht. Appian differenziert aber nicht nach den Kriterien sozialer Schichtung zwischen Oberschichten und Unterschichten, sondern zwischen Stadt- und Landbevölkerung bzw. zwischen Altbürgern und Neubürgern. Die in den Jahren 100 und 87 aufgetretenen politischen Gegensätze werden von Appian stets in Verbindung mit der Italikerfrage gesehen: Die Stadtbevölkerung bzw. die Altbürger kämpften jeweils gegen eine den Interessen der Italiker entgegenkommende Politik, die von der Landbevölkerung bzw. den Neubürgern unterstützt wurde. Es stellt sich die Frage, ob diese Darstellung den faktischen politischen Verhältnissen der vorsullanischen Zeit entspricht oder ob sie nicht vielmehr als eine Konstruktion des antiken Historikers[14] anzusehen ist, die unmodifiziert nicht akzeptiert werden kann. Da das Problem der politischen Haltung der *plebs urbana* während des zweiten Tribunats des Saturninus für die Beurteilung der popularen Politik und der [196] politischen Rolle der *plebs urbana* in der vorsullanischen Zeit nicht ohne Relevanz ist[15], scheint es durchaus angebracht zu sein, die weitgehend auf einer Analyse des Appiantextes beruhenden Thesen Gabbas einer kritischen Prüfung zu unterziehen und die Vorgänge des Jahres 100 erneut zu untersuchen. Zu diesem Zweck ist es notwendig, zunächst die historiographische Überlieferung zu analysieren, wobei Appian eine besondere Aufmerksamkeit gewidmet werden muß (I). Daneben soll auf Ciceros Darstellung der Ereignisse in seiner Rede für Rabirius eingegangen werden (II). Im folgenden Abschnitt werden die Aktionen der *plebs urbana* in den Jahren, in denen Saturninus seine politische Aktivität entfaltete (103–100), diskutiert (III). Abschließend soll dann versucht werden, die Rolle der *plebs urbana* in der römischen Politik zwischen 133 und 98 kurz zu skizzieren und gleichzeitig die Tribunate des Saturninus in die historische Entwicklung einzuordnen (IV).

I

Die antiken Geschichtswerke, in denen das zweite Tribunat des Saturninus behandelt wurde, sind zum Teil nicht erhalten, zum Teil nur fragmentarisch oder in Exzerpten überliefert; besonders schwer wiegt hier – wie allgemein bei Untersuchungen zur Geschichte der späten Republik – der Verlust des Liviustextes. Geht man von den *Periochae* aus, nahm der Bericht über die innenpolitischen Vorgänge des Jahres 100 bei Livius einen großen Teil des Buches LXIX ein, er war also sehr ausführlich. In den knappen Ausführungen der *Periochae* gibt es nur zwei konkrete Hinweise über die soziale Zusammensetzung der politischen Gruppierungen in den Jahren 101/100: Es wird erwähnt, daß A. Nunnius, der sich mit Saturninus im Jahre 101 um das Tribunat beworben hatte, von *milites* ermordet wurde; dabei muß die enge Verbindung zwi-

---

14　Dabei soll hier die Frage, welchem Historiker Appian gefolgt ist, nicht nachgegangen werden. Wesentlich ist nur der Tatbestand, den A.W. LINTOTT, o. Anm. 6, S. 180 wie folgt dargestellt hat: „It is true that Book I of Appian's *Civil Wars* seems to force events from 133 to 91 into a pattern of a struggle between the Romans and the Italians similar to the ancient struggle of the orders, and that this seems to have been taken over wholesale from one of his sources". Vgl. auch P.J. CUFF, *Prolegomena to a critical Edition of Appian, B.C.* I, *Historia* 16 (1967), S. 177ff.

15　In den letzten zwei Jahrzehnten hat das Interesse der Althistoriker an der *plebs urbana* stetig zugenommen. Es ist erkannt worden, daß die Aktivität der stadtrömischen Unterschichten eine wesentliche Bedingung der römischen Politik in der Späten Republik darstellte. Vgl. etwa H.C. BOREN, *The Urban Side of the Gracchan Economic Crisis, AHR* 63 (1957/58); S. 890 ff.; P.A. BRUNT, *The Roman Mob, P & P* 35 (1966), S. 3ff.; Z. YAVETZ, *The Living Conditions of the Urban Plebs in Republican Rome, Latomus* 17 (1958), S. 500ff. Und *The Failure of Catiline's Conspiracy, Historia* 12 (1963), S. 485ff.; E.S. GRUEN, *The Last Generation of the Roman Republic*, Berkeley – Los Angeles 1974, S. 358ff.; I. HAHN, o. Anm. 7.

schen Saturninus, Marius und den Soldaten beachtet werden; *L. Appuleius Saturninus adiuvante C. Mario et per milites occiso A. Nunnio* [197] *competitore tribunus plebis per vim creatus*... Mit großer Wahrscheinlichkeit handelte es sich bei den *milites* um Veteranen des Marius, die von einem Tribunat des Saturninus eine Gesetzgebung zu ihren Gunsten erwarteten. Die Anhänger des Metellus Numidicus werden in den *Periochae* als *boni cives* bezeichnet; dieser Terminus schließt aus, daß es sich um Angehörige der *plebs urbana* gehandelt hat, denn unter *boni* verstand man in der späten Republik die Besitzenden.[16] Der Begriff wurde bezeichnenderweise auch als Synonym für *equites* verwendet. Es findet sich in den *Periochae* kein Anhaltspunkt dafür, daß Livius in seiner Darstellung von einem politischen Gegensatz zwischen städtischer und ländlicher *plebs* im Jahre 100 ausging. Velleius Paterculus, der in den Unruhen bei den Wahlen des Jahres 100 den Anlaß für die Ausschaltung der popularen Politiker sieht, gibt keinen Aufschluß über die politischen Gruppierungen in dieser Zeit.[17] Florus, der dem Senat eine aktive Rolle im Kampf gegen die Popularen zuschreibt, geht auf die Haltung des Volkes nur in Verbindung mit der Ermordung des Saturninus ein; nach Florus drang das Volk *(populus)* in die Curie ein und erschlug dort Saturninus mit Knüppeln und Steinen. Diese Behauptung steht allerdings im Widerspruch zur Auffassung des Orosius:

> *Saturninus et Saufeius et Labienus cogente Mario in curiam confugissent, per equites Romanos effractis foribus occisi sunt.*[18]

Nach Valerius Maximus, der für seine Memorabiliensammlung verschiedene [198] römische Historiker, darunter vor allem Livius, benutzte, hat das Volk die Popularen bis zum Dezember 100 unterstützt:

> *cum tr. pl. Saturninus et praetor Glaucia et Equitius designatus tr. pl. maximos in civitate nostra seditionum motus excitavissent, nec quisquam se populo concitato opponeret ...*[19]

---

16 C. Meier, o. Anm. 8, S. 75. Vgl. auch J. Hellegouarc'h, *Le vocabulaire latin des relations et des partis politiques sous la république,* Paris 1961, S. 484.

17 Vell. Pat. II 12.6. Nach Velleius war Marius für die Ermordung des Saturninus verantwortlich. Vgl. dazu E.J. Phillips, *The Prosecution of C. Rabirius in 63 B.C.,* Klio 56 (1974), S. 95f.

18 Florus II 4.6. Dem Bericht des Florus kommt die entsprechende Bemerkung *vir. ill.* 73.11, *Apuleius cum in curiam fugisset, lapidibus et tegulis desuper infectus est,* nahe. Es ist aber bezeichnend, daß hier die Tätergruppe nicht genauer bezeichnet wird. Die Auffassung von Florus übernahm etwa H.H. Scullard, o. Anm. 7, S. 62. Orosius V 17.9. Die von R. Seager, o. Anm. 5, S. 387 angeführten Stellen bei Orosius sind in ihrer Formelhaftigkeit (*fremente ... senatu populoque Romano* [V 17.6] oder *cum totius Urbe dolore* [V 17.4]) wohl kaum als exakter Hinweis auf die Unterstützungsgruppen des Senates zu werten und eher als rhetorisch anzusehen; vgl. dazu u. Anm. 40. Außerdem ist darauf hinzuweisen, daß im Gegensatz zur Feststellung Seagers: „this is not the first suggestion in Orosius that Saturninus lacked urban support" Metellus nach der Darstellung des Orosius während seiner Censur von einer *multitudo* angegriffen wurde, die nach Lage der Dinge nur aus Angehörigen der stadtrömischen Bevölkerung bestehen konnte. Die Behauptung, Marius habe die *plebs* im Dezember *manipulatim* (V 17.7) aufgeboten, mag insofern richtig sein, als auf der Seite der Senatoren auch Klienten und Abhängige standen; die Quellen zur Ermordung des Saturninus hat E.J. Phillips, o. Anm. 17, S. 95 f. diskutiert. Zur offiziellen römischen Version s. Cic., Rab. perd. 31.

19 Val. Max. III 2.18; vgl. auch. VIII 6.2. Außerdem ist *de viris illustribus* 73 zu nennen; hier finden sich keine Angaben zum Anhang des Saturninus; als Gegner des Agrargesetzes werden *multi nobiles* genannt (zum ersten Tribunat vgl. u. Anm. 57).

In der Mariusbiographie des Plutarch, die zumindest partiell auf das Geschichtswerk des Optimaten Rutilius Rufus zurückgeht, werden die politischen Ereignisse des Jahres 100 vornehmlich unter dem Aspekt des persönlichen Gegensatzes zwischen Marius und Metellus gesehen. Nach Plutarch waren Saturninus und Servilius Glaucia in den Jahren 101/100 Führer der verarmten und unzufriedenen Unterschichten in Rom. Es gibt in der Mariusbiographie kein Anzeichen dafür, daß beide popularen Politiker im Verlauf des Jahres 100 die Unterstützung des πλῆθος verloren haben. Die Veteranen der von Marius geführten Legionen werden nur kurz erwähnt: Sie waren während der Consulatswahlen des Jahres 101 in Rom anwesend, um die Wahl des Marius zu sichern; ein Gegensatz zwischen dem von Saturninus geführten πλῆθος und den Veteranen wird nirgends angedeutet. Als Marius den Eid auf das Agrargesetz leistete, fand er die Zustimmung des Volkes, während er nach der Ermordung der Popularen im Dezember sein Ansehen bei dem Volk verlor. Plutarch, der in den Abschnitten über diese Vorgänge nicht zwischen *plebs urbana* und *plebs rustica* differenziert, nimmt also an, daß das Volk bis zum Dezember 100 hinter Saturninus stand und die Ermordung der Popularen nicht billigte. Die römischen Bürger, die Metellus vor Angriffen der *plebs* schützten, bezeichnet Plutarch als βέλτιστοι, mit einem Wort, das dem lateinischen Terminus *optimi* entspricht und ohne Zweifel Angehörige der Oberschicht meint. Damit deckt sich diese Aussage Plutarchs mit der Darstellung der *Periochae,* in denen in diesem Zusammenhang von *boni cives* gesprochen wird.[20] Dieser kurze Überblick zeigt, daß die Behauptung eines Gegensatzes zwischen der *plebs urbana* und der *plebs rustica* im Jahre 100 in der historiographischen Überlieferung – sieht man von Appian ab – keine Bestätigung findet.

[199] Der Appiantext *BC* I 28ff. unterscheidet sich grundsätzlich von anderen antiken Darstellungen des zweiten Tribunates von Saturninus durch seine zahlreichen Angaben über die soziale Zusammensetzung der am politischen Konflikt beteiligten Gruppen. Im einzelnen ergibt sich folgendes Bild: Zur Abstimmung über das Agrargesetz ließ Saturninus Landbewohner, die zuvor in den Legionen des Marius gedient hatten (τοῖς οὖσιν ἀνὰ τοὺς ἀγρούς, οἷς δὴ καὶ μάλιστ' ἐθάρρουν ὑπεστρατευμένοις Μαρίῳ), nach Rom kommen. Diese Veteranen (οἱ ἄργοικοι) konnten nach Unruhen und Kämpfen auf dem Forum die Zustimmung der Volksversammlung zu dem Agrargesetz sichern. In seiner Rede im Senat riet Marius, die Optimaten sollten den Eid auf das Gesetz ablegen und so lange warten, bis die Landbevölkerung (οἱ ἀπὸ τῶν ἀγρῶν) Rom verlassen habe, um dann das Gesetz aufzuheben. Als Metellus den Eid auf das Gesetz verweigerte und trotz der angedrohten Sanktionen demonstrativ eine Senatssitzung aufsuchte, agitierte Saturninus wiederum die Landbevölkerung, um die Verbannung des Metellus durchzusetzen. Im Dezember 100 wurde Saturninus wiederum von einer Menge vom Land (ἄλλο πλῆθος ἀπὸ τῶν ἀγρῶν) unterstützt, wobei zu beachten ist, daß diese Landbewohner nicht mit jenen, die das Agrargesetz in Rom unterstützt haben, identisch sind. Die Stadtbevölkerung (ὁ δῆμος) dagegen lehnte das Agrargesetz ab, weil bei der Landverteilung auch die Italiker berücksichtigt werden sollten; gewaltsam versuchte die *plebs urbana* (πολιτικὸς ὄχλος, im folgenden auch als οἱ πολιτικοί und οἱ ἀστικοί bezeichnet), die Abstimmung über das Gesetz zu verhindern. Als Saturninus die Verbannung des Metellus forderte, wurde dieser von Stadtbewohnern (ἀστικοί), die ihn vor tätlichen Angriffen schüt-

---

20　Zur Anhängerschaft des Saturninus im Jahre 100 vgl. Plut. *Mar.* 28.7. S. auch Plut. *Mar.* 14.12 zum ersten Tribunat des Saturninus; nach *vir. ill.* 73.1 hat der *populus* im Jahre 103 den interzedierenden Tribunen Baebius vom Forum vertrieben.

zen wollten, ständig begleitet, Nach der Ermordung des Memmius wollte das Volk (ὁ δῆμος) Saturninus umbringen; alle (πάντες) forderten nach der Kapitulation der Popularen, die das Capitol besetzt hatten, deren Tod. Nachdem Marius die popularen Politiker in die Curie hatte bringen lassen, um sie dem Gesetz entsprechend zu behandeln, wurden sie von Leuten ermorden, die meinten, es handle sich dabei nur um einen Vorwand des Marius (οἱ δὲ πρόφασιν τοῦτ' εἶναι νομίσαντες).

Die Unbestimmtheit der von Appian gebrauchten Begriffe hat bei der Analyse des Textes erhebliche Schwierigkeiten bereitet und zu unterschiedlichen Interpretationen geführt. Umstritten ist vor allem die Frage, welche Gruppen Appian mit den Termini Ἰταλιῶται, οἱ ἄργοικοι und ἄλλο πλῆθος ἀπὸ τῶν ἀγρῶν meint. Gelzer wies darauf [200] hin, daß in den Kapiteln 30ff. nicht mehr von dem in Kapitel 29 erwähnten Gegensatz zwischen Ἰταλιῶται und δῆμος, sondern nur von dem Konflikt zwischen πολιτικοί (bzw. ἀστικοί) und ἄργοικοι, also zwischen *plebs urbana* und *plebs rustica*, gesprochen wird. Aus dieser Beobachtung zieht Gelzer den Schluß, daß die Ἰταλιῶται mit den stimmberechtigten ἄργοικοι des Kapitels 30 zu identifizieren und damit als Angehörige der römischen Landbevölkerung zu bezeichnen sind[21]. Gabba dagegen äußert die Auffassung, daß die Ressentiments der *plebs urbana* sich gegen die *socii*, nicht gegen die *plebs rustica* gerichtet hätten.[22]

Wesentlich komplizierter stellt sich der Sachverhalt bei Badian dar: Badian[23] geht von einer Bemerkung bei Cicero, *Rab. perd.* 22 aus, wo es heißt, der *ager Picenus universus* sei dem Senat in der Krise im Dezember 100 gefolgt. Aufgrund dieser Aussage nimmt Badian an, daß die Anhängerschaft des Saturninus (ἄλλο πλῆθος ἀπὸ τῶν ἀγρῶν) sich im Dezember 100 aus Italikern rekrutierte, da die römische Landbevölkerung (zumindest die Einwohner von Picenum) auf der Seite des Senates stand. Diese Auffassung Badians impliziert aber, daß Appian in dem relativ kurzen Abschnitt *BC* I 28–32 die Begriffe ἄργοικοι bzw. πλῆθος ἀπὸ τῶν ἀγρῶν und δῆμος in verschiedenen Bedeutungen (ἄργοικοι in Kapitel 30: römische Landbevölkerung, πλῆθος ἀπὸ τῶν ἀγρῶν in Kapitel 32: Italiker; δῆμος in Kapitel 29: *plebs urbana* und in Kapitel 32: *plebs urbana* und *plebs rustica*, falls Bürger aus Picenum im Dezember 100 in Rom anwesend waren) verwendet und die Italiker einerseits als Ἰταλιῶται, andererseits aber als πλῆθος ἀπὸ τῶν ἀγρῶν bezeichnet hätte. Es ist dabei unwahrscheinlich, daß Appian, der dem Italikerproblem in *BC* I stets eine große Aufmerksamkeit geschenkt hat, die Beteiligung der Italiker an der *seditio* des Saturninus im Dezember 100 durch einen so neutralen Begriff wie πλῆθος ἀπὸ τῶν ἀγρῶν verhüllt hätte. Da in keinem anderen antiken Bericht behauptet wird, daß die Italiker noch im Dezember 100 Saturninus unterstützt haben, kann der Gleichsetzung von πλῆθος ἀπὸ τῶν ἀγρῶν mit den Ἰταλιῶται kaum zugestimmt werden. Außerdem wäre Appian – unterstellt man die Richtigkeit der These Badians – nur in den Kapiteln 29–31 von einem Gegensatz zwischen Stadt- und Landbevölkerung, [201] im Kapitel 32 dagegen von einem Konflikt zwischen römischen Bürgern und den Italikern ausgegangen. Ein solcher Bruch ist allerdings in der Darstellung der Auseinandersetzungen im Jahre 100 nicht feststellbar.[24]

---

21 M. GELZER, *Kleine Schriften* II, S. 71. Vgl. auch Gelzers Rezensionen der Arbeiten Gabbas in *Kleine Schriften* III, Wiesbaden 1961, S. 286 ff., und 290 ff., besonders 289.

22 E. GABBA, *Appiano e la storia delle guerre civili*, S. 77f., und *ANRW* I 1, S. 781.

23 E. BADIAN, o. Anm. 3, S. 207f.

24 Diese Ansicht wird durch die Erwähnung der Ἰταλιῶται in *BC* I 29 nicht berührt, weil die Ἰταλιῶται nach Appian nicht aktiv in den Konflikt um das Agrargesetz eingegriffen haben.

Der Hinweis Badians auf Cicero, *Rab. perd.* 22 zeigt aber immerhin, daß Appians Analyse der sozialen Zusammensetzung der Konfliktparteien im Dezember 100 nicht mit der Auffassung Ciceros übereinstimmt. Es bleibt die Frage, welche soziale Gruppe Appian mit ἄλλο πλῆϑος ἀπὸ τῶν ἀγρῶν gemeint hat. Offensichtlich nimmt Appian an, daß die Veteranen des Marius im Dezember 100 nicht mehr hinter Saturninus standen, weswegen dieser Anfang Dezember ähnlich wie vor dem Volksbeschluß über die Verbannung des Metellus die Bevölkerung der kleinen Städte und der Dörfer in der unmittelbaren Umgebung von Rom erfolgreich zur Unterstützung seiner Politik aufforderte.[25] Eine andere Version findet sich allerdings bei Valerius Maximus, der behauptet, Saturninus habe im Dezember die Sklaven zum Kampf um ihre Freiheit aufgerufen.[26] Diese Angabe, die, nach dem Kontext zu urteilen, aus einer optimatischen Quelle stammt, ist vor dem Hintergrund der sozialen Verhältnisse in Rom zu sehen. Seit der Mitte des 2. Jahrhunderts bestand ein hoher Anteil der Bevölkerung Roms aus Sklaven und aus Freigelassenen, die trotz ihrer eingeschränkten politischen Rechte an den *contiones* teilnehmen konnten. Bereits im Jahre 131 äußerte Scipio Aemilianus abfällig über die Teilnehmer an einer Volksversammlung, sie seien früher Sklaven gewesen. Unter diesen Voraussetzungen wandten sich populare Politiker, die die *plebs urbana* zum aktiven Widerstand gegen den Senat oder gegen optimatische Magistrate aufforderten, oft auch an die Sklaven.[27] Aufgrund von Valerius Maximus VIII 6.2 (vgl. auch III 2.18) kann angenommen werden, daß Saturninus und Glaucia in der kritischen Situation nach der Ermordung des C. Memmius die arme stadtrömische Bevölkerung und damit auch die in Rom lebenden Sklaven gegen den Senat zu mobilisieren versuchten. Wenn Valerius Maximus dabei den [202] Akzent auf die Mobilisierung der Sklaven gelegt hat, ist dies nicht nur aus dem Kontext des Kapitels VIII 6 zu erklären, sondern auch auf die Eigenart der optimatischen Polemik zurückzuführen, die stets die Tatsache, daß Popularen die Unterstützung von Freigelassenen und selbst von Sklaven suchten und teilweise auch erhielten, betont hat.[28] In diesem Zusammenhang muß auch Florus II 4.4 erwähnt werden, wo es über Saturninus heißt: *Et in eo tumultu regem se a satellitibus suis appellatum laetus accepit* (vgl. auch Orosius V 17.6). Diese Stelle ist ein weiterer Hinweis auf Sklaven in der Anhängerschaft des Saturninus, denn Sklavenführer dieser Zeit wurden von ihren Anhängern häufig als βασιλεύς oder *rex* bezeichnet; dies gilt auch dann, wenn ein solcher Sklavenführer römischer Bürger war wie z.B. der bei Diodor XXXVI 2.4 erwähnte Titus Minucius. Angesichts der Tatsache, daß eine von Appian abweichende Version über die Vorgänge im Dezember 100 existiert, muß damit gerechnet werden, daß Appian oder der Historiker, dem Appian hier folgt, den Begriff ἄλλο πλῆϑος ἀπὸ τῶν ἀγρῶν nur eingeführt

25 App., *BC* I 31. Vgl. auch Gellius I 7.7 zur Agitation des C. Gracchus in den *conciliabula*.
26 Val. Max. VIII 6.2.
27 Vgl. A.E. Astin, o. Anm. 11, S. 265f. Zum Versuch des C. Gracchus, die Sklaven zu mobilisieren vgl. App., *BC* I 26.
28 Angesichts der Isolation, in der die Sklaven auf den großen Gütern lebten (vgl. Plut., *Cato maior* 21), ist es kaum denkbar, daß mit dem Begriff *servitas* bei Val. Max. VIII 6.2 die Sklaven auf dem Land gemeint waren. Appelle popularer Politiker an Sklaven richteten sich daher fast immer an *servi* in Rom. Eine Ausnahme stellt lediglich das Verhalten des Marius dar, der 87 nach seiner Landung in Etrurien Sklaven in sein Heer aufnahm (Plut., *Mar.* 41). Das Vorgehen des Marius muß aber mit der Bürgerkriegssituation des Jahres 87 erklärt werden und ist für die römische Politik keineswegs charakteristisch. Soweit ich sehe, gibt es keinen Beleg dafür, daß ein popularer Politiker der späten Republik sich allein auf Sklaven stützte. Zu Saturninus vgl. Val. Max. III 2.18: *populo concitato*. Zur optimatischen Politik vgl. etwa Cic., *Dom.* 54, 79, 89, 129; *Har. resp.* 22ff.; *Mil.* 76ff., 87ff.

hat, um seine Konstruktion eines Gegensatzes zwischen Land- und Stadt Bevölkerung auch in den Abschnitten über die Ermordung des Saturninus aufrechterhalten zu können.

Die Gegner des Saturninus und der popularen Gesetzgebung werden mit verschiedenen Begriffen (δῆμος: 29/32; πολιτικὸς ὄχλος: 30; οἱ πολιτικοί: 30; οἱ ἀστικοί: 30/31) bezeichnet, wobei im Kapitel 30 πολιτικὸς ὄχλος, πολιτικοί und ἀστικοί synonym gebraucht werden; dies impliziert aber, daß Appian mit den im Kapitel 31 erwähnten ἀστικοί, die Metellus vor den Popularen schützten, Angehörige der stadtrömischen Unterschichten gemeint hat. Dies ist aber nicht nur wegen der anderslautenden Angaben bei Livius und Plutarch, sondern auch aus sachlichen Erwägungen unwahrscheinlich. Wie das Beispiel Ciceros, der sich in den Jahren 59/58 in einer ähnlichen Situation wie [203] Metellus befand, zeigt, konnte ein von den Popularen angegriffener Consular mit der Unterstützung der *Equites* und Senatoren rechnen. Anfang Juli 59 schreibt Cicero an Atticus (II 19.4), er verlasse sich im Konflikt mit Clodius auf *nostrum illum consularem exercitum bonorum omnium,* und in seiner Dankesrede vor dem Senat von Anfang September 57 sagte er, die *multitudo bonorum,* die *adulescentes nobilissimi* und die *equites Romani* seien im Januar 58 für ihn eingetreten.[29] Metellus selbst war bereits während der Unruhen des Jahres 102 von *Equites* geschützt worden[30]; man kann annehmen, daß dies auch zwei Jahre später der Fall war. Die Bemerkung C. Meiers, daß „unter dem πολιτικὸς ὄχλος, den ἀστικοί, die nach Appian dem Tribunen so heftigen Widerstand entgegensetzten, ... daher eher die βέλτιστοι Plutarchs (29,10) zu verstehen" sind[31], trifft also zumindest auf die ἀστικοί des Kapitels 31 zu. Ein ähnlicher Widerspruch besteht zwischen Appian und dem *Auctor de viris illustribus* hinsichtlich der Gruppe, die gegen die Abstimmung über das Agrargesetz Einspruch erhob. Nach Appian machte der πολιτικὸς ὄχλος auf den Donner aufmerksam, in *de viris illustribus* werden in diesem Zusammenhang *multi nobiles* genannt. Gerade an diesen Stellen wird deutlich, wie wenig Appian den tatsächlichen Vorgängen gerecht wird, weil er dazu neigt, Stadtbevölkerung und Landbevölkerung wie homogene soziale und politische Gruppierungen zu behandeln, ohne zwischen Ober- und Unterschichten zu differenzieren.

Ungenau ist auch die Bemerkung Appians, die Stadtbevölkerung (δῆμος) sei am 10. Dezember gegen die Popularen vorgegangen, denn die Optimaten wurden nach Cicero, *Rab. perd.* 22 zu diesem Zeitpunkt auch von Bürgern aus Picenum unterstützt. Ebenfalls im Widerspruch zur Darstellung Appians steht die Wahl des Saturninus und seines Anhängers L. Equitius zu Volkstribunen im Herbst des Jahres 100.[32] Equitius, der sich bereits 101 um das Tribunal beworben hatte, damals aber auf Befehl des Marius in das Gefängnis geworfen und dann vom Volk befreit worden war[33], besaß zweifellos die Zustimmung großer Teile der stadtrömischen Bevölkerung. Appian erwähnt zwar *BC* I 32 die Wahl des Equitius, übergeht aber dessen Verbindung mit [204] Saturninus; die Wähler des Equitius bezeichnet Appian als τὸ πλῆθος, wobei er im Gegensatz zu seinen sonstigen Ausführungen *BC* I 28–32 an dieser Stelle offen läßt, ob es sich bei dieser Menge um die *plebs urbana* oder um die *plebs rustica* gehandelt hat. Diese Ungenauigkeit beruht wahrscheinlich darauf, daß Appian es vermeiden wollte, durch eine eingehende Behandlung der Equitiusaffäre die innere Widersprüchlichkeit seiner Darstellung offenzulegen.

29 Cic. *Post red. in sen.* 12. Vgl. auch *Post red. ad. Quir.* 8; *Sest.* 26; *Dom.* 99.
30 Orosius V 17.3.
31 C. Meier, o. Anm. 8, S. 133 Anm. 300.
32 Dies betont auch R.E. Smith, o. Anm. 9, S. 263.
33 Val. Max. IX 7.1.

Nach Appian hat die stadtrömische Bevölkerung (δῆμος) auf die Ereignisse im Dezember 100 einen erheblichen Einfluß genommen; nachdem C. Memmius während der Consulatswahlen ermordet worden war, ergriff das Volk von Rom die Initiative: ὁ δὲ δῆμος ἀγανακτῶν ἐς τὴν ἐπιοῦσαν ἡμέραν μετ᾽ ὀργῆς συνέτρεχεν ὡς κτενοῦντες τὸν Ἀπουλήιον (I 32). Erst nach der Besetzung des Capitols durch die Popularen erging nach Appian ein Beschluß des Senates gegen Saturninus. Abgesehen davon, daß diese Chronologie nicht überzeugend wirkt und unter Hinweis auf andere Quellen zurückgewiesen wurde[34], wird bei Appian die Rolle des Senates und vor allem der führenden Optimaten wie etwa des Aemilius Scaurus völlig unterschätzt, denn in den Tagen vor dem 10.12.100 lag die politische Initiative eindeutig hei dem Senat und den Optimaten[35]. Die Konfrontation des Appiantextes mit anderen historiographischen Darstellungen ergibt also, daß mehrere für Gabbas und Badians Thesen relevante Angaben bei Appian über die Konfliktparteien des Jahres 100 im Widerspruch zu der Darstellung anderer antiker Historiker stehen und kaum als Beleg für die Existenz eines Gegensatzes zwischen Landbevölkerung und stadtrömischer Bevölkerung gelten können (so etwa der Hinweis auf die ἀστικοί in Kapitel 32, weil es sich hierbei mit größter Wahrscheinlichkeit um Angehörige der römischen Oberschichten handelte); außerdem muß konstatiert werden, daß Appian in seinem Bericht durchaus verbürgte Fakten, die aber seiner Konzeption nicht entsprachen (die Wahl des Saturninus zum Volkstribunen im Herbst 100, die enge Verbindung zwischen Equitius und Saturninus, die Rolle der Bürger aus Picenum im Dezember 100, die Aktivitäten des Senates und führender Optimaten vor dem 10.12.), entweder nicht erwähnt oder nur inadäquat behandelt hat.

[205] **II**

Neben den historischen Darstellungen müssen auch die Schriften Ciceros zur Analyse der Konflikte des Jahres 100 herangezogen werden. Cicero besaß recht gute historische Kenntnisse, in seinen Reden und seinen theoretischen Schriften pflegte er seine Thesen oft mit dem Hinweis auf historische Ereignisse zu begründen.[36] Eingehend behandelte er die Ermordung des Saturninus in seiner 63 gehaltenen und 60 publizierten Verteidigungsrede für den Senator C. Rabirius, der von dem Volkstribunen T. Labienus wegen der Ermordung des Saturninus angeklagt worden war.[37] Es ist notwendig, bei einer Interpretation dieser Rede, die sicherlich zu den wichtigsten Zeugnissen über die Vorgänge im Dezember 100 gehört, von der Verteidigungsstrategie Ciceros auszugehen. Cicero kam es nicht darauf an, die Beteiligung des C. Rabirius an der Aktion gegen die Popularen zu leugnen – obwohl er an das vorangegangene Plädoyer des Hortensius erinnerte, der die Unschuld des Rabirius nachgewiesen haben soll –,

---

34 Zur Chronologie vgl. J. Ungern-Sternberg, *Untersuchungen zum spätrepublikanischen Notstandsrecht,* München 1970, S. 72 Anm. 87. Er verweist dabei auf Florus II 4.5 und *vir. ill.* 73.10.

35 Zur Rolle des Senates und des Aemilius Scaurus s. Cic. *Rab. Perd.* 20ff.; Florus II 4.5: *conspiratione senatus:* Liv., *Per.* 69: *concitato senatu,* Val. Max. III 2.18; Cic., *Sest.* 101; Plut. *Mar.* 30.

36 M. Rambaud, *Ciceron et l'histoire romaine,* Paris 1953; J. Beranger, *Les judgements de Cicéron sur les Gracques,* in *ANRW* I 1 (1972). S. 732ff. Vgl. auch die allgemeinen Bemerkungen von J. Vogt, *Ciceros Glaube an Rom,* ND Darmstadt 1963, S. 2 ff.

37 M. Gelzer, *Cicero,* Wiesbaden 1969, S. 76f., 118. J. Ungern-Sternberg, o. Anm. 34, S. 97 Anm. 65; E.L. Phillips, o. Anm. 17, S. 87ff., besonders 95f. und 98. Phillips glaubt, die erhaltene Fassung der Rede habe weitgehend dem Zweck gedient, Ciceros Politik im Jahre 63 durch den Nachweis der Rechtmäßigkeit der Ermordung des Saturninus zu legitimieren.

sondern er hatte das Ziel, das Vorgehen gegen Saturninus und seine Anhänger als rechtmäßig zu erweisen; es lag in der Konsequenz dieser Verteidigungsstrategie, die Ermordung des Saturninus als eine notwendige Folge des für Cicero eindeutig legalen *senatus consultum ultimum* darzustellen[38] und gleichzeitig durch die Behauptung, die führenden Senatoren, die Oberschichten und das römische Volk hätten einmütig die *seditio* des Saturninus niedergeschlagen, zu legitimieren.[39] Diese Tendenz der Rede verbietet es, solche Aussagen wie *Rab. perd.* 31: *neminem esse dico ex his omnibus, qui illo die Romae fuerit, quem tu diem in iudicium vocas, pubesque tum fuerit, quin arma ceperit, quin consules secutus sit* unkritisch zu akzep[206]tieren.[40] Zweifellos ist die Hervorhebung der Senatoren – und unter ihnen vor allem der Consulare und *Nobiles* – und der *Equites* in den Abschnitten 20f. für Ciceros politisches Denken charakteristisch, aber es ist dennoch bemerkenswert, daß *die plebs urbana* nicht eigens erwähnt wird. Wenn in *Rab. perd.* 20 von *omnes omnium ordinum homines qui in salute rei publicae salutem suam repositam esse arbitrabantur* gesprochen wird, ist kaum die *plebs urbana* mit einbezogen, denn nach Ciceros Ansicht lag die Bewahrung der *res publica* vor allem im Interesse der Besitzenden, der *boni*.[41] Dieser Sachverhalt ist deutlich in Cic., *Phil.* 13.16 ausgedrückt: *omnibus enim bonis expedit salvam esse rem publicam,* eine Formulierung, der *Rab. perd.* 20: *qui rem publicam salvam esse vellent arma capere et se sequi iubent* entspricht.[42] Es ist daher anzunehmen, daß die *Rab. perd.* 20 erwähnten *omnes onmium ordinum homines* und *die ceterorum ordinum omnium homines (Rab. perd.* 27) weitgehend mit den *Rab. perd.* 21 und 23 genannten *boni* (21: *boni omnes*; 23: *armata multitudo bonorum)* identisch sind. Der wiederholte Hinweis auf die gemeinsame Aktion aller *boni* im Jahre 100 besaß die Funktion, die von Cicero gewünschte Kooperation zwischen Senat und *Equites* auch historisch zu legitimieren.[43] Über die Haltung der Landbevölkerung gibt nur eine kurze Stelle der Rede Aufschluß:

> *quid? ager Picenus universus utrum tribunicium furorem, an consularem auctoritatem secutus est?*[44]

Diese Bemerkung macht es wahrscheinlich, daß römische Bürger [207] aus Picenum – wohl Gutsbesitzer und deren Söhne – im Dezember 100 in Rom anwesend waren, was mit den zu dieser Zeit stattfindenden Consulatswahlen zu erklären ist. Da ein Anhänger des Saturninus,

---

38 Cic., *Rab. Perd.* 19: *Confiteor interficiendi Saturnini causa C. Rabirium arma cepisse.* Vgl. 28 und 31: *At occidit Saturninum Rabirius. Utinam fecisset! Nam supplicium deprecarer, sed praemium postularem.*

39 Cic., *Rab. Perd.* 20ff., 24, 27, 31.

40 Vgl. in diesem Zusammenhang die kritischen Bemerkungen von P.A. BRUNT, *Der römische Mob,* in H. SCHNEIDER (Hg.), *Zur Sozial- und Wirtschaftsgeschichte der späten römischen Republik,* Darmstadt 1976. S. 302 Anm. 65. Brunt weist auf die allgemeine Unglaubwürdigkeit solcher Aussagen Ciceros hin, in denen dieser behauptet, die optimatische Politik sei vom ganzen Volk unterstützt worden.

41 Dazu vgl. auch Ciceros rhetorische Frage *Phil.* 2.17 zum Dezember 63: *quis esset, qui ad salutem communem defendendam non excitaretur ...?,* die sich nicht auf die *plebs urbana,* die Cicero Ende 63 ablehnend gegenüberstand, beziehen kann. Zum Terminus *boni* s. o. Anm. 16 und vor allem Cic., *Phil.* 13.16: *bonos cives primum natura efficit, adiuvat deinde fortuna.* Vgl. auch Ciceros Definition von *optimates* und *populares, Sest.* 97ff. Bei der Interpretation der Äußerungen Ciceros ist außerdem zu beachten, daß normalerweise nur vom *ordo senatorius* und vom *ordo equester* gesprochen wurde; die *plebs* galt nicht als *ordo;* vgl. G. ALFÖLDY, *Die römische Gesellschaft – Struktur und Eigenart, Gymnasium* 83 (1976), S. 11.

42 Interessant ist auch, daß Cicero, *Rab. Perd.* 23 unter den möglichen Gründen, die einen römischen Bürger veranlassen konnten, für Saturninus Partei zu ergreifen, die Zerrüttung der Vermögensverhältnisse nennt.

43 Zu Ciceros politischen Anschauungen vgl. H. STRASBURGER, *Concordia Ordinum,* ND Amsterdam 1956.

44 Cic., *Rab. Perd.* 22.

der Praetor Servilius Glaucia, sich entgegen den Bestimmungen der *lex annalis* um das Consulat bewarb, hatte der Senat vermutlich die römischen Gutsbesitzer aus Mittelitalien aufgefordert, nach Rom zu kommen und die Wahl des Servilius Glaucia zu verhindern.[45] Als die Lage in Rom sieh nach der Ermordung des C. Memmius verschärft hatte, folgten die Bürger aus Picenum dann dem Aufruf des Senats, sich zu bewaffnen und die *seditio* des Saturninus niederzuschlagen. Daß mit Unruhen während der Wahlen gerechnet wurde, ergibt sich auch aus *Rab. perd.* 26: ... *M. Antonium, qui tum extra urbem cum praesidio fuit.* Vor Rom standen also unter dem *imperium* des M. Antonius, der auf seinen Triumph wartete, bewaffnete Mannschaften, die zum Eingreifen bereit waren, falls in der Stadt eine für die Optimaten kritische Situation entstehen sollte.[46]

In den anderen Reden und in den Schriften Ciceros ergibt sich kein von den Feststellungen der Rabiriusrede abweichendes Bild der Ereignisse des Jahres 100. Es fehlt bei Cicero jedes Anzeichen dafür, daß Saturninus sich im Jahre 100 vornehmlich auf die Landbevölkerung gestützt hätte und daß seine Politik auf den Widerstand der stadtrömischen Bevölkerung gestoßen wäre. Bemerkenswert ist Ciceros Aussage im *Brutus,* daß Glaucia im Jahre 100 mit großer Wahrscheinlichkeit zum Consul gewählt worden wäre, falls der Senat seine Kandidatur zugelassen hätte, denn er wurde von der *plebs* und den *Equites* unterstützt.[47] Allerdings wird bei Cicero auch deutlich, daß die Veteranen zum Zeitpunkt der Abstimmung über die *lex agraria* ein entscheidender Faktor der römischen Politik waren; über Metellus heißt es in der Rede gegen Piso:

> *alia enim causa praestantissimi viri, Q. Metelli, fuit, ... qui C. illi* [208] *Mario, fortissimo viro et consuli et sextum consuli, et eius invictis legionibus, ne armis confligeret, cedendum esse duxit.*[48]

Die Übereinstimmung von Cic., *Pis.* 20 bzw. *Sest.* 37, mit Appian, *BC* I 29f. zeigt, daß Appian die Rolle der Veteranen richtig charakterisiert hat.[49] Ein Gegensatz zwischen *plebs urbana* und *plebs rustica*, wie er für die Darstellung Appians kennzeichnend ist, kann aber in den Texten Ciceros ebensowenig wie in der sonstigen Überlieferung festgestellt werden. Um nun entscheiden zu können, welcher Version der Ereignisse des Jahres 100 der Vorzug gegeben werden muß, ist es notwendig, die politische Haltung der *plebs urbana* in dem Zeitraum zwischen 104 und 99 zu untersuchen; nur auf diese Weise kann geklärt werden, ob die *plebs urbana* der popularen Politik in diesem Zeitraum ablehnend oder zustimmend gegenüberstand.

---

45 In der Geschichte der späten Republik gibt es hierfür mehrere Parallelfälle; vor der Abstimmung über das griechische Agrargesetz im Jahre 133 waren zahlreiche Großgrundbesitzer in Rom anwesend, die gegen die *rogatio* stimmen wollten (App., *BC* I 10); im Jahre 57 wurde die Bevölkerung Italiens (*cuncti ex omni Italia*) durch einen Senatsbeschluß dazu aufgerufen, in den Centuriatcomitien für die Rückberufung Ciceros zu stimmen (Cic., *Post red. in sen.* 24). Vgl. außerdem Cic., *Cat.* 3.5: *adulescentes* aus Reate in Rom; *Quin. fr.* II 3.4. Zu den Wahlchancen Glaucias: Cic., *Brutus* 224.

46 Zu M. Antonius vgl. E. BADIAN, *Studies in Greek and Roman History,* Oxford 1968, S. 46ff. Zum Triumph des Antonius s. Plut., *Pomp.* 24.

47 Die wichtigsten Stellen bei Cicero: *Sest.* 37, 101, 105; *Har. Resp.* 41, 43; *Brutus* 224.

48 Cic. *Pis.* 20. Vgl. *Sest.* 37: *Erat autem res ei cum exercitu C. Mari invicto. Habebat inimicum C. Marium ...* Es ist aber bezeichnend, dass in *Sest.* 37 auch Saturninus genannt wird, der als unabhängiger Politiker mit eigenem Anhang charakterisiert wird: *res erat eum L. Saturnino, iterum tribuno pl., vigilante homine et in causa populari si non moderate, at certe populariter abstinerenterque versato.*

49 Zu den Veteranen in der römischen Politik vgl. E. GABBA, in *ANRW* I 1, S. 780.

III

Im Jahre 104 wurde Saturninus aufgrund eines Senatsbeschlusses die *procuratio frumentaria*, die er als Quaestor innehatte, genommen und dem *princeps senatus* M. Aemilius Scaurus übertragen. Zweifellos war es ein ungewöhnlicher Schritt, einen Consular von hohem Ansehen mit einer Aufgabe zu betrauen, die normalerweise einem der rangniederen Magistrate oblag. Cicero erklärt die Maßnahme des Senats mit einem Getreidemangel in Rom, Diodor mit der Amtsführung des Saturninus.[50] Eine Amtsführung, die dem Senat nicht genehm war, mußte aber nicht unbedingt unpopulär sein: Noch 104 wurde Saturninus zum Volkstribunen gewählt, was beweist, daß die stadtrömische Bevölkerung Saturninus nicht für irgendwelche Schwierigkeiten in der Getreideversorgung verantwortlich machte. Während seines ersten Tribunats versuchte Saturninus erfolglos, eine *lex frumentaria,* die eine Reduzierung des Preises für das vom Staat gelieferte und subventionierte Getreide [209] vorsah, durchzusetzen.[51] Der Beginn der politischen Karriere des Saturninus war also eng mit der Frage der Getreideversorgung Roms verbunden, mit einer Frage, die die Interessen der *plebs urbana* unmittelbar berührte. Das von Saturninus vorgeschlagene Frumentargesetz muß im Zusammenhang mit dem 2. Sizilischen Sklavenaufstand gesehen werden. Es ist anzunehmen, daß infolge der Kämpfe auf Sizilien, das Rom normalerweise mit Getreide belieferte, in der Stadt eine Getreideknappheit, die mit steigenden Preisen verbunden war, herrschte.

Zwei Gesetze des Saturninus aus dem Jahre 103 sind bekannt: Die *lex Appuleia de maiestate* sollte eine effiziente Kontrolle der Magistrate ermöglichen; durch dieses Gesetz wurde eine *quaestio perpetua* geschaffen, die der Strafverfolgung solcher Magistrate, die gegen Volksbeschlüsse oder Gesetze verstoßen hatten, dienen sollte.[52] Die römischen Veteranen, die im Numidischen Krieg unter Marius gedient hatten, erhielten aufgrund eines Agrargesetzes Land in Afrika. Diese *lex agraria,* mit der Saturninus wiederum an die gracchische Landverteilungspolitik anknüpfte, entsprach den Intentionen des Marius[53]; es begann die Zusammenarbeit zwischen dem militärisch erfolgreichen Consul und dem popularen Tribunen, die die römische Politik in den folgenden Jahren nicht unwesentlich prägte.

Die Politik des Saturninus war stark umstritten und wurde von den Optimaten heftig bekämpft. Der Quaestor Q. Caepio kritisierte das Frumentargesetz aus finanzpolitischen Gründen und führte im Senat einen Beschluß gegen die *rogatio* herbei. Als Saturninus sich anschickte, den Gesetzentwurf trotz der Interzession mehrerer Tribunen der Volksversammlung

---

50 Cic., *Har. Resp.* 43. Vgl. auch *Sest.* 39; Diodor XXXVI 12. Zur Datierung der Quaestur vgl. G.V. Sumner, *The Orators in Cicero's ,Brutus': Prosopography and Chronology,* Toronto 1973, S. 119f.

51 Zur *rogatio frumentaria* vgl. E. Badian, o. Anm. 46, S. 63 Anm. 9: „That the frumentary law ... belongs to the first tribunate of Saturninus, and early in it, is recognized by all the best modern scholars. No good argument for 100 has ever been advanced". Abwegig sind die Ausführungen von H. Mattingly, *Saturninus' Corn Bill and the Circumstances of his Fall,* CR 19 (1969), S. 267ff. Einziger Beleg der *rogatio* ist *ad Herenn.* I 21 und II 17.

52 Zur *Lex Appuleia de maiestate* vgl. E.S. Gruen, o. Anm. 5, S. 167f. Zum Zusammenhang zwischen der *lex* und dem Prozeß gegen Caepio vgl. aber E. Badian, o. Anm. 46, S. 35.

53 *Vir. ill.* 73.1, Ende 103 hat Saturninus die Wiederwahl des Marius zum Consul durch geschicktes Taktieren gesichert, vgl. Plut., *Mar.* 14. Zur popularen Gesetzgebung in der Zeit zwischen 103 und 100 (vor allem zur *lex de piratis* und zur *lex Servilia de repetundis*) vgl. M. Hassall – M. Crawford – J.C. reynolds, *Rome and the Eastern Provinces at the End of the Second Century B.C.,* JRS 64 (1974), S. 195–220 und J.-L. Ferrary, *Recherches sur la législation de Saturninus et de Glaucia,* MEFRA 89 (1977), S. 619–660 und 91 (1979), S. 85–134.

zur Abstimmung vorzulegen, zerstörte Caepio [210] zusammen mit einigen Anhängern die zur Abstimmung benötigten Einrichtungen *(pontes* und *cistae)*. Dieses gewaltsame Vorgehen war deswegen notwendig, weil anders eine Zustimmung der Volksversammlung zu dem Gesetzentwurf nicht hätte verhindert werden können. Die Personen, die an der Aktion Caepios beteiligt waren, werden als *viri boni* bezeichnet; es hat sich also kaum um Angehörige der *plebs urbana* gehandelt.[54]

H. B. Mattingly, der zu Recht die Ansicht vertritt, das Frumentargesetz des Saturninus sei nicht realisiert worden, stellte die Frage, warum der Volkstribun darauf verzichtet habe, den Gesetzentwurf der Volksversammlung zu einem späteren Zeitpunkt vorzulegen. Mattingly versucht diese Schwierigkeit zu lösen, indem er annimmt, die von Caepio verhinderte Abstimmung über die *rogatio* habe unmittelbar vor dem 10.12.100 stattfinden sollen; das Ziel des Saturninus sei es gewesen, auf diese Weise die Consulatswahlen zu beeinflussen und Glaucia zum Consulat zu verhelfen. Da aber unmittelbar nach Caepios Aktion das *senatus consultum ultimum* gegen die Popularen gefaßt worden sei, habe Saturninus dann keine Möglichkeit mehr besessen, die Abstimmung über das Frumentargesetz doch noch zu erzwingen. Diese These ist m. E. wenig überzeugend, weil das Frumentargesetz in keinem Bericht über die relativ gut dokumentierten Ereignisse des Jahres 100 erwähnt wird; außerdem widerspricht Mattinglys Auffassung eklatant der Einschätzung der Wahlchancen des Servilius Glaucia bei Cicero.[55] Eine andere Möglichkeit, die von Mattingly gestellte Frage zu beantworten, soll hier nur kurz angedeutet werden: Eine von Q. Caepio und L. Piso vermutlich während ihrer Quaestur geprägte Münze weist die Legende AD FRV EMV / EX S C *(ad frumentum emundum, ex senatus consulto)* auf, die auf einen Senatsbeschluß hindeutet, der einen Getreideaufkauf verfügte. Es ist denkbar, daß dieser Senatsbeschluß eine Reaktion auf die *rogatio* des Saturninus und auf eine Getreideknappheit in Rom darstellte und die Durchsetzung der *lex frumentaria* überflüssig machte. Dieser Senatsbeschluß steht in der Tradition der Politik des optimatischen Volkstribunen Livius Drusus, der im Jahre 122 ebenfalls soziale Maßnahmen einleitete, um der populaten Politik jegliche Berechtigung zu nehmen.[56]

[211] Das Agrargesetz des Saturninus und das Vorgehen gegen den Consul Q. Caepio, der die Niederlage bei Arausio zu verantworten hatte, wurden vom Volk unterstützt. Es kam zu gewaltsamen Ausschreitungen, als einzelne Optimaten die popularen Maßnahmen zu verhindern suchten:

> *intercedentem Baebium collegam facta per populum lapidatione summovit.*[57]

Cicero berichtet Einzelheiten über das Verfahren gegen den Consular Q. Caepio:

---

54 *Ad Herenn.* I 21. Hinter der Aktion Caepios sind auch persönliche Motive zu vermuten, war doch sein Vater aufgrund der *lex Appuleia de maiestate* verurteilt worden.

55 H. Mattingly, *CR* 19 (1969), S. 267.

56 Nach M.H. Crawford, *Roman Republican Coinage* I, Cambridge 1974, S. 330f. wurde die Münze gemeinsam vom Quaestor Ostiensis und dem Quaestor Urbanus geprägt; so auch H.A. Grueber, *Coins of the Roman republic in the British Museum*, 1125. Ist diese These richtig, hängt die Datierung der Münze vom Zeitpunkt der *lex frumentaria* des Saturninus ab. Vgl. auch M. H. Crawford, a.O., S. 73. Die Datierung von E. Sydenham, *The Coinage of the Roman Republic*, London 1952, S. 603 auf die Zeit zwischen 96 und 94 ist mit Crawford abzulehnen. Vgl. auch G. Rickman, The *Corn Supply of Ancient Rome*, Oxford 1980, S. 258.

57 *Vir. ill.* 73.1.

... vim, fugam, lapidationem, crudelitatem tribuniciam in Caepionis gravi miserabili casu ... deinde principem et senatus et civitatis, M. Aemilium, lapide percussum esse constabat; vi pulsum e templo L. Cottam et T. Didium, cum intercedere vellem rogationi, nemo poterat negare.[58]

Auch im folgenden Jahr ereigneten sich schwere Unruhen in Rom; die *plebs* reagierte auf die Haltung des Censors Q. Metellus, der Saturninus und Servilius Glaucia aus dem Senat entfernen wollte und sich gleichzeitig weigerte, den Anhänger des Saturninus L. Equitius, der sich als Sohn des Ti. Gracchus ausgab, in die Bürgerliste aufzunehmen; anschaulich ist die Darstellung dieser Ereignisse bei Orosius:

L. Apuleius Saturninus ... Q. Metello Numidico ... acerrimus inimicus, qui eum censorem creatum protractum domo atque in Capitolium confugientem armata multitudine obsedit, unde equitum Romanorum indignatione deiectus est, plurima ante Capitolium caede facta.[59]

In einer machtvollen Demonstration protestierte die Bevölkerung Roms im Jahre 101 gegen ein Gerichtsverfahren, das die Senatoren gegen Saturninus wegen angeblicher Gesandtenbeleidigung angestrengt hatten; die Volksmassen haben das Gericht so beeindruckt, daß Saturninus überraschend freigesprochen wurde.[60] Im Herbst desselben Jahres befreite das Volk (*populus*) L. Equitius, den Marius vor den Tribunatswahlen hatte festnehmen lassen, gewaltsam aus dem Gefängnis.[61]

[212] Die römische Innenpolitik der Jahre 103–100 war also von scharfen, teilweise gewaltsam ausgetragenen Konflikten geprägt, in denen die Optimaten ihre Ziele meist nicht erreichten; es scheiterte vor allem der Versuch, Saturninus zuerst durch die Streichung aus der Liste der Senatoren und dann durch einen politischen Prozeß auszuschalten. Die traditionellen Mittel der optimatischen Politik, Interzession, politischer Prozeß, Nichtbeachtung bei der Aufstellung der Senats- und Bürgerliste durch den Censor, erwiesen sich aufgrund der Aktivität der *plebs* als wirkungslos. Unterstützung fanden die Optimaten bei den *viri boni* (Caepio) oder bei den *equites* (Metellus), bei den besitzenden Schichten; das Volk (*populus: vir. ill.* 73, Val. Max. IX 7.1; *multitudo*: Cic., *Sest.* 101, Orosius V 17; πλῆθος: Plut., *Mar.* 14.28) dagegen trat für die populare Gesetzgebung und 102/101 auch für die popularen Politiker selbst ein. Es gibt keinen Hinweis darauf, daß die Anhängerschaft des Saturninus in dieser Zeit vom Land kam; die Unruhen der Jahre 102/101 scheinen spontane Reaktionen der *plebs urbana* auf die Maßnahmen von Metellus bzw. von Marius gewesen zu sein; an den Demonstrationen während des Prozesses gegen Saturninus nahmen, nach Diodor zu urteilen, vor allem Angehörige der stadtrömischen Bevölkerung teil. Die Veteranen des Marius griffen erst während der Tribunatswahlen 101 in die römischen Politik ein; ein früheres Auftreten der Veteranen ist nicht belegt und angesichts der Tatsache, daß die römischen Legionen bis Ende Juli 101 gegen die Germanen kämpften, auch unwahrscheinlich. Die Befreiung des Equitius zeigt aber, daß die *plebs urbana* noch zu einem Zeitpunkt, als die Veteranen bereits in großer Zahl nach Rom gekommen waren, eine eigenständige und in diesem Fall gegen Marius gerichtete Politik verfocht.[62]

---

58 Cic., *De orat.* II 197.
59 Orosius V 17.3. Vgl. Cic., *Sest.* 101; App., *BC* I 28. Zur Haltung des Censors C. Caecilius Metellus Caprarius s. jetzt M. Gwyn Morgan, *Villa Publica and Magna Mater, Klio* 55 (1973), S. 245. Vgl. Vell. Pat. II 8.2.
60 Diodor XXXVI 15.
61 Val. Max. IX 7.1. Vgl. Cic., *Rab. Perd.* 35.
62 Zur Haltung der *plebs urbana* Marius gegenüber vgl. auch Plut., *Mar.* 28. Zum Gegensatz zwischen Marius und Servilius Glaucia s. Cic., *Har. resp.* 51.

Es ist übrigens bezeichnend, daß L. Equitius sich als Sohn des Ti. Gracchus ausgab, was politisch nur dann sinnvoll war, wenn die Gracchen in der stadtrömischen Bevölkerung noch weite Sympathien genossen. Tatsächlich besaß der falsche Gracchus[63] eine erstaunliche Popularität: 102 kam es zu Unruhen in Rom, als Metellus sich *contra vim multitudinis incitatae* (*Sest.* 101) weigerte, ihn in die Bürgerliste [213] aufzunehmen, 101 wurde er, nachdem seine Wahl zum Volkstribunen nur durch seine Inhaftierung verhindert worden war, von der Bevölkerung aus dem Gefängnis befreit, 100 schließlich zum Volkstribun gewählt. Die Geschichte des Equitius macht deutlich, daß in der *plebs urbana* nicht gering einzuschätzende populare Strömungen existierten.

Cicero hat mehrfach betont, daß Saturninus und auch Servilius Glaucia gute Redner waren, die eine Volksversammlung für ihre Ziele zu begeistern vermochten:

> *ipse L. Saturninus ita fuit effrenatus et paene demens, ut actor esset egregius et ad animos imperitorum excitandos inflammandosque perfectus.*[64]

Auffallend an den Reden des Saturninus war der häufige Hinweis auf Vorläufer der popularen Politik, mit dem der Redner die eigene Politik legitimieren wollte.[65] Die Rhetorik Glaucias hat Cicero in seiner Rede für Rabirius Postumus mit folgenden Worten charakterisiert:

> *Glaucia solebat, homo impurus, sed tamen acutus, populum monere, ut, cum lex aliqua recitaretur, primum versum attenderet: si esset DICTATOR, CONSUL, PRAETOR, MAGISTER EQUITUM, ne laboraret; sciret nihil ad se pertinere: sin esset QUICUMQUE POST HANC LEGEM, videret ne qua nova quaestione adligaretur.*[66]

Diese Stelle ist ein Beleg dafür, daß die Popularen die Möglichkeiten der *plebs*, in politischen Angelegenheiten mitzuentscheiden, durch eine Aufklärung über die Gesetzgebungsmechanismen zu verbessern suchten. Insgesamt erwecken die antiken Zeugnisse zur popularen Rhetorik der Jahre 103–100 den Eindruck, als hätten die Reden den Zweck besessen, die Bevölkerung zur Unterstützung der popularen Politik und zu antisenatorischen Aktionen aufzurufen; die These, Saturninus und Glaucia hätten sich nur auf eine kleine, gut organisierte Gruppe von Gefolgsleuten gestützt, ist daher abzulehnen.[67]

Die Gewalttätigkeit der *plebs urbana* richtete sich zwischen 103 und 100 gegen optimatische Senatoren und Magistrate; nicht nur Volkstribunen, die gegen populare *rogationes* im Interesse des Senates interzedierten, sondern auch führende Consulare wie Aemilius Scaurus und Q. Metellus wurden tätlich angegriffen. Die Aktionen gegen den Consular Q. Caepio fanden die Zustimmung der *plebs urbana*. Diese [214] Ereignisse, die in Appians Darstellung nicht erwähnt werden,[68] zeigen, daß die *plebs urbana* oder zumindest ein großer Teil der städtischen

---

63 Die Schwester des Ti. Gracchus lehnte in einer öffentlichen Aussage den Anspruch des Equitius, Sohn von Ti. Gracchus zu sein, ab, s. *vir. ill.* 73.4. Zur Motivation der Wähler des Equitius s. App., *BC* I 52.
64 Cic., *Har. resp.* 41; vgl. *Brutus* 224.
65 Cic., *Acad.* II 13.75.
66 Cic., *Rab. Post.* 14.
67 Zur These der ‚privaten Garden' s. K.-J. Nowak, *Der Einsatz privater Garden in der späten römischen Republik,* Diss. München 1971, besonders S. 16ff.
68 Für Appians Darstellung ist es charakteristisch, daß das Scheitern des Versuches, Saturninus und Glaucia aus dem Senat auszuschließen, allein auf die Uneinigkeit der Censoren zurückgeführt wird *(BC* I 28).

Unterschichten in den Jahren 103–101 eine deutlich antisenatorische Haltung einnahm und der popularen Politik grundsätzlich positiv gegenüberstand.

Es gibt eine Reihe von Anhaltspunkten dafür, daß die stadtrömische Bevölkerung in den folgenden Jahren ihre politische Einstellung nicht geändert hat. In diesem Zusammenhang verdient die Reaktion der *plebs urbana* auf die gewaltsame Niederschlagung der popularen *seditio* besondere Beachtung. Nach Plutarch stieß Marius seit der Ermordung des Saturninus bei dem Volk auf Ablehnung. P. Furius, ein popularer Politiker, der im Dezember 100 opportunistisch die Seite gewechselt und anschließend einen Beschluß über die Konfiskation des Besitzes der ermordeten Popularen durchgesetzt hatte, wurde während eines gegen ihn angestrengten Prozesses von der aufgebrachten Volksmenge auf dem Forum erschlagen, nachdem C. Appuleius Decianus in seiner Anklagerede den Tod des Saturninus bedauert hatte; Metellus, gegen dessen Rückberufung aus dem Exil in Rom Widerstand geleistet wurde, konnte erst 98 nach Rom zurückkehren. Ein deutliches Indiz für ein Fortbestehen antisenatorischer Strömungen in Rom nach der Ermordung des Saturninus sind auch die repressiven Maßnahmen, die die Optimaten ergreifen mußten, um ihre Stellung wiederum zu festigen. Eine Fortsetzung der popularen Gesetzgebung konnte der Senat nur unterbinden, indem er im Jahr 99 das Agrargesetz des Sex. Titius von den Haruspices wegen schlechter Vorzeichen wieder aufleben ließ. Im folgenden Jahr wurde die tribunizische Gesetzgebung durch die consularische *lex Caecilia Didia* erschwert. Gleichzeitig wurden Politiker, die ihrer Sympathie für Saturninus Ausdruck gaben, in politischen Prozessen verurteilt, C. Appuleius Decianus, weil er öffentlich den Tod des Saturninus beklagt hatte, Sex. Titius, weil er ein Standbild des Saturninus in seinem Haus besaß.[69] Die politischen [215] Ereignisse der Jahre zwischen 103 und 98 belegen die Kontinuität der politischen Einstellung der stadtrömischen Bevölkerung.

Die Analyse der antiken Überlieferung macht deutlich, daß die These von dem Gegensatz zwischen *plebs urbana* und *plebs rustica* im 2. Tribunat des Saturninus und von der Bindung der *plebs urbana* an die Nobilität sich nur auf Appian stützt, auf einen Text, der in seiner Terminologie ungenau ist, wichtige Fakten nicht erwähnt und sowohl hinsichtlich seiner Tendenz als auch hinsichtlich einzelner Details nicht mit der Darstellung anderer antiker Historiker und Ciceros übereinstimmt. Der Nachweis einer starken, gegen den Senat gerichteten politischen Aktivität der stadtrömischen Unterschichten in den Jahren 103–101 und 99/98 schließt die Möglichkeit, daß die *plebs urbana* während des 2. Tribunats von Saturninus den Senat und die Optimaten unterstützte, nahezu aus; die Darstellung Appians steht in offensichtlichem Widerspruch zu dem Kontext der römischen Politik in dem Zeitraum zwischen 103 und 98; damit kann der Auffassung von I. Hahn, daß „bis zum Ausgang des 2. Jh. v.u.Z. die städtische *plebs* noch weit-

---

69 Zur Politik in den Jahren nach 100 vgl. vor allem E.S. GRUEN, o. Anm. 5, S. 187ff. und *Political Prosecutions in the 90's B.C.*, Historia 15 (1966), S. 32ff. Die Überlegungen Gruens zur Datierung in *Historia* 15 (1966), S. 33 beruhen allerdings weitgehend auf der von E. GABBA, *Appiani Bellorum civilium liber primus*, Firenze 1958, S. 110f. geäußerten Ansicht, die Ermordung des Saturninus und der anderen popularen Politiker falle in den Sommer 100; dieser Datierungsvorschlag wurde mit m.E. überzeugenden Argumenten von R. SEAGER, *The Date of Saturninus' Murder*, CR 17 (1967), S. 9f. zurückgewiesen. Eine Beteiligung der *plebs urbana* an den popularen Aktionen der Jahre 99/98 ist abgesehen von der wohl spontan erfolgten Ermordung des P. Furius kaum nachweisbar. Immerhin ist der Erfolg dieser popularen Aktionen ein Indiz dafür, daß die popularen Politiker die Bevölkerung noch zu mobilisieren vermochten. Vgl. dazu E.S. GRUEN, o. Anm. 5, S. 188: „*Popularis* sentiment was not dead in 99 and the heirs of Saturninus could still find the atmosphere congenial. They were influential or noisy enough to block for still another year the recall of Metellus Numidicus ... New *popularis* legislation appeared as well".

gehend unter dem politischen und sozialen Einfluß der Nobilität gestanden habe", nicht mehr zugestimmt werden. Die These, zwischen Stadtbevölkerung und Landbevölkerung habe im Jahre 100 ein politischer Gegensatz bestanden, hat bei Appian die Funktion, das hohe Ausmaß von Gewalttätigkeit in diesem Jahr zu erklären. Lehnt man die Auffassung Appians ab, stellt sich die Frage, auf welche Faktoren diese Gewalttätigkeit zurückzuführen ist.

Die politische Mobilisierung der Veteranen in den Jahren 101/100 war in der Geschichte der Republik eine neuartige Erscheinung; vor 101 verfügten die Soldaten und Veteranen faktisch über keinerlei politischen Einfluß, sie konnten weder ihre Interessen formulieren noch ihre Forderungen zur Geltung bringen.[70] Diese Situation veränderte [216] sich grundlegend während der Wahlen im Spätsommer/Herbst 101. Sowohl die Wahl des Marius zum Consul als auch die des Saturninus zum Volkstribunen wurde von den Veteranen der von Marius geführten Legionen wahrscheinlich in der Hoffnung auf ein Landverteilungsgesetz nach dem Vorbild der *lex agraria* von 103 gesichert. Während der Wahlen mußte es für den Senat und die Optimaten klar geworden sein, daß die Gruppe popularer Politiker um Marius und Saturninus mit dem Auftreten der Veteranen erheblich an Durchsetzungskraft gewonnen hatte und daß eine populare Gesetzgebung nicht mehr allein mit den traditionellen Mitteln optimatischer Politik zu verhindern war.

Gleichzeitig nahm das Bestreben der Popularen, einzelne Staatsämter im Gegensatz zu den gesetzlichen Bestimmungen mehrmals und teilweise ohne Unterbrechung auszuüben (Marius war 104–100 Consul, Servilius Glaucia 101 Volkstribun, 100 Praetor, Saturninus 104 Quaestor, 103 Volkstribun, 100 wiederum Volkstribun) und auf diese Weise über erhebliche magistratische Machtbefugnisse dauernd zu verfügen, für den Senat bedrohliche Formen an.[71] Es ist unter diesen Voraussetzungen sehr wahrscheinlich, daß die Optimaten, die eine erfolgreiche Fortsetzung der popularen Politik vereiteln mußten, wollten sie ihre eigenen politischen Positionen behaupten, vor der Abstimmung über das Agrargesetz Abhängige und Klienten aufboten, um die *rogatio* zu Fall zu bringen. Es ist jedenfalls bezeichnend, daß nach dem Auctor *de viris illustribus* es *nobiles* waren, die den Abbruch der Volksversammlung unter Hinweis auf ein Donnern erzwingen wollten. Bei den Kämpfen auf dem Forum standen sich also die Veteranen des Marius, die nach Rom gekommen waren, um eine *rogatio,* die ihren Interessen entsprach, zu unterstützen, und das Aufgebot der Optimaten, das – nach dem Ausgang der Kämpfe zu urteilen – wohl relativ schwach war, gegenüber. Die Vorgänge im Dezember 100 waren eindeutig von der Aktivität des Senates und führender Optimaten, unter ihnen vor allem des *princeps senatus* M. Aemilius Scaurus, geprägt; nachdem bei den Tribunatswahlen Saturninus und Equitius gewählt worden waren und im Verlauf von Unruhen während der Consulatswahlen C. Memmius erschlagen worden war, konnte Aemilius Scaurus die Zustimmung von Marius [217] zu einer Aktion gegen die Popularen erlangen. Daraufhin erließ der Senat das *senatus consultum ultimum,* dessen Ergebnis die Ermordung einer größeren Zahl popularer Politiker war.[72]

---

70 Das schließt nicht aus, daß schon früher – etwa von C. Gracchus – Maßnahmen zugunsten der Soldaten getroffen wurden oder daß einzelne Truppenteile Widerstand gegen Anordnungen der Magistrate leisteten. Nach 151 kam es auch bei Aushebungen wiederholt zu Unruhen, wobei einzelne Tribunen die Interessen der Soldaten wahrnahmen. Entscheidend ist aber, daß vor 101 die Soldaten bzw. die Veteranen nie als geschlossene Gruppe in Rom auftraten, um bestimmte politische Ziele durchzusetzen.

71 Zur Haltung der Optimaten bei den Consulatswahlen 101 vgl. Plut., *Mar.* 28; vgl. auch Vell. Pat. II 12.6.

72 Vgl. Orosius V 17.9f.

Die Politik der Optimaten ist als ein – zumindest kurzfristig erfolgreicher – Versuch zu bewerten, die politischen Positionen des Senates gegen die Herausforderung einer Koalition popularer Politiker, die ihre Ziele auf dem Weg einer in der Tradition der gracchischen Politik stehenden Gesetzgebung zu verwirklichen suchte, zu behaupten. Die Gefahr, die von dieser popularen Gruppierung ausging, war für den Senat deswegen so gravierend, weil ihr neben den Volkstribunen, die sich auf die *plebs urbana* stützen konnten, ein erfolgreicher Feldherr, der die Veteranen seiner Legionen zu mobilisieren vermochte, angehörte. Die Verschärfung des politischen Konflikts und die Eskalation der Gewalttätigkeit im Jahre 100 waren bedingt durch die entschlossene Reaktion des Senates auf die zunehmende Gefährdung seiner politischen Stellung durch die populare Politik. Die Tatsache, daß der Senat die Popularen im Dezember 100 relativ schnell ausschalten konnte, ist auch auf die Interessengegensätze innerhalb der popularen Koalition zurückzuführen.[73]

Die Bemerkung Appians, das Agrargesetz sei vom δῆμος wegen der Begünstigung der Italiker abgelehnt worden, stellt vielleicht einen Reflex auf eine von den Optimaten neu entfachte Diskussion über die Italikerfrage dar; da das Agrargesetz des Saturninus vorsah, daß auch socii Land erhielten, bestand für die Optimaten die Möglichkeit, wie schon 122 an den Egoismus der römischen Bürger zu appellieren. Ob die Ressentiments den Italikern gegenüber im Jahr 100 eine größere politische Rolle gespielt haben, ist nicht mehr feststellbar; auffallend ist jedenfalls das Fehlen von Hinweisen auf die Italikerfrage in anderen Quellen. In diesem Zusammenhang ist außerdem zu konstatieren, daß nach 125 die Einwände gegen eine italikerfreundliche Politik in den römischen Oberschichten stets stärker ausgeprägt waren als in der *plebs;* auch nach 100 behielt der Senat seine restriktive Italikerpolitik bei. Aus diesem Grund ist anzunehmen, daß eine italikerfeindliche Haltung im Jahre 100 eher für den Senat und die Optimaten als für die *plebs urbana* charakteristisch war.[74]

---

73 Zu Gegensätzen innerhalb der popularen Koalition vgl,. Cic. *Har. resp.* 51; Val. Max. IX 7.1 (zur Festnahme des Equitius durch Marius).

74 E. Badian, o. Anm. 3, S. 178. Die Annahme Gelzers, die *BC* I 29 erwähnten Ἰταλιῶται seien mit der stimmberechtigten römischen Landbevölkerung *BC* I 30ff., identisch (so jetzt auch H. GALSTERER, *Herrschaft und Verwaltung im republikanischen Italien*, München 1976, S. 38), ist keineswegs zwingend. Auch die Ἰταλοί und Ἰταλικοί *BC* I 102 und I 107 müssen nicht, wie M. GELZER, *Kleine Schriften* III, S. 289 meint, als römische Landbevölkerung aufgefaßt werden. Appian hebt *BC* I 92f. den Anteil der Samniten an der Kriegführung hervor, in I 94 wird zwischen Samniten und Römern unterschieden. Die *BC* I 96 erwähnten Strafmaßnahmen richteten sich nicht primär gegen die römische Bevölkerung außerhalb Roms, sondern gegen solche Völkerschaften und Städte, die im Italischen Krieg gegen Rom und im folgenden Bürgerkrieg auf der Seite der Republik gekämpft hatten; als Beispiele brauchen nur die Samniten oder eine Stadt wie Pompeii genannt zu werden. Es ist daher nur folgerichtig, wenn Appian *BC* I 102 hervorhebt, daß sowohl die Römer als auch die Italiker, eben jene Bevölkerung, die erst im oder nach dem Italischen Krieg das Bürgerrecht erhielt, unter dem Bürgerkrieg zu leiden hatten. Ähnlich verhält es sich bei der Erwähnung der Ἰταλικοί in *BC* I 107: Lepidus tritt für die Städte ein, deren Land konfisziert worden war; davon waren aber vor allem jene Städte betroffen, die erst nach 91 in die römische Bürgerschaft aufgenommen worden waren; teilweise entzog Sulla diesen Munizipien wiederum das römische Bürgerrecht, so etwa im Fall von Volaterrae. Da das Zentrum der Revolte in Etrurien lag (zu Volaterrae vgl. Strabo V 2.6), kann Appian hier durchaus korrekt von Italikern (im Sinn von: erst kürzlich in die Bürgerschaft mitgenommene italische Bevölkerung) sprechen. Vgl. zu den Maßnahmen Sullas vor allem P.A. BRUNT, *Italian Manpower 225 B.C.–A.D. 14*, Oxford 1971, S. 300ff. Auch die innere Logik der Abschnitte *BC* I 29ff. erfordert nicht die Gleichsetzung der Ἰταλιῶται mit der römischen Landbevölkerung, Die Abneigung gegen Maßnahmen zugunsten der Ἰταλιῶται wird von Appian als Motiv für die Haltung der *plebs urbana* im Jahre 100 einge-

[218] **IV**

In der wissenschaftlichen Literatur ist mehrfach die Bedeutung der *plebs rustica* für die römische Politik in der vorsullanischen Zeit betont worden. Es kann kein Zweifel daran bestehen, daß die arme römische Landbevölkerung die gracchische Agrargesetzgebung mit Nachdruck unterstützt hat; dabei sollte aber nicht übersehen werden, daß die Landbevölkerung immer nur für kurze Zeit, in den Phasen größter politischer Spannungen, in Rom anwesend war und auf die Politik Einfluß nehmen konnte. Die Voraussetzung für die Kontinuität der popularen Politik in den Jahren 133–122 und 111–99 war die senatsfeindliche Haltung und die Aktivität der *plebs urbana*. Bereits Ti. Gracchus fand einen starken Rückhalt in der stadtrömischen Bevölkerung; obwohl die Landbevölkerung, die das Agrargesetz im Frühjahr 133 unterstützt hatte, wegen der Erntearbeiten nicht zu den Tribunats[219]wahlen im Sommer 133 nach Rom kommen konnte, besaß Ti. Gracchus zur Zeit der Wahlen dennoch eine große Anhängerschaft in Rom.[75] Die antisenatorische Stimmung, die in den folgenden Jahren in Rom herrschte, ist kaum auf die Anwesenheit von Angehörigen der *plebs rustica* in der Stadt zurückzuführen.[76] Einzelne Maßnahmen des C. Gracchus machen deutlich, daß in den 120er Jahren die *plebs urbana* ein nicht zu unterschätzender Faktor der römischen Politik war.[77] Mit der Liquidierung der gracchischen Bewegung im Jahre 121 war jeglicher Widerstand gegen den Senat für einen Zeitraum von zehn Jahren zerschlagen worden; als aber die Politik des Senates in der Numidienfrage zum Gegenstand einer innenpolitischen Kontroverse wurde, artikulierte sich in Rom sogleich die senatsfeindliche Einstellung der *plebs,* wie Sallust schreibt: *apud plebem gravis invidia.*[78] Die *lex Mamilia,* durch die eine *quaestio* zur Untersuchung der Bestechung führender Optimaten geschaffen wurde, ist von der *plebs* aus Haß gegen die Nobilität – *odio nobilitatis* – nachdrücklich begrüßt worden[79]; die folgenden Verfahren wurde *aspere violenterque ex rumore et lubidine plebis* durchgeführt. Es ist nicht unwahrscheinlich, daß sich in diesen Prozessen auch der Volkszorn gegen solche Optimaten, die an der Liquidierung der popularen Gruppierung um Ti. und C. Gracchus beteiligt waren, entlud.[80]

Die Bindung großer Teile der *plebs urbana* an einzelne populare Volkstribunen oder an Gruppierungen popularer Politiker stellt also eine Konstante der römischen Politik zwischen 133 und 99 dar. Dies bedeutet allerdings nicht, daß die *plebs urbana* in diesem Zeitraum organisiert und ununterbrochen gegen den Senat kämpfte; ihre Aktionen waren häufig spontane Reaktionen auf einzelne Maßnahmen des Senates oder der Magistrate. Es kann auch nicht übersehen werden, daß Teile der städtischen Unterschichten – Klienten und Abhängige der Senatoren [220] und Equites, aber auch Sklaven wie der bei Cicero, *Rab. Perd.* 31 erwähn-

führt; daraus folgt kaum, daß diese Ἰταλιῶται in den folgenden Auseinandersetzungen eine Rolle gespielt haben müssen. Es ist eher unwahrscheinlich, daß Appian, wären die Ἰταλιῶται und die ἄργοικοι ein und dieselbe Gruppe, diese Identität durch die Verwendung verschiedener Begriffe so verhüllt hätte, wie Gelzer es annimmt. Vgl. Zu dieser Frage jetzt auch J. BLEICKEN, *Lex publica*, Berlin – New York 1975, S. 265f.

75 Plut., *Ti. Gracchus* 17. Immerhin besaß Ti. Gracchus gute Aussichten, gewählt zu werden.

76 Vgl. dazu etwa Plut., *Ti. Gracchus* 21; Val. Max. VI 2.3. Zur Rolle der *plebs rustica* vgl. die Bemerkungen von J. BLEICKEN, o. Anm. 74, S. 266: „... Wenn hervorgehoben wird, daß bei dieser oder jener Gelegenheit viele Menschen vom Lande erschienen, liegt in der Betonung des Tatbestandes eher eine Charakterisierung der angesprochenen Erscheinung als Ausnahme denn als Regel".

77 Plut., *C. Gracchus* 5, 12.

78 Sall., *BJ* 30.1.

79 Sall., *BJ* 40.3.

80 Sall., *BJ* 40.5. Vgl. auch D.C. EARL, *Sallust and the Senate's Numidian Policy, Latomus* 24 (1965), 532 ff.

te Scaeva – zunächst am Widerstand gegen das Agrargesetz des Saturninus und dann im Dezember 100 an der Aktion gegen die Popularen beteiligt waren. Außerdem ist deutlich, daß es Saturninus unmittelbar vor dem 10.12.100 nicht mehr gelungen ist, die Mehrheit der *plebs urbana* zum Kampf gegen den Senat zu mobilisieren; unter dem Eindruck der optimatischen Initiative scheint das Volk, das – nur in geringem Maße organisiert – nicht über die Mittel für einen erfolgreichen Widerstand verfügte, in Passivität verharrt zu haben. Diese Tatsachen rechtfertigen es aber nicht, von einem Gegensatz zwischen ländlichen und städtischen Unterschichten zu sprechen; vielmehr sollte davon ausgegangen werden, daß der bereits in der Gracchenzeit einsetzende Prozeß einer Loslösung der *plebs* von den traditionellen Abhängigkeiten sich nur langsam vollzog und nicht sogleich die gesamte *plebs urbana* erfaßte, so daß das Fortbestehen der Bindung von Teilen der stadtrömischen Unterschichten an die Aristokratie und die Existenz einer in der *plebs* weit verbreiteten antisenatorischen Stimmung sich einander nicht ausschlossen. Die Ursache für die senatsfeindliche Einstellung der stadtrömischen Bevölkerung ist einerseits in der Ablehnung jeglicher sozialer Maßnahmen zugunsten der *plebs urbana* durch den Senat und andererseits in dem gewaltsamen Vorgehen der Magistrate und Senatoren gegen solche Politiker, die sich für die Belange der *plebs* eingesetzt hatten, zu sehen. Die sozialen Probleme der schnell wachsenden Stadt – Armut, schlechte Wohnverhältnisse, häufige Getreideknappheit sowie Getreidepreissteigerungen –, und die Unfähigkeit des Senates, dieser Probleme Herr zu werden, riefen eine zunehmende Unzufriedenheit der *plebs urbana* hervor und verstärkten deren Neigung zum Protest.[81]

Mit der popularen Gesetzgebung der Jahre 103–100, die wie die gracchische Gesetzgebung den Interessen der Senatoren krass entgegengesetzt war, und der Mobilisierung der stadtrömischen Bevölkerung war die Niederlage des Jahres 121 endgültig überwunden; dennoch war die Bindung zwischen erfolgreichen Feldherrn und popularen Tribunen noch zu schwach entwickelt, die *plebs* zu wenig organisiert, ihre Politisierung zu wenig fortgeschritten, als daß die Popularen [221] und die *plebs* sich gegen die Aktion des Senates im Dezember 100 hätten behaupten können. Die Ausschaltung des Saturninus und seiner Anhänger stellt eine Wiederholung der Ereignisse von 121 dar; um eine Fortsetzung und Realisierung der popularen Gesetzgebung zu verhindern, hatte der Senat wiederum eine Gruppierung popularer Politiker gewaltsam zerschlagen. Aber die Agitation und Gesetzgebung des Sulpicius Rufus im Jahre 88 zeigte, daß auf diese Weise eine langfristige Stabilisierung der senatorischen Herrschaft nicht mehr erreicht werden konnte. Erst Sulla hat begriffen, daß das Regime des Senates nur wiederhergestellt werden konnte, wenn der Senat nicht nur seine Gegner liquidierte, sondern auch die Verfassung grundlegend änderte und das Volk von der politischen Willensbildung ausschloß. Das Kräfteverhältnis zwischen ziviler und militärischer Gewalt, zwischen Optimaten und Popularen, zwischen Nobilität und *plebs* hatte sich jedoch schon so weit verschoben, daß auch die von Sulla angestrebte Lösung der Krise sich faktisch als unmöglich erwies.

---

81 Die sozialen Ursachen für die Unzufriedenheit der *plebs urbana* sind in den o. Anm. 15 genannten Arbeiten von P. A. Brunt, I. Hahn und Z. Yavetz in eindrucksvoller Weise dargestellt worden.

Die Getreideversorgung der Stadt Antiochia im 4. Jh. n. Chr.

zuerst in:
MBAH II 1, 1983, S. 59–72.

Anders als Rom und Konstantinopel, deren Lebensmittelversorgung in der Spätantike weitgehend von der staatlichen Bürokratie organisiert und kontrolliert wurde und die Getreide über den Seeweg vornehmlich aus Africa und Ägypten erhielten, waren die übrigen Städte des Imperium Romanum normalerweise auf das in der umliegenden Region produzierte Getreide angewiesen.[1] Die neueren Arbeiten zur Getreideversorgung und zum Getreidehandel in römischer Zeit konzentrierten sich vor allem auf die Verhältnisse in Rom und Konstantinopel,[2] berücksichtigten aber aufgrund der Quellenlage, die in den meisten Fällen eine detailliertere Untersuchung des lokalen Güteraustausches nicht zuläßt, kaum die anderen Städte.[3] Im folgenden soll der Versuch unternommen werden, die Getreideversorgung urbaner Zentren am Beispiel Antiochias im 4. Jahrhundert darzustellen, um auf diese Weise unsere Kenntnisse des lokalen Getreidehandels in der Spätantike zu ergänzen.[4] Antiochia, das als Sitz des *consularis Syriae* und des *comes Orientis* sowie als zeitweilige Residenz der Kaiser Constantius, Julian, Valens und des Caesar Gallus keine Durchschnittsstadt, sondern ein Verwaltungszentrum von überregionaler Bedeutung war,[5] bietet sich für eine Fallstudie deswegen an, weil die Schriften von Julian, Ammianus Marcellinus, Libanios und Johannes Chrysostomos reiches Material zur Sozial- und Wirtschaftsgeschichte der Stadt enthalten, wobei die aus Getreideknappheit und Brotpreissteigerungen resultierenden [60] Konflikte einen relativ breiten Raum einnehmen.[6]

1 A. H. M. Jones, The Later Roman Empire 284–602, Oxford 1964, S. 844 f.
2 D. van Berchem, Les distributions de blé et d'argent à là plèbe romaine sous l'Empire, Genf 1939; H. P. Kohns, Versorgungskrisen und Hungerrevolten im spätantiken Rom, Bonn 1961; Jones, S. 695–705; E. Tengström, Bread for the People, Studies of the Corn-Supply of Rome during the Late Empire, Stockholm 1974; L. Casson, The Role of the State in Rom's Grain Trade, in: J. H. D'Arms – E.C. Kopff, eds., The Seaborne Commerce of Ancient Rome: Studies in History and Archaeology, Rom 1980 (MAAR 36), S. 21–33; G. Rickman, The Grain Trade Under the Roman Empire, in: Ebd., S. 261–275; G. Rickman, The Corn-Supply of Ancient Rome, Oxford 1980; W. Habermann, Ostia – Getreidehandelshafen Roms, MBAH I, 1 (1982), S. 35–60; J. L. Teall, The Grain-Supply of the Byzantine Empire, 330–1025, in: Dumbarton Oaks Papers 13 (1959), S. 87–139.
3 Zur Situation im frühen Principat vgl. M. I. Rostovtzeff, The Social and Economic History of the Roman Empire, 2. Aufl., Oxford 1957, S. 145 ff., 598 ff.; zu Pompeii vgl. auch Casson, S. 26 ff.; Puteoli: D. Musti, Il commercio degli schiavi e del grano: II caso di Puteoli, in: J. H. D'Arms – E.C. Kopff, eds., The Seaborne Commerce, S. 197–215.
4 Die Bedeutung des lokalen Güteraustauschs hat R. MacMullen, Market-Days in the Roman Empire, in: Phoenix 24 (1970), S. 333–341 hervorgehoben.
5 J. H. W. G. Liebeschütz, Antioch, Oxford 1972, S. 105 ff.; zur Bedeutung Antiochias vgl. Ausonius, ordo urbium nob. 4; das Palastviertel beschreibt Libanios, or. 11, 205 ff.
6 Die Ursachen von Getreidemangel und Preissteigerungen in Antiochia wurden eingehend erörtert von G. Downey, The Economic Crisis at Antioch under Julian Apostate, in: Studies in Roman Economic and Social History in Honor of Allan Chester Johnson, Princeton 1951, S. 312–321; P. Petit, Libanius et la vie municipale à Antioche au IVe siècle après J.-C., Paris 1955, S. 105 ff.; G. Downey, A History of Antioch in Syria, Princeton 1961, S. 380 ff., 419 ff.; Liebeschütz, S. 73 ff., 126 ff. Zu plebeischen Revolten in der Spätantike vgl. A. Kneppe, Untersuchungen zur städtischen Plebs des 4. Jahrhunderts n. Chr., Bonn 1979.

Da Libanios außerdem in seinen Reden mehrfach auf die Landwirtschaft Syriens und die Lage der Bauern eingeht, ist es möglich, ein differenziertes Bild der Getreideversorgung Antiochias zu entwerfen.

In der zweiten Hälfte des Jahrhunderts hatte Antiochia über 150.000 Einwohner,[7] von denen ein großer Teil im Baugewerbe,[8] im Dienstleistungsgewerbe, im Handwerk und im Handel[9] arbeitete. Die Armut dieser Menschen wird in den Quellen immer wieder hervorgehoben;[10] es ist nicht anzunehmen, daß sie über Land außerhalb der Stadt verfügten, um hier Nahrungsmittel für den eigenen Bedarf zu produzieren.[11] Sie gehörten vielmehr zu jener Schicht von Menschen, die, wie Dion von Prusa sagt, „zur Miete wohnen und alles kaufen müssen, nicht nur Kleider und Hausgerät und Essen, sondern sogar das Brennholz für den täglichen Bedarf".[12] In Antiochia bestand also eine erhebliche Nachfrage nach Nahrungsmitteln, die nur auf dem Markt gedeckt werden konnte. Die Ernährung scheint durchaus vielseitig gewesen zu sein; 362/63 klagten die Antiochener über den Mangel an Fisch und Geflügel in der Stadt.[13] Die Auffassung Julians, eine weise Stadt brauche zur Ernährung ihrer Bevölkerung nur Brot, Wein und Olivenöl, wurde als angemessen nur für thrakische oder gallische Verhältnisse abgelehnt.[14] Libanios hebt in seiner Lobrede auf Antiochia das große Angebot an Speisefisch hervor; die Süßwasserfische waren so billig, daß sie auch von den Bedürftigen gekauft werden konnten.[15]

In der außergewöhnlich fruchtbaren Region um Anitiochia wurden gute Getreide-, Wein- und Olivenernten erzielt.[16] Da die Anbauflächen sich sowohl über die Ebene als auch über bergiges Gelände erstreckten, bestand kaum eine Abhängigkeit von Witterungseinflüssen; schlechtes Wetter schadete normalerweise nur der Ernte entweder der Ebene oder des Berglandes; Libanios kann daher die Ansicht [61] äußern, eine Hungersnot in Antiochia sei kaum zu befürchten.[17] Insgesamt wurde ein Überschuß an landwirtschaftlichen Produkten erzeugt, so daß Wein in benachbarte Städte und Olivenöl über das Mittelmeer in entfernte Provinzen exportiert werden konnten.[18] Die römische Zentralverwaltung beanspruchte zumindest zeitweise syrisches Getreide für die Versorgung der Armee und von Konstantinopel; die Kurialen von Antiochia waren verpflichtet, den Transport von Getreide aus Syrien zu organisieren und zu finanzieren.[19] Die Kaiser wählten Antiochia wiederholt vor ihren Feldzügen als Platz für ihr Winterlager, weil

---

7 Liebeschütz, S. 92 ff.
8 Zur Bautätigkeit Lib. 11, 195f. 227; 50, 2.
9 Lib. 15, 16. Vgl. die ausgezeichnete Zusammenfassung von F. Tinnefeld, Die frühbyzantinische Gesellschaft, München 1977, S. 125 ff.
10 Tinnefeld, S. 137 ff.
11 Lib. 23, 4 ff.; zur Flucht der Stadtbevölkerung aus Antiochia vgl. Petit, S. 105.
12 Dio v. Prusa 7, 105 (Übersetzung von W. Elliger).
13 Julian, Misop. 350 B.
14 Julian, Misop. 350 CD.
15 Libanios 11, 258 f ; zur Bedeutung der Viehwirtschaft für die Ernährung: Libanios 11,26.
16 Libanios 11, 19 ff.; 19, 52.
17 Libanios 11, 24; vgl. 11, 174.
18 Libanios or. 11, 20, ep. 709 zum Verkauf von Wein.
19 Eunapios, Vita des Aidesios 2, 8 (462); Libanios, ep. 1414 (Eusebius), or. 54, 40 (Romulus), 54, 47 (Thalassius), ep. 959 (Kimon); Versorgung der Armee während des Perserfeldzuges des Constantius: Libanios ep. 21, or. 49, 2; vgl. W. Liebeschütz, Money Economy and Taxation in Kind in Syria in the Fourth Century A.D., in: Rh. Mus. 104 (1961), S. 242–256, bes. 247 ff.

die Stadt aufgrund ihres großen Territoriums und der normalerweise guten Ernten in der Lage war, für die Verpflegung der Truppen zu sorgen.[20]

Die Agrarerzeugnisse wurden teilweise mit Lasttieren auf dem Landweg,[21] teilweise aber auch mit Schiffen auf dem Orontes und auf dem im Nordosten gelegenen See nach Antiochia gebracht;[22] der Weizen kam hauptsächlich durch das östliche Tor in die Stadt,[23] stammte also vor allem aus dem Binnenland im Norden und Osten von Antiochia. Bemerkenswert ist der Hinweis von Libanios auf den Einsturz einer Brücke, durch den im Winter 384/85 sich die damals ohnehin angespannte Versorgungslage noch verschlechterte;[24] bei dem erwähnten Bauwerk handelt es sich wahrscheinlich um die etwa 15 km östlich von Antiochia gelegene Brücke der Straße Antiochia – Chalcis über den Orontes;[25] ein Teil des Getreides, das in Antiochia auf den Markt kam, wurde über Entfernungen von mehr als 15 km befördert. Die Kleinbauern, die ihr Getreide auf den Markt von Antiochia brachten, werden allerdings kaum größere Strecken zurückgelegt haben, denn sie hätten, wie Libanios sagt, in der Mittagszeit wieder in ihrem Dorf sein können, wenn sie von den Beamten nicht zum Transport von Bauschutt gezwungen worden wären.[26] Das Gebiet östlich des Kalkmassivs scheint für die Nahrungsmittelversorgung Antiochias keine Bedeutung besessen zu haben; es lag einerseits zu weit entfernt,[27] andererseits mußte auf [62] dem Weg in diese Region der Bergrücken des Kalkmassivs überwunden werden; der von Julian 362 organisierte Getreideimport aus Chalcis und Hierapolis stellte eine Ausnahme dar.[28]

Libanios deutet in seiner Lobrede auf Antiochia an, daß schlechte Ernten einen Getreidemangel in Antiochia zur Folge hatten;[29] die arme Bevölkerung wurde in einer solchen Situation von den Kurialen unterstützt, wobei offen bleibt, in welcher Weise dies geschah.[30] Während der Versorgungskrise im Jahre 354 wandte die *plebs* sich aber nicht an die Kurialen, deren Hilfsmaßnahmen demnach kaum so effizient waren, wie aufgrund der Aussage des Libanios angenommen werden könnte, sondern richtete an den Caesar Gallus die Bitte, er möge Maßnahmen gegen den bevorstehenden Lebensmittelmangel ergreifen. Gallus forderte zwar eine Senkung der Preise, verzichtete aber darauf, Getreide aus den Nachbarprovinzen in die Stadt bringen zu lassen, was nach Meinung von Ammianus Marcellinus dem Vorbild anderer *principes* entsprochen hätte.[31] Dieser Hinweis des Historikers auf das Verhalten früherer Kaiser sollte nicht allein auf die Verhältnisse in Rom und Konstantinopel bezogen werden; es ist durchaus denkbar, daß Constantius, der sich zwischen 338 und 348 vor allem in Antiochia aufgehalten

---

20 Lib. 15, 15 ff.
21 Lib. 50, 23 ff., Bedeutung der Straßen für den Transport landwirtschaftlicher Erzeugnisse: 19, 57.
22 Lib. 11, 260 ff.
23 Lib. 11, 250.
24 Lib. 27, 3.
25 Es gibt keine andere Brücke im Straßensystem von Antiochia, die für die Getreidezufuhr eine solche Bedeutung hätte haben können; zum Straßensystem von Syrien vgl. G. Tchalenko, Villages antiques de la Syrie du Nord II, Paris 1953, Pl. XXXVII und XXXVIII.
26 Lib. 50, 25.
27 Die Entfernung zwischen Antiochia und Chalcis beträgt mehr als 70 km.
28 Julian, Misop. 369 A.
29 Lib. 11, 134.
30 Aufwendungen der Kurialen während der Hungersnot unter Ikarios: Lib. 1, 227.
31 Amm. Marc. 14, 7, 5.

hatte, Getreide in die Stadt importieren ließ und auf diese Weise einen Präzedenzfall für ein Eingreifen des Kaisers in die Getreideversorgung dieser Stadt geschaffen hatte.

Im Winter 362/63 sorgte Julian für den Import großer Mengen Getreide aus den Städten Chalcis und Hierapolis sowie aus Ägypten nach Antiochia, wo er das Getreide zu einem festgesetzten Preis verkaufen ließ.[32] Vorangegangen war eine allgemeine Lebensmittelknappheit, deren Ursachen in der Stationierung von Truppen für den Perserkrieg und in einer aufgrund von Trockenheit schlechten Ernte des Jahres 362 zu sehen sind; außerdem war auch der Winter 362/63 ungewöhnlich trocken, so daß für das folgende Frühjahr wiederum mit einer schlechten Ernte zu rechnen war.[33] Als 382 die Ernte in Syria durch andauernden Regen vernichtet wurde, forderten der *consularis* und der *comes* aus anderen, nicht genannten Gebieten Getreide an; es kann nicht geklärt werden, ob tatsächlich größere Getreidemengen nach Antiochia eingeführt wurden; Libanios jedenfalls behauptet, die Maßnahmen des *comes* Philagrius hätten die Lage nicht verbessert.[34] Der *consularis Syriae* Tisamenos wurde 386 vom *comes Orientis* in die Provinz Euphratensis geschickt, um Getreide aufzukaufen;[35] in den vorangegangenen Jahren hatten in Antiochia ständig Brotknappheit und Teuerung geherrscht; obwohl offensichtlich ein Zusammenhang zwischen der Mission des Tisamenos und diesen Versor[63]gungsschwierigkeiten bestand, ist es nicht sicher, daß das aufgekaufte Getreide für Antiochia bestimmt war; wahrscheinlich wurde es zur Versorgung von Konstantinopel oder der Armee benötigt.

Von der Provinz- oder der Zentralverwaltung organisierte Getreideimporte nach Antiochia sind also nur in einem einzigen Fall eindeutig nachweisbar, andere Maßnahmen zur Sicherung der Lebensmittelversorgung hatten Vorrang: die Festsetzung des Getreidepreises,[36] die Kontrolle der Preise,[37] die Beaufsichtigung der Bäcker[38] und die Einschränkung des Brotverkaufs an die Landbevölkerung.[39] Die Verwaltung der Provinz Syria bzw. der Diözese Oriens war also in vielen Fällen nicht in der Lage, eine schlechte Ernte in Syria durch Getreideimporte auszugleichen;[40] sie unternahm meist nur den Versuch, Folgeerscheinungen schlechter Ernten, nämlich Getreidehortung, Preisspekulation und Preissteigerungen zu unterbinden. Für die bedürftige Bevölkerung wurde zusätzlich eine staatliche Getreideverteilung eingeführt, die nach den Unruhen von 387 für kurze Zeit eingestellt wurde.[41]

Die Kurialen von Antiochia leisteten einen energischen Widerstand gegen Maßnahmen zur Begrenzung der Lebensmittelpreise; im Jahre 354 kam es zu einem Konflikt zwischen der Kurie und Caesar Gallus, als dieser angesichts einer drohenden Getreideknappheit eine Preis-

---

32 Julian, Misop. 368 C ff.; Lib. 15, 70.

33 Vgl. Petit, S. 109 ff.; schlechte Ernte im Frühjahr 362: Julian, Misop. 369 A; zur Trockenheit im Herbst 362, s. Amm. Marc. 22, 13, 4.

34 Lib. 1, 205 f.

35 Lib. 33, 6 f.; vgl. Petit, S. 256 Anm. 2.

36 Amm. Marc. 14, 7, 2 (Gallus), 22, 14, 1 (Julian); Lib. 15, 21; 16, 15; 18, 195, Julian, Misop. 350 A, 369 A, Lib. 4, 35 (Eutropios), 4, 27 (Preisfestsetzung für andere Waren).

37 Lib. ep. 1406, Petit, S. 117.

38 Lib. or. 15, 23; 1, 206, 226; 27 pass.; 29 pass.; Petit, S. 121 f.

39 Lib. 27, 14; Bauern durften nicht mehr als zwei Brote aus der Stadt mitnehmen.

40 In manchen Jahren, etwa 383, gab es Mißernten in mehreren wichtigen Anbaugebieten, so daß Importe aus anderen Regionen allein schon aus diesem Grund unmöglich waren, vgl. Kohns, S. 164 f.

41 Lib. 20, 7; es ist unklar, seit welchem Zeitpunkt diese Getreideverteilung existierte; in den Reden 27 und 29, in denen die Notsituation unter Ikarios beschrieben wird, ist sie nicht erwähnt, vgl. dazu Liebeschütz, S. 129.

senkung forderte;[42] auch das Preisedikt Julians vom Herbst 362 stieß bei den Kurialen auf Ablehnung.[43] Die Berichte über die Auseinandersetzungen während der Jahre 362/63 gewähren dem Historiker einen Einblick in die innere Struktur des Getreidemarktes von Antiochia und machen es möglich, die Stellung der Kurialen im lokalen Getreidehandel zu beschreiben.

Eine detaillierte Darstellung des Geschehens findet sich in Julians Satire Misopogon, in der der Kaiser auf die Kritik der Antiochener an seinem Auftreten und seinen Maßnahmen antwortet. Die schwierige Versorgungslage im Sommer und Herbst 362 führt Julian nicht auf Knappheit, sondern auf die Habsucht der Reichen (ἀπληστία τῶν κεκτημένων) zurück; da seine Ermahnungen, die δυνατοί sollten auf ungerechte Einkünfte verzichten und Bürgern sowie Fremden Wohltaten erweisen, erfolglos blieben, setzte er Höchstpreise für Lebensmittel fest; gleichzeitig ließ er große Mengen Getreide, das als einziges Nahrungsmittel wegen [64] einer vorangegangenen Trockenheit tatsächlich knapp war, nach Antiochia einführen und dort zu einem sehr niedrigen Preis verkaufen. Den Reichen (πλούσιοι) wirft Julian im Misopogon vor, das Preisedikt umgangen und Getreide sehr teuer auf dem Land verkauft zu haben. Als eigentlichen Grund der Feindseligkeit der Großgrundbesitzer ihm gegenüber nennt der Kaiser die Festsetzung der Höchstpreise, die verhindert habe, daß für Wein, Gemüse, Obst und Getreide Goldmünzen gezahlt werden mußten; in diesem Zusammenhang behauptet Julian, die Reichen hätten das Getreide gehortet, um hohe Preise zu erzielen.[44]

An einer anderen Stelle des Misopogon, in einer fiktiven Rede der Antiochener, wird die Reaktion der einzelnen am Lebensmittel- und Getreidehandel beteiligten Gruppen auf die Maßnahmen des Kaisers in folgender Weise beschrieben: Die Kleinhändler (κάπηλοι) hassen den Kaiser, weil er ihnen nicht gestattet, die Lebensmittel zu dem von ihnen selbst festgelegten Preis an das Volk und die Fremden, die sich in großer Zahl in der Stadt aufhielten, zu verkaufen; für die hohen Preise machen sie die Grundbesitzer verantwortlich; diese wiederum sind dem Kaiser feindlich gesinnt, weil sie gezwungen werden, „das Gerechte zu tun", was in diesem Zusammenhang heißt, ihre Erzeugnisse zu einem angemessenen Preis abzugeben.[45] Es folgt die interessante Bemerkung, die Kurialen würden durch das Preisedikt in zweifacher Hinsicht geschädigt, weil sie ihre Einkommen gleichzeitig aus ihrem Landbesitz und aus dem Handel (καὶ ὡς κεκτημένοι καὶ ὡς καπηλεύοντες) beziehen. Seine eigene Intention hat Julian genau umrissen; er sah durchaus, daß seine Maßnahmen keineswegs den Interessen aller Antiochener entsprachen; es ging ihm darum, dem πλῆθος, dem Unrecht geschah, und den Menschen, die seinetwegen oder wegen der vielen Beamten in seiner Umgebung die Stadt aufgesucht hatten, zu helfen.[46]

Ähnlich wie im Misopogon werden die Vorgänge in dem von Libanios verfaßten Epitaph auf Julian dargestellt; kommentarlos erwähnt Libanios die Klagen des Volkes darüber, daß die Reichen (εὔποροι) Getreide horten und die Preise in die Höhe treiben. Nachdem Julian das Preisedikt erlassen hatte, brachten die Kurialen ihre Vorräte nicht auf den Markt, sondern

---

42 Amm. Marc. 14, 7, 2, vgl. 15, 13, 2; zur Beurteilung des Gallus vgl. H. Tränkle, Der Caesar Gallus bei Ammian, in: MH 33 (1976), S. 162–179, bes. 173 f. Vgl. ferner Julian, Misop. 370 C.

43 Amm. Marc. 22, 14, 2.

44 Julian, Misop. 368 C ff.

45 350 A : τὰ δίκαια ποιεῖν; wahrscheinlich enthielt das Preisedikt auch ein Verbot der Getreidehortung, sah also die Auflösung bestehender Vorräte vor, vgl. Lib. 18, 195.

46 Zum Landbesitz der Kurialen vgl. die Bemerkung über Kandidos Lib. 29, 27: „ὁ μὲν γῆν ἔχει πολλήν τε καὶ ἀγαθήν"; die Intention Julians: Misop. 370 B.

kauften das von Julian importierte Getreide für den eigenen Bedarf auf; das Vorgehen der Kurie wird als ἄνευ ὅπλων πόλεμος – als Krieg ohne Waffen bewertet.[47]

Im Misopogon und im Epitaph wird behauptet, daß die Grundbesitzer und vor allem die Kurialen den Lebensmittel- und Getreidemarkt in Antiochia beherrschten, den κάπηλοι die Preise diktierten und so insgesamt die Preisgestaltung bestimmten; die im Jahre 362 aufgrund der Truppenpräsenz gestiegene Nachfrage in Antiochia und die schlechte Ernte sollen sie ausgenutzt haben, um Preissteigerungen durchzusetzen, wobei sie auch zum Mittel der Hortung gegriffen haben [65] sollen. In dem Konflikt zwischen dem Kaiser und den Kurialen ging es nach Meinung von Julian und Libanios also um eine Preisspekulation, die mit erheblichen Gewinnen für die Kurialen verbunden war.

Die Argumentation der Kurialen wird in zwei Reden des Libanios aus dem Jahre 363 wiedergegeben; die Kurialen sahen die Ursachen der Lebensmittelknappheit einerseits in der schlechten Ernte, andererseits in dem Preisedikt, das hohe Gewinne ausschloß und damit zu einer Reduzierung des ohnehin geringen Warenangebotes führte; sie weisen jegliche Verantwortung für die schlechte Versorgungslage zurück, indem sie behaupten, sie seien am Kleinhandel nicht beteiligt.[48] Dieser Position entspricht weitgehend auch die Stellungnahme des Ammianus Marcellinus, der die Maßnahme des Kaisers als überflüssig bezeichnet und auf dessen Streben nach Popularität zurückführt. Ammianus äußert die Ansicht, eine Preisherabsetzung habe normalerweise Mangel und Hunger zur Folge; mit dieser Feststellung wird die Schuld am Lebensmittelmangel Julian zugewiesen; folgerichtig werden die Bemerkungen des Misopogon als Übertreibungen abgetan.[49]

Libanios, der in seiner Replik auf den Misopogon die Antiochener gegen die Beschuldigungen Julians zu verteidigen suchte, folgte selbst nicht dem Standpunkt der Kurialen; vielmehr gesteht er Versäumnisse der Kurie bei der Beaufsichtigung der Bäcker zu.[50] In einer weiteren Rede dieser Zeit weist Libanios ausdrücklich Julians Behauptung zurück, es sei Getreide gehortet worden; dieser Vorwurf ist nach Libanios unrichtig, denn die Großgrundbesitzer hätten nicht einmal ihr eigenes hungerndes Gesinde hinreichend versorgen können.[51] Der grundlegende Fehler der Kurialen lag nach Meinung des Redners darin, daß sie ihre Ablehnung des Preisediktes offen zum Ausdruck brachten, anstatt dem Kaiser gegenüber ihren guten Willen zu betonen; sie hätten nicht Julian, sondern die κάπηλοι, die sich in der Preisgestaltung nicht zurückhielten, kritisieren sollen.[52] Insgesamt erweckten die Kurialen den Eindruck, sie seien mißmutig über eine gute Versorgungslage und begrüßten eine Lebensmittelknappheit, weil diese ihnen nütze.[53] In seinen Ausführungen entlastet Libanios sehr geschickt die Kurialen; da der Konflikt zwischen dem Kaiser und der Kurie von Antiochia zu offenkundig war, als daß das Verhalten der Antiochener uneingeschränkt hätte verteidigt werden können, räumt Libanios ein, daß die Kurialen unfähig waren, die Bäcker wirksam zu kontrollieren; ferner kri-

---

47 Lib. 18, 195 ff.
48 Lib. 15, 21, vgl. 16, 15.
49 Amm. Marc. 22, 14, 1 f.; eine ähnliche Position findet sich auch in der Historia Augusta, vgl. HA, Commodus 14, 3; Alex. Sev. 9, 7 f.; S. Mazzarino, Aspetti sociali del quarto seculo, Rom 1951, S. 64 ff.; vgl. auch Lib. 1, 126.
50 Lib. 15, 23; die Rede wurde nicht gehalten, vgl. 17, 37.
51 Lib. 16, 21.
52 Lib. 16, 23 f.
53 Lib. 16, 25.

tisiert er die Haltung der Kurie als politisch unklug; in beiden Reden wird aber auch behauptet, die Kurialen hätten die Bestimmungen des Preisedikts eingehalten; auf diese Weise gelingt es Libanios, vor allem die schlechte Ernte und [66] das Verhalten der κάπηλοι als Ursachen der Nahrungsmittelknappheit in Antiochia in den Vordergrund zu rücken. Die Reden des Libanios aus dem Jahre 363 sind von der Intention geprägt, eine Verständigung zwischen dem Kaiser und der Kurie herbeizuführen; es ist daher anzunehmen, daß diese im krassen Widerspruch zu den späteren Bemerkungen des Epitaphs[54] stehende Darstellung der Ereignisse das Verhalten der Kurialen erheblich beschönigt. Obwohl die Vorgänge im einzelnen unterschiedlich beschrieben werden, kann an der dominierenden Stellung der Kurialen im Getreidehandel von Antiochia und an ihrem Interesse an einer freien Preisgestaltung kein Zweifel bestehen; unklar ist letztlich nur, ob sie in den Jahren 362/63 tatsächlich die Preise durch Hortung gezielt in die Höhe trieben und so die Bestimmungen des Preisedikts verletzten.

Während der Versorgungskrisen richtete sich der Protest der armen Bevölkerung wiederholt gegen die Kurialen; als im Jahre 354 die Getreideknappheit immer drückender wurde, steckte das *vulgus* das Haus des Eubulos, eines prominenten Mitglieds der Kurie, in Brand.[55] Unter dem Eindruck steigender Preise kam es im Winter 382/83 zu Unruhen gegen die Kurie,[56] und während der Hungersnot der Jahre 384/85 erwartete man Brandstiftungen in Antiochia, weswegen die Kurialen ihre ländlichen Besitzungen aufsuchten.[57] Diese Vorgänge können als Indiz dafür gewertet werden, daß die arme Bevölkerung die Kurialen allgemein für die Preissteigerungen verantwortlich machte.[58]

Neben dem Großgrundbesitz, der vielfach von syrischen, teilweise auch jüdischen halbfreien Bauern bewirtschaftet wurde, existierte in Syrien ein freies Bauerntum,[59] über dessen Bedeutung für die Lebensmittelversorgung der Stadt Antiochia die Rede des Libanios ὑπὲρ τῶν γεωργῶν wichtige Aufschlüsse gewährt;[60] dieser Text ist gegen die Praxis gerichtet, Bauern, die nach Antiochia kamen, zum Transport von Bauschutt zu zwingen. Das Vorgehen der Verwaltung und die Folgen dieser von Libanios als unrechtmäßig bezeichneten Verpflichtung für die betroffenen Bauern werden eingehend beschrieben:[61] Der Schutt, der [67] beim Abbruch und dem Neubau von öffentlichen Gebäuden und Privathäusern der Oberschichten[62] anfiel,

---

54 Lib. 18, 195 ff. Im Epitaph wiederum wird die Milde Julians den Kurialen gegenüber durch eine Betonung der Schwere ihres Vorgehens unterstrichen; angesichts der positiven Beurteilung der Kurie etwa in 11, 133–146 ist es aber unwahrscheinlich, daß der Redner die Kurialen durch völlig unzutreffende Vorwürfe belastet hätte. In seiner Autobiographie berichtet Libanios über sein Eintreten für die Kurie 362: 1, 126. Beachtenswert ist auch die unterschiedliche Akzentuierung in den Reden 48 und 49.

55 Amm. Marc. 14, 7, 6; Julian, Misop. 370 C spricht davon, daß mehrere Häuser der δυνατοί angezündet wurden; Lib. 1, 103; zur Person des Eubulos vgl. 1, 116, 156, 163. Zur Gewalttätigkeit des *plebs* vgl. Kneppe, S. 60 ff. Während der Unruhen 354 wurde auch der *consularis Syriae* Theophilos brutal ermordet: Amm. Marc. 14, 7, 6; 15, 13, 2.

56 Lib. 1, 205.

57 Lib. 29, 4; zur Flucht der Oberschichten aufs Land vgl. auch Kohns, S. 109; Tinnefeld, S. 154.

58 Zum weitverbreiteten Haß lauf die Kurialen vgl. Lib. 16, 26.

59 Vgl. etwa Lib. 47, 4; Tinnefeld, S. 33 ff.; Liebeschütz, S. 67 ff.

60 Die Rede wurde im Winter oder Frühjahr 385 gehalten; vgl. Lib. 27, 14 f. und Libanius, Selected Works, ed. by A. F. Norman, II, London 1977, S. 55.

61 Lib. 50, 2 ff.; 23 ff.; vgl. zur Rechtslage 7 ff.; auch Handwerker wurden zu Bauarbeiten zwangsweise herangezogen, vgl. Lib. 46, 21 zum Transport von Säulen.

62 Zu den begünstigten Privatpersonen vgl. or. 50, 16; 18 ff.; 32 f. Es ist denkbar, daß es sich bei den errichteten Gebäuden weniger um Privathäuser als vielmehr um Baustiftungen gehandelt hat. Auf jeden Fall aber

mußte auf Weisung der Soldaten von den Bauern übernommen und mit Hilfe ihrer Lasttiere vor die Stadtmauer gebracht werden. Dadurch verlängerte sich nicht nur der Weg, den die Bauern mit ihren Eseln zurücklegen mußten, beträchtlich, weil sie den Schutt oft nicht durch das Tor bringen konnten, das in Richtung ihres Dorfes lag, sondern die Bauern konnten auch wegen der dem Abtransport des Schutts normalerweise vorangehenden langen Wartezeit erst am späten Nachmittag oder am Abend den Rückweg zu ihrem Dorf antreten. Um dies zu vermeiden, versuchten sie durch Bestechung der Soldaten zu erreichen, daß sie möglichst früh zu dieser Arbeit eingeteilt wurden; die Bauern, die aufgrund ihrer Armut dabei keinen Erfolg hatten, waren noch nachts unterwegs, ohne Geld, um eine Herberge aufsuchen zu können, bedroht von Räubern, ohne Nahrungsmittel für die Esel und sich selbst. Krankheit und Tod waren nach Libanios die Folgen dieser Strapazen. Der Schutt wurde in den Säcken transportiert, mit denen die Bauern ihre Erzeugnisse nach Antiochia brachten; diejenigen, die nicht über Säcke verfügten, mußten für diesen Zweck ihr Kleidungsstücke benutzen, die dadurch zerschlissen wurden. Selbst im Winter 384/85 wurden diese Arbeiten nicht eingestellt; der Transport der feuchten Erdmassen führte dazu, daß das Getreide, das anschließend in denselben Säcken befördert wurde, zum Teil verdarb; so wurden einerseits die Einkünfte der Bauern gemindert, andererseits verschärfte sich unnötig die Lebensmittelknappheit in Antiochia.

Der Text läßt an keiner Stelle erkennen, daß die Interessen der Großgrundbesitzer oder der Kurialen durch das Vorgehen der Verwaltung beeinträchtigt wurden, im Gegenteil, zu dem begünstigten Personenkreis gehörten sicherlich auch Kuriale: Mit Nachdruck weist Libanios daraufhin, daß die Erlaubnis, zum Transport von Bauschutt Bauern heranzuziehen, gerade solchen Personen gewährt wurde, die selbst über eine große Anzahl von Lasttieren und von Wagen verfügten, ihre eigenen Transportmittel aber schonen wollten.[63] Von der Verpflichtung, Bauschutt zu transportieren, waren überdies jene Lasttiere ausgenommen, die auf den städtischen Gütern gehalten wurden oder im Besitz von ehemaligen Beamten und von Offizieren waren; unter Schwierigkeiten gelang es auch anderen Grundbesitzern, für ihre Tiere eine Befreiung zu erwirken;[64] Kleinbauern werden allerdings kaum in der Lage gewesen sein, diese Möglichkeit für sich zu nutzen.

Es gibt eine Reihe weiterer Hinweise dafür, daß die Bauern, die zu den Transportdiensten herangezogen wurden, nicht auf dem Großgrundbesitz ansässig waren, sondern als freie Kleinbauern anzusehen sind: Der materielle Schaden, der durch den Transport des Bauschutts entstand, traf nach Aussage des Libanios [68] nicht die Großgrundbesitzer, sondern die Bauern.[65] Die Esel, denen diese Bauern ihren Lebensunterhalt verdankten,[66] waren anders als die Tiere der Großgrundbesitzer in schlechtem Zustand.[67] Es handelt sich bei diesen Bauern um Menschen mit geringem Besitz[68], die den Schikanen der Soldaten wehrlos ausgeliefert wa-

---

handelte es sich bei den Bauherren um Privatleute (ἰδιῶται: Lib. 50, 16).

63 Lib. 50, 32 f.

64 Lib. 50, 9.

65 Lib. 50, 30.

66 Lib. 50, 33; zur Rolle der Esel im antiken Transportwesen vgl. H.-C. Schneider, Die Bedeutung der römischen Straßen für den Handel, in: MBAH I, 1 (1982), S. 85–96, bes. 88; eine Darstellung von beladenen Eseln auf einem antiken Mosaik aus Antiochia: G. Downey, Ancient Antioch, Princeton 1963, Abb. 51.

67 Lib. 50, 32.

68 Lib. 50, 32.

ren.[69] Die kleinbäuerliche Landwirtschaft in der Umgebung von Antiochia kann nicht als reine Subsistenzwirtschaft angesehen werden, denn die Kleinbauern waren auf den städtischen Absatzmarkt angewiesen; sie benötigten die Einnahmen aus ihren Verkäufen für ihren Lebensunterhalt sowie für die Zahlung der Steuern. Aus diesem Grund vermochten sie auf die sie so stark belastende Verpflichtung zu Transportdiensten nicht durch Fernbleiben von Antiochia zu reagieren. Libanios äußert zwar die Ansicht, das Verhalten der Verwaltung lege den Bauern nahe, die Stadt zu meiden, aber damit ist eher nur eine mögliche zukünftige Entwicklung angedeutet als ein bereits eingetretener Sachverhalt beschrieben.[70] Unter den Erzeugnissen, die von den Kleinbauern nach Antiochia gebracht wurden, nennt Libanios Käse,[71] Weizen, Gerste und Grünfutter.[72] Die von den Kleinbauern auf den städtischen Markt gebrachte Gütermenge hat einen beträchtlichen Umfang besessen und war daher für die Versorgung der Stadt unentbehrlich; nur so ist es verständlich, daß Libanios die Transportdienste der Bauern in Verbindung mit der Versorgungskrise behandelt.[73] Das Vorgehen der Verwaltung war auch nur dann sinnvoll, wenn fest damit gerechnet werden konnte, daß täglich eine große Anzahl von Bauern mit ihren Eseln in die Stadt kam, und zwar unabhängig von der Jahreszeit: Auch im Winter bestand die Verpflichtung zum Transport von Bauschutt.[74] Die Notwendigkeit, während der Versorgungsschwierigkeiten unter Ikarios die Zahl der Brote, die die Bauern bei ihrem Rückweg aus der Stadt mitnehmen durften, auf zwei zu begrenzen, läßt ebenfalls auf eine beträchtliche Anzahl von ständig nach Antiochia kommenden Bauern schließen.[75]

Am Ende seiner Rede ὑπὲρ τῶν γεωργῶν geht Libanios in einem längeren Abschnitt auf die Stadt-Land-Beziehungen ein; der Redner appelliert an Kaiser Theodosius, eine Verpflichtung der Bauern zum Transport des Bauschutts zu untersagen und mehr für das Land als für die Städte zu sorgen. Diese Aufforderung wird mit der Feststellung begründet: ἐκεῖνοι (nämlich die ἀγροί) γὰρ τούτων [69] (die πόλεις) ὁ θεμέλιος. Dieser Gedanke wird eingehend behandelt; Libanios zeigt, daß die Lebensmittel, die die städtische Bevölkerung braucht, vom Land kommen und ohne Ochsen und Pflug, Saat, Pflanzen und Viehherden die Städte nicht entstanden wären bzw. nicht existieren könnten. Wer Feind der Landbevölkerung ist, müsse daher gleichzeitig auch als Feind der Städte bezeichnet werden. Die Landwirtschaft ist nach Ansicht des Redners auch wichtiger als der Seehandel, denn dieser ist für die Stadt nicht lebensnotwendig. Auch die Steuern (φόρος) werden von der Landbevölkerung aufgebracht, weswegen nach Meinung des Libanios jegliche schlechte Behandlung der Bauern dem kaiserlichen Interesse zuwiderläuft. Ausgehend von den Getreidelieferungen der Kleinbauern hat Libanios in dieser Rede die Stellung der Landwirtschaft innerhalb der antiken Wirtschaft und die Rolle der agrarischen Produktion für das Städtewesen und die politische Struktur in geradezu klassischer Weise charakterisiert.[76]

---

69 Lib. 50, 9; 27; 29.
70 Lib. 50, 29; 31.
71 Lib. 50, 25.
72 Lib. 50, 28.
73 Lib. 27, 15; 50, 31.
74 Lib. 50, 30.
75 Lib. 27, 14; 50, 29.
76 Lib. 50, 33 ff.; zu dem Problem der Stadt-Land-Beziehungen vgl. A. H. M. Jones, The Economic Life of the Towns of the Roman Empire, in: Ders., The Roman Economy, Oxford 1974, S. 35–60; R. MacMullen, Roman Social Relations 50 B.C. to A.D. 284, New Haven 1976 (2. Aufl.), S. 28–56; M. I. Finley, The

Die dritte Gruppe, die am Lebensmittelhandel von Antiochia beteiligt war, wurde von den Kleinhändlern gebildet, die die Agrarerzeugnisse an die Verbraucher verkauften; das Getreide wurde von den Bäckern in den innerstädtischen Betrieben gemahlen und zu Brot verarbeitet.[77] Für die Bäckereien war eine kleine Betriebsgröße charakteristisch; die Bäcker besaßen einen geringen sozialen Status.[78] Bereits während der Versorgungskrise 362/63 unterstanden sie der Aufsicht von Kurialen, die für die Einhaltung der Preisvorschriften zu sorgen hatten. Auch in der folgenden Zeit wurden einzelne Kuriale von der Verwaltung mit der Aufsicht über die Brotpreise betraut; auf diese Weise war es ihnen leicht möglich, ihre Interessen den Bäckern gegenüber geltend zu machen.[79] Nach 380 konzentrierte sich die Preiskontrolle nur noch auf die Überwachung der Bäcker, während Eingriffe in den Getreidehandel nicht mehr erwähnt werden. Dem entspricht, daß es in dieser Zeit keine Konflikte mehr zwischen der Provinzverwaltung und der Kurie wegen der Lebensmittelversorgung gab, gleichzeitig aber die Auseinandersetzungen mit den Bäckern eine vorher nicht gekannte Schärfe annahmen.[80] Die Bäcker, die sich wahrscheinlich unter Valens als ἔϑνος organisiert hatten,[81] suchten [70] sich mehrmals dem Druck, der in Zeiten der Getreideknappheit und Preissteigerung von seiten der Verwaltung auf sie ausgeübt wurde, durch Flucht aus der Stadt zu entziehen.[82]

In der Mitte des 4. Jahrhunderts, vor den Maßnahmen Julians, beruhte die Getreideversorgung der Stadt Antiochia auf dem freien Zusammenspiel von drei Gruppen, den Großgrundbesitzern, unter ihnen die Kurialen, den Kleinbauern und den Bäckern. Die starke Position der Großgrundbesitzer im Getreidehandel resultierte einerseits aus ihrer politischen Stellung, die es ihnen ermöglichte, ihre wirtschaftlichen Interessen in der Stadt durchzusetzen, und andererseits aus dem Fehlen von Großhändlern; die Getreideversorgung Antiochias wurde nicht von einer städtischen Händlerschicht organisiert, sondern lag fest in den Händen der Produzenten; die Stadt war auf die Getreidelieferungen der Großgrundbesitzer und der Kleinbauern angewiesen. Die von Libanios in dem Schreiben an Rufinus formulierte Auffassung, es sei besser, wenn der Markt autonom bleibe (ἄμεινον εἶναι καὶ ταύτῃ ἀγορὰν αὐτόνομον ἀφεῖναι),[83] entspricht ohne Zweifel dem Standpunkt der Kurialen. Tatsächlich aber war dieses System der Getreideversorgung extrem empfindlich für Störungen; die Versorgungsschwierigkeiten nahmen auch deswegen so gravierende Formen an, weil sowohl die Großgrundbesitzer als auch die Bäcker in Zeiten der Getreideknappheit immer höhere Preise verlangten; dies hatte zur Folge, daß die arme Bevölkerung die notwendigen Lebensmittel nicht mehr bezahlen konnte, während die Wohlhabenden keinen Mangel litten.[84] In den Jahren nach 380 erreichten

Ancient City: From Fustel de Coulanges to Max Weber und Beyond, Comp. Studies in Soc. and History 19 (1977), S. 305–327. Die Thesen der neueren Forschung stimmen mit den Beobachtungen des Libanios weitgehend überein.

77 κάπηλοι: Julian, Misop. 350 A; Lib. 16, 24; Tinnefeld, S. 124 f.; Bäcker: Lib. 15, 23; Wassermühlen: 4, 29.

78 Lib. 29 passim; bemerkenswert ist vor allem 29, 27 die Gegenüberstellung des Kurialen Kandidos mit dem Bäcker Antiochos, der zur Miete wohnt, selbst arbeitet und nicht in der Lage ist, τῇ γαστρὶ χαρίζεσϑαι; zur Armut des Antiochos vgl. auch 29, 26; vgl. Tinnefeld, S. 127 ff.

79 Lib. 15, 23; or. 1, 228 ff.; 29 passim.

80 Lib. 1, 206 ff., 226 ff.

81 Tinnefeld, S. 127.

82 Lib. 1, 206, 226 f.; 29, 6 f.; zum Verlassen der Werkstätten vgl. auch ep. 1406, 4.

83 Lib. ep. 1379, 2; es ist beachtenswert, daß Libanios in diesem Schreiben es ausdrücklich ablehnt, die staatlichen Maßnahmen zur Sicherung der Getreideversorgung Roms als Vorbild für Antiochia zu akzeptieren.

84 Julian, Misop. 368 C; Lib. 16, 23.

die Hungersnöte in Antiochia ein bis dahin unbekanntes Ausmaß; unter Ikarios starben in Jahr 384 Kinder und Greise,[85] während einer anderen Hungersnot brachen Seuchen aus, ein Anzeichen dafür, daß die Widerstandskraft der hungernden Bevölkerung erheblich geschwächt war.[86] Angesichts solcher Umstände war es verständlich, daß die *plebs* immer wieder gegen Preissteigerungen und Verknappung protestierte; dieser Protest richtete sich nicht nur gegen die Kurialen; die arme Bevölkerung übte auch einen erheblichen Druck auf Kaiser und Beamte aus; die Eingriffe der Verwaltung in die Getreideversorgung waren mehrfach Reaktion auf plebeische Unruhen in der Stadt[87] und sind als Indiz dafür zu werten, daß die Organe der lokalen Selbstverwaltung nicht mehr in der Lage waren, die mit der Getreideversorgung verbundenen Probleme zu bewältigen.

Eine Rückkehr zum „autonomen Markt", wie sie Libanios 363 gefordert hatte, scheint in Antiochia nach den Versorgungsschwierigkeiten von 382–385 nicht [81] mehr möglich gewesen zu sein; selbst Libanios, der 363 in seinem Brief an Rufinus eine Aufsicht des Marktes ablehnte, hielt im Jahre 389 die zumindest partielle Freigabe der Preise durch Eutropios für falsch; der Preisanstieg wird an dieser Stelle als Krankheit aufgefaßt.[88]

Die in Antiochia getroffenen Maßnahmen entsprachen in ihrer Tendenz durchaus dem Vorgehen der römischen Verwaltung im 1. und 2. Jahrhundert n. Chr.; eine Beaufsichtigung der Kleinhändler und Preiskontrollen sind in diesem Zeitraum für verschiedene Städte des Imperium Romanum belegt.[89] Ein wesentlicher Unterschied zwischen der Situation des frühen Principats und der im 4. Jahrhundert ist aber darin zu sehen, daß die Kontrollfunktionen, die in der früheren Zeit vor allem von städtischen Magistraten wahrgenommen wurden, in der Spätantike weitgehend zum Kompetenzbereich der Beamten der Provinz- bzw. Diözesenverwaltung gehörten.

---

85 Lib. 29, 3.
86 Lib. 1, 233.
87 362: Julian, Misop. 368 C; Lib. 18, 195; 382/83: Lib. 1, 205 f.; unter Ikarios 384/85: Lib. 29, 2.
88 Lib. 4, 35.
89 Das Quellenmaterial zum Getreidehandel und dessen Kontrolle im frühen Principat bietet M. Rostovtzeff, RE VII (1910), col. 126–187, s. v. frumentum, bes. 143; vgl. auch SEHRE, S. 700 Anm. 21, S. 598 Anm. 9; der Kontinuitätsbruch zwischen Principat und Spätantike ist auch im Bereich der sozial- und wirtschaftspolitischen Maßnahmen keineswegs so ausgeprägt, wie bisweilen angenommen wurde. Zu dieser Frage vgl. auch J. Bleicken, Prinzipat und Dominat, Wiesbaden 1978 (Frankf. Hist. Vorträge 6); Professor Alexander Demandt danke ich für eine Reihe von Hinweisen.

Die Aufhebung von Privateigentum und Familie bei Aristophanes und Platon

zuerst in:
R. Faber (Hrsg.), Sozialismus in Geschichte und Gegenwart, Würzburg: Königshausen u. Neumann, 1994, S. 61–76.

I.

Das ‚Manifest der Kommunistischen Partei' von 1848 beschränkt sich keineswegs auf eine Kritik der sozialen Verhältnisse und auf die Forderung nach einer Verbesserung der Lebensbedingungen des Proletariats, sondern beschreibt darüber hinaus die Gesellschaft der Zukunft programmatisch als eine Assoziation, in der keine Klassen und Klassengegensätze mehr existieren. Im Rahmen eines solchen Entwurfs thematisieren Marx und Engels auch die Familie, die ebenso wie das Privateigentum als eine Institution der bürgerlichen Gesellschaft begriffen und radikal in Frage gestellt wird. Die im ‚Kommunistischen Manifest' geäußerte Kritik an der Familie läßt sich auf Charles Fourier (1772–1837) zurückführen, der in der ‚Theorie des quatre mouvements et des destiniées générales' (1808) das durch Ehe und Familie verursachte menschliche Unglück schonungslos dargestellt und gleichzeitig neue Formen der Beziehungen zwischen den Geschlechtern konzipiert hat. Nach Fourier sind die Unterdrückung der Frau, die Zerrüttung der häuslichen Verhältnisse und die Untreue der Ehegatten zwangsläufige Folgen der Ehe. Aus diesem Grund tritt er für eine Gesellschaftsordnung ein, in der die Frau eine fast uneingeschränkte sexuelle Freiheit besitzen sollte. Zwischen der Emanzipation der Frau und der sozialen Entwicklung wird bei Fourier ein enger Zusammenhang hergestellt:

> „Der soziale Fortschritt und der Anbruch neuer Epochen vollzieht sich entsprechend dem Fortschritt der Frau zur Freiheit, und der Verfall der Gesellschaftsordnung vollzieht sich entsprechend der Verminderung der Freiheit der Frau."[1]

Unter den sozialistischen Theoretikern kam August Bebel das Verdienst zu, die Frauenfrage als ein komplexes Problem begriffen zu haben, dessen Lösung nicht einfach von der Aufhebung des Privateigentums oder der Berufstätigkeit der Frau erwartet werden konnte. Seine Monographie ‚Die Frau und der Sozialismus' (1879) ist als groß angelegter Versuch anzusehen, die Entwicklung von Familie und Ehe in einem Überblick von der Urgesellschaft und der Antike bis zum 18. Jahrhundert historisch zu erfassen und die Situation der Frau im 19. Jahrhundert unter Berücksichtigung einer Vielzahl von Aspekten zu beschreiben. Die Berufstätigkeit der Frau, der Zugang zur höheren Bildung und zum Studium sowie der Kampf um die politische Gleichberechtigung gehören zu den Themen, die Bebel [62] aus der Sicht des Sozialismus ausführlich erörtert. Die zentralen Forderungen der Frauenbewegung hält Bebel für berechtigt; seiner Auffassung nach ist die Umgestaltung sowohl der sozialen Zustände als

---

1 K. Marx / F. Engels, Manifest der Kommunistischen Partei, MEW 4, Berlin 1974, 475ff. Ch. Fourier, Theorie des quatres mouvements, in: Th. Ramm, Hg., Der Frühsozialismus, Stuttgart 1956, 106. Zu Fourier vgl. I. Fetscher, Charles Fourier, in: W. Euchner, Hg., Klassiker des Sozialismus I, München 1991, 58–75.

auch der Beziehungen zwischen den Geschlechtern notwendig. Aus dieser Position resultiert die Perspektive eines Bündnisses zwischen Frauenbewegung und Arbeiterbewegung; dementsprechend schließt die Schrift mit der pathetischen Feststellung: „Dem Sozialismus gehört die Zukunft, das heißt in erster Linie dem Arbeiter und der Frau."[2]

Es spricht viel für die Annahme, daß ein politisches Programm, in dem sowohl ein grundlegender Wandel der wirtschaftlichen und sozialen Verhältnisse als auch die Befreiung der Frau gefordert wird, eine Reaktion auf den Industrialisierungsprozeß in Westeuropa während des 19. Jahrhunderts darstellte und mit diesem sozialen und wirtschaftlichen Kontext untrennbar verbunden war. Um so überraschender ist die Tatsache, daß bereits in griechischen Texten des 4. Jahrhunderts v. Chr. die Idee einer Aufhebung von Privateigentum und Familie formuliert wurde. Altertumswissenschaftler haben sich unter dem Eindruck einer wachsenden Bedeutung der sozialen Frage früh mit derartigen antiken Vorstellungen beschäftigt und deren weitgehende Übereinstimmung mit den modernen Theorien behauptet. Da es in der Antike kritische Stimmen gab, die solche Forderungen nach Beseitigung des Eigentums und der Familie entschieden ablehnten, konnte die Meinung vertreten werden, in der Antike seien die sozialistischen Positionen längst als Irrtum erwiesen worden; so sprach der eher liberale Berliner Altphilologe August Boeckh von „den Träumen des Socialismus und Communismus, welche schon das Althertum durchgeträumt und überwunden hat", und der Erlanger Althistoriker Robert Pöhlmann legte schließlich eine zweibändige ‚Geschichte des antiken Kommunismus und Sozialismus' (1893/1901) vor.[3] Angesichts dieser Interpretation antiker Denkmodelle stellt sich die Frage, ob trotz Fehlens einer industriellen Entwicklung schon in der Antike eine – zumindest theoretische – Perspektive einer sozialistischen Gesellschaft bestand und ob die griechischen Texte als Vorläufer des modernen Sozialismus gedeutet werden können. Zwei völlig unterschiedliche Werke, eine Komödie und ein philosophischer Dialog, müssen dabei im Zentrum der Überlegungen stehen: Die ‚Ekklesiazusen' des Aristophanes und die ‚Politeia' Platons.

II.

Wahrscheinlich wurden die ‚Ekklesiazusen' 392 v. Chr. in Athen aufgeführt, in einer Zeit, als die einstmals politisch so bedeutende Polis sich in einer Phase sozialen und wirtschaftlichen Niedergangs befand; durch die Niederlage im Peloponnesischen Krieg hatte Athen die hegemoniale Stellung im Ägäisraum und [63] damit auch die beträchtlichen Tributzahlungen der Bundesgenossen eingebüßt; zugleich mussten die Kleruchien, Ansiedlungen athenischer Bürger in den verbündeten Poleis, aufgegeben werden. Attika war im Kriege verwüstet worden, wohlhabende Familien, die ihr Einkommen aus dem Landbesitz zogen, standen vor dem Ruin; da der Silberbergbau eingestellt worden war, erlitt die Polis einen empfindlichen Rückgang der öffentlichen Einkünfte.[4]

---

2 A. Boeckh, Encyklopädie und Methodologie der philologischen Wissenschaften, hg. E. Bratuschek, Leipzig 1877, ND Darmstadt 1966, 28f. Zu Boeckh vgl. A. Horstmann, August Boeckh und die Antike-Rezeption im 19. Jahrhundert, in: K. Christ / A. Momigliano, Hg., L'Antichità nell' Ottocento in Italia e Germania, Bologna/Berlin, 1988, 19–75. Zu Pöhlmann vgl. K. Christ, Von Gibbon zu Rostovtzeff, Darmstadt 1972, 201–247.

3 A. Bebel, Die Frau und der Sozialismus, Berlin [60]1964, 127. 343. 357.

4 Vgl. C. Mossé, Athens in Decline 404-86 B.C., London 1973, 12ff. und außerdem Xenophon, Memorabilia II 7,2. 8,1.

Vor diesem Hintergrund spielt die Handlung der Komödie des Aristophanes, in der die Athenerinnen in das politische Geschehen eingreifen, eigene Zielvorstellungen entwickeln und diese auch durchsetzen. Es ist nicht ohne Vorbild im Werk des Dichters, daß Frauen die Rolle der Protagonisten übernehmen; bereits in der 411 v. Chr. aufgeführten Komödie ‚Lysistrate' treten die athenischen Frauen selbstbewußt für den Friedensschluß mit Sparta ein und erzwingen eine Beendigung des Krieges. Als Anführerin der Frauen agiert 411 v. Chr. Lysistrate, nach der das Stück den Titel erhielt, in der späteren Komödie ist es Praxagora, die mit Intelligenz, Phantasie und Entschlossenheit den Beschluß der Volksversammlung herbeiführt, den Frauen die Leitung der Politik zu überlassen.[5]

Die Komödie beginnt mit einem Treffen der Frauen in der Morgendämmerung vor der Volksversammlung, auf der sie als Männer verkleidet, die Geschicke Athens in ihre Hand nehmen wollen.[6] Die Frauen begründen ihre Absicht mit der Eigennützigkeit der Politiker und der Unfähigkeit der Männer, die Probleme der Stadt zu lösen. Prägnant beschreibt Praxagora die politische Situation der Stadt:

> „... mit Kummer seh' ich und Verdruß
> Wie alles in der Stadt hier geht und steht!
> Von schlechten Führern, seh' ich, läßt das Volk
> Sich leiten, und wenn einer einen Tag
> Rechtschaffen, ist er zehn dafür dann schlecht! –
> Ein andrer kommt! Der macht es schlechter noch...
> Du aber, Volk, du bist an allem schuld!
> Denn aus der Stadtkasse zieht der Bürger Sold,
> Und jeder sucht allein Gewinn für sich!"[7]

Aufgrund ihrer Tätigkeit in der Hauswirtschaft halten die Frauen sich für fähig, die Stadt besser zu verwalten. Praxagora betont, daß die Frauen keine Neigung hätten, immer wieder Neuerungen einzuführen, sondern am Altbewährten festhielten:

> „... Heut noch waschen sie
> Nach altem Brauch die Woll' in warmem Wasser,
> Und eine wie die andre! Keine siehst
> [64] Du Neues je probieren! – O Athen,
> Wie wärst du wohlgeboren, hieltest du's
> Wie sie und fragtest nichts nach Neuerung!"[8]

Nach der Volksversammlung, die tatsächlich den gewünschten Beschluß faßt, legt Praxagora entgegen ihrer eigenen Aussage über die Einstellung der Frauen den Plan einer völligen Umgestaltung der sozialen Verhältnisse Athens dar; die Fragen und Einwände ihres Mannes Blepyros geben ihr die Gelegenheit, zunächst befremdlich wirkende Vorschläge zu erläutern

---

5 Zu den Komödien des Aristophanes vgl. Th. Gelzer, Aristophanes, in: G.A. Seeck, Hg., Das griechische Drama, Darmstadt 1979, 258-306. H.-J. Newiger, Hg., Aristophanes und die Alte Komödie, Darmstadt 1975. P. Cartledge, Aristophanes and his Theatre of the Absurd, Bristol 1990. Vgl. außerdem C. Mossé, La femme dans la Grèce antique, Paris 1983, 114–125.
6 Aristophanes, Ekkl. 106ff.
7 Ekkl. 174ff. 205ff.
8 Ekkl. 216ff.

und wiederholt neue Themen aufzugreifen, so daß ihre Äußerungen schließlich den Charakter eines umfassenden politischen Programms annehmen. Zu Beginn ihrer Rede geht sie zunächst auf die Frage des Eigentums und der sozialen Gleichheit ein:

> „Hört: Alles wird künftig Gemeingut sein, und allen wird alles gehören.
> Sich ernähren wird einer wie alle fortan, nicht Reiche mehr gibt es noch Arme.
> Nicht besitzen wird der viele Morgen Lands und jener kein Plätzchen zum Grabe;
> Nicht Sklaven in Meng' wird halten der ein', und der andre nicht einen Bedienten,
> Nein, allen und jeden gemeinsam sei gleichmäßig in allem das Leben!"[9]

In den folgenden Versen kündigt Praxagora an, daß nicht allein die Äcker, sondern auch Gold und Silber sowie überhaupt jegliche Besitztümer zu Gemeingut erklärt würden. Die Frauen übernehmen damit die Aufgabe, die Männer zu ernähren:

> „Wenn also die Güter vereinigt, sind wir es, die Frau'n, die euch nähren und pflegen.
> Wir verwalten und sparen und rechnen, besorgt, nur das Beste von allen zu fördern."[10]

Alle Habe ist an die Gemeinschaft abzuliefern, und es wird keinen Grund geben, irgendwelche Schätze für sich zu behalten, denn nach der Abgabe aller Güter wird allgemeiner Überfluß herrschen:

> „Aus Mangel wird nie mehr ein Mensch sich vergehn, denn alles ist Eigentum aller,
> Brot, Kuchen, Gewänder, gepökeltes Fleisch, Wein, Erbsen und Linsen und Kränze.
> Was gewänne denn einer, der nicht einzahlt? Ja, besinne dich nur und belehr' uns!"[11]

Dieser Aufforderung folgend, äußert Blepyros den für einen Athener naheliegenden Gedanken, ein Mann müsse Güter für sich zurückbehalten, um ein Mädchen für gewährte Gunst beschenken zu können. Auf diesen Einwand gegen die Gütergemeinschaft antwortet Praxagora, in der künftigen Gesellschaft herrsche in den Liebesbeziehungen völlige Freiheit:

> [65]„Was schwatzt du? Er kann ja umsonst sie beschlafen,
> Denn die Frauen werden Gemeingut sein, und zu jedem wird sie sich legen
> Und schwängern sich lassen von jedem, der will!"[12]

Blepyros bleibt aber skeptisch und stellt die Frage, ob dann nicht alle Männer nur die schönste Frau begehren würden; auch für dieses Problem weiß Praxagora eine Lösung, die allerdings zur Folge hat, daß die Liebesbeziehungen wiederum strikten Regelungen unterworfen werden:

> „Stumpfnasige, häßliche Weiber sind stets an der Seite der hübschen gelagert:
> Wer die Schöne begehrt, der bequeme sich nur, erst das häßliche Weib zu besteigen!"[13]

Umgekehrt gilt dasselbe: Die Frauen dürfen erst dann mit den schönsten Jünglingen zusammensein, wenn sie zuvor die kleinen, häßlichen Burschen befriedigt haben. Auch die Tatsache, daß unter solchen Umständen unbekannt bleiben muß, wer als Vater der Kinder anzusehen ist, bringt Praxagora nicht in Verlegenheit; die Kinder würden dann, so sagt sie, jeden für

---

9 Ekkl. 591ff.
10 Ekkl. 599ff.
11 Ekkl. 605ff.
12 Ekkl. 613ff. Vorbild hierfür ist vielleicht Euripides, frg. 653.
13 Ekkl. 617ff.

ihren Vater halten, der einige Jahrzehnte älter ist als sie. Nachdem die Liebesbeziehungen auf diese Weise abgehandelt worden sind, geht Blepyros noch einmal auf die sozialen Probleme ein und fragt, wer eigentlich die Äcker bebauen solle. Die lakonische Antwort lautet, dies werde Aufgabe der Sklaven sein. Die Bürger würden in Muße leben und müßten sich nur am Abend zum gemeinsamen Mahl begeben. Da bei allgemeiner Besitzlosigkeit niemand mehr eine Geldstrafe entrichten kann, sollen einem Bürger, der sich etwa einer Körperverletzung schuldig gemacht hat, die Essensrationen gekürzt werden. Diebstahl und Würfelspiel werden verschwinden, und die Stadt wird in einen einzigen großen Oikos verwandelt. Auf die Frage, wie sie die Wohnungen einrichten wolle, erklärt Praxagora:

> „Auf das beste für alle! Die Stadt hier
> Verwandl' ich in eine Behausung und stürz' und zertrümmre die scheidenden Wände,
> So besucht dann jeder den andern bequem –"[14]

Es folgen noch einige Bemerkungen über die gemeinsamen Gastmähler; der Dialog zwischen Blepyros und Praxagora schließt mit der Feststellung, daß auch die Prostitution unfreier Frauen abgeschafft werden solle: Die Frauen wollen so verhindern, daß die jungen Männer Dirnen aufsuchen und die freien Frauen vernachlässigen.

Die Schwierigkeiten, die sich bei der Realisierung dieses Programms ergeben, werden in den folgenden Szenen drastisch dargestellt: Während ein athenischer Bürger gerade seine Habe zusammenträgt, um sie auf dem Markt abzuliefern, ist Chremes nicht bereit, dasselbe zu tun; er will lieber abwarten und sehen, wie die anderen Bürger handeln werden. Chremes glaubt, man werde allgemein zögern und abwarten, aber nicht das Gesetz befolgen; trotz dieser Einstellung will er [66] schließlich am gemeinsamen Mahl teilnehmen. In der Figur des Chremes wird exemplarisch die Mentalität derer dargestellt, die nicht bereit sind, auf den eigenen Besitz zu verzichten, aber zugleich an den Wohltaten der Gemeinschaft partizipieren wollen. Die von Praxagora erdachte Regelung der Liebesbeziehungen führt schließlich zu einer grotesken Situation: Drei alte, häßliche Frauen streiten sich um einen Jüngling, der gerade ein Mädchen aufsuchen will. In dieser Szene wird gezeigt, welche absurden Konsequenzen die Vorschrift, ein junger Mann, der ein Mädchen begehrt, müsse erst einer alten Frau zu Willen sein, haben kann.

Die Interpretation der Komödien des Aristophanes gehörte lange Zeit zu den strittigen Problemen der Althistorie. Zwei konträre Positionen wurden vertreten: Einerseits behauptete man, Aristophanes habe in den Komödien die politischen Interessen der konservativen Landbevölkerung artikuliert, andererseits wurde die Auffassung geäußert, es sei eher unwahrscheinlich, daß der Dichter die öffentliche Meinung in Athen beeinflussen wollte. In neueren Arbeiten hat sich demgegenüber eine differenzierte Sicht durchgesetzt; es geht nicht mehr darum, sich für eine der beiden genannten Positionen zu entscheiden, sondern vielmehr darum zu zeigen, auf welche Weise bei Aristophanes Situationskomik, Spott und Witz mit dem Ernst politischer Kritik und Ermahnung verbunden sind.

Die Komödie gibt keinen konkreten Rat zur Lösung eines Problems, sondern spielt bei der Behandlung wichtiger politischer Fragen[15] mit märchenhaften und phantastischen Motiven. Für die Interpretation der ,Ekklesiazusen' ist die Tatsache, daß Aristophanes die Thematik

---

14 Ekkl. 673ff. Vgl. Mossé, La femme 119.
15 H. Flashar, Zur Eigenart des Aristophanischen Spätwerks, in: Newiger, Hg., Aristophanes, 405–434. A.W. Gomme, Aristophanes and Politics, in: Newiger, Hg., Aristophanes, 75–98.

dieser Komödie im 388 v. Chr. aufgeführten ‚Plutos' (‚Der Reichtum') erneut behandelt hat, von entscheidender Bedeutung. Im Zentrum der späten Stücke steht das Problem der sozialen Entwicklung, die Polemik gegen führende Politiker wie Perikles oder Kleon tritt demgegenüber zurück. Die nach 404 v. Chr. geschriebenen Komödien vermitteln den Eindruck, für Aristophanes sei nach der Niederlage Athens im Peloponnesischen Krieg die soziale Frage ebenso relevant gewesen wie zuvor während des Krieges die Frage des Friedens. Im ‚Plutos' bringt der arme Chremylos den blinden Gott des Reichtums in das Heiligtum des Asklepios und macht ihn auf diese Weise wieder sehend. Der Reichtum wird nun neu verteilt: Die Besitzenden verlieren ihre Habe, während die Armen plötzlich reich werden. Die Lage der Armen wird realistisch beschrieben; Chremylos erwähnt den Hunger der Kinder, die Lumpen, die als Kleidung dienen, das Lager aus Stroh, in dem das Ungeziefer wimmelt, und schließlich das kärgliche Mahl der Erwachsenen.[16] Auch in dieser Komödie bietet die märchenhafte Handlung Raum für die Einsicht in eine bittere Realität.

Aufschlußreich für das Verständnis der ‚Ekklesiazusen' ist vor allem auch jene Szene des ‚Plutos', in der eine alte, reiche Witwe den Verlust ihres jungen Liebhabers beklagt, der jetzt selbst reich geworden auf ihr Geld nicht mehr angewiesen ist. Die im ‚Plutos' beschriebene Liebesbeziehung entspricht ebensowenig den konventionellen Vorstellungen wie die burleske Situation am Ende der ‚Ekklesiazusen'. Es zeigt sich, daß die Szene, in der die alten Frauen den Jüngling [67] begehren, keineswegs als generelle Umkehrung der in Athen bestehenden Verhältnisse aufzufassen ist. Auch unter den im 4. Jahrhundert v. Chr. gegebenen sozialen Bedingungen kann ein Zwang bestehen, eine eigentlich nicht gewünschte Liaison einzugehen und aufrechtzuerhalten; im ‚Plutos' befindet sich der Jüngling in einer sozialen Notlage, hat er doch Mutter und Schwestern mit Kleidung und Getreide zu versorgen.[17]

Der Blick auf die Handlung des ‚Plutos' ermöglicht es, die Aussage der ‚Ekklesiazusen' klarer zu erfassen: Das Geschehen beider Komödien ist von vornherein als unwirklich gekennzeichnet; die politischen Aktivitäten der Frauen sind nicht als Aufruf an die Athenerinnen gedacht, endlich zu handeln, und die Ideen der Praxagora stellen weder das politische Programm des Aristophanes noch die Karikatur einer proletarischen Utopie dar, die widerlegt werden soll. Die fiktive, märchenhafte Handlung dient dem Dichter vielmehr als Rahmen für eine Stellungnahme zu den sozialen Problemen seiner Zeit; auf diese Weise gelingt es ihm, die Verarmung einer großen Zahl von Bürgern und die ungerechte Verteilung des Reichtums öffentlich zu thematisieren. Dies kann im Theater um so radikaler geschehen, als die Zuschauer keine Möglichkeit besitzen, unmittelbar aktiv zu werden. Damit kommt der Komödie im politischen System Athens neben der Volksversammlung ein besonderer Platz zu: Die Komödie gewährt Frauen wie Praxagora oder armen Bürgern wie Chremylos, die in der Volksversammlung kaum je zu Wort kommen, den öffentlichen Auftritt und artikuliert so die Unzufriedenheit und das Ressentiment, aber auch die Wunschvorstellungen derer, die auf politische Entscheidungen nur selten oder nie einen direkten Einfluß zu nehmen vermögen, unter den politischen und sozialen Entwicklungen aber besonders zu leiden haben.

Obgleich Praxagora ihre Ideen über Gütergemeinschaft und Aufhebung der Ehe als neu bezeichnet, lassen sich in ihren Ausführungen Anklänge an ältere Theorien und literarische Motive finden. Bereits im 5. Jahrhundert haben einzelne Schriftsteller Entwürfe einer idealen

---

16 Aristophanes, Plutos 535ff.
17 Plutos 981ff.

Polis verfaßt, in denen auch Aussagen über die Verteilung des Besitzes getroffen wurden. So stellte Phaleas von Chalkedon die Forderung auf, unter den Bürgern einer Polis sollte eine Gleichheit der Vermögen bestehen. Wie Aristoteles kritisch anmerkt, ist Phaleas dabei aber nur auf den Grundbesitz eingegangen und hat Sklaven, Vieh und Geld unbeachtet gelassen. Durch eine gleichmäßige Aufteilung des Bodens sollte verhindert werden, daß Menschen wegen Kälte und Hunger Diebstahl begingen oder daß in einer Polis innere Unruhen ausbrachen.[18] Die Schilderung des Überflusses an Nahrungsmitteln, der nach der Verwirklichung von Praxagoras Ideen herrscht, besitzt viele Vorbilder in der Alten Komödie; Dichter wie Krates, Telekleides und Pherekrates, haben die Vision einer Welt entworfen, in der die Menschen nicht mühsam ihre Nahrungsmittel produzieren müssen; die fertig zubereiteten Speisen kommen vielmehr auf Zuruf von selbst zu den Menschen.[19] Von derartigen Vorstellungen weicht Aristophanes jedoch insofern ab, als er im Gegensatz zu Krates an der [68] Notwendigkeit der Sklavenarbeit festhält. Die Frage des Blepyros, wer künftig die Felder bestellen werde, beantwortet Praxagora mit dem Hinweis auf die Sklaven.

Gerade diese Stellungnahme zur Sklaverei läßt die grundlegende Verschiedenartigkeit des Programms der Praxagora und der Position des Kommunistischen Manifestes deutlich werden; eine Verbesserung der Lage der Sklaven, etwa ihre rechtliche Gleichstellung mit den freien Bürgern, ist von Praxagora nicht beabsichtigt. Während Marx und Engels die Aufhebung des Privateigentums als wesentliche Voraussetzung für die Überwindung aller Klassengegensätze ansehen, hat die Einführung der Gütergemeinschaft in den ‚Ekklesiazusen‘ vor allem den Zweck, die krassen Vermögensunterschiede innerhalb der Bürgerschaft Athens zu beseitigen und den armen Bürgern eine ausreichende Versorgung mit Lebensmitteln und Gebrauchsgütern zu gewähren. Die Ausbeutung der Sklaven wird durch Praxagora jedoch nicht aufgehoben, sie wird lediglich kollektiv organisiert; die Sklaverei wird nicht als politisches und soziales Problem wahrgenommen. Man sollte die ‚Ekklesiazusen‘ daher nicht als einen Text interpretieren, in dem die kommunistischen Theorien des 19. Jahrhunderts vorweggenommen werden.[20]

Ähnliches gilt auch für die Darstellung der Frauen in der Komödie; obgleich die Athenerinnen auf der Bühne – anders als in der Wirklichkeit – das politische Geschehen bestimmen, kann das Stück nicht als frauenfreundlich im Sinn moderner feministischer Positionen bezeichnet werden. Es bleibt festzuhalten, daß die in Athen verbreiteten Vorurteile gegen Frauen an verschiedenen Stellen des Textes artikuliert werden; sogar in der Rede, in der Praxagora nachzuweisen sucht, daß die Frauen fähig sind, die politischen Geschicke der Stadt zu leiten, findet die in Athen populäre Misogynie ihren Ausdruck:

> „Sie quälen ihre Männer, grad wie sonst.
> Sie lassen Buhler ein noch, grad wie sonst,
> Sie naschen gern was Leckeres, grad wie sonst,
> Und trinken gerne Puren, grad wie sonst.“[21]

---

18 Aristoteles, Politik 1266a 39ff.
19 Vgl. Athenaios, Deipnosophistai 6, 267eff. M. I. Finley, Utopianism ancient and modern, in: Ders., The Use and Abuse of History, London 1975, 178–192.
20 Vgl. Finley, a. a. O. 187.
21 Ekkl. 224ff.

Treulosigkeit, Naschsucht und Trunksucht gehören zu den stereotypen Vorwürfen, die gegen die Frauen erhoben wurden; selbst die Fähigkeit, Geld gut zu verwalten, wird auf die Verschlagenheit der Frauen zurückgeführt:

> „Geld schafft die Frau, die Schaffnerin, am besten;
> Sie, wenn sie herrscht, wird sicher nicht betrogen:
> Denn wer versteht sich auf Betrug wie sie?"[22]

Im Zentrum der Komödie steht jedoch nicht die Kritik an den Frauen oder den Ideen der Praxagora, sondern eine unerträglich gewordene soziale Situation, die dringend der Abhilfe bedarf:

> „Ausrotten will ich Blöße, Dürftigkeit.
> Zank, Schlägerei'n, Auspfändung armer Schuldner."[23]

[69] III.

Platon erörtert die Frage der Besitzlosigkeit und der Frauengemeinschaft in dem zu seinen Hauptwerken gehörenden Dialog ‚Politeia', in dem Sokrates eine Theorie der gerechten Polis vorträgt. Nach Auffassung Platons kann eine Stadt nur dann gerecht regiert werden, wenn die unterschiedlichen politischen und wirtschaftlichen Funktionen von verschiedenen, streng voneinander getrennten Gruppen wahrgenommen werden. So ist die Verteidigung der von Sokrates entworfenen Stadt Aufgabe eines Standes von Kriegern, die durch eine besondere Ausbildung auf ihre Tätigkeit vorbereitet werden; die besten aus diesem Stand wiederum sollen ausgewählt werden, um als „Wächter" (phylakes) den Kriegern zu befehlen und die Herrschaft über die Stadt auszuüben. Die Krieger und Wächter haben dafür Sorge zu tragen, daß die Gesetze der Stadt von den Bürgern beachtet und Angriffe äußerer Feinde abgewehrt werden.[24] Dabei muß durch die Gestaltung der politischen Ordnung aber auch verhindert werden, daß die Krieger der Bevölkerung willkürlich Schaden zufügen können und so Gewaltherrscher werden. Aus diesem Grund soll ihnen jeglicher Besitz untersagt und zugleich eine angemessene Versorgung mit allen lebensnotwendigen Gütern garantiert werden. Wie das Leben der Krieger zu regeln ist, führt Platon mit folgenden Worten aus:

> „Zuerst nämlich, daß keiner irgend eigenes Vermögen besitze, wenn es irgend zu vermeiden ist; ferner daß keiner irgend solche Wohnung oder Vorratskammer habe, wohinein nicht jeder gehen könnte, der nur Lust hat, sie aber das Notwendige, dessen bescheidene und tapfere Männer, die im Kriege kämpfen sollen, bedürfen, in bestimmter Ordnung von den anderen Bürgern als Lohn für ihren Schutz in solchem Maße empfangen, daß ihnen weder etwas übrigbleibe auf das nächste

22 Ekkl. 236ff. Vgl. zum Frauenbild bei Aristophanes such R. Just, Women in Athenian Law and Life, London 1989, 159ff.
23 Ekkl. 565f.
24 Zur politischen Theorie Platons vgl. W.K.C. Guthrie, A History of Greek Philosophy, vol. 4: Plato, Cambridge 1975, 434ff. J. Ferguson, Utopias of the Classical World, London 1975, 61–79. J. Annas, Platon, in: I. Fetscher / H. Münkler, Hg., Pipers Handbuch der politischen Ideen I, München 1988, 369-395. A. Demandt, Der Idealstaat. Die politischen Theorien der Antike, Köln 1993, 71–108. Zu den Kriegern: Platon, Politeia 373dff. Die Erziehung: Politeia 376eff. Auswahl der Herrschenden: Politeia 412bff. Vgl. dazu auch 414b. Die Aufgaben der Krieger und der Herrschenden: Politeia 415de.

Jahr noch sie auch Mangel haben, indem sie nämlich, gemeinsame Speisungen besuchend, wie im Felde Stehende zusammen leben."

Ausdrücklich wird den Kriegern der Besitz von Edelmetall verwehrt:

> „Sondern ihnen allein von allen in der Stadt sei es verboten, mit Gold und Silber zu schaffen zu haben und es zu berühren, noch auch unter demselben Dach damit zu sein oder es an der Kleidung zu haben oder aus Gold und Silber zu trinken."[25]

Durch die Besitzlosigkeit der Krieger sollen aus ökonomischen Interessen resultierende Konflikte innerhalb der Polis vermieden werden. Der Abschnitt schließt mit einer eindrucksvollen Schilderung jenes Zustandes, der gegeben wäre, wenn Krieger und Wächter über eigenen Besitz verfügten:

> „Besäßen sie aber selbst eigenes Land und Wohnungen und Geld, so würden sie dann Hauswirte und Landwirte sein anstatt Wächter und rauhe Gebieter anstatt Bundesgenossen der [70] anderen Bürger werden und würden so hassend und gehaßt, belauernd und selbst belauert ihr ganzes Leben hinbringen, weit mehr die Feinde drinnen fürchtend als die draußen und ganz nahe an ihrem Verderben hinlaufend sie selbst und die ganze Stadt."[26]

Nach diesen Bemerkungen über die Lebensweise der Krieger und Wächter äußert Sokrates beiläufig die Auffassung, Ehe und Kinderzeugung sollten entsprechend dem Sprichwort, unter Freunden sei alles gemeinsam, geordnet werden.[27] An späterer Stelle des Dialogs verlangt Adeimantos Aufklärung über diese vage Aussage und gibt damit Anlaß zu längeren Ausführungen über die Rolle der Frauen sowie über die Beziehungen zwischen Frauen und Männern innerhalb des Standes der Krieger und Wächter.[28] Sokrates beginnt seine Darlegungen über die Stellung der zum Stand der Krieger gehörenden Frauen mit der Feststellung, daß bei der Verwendung von Schäferhunden Rüden und Hündinnen ungeachtet ihrer unterschiedlichen Stärke gemeinsam zum Hüten der Herde und zur Jagd gebraucht werden und deswegen auch dieselbe Erziehung erhalten. Aus dieser Tatsache zieht Platon den Schluß, Frauen müßten, wenn sie dieselben Aufgaben wie die Männer wahrnehmen sollen, ebenso wie diese in Musik und Gymnastik unterrichtet werden. Diese Argumentation mag zunächst befremdlich erscheinen, aber es ist zu bedenken, daß Platon auch sonst auf das Verhalten oder die Verwendung von Haustieren verweist, um seine Positionen zu begründen. Am Beispiel edler Jagdhunde, die sanft gegen Hausgenossen und wild gegen Fremde sind, verdeutlicht Platon, wie die Krieger der idealen Polis sich verhalten sollen.[29]

Die Auffassung Platons über die Erziehung und die Aufgaben der Frauen bedarf freilich deswegen einer weiteren Begründung, weil zu Beginn des Gespräches über die ideale Polis die Differenzierung der Berufe allgemein auf die unterschiedliche Natur der Menschen zurückgeführt wird und der naturgegebene Unterschied zwischen Mann und Frau es unter dieser Voraussetzung eigentlich nahelegen würde, beiden Geschlechtern verschiedene Aufgabenbereiche zuzuweisen. Um seine Thesen zu verteidigen, behauptet Platon, die Differenz der

---

25 Politeia 416dff.
26 Politeia 4l7af.
27 Politeia 423ef.
28 Politeia 449cff.
29 Politeia 375aff.

Geschlechter bestünde einzig darin, daß der Mann die Fähigkeit der Zeugung und die Frau die Fähigkeit des Gebärens besitzt. Es gibt demnach keine Begabungsunterschiede, die eine politische Tätigkeit der Frau ausschließen würden:

> „Also, o Freund, gibt es gar kein Geschäft von allen, durch die eine Stadt besteht, das der Frau als Frau oder dem Manne als Mann angehörte, sondern die natürlichen Anlagen sind auf ähnliche Weise in beiden verteilt, und an allen Geschäften kann die Frau teilnehmen ihrer Natur nach, wie der Mann an allen; in allen aber ist die Frau schwächer als der Mann."[30]

[71] Noch entschiedener bricht Platon mit allen Denkgewohnheiten in seinen Bestimmungen über das Zusammenleben von Frauen und Männern. Bedingt durch die gemeinsamen Wohnungen und Speisungen käme es seiner Meinung nach notwendig zu sexuellen Beziehungen. Da aber eine Stadt, in der die Menschen sich ohne Ordnung miteinander verbinden könnten, nicht fromm und glückselig bezeichnet werden kann, sollen die Herrschenden entsprechend den in der Tierzucht beachteten Regeln jeweils Hochzeiten zwischen den besten Männern und Frauen ausrichten, ebenso auch zwischen den schlechteren Männern und Frauen, und dafür sorgen, daß nur die von den besten Eltern abstammenden Kinder aufgezogen würden. Die Kinder selbst werden bald nach der Geburt Wärterinnen übergeben; obgleich die Säuglinge gestillt werden, soll unbedingt vermieden werden, daß die Mütter ihre eigenen Kinder dabei erkennen: Die Wärterinnen „werden also auch für die Nahrung sorgen, indem sie die Mütter, wenn sie von Milch strotzen, in das Säugehaus führen, so jedoch, daß sie auf alle erdenkliche Weise verhüten, daß eine das Ihrige erkenne, und indem sie, wenn jene nicht hinreichen, noch andere Säugende herbeischaffen. Und auch dafür werden sie sorgen, daß die Mütter nur eine angemessene Zeit lang stillen, die Nachtwachen aber und die übrige beschwerliche Pflege werden sie Wärterinnen und Kinderfrauen auftragen."[31] Die unter Aufsicht der Herrschenden geschlossenen Verbindungen zwischen Frauen und Männern sind nur von kurzer Dauer; daher kann Platon empfehlen, daß die im Kriege tapferen Jünglinge als Belohnung öfter als andere die Erlaubnis erhalten, mit Frauen sexuell zu verkehren. Auf diese Weise wird gleichzeitig auch erreicht, daß die besonders tüchtigen Männer recht viele Nachkommen haben.[32]

Die Auflösung aller traditionalen verwandtschaftlichen und familiären Beziehungen in Platons politischer Theorie zielt darauf ab, Krieger und Wächter als einen möglichst homogenen Stand zu konstituieren, in dem es keine Unterscheidung mehr zwischen Verwandten und Fremden gibt:

> „Denn in jedem, den einer nur antrifft, wird er entweder einen Bruder oder eine Schwester oder einen Vater oder eine Mutter oder einen Sohn oder eine Tochter oder deren Nachkommen oder Vorfahren anzutreffen glauben."[33]

Auf diese Weise werden die Normen sozialen Verhaltens innerhalb der Familie, etwa Achtung oder Gehorsam den Eltern gegenüber, auf sämtliche Beziehungen innerhalb dieses Standes

---

30 Politeia 452e–455e. Vgl. zum konventionellen Verständnis der Geschlechterrollen Xenophon, Oikonomikos 7, 20ff. Nach Xenophon haben Frauen und Männer verschiedene Tätigkeitsbereiche, die Natur der Frau ist geeignet für die Wahrnehmung der Aufgaben im Haus, die des Mannes für die Arbeit außerhalb des Hauses.

31 Politeia 460cf.

32 Politeia 460b. Vgl. 468c.

33 Politeia 463c.

übertragen. Bedingt durch die Gemeinschaft der Frauen und Kinder werden überdies Trauer und Freude allen gemeinsam sein; die ideale Stadt gleicht so einem Organismus, in dem die Seele Anteil am Schmerz oder Wohlbefinden aller Teile nimmt.[34]

Obgleich Platon seine Ansichten zur Lebensweise und Besitzlosigkeit der Wächter sowie zu den Beziehungen zwischen Frauen und Männern in verschiedenen Abschnitten der ‚Politeia' darlegt, ist nicht zu übersehen, daß zwischen beiden Themen ein enger Zusammenhang besteht. Am Ende der Ausführungen zur Frauengemeinschaft wird ausdrücklich hervorgehoben, daß die Vorschriften über Frauen und Kinder mit der Forderung, Krieger und Wächter sollten keinen Besitz ha[72]ben, übereinstimmen.[35] Auch in der kurzen Zusammenfassung des in der ‚Politeia' geführten Gesprächs zu Beginn des ‚Timaios' wird ein enger Bezug zwischen diesen Thesen hergestellt.[36] Die Einführung der Frauengemeinschaft dient ebenso wie das Verbot, eigenen Besitz zu haben, dem Ziel, den Ausbruch innerer Konflikte in der Stadt zu verhindern. Dieser angestrebte Zustand gesellschaftlicher Harmonie wird zuletzt in einer Reihe rhetorischer Fragen resümierend skizziert:

> „Werden nicht Prozesse und gegenseitige Anklagen ganz verschwunden sein unter ihnen, um es mit einem Wort zu sagen, weil keiner etwas Eigenes hat außer seinem Körper, alles andere aber gemeinsam ist? Und folgt hieraus nicht, daß keine Stasis unter ihnen entsteht, jedenfalls soweit die Menschen zur Stasis neigen wegen des Besitzes von Geld oder von Kindern und Verwandten?"[37]

Die in der ‚Politeia' formulierte Theorie ist keineswegs eine willkürliche Konstruktion, die etwa aus autoritären Präferenzen ihres Verfassers resultiert, sie stellt vielmehr die philosophische Antwort auf eine politische Wirklichkeit dar, in der das Zusammenleben der Menschen in den Poleis permanent durch innere Konflikte gefährdet war. Es geht Platon in seinen Überlegungen zur Lebensweise der Wächter nicht darum, einer kleinen politischen Elite Macht und Reichtum zu sichern, sondern um die Glückseligkeit der ganzen Polis.[38]

Die platonische Konzeption einer idealen Stadt stellt in vieler Hinsicht einen radikalen Bruch mit den Traditionen politischen Denkens im demokratischen Athen dar; der Gedanke, die Verteidigung und die politische Führung der Stadt seien Aufgabe nicht der ganzen Bürgerschaft, sondern eines bestimmten Standes, steht in eklatantem Widerspruch zur athenischen Selbstauffassung, wie sie etwa im Epitaph des Perikles zum Ausdruck gelangt:

> „Es haben aber nach dem Gesetz in dem, was den Einzelnen angeht, alle gleichen Teil, und der Geltung nach hat im öffentlichen Bereich der den Vorzug, der sich irgendwie Ansehen erworben hat, nicht nach irgendeiner Zugehörigkeit, sondern nach seinem Verdienst; und ebenso wird keiner aus Armut, wenn er für die Stadt etwas leisten könnte, durch die Unscheinbarkeit seines Namens daran gehindert."[39]

Allerdings wurden in der theoretischen Literatur bereits vor Platon alternative politische Modelle diskutiert; in diesem Zusammenhang ist zuerst der Architekt und Städteplaner Hippodamos

---

34 Politeia 463cff. Vgl. 462cf.
35 Politeia 464bf.
36 Timaios 18b–19a.
37 Politeia 464df. Der Gedanke, daß durch die Frauengemeinschaft das Aufkommen von Neid und Feindschaft verhindert wird, findet sich bereits bei Herodot in dem Exkurs über die Skythen (4, 104).
38 Politeia 4l9aff.
39 Thukydides 2, 37. Vgl. auch Euripides, Hiketiden 403ff.

von Milet zu nennen, der gegen Mitte des 5. Jahrhunderts v. Chr. die Vorstellung einer ständischen Gliederung der Polis entwickelt hat. Hippodamos teilte in seiner Schrift, deren Inhalt von Aristoteles kurz referiert wird, die Bürgerschaft einer Stadt in drei Gruppen ein, in die Handwerker, die Bauern und die waffentragenden Männer; das Land wiederum sollte in heiliges Land, öffentliches Land und Privatland aufgeteilt werden, wobei die Erträge des heiligen Landes für die kultische Verehrung der Götter zu verwenden waren, das öffentliche Land der Versorgung der waffentragenden Männer zu dienen hatte und das Privatland den Bauern [73] gehörte. Im Hinblick auf die später in der ‚Politeia' formulierten Thesen ist die Aussage, die Krieger sollten von den Einkünften des öffentlichen Landes leben, von besonderem Interesse, denn dies impliziert, daß sie nach den Vorstellungen des Hippodamos kein eigenes Land besitzen sollten. Es zeigt sich, daß die Forderung Platons, die Wächter dürften in der idealen Polis kein Eigentum haben, auf die politische Theorie des 5. Jahrhunderts v. Chr. zurückgeführt werden kann.[40]

Als Urbild einer in Stände gegliederten Gesellschaft wird in der griechischen Literatur wiederholt Ägypten genannt; so berichtet Herodot, daß es in diesem Land sieben Stände gäbe, die ihren Namen nach bestimmten Berufen erhalten hätten; es handelt sich dabei um die Priester, Krieger, Rinderhirten, Schweinehirten, Händler, Dolmetscher und Steuerleute.[41] Mit dieser Sicht der ägyptischen Gesellschaft war Platon vertraut, wie aus den Bemerkungen im ‚Timaios' zur fiktiven, Jahrtausende zurückliegenden Frühgeschichte Athens hervorgeht; Platon gibt hier den Bericht eines ägyptischen Priesters wieder, der behauptet, Athen und Ägypten hätten in dieser sagenhaften Frühzeit dieselben sozialen Strukturen besessen, die aber allein von den Ägyptern hätten bewahrt werden können. Als ägyptische Institutionen werden zunächst die Stände der Priester, Handwerker, Hirten, Jäger und Bauern erwähnt; über die Krieger wird anschließend gesagt, sie seien in Ägypten von allen anderen Ständen streng getrennt und dürften sich aufgrund eines Gesetzes um nichts anderes als die Kriegführung kümmern.[42] Der Einfluß, den Ägypten als Vorbild und Modell auf das politische Denken in Griechenland ausgeübt hat, wird besonders von Isokrates betont, der in seiner Lobrede auf Busiris meint, die berühmten Philosophen hätten sich in ihren Schriften zur Politik an den politischen und sozialen Verhältnissen in Ägypten orientiert.[43]

Neben Ägypten galt vor allem auch Sparta als Gemeinwesen mit vorbildlichen Institutionen; für diese positive Sicht war ebenfalls die starke Spezialisierung der verschiedenen Bevölkerungsgruppen auf bestimmte politische und wirtschaftliche Funktionen ausschlaggebend.[44] Die Faszination, die von Sparta ausging, beruhte wesentlich auf der Existenz einer kleinen Schicht von Kriegern, deren Leben einer rigorosen Disziplin unterworfen war und die sich ausschließlich der Kriegführung widmeten. Xenophons Schrift über die ‚Politeia der Lakedaimonier' gestattet es, das zeitgenössische Spartabild kurz zu skizzieren. Der Text beginnt mit der Feststellung, es sei bemerkenswert, daß eine Stadt mit so wenigen Einwohnern sich zum wichtigsten Machtzentrum Griechenlands entwickeln konnte; die Ursache hierfür ist nach Xenophon in den Gesetzen des Lykurgos zu suchen, der den freien Bürgern jegliche wirtschaftliche Betätigung verbot:

40 Aristoteles, Politik 1267b 22ff.
41 Herodot 2, 164. Vgl. außerdem Isokrates 11, 15.
42 Timaios 24af. Auch in den Nomoi wird Ägypten als Vorbild gesehen: 656dff. 799a. 819b.
43 Isokrates 11, 17.
44 Isokrates 11, 18.

„In den anderen Städten erwerben alle Bürger soviel Geld wie sie nur können. Der eine ist Landwirt, der andere Schiffseigner, wieder ein anderer ist Händler, und die übrigen Bürger leben vom Handwerk. In Sparta untersagte es Lykurgos aber den Freien, sich mit Gelddingen zu befassen; er setzte vielmehr fest, daß sie allein solche Tätigkeiten gelten [74] ließen, die der Freiheit der Stadt dienten."[45]

Der Besitz von Edelmetall war in Sparta ebenfalls verboten;[46] zwar war es erlaubt, Sklaven, Hunde und Pferde zu halten, diese mußten aber unter bestimmten Umständen von ihren Besitzern jedem anderen Bürger zur Verfügung gestellt werden.[47]

Dem Leben der Frauen sowie der Erziehung der Kinder widmet Xenophon längere Ausführungen am Anfang der Schrift; wie ungewöhnlich dies für die griechische Literatur ist, zeigt allein schon die Tatsache, daß diese Thematik in der aristotelischen ‚Politeia der Athener' unbeachtet bleibt. Nach Xenophon glaubte Lykurgos, die wichtigste Funktion der Frauen läge darin, gesunde und kräftige Kinder zur Welt zu bringen; er ordnete für die jungen Frauen daher ebenso wie für die Männer ein körperliches Training und sportliche Wettkampfe an. Selbst die Ehe wurde diesem Ziel untergeordnet; in der Meinung, junge Männer würden am ehesten wohlgeratene Kinder zeugen, erließ Lykurgos Bestimmungen über das Heiratsalter; im Fall einer Ehe zwischen einem älteren Mann und einer jungen Frau mußte der Ehemann einen jungen Liebhaber der Frau zur Zeugung von Kindern akzeptieren.[48] Nach Xenophon waren in Sparta sowohl das Verfügungsrecht über den eigenen Besitz als auch die Ehe den Interessen des Gemeinwesens untergeordnet, und durch die gemeinsamen Gastmähler und das Verbot des Besitzes von Edelmetall wurde eine möglichst große soziale Gleichheit innerhalb der Bürgerschaft hergestellt.

Zwischen den Ausführungen Xenophons über Sparta und der Beschreibung der idealen Stadt bei Platon sind weitgehende Entsprechungen festzustellen; allerdings hat Platon wichtige Vorschriften des Lykurgos wesentlich verschärft, um auf diese Weise auszuschließen, daß in der von ihm konzipierten Polis jene politischen und sozialen Probleme entstehen könnten, vor die Sparta sich im 4. Jahrhundert v.Chr. gestellt sah und die auch in Athen diskutiert wurden.[49] Einer durch Erbschaften und Mitgiften hervorgerufenen Konzentration des Landes in den Händen weniger Großgrundbesitzer und der daraus resultierenden Verarmung eines Teils der Bürgerschaft wird in der ‚Politeia' dadurch begegnet, daß den Wächtern überhaupt jeder Besitz von Land untersagt wird. Die politische Theorie Platons kann so als Versuch gewertet werden, das spartanische Modell philosophisch zu begründen und zugleich angesichts der deutlich wahrnehmbaren Krisenerscheinungen Sparta weiterzuentwickeln. Dabei wird die Vorstellung einer kleinen, sich durch Leistung legitimierenden Elite von Kriegern beibehalten, das Konzept der Erziehung der Angehörigen dieser Elite jedoch durch die Forderung nach einer intellektuellen Ausbildung ergänzt. Das Gesellschaftsideal Platons ist aristokratisch; dies gilt auch für die Lebensweise der Wächter, die kaum als kommunistisch bezeichnet werden darf, wie dies noch jüngst geschehen ist;[50] die Existenz einer solchen Elite, wie die Wächter sie darstellen, ist mit den Prinzipien der kommunistischen [75] Sozialphilosophie unvereinbar. Der Unterschied zwi-

---

45 Xenophon, Lak. Pol. 7, 1ff.
46 Lak. Pol. 7, 6. Zur Münzprägung vgl. 7, 5.
47 Lak. Pol. 6, 3.
48 Lak. Pol. 1, 4–10.
49 Aristoteles, Politik 1270a 15ff. Vgl. Xenophon, Hellenika 3, 3, 4ff. zur Verschwörung des Kinadon.
50 Demandt, Der Idealstaat 81.

schen den Auffassungen Platons und den Thesen von Marx besteht darin, daß die Aufhebung von Privateigentum und Familie bei Marx zum Sturz der Bourgeoisie beitragen soll, während sie in der ‚Politeia' den inneren Zusammenhalt einer politischen Elite stärken und damit deren Herrschaft stabilisieren soll.

Die Überlegungen zum Eigentum und zur Familie beziehen sich allein auf den Stand der Wächter, nicht aber auf die übrigen sozialen Gruppen der Stadt. Platon unternimmt keinen Versuch, ein theoretisches Konzept einer neuen Gesellschaftsordnung zu entwickeln, sondern er beschränkt sich auf die Feststellung, sowohl Armut als auch Reichtum seien für das Handwerk ungünstig, denn ein reicher Handwerker werde seine Arbeit vernachlässigen, Armut aber verhindere die Anschaffung notwendiger Werkzeuge und habe so eine Verschlechterung der Erzeugnisse sowie der handwerklichen Ausbildung zur Folge. Deswegen müssen die Wächter nach Platon dafür Sorge tragen, daß Reichtum oder Armut in der Polis erst gar nicht entstehen können; damit soll zugleich jegliches Aufkommen sozialer Unzufriedenheit unterbunden werden.[51]

Aufgrund der Quellenlage kann nicht geklärt werden, ob Platon die ‚Ekklesiazusen' des Aristophanes gekannt hat. Ein Interesse an den Komödien ist aber immerhin durch die Erwähnung des Aristophanes im ‚Symposion' belegt.[52] Auf jeden Fall bleibt es bemerkenswert, daß die wichtigsten Forderungen der Praxagora – Abgabe des Besitzes und Abschaffung der Ehe – in der ‚Politeia' wiederum aufgegriffen und neu begründet werden. Dabei werden freilich andere Akzente als in der Komödie gesetzt. Es geht bei Platon nicht darum, daß die Bürger oder auch nur die Wächter ein Leben im Überfluß führen können, wie dies bei Aristophanes von den Frauen angestrebt wird, im Gegenteil, Platon kritisiert derartige Wunschvorstellungen als inadäquat.[53] Ähnlich verhält es sich mit dem Problem der sexuellen Beziehungen; während bei Aristophanes die Frage im Vordergrund steht, wie es zu erreichen sei, daß auch die häßlichen Frauen und Männer ihre Begierden befriedigen können, befürwortet Platon eine strikte Überwachung der sexuellen Beziehungen mit dem Argument, nur so könne eine Aufzucht gesunder Kinder gesichert werden. Obgleich auf den ersten Blick viele Gemeinsamkeiten zwischen den ‚Ekklesiazusen' und der ‚Politeia' zu bestehen scheinen, ist doch unverkennbar, daß die Intentionen des Dichters und des Philosophen grundverschieden sind.

Es bleibt zu fragen, ob bei Platon feministische Positionen antizipiert werden. Für eine solche Sicht spricht zweifellos die Tatsache, daß Platon mit großer Entschiedenheit die These einer prinzipiellen Gleichrangigkeit der beiden Geschlechter verfochten hat und dabei soweit gegangen ist, für eine Beteiligung der Frauen an der politischen Herrschaft zu plädieren. Die Anschauungen Platons zur Stellung der Frau sind sicherlich von den Verhältnissen in Sparta beeinflußt; Platon folgt diesem Vorbild, konstituiert aber gleichzeitig die Wächter als einen Stand, in dem es keine auf Verwandtschaft beruhenden Familienverbände mehr gibt. Daher [76] ist es für ihn notwendig, der Frau, deren soziale Position im antiken Griechenland wesentlich durch ihre Stellung innerhalb der Familie definiert war, eine neue Rolle zuzuweisen. Der Preis, den die Frauen für ihre Befreiung aus den ihnen im Familienverband auferlegten Beschränkungen zu zahlen haben, besteht allerdings in ihrer Verfügbarkeit für sexuelle Beziehungen, die nicht ihren Emotionen, sondern den Prämissen der Eugenik zu entsprechen haben.

---

51 Politeia 421dff.
52 Symposion 176b. 189aff.
53 Politeia 420c.

IV.

Die Komödie des Aristophanes und die politische Philosophie Platons haben in der Diskussion des 19. Jahrhunderts keine bedeutende Rolle gespielt. Die Theoretiker des Sozialismus haben sich nicht mehr auf das Vorbild der Antike berufen, sondern ihre Forderungen mit dem Hinweis auf das Elend der Gegenwart begründet. Gleichwohl besaß Platon einen eminenten Einfluß auf die Geschichte der politischen Theorie in der Neuzeit; denn Thomas Morus und Tommaso Campanella, die in ihren utopischen Schriften den Versuch unternahmen, den tradierten Herrschaftsverhältnissen ein auf Vernunft beruhendes Staatsideal gegenüberzustellen, haben zentrale Gedanken der ‚Politeia‘ rezipiert und ihre eigene Argumentation mit Hinweis auf die Autorität Platons gestützt. So verweist Morus in seinen kritischen Bemerkungen zum Privateigentum auf Platon, und Campanella bekennt sich ausdrücklich zur Idee der Frauengemeinschaft, die bei ihm konsequent aus dem Gemeinbesitz resultiert.[54] Die Utopien des 16. und 17. Jahrhunderts haben dem Denkansatz Platons in der neuzeitlichen Diskussion noch einmal zu größerer Geltung verholfen. Aufgrund dieses theoriegeschichtlichen Zusammenhangs konnte Platon dann im 19. Jahrhundert durchaus für den Sozialismus in Anspruch genommen werden; als „Gründer sozialistischer Systeme" werden in den ‚Dämonen‘ Dostojewskijs drei Theoretiker und Philosophen genannt: Platon, Rousseau, Fourier.[55]

---

54 Morus, Utopia I 7. Campanella, Civitas Solis, 4. 15.
55 F.M. Dostojewskij, Die Dämonen, München [6]1990, 458.

Nero (54–68)

zuerst in:
M. Clauss (Hrsg.), Die römischen Kaiser, München: C.H.Beck, 1997, S. 77–86.

Nero gehört zu jenen römischen Herrschern, die in der antiken Literatur sehr kritisch beurteilt wurden. Bereits kurze Zeit nach Neros Tod fällte der ältere Plinius das Verdikt, Nero sei während seiner gesamten Regierungszeit ein Feind des Menschengeschlechtes gewesen. Die Einschätzung Neros in der Zeit der Flavier spiegelt sich auch bei Flavius Josephus wider; der Prinzipat Neros wird hier kurz charakterisiert, indem der Mord an seinem Bruder, seiner Frau und seiner Mutter sowie die Hinrichtung von Angehörigen der Nobilität und die Auftritte Neros als Schauspieler und Sänger erwähnt werden. Der Blick der römischen Historiker richtete sich auf die Opfer Neros; so schrieb Gaius Fannius in der Zeit Traians eine vielbeachtete Schrift über den Tod derer, die von Nero ermordet oder verbannt worden waren. Schon bevor Tacitus und Sueton ihre Werke verfaßten, existierte ein extrem negatives Bild Neros; die Darstellung des Tacitus, der einzelne Verbrechen Neros wie etwa die Ermordung Agrippinas ausführlich schildert, muß ebenso wie die von Sueton verfaßte Biographie Neros vor dem Hintergrund dieser historiographischen Tradition gesehen und interpretiert werden. Auch das im 3. Jahrhundert verfaßte Geschichtswerk des Cassius Dio legt den Akzent auf die Gewalttaten Neros, seine Verschwendungssucht und sein öffentliches Auftreten im Theater. Christliche Autoren wie Laktanz und Augustinus wiederum verurteilten Nero wegen der Christenverfolgung und sahen in ihm den Vorläufer des Antichrist. Allein in Griechenland gab es Stimmen, die sich um ein differenziertes Urteil bemühten; so war für Pausanias Nero ein Beispiel für die Richtigkeit der Behauptung Platos, daß großes Unrecht „nicht von gewöhnlichen Menschen ausgeht, sondern von einer edlen Seele, die durch eine mißratene Erziehung verdorben ist".

Als Nero am 15. Dezember 37 in Antium, einer kleinen Stadt an der Küste Latiums, geboren wurde, deutete nichts darauf hin, daß er später einmal Herrscher des Imperium Romanum werden könnte; er war Sohn des Gnaeus Domitius Ahenobarbus, der im Jahre 32 Konsul gewesen war, und gehörte so einer alten Nobilitätsfamilie an, die seit über zweihundert Jahren Konsuln stellte und die das politische Geschehen in der [78] späten römischen Republik wesentlich mitbestimmt hatte. Entsprechend einem familiären Brauch erhielt das Kind den Namen Lucius Domitius Ahenobarbus. Zu seinen Vorfahren gehörte der unermeßlich reiche Konsul des Jahres 54 v. Chr., Lucius Domitius Ahenobarbus, der zu den entschiedensten Gegnern Caesars gehört hatte und in der Schlacht bei Pharsalos 48 v. Chr. gefallen war. Die Familie arrangierte sich in den nächsten Generationen mit Augustus, dem Erben Caesars, und konnte so ihre politische Stellung behaupten. Dem Großvater des jungen Lucius Ahenobarbus gelang es sogar, durch Heirat eine familiäre Beziehung zu Augustus herzustellen: Er war mit Antonia, der Tochter von Antonius und Octavia, der Schwester des Augustus, verheiratet. Diese familiäre Bindung wurde in der folgenden Generation durch die 28 n. Chr. geschlossene Ehe des Gnaeus Domitius Ahenobarbus mit Iulia Agrippina gefestigt. Die wahrscheinlich im Jahre 15 geborene Agrippina war eine Tochter des früh verstorbenen Germanicus, der ein großes Ansehen in der Bevölkerung besaß und noch von Augustus als Nachfolger des Tiberius ausersehen war, und mütterlicherseits eine Enkelin der Iulia, der einzigen Tochter des Augustus. Einer der Brüder Agrippinas war

Gaius Caesar Germanicus, der den Beinamen Caligula trug und wenige Monate vor der Geburt des Lucius Domitius, im März 37, vom Senat zum Prinzeps ernannt worden war.

Diese verwandtschaftlichen Beziehungen brachten Lucius Domitius zunächst aber wenig Glück: Sein Vater starb bereits im Jahre 40; Caligula ließ das Vermögen der Domitii einziehen, und überdies wurde Agrippina verbannt. Die Situation besserte sich für Agrippina und ihren Sohn in dem Augenblick, als Claudius, der Bruder des Germanicus und damit Onkel der Agrippina, nach der Ermordung Caligulas von den Prätorianern zum Prinzeps ausgerufen wurde. Claudius holte Agrippina aus dem Exil zurück, die bald darauf den Senator Gaius Sallustius Crispus Passienus heiratete, nach wenigen Jahren aber wiederum verwitwet war. Als Claudius nach der Ermordung seiner Frau Messalina eine erneute Eheschließung erwog, konnte Agrippina die Heirat mit ihrem Onkel durchsetzen. Mit dieser im Jahre 49 geschlossenen Ehe war der politische Ehrgeiz Agrippinas keineswegs befriedigt, im Gegenteil, sie suchte nun zielstrebig ihrem Sohn Lucius Domitius den Weg zur Macht zu ebnen. Der erste Schritt war dessen Verlobung mit Octavia, der etwa 39/40 geborenen Tochter des Claudius; im Jahre 50 adoptierte der Prinzeps auf Drängen des Pallas den Sohn der Agrippina, der nun den Namen Nero Claudius Caesar Drusus Germanicus erhielt. Rechtlich war der nun zwölfjährige Nero dem Britannicus gleichgestellt, er hatte jedoch seinem Adoptivbruder gegenüber einen entscheidenden Vorteil: Nero war fast vier Jahre älter und konnte somit die Ehren, die dem Sohn eines Prinzeps zustanden, früher als Britannicus erhalten. Auf diese Weise wurde Nero auch die größere Aufmerksamkeit in der Öffentlichkeit zuteil. Im März [79] 51 wurden ihm jene Vollmachten verliehen, welche die wichtigste Machtbasis eines Kaisers darstellten; im Jahre 53 heiratete Nero schließlich Octavia.

In diesen Jahren war es Agrippina gelungen, zwei ihrer Anhänger in wichtige Positionen zu bringen: Der aus Gallien stammende Sextus Afranius Burrus wurde zum Prätorianerpräfekten, zum Kommandeur der in Rom stationierten Gardetruppen, ernannt, während der als Schriftsteller angesehene Senator Lucius Seneca zum Erzieher Neros berufen wurde. Claudius, der im Jahre 54 wahrscheinlich erkannt hatte, daß Britannicus von Agrippina und Nero zunehmend in den Hintergrund gedrängt wurde, soll die Absicht gehabt haben, seinem Sohn die Nachfolge zu sichern; damit wären aber die Pläne Agrippinas gescheitert. Im Oktober 54 starb Claudius jedoch plötzlich, ohne eine verbindliche Nachfolgeregelung getroffen zu haben; es gibt viele Indizien dafür, daß der Prinzeps auf Befehl seiner Frau durch Gift umgebracht worden ist. Agrippina nutzte jedenfalls entschlossen die Situation für ihren Sohn, indem sie die Nachricht vom Tod des Prinzeps hinauszögerte; Burrus sorgte dafür, daß die Prätorianer Nero unter Mißachtung der Rechte des Britannicus am 13. Oktober als *Imperator* akklamierten. Dem Senat blieb unter diesen Umständen keine andere Wahl, als Nero, der zu diesem Zeitpunkt nicht einmal 17 Jahre alt war, den Prinzipat zu übertragen.

Nero war von einer kleinen Personengruppe, in deren Zentrum seine Mutter stand, die Macht übergeben worden, die auszuüben er seiner Jugend und seiner Interessen wegen kaum in der Lage war; künstlerisch begabt, schrieb er mit großer Leichtigkeit Verse, er übte sich im Gesang und in den bildenden Künsten, außerdem besaß er eine Leidenschaft für Pferde und Wagenrennen.

Unter diesen Voraussetzungen war es für Agrippina, Burrus und Seneca zunächst leicht, die römische Politik zu gestalten; dabei fiel Seneca die Rolle zu, für den jungen Prinzeps die Reden zu schreiben und auf diese Weise die Grundsätze einer neuen Politik zu formulieren. In einer programmatischen Rede vor dem Senat distanzierte Nero sich deutlich vom Regierungsstil des Claudius und führte aus, er werde nicht in allen Prozessen als Richter fungieren, zwischen der Familie des Herrschers und dem Gemeinwesen solle deutlich unterschieden werden, der Senat solle seine alten Kompetenzen ausüben und über die Belange sowohl Italiens als auch der öffentlichen Provinzen entscheiden, er selbst werde allein für die ihm anvertrauten Heere sorgen. Diese Erklärung orientierte sich zweifellos an dem Vorbild Augustus; Ziel war eine gute Kooperation zwischen Senat und Prinzeps sowie eine klare Abgrenzung ihrer jeweiligen Kompetenzen. In den folgenden Monaten wie überhaupt in den ersten Jahren seines Prinzipats betonte Nero immer wieder seine Milde; er gewährte verarmten Senatoren finanzielle Unterstützung und setzte sich für grundlegende Verbesserungen im Finanzwesen ein; [80] der Senat nutzte in dieser Zeit durchaus seine Handlungsspielräume und war in großem Umfang an den politischen Entscheidungen beteiligt. Die Resonanz auf die Reden und Maßnahmen Neros war zunächst außerordentlich positiv.

Die glänzende Fassade verhüllte allerdings eine Realität, die weniger großartig war und bereits in vieler Hinsicht problematische Züge aufwies. Nero scheint sich um politische Fragen wenig gekümmert zu haben, sondern vor allem daran interessiert gewesen zu sein, sich durch Akte demonstrativer Großzügigkeit Ansehen bei Senat und Volk zu verschaffen. Sein Lebensstil glich in vieler Hinsicht dem der Jünglinge aus reichen Nobilitätsfamilien: Er besuchte häufig Wagenrennen, unternahm mit Begleitern nächtliche Streifzüge durch die Straßen Roms, wobei es zu gewaltsamen Übergriffen kam, und unterhielt eine Liebesbeziehung mit der Freigelassenen Acte. Intensiv bemüht war er um die Vervollkommnung seiner musikalischen Ausbildung: Er engagierte Terpnus, den besten Lyraspieler seiner Zeit, als Lehrer und folgte konsequent allen Anweisungen, um seine Stimme zu schulen.

Es war verhängnisvoll, daß es in dieser Situation zu einem Zerwürfnis zwischen Agrippina einerseits und Seneca sowie Burrus andererseits kam; außerdem mißbilligte Agrippina Neros Liebesbeziehung zu Acte, was zu einer Entfremdung zwischen Mutter und Sohn führte. Da Seneca und Burrus den Ambitionen Agrippinas entgegentraten und ihr die angestrebte halboffizielle Stellung der an allen wichtigen Entscheidungen beteiligten Mutter des Prinzeps nicht einräumen wollten, war ein Kampf um die Macht unausweichlich geworden, ein Kampf, in dem allen Beteiligten jedes Mittel recht war, um eigene Ziele durchzusetzen. Als Frau war Agrippina darauf angewiesen, einen Mann zu finden, der aufgrund seiner verwandtschaftlichen Beziehungen mit einer Anerkennung als Herrscher rechnen konnte und für den sie faktisch die Entscheidungen treffen würde. Ihre Wahl fiel auf den jungen Britannicus, und sie drohte damit, direkt an die Prätorianer zu appellieren, sie sollten die Macht Britannicus, dem echten Nachkommen des Claudius, übertragen. Auf diese unverhüllte Kampfansage reagierte Nero, indem er Britannicus, der ein ernsthafter Konkurrent zu werden drohte, bei einem Mahl vergiften ließ. Als Agrippina daraufhin intensive Anstrengungen unternahm, um ihre Position bei den Offizieren und in der Nobilität zu stärken, verlor sie auf Befehl Neros die Ehrenwache, außerdem mußte sie das Haus des Prinzeps verlassen.

Die Beziehung zwischen Mutter und Sohn verschlechterte sich weiter, als Nero eine Liebesbeziehung mit Poppaea Sabina einging, der Frau des Senators Marcus Salvius Otho und Enkelin des Konsulars Gaius Poppaeus Sabinus. Diese Frau, die ein größeres Selbstbewußtsein als die Freigelassene Acte besaß, forderte von Nero die Scheidung von Octavia und die Heirat; da eine Verständigung zwischen Agrippina und Poppaea Sa[81]bina aussichtslos erschien, faßte

Nero den Entschluß, seine Mutter umbringen zu lassen. Nachdem ein Anschlag auf hoher See mißlungen war, wurde Agrippina – gerade auch auf Drängen Senecas – in ihrer Villa am Golf von Neapel von Soldaten der in Misenum stationierten Flotte mit dem Schwert getötet. Seneca, der sich während dieser Vorgänge in der Umgebung des Prinzeps aufhielt, formulierte für Nero das Schreiben, in dem der Senat über den Tod Agrippinas informiert wurde. In der Version Senecas hatte Agrippina schuldbewußt Selbstmord begangen, nachdem ihr Plan, Nero durch einen ihrer Freigelassenen ermorden zu lassen, fehlgeschlagen war. Seneca verlor dadurch, daß er Nero vor aller Öffentlichkeit zu decken suchte, seine Glaubwürdigkeit. Für den einundzwanzig Jahre alten Nero bedeutete der Muttermord einen Einschnitt in seinem Leben; seit diesem Verbrechen schreckte er bei innerfamiliären oder politischen Konflikten vor Mord, politischen Prozessen und Hinrichtungen nicht mehr zurück. Immerhin mußte selbst Nero Rücksicht auf die Stimmung in Rom nehmen: Erst im Jahre 62 erfolgte die Scheidung von Octavia, die ein großes Ansehen in der Bevölkerung besaß. Als daraufhin Unruhen in Rom ausbrachen, wurde Octavia des Ehebruchs beschuldigt, verbannt und wenige Tage später auf der Insel Pandateria umgebracht.

Nach der Ermordung seiner Mutter begann Nero sich zunehmend dem Einfluß Senecas zu entziehen. Als im Jahre 62 Burrus starb, wurde Ofonius Tigellinus zum Prätorianerpräfekten ernannt, ein Mann, der Neros Wünsche und Neigungen bedingungslos unterstützte; Seneca hingegen zog sich von der Politik zurück und widmete sich der Philosophie. Nero scheint in dieser Zeit nur ein Ziel besessen zu haben, nämlich öffentlich als Wagenlenker, Schauspieler und Sänger aufzutreten und als Künstler anerkannt zu werden. Für seinen ersten Auftritt als Sänger auf der Bühne wählte Nero Neapel, in der Hoffnung, seine künstlerischen Ambitionen würden in einer Stadt mit einer langen griechischen Tradition eher Verständnis finden als in Rom.

Zwei Ereignisse der Jahre 64 und 65 machten deutlich, daß der Prinzipat Neros auf eine wachsende Ablehnung in der Bevölkerung und vor allem bei den Senatoren stieß und so zu einer Belastung für das Imperium Romanum wurde: der Brand Roms und die Aufdeckung der Pisonischen Verschwörung. Brandkatastrophen hat es im antiken Rom nicht selten gegeben, aber keiner der früheren Brände hatte größere Auswirkungen auf die Politik gehabt. Der Brand des Jahres 64, der weite Teile der Stadt einäscherte, wurde hingegen zum Politikum, weil das Gerücht entstand, Nero habe angesichts der brennenden Stadt auf der Bühne seines Hauses ein Lied über den Untergang Troias gesungen, und weil man allgemein glaubte, Nero habe Rom niederbrennen lassen, um die Fläche für eine Neugründung der Stadt zu gewinnen. Um diesen Vorwürfen zu begegnen, machte Nero die in Rom lebenden Christen für den Brand verant[82]wortlich; dabei wurden Christen, auch wenn ihnen keine Beteiligung an der Brandstiftung nachgewiesen werden konnte, allein wegen ihres Glaubens mit dem Tod bestraft. Die öffentlichen Hinrichtungen geschahen auf eine derart grausame Weise, daß sie nach Meinung des Tacitus eher das Mitgefühl mit den Verurteilten erweckten als Haß auf Außenseiter, die eines schweren Verbrechens schuldig waren. Die Christenverfolgung Neros wurde zum entscheidenden Präzedenzfall für das Vorgehen Roms gegen die Christen und hat auf diese Weise das Verhältnis zwischen Imperium und Christentum über einen Zeitraum von rund 250 Jahren bestimmt. Der Wiederaufbau Roms folgte einer großzügigen Planung; die Straßen wurden begradigt und verbreitert, Säulengänge vor den Häuserfronten errichtet und Vorkehrungen gegen Brände getroffen; außerdem wurde die Höhe der Häuser begrenzt. Selbst Tacitus, der Nero sehr kritisch gegenübersteht, versagt dem Wiederaufbau der Stadt nicht seine Anerkennung.

Nach dem Brand Roms wuchs unter den Senatoren und den Offizieren der Prätorianer die Erbitterung über Neros Verhalten; es bildete sich um den Konsular Gaius Calpurnius Piso ein Kreis von Verschwörern, die teils aus persönlicher Enttäuschung, teils aus politischen Beweggründen Nero ermorden und Piso zum Prinzeps machen wollten. Durch Zufall wurde die Verschwörung kurz vor dem geplanten Attentat aufgedeckt, und Nero reagierte mit panischer Angst auf die ersten unter Folter erpreßten Geständnisse. Auf reguläre Gerichtsverfahren wurde verzichtet, Personen, die man verdächtigte, sich an der Verschwörung beteiligt zu haben, wurden von Soldaten umgebracht oder zum Selbstmord gezwungen. Prominente Opfer Neros waren der wohl zu Unrecht beschuldigte Seneca und der Dichter Lucan. Die Motive der Verschwörer hat prägnant der Prätorianer Subrius Flavius formuliert, der auf die Frage Neros, warum er seinen Fahneneid gebrochen habe, antwortete:

> „Ich haßte dich. Keiner von den Soldaten war dir treuer, solange du es verdientest, geliebt zu werden. Zu hassen begann ich dich, nachdem du zum Mörder deiner Mutter und deiner Gattin, zum Wagenlenker und Schauspieler und Brandstifter geworden warst."

Um sich die Loyalität der Soldaten zu sichern, ließ Nero den Prätorianern pro Mann 2000 Sesterzen auszahlen; um das brutale Vorgehen gegen die Verschwörer zu rechtfertigen, wurden ihre Geständnisse in Buchform publiziert.

Der Niederschlagung der Verschwörung folgte eine Welle von Anklagen und Prozessen gegen Senatoren, die früher Kritik an Nero geübt hatten; gerade Anhänger der stoischen Philosophie galten als Gegner des Kaisers und wurden angeklagt, darunter der Konsular Publius Thrasea Paetus, der seine Mißbilligung der von Nero geforderten Senatsbeschlüsse durch Fernbleiben von den Senatssitzungen zum Ausdruck gebracht hatte und nun zum Tode verurteilt wurde. Vor den Sitzungen ließ Nero das Senatsgebäude und das Forum von Soldaten besetzen und so [83] jede freie Diskussion im Senat unterbinden. Die Politik Neros wurde immer stärker von dem Ressentiment gegen den Senat bestimmt. Wahrscheinlich in dieser Zeit erklärte Nero, kein Herrscher vor ihm habe gewußt, was ihm alles erlaubt sei; mit einer solchen Äußerung machte Nero deutlich, daß er nicht mehr gewillt war, sich am Vorbild des Augustus bzw. des augusteischen Prinzipats zu orientieren.

Das Imperium Romanum hatte unter Nero durchaus außenpolitische Erfolge aufzuweisen, was darauf zurückzuführen ist, daß fähige Senatoren mit wichtigen Kommandos betraut wurden. So konnte Gnaeus Domitius Corbulo nach jahrelangen Feldzügen in geschickten Verhandlungen durchsetzen, daß die Parther die römische Oberhoheit über Armenien anerkannten. Nero nutzte diesen Erfolg zu einer spektakulären Demonstration seiner Macht, indem er dem Parther Tiridates, der mit großem Gefolge nach Rom gekommen war, auf dem Forum Romanum das Diadem aufsetzte und ihn so zum König von Armenien machte. Das arrogante Auftreten der Verwalter Neros in den Provinzen hatte auch weitreichende negative Folgen: Es kam zu Aufständen in Britannien und Judaea. Die Nachricht vom jüdischen Aufstand, der sich gegen die Brutalität und Habgier der Statthalter, aber auch gegen die Zusammenarbeit der jüdischen Oberschicht mit den Römern richtete, erreichte den Prinzeps während seines Aufenthalts in Griechenland; den Oberbefehl im Krieg gegen die Juden erhielt Titus Flavius Vespasianus, der damals zur Umgebung Neros gehörte.

Eine wichtige Ursache der Aufstände in Judaea und Britannia war die unnachgiebige Eintreibung von Steuern oder von Schulden in den Provinzen durch die Römer. Nero, der zu

Beginn seiner Herrschaft die indirekten Steuern noch hatte abschaffen wollen, hatte durch seine
Verschwendungssucht und die hohen Kosten seiner Bauprojekte, vor allem des Wiederaufbaus
von Rom nach 64, eine schwere Finanzkrise des Imperium Romanum ausgelöst. Nero besaß
in finanziellen Fragen die in Kreisen der Nobilität übliche Nonchalance; er vertrat die Ansicht,
Verschwendung sei die einzig sinnvolle Art und Weise, ein Vermögen zu nutzen, und er be-
wunderte Caligula, weil dieser in kürzester Zeit den ungeheuren Reichtum des Tiberius aufge-
braucht hatte. Diese Einstellung machte jegliche umsichtige Finanzpolitik vom Ansatz her
unmöglich. Als die Ausgaben nicht mehr von den regelmäßigen Einkünften gedeckt waren,
ging Nero dazu über, den Metallgehalt der Münzen zu senken und durch das Eintreiben von
Geldsummen, wie Tacitus kritisch anmerkt, Italien auszuplündern und die Provinzen zugrunde
zu richten, wobei er nicht einmal vor Tempelschätzen haltmachte.

Neros privates Leben verlief nach der Scheidung von Octavia und der Heirat mit Poppaea
Sabina, die eine außerordentlich schöne und kultivierte Frau gewesen sein soll, keineswegs
glücklich; Poppaea Sabina gebar ihm im Jahre 63 eine Tochter, die sogleich nach der Geburt
den Eh[84]rentitel Augusta erhielt; das Kind starb vier Monate später, und Nero soll sowohl in
der Freude über die Geburt wie auch im Schmerz über den Tod seiner Tochter maßlos gewesen
sein. Wenige Jahre später starb auch die von Nero geliebte Poppaea Sabina an den Folgen eines
Fußtrittes, den er der Schwangeren im Zorn versetzt haben soll, als sie sich darüber beklagte,
daß er so spät von den Wagenrennen heimgekommen sei.

Nach dem Jahre 64 ließ Nero zwischen Palatin und Esquilin ein neues Stadthaus für sich
bauen, das wegen seiner prachtvollen Ausstattung den Namen *domus aurea*, Goldenes Haus, erhielt. Dieser Bau, ohne Zweifel ein bedeutendes Werk der antiken Architekturgeschichte, brach
mit den traditionellen Formen des römischen Stadthauses. Die Architekten Severus und Celer
suchten inmitten der Stadt Rom Gebäude und Landschaft miteinander zu verbinden und schufen so einen weitläufigen Villenkomplex mit Seen, Gärten und Gehölzen. Der große oktogonale
Saal erhielt eine weite Kuppel aus Bruchsteinmauerwerk und weist damit auf das Pantheon
voraus. Nach Sueton rotierte die gewölbte Decke dieses Raumes wie der Sternenhimmel; eine
solche Konstruktion zeigt die Aufgeschlossenheit Neros für überraschende, mit Hilfe einer aufwendigen Technik erzielte Effekte. Das übersteigerte Selbstbewußtsein des Kaisers fand impo-
santen Ausdruck in der vierzig Meter hohen, im Eingangsbereich der *domus aurea* aufgestellten
Statue, die Neros Züge trug.

Für Nero standen weiterhin Künstlertum und Wagenrennen im Mittelpunkt seiner
Aktivitäten. Um endlich den ersehnten Beifall und künstlerischen Erfolg, die ihm in Rom
versagt geblieben waren, zu erhalten, brach er zu einer Griechenlandreise auf; die Termine
der wichtigsten Wettbewerbe wurden so verlegt, daß der Prinzeps innerhalb eines Jahres an
allen panhellenischen Spielen teilnehmen konnte. Er trat als Sänger und Wagenlenker auf;
in Olympia versuchte er, ein Gespann mit zehn Pferden zu lenken, stürzte aber schwer. Als
eine demonstrative Geste seines Philhellenismus ist die Freiheitserklärung für Griechenland
aufzufassen, das aus dem Status einer Provinz entlassen und von allen Abgaben befreit wurde. Gleichzeitig begann man mit dem Bau eines Kanals durch den Isthmus von Korinth, der
die übliche Seeroute zwischen Westgriechenland und Italien einerseits und der Ägäis sowie
Kleinasien andererseits erheblich verkürzt und sicherer gemacht hätte. Dieses Vorhaben wurde
aber von den Nachfolgern Neros nicht fortgeführt und blieb unvollendet. Der Politik gegenüber blieb Nero sonst weitgehend indifferent; als er nach Rom zurückkehrte, wo während seiner

Abwesenheit ein Freigelassener die Macht ausgeübt hatte, verhöhnte Nero alle politischen und militärischen Traditionen des römischen Gemeinwesens, indem er seine Siege bei den griechischen Wettkämpfen in der Form eines Triumphes feierte.

Nachdem die Verschwörung des Jahres 65 in Rom erfolglos geblieben [85] war, formierte sich der Widerstand gegen Nero an den Grenzen des Imperium Romanum. Als Gaius Iulius Vindex, ein aus dem gallischen Adel stammender Senator und Statthalter einer der gallischen Provinzen, zum Sturz Neros aufrief, unterstellte sich Sulpicius Galba, Statthalter von Hispania Tarraconensis, demonstrativ dem Senat und dem Volk von Rom. Vindex wurde zwar schnell von den am Rhein stehenden Legionen geschlagen, aber Verginius Rufus, der Befehlshaber dieser Truppen, folgte dem Beispiel Galbas. Während dieser letzten Krise wurde noch einmal klar, daß Nero unfähig war, eine politische Situation realistisch einzuschätzen und auf eine Herausforderung angemessen zu reagieren; besonders hatte es Nero gekränkt, daß Vindex ihn in seinen Edikten als schlechten Sänger bezeichnet hatte. Für Nero war es denn auch wichtiger, den führenden Senatoren ein neues Musikinstrument vorzuführen, als mit ihnen ausführlich die politische Lage zu erörtern. Wirkungsvolle militärische Maßnahmen gegen die Revolte wurden nicht getroffen. Da in diesen Wirren die Getreidepreise stiegen, richtete sich der Haß der stadtrömischen Bevölkerung immer stärker gegen Nero. Als in dieser Situation selbst der Prätorianerpräfekt Nymphidius Sabinus dem Prinzeps den Gehorsam aufkündigte, hatte Nero seine Machtbasis verloren; der Senat konnte wiederum die Initiative ergreifen und erklärte Nero wahrscheinlich am 8. Juni 68 zum *hostis publicus,* zum Feind des Gemeinwesens. Nero blieb allein die schmähliche Flucht aus Rom; als er erkennen mußte, daß er keine Chance mehr besaß, einer Gefangennahme zu entgehen, beging er Selbstmord.

Es war die Tragödie Neros, daß er den Erwartungen, die an einen Prinzeps gestellt wurden, in keiner Weise zu entsprechen vermochte. Da er sehr jung von seiner Mutter und einer ehrgeizigen Gruppe von Politikern zum Herrscher gemacht worden war, hatte er weder durch die Übernahme ziviler Ämter noch durch einen Militärdienst in den Legionen die für die Übernahme des Kaisertums notwendige Kompetenz erwerben können; es fehlte ihm an Verständnis für die militärische Tradition Roms ebenso wie für das politische Selbstbewußtsein des Senats. Der griechischen Kultur gegenüber aufgeschlossen und musisch begabt, hatte er künstlerische Neigungen entwickelt, die mit seiner Position als Prinzeps kaum zu vereinbaren waren und von der senatorischen Oberschicht nicht akzeptiert wurden.

Die Regierungszeit Neros war aber auch eine Tragödie für das Imperium Romanum; sie bedeutete – wie schon die Herrschaft Caligulas – abermals für die senatorische Oberschicht die traumatische Erfahrung, der Willkür eines einzelnen schutzlos ausgeliefert zu sein, und für die Bevölkerung Italiens und der Provinzen, zur Finanzierung überspannter Bauprojekte sowie eines extrem luxuriösen Lebensstils des Prinzeps und seiner Umgebung schonungslos herangezogen zu werden. Mit dem Ende Neros war auch die Dominanz der iulisch-claudischen Familie und der [86] alten republikanischen Nobilität, der er entstammte, gebrochen; das politische Versagen Neros hatte einen langdauernden Bürgerkrieg zur Folge, der erst durch Vespasian , einen Repräsentanten einer sozialen Schicht, die in den folgenden Jahrzehnten zunehmend an politischem Einfluss gewann, beendet werden konnte.

Das Imperium Romanum
Subsistenzproduktion – Redistribution – Markt

zuerst in:
P. Kneißl, V. Losemann (Hrsg.), Imperium Romanum – Studien zu Geschichte
und Rezeption. Festschrift für Karl Christ, Stuttgart: Steiner, 1998, S. 654–673.

I

In der gegenwärtig geführten Diskussion über die Struktur der antiken Wirtschaft steht zweifellos das Problem des Güteraustausches und des Handels im Mittelpunkt; ausgelöst wurde die Debatte der Althistoriker durch die von Moses Finley 1973 in „The Ancient Economy" formulierten Thesen, die sich vor allem gegen die bis zu diesem Zeitpunkt weithin akzeptierte Auffassung richteten, die griechische und römische Wirtschaft habe bereits die wesentlichen Kennzeichen einer modernen Marktwirtschaft besessen, und Handel sowie Gewerbe seien die entscheidenden Faktoren der wirtschaftlichen Entwicklung gewesen.[1] In Anlehnung an die Position von Karl Polanyi kritisierte Finley die Anwendung der modernen ökonomischen Theorie für die Analyse der antiken Wirtschaft und forderte, es sollten solche Modelle gesucht werden, „die der Wirtschaft der Antike entsprechen und nicht ... der unseren."[2] Gleichzeitig betonte er die grundlegenden Unterschiede zwischen antiker und moderner Wirtschaft: Der Reichtum der Oberschichten und auch der Städte beruhte in der Antike nach Ansicht Finleys wesentlich auf Landbesitz und Agrarproduktion, die antiken Städte selbst sind primär als Konsumzentren, nicht als Produktionszentren anzusehen. Der Handel diente unter diesen Voraussetzungen eher der Bedarfsdeckung der städtischen Bevölkerung als den ökonomischen Interessen der Händler, die einen niedrigen sozialen Status besaßen.[3]

Gegen diese Konzeption der antiken Wirtschaftsgeschichte erhob schon 1975 M. W. Frederiksen in einer ausführlichen Besprechung vor Finleys Buch gravierende Einwände.[4] Frederiksen, der die negative Bewertung der Tätigkeit von Handwerkern und Kleinhändlern bei Cicero anders als Finley nicht als repräsen[655]tativ für die in der römischen Gesellschaft gültigen sozialen Vorstellungen ansieht, stellt die Frage nach der tatsächliches Beteiligung von Großgrundbesitzern am Handel und gelangt zu der Überzeugung, daß „the organization of trade and manufacturing in the Roman World moved easily across the status boundaries, involving men at all social levels."[5] Die Feststellung Finleys, daß in den antiken Städten Gebäude

---

1   M. I. Finley, The Ancient Economy, Berkeley/Los Angeles 1973. Zur Diskussion über die antike Wirtschaft vgl. M. M. Austin/P. Vidal-Naquet, Economic and Social History of Ancient Greece: an Introduction, London 1977, 3ff. W. Jongman, The Economy and Society of Pompeii, Amsterdam 1991, 16–55. Finley hat seine Position in der erweiterten 2. Auf. von The Ancient Economy, Berkeley/Los Angeles 1984, gegenüber seinen Kritikern verteidigt und präzisiert. Für die römische Wirtschaftsgeschichte war von besonderer Bedeutung M. Rostovtzeff, The Social and Economic History of the Roman Empire, Oxford 1926. Vgl. dazu A. Momigliano, M. I. Rostovtzeff, In: ders., Studies in Historiography, London 1966, 91–104.
2   M. I. Finley, Die antike Wirtschaft, München 1977, 19.
3   Finley, Die antike Wirtschaft (wie Anm. 2), 116ff., 148ff., 191ff.
4   M. W. Frederiksen, Theory, Evidence and the Ancient Economy, JRS 65, 1975, 164–171.
5   Frederiksen, Ancient Economy (wie Anm. 4), 167.

wie die großen Tuchhallen des mittelalterlichen Flanderns fehlten, läßt nach Frederiksen solche
dem Fernhandel dienenden Märkte wie den Piazzale delle Corporazioni in Ostia oder die groß-
räumigen Getreidespeicher in vielen Städten des Imperium Romanum außer acht.[6] Die folgende Diskussion konzentrierte sich vor allem auf die römische Wirtschaft, weil der Widerspruch
zwischen den theoretischen Überlegungen Finleys und den literarisch wie auch epigraphisch
gut bezeugten Handelsaktivitäten im Imperium Romanum besonders eklatant zu sein schien.

Keith Hopkins, der ebenfalls zu Finleys Thesen über den antiken Güteraustausch Stellung
nahm, versuchte in 'Economic Growth and Towns in Classical Antiquity' (1978) zu zeigen, daß
gerade die Nachfrage nach Luxusgütern eine Intensivierung des überregionalen Handels zur
Folge hatte; Beleg hierfür sind nach Hopkins die römischen Importe aus Ostasien. Die Geniza-
Papyri, die für die Zeit von 950–1250 n. Chr. die in Kairo eingeführten Waren erfassen, bewertet Hopkins als Dokumente, die auch die Struktur des antiken Mittelmeerhandels beleuchten
können; charakteristisch für diesen Handel ist nach Hopkins vor allem „the relationship between, on the one hand, small, fragmented units of production and mostly small-time trad-
ers and, on the other hand, the movement of large quantities of medium – and high – value
goods along and across the Mediterranean."[7] Den Wert jener Schiffe, die für die Versorgung
Roms mit Getreide und anderen wichtigen Gütern eingesetzt wurden, schätzt Hopkins in dem
Aufsatz „Models, Ships and Staples"[8] aufgrund einer auf Daten der frühen Neuzeit beruhenden
Berechnung der Kosten im antiken Schiffbau auf insgesamt über 100 Mio. HS; diese Summe,
die dem Mindestvermögen von hundert Senatoren entsprach, macht es nach Hopkins wahr-
scheinlich, daß „Romans with substantial capital to invest and to put at risk" (102) an der
Finanzierung dieser Schiffe beteiligt waren.

Zu ähnlichen Ergebnissen kommt auch Paul Veyne, der in der 1979 publizierten Studie
„Mythe et réalité de l'autarcie à Rome"[9] davor warnt, aus dem Fehlen einer Bourgeoisie im
römischen Imperium auf einen geringen Umfang von Handel und gewerblicher Produktion zu
sehließen; Veyne glaubt vielmehr, daß die Grundbesitzer, Senatoren und Equites das im Handel
und Gewerbe benötigte Kapital zur Verfügung stellten, wobei ihre Abhängigen, Sklaven oder
[656] Freigelassene, für sie kommerziell tätig wurden, ein Tatbestand, auf den zuvor auch
Frederiksen hingewiesen hat. John D'Arms ging in der Monographie „Commerce and Social
Standing in Ancient Rome" (1981) ebenfalls auf die Beziehungen zwischen Senatoren und
Händlern in der Zeit der späten Republik und des frühen Principats ein; er betont dabei besonders die aktive Rolle der Freigelassenen im römischen Wirtschaftsleben.[10] Für den griechischen
Osten schließlich legte H. W. Pleket in einem Beitrag zu dem Band „Trade in the Ancient
Economy" (1983) ein umfangreiches Material zum Engagement der städtischen Oberschichten
im Handel vor; die grundlegende Differenz zwischen Antike und früher Neuzeit sieht Pleket
gerade in der Existenz der Freigelassenen:

---

6 Frederiksen, Ancient Economy (wie Anm. 4), 170,
7 K. Hopkins, Economic Growth and Towns in Classical Antiquity, in: P. Abrams/E. A. Wrigley, eds. Towns
  in Society, Cambridge 1978, 35–77; 51f.
8 K. Hopkins, Models, Ships and Staples, in: P. Garnsey/C. R. Whittaker, eds., Trade and Famine in Classical
  Antiquity, Cambridge 1983, 84–109.
9 P. Veyne, Mythe et réalité de l'autarcie à Rome, REA 81, 1979, 261–280.
10 J. H. D'Arms, Commerce and Social Standing in Ancient Rome, Cambridge/Mass. 1981.

„The crucial difference between the Roman Empire and the Ancien Regime lies in slaves and freedmen, and in the vast possibilities opened up by their existence to landlords to control manufacture, commerce and banking, while despising it."[11]

Auch Finleys Charakterisierung antiker Städte als Konsumzentren wurde in Frage gestellt; in einer Fallstudie über die Textilproduktion in Pompeji äußert W. O. Moeller die Ansicht, diese Stadt sei ein Produktionszentrum von überregionaler Bedeutung gewesen, und Angehörige der lokalen Oberschicht hätten ihre Einkünfte aus der Textilherstellung bezogen.[12]

Peter Garnsey und C. R. Whittaker hingegen haben an den Vorstellungen Finleys festgehalten und sie in Detailstudien zu untermauern versucht; so weist P. Garnsey in seinen Arbeiten zur Getreideversorgung von Städten wie Athen oder Rom darauf hin, daß das Eingreifen der republikanischen Magistrate und später der kaiserlichen Verwaltung in Rom zu einer bürokratisch organisierten Verteilung von Getreide führte.[13]

Die Arbeiten, in denen Finleys Thesen zur römischen Wirtschaft einer kritischen Prüfung unterzogen wurden, behandelten vorrangig Detailfragen zum Umfang und zur Organisation des Handels sowie zum Status der Händler, während die zentralen Probleme der antiken Wirtschaftsgeschichte nur oberflächlich berührt wurden; dies ist vielleicht darauf zurückzuführen, daß Finley seine eigene theoretische Position nicht explizit dargelegt hat; Max Weber, Johannes Hasebroek und Karl Polanyi werden zwar als Gegner einer am Modell der modernen Marktwirtschaft orientierten Analyse antiker Wirtschaft genannt, aber auf ihre theoretische Konzeption wird nicht näher eingegangen. Frederiksen konstatierte zudem, daß Finley „likes to tell us what the ancient world was not";[14] diese [657] Argumentationsstruktur hat die Diskussion über „The Ancient Economy" erheblich erschwert. Unter diesen Umständen ist es für ein Verständnis der Konzeption Finleys vielleicht hilfreich, die von Karl Polanyi in „The Great Transformation" (1944) für die Analyse vorindustrieller Gesellschaften entwickelten Kategorien in systematischer Form einer Beschreibung der Wirtschaft des Imperium Romanum zugrunde zu legen.

Die Schriften Karl Polanyis fanden erst relativ spät die Beachtung der Althistoriker: 1969 würdigte Sally Humphreys in einem bahnbrechenden Aufsatz das Werk des ungarischen Ökonomen und hob die Bedeutung seiner Theorien für die Erforschung antiker Gesellschaften hervor.[15] Die für Althistoriker wohl wichtigste Erkenntnis Polanyis besagt, daß die Marktwirtschaft, die als „selbstregulierendes System von Märkten" definiert wird, erst im Zeitalter der Industrialisierung entstanden ist. Die Existenz von Märkten in vorindustriellen Gesellschaften wird dabei keineswegs bestritten, aber nach Polanyi spielte der Markt vor dem 19. Jahrhundert „im wirtschaftlichen Geschehen bloß eine Nebenrolle". Der Güteraustausch

11 H. W. Pleket, Urban Elites and Business in the Greek Part of the Roman Empire, in: P. Garnsey/K. Hopkins/C. R. Whittaker, eds., Trade in the Ancient Economy, London 1983, 131–144, hier 144.

12 W. O. Moeller, The Wool Trade of Ancient Pompeii, Leiden 1976. Vgl. kritisch dazu W. Jongman, Economy (wie Anm. 1), 155–186.

13 P. Garnsey, Famine in Rome, in: Garnsey/Whittaker, eds., Trade and Famine, 56–65; P. Garnsey, Grain for Rome, in: ders., ed., Trade in the Ancient Economy, 118–130; P. Garnsey, Famine and Food Supply in the Greco-Roman World, Cambridge 1988. Vgl. außerdem P. Garnsey/R. Saller, The Roman Empire, London 1987, 43ff. 83ff. Speziell zum Handel vgl. auch Th. Pekáry, Zur Bedeutung des Handels in der Antike, in: Th. Fischer/P. Ilisch, Hg., Lagom (Festschrift Berghaus), Münster 1981, 11–18.

14 Frederiksen, Ancient Economy (wie Anm. 4), 170.

15 S. C. Humphreys, History, economics and anthropology: the work or Karl Polanyi, in: dies., Anthropology and the Greeks, London 1978, 31–73 (zuerst in: History and Theory 8, 1969, 165–212).

wurde vornehmlich durch die Prinzipien von Reziprozität und Redistribution geregelt; es handelt sich um Formen des Austausches, die sich an sozialen Normen orientieren und nicht vom Profitinteresse bestimmt sind; als drittes Prinzip vorindustrieller Wirtschaft nennt Polanyi die Produktion für den Eigenbedarf, die ebenfalls von Märkten weitgehend unabhängig ist.[16] Handel und Markt haben nach Polanyi in den primitiven Gesellschaften vornehmlich die Funktion, Güter aus entfernten Regionen zu beschaffen; neben den Fernhandelsmärkten existierten die lokalen Märkte, die sich aber durch das Fehlen einer Konkurrenz vom modernen Binnenhandel unterscheiden;[17] die Märkte wurden in das Gesellschaftssystem integriert, indem man sie einer umfassenden Kontrolle, vor allem einer Preiskontrolle, unterwarf.[18] Unter diesen Voraussetzungen wurde die wirtschaftliche Tätigkeit in erheblichem Umfang von gesellschaftlichen Normen, nicht aber von ökonomischen Motiven bestimmt.[19]

Ethnologen, Ökonomen und Historiker haben an der theoretischen Konzeption und an einzelnen Aussagen Polanyis durchaus Kritik geübt,[20] aber seine zentralen Thesen dürfen heute als allgemein anerkannt gelten.[21] In Untersuchun[568]gen der antiken Gesellschaft ist insbesondere zu beachten, daß „in Gesellschaften mit peripheren Märkten ... zwar Marktplätze vorhanden, ... jedoch kein dominanter Faktor der Wirtschaft" sind und „keinen oder nur einen geringen Einfluß auf die Produktion nehmen".[22] Damit genügt es nicht mehr, zur Widerlegung von Finleys Sicht der antiken Wirtschaft auf die Existenz von Märkten und Handel im Imperium Romanum hinzuweisen, es ist vielmehr notwendig, die spezifische Funktion der Märkte und der Händler innerhalb eines Systems verschiedenartiger Austauschbeziehungen zu analysieren. In den folgenden Ausführungen sollen daher zunächst die Subsistenzproduktion (II) und die Redistribution (III) behandelt werden; anschließend wird dann der Versuch unternommen, die Stellung des Marktes in der römischen Wirtschaft kurz zu skizzieren (IV). Dabei kann hier nur exemplarisch vorgegangen werden; es ist nicht möglich, im Rahmen dieser Studie mehr als ein allgemeines Konzept vorzulegen.

II

Die Feststellung, daß der „selbstgenügsame Haushalt des für seinen Lebensunterhalt schwer arbeitenden Bauern" bis zur industriellen Revolution „Grundlage des Wirtschaftssystems" war,[23] gilt auch für das Imperium Romanum, wie neuere Untersuchungen zur antiken Sozialstruktur gezeigt haben:

16 K. Polanyi, The Great Transformation, Frankfurt 1978, 71ff.
17 Polanyi, The Great Transformation (wie Anm. 16), 90ff.
18 Vgl. Humphreys, Anthropology (wie Anm. 15), 49ff.
19 Polanyi, The Great Transformation (wie Anm. 16), 75ff.
20 Vgl. etwa J. Röpke, Nationalökonomie und Ethnologie – Die ökonomische Theorie primitiver Gesellschaften in kritischer Betrachtung, Sociologus 19, 1969, 101–134; Humphreys, Anthropology, 72f.; P. Cartledge, ‚Trade and Politics' revisited: Archaic Greece, in: P. Garnsey, ed., Trade in the Ancient Economy, 6.
21 L. Valensi, Anthropologie économique et histoire, Annales ESC 29, 1974, 1311–1319; U. Köhler, Formen des Handels in ethnologischer Sicht, in: K. Düwell, Hg., Untersuchungen zu Handel und Verkehr der vor- und frühgeschichtlichen Zeit in Mittel- und Nordeuropa, Akad. d. Wiss. Göttingen, Phil.-hist. Klasse 143, Göttingen 1985, 13–55; K. Heinemann, Soziologie des Geldes, in: ders., Hg., Soziologie wirtschaftlichen Handelns, Opladen 1987, 322–338, bes. 322.
22 Köhler, Formen des Handels (wie Anm. 21), 34.
23 Polanyi, The Great Transformation (wie Anm. 16), 101. Zur Rolle der Bauern in vorindustriellen Gesellschaften vgl. T. Shanin, ed., Peasants and Peasant Societies, Harmondsworth 1971.

„No one doubts that peasants made up the great majority of the population throughout antiquity."[24]

Die Auswirkungen der Entstehung und Expansion der großen Güter auf die kleinbäuerliche Wirtschaft in Italien und in den Provinzen sind von der älteren Forschung, die sich besonders auf die Schriften der primär an der Gutswirtschaft interessierten Agronomen oder aber moralphilosophisch beeinflußter Autoren wie etwa Seneca oder Plinius stützte, eher überschätzt worden. Der römische Großgrundbesitz hat nach dem 2. Punischen Krieg die kleinen und mittleren Höfe nie vollständig verdrängt; die Güter der reichen Grundbesitzer lagen normalerweise in der Nähe von größeren Städten, der Küste oder wichtiger Straßen, denn nur gute Verkehrsverbindungen zu den Konsumzentren gewährleisteten einen leichten Verkauf der Agrarerzeugnisse.[25] Aus dem archäologischen Fundmaterial geht hervor, daß sogar in Mittelitalien während des Principats eine Vielzahl kleiner Höfe auf dem Land fortbestand; zwar bleibt unklar, ob auf diesen Anwesen freie Bauern oder Pächter lebten und arbeiteten, aber insgesamt ist deutlich, daß die kleinbäuerliche Wirtschaft sich in der späten Republik und im Principat zu behaupten vermochte.[26] Die großen Güter selbst waren auf die bäuerliche [569] Bevölkerung in ihrer Umgebung angewiesen, denn sie benötigten für Saisonarbeiten etwa in der Erntezeit über die Sklavenwirtschaft hinaus zusätzliche Arbeitskräfte.[27] Freie Bauern waren noch in der Spätantike eine relativ große Bevölkerungsgruppe, die häufig in Texten dieser Zeit erwähnt wird; so geht Libanios in einer Rede ausführlich auf die Lebensbedingungen jener Bauern ein, die während des 4. Jh. n. Chr. in der Umgebung von Antiochia wohnten und die Stadt mit Getreide belieferten.[28]

Oftmals hat das Pachtverhältnis zur Bewahrung der bäuerlichen Wirtschaftsform beigetragen; in den Provinzen, so etwa in Africa, sind abgabepflichtige *coloni* auf den Besitzungen der römischen Herrscher durch Inschriften, die auch Aufschluß über die Pachtbedingungen gewähren, gut nachweisbar;[29] in der Spätantike war der Colonat dann weit verbreitet; die spätantiken *coloni* unterschieden sich von den Kleinpächtern des frühen Principals dadurch, daß sie an die Scholle gebunden waren.[30]

Vergil, der in den „Georgica" das Leben der Kleinbauern Norditaliens – sicherlich idealisierend – beschreibt, zeichnet ein klares Bild der bäuerlichen Wirtschaft: Die Bauern Vergils lebten abseits der Städte auf dem Land, was darauf zurückzuführen ist, daß der Umfang vieler städtischer Territorien es nicht zuließ, die Äcker von den urbanen Zentren aus zu bewirt-

24 R. MacMullen, Peasants, during the Principate, ANRW II 1, Berlin 1974, 253–261. Vgl. außerdem P. Garnsey, Peasants in Ancient Roman Society, Journal of Peasant Studies 3, 1976, 221–235; ders., Where did Italian Peasants Live?, PCPhS 25, 1979, 1–25.

25 Cato, de agri cultura 1, 3. Varro, r. r. I 16, 2. Columella I 2, 3.

26 A. Kahane/L. Munay Threipland/J. Ward-Perkins, The Ager Veientanus, North and East of Rome, PBSR 36, 1968, 1–218; P. Garnsey, Where did Italian Peasants Live? (wie Anm. 24), 6ff. mit weiteren Literaturangaben zu verschiedenen Regionen Italiens.

27 Cato 4.

28 Libanios, or. 50. Vgl. A. H. M. Jones, The Later Roman Empire 284–602, Oxford 1964, 773ff., 808 ff.

29 CIL VIII 25902, 25943, 10570. Vgl. T. Frank, ed., ESAR IV, 89ff. Deutsche Übersetzung bei H. Freis, Historische Inschriften zur römischen Kaiserzeit, Darmstadt 1984, 145ff., 165f., 195f. Zu den *coloni* in Italien vgl. M. I. Finley, Private Farm Tenancy in Italy before Diocletian, in: ders., ed., Studies in Roman Property, Cambridge 1976, 103–121.

30 Jones, Later Roman Empire (wie Anm. 28), 795ff.; ders., The Roman Colonate, in: ders., The Roman Economy, Oxford 1974, 293–307.

schaften.[31] Die Arbeit der Familie diente zunächst der Produktion der lebensnotwendigen Nahrungsmittel und der Kleidung; die Verarbeitung der Wolle, Spinnen und Weben, war die Aufgabe der Frauen.[32] Im Winter wurde die Nahrung der Familie durch Sammeln wildwachsender Früchte, Vogelfang oder Jagd ergänzt.[33] Außerdem mußten in dieser Jahreszeit die für die Landarbeit benötigten Geräte hergestellt oder instandgesetzt werden.[34] Das „Moretum", in dem ein unbekannter Dichter die Zubereitung eines bäuerlichen Mahls schildert, stellt die Ernährung der Landbevölkerung ganz ähnlich wie die „Georgica" dar; Simylus, ein armer Bauer, verfügt über Getreide, Käse und die Pflanzen, die in seinem Garten wachsen, aber nicht über Fleisch, und ausdrücklich wird gesagt, er kaufe nur selten zusätzlich [660] Lebensmittel in der Stadt; [35]auch das von Horaz beschworene Wunschbild eines einfachen Lebens auf dem Lande schließt die Vorstellung ein, daß hier nicht gekaufte, sondern aus eigenem Anbau stammende Speisen verzehrt werden.[36] Nur wenige überschüssige Produkte wurden in die Stadt gebracht und dort verkauft; auf diese Weise war es den Bauern möglich, solche Gegenstände oder Materialien zu erwerben, die für ihre Arbeit notwendig waren, die sie aber mit ihren begrenzten Mitteln nicht selbst herstellen konnten; Vergil erwähnt in diesem Zusammenhang einen Mühlstein und Pech.[37]

In der römischen Landwirtschaft war die Produktion für den Eigenbedarf keineswegs auf die kleinbäuerlichen Besitzungen beschränkt, sie prägte in großem Umfang auch die Gutswirtschaft.[38] Die Forderung Catos, das Handeln eines Großgrundbesitzers solle auf Verkauf, nicht auf Kauf ausgerichtet sein,[39] bedeutet implizit, daß ein möglichst großer Teil der für die Produktion[40] und die Arbeitskräfte benötigten Güter selbst erzeugt und nicht auf dem Markt beschafft werden sollte. Daher ist nur eine Seite der römischen Gutswirtschaft erfaßt, wenn in der althistorischen Forschung seit Gummerus immer wieder von einer absatzorientierten Produktion auf den großen Besitzungen und – für die Zeit Varros – sogar von einer „warenproduzierenden Landwirtschaft" (E. Maróti) gesprochen wurde.[41] Es kann sicherlich nicht bezweifelt werden, daß die *villae* Wein, Öl und andere Agrarerzeugnisse in großen Mengen auf den Markt brachten, daneben sollte aber die Produktion für den Eigenbedarf nicht übersehen werden.

Wichtige Informationen zur Versorgung der auf dem Lande arbeitenden Sklaven mit Lebensmitteln bietet Catos Schrift „de agri cultura" (2. Jh. v. Chr.); aus den Inventarlisten der beiden exemplarisch beschriebenen Güter, auf denen primär Olivenöl oder Wein erzeugt wur-

31 Zum Kleinbauerntum in Italien allgemein vgl. J. M. Frayn, Subsistence Farming in Roman Italy, London 1979. Zu ländlichen Siedlungsformen vgl. Garnsey, Where did Italian Peasants live? (wie Anm. 24), 13ff.
32 Vergil, Georg. I 158f., II 516ff. Textilherstellung: I 293f., 390f.
33 Vergil, Georg. I 305ff., II 520f.
34 Vergil, Georg. I 160ff., 261f., 264ff.
35 E. J, Kenney, cd.. The Ploughman's Lunch, Moretum, Bristol 1984, 55ff., 81.
36 Horaz, ep. 2, 45ff. Vgl. Petronius, Sat. 38, 1–3; Juvenal 11, 64ff.
37 Vergil, Georg. I 273ff. Moretum 77ff.
38 Vgl. auch die Bemerkungen von Polanyi, The Great Transformation (wie Anm. 16), 84f. und zur römischen Gutswirtschaft R. Martin, Recherches sur les agronomes Latins et leur conceptions économiques et sociales, Paris 1971.
39 Cato 2, 7: *Patrem familias vendacem, non emacem esse oportet.*
40 Zum Umfang der auf dem Gut zur Produktion benötigten Gegenstände vgl. Cato 135.
41 H. Gummerus, Der römische Gutsbetrieb als wirtschaftlicher Organismus, Leipzig 1906; E. Maróti, Die zeitgenössische warenproduzierende Landwirtschaft in der Sicht Varros, Acta Antiqua 18, 1970, 105–136.

de, geht hervor, daß auf diesen Besitzungen auch Getreide angebaut wurde. Es werden Ochsen, Pflüge und Vorratsgefäße für Getreide aufgeführt, außerdem auch verschiedene Mühlen und Esel, die die Rotationsmühlen zu bewegen hatten;[42] an anderer Stelle der Schrift wird ein *ager frumentarius* erwähnt, ein Getreidefeld, das zu einer Weinpflanzung gehört.[43] Zudem erscheint in Catos Verfügungen über den Verkauf von Erzeugnissen und unbrauchbarem Gutsinventar überschüssiges Getreide, wobei die Wendung *„frumentum quod supersit"* darauf hindeutet, daß das geerntete Getreide zunächst der Selbstversorgung diente.[44]

[661] Die Verteilung der Nahrungsmittel ist bei Cato genau geregelt; die Menge des zugeteilten Getreides orientiert sich dabei streng am jeweiligen Kalorienbedarf: Im Sommer, wenn auf dem Feld gearbeitet wird, erhalten die Sklaven mehr Getreide als im Winter, die körperlich arbeitenden Sklaven *(qui opus facient)* mehr als der Gutsverwalter *(vilicus)* oder ein Hirte. Im einzelnen handelt es sich um folgende Monatsrationen:

qui opus facient	im Winter	4 modii (ca. 26 kg)
	im Sommer	4 ½ modii (ca. 30 kg)
vilicus, vilica		3 modii (ca. 20 kg)[45]

Aus diesen Angaben läßt sich der Umfang der Produktion für den Eigenbedarf eines Gutes annähernd bestimmen: Auf dem Gut mit Olivenanbau arbeiteten 13 Menschen, darunter 5 *operarii*, auf dem Weingut 16 Sklaven, von denen 10 als *operarii* bezeichnet werden. Diesen Sklaven mußten pro Jahr insgesamt ca. 540 *(olivetum)* bzw. 725 *modii* Getreide zugeteilt werden. Bei einer Aussaat von 4–5 *modii* pro Morgen und einem vierfachen Ernteertrag wurden pro Morgen ca. 16–20 *modii* Weizen geerntet;[46] nach Abzug des Saatgetreides blieben also ca. 12–15 *modii*, die für die Ernährung der Sklaven verwendet werden konnten. Um die Sklaven der von Cato beschriebenen Güter mit Getreide versorgen zu können, mußten 36 bzw. 48 Morgen Land für den Getreideanbau zur Verfügung gestellt werden; nimmt man einen jährlichen Wechsel von Anbau und Brache an, erhöhen sich diese Zahlen auf das Doppelte. Ein Vergleich dieser für den Getreideanbau benötigten Flächen mit Catos Angaben zur Größe der von ihm beschriebenen Pflanzungen (Ölbaumpflanzung: 240 Morgen, Weinanbau: 100 Morgen) verdeutlicht die ökonomische Bedeutung der Subsistenzproduktion innerhalb der Gutswirtschaft. Allerdings ist zu berücksichtigen, daß Getreide im antiken Italien häufig zwischen den Ölbäumen angebaut wurde, weswegen in diesem Fall kein zusätzliches Land erforderlich war.

Als Getränk erhielten die Sklaven Wein;[47] in den Monaten nach der Lese wurde zunächst Tresterwein ausgeteilt, der aus Pressrückständen und Wasser bestand.[48] Cato empfiehlt, jedem Sklaven im Verlauf der übrigen Monate einschließlich der Sonderrationen an den Saturnalia und Compitalia 47 *congii* Wein (ca. 52 Liter) zu geben; damit bekamen die Sklaven des *olivetum* zusammen ca. 1.950 Liter, die des Weinguts ca. 2.400 Liter Wein pro Jahr; obgleich für diesen Zweck Wein minderer Qualität verwendet wurde, handelt es sich angesichts eines

42 Die Gutsinventare: Cato 10f.
43 Cato 137.
44 Cato 2, 7.
45 Cato 56.
46 Vgl. Columella II 9, 1 (Aussaat), III 3, 4 (Ertrag).
47 Cato 57.
48 Herstellung des Tresterweines: Cato 25; vgl. außerdem 104.

durchschnittlichen Ertrags von ca. 500–1.500 Liter pro Morgen um ein nicht unbeträchtliches Quantum an Wein.[49] Weitere Bestandteile der Ernährung waren Oliven, Olivenöl, Feigen und Obst, also vorwiegend auf dem Gut erzeugte Agrarprodukte.[50]

[662] Der Versorgung der Sklaven mit auf dem Gut produzierten Nahrungsmitteln entspricht die Behandlung freier Arbeitskräfte; der *politor,* der die Tagelöhner für die Getreideernte stellte, erhielt je nach Bodenqualität den achten, siebten oder sechsten Teil der Ernte, im Gebiet von Venafrum nach dem Dreschen den fünften Teil. Der Gutsbesitzer bezahlte also diese zusätzlichen Arbeitskräfte zum Teil ebenfalls mit den Erzeugnissen seiner Ländereien.[51]

Während zur Zeit Catos die Güter noch in hohem Ausmaß vom städtischen Handwerk abhängig waren,[52] ist seit der augusteischen Zeit die Tendenz feststellbar, auf den größeren Gütern auch Handwerker zu beschäftigen; neben Spinnern und Webern werden bei Varro Schmiede genannt, die für die Instandhaltung der landwirtschaftlichen Geräte sorgen sollten. Darüber hinaus fordert Varro, daß möglichst viele der aus Weidenruten, Holz, Flachs oder ähnlichem Material bestehenden Gerätschaften vom Gesinde hergestellt werden.[53] Außerdem gingen Großgrundbesitzer dazu über, auf ihren Ländereien Töpferwerkstätten einzurichten, die ihnen die Amphoren für den Transport von Wein oder Öl lieferten; Pachtverträge für solche Töpfereien sind neuerdings für Ägypten belegt.[54]

Es läßt sich zeigen, daß die Produktion für den Eigenbedarf das ökonomische Denken der römischen Agronomen stark geprägt hat; so formuliert Varro den allgemeinen Grundsatz, daß nichts gekauft werden solle, was auf dem Gut selbst produziert werden könne, eine Auffassung, der Plinius in der „naturalis historia" ausdrücklich zustimmt.[55] Nach Columella war es nur möglich, mit Weinanbau ein ausreichendes Einkommen zu erwirtschaften, wenn Holz und anderes Material, das für die Stützen und die übrigen Vorrichtungen gebraucht würde, auf dem Gut vorhanden war:

> „Wenn ein Landwirt diese Dinge nicht hat, sollte er keine Weinpflanzung anlegen, weil alles Notwendige außerhalb des Gutes gekauft werden müßte und nicht nur, wie Atticus sagt, der Kaufpreis die Rechnung des Landwirts belastet, sondern auch die Beschaffung sehr schwierig ist."[56]

Für diese Art ökonomischen Denkens ist charakteristisch, daß Columella in seiner Berechnung der finanziellen Aufwendungen für die Anlage einer sieben Morgen großen Weinpflanzung

49 Vgl. Columella III 3, 10f.; vgl. Cato 11, 1.
50 Cato 58; vgl. Columella XI 3, 1; XII 13, 1; 14.
51 Cato 136.
52 Cato 135; vgl. 22.
53 Varro I 2, 21; 16, 4; 22, 1. Erwähnenswert ist außerdem die Verfertigung von Kleidung auf den Gütern: Columella XII 3, 6; vgl. dazu auch Cato 59.
54 P. Oxy. L 3595–3597. Vgl. dazu zuletzt mit, weiteren Literaturangaben K. Strobel, Einige Bemerkungen zu den historisch-archäologischen Grundlagen einer Neuformulierung der Sigillatenchronologie für Germanien und Rätien und zu wirtschaftsgeschichtlichen Aspekten der römischen Keramikindustrie, MBAH VI, 2, 1987, 75–115, bes. 91ff. Schon Saserna ist auf Töpfereien eingegangen, die sich auf Gütern befanden: Varro I 2, 22f.; vgl. D. P. S. Peacock, Pottery in the Roman World, London 1982, 129ff.
55 Varro I 22, 1; Plin. n. h. XVIII 40.
56 Columella IV 30, 1.

zwar den Kaufpreis des Winzers, aber nicht die Kosten für seine Ernährung und Kleidung berücksichtigt.[57]

[663] In ihren Grundzügen entspricht die römische Gutswirtschaft, die eine enge Verbindung von Subsistenzproduktion und absatzorientierter Produktion aufweist, dem von G. Elwert und D. Wong beschriebenen Modell einer Mischwirttschaft und unterscheidet sich somit deutlich von dem modernen landwirtschaftlichen Betrieb, über den Elwert und Wong folgende Feststellung treffen:

> „Die Ernährung der Arbeitskraft aus Subsistenzproduktion ist nicht notwendig und verursacht unter Umständen höhere Kosten als eine Ernährung aus gekauften Produkten wegen der entgangenen Gewinne aus der Warenproduktion."[58]

Im Fall der römischen Gutswirtschaft muß von einer generellen Subvention der Warenproduktion durch die Subsistenzproduktion gesprochen werden, denn die Gutsbesitzer versuchten, durch eine weitgehende Versorgung der Sklaven mit den Erzeugnissen ihrer Landgüter die Ausgaben für die Arbeitskräfte möglichst gering zu halten;[59] ferner spielt hier die soziale Institution der Sklaverei insofern eine wichtige Rolle, als die Sklaven meistens keine Familie besaßen; daher mußten auf einem Gut nur die Arbeitskräfte selbst, nicht aber zusätzlich Frauen, Kinder oder alte Menschen versorgt werden.

Die Subsistenzproduktion auf den großen Gütern führte so zum Ausschluß einer zahlenmäßig nicht unbedeutenden Bevölkerungsgruppe vom Markt und ist daher als ein wesentliches Hindernis für die Entfaltung der Märkte anzusehen, ein Tatbestand, auf den bereits Max Weber aufmerksam gemacht hat:

> „Es schiebt sich so unter den verkehrswirtschaftlichen Überbau ein stets sich verbreitender Unterbau mit verkehrsloser Bedarfsdeckung: – die fortwährend Menschen aufsaugenden Sklavenkomplexe, deren Bedarf in der Hauptsache nicht auf dem Markt, sondern eigenwirtschaftlich gedeckt wird."[60]

III

Während der Markt als Verteilungsmechanismus für die Versorgung der römischen Landbevölkerung aufgrund der weitverbreiteten Subsistenzproduktion eine eher geringe Bedeutung besaß, waren die Einwohner der größeren Städte auf Markt und Handel angewiesen, um die für sie lebensnotwendigen Güter zu erhalten. Die Trennung zwischen Landwirtschaft und handwerklicher Produktion sowie die Herausbildung spezialisierter Berufe in den Städten erzwang einen ständigen und geregelten Austausch, in dem Geld als Zahlungsmittel fungierte. Aber gerade in den wichtigsten Bevölkerungszentren der römischen Welt, in [664] Rom und

---

57 Columella III 3, 8ff. Vgl. dazu R. Duncan-Jones, The Economy of the Roman Empire, Cambridge 1974, 33–59.

58 G. Elwert/D. Wong, Subsistence Production and Commodity Production in the Third World, Review III 3, 1980, 501–522, bes. 507ff. (hier zitiert nach der mir vorliegenden deutschen Fassung 262).

59 Vgl. Elwert/Wong, Subsistence Production (wie Anm. 58), 508: „Der Mischproduzent hingegen kann bei intakter Subsistenzproduktion die Reproduktion seiner Arbeitskraft voll aus der nicht als Kosten bewerteten Subsistenzproduktion decken" (dt Fassung 263). Diese Feststellung gilt sowohl für die Sklaven eines großen Gutes als auch für Kleinbauern; entscheidend ist hier die „intakte Subsistenzproduktion".

60 M. Weber, Die sozialen Gründe des Untergangs der antiken Kultur, in: ders., Gesammelte Aufsätze zur Sozial- und Wirtschaftsgeschichte, Tübingen 1924, 294.

Konstantinopel, trat neben den Markt das Prinzip der Redistribution; die Entstehung einer bürokratisch organisierten Verteilung von Nahrungsmitteln – zunächst von Getreide – in Rom war eine Reaktion auf die spezifische Entwicklung dieser Stadt seit dem 2. Jh. v. Chr. und an die Voraussetzung der römischen Beherrschung großer Territorien im Mittelmeerraum gebunden.

In der Zeit der späten Republik und des frühen Principats war die Stadt Rom mit einer Einwohnerschaft von etwa 800.000 Menschen das größte Bevölkerungszentrum im Mittelmeerraum; wegen der geringen Produktivität der Landwirtschaft war es seit dem 2. Jh. v. Chr. nicht mehr möglich, die aufgrund einer starken Zuwanderung vom Lande und eines ununterbrochenen Zustroms von Sklaven schnell wachsende Bevölkerung mit den Grundnahrungsmitteln – Getreide, Wein und Olivenöl – aus dem Umland zu versorgen; unter diesen Voraussetzungen entstand auf dem Agrarsektor eine regionale Arbeitsteilung: In Mittelitalien spezialisierten sich viele Güter auf die Erzeugung von Wein und Öl, während Getreide zunächst aus Sizilien und nach der Zerstörung Karthagos aus der neugeschaffenen Provinz Africa nach Rom importiert wurde. Die langen Transportwege ließen die Getreideversorgung außerordentlich störanfällig werden; ungünstige Witterungsbedingungen auf See und das Auftreten von Piraten hatten zusammen mit Mißernten in den Provinzen und Sklavenaufständen in Sizilien eine sporadische Verknappung und Verteuerung des Getreides in Rom zur Folge. Da die Angehörigen der *plebs urbana* bei steigenden Preisen das Getreide nicht mehr bezahlen konnten und wegen fehlenden Lagerraumes über keine Vorräte verfügten, hatten solche Versorgungskrisen zunehmend gravierende soziale und politische Auswirkungen; dem Hunger folgte der plebeische Protest. Das erste Frumentargesetz, das eine Verteilung von Getreide an die in Rom lebenden Bürger zu einem festgesetzten, sehr niedrigen Preis vorsah, wurde 123/122 von dem Volkstribun C. Gracchus durchgesetzt; um von den Schwankungen der Getreidezufuhr unabhängig zu werden, war gleichzeitig der Bau von Speichern für die Lagerung von Getreide vorgesehen.

In der späten Republik waren die Frumentargesetze politisch umstritten; während der Senat aus finanzpolitischen Überlegungen für eine Einschränkung der Zahl der Empfänger des subventionierten Getreides plädierte und die Verteilung zeitweise ganz einstellen ließ, hat die arme Bevölkerung immer wieder Anspruch auf billiges Getreide erhoben. Im Jahre 58 v. Chr. hat schließlich der Volkstribun P. Clodius durch ein neues Frumentargesetz die Verteilung kostenlosen Getreides in Rom eingeführt und die gesamten Getreide Vorräte im Imperium Romanum einer staatlichen Aufsicht unterworfen; das Gesetz des Clodius hatte aber nicht den gewünschten Erfolg, weil die Händler nicht mehr bereit waren, Rom zu beliefern, und das Getreide wiederum knapp wurde. Der Senat sah sich daher gezwungen, im Herbst 57 v. Chr. Pompeius mit der Organisation der Getreideversorgung zu beauftragen. Pompeius beschränkte zunächst die Zahl der Getreideempfänger auf 300.000 und machte ferner die soziale Bedürftigkeit zur Voraussetzung für den Empfang kostenlosen Getreides. Die *cura annonae* wurde dann unter Augustus reorganisiert, die Zahl der Bürger, die das Getreide erhielten, auf 200.000 reduziert. Während des Principats gehörte die Getreidevertei[665]lung in Rom zu den zentralen Aufgaben der Verwaltung des Imperium Romanum; die Sicherung der Getreideversorgung der Stadt trug wesentlich zur Stabilisierung des neuen politischen Systems bei. In der Spätantike wurden die

Leistungen für die stadtrömische Bevölkerung noch ausgeweitet; die Versorgung mit Wein, Öl und Fleisch gehörte nun ebenfalls zum Aufgabenbereich der römischen Bürokratie.[61]

Da wir wissen, daß jedem Getreideempfänger im Jahr 60 *modii* zustanden, kann der quantitative Umfang der römischen Getreidespenden ungefähr ermittelt werden: Bei 200.000 Empfangsberechtigten hat die Verwaltung pro Jahr insgesamt 12 Mio. *modii* Weizen (ca. 79.200 t) an die arme Bevölkerung Roms verteilt. Voraussetzung der Frumentargesetze und der *cura annonae* war, daß das Imperium Romanum selbst über solche Mengen Getreide frei verfügen konnte.

Die Einziehung von Getreide als Tribut unterworfener Gebiete begann unmittelbar nach der römischen Annexion Siziliens; die Republik übernahm unverändert das auf der Insel bestehende Steuersystem und forderte von den Landwirten den Zehnten der Ernte; darüber hinaus behielt die Republik sich das Recht vor, einen zweiten Zehnten einzutreiben, der allerdings entsprechend dem jeweiligen Marktpreis bezahlt wurde. Bereits der ältere Cato soll die Funktion Siziliens für Rom mit den Worten, die Insel sei das Lagerhaus der Republik und die Ernährerin der plebs Romana, umschrieben haben.[62] Im 1. Jh. belief sich der Zehnte auf 3 Mio. *modii* (ca. 19.800 t), eine Menge, die ausreichte, am 50.000 Menschen die jährliche Ration von 60 *modii* zu gewähren. Als in den Jahren nach 75 v. Chr. in Rom Getreideknappheit herrschte, wurden von der Republik über den zweiten Zehnten hinaus weitere 800.000 *modii* Getreide in Sizilien aufgekauft, so daß mehr als ein Fünftel der Ernte für den Bedarf Roms in Anspruch genommen wurde.[63] Neben Sizilien zahlten auch andere Provinzen ihren Tribut in Form von Agrarerzeugnissen; der im Bürgerkrieg neugeschaffenen Provinz Africa nova wurden von Caesar Abgaben in Höhe von 1,2 Mio. modii Getreide und 3 Mio. Pfund Öl (ca. 980 t) auferlegt.[64] Im 1. Jh. sollen nach Flavius Josephus die römischen Provinzen in Nordafrika (mit Ausnahme Ägyptens) zwei Drittel des in Rom jährlich verbrauchten Getreides als Tribut geliefert haben.[65] Die in der späten Republik ständig schwierige Versorgungslage verbesserte sich schlagar[666]tig, als nach der Annexion des Ptolemaierreiches durch den jüngeren Caesar das ägyptische Getreide für die *cura annonae* zur Verfügung stand. Das jährlich von Ägypten nach Rom transportierte Getreide soll den Bedarf der Stadt für vier Monate gedeckt haben.[66] Die Abhängigkeit von den Lieferungen aus Ägypten wurde in Rom durchaus wahrgenommen; im Panegyricus auf Traianus bemerkt Plinius zur Getreideversorgung:

---

61 Zu den Frumentargesetzen und der *cura annonae* vgl. neben den in Anm. 13 genannten Arbeiten von P. Garnsey außerdem G. Rickman, The Corn Supply of Ancient Rome, Oxford 1980, 156–197. Zu den staatlichen Maßnahmen auf dem Gebiet der Lebensmittelversorgung allgemein vgl. P. Herz, Studien zur römischen Wirtschaftsgesetzgebung – Die Lebensmittelversorgung, Stuttgart 1988 (= Historia-Einzelschriften 55).

62 Cic. Verr. II 2, 5. Zum Steuersystem in der Provinz Sizilien vgl. V. M. Scramuzza, Roman Sicily, in: T. Frank, ed., An Economic Survey of Ancient Rome III, Baltimore 1937, 225–377, bes. 237ff.

63 Cic. Verr. II 3, 163: Scramuzza, Roman Sicily (wie Anm. 62), 253ff. Zu römischen Maßnahmen in Zeiten der Getreideknappheit vgl. jetzt P. Garnsey/T. Gallant/D. Rathbone, Thessaly and the Grain Supply of Rome during the Second Century B.C., JRS 74, 1984, 30–44.

64 Plut. Caes. 55, 1; vgl. aber dagegen Bell. Afr. 97, 2ff. und P. Herz, Studien (wie Anm. 61), 127.

65 Flav. Ios., bell. Iud. II 383.

66 Flav. Ios., bell. Iud. II 385f. Nach Aur. Victor, epitome 1, 6 lieferte Ägypten unter Augustus 20 Mio. *modii* Getreide als Tribut. Vgl. A. C. Johnson, Roman Egypt to the Reign of Diocletianus, Baltimore 1936 (= T. Frank, ed., ESAR II), 481ff.

„Schon lange war es die herrschende Meinung, die Versorgung der Stadt Rom mit Nahrungsmitteln könne nur durch die Lieferungen aus Ägypten garantiert werden. Da prahlte das Volk der Ägypter in unverschämter Überheblichkeit, sie, die Besiegten, ernährten das Volk der Sieger, und von seinem Fleiß, von seinen Schiffen hänge sowohl unser Überfluß wie unser Hunger ab."[67]

Die Getreideversorgung der Stadt Rom ist ein geradezu klassisches Beispiel für die Redistribution von Gütern: Das Getreide wurde von der Zentralgewalt zunächst über den politischen Mechanismus der Steuereinziehung nach Rom gebracht und dann an eine klar definierte und politisch überaus relevante soziale Gruppe verteilt. Wie die Geschichte der späten Republik zeigt, war die Redistribution von Getreide keineswegs ein Relikt traditionaler Verhaltensweisen, sondern vielmehr eine Reaktion auf die sozialen Probleme einer wachsenden und sich zugleich differenzierenden städtischen Bevölkerung. Wenn es Vorbilder für die Frumentargesetze gab, sind sie weniger in der Frühgeschichte Roms als vielmehr in den Maßnahmen der hellenistischen Städte zur Sicherung der Getreideversorgung zu suchen. Eine wichtige Rolle bei der Schaffung der staatlichen Getreideverteilung spielte die *plebs urbana,* die durch ihren teilweise gewaltsamen Protest gegen Preissteigerungen und Knappheit administrative und gesetzliche Eingriffe in den Marktmechanismus erzwingen konnte. Neben Rom erhielten auch Städte in den Provinzen auf Anweisung des Princeps Getreide aus Ägypten, ein Vorgang, der in hadrianischer Zeit für Ephesus belegt ist.[68]

Die politische Aufsicht über die Getreideversorgung erstreckte sich über die Beschaffung und Verteilung des Getreides hinaus auch auf dessen Transport von den Provinzen nach Rom. Um die Schiffseigner zu veranlassen, Getreide für die *cura annonae* zu transportieren, wurden ihnen von Claudius je nach ihrem Rechtsstaats verschiedene Privilegien eingeräumt, und unter Nero wurden Schiffe von der Besteuerung des Vermögens ausgenommen. Da größere Transportunternehmen fehlten, wurden auf regionaler Basis *corpora naviculariorum* eingerichtet, die das Zusammenwirken zwischen der römischen Verwaltung und den Schiffseignern erleichterten; auf diese Weise war es der Verwaltung möglich, den Seetransport effizient zu organisieren und die *navicularii* einer umfassenden Kontrolle zu unterwerfen.[69]

[667] Auch die römische Armee mußte mit Lebensmitteln und Ausrüstungsgegenständen versorgt werden, eine Aufgabe, die deswegen so eminent schwierig war, weil eine große Zahl von Legionen in wirtschaftlich wenig entwickelten Grenzprovinzen stationiert war, in denen aus klimatischen Gründen zum Teil nicht einmal Wein und Öl produziert werden konnte; gerade die Legionen an der Rheingrenze waren auf Lieferungen aus anderen Provinzen angewiesen. Für die Heeresversorgung mußte daher ebenfalls ein administrativer Apparat geschaffen weiden, der einerseits für den Transport und die Verteilung von Nahrungsmitteln, die als Tribut von den Provinzen geliefert wurden, und andererseits für die Beschaffung zusätzlicher Nahrungsmittel durch Kauf zuständig war.[70]

---

67 Plin., pan. 31, 2.
68 Inschr. Ephesos II 211. 274 (= H. Freis, Historische Inschriften zur römischen Kaiserzeit, Darmstadt 1984, Nr. 90. 81).
69 Suet. Claud. 18f. Tac. ann. XIII 51, 2. Vgl. P. Herz, Studien (wie Anm. 61). 90ff. 102ff. Zu den *navicularii* vgl. Jones, The Later Roman Empire (wie Anm. 28), 827ff.
70 L. Wierschowski, Heer und Wirtschaft. Das römische Heer der Principatszeit als Wirtschaftsfaktor, Bonn 1984; J. Remesal Rodriguez, La annona militaris y la exportación del aceite betico a Germania, Madrid 1986; Herz, Studien (wie Anm. 61), 81ff. Zur Versorgung mit Handwerkserzeugnissen und zur Tätigkeit von Handwerkern in den Legionslagern vgl. R. MacMullen, Soldier and Civilian in the Later Roman

Obgleich der Anteil der *plebs urbana* und der Armee an der Gesamtbevölkerung des römischen Reiches weit unter 5 % lag, sollte die Bedeutung des Prinzips der Redistribution nicht unterschätzt werden, denn einerseits handelte es sich bei den Empfängern, der stadtrömischen Bevölkerung und den Soldaten, um soziale Gruppen, denen eine zentrale Stellung im politischen System zukam, und andererseits war die Stadt Rom als größtes Bevölkerungszentrum im Mittelmeerraum ein überaus wichtiger Faktor in der Wirtschaft des Imperium Romanum. Die Frumentargesetze und die Schaffung der *cura annonae* sind auch als Indiz dafür zu werten, daß die Organisationsstruktur und die Kapazitäten des römischen Handels und der Schiffahrt nicht hinreichend entwickelt waren, um eine angemessene Versorgung der Bevölkerung von Rom mit Getreide sicherzustellen; gerade durch das staatliche Eingreifen in den Versorgungsbereich wurde die strukturelle Schwäche des Marktes bloßgelegt.

IV

Bei einer Analyse der Austauschbeziehungen im Imperium Romanum ist zu beachten, daß Märkte in vorindustriellen Gesellschaften generell unterschiedliche ökonomische Funktionen besitzen können, und daß die verschiedenen Tauschsphären weitgehend unabhängig voneinander existieren; in bäuerlichen Gesellschaften dienen lokale Märkte einem Austausch von Gebrauchsgütern, der nicht von Konkurrenz und Gewinnstreben geprägt ist, sondern vielmehr auf Reziprozität beruht,[71] während der Fernhandel ansatzweise kommerzialisiert und durch die Tätigkeit von hauptberuflichen Händlern, durch Kreditvergabe sowie eher unpersönliche Tauschbeziehungen gekennzeichnet ist.

[668] In Italien und in den Provinzen wurden die lokalen Märkte, die keineswegs nur in den Städten existierten, in festgelegten Zeitabständen abgehalten; dabei waren innerhalb einer Region die jeweiligen Markttage so aufeinander abgestimmt, daß ein Marktzyklus entstand, der es den Händlern ermöglichte, diese Märkte nacheinander aufzusuchen. Auch Großgrundbesitzer richteten – bisweilen gegen den Widerstand nahegelegener Städte – *nundinae* auf ihren Ländereien ein und schufen so den Bauern einen Rahmen für den Verkauf ihrer Erzeugnisse und den Kauf von Produkten des Handwerks.[72]

Die städtischen Märkte dienten primär der Versorgung der Bevölkerung mit Lebensmitteln, die im Umland der Stadt produziert wurden. Durch die Reden des Libanios sind wir verhältnismäßig gut über die Situation im spätantiken Antiochia informiert; das in dieser Stadt konsumierte Getreide stammte entweder von den Gütern der Kurialen oder den Höfen der Kleinbauern, die regelmäßig mit ihren Lasteseln in die Stadt kamen. Dabei legten sie auf dem Landweg Entfernungen von bis zu 15 km zurück, eine Distanz, die sie an einem Tag zu Fuß zweimal bewältigen konnten. Für Antiochia war das Getreide, das die Bauern auf den Markt

Empire, Cambridge/Mass. 1963; H. v. Petrikovits, Römisches Militärhandwerk, in: ders., Beiträge zur römischen Geschichte und Archäologie 1931–1974, Bonn 1976, 598–611; ders., Militärische fabricae der Römer, in: Beiträge 612–619.

71 U. Köhler, Formen des Handels (wie Anm. 21), 34ff.; R. Hodges, Primitive and Peasant Markets, Oxford 1988.

72 R. MacMullen, Market-Days in the Roman Empire, Phoenix 24, 1970, 333–341; B. D. Shaw, Rural Markets in North Africa and the Political Economy of the Roman Empire, Antiquites africaines 17, 1981, 37–83; J. Nollé, Nundinas instituere et habere, Hildesheim 1982; Plin. ep. V 4; IX 39; Libanios 11, 230.

brachten, unentbehrlich, wie die Polemik des Libanios gegen die römische Provinzverwaltung zeigt, die die Bauern zwang, auf ihrem Rückweg Bauschutt abzutransportieren.[73]

Die kleinbäuerliche Subsistenzproduktion wurde durch außerökonomische Zwänge aufgebrochen und in die Wirtschaft der Städte und des Imperium Romanum integriert: In den Provinzen, in denen eine Geldsteuer erhoben wurde, waren die Bauern gezwungen, für den Markt zu produzieren, um mit den erzielten Einkünften die Steuern zahlen zu können; dasselbe Resultat hatte die zunehmende Verbreitung des Colonats, denn die *coloni* hatten die Pacht zu zahlen und waren daher auf ein Geldeinkommen angewiesen. Zur Zeit des Traianus erwog Plinius wegen der hohen Pachtrückstände seiner *coloni* die Einführung der Teilpacht; die Stellung des Pächters im Marktgeschehen wäre dadurch gravierend verändert worden: Der Teilpächter produziert noch Überschüsse, kann jedoch nicht mehr selbst über diese verfügen und als Verkäufer auf dem Markt auftreten. Dies gilt auch für die Bauern auf den Ländereien des Princeps; in Africa lieferten sie den dritten Teil von Getreide, Wein und Öl ab; solche *coloni* waren nicht nur abgabepflichtig, ihr eigener Entscheidungsspielraum war durch die präzisen Verwaltungsvorschriften für diese Güter stark reduziert.[74]

Für die Beurteilung der städtischen Märkte im Imperium Romanum ist entscheidend, daß sie isoliert und nicht miteinander verbunden waren; so war es normalerweise wegen der schlechten Transportbedingungen kaum möglich, im [669] Fall einer Mißernte in einer Region Getreide aus entfernten Gebieten zu erhalten, und Überschüsse konnten nur schwer abgesetzt werden. Es fehlte eine enge Verflechtung der lokalen Märkte, die ein wesentliches Kennzeichen der modernen Marktwirtschaft ist.[75]

Ein ähnliches Bild bietet sich, wenn man die gewerbliche Produktion betrachtet; das lokale Handwerk vermochte den Bedarf der städtischen Bevölkerung an Metallwaren, Keramik und Textilien weitgehend zu decken; die kleinen Werkstätten waren häufig mit einem Laden verbunden, der Handwerker verkaufte einen großen Teil seiner Erzeugnisse ohne Einschaltung von Händlern selbst direkt an die Kunden, wobei die Auftragsarbeit einen großen Umfang besessen zu haben scheint. Nicht für einen anonymen, überregionalen Markt, sondern für die speziellen Wünsche einer überschaubaren Kundschaft haben die meisten Handwerker in den Städten gearbeitet.[76] Die Bemerkung von Keith Hopkins, der größte Teil der Überschüsse an Agrarerzeugnissen sei in der Antike nur über eine kurze Distanz zu den Absatzmärkten transportiert worden,[77] kann durch die Feststellung ergänzt werden, daß der größte Teil der Produkte des Handwerks in den Städten hergestellt wurde, in denen sie verkauft und gebraucht wurden.

Stadt und Markt, Stadt und Kauf gehörten im Imperium Romanum unabdingbar zusammen, denn die städtische Bevölkerung war anders als die bäuerlichen Familien größtenteils nicht in der Lage, jene Gebrauchsgüter herzustellen oder jene Nahrungsmittel zu produzie-

---

73 Libanios, or. 50; P. Petit, Libanius et la vie municipale à Antioche au IV siècle après J.-C., Paris 1955, 105ff.
74 K. Hopkins, Taxes and Trade in die Roman Empire (200 B.C.–A. D. 400), JRS 70, 1980, 101–125; Plin. ep. IX 37; Africa: CIL VIII 25902, 25ff.
75 Polanyi, The Great Transformation (wie Anm. 16), 102ff.
76 E. Schlesier, Ethnologische Aspekte zu den Begriffen ‚Handwerk' und ‚Handwerker', in: H. Jankuhn, Hg., Das Handwerk in vor- und frühgeschichtlicher Zeit. Akad. Wiss. Göttingen, Phil.-hist. Klasse 122, Göttingen 1981, 9–35; H. v. Petrikovits, Die Spezialisierung des römischen Handwerks, in: Jankuhn, Hg., Das Handwerk, 63–132. Vgl. für Pompeji B. Gralfs, Metallverarbeitende Produktionsstätten in Pompeji, Oxford 1988 (= BAR Intern. Ser. 433).
77 K. Hopkins, Models, Ships and Staples (wie Anm. 8), 85.

ren, die sie benötigte. Unabhängig vom Markt waren allenfalls die in den Städten wohnenden Großgrundbesitzer, die, abgesehen von Luxusgegenständen, alles, was sie für sich und ihr Hauspersonal brauchten, von ihren Gütern beziehen und in der Stadt lagern konnten.[78] Die Lage der ärmeren Bevölkerungsschichten hat Dion von Prusa mit folgenden Worten glänzend erfaßt:

> „Für diese Armen ist es gewiß nicht leicht, in den Städten Arbeit zu finden, und sie sind auf fremde Mittel angewiesen, wenn sie zur Miete wohnen und alles kaufen müssen, nicht nur Kleider und Hausgerät und Essen, sondern sogar das Brennholz für den täglichen Bedarf; und wenn sie einmal Reisig, Laub oder eine andere Kleinigkeit brauchen, müssen sie alles, das Wasser ausgenommen, für teures Geld kaufen, da alles verschlossen und nichts frei zugänglich ist."[79]

Demnach hat die Subsistenzproduktion für die arme städtische Bevölkerung eine geringere Bedeutung besessen als für die Haushalte von Oberschichtsangehörigen.[80]

[670] Neben dieser Weit der kleinbäuerlichen Subsistenzproduktion und der isolierten lokalen Märkte, auf denen Gebrauchsgüter oftmals von den Produzenten selbst oder von Kleinhändlern an die Bevölkerung verkauft wurden, existierte im Imperium Romanum aber auch ein Fernhandel, der zumeist Güter von hoher Qualität und hohem Wert aus fernen Ländern wie Indien oder China in den Mittelmeerraum importierte; diesem Fernhandel entsprach eine Produktion für überregionale Märkte, die aus den geographischen und klimatischen Bedingungen der mediterranen Welt resultierte. Ein ungeeignetes Klima und eine geringe Bodenqualität verhinderten in vielen Regionen des Imperium Romanum die Erzeugung von Wein und Öl, die unentbehrliche Bestandteile der antiken Ernährung waren, und die begrenzten Rohstoffvorkommen hatten einen eminenten Einfluß auf die Herausbildung von Gewerbezentren. Der quantitative Umfang des Fernhandels sollte keineswegs zu gering veranschlagt werden; Keramik aus Arezzo oder aus einzelnen Herstellungszentren in Gallien oder Africa sowie Glas aus Syrien oder Köln sind in weiten Teilen des Imperium Romanum gefunden worden; die Analyse von Amphoren und Amphorenstempeln zeigt, daß einige Landschaften wie etwa die Provinz Baetica weit entfernte Absatzmärkte mit Wein und Öl belieferten. Die Fernhandelskaufleute konnten teilweise hohe Gewinne erzielen und so auch größere Vermögen erwerben, ein Handelszentrum wie Gades gehörte zu den reichsten Städten des Imperium Romanum. Es entspricht der Bedeutung des Fernhandels, daß Cicero ihn ausdrücklich nicht zu den als schimpflich *(sordidus)* qualifizierten Berufen rechnet.[81]

Der Umfang und die Reichweite des Handels, die große Zahl bedeutender Handelszentren im Imperium Romanum sowie der Reichtum einzelner Kaufleute bilden dabei einen auffallenden Kontrast zu dem Fehlen von ständigen Handelsunternehmungen; charakteristisch für den antiken Mittelmeerhandel war die Aktivität einzelner Kaufleute, die die jeweilige wirtschaftliche Situation auszunutzen suchten, um möglichst hohe Gewinne zu erzielen. Die Tätigkeit solcher Händler wird von Philostratos anschaulich beschrieben;

---

78 Vgl. etwa Dion von Prusa 46, 8; Petronius, Sat. 38, 1ff.
79 Dion von Prusa 7, 105f.
80 Vgl. dazu H.-D. Evers, Schattenwirtschaft, Subsistenzproduktion und informeller Sektor, in: K. Heinemann (Hg.), Soziologie wirtschaftlichen Handelns (wie Anm. 21), 353–366, bes. 361.
81 Gades: Strabon III 5, 3; Cic. off. I 151. Zum Fernhandel vgl. jetzt auch F. De Martino, Wirtschaftsgeschichte des alten Rom, München 1985, 356ff.

„Aber gibt es denn deiner Ansicht nach überhaupt unglückseligere Leute als Händler und Schiffseigner? Erstens reisen sie umher, halten mit Mühe und Not Ausschau nach einem Markt für ihre Waren. Dann pflegen sie Umgang mit Proxenoi und Kleinhändlern, kaufen und verkaufen, verpfänden ihren Kopf für ungerechte Zinsen."

Andere Autoren, etwa Manilius und Petronius, schildern den Handel ähnlich: Das Risiko, etwa durch Schiffbruch Verluste zu erleiden, war hoch, aber es bestand auch die Chance, im Handel ein Vermögen zu erwerben. Knappheit bestimmter Güter war dabei für die Kaufleute von Vorteil, denn sie profitierten von den steigenden Preisen. Diese Texte übergehen allerdings einen Tatbestand, der nicht unbeachtet bleiben sollte: Viele Händler scheinen ihre geschäftlichem Aktivitäten auf bestimmte Regionen beschränkt zu haben; so ist ein Händler aus Phrygien epigraphisch belegt, der über siebzigmal nach Italien gefahren ist, und Palladios erwähnt einen Kaufmann aus Alexandria, der regelmäßig nach Spanien fuhr. Für längere Überseefahrten stellten Kaufleute und Schiffseigner oft ganze Flotten [671] zusammen, wie dies etwa Strabon für den Indienbandel berichtet; darüber hinaus existierten auch feste Zusammenschlüsse von Kaufleuten und Schiffseignern, die aus derselben Region stammten oder regelmäßig dieselben Routen befuhren. Die Kommunikation und die Kooperation zwischen den Händlern wurde außerdem durch die Existenz von Handelsstationen erleichtert; so unterhielt die Stadt Tyros derartige Stationen in Puteoli und Rom. Das ständige Zusammenwirken einer Vielzahl kleiner Händler war die unabdingbare Voraussetzung für die Kontinuität und auch den Umfang des römischen Handels.

Die wenigen Bemerkungen, die uns über den Reichtum von Händlern überliefert sind, lassen den Schluß zu, daß es im Imperium Romanum zu einer Herausbildung von eigentlichen Handelsgesellschaften nicht gekommen ist; der Handel wurde von den Kaufleuten in Form von Einzelgeschäften, nicht als ständige Unternehmung betrieben. Aufschlußreich hierfür ist nicht allein die Erzählung des Trimalchio über seine Handelsgeschäfte, sondern auch die Bemerkung des Palladios über das Vermögen eines alexandrinischen Kaufmanns. Hier zeigt sich, daß eine Trennung zwischen dem Sondervermögen der Handelsunternehmung und dem Privatvermögen des Kaufmanns wahrscheinlich nicht existierte und somit die Grundlage für einen modernen Handelsbetrieb nicht gegeben war.[82]

Der Spielraum des Handels war im Imperium Romanum dadurch erheblich eingeschränkt, daß eine freie, auf dem Zusammenwirken von Angebot und Nachfrage beruhende Preisbildung, die ein wesentliches Kennzeichen einer Marktwirtschaft darstellt, nur in Ansätzen ausgeprägt war. Das Marktgeschehen unterstand der Kontrolle von Magistraten, die vor allem die Preise von Nahrungsmitteln überwachten und Maßnahmen ergriffen, um ein übermäßiges Ansteigen der Preise zu verhindern. In Antiochia (Pisidien) setzte der römische Statthalter L. Antistius Rusticus nach einem strengen Winter, der in Erwartung einer Mißernte einen Anstieg der Getreidepreise zur Folge hatte, einen Höchstpreis fest und verfügte außerdem die Einziehung

---

82 Darstellung des Handels in der antiken Literatur: Philostr., Apoll. v. Tyana VI 32; Manilius, Astron. IV 165ff.; Petronius, Sat. 76, 3ff. Vgl. zu Petronius P. Veyne, Leben des Trimalchion, in: ders., Die Originalität des Unbekannten, Frankfurt 1988, 43–96. Reisen eines Kaufmanns aus Phrygien: IGRR IV 841. Indienhandel: Strabon XVII l, 13; Palladios, Hist. Lausiaca 14. Die Handelsstationen von Tyros: IG XIV 830 (= OGIS 595; Freis, Historische Inschriften [wie Anm. 68] 120). Zur Entwicklung der mittelalterlichen und neuzeitlichen Handelsunternehmen vgl. M. Weber, Wirtschaftsgeschichte, 4. Aufl. Berlin 1981, 180ff., 198ff.

sämtlicher Getreidevorräte.[83] Die Eingriffe der römischen Magistrate und des *princeps* in das Marktgeschehen beschränkten sich keineswegs auf die Bewältigung von augenblicklichen Versorgungskrisen. Durch ein kaiserliches Reskript wurde etwa die Zahl der Zwischenhändler auf dem attischen Fischmarkt begrenzt; begründet wurde diese Vorschrift mit der Feststellung, es erhöhe „die Preise, wenn Verkäufer nacheinander dreimal dieselbe Ware Wiederverkaufen".[84] Ein Gesetz Hadrians über den Ölverkauf in Athen sicherte dadurch eine ausreichende Versorgung der attischen Bevölkerung mit Öl, daß die Bauern verpflichtet wurden, entsprechend dem Rechtsstatus ihres [672] Landes den dritten bzw. achten Teil ihrer Ernte den städtischen Aufkäufern zu übergeben; der übrige Teil konnte aus Attika exportiert werden.[85] Die Haltung der römischen Verwaltung dem Markt gegenüber findet ihren vollendeten Ausdruck in der Präambel des Preisediktes von 301; in diesem Text wird das hohe Preisniveau auf die Habgier (*avaritia*) der Händler zurückgeführt und gleichzeitig die Festsetzung von Höchstpreisen, die auch im Fall einer Knappheit nicht überschritten werden dürfen, begründet. Man akzeptierte also Preisschwankungen, soweit sie auf unterschiedlich gute Ernteerträge zurückzuführen waren, begrenzte aber die Gewinne der Händler. Um jegliche Preisspekulation zu unterbinden, wurde außerdem die Hortung lebensnotwendiger Waren unter Strafe gestellt.[86] Bestimmungen dieser Art zeigen, daß die Verwaltung sich an sozialen Interessen orientierte und die Freiheit der Produzenten oder Händler einschränkte, um die Versorgung der Städte und der Armee zu sichern; das Marktgeschehen war keineswegs allein von ökonomischen Interessen bestimmt.

V

Unternimmt man den Versuch, die Bedeutung des Marktes für die römische Wirtschaft insgesamt zu ermitteln, muß zunächst nach dem Einfluß des Marktes auf die Sphäre der Produktion gefragt werden. Dabei ist für den Bereich der gewerblichen Produktion festzustellen, daß die mit den überregionalen Märkten verbundenen Absatzchancen nicht zur Entstehung von Großbetrieben geführt haben, sondern zu einer Konzentration kleiner Werkstätten in bestimmten Gewerbezentren, die häufig auf dem Lande lagen. Dies gilt etwa für die Töpfereien bei Arretium, in Gallien und in den Donauprovinzen ebenso wie für die Glashütten im Rheinland. Die in den städtischen Produktionszentren arbeitenden Handwerker waren häufig arm, wie dies etwa Dion von Prusa über die Leinenweber von Tarsos berichtet; eine Prosperität größerer Bevölkerungsschichten wurde durch die gewerbliche Produktion nicht ausgelöst.[87] Nur im Agrarbereich führten die zugleich mit der Urbanisation wachsenden Absatzchancen zu einer tiefgreifenden Umstrukturierung: Die Herausbildung der großen Güter, die einen Teil ihrer Erzeugnisse auf städtischen Märkten verkauften, die Durchsetzung der Sklavenwirtschaft, die Verbesserung der Geräte und die regionale Arbeitsteilung, die ihren Ausdruck in einer Spezialisierung des Anbaus fand, sind Folgen des gestiegenen Bedarfs an Nahrungsmitteln in den Städten; aber auch dieser Strukturwandel sollte in seinen Auswirkungen nicht überschätzt werden, denn neben den großen Gütern hat sich die bäuerliche Wirtschaft durchaus behauptet; die Landwirtschaft des Imperium Romanum war keineswegs generell marktorientiert.

---

83 R. K. Sherk, Hg., The Roman Empire: Augustus to Hadrian, Cambridge 1988, 149f. Auch für andere Städte ist eine Preiskontrolle belegt: Petronius, Sat. 44; Apuleius, Metamorph. 24f.

84 IG II/III² 1103 (= Freis. Historische Inschriften [wie Anm. 68] 89).

85 IG II/III² 1100 (= Freis, Historische Inschriften [wie Anm. 68] 85).

86 Deutsche Übersetzung in Freis, Historische Inschriften (wie Anm. 68) 151.

87 Dion von Prusa 34, 21f.

Das Anwachsen des Handelsvolumens im frühen Principat führte nicht zu einer dauerhaften Expansion der städtischen Wirtschaft; Fernhandel und überre[673]gionale Märkte besaßen in der ländlichen Welt des Imperium Romanum keine dominierende Stellung, die wirtschaftliche Position der Städte konnten sie nicht befestigen. Angesichts der durch Subsistenzproduktion, Redistribution und Marktaufsicht begrenzten Rolle der Märkte im Imperium Romanum und angesichts der weitgehenden Isolierung lokaler Märkte kann die römische Wirtschaft nicht als Marktwirtschaft angesehen werden; allenfalls kann davon gesprochen werden, daß in der unter Augustus einsetzenden Phase des Friedens und der Prosperität die Marktelemente in einer insgesamt traditionalen Wirtschaft für einen Zeitraum von etwa zwei Jahrhunderten gestärkt wurden.

Das Ende des Imperium Romanum im Westen

zuerst in:

R. Lorenz (Hrsg.), Das Verdämmern der Macht – Vom Untergang großer Reiche,
Frankfurt/M.: Fischer, 2000, S. 26–43.

I. Das Imperium Romanum – Stabilität und Krisen
von Augustus bis zu Theodosius

Seit Montesquieus „Considérations sur les causes de la grandeur des Romains et de leur dé-
cadence" (1734) und Gibbons „History of the Decline and Fall of the Roman Empire"
(1776–1788) gehört der Untergang des weströmischen Reiches zu den großen Themen der
Geschichtsschreibung und der modernen Geschichtswissenschaft. Dem Zerfall des Imperium
Romanum wurde allgemein eine besondere historische Bedeutung beigemessen, denn der
Zusammenbruch der römischen Herrschaft im westlichen Mittelmeerraum hatte auch den
Niedergang der griechisch-römischen Zivilisation in Spanien, Gallien und Italien ebenso wie
in Nordafrika zur Folge, und mit der Entstehung der germanischen Königreiche auf dem Ge-
biet der ehemaligen römischen Provinzen sowie der arabischen Invasion im 7. Jahrhundert n.
Chr. war zudem die von den Römern geschaffene politische und zivilisatorische Einheit des
Mittelmeerraumes endgültig verloren gegangen.

Das Imperium Romanum, auf das mittelalterliche und neuzeitliche Herrscher sich immer
wieder beriefen und das die Verkörperung der Reichsidee schlechthin gewesen ist, hat über einen
Zeitraum von mehr als 500 Jahren das Schicksal des mediterranen Raumes bestimmt. Auf dem
Höhepunkt seiner Macht konnte Rom als Weltreich gelten, das die Völker und Städte einte, die
Zustimmung der Bevölkerung besaß und zu dem es keine Alternative gab: Das Römische Reich
umfaßte die Gebiete der griechisch-römischen Zivilisation, jenseits seiner Grenzen existierten
nach antiker Sicht barbarische Völker. Der Aufstieg Roms zu einem Imperium war beispiel-
los und für die Zeitgenossen ein fas[27]zinierender Vorgang. Nach dem Sieg über Hannibal
war Rom die mächtigste Stadt im westlichen Mittelmeerraum; in den folgenden Jahrzehnten
konnten die Römer sich auch gegen die wichtigsten hellenistischen Monarchien, Makedonien
und das Seleukidenreich, durchsetzen. Als der letzte König von Pergamon schließlich 133 v.
Chr. sein Reich der römischen Republik vererbte, waren die Römer in Spanien, Nordafrika,
Griechenland und Kleinasien präsent. Pompeius und Caesar, die aus persönlichem Ehrgeiz
Kriege führten, machten im 1. Jahrhundert v. Chr. weite Gebiete in Kleinasien und Syrien
sowie Gallien zu römischen Provinzen. Die Politik des Augustus war schließlich darauf ausgerichtet, für den von den Römern beherrschten Raum sichere Grenzen zu gewinnen. Im Norden
waren die römischen Legionen an Rhein und Donau stationiert, und nach der Annexion von
Mauretanien und Ägypten gehörte ganz Nordafrika zum Römischen Reich. Im Osten grenzte das Imperium an das Partherreich, das in mehreren Kriegen den Römern zwar schwerste
Verluste zugefügt hatte, die römischen Provinzen aber nie ernsthaft zu gefährden vermochte.

Rom hat die Provinzen beherrscht und besteuert, ihren Reichtum an landwirtschaftlichen Produkten und an Bodenschätzen für sich genutzt, es gab dem mediterranen Raum aber
auch eine einheitliche Verwaltung und ein einheitliches Rechtssystem, es sicherte mit seinen

Legionen einer Bevölkerung von etwa 50 Millionen Menschen Frieden und schuf durch einen forcierten Ausbau der Infrastruktur die Voraussetzungen für eine Blüte der Landwirtschaft, des Handels und der Städte. Das von Augustus geschaffene politische System, der Prinzipat, erwies sich mehr als zwei Jahrhunderte lang als relativ stabil. Die *principes* besaßen das Kommando über die Legionen, die sich normalerweise loyal verhielten, und verfügten gleichzeitig über weitreichende politische Kompetenzen, so daß innere Konflikte nur selten gewaltsam ausgetragen wurden. Durch Mechanismen wie die Adoption oder die Übertragung wichtiger Ämter an den künftigen *princeps* konnte das schwierige Problem der Nachfolge geregelt werden. Die Senatoren, die während ihrer politischen Karriere oft beachtliche politische und militärische Erfahrungen sammeln konnten, waren bereit, Aufgaben in der Administration der Provinzen und bei der Verteidigung der Grenzen zu übernehmen; außerdem wurden die lokalen [28] Führungsschichten an der Verwaltung des Reiches beteiligt und langsam in den Senatorenstand integriert. Obgleich ein eigentlicher Verwaltungsapparat im modernen Sinn nicht existierte, war das Ämterwesen bereits so differenziert entwickelt, daß es den komplexen Aufgaben der Verwaltung eines angesichts der antiken Verkehrs- und Kommunikationstechnik ungeheuer großen Raumes zu entsprechen vermochte.[1]

Zu Beginn des 4. Jahrhunderts, im Zeitalter des Diocletianus und des Constantinus, schien die Existenz des Imperium Romanum in keiner Weise gefährdet zu sein, im Gegenteil, gerade die Bewältigung der Krisen des zurückliegenden 3. Jahrhunderts hatte deutlich gemacht, daß Rom auf neue Herausforderungen angemessen reagieren und den Angriffen auf die Grenzen des Reiches standhalten konnte. Auch alle Versuche, etwa in Gallien oder Syrien regionale Herrschaften zu errichten, waren erfolglos geblieben. Einige wenige Provinzen wie etwa Dacia wurden aus strategischen Gründen aufgegeben, aber es handelte sich hierbei um eher unbedeutende Gebietsverluste an den Rändern des Reiches. Über welche wirtschaftlichen sowie finanziellen Kapazitäten und über welche schöpferischen Kräfte das Reich in dieser Zeit verfügte, belegen die repräsentativen Großbauten in Rom, die Maxentius-Basilika oder die Diocletiansthermen, sowie die in vielen Städten errichteten christlichen Basiliken oder der Ausbau der neuen Residenz Konstantinopel.

Mit der offiziellen Anerkennung der Kirche durch Constantinus und mit dem Bekenntnis der Kaiser zum christlichen Glauben begann eine neue Phase in der Beziehung zwischen Imperium und Christentum. Die Christenverfolgungen, die das Reich seit Nero immer wieder belastet hatten, wurden eingestellt, und die Kirche erhielt durch umfangreiche Schenkungen ausgedehnte Besitzungen, die es ihr ermöglichten, Kranke, Arme und Schwache in einem für die Antike bis zu diesem Zeitpunkt ungekannten Ausmaß zu unterstützen und Institutionen sozialer Hilfeleistung zu schaffen. Die schwierige Herausbildung einer für alle christlichen Gemeinden verbindlichen theologischen Dogmatik wurde durch die Kaiser nachdrücklich gefördert, die einerseits in den Streit um die Natur Christi eingriffen und auf dem Konzil von Nikaia 325 ein für die streitenden Parteien annehmbares Glaubensbekenntnis durchsetzten und andererseits häretische Strö[29]mungen innerhalb des Christentums unterdrückten. Die Christianisierung, die zunächst die urbanen Zentren erfaßte, hatte die Entstehung einer einheitlichen und reichsweiten christlichen Kultur zur Folge; der Bau von Kirchen, die Ikonographie christlicher Mosaiken, Gottesdienste und Predigten, die Veröffentlichung sowie Lektüre theo-

---

1 Karl Christ, Geschichte der römischen Kaiserzeit, München ³1995; Peter Garnsey/Richard Saller, The Empire, London 1987.

logischer Schriften, Nächstenliebe und Askese als christliche Ideale bestimmten zunehmend das städtische Leben in allen Teilen des Imperium Romanum. Die Einheit der Kirche fand schließlich ihren Ausdruck in den großen Konzilien, auf denen Bischöfe aus dem lateinischen Westen und griechischen Osten die strittigen Fragen des christlichen Glaubens entschieden.

Allerdings wurden im 4. Jahrhundert bereits Entwicklungen sichtbar, die für das Imperium bedrohlich werden sollten. Die Germanen, die nun größere Stammesverbände bildeten, verstärkten erheblich den Druck auf die Grenzen an Rhein und Donau; sie verwüsteten bei ihren Einfällen in Gallien zahlreiche Städte und nahmen ganze Landstriche in Besitz, bis Iulianus in den Jahren 356-359 Alamannen und Franken in mehreren Feldzügen besiegte. Im Osten erhoben die Sassaniden, anknüpfend an das alte Perserreich, Anspruch auf weite Gebiete des Imperium Romanum und verfolgten eine offensive Politik gegenüber Rom. Der Versuch des Iulianus, die römische Position durch einen gegen die persische Hauptstadt Ktesiphon am Tigris gerichteten Feldzug zu stärken, führte 363 zu einer militärischen Niederlage, zum Tod des Kaisers und zu einem Friedensvertrag, in dem Rom das nördliche Mesopotamien gegen den Willen der Bevölkerung an die Perser abtreten mußte.[2]

Gravierender noch waren aber die inneren Probleme des Reiches, das in der Zeit des Diocletianus von zwei Kaisern, den *augusti*, regiert wurde; unter Constantinus wurde das Imperium schließlich in vier Präfekturen aufgeteilt, die jeweils eine eigene Verwaltung mit dem *praefectus praetorio* an der Spitze besaßen. Für die Stadt Rom bedeutete die Dezentralisierung des Reiches zunächst den völligen Verlust der Hauptstadtfunktion im Imperium Romanum. Konstantinopel trat an die Stelle Roms, das Schwergewicht der römischen Politik verlagerte sich in den griechischen Osten. Damit büßte gleichzeitig auch der römische Senat seine Macht ein, er behielt im wesentlichen nur noch die Funktion eines Stadtrates von Rom. Die Senatoren bildeten [30] zwar weiterhin eine soziale Schicht extrem reicher Großgrundbesitzer, sie waren aber nicht mehr die politische Elite des Imperium Romanum. Der neugebildete Senat von Konstantinopel vermochte nicht die Funktionen des römischen Senates zu übernehmen, das Reich hatte damit eine sozial homogene Führungsschicht verloren, die sich mit Kompetenz und Engagement der Verwaltung und dem Militärdienst gewidmet hatte.

Als geradezu verhängnisvoll für das Imperium erwiesen sich im Verlauf des 4. und 5. Jahrhunderts die zahlreichen Usurpationen, die zwar sämtlich erfolglos blieben, deren Bedeutung aber nicht unterschätzt werden sollte. Die großen militärischen Operationen waren in der Spätantike weniger gegen den äußeren Feind als vielmehr gegen Gegner im Inneren gerichtet; schon bald nach der Abdankung des Diocletianus 305 kam es zu längeren Kriegen, aus denen 312/313 schließlich Constantinus und Licinius als Sieger hervorgingen. Die Spannungen zwischen beiden Kaisern, die das Reich unter sich aufgeteilt hatten, führten wiederum zu einem militärischen Konflikt, der 324 mit der Niederlage des Licinius endete. Die Usurpationen des Flavius Magnentius 350, des Magnus Maximus 383 und des Flavius Eugenius 392 konnten nur unter erheblichen militärischen Anstrengungen niedergeschlagen werden; der Sieg des Constantius über Magnentius 351 bei Mursa in Pannonien gilt als eine der verlustreichsten Schlachten der römischen Geschichte überhaupt. Auch das Christentum trug zur Verschärfung der inneren Konflikte bei, denn theologische Streitfragen wurden nicht nur von den Klerikern diskutiert, sondern vor allem in den Städten des Ostens gewaltsam ausgetragen. In Nordafrika entstanden aus innerkirchlichen Konflikten Aufstandsbewegungen mit sozialrevolutionären

---

2 Ammianus Marcellinus, 16–25.

Zügen. Gleichzeitig lähmte der Aufstieg der Kirche jene Gruppen und sozialen Schichten, die sich dem Imperium Romanum, der alten Religion oder der griechischen Philosophie weiterhin verpflichtet fühlten. Die Senatoren in Rom hielten ebenso an den überkommenen Traditionen fest wie in der östlichen Welt die Philosophen, die erneut die Lehren des Pythagoras oder Platons rezipierten, oder die Rhetoren, die in den attischen Rednern des 4. Jahrhunderts v. Chr. ihr Vorbild sahen. Jene Gruppen, die in den vorangegangenen Jahrhunderten Träger der griechisch-römischen Kultur und des Römischen Reiches gewesen waren, wur[31]den dem christlichen Imperium der Spätantike zunehmend entfremdet.

Im 4. Jahrhundert n. Chr. zeigten sich als Folge des permanenten Drucks auf die Grenzen erste Auflösungserscheinungen im sozialen und wirtschaftlichen Bereich; die steigenden Ausgaben für das Militärwesen führten zu Steuererhöhungen, die vor allem die Landbevölkerung, aber auch die Städte trafen. In immer größerem Ausmaß versuchten die Bewohner des Imperium Romanum, sich dem Steuerdruck zu entziehen, indem sie ihr Land, ihre Wohnsitze oder ihren Beruf aufgaben oder sich in die Abhängigkeit mächtiger Militärs oder Großgrundbesitzer begaben, die sie vor den Steuereinnehmern zu schützen vermochten.[3] Trotz der Einführung eines differenzierten Steuersystems und des Ausbaus der Bürokratie konnte die Zentralverwaltung solche Tendenzen nicht unterbinden; in der Spätantike wurde es daher für das Imperium Romanum immer schwieriger, die Ressourcen Italiens und der Provinzen für die Verteidigung des Reiches einzusetzen.

Da die römische Gesellschaft nicht in der Lage war, genügend Soldaten für die Legionen zu stellen, und gerade Großgrundbesitzer zu verhindern suchten, daß ihre Pächter als Soldaten rekrutiert wurden, ging das Imperium dazu über, zunehmend Germanen oder Angehörige anderer Völker wie etwa der Hunnen für den Militärdienst zu verpflichten. Die römische Gesellschaft war zivil geworden, ihr Beitrag zu ihrer eigenen Verteidigung bestand nunmehr darin, die Steuern zu erwirtschaften, die für die Soldzahlungen an fremde Krieger ausgegeben werden mußten. Problematisch an dieser Entwicklung war vor allem die Tatsache, daß Germanen auch in die höheren Offiziersränge aufstiegen und im Range eines *magister militum* sogar die römische Armee führten.

II. Militärische Niederlagen und schwache Kaiser – Das Verdämmern der Macht

In der Forschung ist oft der Versuch unternommen worden, den Zusammenbruch des Imperium Romanum mit langfristigen politischen, sozialen, religiösen oder wirtschaftlichen Entwicklungen, mit den strukturellen Schwächen des politischen Systems, mit kultureller De[32]kadenz oder den Invasionen der Germanen zu erklären. Gegen jeden einzelnen dieser Erklärungsversuche können Einwände erhoben werden, und auch die These, gerade die Kumulation aller genannten Probleme und das unauflösliche Geflecht von Wechselwirkungen zwischen inneren und äußeren Ursachen habe das Imperium Romanum zu Fall gebracht, ist wenig überzeugend. Es stellt sich allgemein die Frage, ob der Untergang des Römischen Reiches unabwendbar war, ein Prozeß also, gegen den die römischen Herrscher und Eliten schlechthin machtlos waren.

Eine Untersuchung der Gründe für das Scheitern des Imperium Romanum darf neben dessen evidenten strukturellen Schwächen die zufälligen Konstellationen innerhalb der

---

3 A. H. M. Jones, Over-Taxation and the Decline of the Roman Empire, in: ders., The Roman Economy, Oxford 1974, S. 82–89.

Herrscherfamilien und die mangelnde Kompetenz einer Reihe von Kaisern und höheren Beamten nicht unbeachtet lassen. Sowohl Valentinianus (364–375) als auch Theodosius (378-395) waren noch in der Lage, das Reich zu stabilisieren und seinen territorialen Bestand zu wahren. In dieser schwierigen Situation konnte es allerdings nicht folgenlos bleiben, daß beide Kaiser unerwartet früh starben und ihre Söhne zum Zeitpunkt ihres Todes noch Kinder waren. Als Valentinianus, der den Westen regierte, 375 starb, war Gratianus gerade 16 Jahre alt; die Söhne des Theodosius, Arcadius und Honorius, wurden 395 im Alter von 17 und zehn Jahren Herrscher der östlichen bzw. westlichen Reichshälfte. Auf Arcadius, der 408 starb, folgte sein gerade sieben Jahre alter Sohn Theodosius II., während im Westen Valentinianus III., der Sohn der Galla Placidia, 425 im Alter von sechs Jahren zum Kaiser erhoben wurde.[4] Diese Kinder, die noch zu Lebzeiten ihrer Väter zu Mitregenten ernannt worden waren, konnten angesichts der weitverbreiteten Loyalität gegenüber der Dynastie bei der Ernennung des Kaisers nicht übergangen werden, waren aber gleichzeitig nicht fähig, das ihnen übertragene Amt wirklich auszufüllen. Ihr Interesse galt kaum der Politik und der Kriegführung, sie lebten abgeschirmt im Palast und überließen weitgehend anderen die Ausübung von Herrschaft und vor allem die Führung der Armee. Die traditionell enge Beziehung zwischen Kaiser und Soldaten löste sich auf, und dadurch ergab sich für die germanischen Heerführer die Chance, eine dominierende Stellung im Imperium zu erlangen. Im Osten übten zudem Hofkreise, insbesondere auch Eunuchen, einen großen Einfluß auf die Politik aus. Unter solchen Umstän[33]den war die Zeit der Dynastie des Theodosius (395–455 im Westen, 395–450 im Osten) durch schwache Herrscher und innere Rivalitäten geprägt.

Entscheidende militärische Niederlagen der Römer hatten ihre Ursache in der Unfähigkeit der Herrscher und ihrer Berater sowie im korrupten Verhalten der Beamten, was bereits für die Schlacht bei Adrianopel 378 zutrifft. Hintergrund dieser für das Imperium so folgenschweren Niederlage war das Vordringen der Hunnen nach Westen und die dadurch verursachte Flucht der Goten aus ihren Wohnsitzen nördlich der Donau. In dieser Situation erlaubten die Römer den Goten, die Donau zu überschreiten und in das Reich zu kommen. Es war geplant, die Stämme zunächst mit Lebensmitteln zu versorgen und dann in den Provinzen anzusiedeln, ein Vorgehen, für das es durchaus Präzedenzfälle gab; so hatten unter Valentinianus kriegsgefangene Alamannen in der Poebene Land erhalten. Als die Goten in unerwartet großer Zahl in die Donauprovinzen strömten, war die römische Verwaltung mit ihrer Versorgung überfordert, und bald herrschte unter den Germanen Hunger. Einige römische Beamte nutzten diese Notlage aus, indem sie die Goten zwangen, für die Lieferung minderwertiger Nahrungsmittel Stammesangehörige, darunter auch Kinder von Häuptlingen, als Sklaven zu verkaufen. Als die Goten sich nach einigen gewaltsamen Zwischenfällen zunehmend bedroht fühlten, kam es zu den ersten Gefechten, in denen beide Seiten schwere Verluste erlitten. Schließlich plünderten die Germanen die ganze Provinz Thrakien, wobei sie durch entlaufene Sklaven, zumeist ebenfalls Germanen, fortlaufend Verstärkung erhielten. Erst spät erkannten Valens und seine Berater das Ausmaß der Gefahr, die dem Imperium drohte, und zogen Truppen aus Armenien in Thrakien zusammen. Der Westen schickte nicht nur Offiziere und Soldaten zur Unterstützung des Valens, Gratianus selbst eilte 378 mit einem Heer nach Osten. Valens, der eifersüchtig auf

---

4 A. H. M. Jones/J. R. Martindale/J. Morris, The Prosopography of the Later Roman Empire, Bd. 1, A. D. 260–395, Cambridge 1971; J. R. Martindale, The Prosopography of the Later Roman Empire, Bd. 2, A. D. 395–527, Cambridge 1980.

die militärischen Erfolge seines Neffen Gratianus den Sieg in der Entscheidungsschlacht für sich beanspruchen wollte, wartete nicht die Ankunft dieser Verstärkungen ab, sondern faßte den Entschluß, die Goten allein mit seinem Heer anzugreifen. Am Tage der Schlacht, am 9. August 378, marschierte das römische Heer bei großer Hitze, die durch die von den Germanen gelegten Brände noch verstärkt wurde, dazu unzureichend mit Wasser und Nahrungsmitteln [34] versorgt, achtzehn Kilometer zum befestigten Lager der Germanen. Der letzte Versuch, den Konflikt in Verhandlungen beizulegen, scheiterte, da undisziplinierte römische Einheiten ohne Befehl die Germanen angriffen und damit die Schlacht eröffneten, die mit einer katastrophalen Niederlage der Römer und mit dem Tod des Valens endete.[5]

Der Historiker Ammianus Marcellinus verglich die Schlacht bei Adrianopel mit der Niederlage von Cannae (216 v. Chr.), in der die römischen Legionen von den Karthagern vernichtend geschlagen worden waren. In rein militärischer Hinsicht mag dieser Vergleich zutreffend sein, aber anders als Cannae war Adrianopel ein Wendepunkt in der römischen Geschichte. Während Hannibal seinen Sieg nicht zu nutzen vermochte und schließlich Italien verlassen mußte, konnten die Goten sich auf dem Gebiet des Imperium Romanum behaupten. Theodosius, Nachfolger des Valens in der östlichen Reichshälfte, war gezwungen, in dem Friedensvertrag von 382 die Eigenständigkeit der Goten anzuerkennen und mit ihnen ein Bündnis wie mit einer fremden Macht abzuschließen. Die Goten erhielten Land auf dem Territorium des Reiches, unterstanden aber nur ihren eigenen Königen, die allerdings verpflichtet waren, im Kriege Truppen zu stellen. Seit dieser Zeit waren die Germanen nicht nur eine Bedrohung von außen, sondern auch ein Machtfaktor im Inneren des Reiches, der nicht mehr übergangen werden konnte. Nach dem Tod des Theodosius (395) kam es wiederum zu Feindseligkeiten und bewaffneten Konflikten zwischen dem Imperium und den Goten unter dem König Alarich. Die Germanen plünderten Griechenland und Norditalien und eroberten schließlich nach kurzer Belagerung am 24. August 410 die Stadt Rom, ein Ereignis, das in der römischen Welt ein ungeheures Aufsehen erregte. Der Einzug des Gotenkönigs in die stark befestigte Stadt wurde als ein sichtbares Zeichen für den Niedergang der Macht Roms aufgefaßt.[6] Die Goten blieben aber nicht in Italien, sondern wurden von Athavulf, dem Nachfolger Alarichs, über die Alpen nach Südgallien geführt, wo sie die Gegend um Tolosa und Narbo besetzten und ein dauerhaftes germanisches Königreich auf dem Boden einer römischen Provinz zu gründen vermochten.

Wegen der Kämpfe gegen die Westgoten konnten die Römer die Rheingrenze und die gallischen Provinzen nicht mehr verteidigen, als [35] mehrere germanische Stämme, Vandalen, Alanen und Sweben, gegen Ende des Jahres 406 den Rhein überschritten und Gallien verwüsteten. Bereits im Herbst 409 drangen die Germanen in Spanien ein und teilten die Halbinsel unter sich auf.[7] Damit war die Invasion der germanischen Stämme aber keineswegs beendet: Im Jahre 429 setzten die Vandalen unter ihrem König Geiserich von Südspanien nach Afrika über und okkupierten den Norden der Provinz Numidien. Das zwischen Valentinianus III. und den Vandalen 435 geschlossene Bündnis bot jedoch keinen dauerhaften Schutz für das prokonsularische Africa (das heutige Tunesien). Schon 439 griffen die Vandalen die römische Provinz an und eroberten Karthago, das Residenz der Vandalenkönige wurde. Wenige Jahre später traten

---

5 Ammianus Marcellinus, 31,1–13; Orosius, Adversus paganos, 7,33: vgl. H. Elton, Warfare in Roman Europe, A. D. 350–425, Oxford 1996.

6 Orosius, Adversus paganos, 7,39.

7 Ebenda, 7,40.

die Römer die verlorenen Gebiete in Afrika in einem Vertrag offiziell an die Vandalen ab. Auch Britannien konnte nicht gehalten werden; Honorius war nicht in der Lage, Truppen zu entsenden, als der Druck der Iren, Scoten und Picten immer stärker wurde und die Sachsen vom Meer her die Insel angriffen.

Zwischen 406 und 440 gingen der Westen und weite Teile Nordafrikas für Rom verloren. Alle Bemühungen, eine wirkungsvolle Verteidigung gegen die Germanenstämme zu organisieren, scheiterten an innerrömischen Konflikten. Nach dem Einfall der Germanen im Jahre 406/407 und dem Eindringen in Spanien wurden in den Provinzen mehrere Gegenkaiser ausgerufen. Die Kämpfe gegen diese Usurpatoren beanspruchten das römische Militär stärker als die Abwehr der eindringenden Germanenstämme. Auch der Verlust Nordafrikas war ein Ergebnis der Rivalität zwischen ehrgeizigen römischen Amtsträgern. Als Flavius Felix, der als *magister militum* die römische Armee befehligte, seinen Gegenspieler Bonifatius, der eigenmächtig Afrika verwaltete, zu entmachten suchte und ihm den Krieg erklärte, rief dieser die Vandalen zu Hilfe. Wie sich gezeigt hat, ließen die Germanen sich freilich nicht für die Ziele des Bonifatius instrumentalisieren, sondern verfolgten ihre eigenen Interessen. Der Zusammenbruch der römischen Verwaltung im Westen wurde zudem durch Aufstandsbewegungen der Landbevölkerung beschleunigt. Im Nordwesten Galliens und im Norden Spaniens vertrieben die Bagauden die Großgrundbesitzer und errichteten ein eigenes, von Rom unabhängiges Regiment.

[36] Das Vordringen der Germanen im frühen 5. Jahrhundert hat den westlichen Mittelmeerraum vollständig verwandelt; an die Stelle des Imperium Romanum traten nun mehrere germanische Königreiche und mit Rom allenfalls locker verbundene Stämme. Als eigentlich römische Gebiete konnten im Westen nur noch Italien und Südgallien gelten. Damit waren alte, für Italien lebenswichtige wirtschaftliche Verbindungen unterbrochen. Seit Mitte des 2. Jahrhunderts v. Chr. war das Gebiet von Karthago für Rom ein wichtiger Getreidelieferant gewesen. Da in der Spätantike das ägyptische Getreide vor allem der Versorgung von Konstantinopel diente, hatte die Getreideproduktion in Nordafrika für die Stadt Rom in dieser Zeit eher noch an Bedeutung gewonnen. Mit der Aufgabe der Provinz Afrika hatte Rom seine wirtschaftliche Basis eingebüßt.

Die Einfälle der Germanen und die Unfähigkeit der Kaiser, das Imperium zu verteidigen, hatten erhebliche Auswirkungen auf die innere Situation des weströmischen Reiches. In einer Zeit permanenter Kriegführung gewannen die germanischen Heerführer in römischen Diensten einen wachsenden Einfluß auf die Politik. Diese Entwicklung hatte bereits im späten 4. Jahrhundert eingesetzt: Der Franke Arbogast, der von seinen Soldaten zum *magister militum* ausgerufen worden war, behauptete nicht nur seine Stellung, als Valentinianus II. ihn entlassen wollte, sondern erhob nach dessen Tod eigenmächtig den Rhetor Flavius Eugenius zum Kaiser des westlichen Reiches. Durch den Sieg des Theodosius über Arbogast im September 394 blieb diese Usurpation allerdings eine kurze Episode.

Der Vandale Stilicho hingegen übte in der Zeit zwischen 395 und 408 faktisch die Macht im weströmischen Reich aus. Eine solche Position eines germanischen Heerführers erwies sich aus zwei Gründen als problematisch: Einerseits bestand in der römischen Führungsschicht, besonders in der engeren Umgebung des Kaisers, ein großes Mißtrauen gegenüber Stilicho, der verdächtigt wurde, mit den Goten, aber auch mit anderen Stämmen insgeheim zusammenzuarbeiten, andererseits besaßen diese Feldherren den Ehrgeiz, die höchste Position im Reich, die des Kaisers, durch eine geschickte Heiratspolitik für ihre Familie zu sichern, wodurch die antigermanischen Ressentiments noch einmal verstärkt wurden. Unter solchen Voraussetzungen wurde Stilicho trotz seiner Verdienste um das Reich Opfer des Argwohns, den [37] seine Ambitionen erregten. Seine Ermordung im August 408 hatte verhängnisvolle Konsequenzen: 30000 Germanen sollen zu Alarich übergelaufen sein, und auf römischer Seite gab es keinen Feldherrn mehr, der Alarich ebenbürtig war und der die Eroberung Roms im Jahre 410 hätte verhindern können.[8]

Dasselbe Schicksal wie Stilicho ereilte später Flavius Aëtius, der zwischen 425 und 451 als *magister militum* erfolgreich gegen die Germanen und Hunnen gekämpft hatte. Aëtius, der aus der Provinz Moesia stammte und wahrscheinlich Illyrer war, hatte es noch einmal vermocht, den imperialen Anspruch Roms im Westen zur Geltung zu bringen. Er war zwar gezwungen, die neu entstandenen germanischen Königreiche anzuerkennen, aber es gelang ihm durch eine kluge Bündnis- und Heiratspolitik, vor allem die Westgoten für eine an den Interessen Roms orientierte Politik zu gewinnen und die nach Westen vordringenden Hunnen zurückzuschlagen. Wie Stilicho suchte auch Aëtius seine Stellung durch eine verwandtschaftliche Bindung an die herrschende Dynastie zu befestigen; 454 verlobte sich sein Sohn mit Placidia, Tochter von Valentinianus III. Dies konnte den Kaiser allerdings nicht davon abhalten, Aëtius im September 454 in Rom zu ermorden. Wenn Valentinianus III. geglaubt hatte, auf diese Weise seine Herrschaft gegen den Ehrgeiz seines wichtigsten Heerführers sichern zu können, hatte er sich getäuscht, denn im März 455 wurde der Kaiser – vielleicht auf Drängen des einflußreichen Senators Petronius Maximus – von Anhängern des Aëtius umgebracht. Damit erlosch im Westen fünf Jahre später als im Osten, wo Theodosius II. 450 nach einem Jagdunfall gestorben war, die Dynastie des Theodosius.

Das Ende einer Dynastie hatte in der römischen Prinzipatszeit schon früher zu einschneidenden Krisen geführt, die nur schwer zu bewältigen waren. Auf die Absetzung und den Selbstmord Neros (68 n. Chr.), die Ermordung des Commodus (192) und des Severus Alexander (235) folgte jeweils eine Zeit der Wirren und der inneren Kriege, bis es schließlich einem Kaiser gelang, wiederum ein stabiles Regime zu errichten. Als die Ermordung von Valentinianus III. eine akute Krise in Rom auslöste, war das westliche Reich durch die Invasionen der Germanen bereits so geschwächt, waren die Institutionen so machtlos geworden, die Ressourcen so verbraucht, daß für eine [38] wirkliche Erneuerung des Imperiums im Westen keine Basis mehr bestand. Auch das Ostreich war nach dem Tod von Theodosius II. kaum handlungsfähig. Die Kaiser des Ostens, Marcianus (450–457), Leo (457–474) und Zeno (474–491) waren mit Usurpationen, religiösen Auseinandersetzungen um die Lehre des Monophysitismus sowie mit den Forderungen und Plünderungszügen der Ostgoten konfrontiert; sie verfügten unter diesen Voraussetzungen nicht über die Machtmittel, um im Westen wirksam eingreifen zu können. Eine gemeinsame Flottenexpedition von Rom und Konstantinopel gegen das Vandalenreich im Jahre 468 war der einzige Versuch, das Schicksal Roms noch einmal zu wenden. Das Unternehmen scheiterte aber kläglich, vielleicht deswegen, weil der römische Befehlshaber Basiliskos vom Vandalenkönig Geiserich bestochen worden war. In den Jahren zwischen 455 und 476 fanden nur zwei Kaiser des Westens Anerkennung durch das Ostreich, nämlich Anthemius (467–472) und Nepos (474–475), die beide von Konstantinopel nach Rom geschickt worden waren.

---

8   Ebenda, 7,38.

III. Der Zusammenbruch des weströmischen Reiches und die Verwandlung der Mittelmeerwelt

Die Ermordung des Aëtius konnte an den Machtverhältnissen im Westen nichts ändern. Die Kaiser waren schwach, und wie in den vorangegangenen Jahrzehnten hatte ein Heerführer, der Swebe Flavius Rikimer, alle Macht inne. Die Handlungsspielräume Rikimers waren aber noch erheblich größer als die von Stilicho oder Aëtius. Da eine Dynastie nicht mehr existierte, konnte Rikimer geradezu nach eigenem Belieben Kaiser ernennen und stürzen, wobei er nicht einmal davor zurückschreckte, den von Ostrom als Kaiser eingesetzten Anthemius im Jahre 472 in Rom zu belagern. Ein Neffe Rikimers, Gundobad, ermordete den Kaiser schließlich. Von Stilicho bis zu Rikimer, der noch 472 starb, hat die Rivalität zwischen den Kaisern und den germanischen Feldherren das politische Geschehen in Westrom bestimmt. Unter diesen Umständen ernannte Orestes, ein Heerführer, der den von Ostrom eingesetzten Kaiser Nepos vertrieben hatte, 475 seinen eigenen Sohn Romulus Augustus, der noch ein Kind war, zum Kai[39]ser; von Ostrom nie anerkannt, muß auch Romulus als Usurpator gelten.

Italien war im 5. Jahrhundert Opfer der Kriegszüge der Westgoten und der Vandalen geworden, Rom wurde zweimal, 410 und 455, von den Germanen erobert und geplündert. Stets war es aber möglich gewesen, die Forderungen der Germanen nach Land durch eine Ansiedlung in den Provinzen oder durch Anerkennung ihrer Eroberungen zu erfüllen und sie auf diese Weise von Italien selbst fernzuhalten. Es war nur konsequent, daß die germanischen Truppen in dem Augenblick, in dem Rom seine Provinzen verloren hatte, als Lohn für ihre Dienste einen Anteil am italischen Boden verlangten. Da Orestes nicht bereit war, den Germanen irgendwelche Zugeständnisse zu machen, kam es zu einer Revolte der Soldaten unter Führung des Odovacar; Orestes wurde besiegt, sein Sohn Romulus im September 476 des Amtes enthoben. Die Germanen folgten dem Vorbild jener Stämme, die in den Provinzen Königreiche gegründet hatten, und machten Odovacar zum König von Italien. Mit der Begründung eines germanischen Königtums in Italien war aber kein Platz mehr für einen weströmischen Kaiser, dessen Position für einen germanischen Heerführer nun auch keine Attraktivität mehr besaß. Ostrom, in diesen Jahren selbst in innere Kämpfe verstrickt, war nicht in der Lage, gegen Odovacar vorzugehen. Erst mehr als zehn Jahre später entsandte Zeno die Ostgoten unter Theoderich nach Westen, allerdings nicht, um Italien für das Imperium Romanum zurückzugewinnen, sondern um den Ostgoten, die Konstantinopel immer stärker bedrohten, ein neues Ziel zu geben. Odovacar unterlag den Goten, wurde jahrelang in Ravenna belagert und schließlich nach Verhandlungen, in denen eine gemeinsame Herrschaft über Italien vereinbart worden war, von Theoderich im März 493 getötet. Mit dieser Tat begann die Geschichte des Ostgotenreiches, das in den folgenden vierzig Jahren – bis 535 – die Geschicke Italiens bestimmte. 497 wurde Theoderich vom oströmischen Kaiser Anastasius schließlich offiziell als König anerkannt. Damit hatte das oströmische Reich, dessen militärische Ressourcen für die Niederschlagung von Usurpationen und von Aufständen der Isaurier in Kleinasien in Anspruch genommen waren, den Westen faktisch aufgegeben.[9]

Wichtiger noch als die Entstehung des Ostgotenreiches unter Theo[40]derich, das keinen dauerhaften Bestand haben sollte, war für die folgende Entwicklung des ehemals römischen Westens der Aufstieg des Frankenreiches unter Chlodwig in Nordgallien. Von historischer Bedeutung war die Entscheidung des Frankenkönigs, sich anders als die übrigen Germanen, die

---

9 Prokopios, Gotenkriege, 1,1.

meist dem arianischen Glauben anhingen, zum katholischen Glauben zu bekennen. Das katholische Frankenreich bildete nach dem Sieg über die Westgoten bei Vouillé 507 den Kern des frühmittelalterlichen Westeuropas.

Konstantinopel, das die Goten erst unter Alarich und dann unter Theoderich in den Westen geschickt und so das Germanenproblem für die östliche Reichshälfte gelöst hatte, konnte sich während des 5. und 6. Jahrhunderts nicht nur gegen die Angriffe der Perser behaupten, sondern versuchte im Zeitalter des Iustinianus (527–565) auch den Westen zurückzuerobern. Gleichzeitig kam es in Konstantinopel zu einer kulturellen Blüte, die ihren heute noch sichtbaren Ausdruck in der Bautätigkeit des Iustinianus, vor allem in dem grandiosen Kuppelbau der Hagia Sophia fand. Die Erfolge der Feldherren Belisar und Narses im Westen waren allerdings nur von kurzer Dauer; Italien ging noch im 6. Jahrhundert an die Langobarden verloren. Die Konstellationen des 4. und 5. Jahrhunderts waren für die Zukunft des Mittelmeerraumes kaum noch ausschlaggebend; der Arabersturm, der Eroberungsfeldzug des Islam nach dem Tod des Propheten 632, veränderte die politische Situation zuerst im Osten, dann im gesamten Mittelmeerraum radikal. Die Eroberungen von Damaskus (635), Caesarea (640), Ägypten (642) und Karthago (695) bedeuteten nicht nur den Verlust wirtschaftlich wichtiger Gebiete, sondern auch das Ende der christlich-spätantiken Kultur in weiten Teilen des östlichen Mittelmeerraums.[10] Ostrom war nun nicht mehr der Teil des Imperium Romanum, den überlebt hatte, es war nun ein griechisches Kaisertum, dessen Herrschaft sich nur noch auf Griechenland und Teile Kleinasiens erstreckte. Byzanz hielt zwar formal an den alten römischen Traditionen fest, konnte aber den damit verbundenen Anspruch auf politische Führung keineswegs mehr erfüllen.

Die Institutionalisierung und Verrechtlichung politischer Macht war im spätantiken Imperium Romanum so weit fortgeschritten wie in keiner anderen antiken Gesellschaft, die Verwaltung gut organisiert und geführt von Personen, die aufgrund ihrer Kompetenz Karriere ge[41]macht hatten. So leistungsfähig dieses politische System auch war, es blieb angewiesen auf die Autorität und die Kompetenz der Kaiser, und es zerbrach, als die Kaiser über mehrere Jahrzehnte hinweg versagten. Wirtschaftliches Handeln und Kultur sind immer auch von bestimmten politischen Kontexten, von Rechtssicherheit und Frieden abhängig; ohne diesen politischen Rahmen war die antike Kultur nicht mehr lebensfähig, hatte die antike Gesellschaft ihre Grundlagen verloren. Vor allem waren die Voraussetzungen für die städtische Kultur der Antike zerstört, mit dem Verfall der urbanen Zentren und dem Niedergang des Handels war die Mittelmeerwelt wieder ländlich geworden. Sozialer, wirtschaftlicher und kultureller Wandel sind damit weniger als Ursache, sondern vielmehr als Folge des Zusammenbruchs des Imperium Romanum zu begreifen.

Der Zerfallsprozeß des westlichen Imperium Romanum weist klare Zäsuren auf: Mit der Schlacht von Adrianopel 378 verlagerte sich die Auseinandersetzung mit den Germanen von den Grenzen in das Innere des Reiches. Die Kaiser hatten jetzt vor allem die Aufgabe, die einzelnen Stämme in das Reich zu integrieren. Die Unfähigkeit, mit den Goten eine für beide Seiten annehmbare, langfristige Übereinkunft zu erzielen, hat das Reich entscheidend geschwächt, so daß die Invasion von 406/407 nicht abgewehrt werden konnte und Gallien, Spanien und schließlich Afrika für das Westreich verlorengingen. Das Ende der Dynastie des Theodosius 455 war auch das eigentliche Ende des weströmischen Reiches, die folgenden

---

10 Albrecht Noth, Früher Islam, in: Ulrich Haarmann (Hg.), Geschichte der arabischen Welt, München
²1991, S. 58–73.

Ereignisse sind nur noch als ein Epilog aufzufassen, der verdeutlicht, daß die institutionellen Grundlagen des Imperium Romanum sich im Westen weitgehend aufgelöst hatten und die Voraussetzungen für eine Fortexistenz der römischen Herrschaft nicht mehr bestanden. Italien war zum Objekt des Ehrgeizes einzelner Personen wie Rikimer, Orestes oder Odovacar geworden. Mit der Anerkennung des Theoderich durch Ostrom 497 war der Zusammenbruch der römischen Herrschaft in Italien offiziell bestätigt.

So entscheidend die Einfälle der Germanen im 4. und 5. Jahrhundert für die historische Entwicklung auch gewesen sein mögen, den Niedergang Roms können sie allein nicht hinreichend erklären. Die Tragödie des Imperium Romanum bestand darin, daß die Kaiser gerade in der Zeit, in der die Germanen die Provinzen im Westen über[42]rannten, als Kinder an die Macht gelangten und schwache Persönlichkeiten waren, die in hohem Maße von ihrer Umgebung abhängig und den Anforderungen ihres Amtes in keiner Weise gewachsen waren; das Reich ist im Westen wesentlich an der Unfähigkeit der Herrscher aus der Dynastie des Theodosius gescheitert.

Literatur

Peter Brown, Die letzten Heiden – Eine kleine Geschichte der Spätantike, Frankfurt a. M. 1995.

Averil Cameron, Das späte Rom, München 1994.

Karl Christ (Hg.), Der Untergang des römischen Reiches, Darmstadt 1970.

Alexander Demandt, Der Fall Roms, München 1984.

Ders., Die Spätantike, München 1989.

Ders., Die Auflösung des Römischen Reiches, in: ders. (Hg.), Das Ende der Weltreiche, München 1997.

Edward Gibbon, The History of the Decline and the Fall of the Roman Empire, 1776–1788. (dt. Teilausgabe: Edward Gibbon, Verfall und Untergang des Römischen Reiches, Nördlingen 1987).

A. H. M. Jones, The Later Roman Empire 284–602, Oxford 1964.

[43] Ramsay MacMullen, Roman Government's Response to Crisis A. D. 235–337, New Haven / London 1976.

Franz Georg Maier, Die Verwandlung der Mittelmeerwelt, Frankfurt a. M. 1968 (Fischer Weltgeschichte 9).

John Matthews, The Roman Empire of Ammianus, London 1989.

Herwig Wolfram, Das Reich und die Germanen, Berlin 1990.

Politisches System und wirtschaftliche Entwicklung in der späten römischen Republik

zuerst in:

E. Lo Cascio, D. W. Rathbone (Hrsg.), Production and Public Powers in Classical Antiquity, Cambridge: Cambridge Philosophical Society, 2000, S. 55–62.

Der Einfluß eines politischen Systems oder einzelner politischer Institutionen auf die Wirtschaft, insbesondere auf die Sphäre der Produktion, beschränkt sich allgemein keineswegs auf solche Maßnahmen, die direkt auf das wirtschaftliche Handeln einwirken und die wirtschaftliche Entwicklung den Interessen der politischen Akteure entsprechend lenken sollen; es muß vielmehr angenommen werden, daß die wirtschaftlichen Handlungsspielräume einer Gesellschaft in hohem Maße von allgemeinen Rechtsvorstellungen, rechtlichen Regulierungen und Sanktionierungen sozialer Interaktion, von den Zahlungsmitteln, die das politische System der Gesellschaft für die Durchführung von Transaktionen zur Verfügung stellt, von der Höhe der öffentlichen Ausgaben und dem Steuersystem sowie von den Aktivitäten zur Lösung etwa gegebener sozialer Probleme bestimmt werden. Ferner besitzt die Struktur des politischen Systems wie auch die soziale Zusammensetzung und Kultur der politischen Elite erhebliche Auswirkungen darauf, bis zu welchem Grad einzelne Gruppen ihre jeweiligen ökonomischen Interessen durchzusetzen vermögen. Dabei ist zu beachten, daß politische und soziale Eliten nicht unabhängig von anderen gesellschaftlichen Gruppen handeln. Unter bestimmten Voraussetzungen können soziale Probleme, die durch die wirtschaftliche Entwicklung verursacht wurden, öffentlich thematisiert und kontrovers diskutiert werden. Es ist durchaus möglich, daß die unter dem politischen Druck betroffener Gruppen schließlich gefällten Entscheidungen von den ursprünglichen Intentionen der politischen Elite erheblich abweichen. Eine Analyse der Maßnahmen, mit denen politische Institutionen direkt oder indirekt auf die wirtschaftliche Entwicklung einwirken, muß darüber hinaus Struktur und Produktivität des jeweiligen Wirtschaftssystems in die Untersuchung einbeziehen und die Frage klären, welche wirtschaftlichen Ressourcen überhaupt für das politische System mobilisiert werden können.

In Agrargesellschaften wie der römischen Gesellschaft in der Zeit der späten Republik waren die Möglichkeiten politischer Akteure, Einfluß auf das Wirtschaftsleben zu nehmen, von der Tatsache geprägt, daß die Landwirtschaft der wichtigste Wirtschaftssektor war; vor der Einführung der künstlichen Düngung und solcher Maschinen wie des Mähdreschers war ihre Produktivität äußerst gering: etwa 80 Prozent aller Menschen mußten unter derartigen Voraussetzungen im Agrarbereich arbeiten, um die Versorgung der gesamten Gesellschaft mit Nahrungsmitteln und [56] anderen Agrarerzeugnissen wie etwa Wolle sicherzustellen. Dabei muß gesehen werden, daß der Agrarsektor keineswegs eine einheitliche ökonomische Struktur besaß, vielmehr muß zwischen der bäuerlichen Wirtschaft und der Gutswirtschaft wegen ihrer unterschiedlichen Position im wirtschaftlichen und politischen System differenziert werden. Für die bäuerliche Wirtschaft war in der Antike ein Vorherrschen der Subsistenzproduktion charakteristisch; die produzierten Güter dienten primär der Versorgung der bäuerlichen Familie, nur ein relativ kleiner Teil der Erzeugnisse wurde auf lokalen Märkten gegen andere Gebrauchsgüter getauscht. Von den drei Produktionsfaktoren Arbeit, Boden und Kapital kam dem Boden die größte Bedeutung zu. Die bäuerliche Familie verfügte normalerweise über genügend Arbeitskräfte, um die Felder bestellen zu können; die wichtigsten Geräte wie etwa der Pflug wurden in Eigenproduktion oder mit Hilfe eines Handwerkers hergestellt und bedurften daher keines größeren Kapitalaufwands. Die häufig zu beobachtende Bevölkerungszunahme stellte viele Agrargesellschaften vor das Problem, bei gleichbleibender oder allenfalls geringfügig erweiterter Anbaufläche eine wachsende Zahl von Menschen mit den lebensnotwendigen Gütern zu versorgen. Angesichts einer geringen Bereitschaft, neue technische Verfahren zu entwickeln oder einzuführen, konnte eine Produktivitätssteigerung, die dem Bevölkerungswachstum entsprochen hätte, allerdings nicht erzielt werden. Unter diesen Bedingungen war in bäuerlichen Gesellschaften der Boden das schlechthin knappe Gut und die Gesellschaft selbst zur Expansion oder aber zur ständigen Abwanderung eines Teils der Bevölkerung gezwungen. Das wichtigste soziale Problem stellte in solchen Gesellschaften die Armut dar, die dann gegeben war, wenn ein Bauer nicht mehr über genügend Land für die Versorgung seiner Familie verfügte.

Völlig anders stellte sich allerdings die Situation für den Großgrundbesitz dar; auf den Gütern, die über ausgedehnte Anbauflächen verfügten, bestand ein erheblicher Bedarf an Arbeitskräften, der zudem saisonal stark schwankte. Bei der Produktion von Wein und Olivenöl wurden im römischen Italien aufwendige Geräte verwendet, durch die ein beachtlicher Produktionszuwachs erzielt werden konnte, deren Anschaffungskosten aber sehr hoch waren. Die Großgrundbesitzer sahen sich mit der Notwendigkeit konfrontiert, eine hinreichende Zahl von Arbeitskräften einzusetzen und für die Ausstattung ihrer Güter mit landwirtschaftlichen Geräten genügend Geld bereitzustellen. Als Arbeitskräfte dienten im römischen Italien zunehmend Sklaven, die aus entfernten Regionen stammten. Für die Ökonomie der großen Güter bedeutete dies, daß für die Beschaffung von Arbeitskraft durch Kauf von Menschen zunächst hohe Beträge aufgebracht werden mußten, die Kosten für den Unterhalt der Sklaven zugleich aber stark gesenkt werden konnten, weil diese vornehmlich Lebensmittel erhielten, die auf den Gütern selbst produziert wurden (Cato, *De agr.* 56–58, 104). Damit sank allerdings die Menge der Erzeugnisse, die auf den Markt gebracht und verkauft werden konnten; der Großgrundbesitzer hatte jedoch den Vorteil, kein Geld für Lohnzahlungen aufwenden zu müssen. Dasselbe gilt auch für zusätzlich eingestellte Tagelöhner, die einen Anteil an der Ernte erhielten (Cato, *De agr.* 136). Es war möglich, [57] auf den Gütern im Vergleich zur bäuerlichen Wirtschaft relativ hohe Überschüsse für den Markt zu produzieren, weil die Sklaven meist keine Familie besaßen und so nur die Arbeitskräfte selbst, aber nicht Frauen, Kinder oder vielleicht auch alte Menschen ernährt werden mußten. Für die Reproduktion der Arbeitskraft schien es insgesamt kostengünstiger zu sein, erwachsene Sklaven aus den Randgebieten des Imperiums nach Italien oder Sizilien zu bringen, als Kinder, die erst in höherem Alter in den Arbeitsprozeß eingegliedert werden konnten, auf den Gütern großzuziehen. Die absatzorientierte Gutswirtschaft sicherte durch den Verkauf ihrer Erzeugnisse auf den städtischen Märkten die Versorgung einer wachsenden Bevölkerung in den urbanen Zentren und schuf so die Voraussetzungen für die weitere Entwicklung der Städte vor allem in Mittelitalien.

Der Bedarf an Handwerkserzeugnissen wurde durch kleine, für den lokalen Markt arbeitende Werkstätten gedeckt; selbst in Gewerbezentren von überregionaler Bedeutung kam es nicht zur Herausbildung von Großbetrieben, sondern es entstanden Werkstattkomplexe mit einer Vielzahl von Kleinbetrieben. Die Wahl des Standortes von Werkstätten war in einigen Gewerbezweigen von den Rohstoffvorkommen abhängig; so bemühten sich solche Großgrundbesitzer, auf deren Ländereien Ton von guter Qualität abgebaut wurde, um eine Ansiedlung von Töpfern. Im Handel kam es nicht zur Herausbildung von ständigen Unternehmen; die Kontinuität der Handelsverbindungen suchte man durch Bildung von Zusammenschlüssen einzelner Händler oder Schiffseigner (*corpora*) zu sichern. Weder im Gewerbe noch im Fernhandel wurden Gewinne erzielt, die mit den Einkommen der Großgrundbesitzer vergleichbar waren. Der Reichtum der Oberschicht bestand in der römischen Republik vorwiegend aus Landbesitz; hinzu kamen städtische Immobilien, die beträchtliche Mieteinnahmen einbrachten.

Es stellt sich nun die Frage, welche Auswirkungen die politische Struktur der Republik auf das Wirtschaftsleben besessen hat und in welcher Weise die politischen Akteure auf das wirtschaftliche Geschehen reagierten. Hier ist zunächst hervorzuheben, daß in der römischen Rechtsentwicklung schon früh der Begriff des Besitzes (*possessio*) ausgebildet wurde und dem *possessor* im Rahmen der geltenden Gesetze die Nutzung seines Besitzes garantiert war; im XII-Tafel-Recht finden sich mehrere Bestimmungen, in denen Landbesitzern das Recht gewährt wird, Schaden von ihren Grundstücken abzuwenden, oder eine Entschädigung für erlittenen Schaden zugesprochen wird (8.6). Kauf und Verkauf waren deutlich geregelt, so daß keine Unsicherheit darüber bestehen konnte, wer als rechtmäßiger Besitzer einer Sache zu gelten hatte (6.1c). Für bestimmte Delikte, etwa für den nächtlichen Diebstahl von noch nicht geerntetem Getreide, waren schwere Strafen vorgesehen (8.9). Aufgrund dieser Rechtsauffassung konnte Cicero die Überzeugung äußern, die Gemeinwesen seien gegründet worden, damit die Bürger ihr Eigentum bewahren könnten (Cic., *De off.* 2.73, 78). Das Erbrecht sicherte zudem den Übergang eines Vermögens vom Erblasser auf den Erben zu; damit war gewährleistet, daß eine Familie auch über die Generationen hinweg ihren Besitz wahren konnte. Diese Rechtslage begünstigte im Agrarbereich [58] solche Aufwendungen, die sich erst nach längerer Zeit rentierten, etwa die Pflanzung von Ölbäumen, den Bau von Wirtschaftsgebäuden oder den Kauf von Pressen oder Ölmühlen; es ist bezeichnend, daß nach Appian die vom Agrargesetz des Ti. Gracchus betroffenen Großgrundbesitzer die Rückgabe des okkupierten *ager publicus* mit Hinweis auf die von ihnen angelegten Pflanzungen und errichteten Gebäude abgelehnt haben (App., *BC* 1.10).

In der römischen Republik war der Besitz eines größeren Vermögens Voraussetzung für die Zulassung zu den höheren Ämtern und damit zugleich für den Eintritt in den Senat. Da den Senatoren zudem jede Beteiligung am Fernhandel und an der Steuerpacht untersagt war, waren im Senat vor allem Großgrundbesitzer vertreten; insbesondere die kleine, aber sehr einflußreiche Gruppe der *nobiles* verfügte über einen großen Reichtum. Da alle wichtigen politischen Entscheidungen von dem Senat und den höheren Beamten getroffen wurden, kamen in der römischen Republik die wirtschaftlichen Interessen einer homogenen sozialen Gruppe zum Ausdruck. Es gehörte zu den vorrangigen Zielen der Senatoren, den Großgrundbesitz generell in seinem Bestand zu bewahren und sogar die Landgüter auf dem *ager publicus* ungeschmälert zu erhalten. Dabei wurden offensichtliche Rechtsverletzungen der Großgrundbesitzer, die teilweise öffentliches Land sich als Privatland angeeignet hatten, eher toleriert (zum *ager Campanus* vgl. Liv. 42.19.1f.). Diese Politik gab der Senat selbst dann nicht auf, als sichtbar wurde, daß zumindest in einigen Regionen Italiens das Kleinbauerntum durch die Expansion des Großgrundbesitzes unter Druck geriet und verdrängt wurde.

Die Stellung der Kleinbauern im politischen System der Republik war keineswegs so ungünstig, wie es auf den ersten Blick aussieht. Sicherlich brachte der Militärdienst für die

Landbevölkerung gravierende Nachteile mit sich; da aber die römische Machtstellung auf den Soldaten beruhte, konnte der Senat die Belange der armen Landbevölkerung nicht einfach übergehen. Schon Ti. Gracchus rechtfertigte sein Agrargesetz mit dem Hinweis auf den Militärdienst der Kleinbauern; seit der Zeit des Marius stand dann die Frage der Ansiedlung der Veteranen im Vordergrund. Caesar soll während seines Consulates 59 in der innenpolitischen Auseinandersetzung das Argument gebraucht haben, ein Teil der neuen Tribute solle für die Ansiedlung. der Soldaten, die an den Feldzügen des Pompeius teilgenommen hatten, verwendet werden (Dio 38.1.5).

Die Senatoren vertraten in der Agrarfrage den Standpunkt, daß durch einen gesetzlichen Eingriff in die Rechte der Besitzenden die Grundlagen des Gemeinwesens, *concordia* und *aequitas*, gefährdet würden (Cic., *De off.* 2.78f.). Der Argumentation der Popularen, die eine vage Vorstellung von sozialer Gerechtigkeit entwickelt hatten (App., *BC* 1.11), stand die Auffassung der Senatoren gegenüber, die sich auf Rechtspositionen beriefen. Weder die Popularen noch die Optimaten waren allerdings fähig, ihre Politik mit ökonomischen Argumenten zu begründen. Dennoch hatten die Maßnahmen des Senates deutlich erkennbare wirtschaftliche Konsequenzen; durch die in der nachgracchischen Zeit realisierte Umwandlung des *ager publicus* in Privatland wurde der Großgrundbesitz vor Konfiskationen weitgehend geschützt und so die [59] weitere Entwicklung der marktorientierten Gutswirtschaft gesichert. Seit der Zeit der Bürgerkriege nach 49 erhielten die Veteranen zunehmend in den Provinzen Land, womit eine endgültige Stabilisierung der Besitzverhältnisse im Agrarbereich eintrat.

Zu einem Dissens zwischen Optimaten und Popularen kam es auch in der Frage der Getreideversorgung der stadtrömischen Bevölkerung. Aufgrund einer Zunahme der Einwohnerzahl auf über 500,000 Menschen war es unmöglich geworden, die Stadt noch aus dem Umland mit Getreide zu versorgen. In steigendem Umfang wurde daher Getreide aus den Provinzen nach Mittelitalien importiert; bei einer Unterbrechung der Handelswege durch Krieg sowie Piraterie oder bei Mißernten in den Provinzen kam es schnell zu einer Getreideknappheit und Preissteigerungen in Rom. Durch die popularen Frumentargesetze wurde einem Teil der Bevölkerung die Lieferung von verbilligtem beziehungsweise seit 58 kostenlosem Getreide zugesichert; für das wichtigste Grundnahrungsmittel war damit der Marktmechanismus zwar nicht gänzlich aufgehoben, aber teilweise außer Kraft gesetzt. Die Getreideversorgung von Rom blieb allerdings bis zur Annexion Ägyptens durch den jungen C. Iulius Caesar, den späteren Augustus, extrem anfällig gegen Störungen. Mit der *cura annonae* des Pompeius war im Verlauf dieser Entwicklung eine neue öffentliche Institution geschaffen worden, die das Ende der Republik lange überdauern sollte.

Steuersystem und Steuerpolitik haben primär die Funktion, einem Gemeinwesen die finanziellen Mittel zur Bewältigung der öffentlichen Aufgaben bereitzustellen, haben aber durch Umverteilungseffekte durchaus auch Auswirkungen auf soziale und wirtschaftliche Entwicklungen. Die Höhe der Steuern hängt von verschiedenen Faktoren ab, wobei eine wichtige Rolle spielt, welche öffentlichen Ausgaben für notwendig gehalten werden. In vorindustriellen Gesellschaften wurde der größte Teil der Ausgaben für das Militärwesen sowie für Repräsentation und Legitimation des Herrschers aufgewendet. Im Vergleich etwa zu den gleichzeitigen hellenistischen Königreichen scheint die römische Republik aufgrund ihres politischen Systems hierfür relativ geringe finanzielle Mittel benötigt zu haben. Anders als in den östlichen Monarchien mußte in Rom kein königlicher Hof unterhalten werden; zur Legitimation der

Republik trugen wesentlich auch die Aufwendungen der im Senat vertretenen Familien bei, die Standbilder von Familienangehörigen auf dem Forum aufstellen ließen und damit an frühere Leistungen der Republik erinnerten, Spiele aufwendig ausstatteten oder Gebäude, die der Öffentlichkeit dienten, stifteten. Die Konkurrenz aristokratischer Familien bei der Bewerbung um die hohen Ämter hatte zur Folge, daß ein großer Teil jener Ausgaben, die in Monarchien oder in demokratischen Poleis von dem Herrscher oder dem Gemeinwesen getätigt wurden, nicht von der Republik finanziert werden mußten. Das berühmte Diktum des Augustus, er hinterlasse Rom als eine Stadt aus Marmor, während er eine Stadt aus Ziegelsteinen vorgefunden habe, macht deutlich, daß im republikanischen Rom nur wenige repräsentative Großbauten errichtet wurden. Der Bauluxus konzentrierte sich auf die Privathäuser der Senatoren auf dem Palatin (Pliny, *NH* 36.109f.) und auf jene Anlagen wie das Pompeiustheater, die einzelne Politiker errichten ließen.

[60] Das römische Heer war eine Milizarmee, die sicher wesentlich weniger Kosten verursacht hat als ein Söldneraufgebot; immerhin hatte die Republik für die Waffen und die Ausrüstung zu sorgen, und den Soldaten wurde in der späten Republik ein Sold gezahlt. Bis zum Italikerkrieg (91–88) wurde die Finanzierung des Heeres dadurch erheblich erleichtert, daß ein beträchtlicher Teil der Truppen von den Verbündeten gestellt und ausgerüstet wurde.

Welche Steuern eingezogen werden, ist abhängig von den Instrumenten, die einem Gemeinwesen für die Steuereinziehung zur Verfügung stehen, und davon, mit welchen Steuern hohe Einnahmen zu erzielen sind. Entsprechend der wirtschaftlichen Bedeutung des Agrarsektors war die wichtigste von der Republik geforderte Abgabe das *tributum*, eine Bodensteuer. Durch die Einrichtung von Provinzen, die an Rom verschiedene Abgaben zu zahlen hatten, und durch die hohen Kontributionen im Kriege unterlegener Gegner konnte die Republik bereits im 2. Jahrhundert (167) die Bodensteuer für das römischen Territorium in Italien abschaffen. Auf diese Weise wurden die Kleinbauern finanziell entlastet, aber auch der Großgrundbesitz profitierte von dieser Maßnahme, denn es war reichen Oberschichtsangehörigen dadurch möglich geworden, sich weite Landstriche anzueignen, ohne sogleich Arbeitskräfte für deren Bewirtschaftung stellen und Geld für notwendige Investitionen aufbringen zu müssen; da das Land abgabenfrei war, bestand kein Zwang, die Güter intensiv zu bewirtschaften und auf diese Weise hohe Erträge zu erzielen. Eine Folge dieser Steuerpolitik war daher die seit Mitte des 2. Jahrhunderts so oft beklagte Verödung Italiens, die Aufgabe von Dörfern und die Umwandlung von Ackerland in Weideland.

In der römischen Oberschicht bestand ein ausgeprägter Widerstand gegen hohe Steuern. Die politische Elite war nicht gewillt, die wirtschaftlichen Vorteile, die ihr aus der Aufhebung des *tributum* erwachsen waren, durch eine Übernahme neuer Aufgaben und eine damit verbundene Erhöhung der öffentlichen Ausgaben zu gefährden. Aufgrund dieser besonderen Interessenlage neigten die römischen Senatoren eher dazu, die öffentlichen Ausgaben zu beschränken als sie zu erhöhen (Cic., *Pro Sest.* 103; *De off.* 2.72, 74),

Die Steuern wurden in den Provinzen nicht mit Hilfe eines eigenen Verwaltungsapparates der Republik eingezogen, sondern ebenso wie die Zölle verpachtet. Da Einzelpersonen in der Regel nicht reich genug waren, um die notwendigen Sicherheiten zu bieten, schlossen sich mehrere Personen, die meist dem *ordo equester* angehörten, zu *societates* zusammen. Der Senat, der über die Verpachtung von Steuern und Zollen zu entscheiden hatte, war normalerweise bestrebt, möglichst hohe Pachtsummen von den Publicanen zu fordern, deren Gewinne auf diese

Weise begrenzt blieben. Es gelang den Gesellschaften aber, sich in den Provinzen vor allem durch Geldverleih neue Einkommensquellen zu erschließen, so daß sie in der späten Republik über hohe Geldsummen verfügen konnten und den Finanzmarkt in den Provinzen und sogar in Italien beherrschen konnten.

Der Zugang zu den wirtschaftlich wichtigen Rohstoffvorkommen wurde ebenfalls durch Verpachtung geregelt; die Republik behielt sich insbesondere das [61] Verfügungsrecht über den Abbau von Edelmetallen vor; die Bergwerke unterstanden der Kontrolle der römischen Magistrate, die technische Durchführung der Metallgewinnung war aber den Publicanen überlassen. Anders als in der Neuzeit bestand in der Republik keine Chance für Privatleute oder Gesellschaften, durch Gewinnung von Rohstoffen wie Edelmetallen, Kohle oder Erdöl große Vermögen zu bilden. Erst in den letzten Jahrzehnten der Republik gingen einzelne Bergwerke in Privatbesitz über, eine Entwicklung, die aber bereits im frühen Principat wieder rückgängig gemacht wurde. Ohne Zweifel wurde in den Provinzen der Abbau von Edelmetallen eher forciert, es scheint aber Bestrebungen gegeben zu haben, die Größe der Bergwerke in Italien zu begrenzen, um die Sicherheit der betreffenden Regionen nicht durch eine Konzentration zu vieler Sklaven zu gefährden. So wurde von den Censoren die Zahl der in den Bergwerken bei Vercellae arbeitenden Menschen auf 5.000 begrenzt (Pliny, *NH* 33.78).

Seit der Eroberung Spaniens im 2. Punischen Krieg befanden sich die ertragreichsten Edelmetallvorkommen des Mittelmeerraumes im Besitz der Republik, die damit in der Lage war, ständig Münzgeld für die Bezahlung der öffentlichen Ausgaben zu prägen. Die im Umlauf befindliche Geldmenge erhöhte sich in den Jahren zwischen 150 und 80 von ca. 35 Mio. Denare auf über 400 Mio. Denare, so daß die Geldwirtschaft sich in den urbanen Zentren in großem Umfang durchsetzen konnte. Der römischen Gesellschaft stand in einer Phase der Urbanisation und einer partiellen Kommerzialisierung der Wirtschaft eine hinreichende Geldmenge für eine steigende Zahl von Transaktionen zur Verfügung, Da die Republik für einen gleichbleibenden Silbergehalt des Denars sorgte, wurde der römischen Währung großes Vertrauen entgegengebracht. Abgesehen von saisonalen Schwankungen – insbesondere der Verteuerung von Getreide nach Mißernten – blieben Preise und Löhne sowie der Sold für die Truppen über Jahrzehnte stabil. Wie sensibel auf eine Verschlechterung der Münze reagiert wurde, zeigt das Ansteigen der Preise in den Wirren der Bürgerkriege nach 88. Die Magistrate ergriffen in diesem Fall schnell Maßnahmen, um zu verhindern, daß einzelne Nominale ihren Wert einbüßten.

Neben einer stabilen Währung war für den römischen Kreditmarkt außerdem die Verpflichtung, Verträge einzuhalten und vor allem Schulden zu bezahlen, von großer Bedeutung. In der späten Republik kam es mehrmals zu einer popularen Agitation für einen Schuldenerlaß; die Politik des Senates, die in Cicero einen energischen Verfechter hatte, bestand hingegen auf Einlösung aller Verbindlichkeiten und schützte auf diese Weise die Interessen der Geldgeber. Während der sozial motivierte Protest der Popularen sich gegen die negativen Auswirkungen der Verschuldung richtete, suchte der Senat die Geldwirtschaft vor jedem politischen Eingriff zu bewahren (Cic., *De off.* 2.84). Obgleich Kredite häufig zur Finanzierung einer politischen Karriere oder eines aufwendigen Lebensstils dienten, waren Darlehen für den Handel und für Investitionen in der Landwirtschaft keineswegs völlig bedeutungslos; daher sind die Folgen der Haltung des Senates dem Problem der Verschuldung gegenüber für die spätere wirtschaftliche Entwicklung nicht zu unterschätzen.

[62] Zusammenfassend kann gesagt werden, daß die Republik durch eine Rechtsentwicklung, die den Besitz generell und insbesondere den Landbesitz schützte, sowie durch eine Politik, die den Interessen der Großgrundbesitzer entsprach, die Ausbildung einer absatz- und marktorientierten Gutswirtschaft förderte. Eine leistungsfähige, Überschüsse produzierende Landwirtschaft war wiederum die Voraussetzung der Urbanisation Mittelitaliens und generell einer Kommerzialisierung der Wirtschaft. Eine wegen ihres garantierten Edelmetallgehaltes stabile Silberwährung und der Schutz des Kredites gegenüber Forderungen auf Schuldenerlaß förderten kommerzielle, unpersönliche Austauschbeziehungen auf überregionalen Märkten, die einer Aufsicht durch Magistrate unterlagen. Senat und Magistrate haben Handwerk und Handel kaum durch besondere politische Maßnahmen gefördert, für den Handel wurde jedoch eine leistungsfähige Infrastruktur bereitgestellt, in den Städten ließ die Republik etwa Foren, Markthallen und Speicher, für den überregionalen Austausch Hafenanlagen und Fernstraßen errichten. Diese Infrastruktur sollte aber weniger den spezifischen ökonomischen Chancen der Händler dienen als vielmehr die Versorgung der urbanen Zentren sichern. Allerdings bot die Pacht von Steuern und Zöllen reichen Equites die Möglichkeit, Geld in den Publicanengesellschaften gewinnbringend anzulegen. Die populare Politik, die sich gegen die negativen sozialen Folgen dieser wirtschaftlichen Entwicklung wandte, blieb aufgrund einer kompromißlosen Haltung des Senates – sieht man von der Durchsetzung der Frumentargesetze ab – weitgehend erfolglos; es ist allerdings nicht zu übersehen, daß der Senat und die wirtschaftlichen führenden Gruppen durch ihren Verzicht, mit Hilfe sozialpolitischer Maßnahmen die Lage der Armen zu verbessern, zur Auflösung der römischen Republik erheblich beitrugen.

Bibliography

P.A. Brunt, The Fall of the Roman Republic and Related Essays (Oxford 1978).
M.W. Frederiksen, „Caesar, Cicero and the problem of debt", JRS 56 (1966) 128–41.
E.S. Gruen, The Last Generation of the Roman Republic (Berkeley 1974).
ed. K. Heinemann, Soziologie wirtschaftlichen Handelns (Opladen 1987).
K. Hopkins, „Taxes and trade in the Roman empire". JRS 70 (1980) 101–25.

Von den Kimbern und Teutonen zu Ariovist
Die Kriege Roms gegen germanische Stämme
in der Zeit der römischen Republik

zuerst in:

H. Schneider (Hrsg.), Feindliche Nachbarn. Rom und die Germanen, Köln: Böhlau, 2008,
S. 25–46.

Die Bezeichnung Germanen für solche Stämme, die ihre Wohnsitze in Gebieten rechts des Rheins hatten, findet sich in der lateinischen Literatur zuerst bei Caesar in dem Bericht über die Kämpfe im Jahr 58 v. Chr. gegen die nach Gallien eingedrungenen Kriegerscharen des Ariovistus.[1] Manches spricht dafür, dass Caesar einer älteren ethnographischen Auffassung folgte, der zufolge östlich des Rheins Germanen lebten, die sich in ihren Sitten und Gebräuchen von den Galliern unterschieden.[2] Es ist durchaus fraglich, ob die Kimbern und Teutonen, die in der Zeit zwischen 113 und 105 v. Chr. mehrmals römische Heere schlugen und erst 102 und 101 v. Chr. besiegt werden konnten, von den Römern dieser Zeit überhaupt als germanische Stämme wahrgenommen worden sind. Cicero jedenfalls hielt noch im Jahr 56 v. Chr. Kimbern und Teutonen für gallische Stämme.[3]

Die Konfrontation zwischen Caesar und den Germanen unter Ariovistus stand damit nicht nur am Anfang einer langen Geschichte einer konfliktreichen Beziehung, sondern sie veränderte auch den Blick auf die Vergangenheit; indem die Autoren der augusteischen Zeit die Kimbern und Teutonen zu den Stämmen der rechtsrheinischen Gebiete und damit zu den Germanen zählten,[4] legten sie deren Eindringen zuerst in die römische Einflusssphäre und dann in die Provinz Gallia Narbonensis und in Italien als zeitlichen Beginn der Konflikte zwischen Römern und Germanen fest.

Eine klare und reflektierte römische Position den Germanen gegenüber wurde nicht in der Zeit des Marius formuliert, da nach den Siegen von Aquae Sextiae und Vercellae dazu kein Anlass mehr bestand, sondern erst in der Konfrontation Caesars mit Ariovistus, und zwar deswegen, weil Caesar hier einem Gegner gegenüberstand, der sich der üblichen Alternative römischer Politik, Aufnahme in die römische Freundschaft oder Unterwerfung durch einen militärischen Sieg, entzog. Da Caesar die Problematik der römisch-germanischen Konfrontation als erster erkannte und seine Politik die Weichen für die künftige Entwicklung stellte, wird an dieser Stelle nicht entsprechend der Chronologie des Geschehens von dem Zug der Kimbern

---

1   H. Wolfram, Die Germanen, 7. Aufl. München 2002, S. 29–32. W. Pohl, Die Germanen, 2. Aufl. München 2004, S. 1–7. 51–52. R. Wolters, Die Römer in Germanien, München 2000, S. 16–21. R. Wiegels, Die Ausgangslage: Germanenbegriff und Germanenvorstellung in caesarischer Zeit und im frühen Principat, in: R. Wiegels (Hg.), Die Varusschlacht. Wendepunkt der Geschichte?, Stuttgart 2007, S. 37–38.
2   Poseidonios bei Athen. 153e. Vgl. auch Strab. 7,1,2.
3   Pohl, Germanen (wie Anm. 1), S. 89. Wiegels, Germanenbegriff (wie Anm. 1), S. 37. Cic. prov. 32: *„ipse ille C. Marius, cuius divina atque eximia virtus magnis populi Romani luctibus funeribusque subvenit, influentis in Italiam Gallorum maximas copias repressit …"* Vgl. Flor. epit. 1,38,1: *„Cimbri Teutoni atque Tigurini ab extremis Galliae profugi."*
4   Exemplarisch: Strab. 7,2,1–3.

und Teutonen ausgegangen, sondern von Caesars Bericht über seinen Versuch, dem Vordringen germanischer Stämme entgegenzutreten.

[26] **Caesar und Ariovistus: Die Germanen als Bedrohung**

Caesar hat, glaubt man seiner eigenen Darstellung, die militärische Auseinandersetzung mit den Germanen nicht gesucht, er ist ihr aber auch nicht aus dem Weg gegangen, als er erkennen musste, dass Ariovistus im Begriff stand, in Gallien eine eigene, auf militärischer Überlegenheit beruhende Herrschaft aufzurichten. Die Klagen der Gallier über Ariovistus, die Verhandlungen Caesars mit dem Germanenkönig und *amicus populi Romani* (Freund des römischen Volkes) und die folgende militärische Auseinandersetzung nehmen den zweiten Teil des ersten Buches von *de bello Gallico* ein. Grundlage dieser als *commentarii* bezeichneten Schrift waren die Berichte, die Caesar als römischer Proconsul in Gallien an den Senat sandte; es handelte sich also um einen Rechenschaftsbericht, der die Aktivitäten Caesars begründen, rechtfertigen und möglichst positiv darstellen sollte, nicht um das Werk eines um Objektivität bemühten Historikers.[5]

Für ein Verständnis von Caesars Text ist es notwendig, an dieser Stelle zunächst den historischen Kontext von Caesars Proconsulat in Gallien kurz zu skizzieren: Die politische Konstellation zu Beginn des Jahres 58 v. Chr. war davon geprägt, dass Caesar in seinem Consulat 59 v. Chr. eine Reihe von Maßnahmen, darunter ein Agrargesetz zugunsten der Veteranen des Pompeius, gegen den Willen der Senatsmehrheit und seines Collegen im Amt, M. Calpurnius Bibulus, durchgesetzt hatte. Caesar galt in Rom seit Beginn seiner Ämterlaufbahn als popularer, die senatorische Politik entschieden ablehnender Politiker,[6] und so war es geradezu zwangsläufig gewesen, dass der Senat den Consuln des Jahres 59 für den Proconsulat keine der üblichen Provinzen zugewiesen hatte, sondern eine untergeordnete Aufgabe in Italien. Caesar konnte sich jedoch im Zusammenwirken mit dem Volkstribunen Vatinius die Provinzen *Gallia cisalpina* (die heutige Poebene) und *Illyricum* (das heutige Dalmatien) sichern. Als Q. Caecilius Metellus Celer, der im Begriff stand, sein Proconsulat in *Gallia Narbonensis* anzutreten, überraschend starb, ließ Caesar sich diese Provinz zusätzlich vom Senat, der weitere Auseinandersetzungen vermeiden wollte, übertragen; abweichend von den üblichen Regelungen war für diese Provinzen eine Amtszeit von fünf Jahren vorgesehen.[7] Damit besaß Caesar eine langfristige Perspektive für seine Statthalterschaft; dies war angesichts der Tatsache, dass die Situation in Gallien seit mehreren Jahren extrem instabil war, politisch überaus brisant. Caesar bot sich so bereits zu Beginn seiner Statthalterschaft die Möglichkeit eines militärischen Eingreifens und einer grundlegenden Neuordnung der inneren Verhältnisse Galliens.

---

5   Caes. Gall. 1,31–54. Im Folgenden geht es nicht um die Frage der Glaubwürdigkeit der Darstellung Caesars oder um die Möglichkeit einer einseitigen Akzentuierung oder Verfälschung der Fakten durch den Autor, sondern um die Wahrnehmung des Geschehens und um die Folgerungen, die Caesar aus dem Konflikt mit dem *rex Germanorum* gezogen hat. Zur Interpretation des Textes vgl. die glänzende Studie von K. Christ, Caesar und Ariovist, in: Ders., Römische Geschichte und Wissenschaftsgeschichte 1, Darmstadt 1982, 92-133. Vgl. auch Wolters, Römer in Germanien (wie Anm. 1), S. 22–24. U. Riemer, Die römische Germanienpolitik. Von Caesar bis Commodus, Darmstadt 2006, S. 17–29.

6   Vgl. Cic. Catil. 4,9.

7   Zu Caesars Consulat vgl. M. Gelzer, Caesar, ND 6. Aufl. Wiesbaden 1983, 64–91. K. Christ, Krise und Untergang der römischen Republik, 3. Aufl. Darmstadt 1993, 291–300. T. P. Wiseman, Caesar, Pompey and Rome, 59–50 B.C., in: CAH vol. 9, The Last Age of the Roman Republic 146–43 B.C., Cambridge 1994, 368–423.

Eine wichtige Voraussetzung für Caesars Kriegführung in Gallien war die Verbindung von ziviler Kompetenz und militärischem Kommando in der römischen [27] Provinzverwaltung. Die Statthalterschaft war normalerweise mit dem *imperium* (Oberbefehl) über eine oder mehrere Legionen verbunden. Angesichts der Tatsache, dass Caesar drei Provinzen zugewiesen waren, gestand man ihm auch mehrere Legionen zu, so dass er Anfang 58 v. Chr. über ein erhebliches militärisches Potential verfügte, das er in Gallien für die Realisierung seiner Pläne einsetzen konnte. Wie bereits seine Amtsführung als Propraetor in Spanien gezeigt hatte, war Caesar nicht nur fähig, erfolgreich Kriege gegen die einheimischen Stämme in der Provinz zu führen, sondern auch politische Maßnahmen zu ergreifen, die erhebliche Auswirkungen auf die Provinz hatten.[8] Nicht unterschätzt werden sollte in diesem Zusammenhang auch der politische Ehrgeiz Caesars.[9] Anders als Pompeius hatte Caesar bis zu seinem Proconsulat keine größeren Kriege erfolgreich geführt und beendet. Er stand damit im Schatten des Pompeius, der aufgrund seiner Siege in den Kriegen gegen Sertorius, gegen die Piraten und gegen den König von Pontos, Mithradates, zweifellos eine größere Popularität unter den römischen Soldaten und in der stadtrömischen Bevölkerung besaß. In dieser Situation musste es Caesar darauf ankommen, durch bedeutende militärische Erfolge ein politisches Prestige zu erlangen, das dem des Pompeius zumindest gleichkam.

Caesars Bericht über die Kriegführung in dem ersten Jahr seiner Statthalterschaft kam unter diesen Bedingungen die Funktion zu, sein militärisches Vorgehen als notwendig zu erweisen und die Bedeutung seiner Siege für Rom zu betonen. Wäre in Rom der Eindruck entstanden, Caesar habe grundlos und nur aus persönlichem Ehrgeiz fremde Stämme angegriffen, hätte dies sein Ansehen in der politischen Führungsschicht Roms sicherlich nicht gestärkt

Das erste Buch von *de bello Gallico* enthält den Bericht über die beiden aufeinander folgenden Feldzüge des Jahres 58 v. Chr.; die Darstellung des Krieges gegen die Helvetii entspricht dabei in der Begründung des Eingreifens, in der Sicht des Gegners und in der Betonung der Bedeutung des Krieges weitestgehend den Abschnitten über den Feldzug Caesars gegen Ariovistus und die Germanen. Darüber hinaus bereitet schon das erste einleitende Kapitel des Buches die Perspektive der Schilderung der militärischen Vorgänge vor. Aus diesem Grund soll hier kurz auf die Darstellung der Vorgänge vor dem Konflikt der Römer mit Ariovist eingegangen werden.

Die römische Provinz *Gallia Narbonensis* umfasste die Küste von den Pyrenäen bis zu den Alpen und das dazugehörige Hinterland von Tolosa (das heutige Toulouse) bis nach Vienna (heute Vienne), dem Hauptort der Allobroges. Den Status einer freien, mit Rom verbündeten Stadt besaß Massilia (heute Marseille), das damit nicht zum Herrschaftsbereich des römischen Statthalters gehörte. Es bestanden enge Beziehungen zwischen Rom und dem Stamm der Haedui, die [28] der Senat als *„fratres consanguineosque"* bezeichnet hat.[10] Dies ermöglichte es Caesar, immer dann im Vorfeld der Provinz in die innergallischen Verhältnisse einzugreifen, wenn die Interessen der Haedui tangiert waren. Die Situation, die Caesar in der Provinz im Jahre 58 v. Chr. vorfand, machte aber weder ein Eingreifen über das Vorfeld der Provinz hinaus noch eine Neuordnung der Verhältnisse in ganz Gallien notwendig.

---

8 Zur Propraetur Caesars vgl. Suet. Iul. 18. Plut. Caesar 12.

9 Vgl. etwa die Bemerkung Caesars in einem kleinen Alpenort, hier wäre er lieber der Erste als in Rom der Zweite: Plut. Caesar 11,3–4. Aufschlussreich ist auch die Äußerung über Alexander in Gades: Suet. Iul. 7,1.

10 Caes. Gall. 1,33,2.

In krassem Gegensatz zu diesem Tatbestand stehen die ersten Sätze der Schrift Caesars; hier ist der Blick von vornherein auf ganz Gallien gerichtet:

> „Ganz Gallien ist in drei Teile geteilt, von denen den einen die Belger bewohnen, den anderen die Aquitaner, den dritten diejenigen, die in ihrer eigenen Sprache Kelten, in unserer Sprache Gallier genannt werden."[11]

Im Folgenden werden die Grenzen der drei Landesteile, meist durch Angabe der Grenzflüsse, aufgeführt. Mit dieser Einleitung wird hervorgehoben, dass es Caesar um ganz Gallien geht, nicht nur um die Regelung lokaler Konflikte im Grenzgebiet der Provinz.

Diese Perspektive bestimmt auch Caesars Darstellung des Krieges gegen die Helvetii; schon die Pläne des Orgetorix, der die Helvetii dazu aufruft, ihr Gebiet zu verlassen und in Gallien neue Wohnsitze zu suchen, zielten nach Caesar darauf ab, ganz Gallien zu unterwerfen.[12] Die Sätze über die Motive der romfeindlichen Gruppierung im Stamm der Haedui weisen in dieselbe Richtung: Diese Gruppe um Dumnorix befürchtete, dass die Römer nach einem Sieg über die Helvetii den Haeduern und dem restlichen Gallien die Freiheit nehmen würden.[13] Der Sieg Caesars wurde dementsprechend auch in fast ganz Gallien wahrgenommen,[14] und die Gesandten der Gallier bekräftigten noch einmal, die Helvetii seien aus ihrem Gebiet ausgewandert, um ganz Gallien anzugreifen und zu unterwerfen.[15]

Veränderungen in Gallien wiederum empfand Caesar als Bedrohung der römischen Provinz; die Absicht der Helvetii, sich im Gebiet der Santones an der Atlantikküste niederzulassen, wird als Gefahr gesehen, da damit ein kriegerischer Stamm in dem fruchtbaren Gebiet um Tolosa mit seinen offenen Grenzen direkter Nachbar der römischen Provinz geworden wäre.[16] Um die politische Bedeutung der Vorgänge für Rom zu belegen, weist Caesar auf die Vergangenheit hin, auf die Niederlage des Consuls L. Cassius Longinus im Jahr 107;[17] die Tigurini, ein Gau (*pagus*) der Helvetii, hatten damals ihre alten Wohnsitze verlassen und waren nach Westen in das Gebiet der Nitiobroger gezogen; dort geriet L. Cassius, der mit seinem Heer den Tigurini gefolgt war, in einen Hinterhalt. Die römische Legion wurde vernichtet, der Consul selbst fiel im Kampf.[18] Als Caesar in einem Gefecht an dem Fluss Arar die Tigurini schlug, interpretiert er dies als Fügung der unsterblichen Götter, denn gerade der Stamm der Helvetii, der den Römern früher eine so schwere Niederlage beigebracht hatte, habe so zuerst [29] seine Strafe erhalten. Darüber hinaus stellt Caesar auch eine familiäre Beziehung zu der Niederlage des

---

11 Caes. Gall. 1,1,1: „*Gallia est omnis divisa in partes tres, quarum unam incolunt Belgae, aliam Aquitani, tertiam qui ipsorum lingua Celtae, nostra Galli appellantur.*"

12 Caes. Gall. 1,2,2: „*perfacile esse, cum virtute omnibus praestarent, totius Galliae imperio potiri.*" Vgl. 1,3,8.

13 Caes. Gall. 1,17,4: „*neque dubitare debeant, quin, si Helvetios superaverint, Romani una cum reliqua Gallia Haeduis libertatem sint erepturi.*"

14 Caes. Gall. 1,30,1: „*Bello Helvetiorum confecto totius fere Galliae legati principes civitatum ad Caesarem gratulatum convenerunt.*"

15 Caes. Gall. 1,30,3: „*.... uti toti Galliae bellum inferrent imperioque potirentur ...*"

16 Caes. Gall. 1,10,2: „*intellegebat magno cum periculo provinciae futurum, ut homines bellicosos populi Romani inimicos locis patentibus maximeque frumentariis finitimos haberet.*" Vgl. auch 1,7,5: Caesar fürchtet, bei einem Marsch der Helvetii durch die Provinz würden diese nicht vor Rechtsverletzungen und Gewalttaten („*ab iniuria et maleficio*") zurückschrecken.

17 Caes. Gall. 1,7,4. 1,12,5.

18 Liv. per. 65. Oros. 5,15,23. Vgl. Rhet. Her. 1,25.

Cassius her: Auch der Großvater seines Schwiegervaters, ein L. Calpurnius Piso, war in dieser Schlacht gefallen.[19]

Die Maßnahmen nach dem Sieg Caesars in der Schlacht gegen die Helvetii weisen bereits auf die Auseinandersetzung mit den Germanen voraus. Caesar befahl nämlich den Helvetii, in ihr Gebiet zurückzukehren, um zu verhindern, dass die Germanen, die rechts des Rheins siedelten, in das Gebiet der Helvetii eindringen und so Nachbarn der Provinz und der Allobroger werden würden.[20]

Der Bericht über den Konflikt mit den Germanen folgt denselben Argumentationsmustern. Diese Feststellung hat deswegen historische Relevanz, weil hier jene Festlegungen getroffen wurden, die das römisch-germanische Verhältnis auf Jahrhunderte bestimmen sollten.[21] Als der Gallier Diviciacus Caesar über das Eindringen der Germanen unter Führung des Ariovistus informierte, machte er auch klar, dass es um das Schicksal von ganz Gallien ging.[22] Indem er die Germanen als Wilde und Barbaren (*„homines feri ac barbari"*) charakterisierte, stilisierte Diviciacus die Auseinandersetzung zwischen Galliern und Germanen als einen Konflikt mit Barbaren.[23] Angesichts der grausamen Herrschaft des Ariovistus gab es nach Meinung des Diviciacus für die Gallier nur noch eine Rettung, die Auswanderung. Allein Caesar konnte nach Meinung des Galliers die Germanen davon abhalten, noch mehr Menschen über den Rhein hinüberzuführen, und damit ganz Gallien (*Galliam omnem*) vor Ariovistus schützen.[24]

Seine eigenen Überlegungen zu dieser Situation fasst Caesar in wenigen prägnanten Sätzen zusammen:[25] Es sei nicht hinzunehmen, dass die Haedui, die ein Freundschaftsverhältnis mit Rom unterhielten, von den Germanen beherrscht wurden und diesen Geiseln stellen mussten; es bestand ferner die Gefahr für Rom, dass die Germanen nach Besetzung von ganz Gallien (*omnem Galliam*) in die Provinz eindringen und sogar in Italien einfallen könnten. Auch an dieser Stelle verweist Caesar auf die Vergangenheit, nämlich auf die Kimbern und Teutonen. Dem Vordringen der Germanen müsse, so folgert Caesar, so schnell wie möglich Einhalt geboten werden. Ein weiteres Motiv für das Eingreifen Caesars lag in der Persönlichkeit des Ariovistus, dessen anmaßendes Verhalten nicht mehr erträglich sei.

Wiederum suggeriert Caesar, dass die Verhältnisse in ganz Gallien vor einem völligen Umsturz stünden und dass die Germanen eine Gefahr nicht allein für einzelne gallische Stämme, sondern auch für Rom darstellten. Indem Caesar in diesem Zusammenhang an die Züge der Kimbern und Teutonen erinnert, die das römische Heer zwischen 113 und 105 v. Chr. mehrmals vernichtend geschlagen haben, schreibt er den Germanen unter Ariovistus ein Gefahrenpotential zu, das für Rom nur schwer zu bewältigen sei.[26]

---

19 Caes. Gall. 1,12,5. Schwiegervater Caesars war der Consul L. Calpurnius Piso, Consul des Jahres 58, der Großvater dieses Piso war Consul des Jahres 112 v. Chr. gewesen.
20 Caes. Gall. 1,28,3–4.
21 Vgl. Wolters, Römer in Germanien (wie Anm. 1), S. 20.
22 Die Rede des Diviciacus: Caes. Gall. 1,31,3–16.
23 Caes. Gall. 1,31,5. Vgl. dieselbe Wendung 1,33,4.
24 Caes. Gall. 1,31,16.
25 Caes. Gall. 1,33,2–5.
26 Die Kimbern und Teutonen werden auch in Caesars Rede vor dem *consilium* erwähnt; der Verweis auf die Siege des Marius soll die Offiziere von Caesars Legionen davon überzeugen, dass die Römer den Germanen militärisch überlegen sind. Vgl. Pohl, Germanen (wie Anm. 1), S. 90: „Die Erinnerung an die Kimbern diente ein halbes Jahrhundert später Caesar zur Rechtfertigung seiner Gallienpolitik." Vgl. ferner Wolters, Römer in Germanien (wie Anm. 1), S. 22.

[30] Es folgt der Bericht über die Verhandlungen zwischen Caesar und Ariovistus.[27] Für die römische Politik war es üblich, den Versuch zu unternehmen, die eigenen politischen Ziele zunächst mit diplomatischen Mitteln durchzusetzen, und erst wenn dies gescheitert war, einen Krieg zu beginnen. Caesar formulierte, nachdem Ariovistus ein Treffen und ein Gespräch abgelehnt hatte, klare Forderungen: Ariovistus solle keine weiteren Menschenmassen mehr über den Rhein nach Gallien bringen, er solle die von den Galliern gestellten Geiseln zurückgeben und er solle nicht in feindlicher Absicht gegen die Haedui vorgehen.[28] Diese Forderungen wiederholte Caesar in den Verhandlungen, die dann doch noch zustande kamen, in umgekehrter Reihenfolge.[29] Es gehörte zum traditionellen diplomatischen Vorgehen Roms zu fordern, dass keine andere Macht Krieg gegen einen römischen Verbündeten führen solle.[30] Bemerkenswert an den Forderungen Caesars ist etwas anderes, nämlich die Grenzziehung zwischen der von Rom beanspruchten Einflusssphäre und dem Gebiet der Germanen. Als Grenze wird der Rhein genannt, und dies entspricht allen vorangegangenen Aussagen der Schrift.

Der Rhein erscheint bereits im ersten Kapitel der Schrift: Die Belgae sind Nachbarn der Germanen rechts des Rheins, und das Gebiet der eigentlichen Gallier reicht bei den Sequani bis zum Rhein.[31] In der Rede des Diviciacus, in der die Germanengefahr zum ersten Mal erscheint, wird die Bedrohung Galliens darauf zurückgeführt, dass die Germanen in den zurückliegenden Jahren in großer Zahl den Rhein überschritten hätten, und folgerichtig wird hier schon die Auffassung vertreten, es sei notwendig, die Germanen davon abzuhalten, eine noch größere Masse von Menschen über den Rhein zu führen.[32] Es ist hier nicht von Belang, ob die Gallier im Jahr 58 v. Chr. tatsächlich eine solche Ansicht geäußert haben oder ob Caesar ihnen in seinem Bericht die eigene Position zuschreibt, entscheidend ist die Tatsache, dass es sich entweder von vornherein um Caesars eigene Sicht gehandelt hat oder er aber die Sicht der Gallier sofort übernommen hat.

In seinen eigenen Überlegungen, die er nach der Unterredung mit den Galliern anstellte, war bereits schon jedes Überschreiten des Rheins durch die Germanen als eine Gefahr für Rom zu werten.[33] Unter diesen Voraussetzungen formulierte Caesar dann seine Forderungen an Ariovistus. Der Rhein war zu einem zentralen Thema der römischen Politik geworden, und die Frage, wer die Herrschaft über Gallien beanspruchen könne, entschied sich nach Caesars Auffassung an der Rheingrenze: Wenn die Römer ihren Einfluss auf Gallien bewahren wollten, war es für sie zwingend notwendig, die Germanen von einem Überschreiten des Rheins abzuhalten.

Die Darstellung der Verhandlungen mit Ariovistus folgt diesen Anschauungen. Während der Germanenkönig den Römern das Recht abspricht, in die inneren Verhältnisse Galliens außerhalb der römischen Provinz einzugreifen, und die [31] Anerkennung der germanischen Herrschaft in Gallien fordert, behauptet Caesar, die römischen Ansprüche auf das Imperium

---

27 Vgl. Christ, Caesar (wie Anm. 5), S. 96–112. Pohl, Germanen (wie Anm. 1), S. 12–13. Riemer, Germanien-politik (wie Anm. 5), S. 18–27.
28 Caes. Gall. 1,35,3.
29 Caes. Gall. 1,43,9.
30 Vgl. auch Caes. Gall. 1,45,1.
31 Caes. Gall. 1,1,3. 1,1,6.
32 Caes. Gall. 1,31,4. 1,31,16.
33 Caes. Gall. 1,33,3.

über Gallien seien älter als die der Germanen.[34] Da weder Ariovistus noch Caesar bereit waren, ihren jeweiligen Standpunkt aufzugeben, war die militärische Auseinandersetzung unumgänglich geworden. Im Konflikt mit Ariovistus sind die Leitlinien der römischen Politik den Germanen gegenüber festgelegt worden; der Rhein war die Grenze des römischen Herrschaftsbereichs, und die Germanen waren daran zu hindern, den Rhein zu überschreiten.[35] Diese Leitlinien behielten über vierhundert Jahre ihre Gültigkeit.

Die Sicherung der Rheingrenze: Die Kämpfe gegen die Usipeter und Tenkterer

Die im Konflikt mit Ariovistus gewonnenen Erfahrungen bestimmten deutlich auch Caesars Handeln im Jahr 55 v. Chr. Im Winter 56/55 überschritten die Usipeter und Tenkterer in großer Zahl den Rhein nahe seiner Mündung. Die beiden germanischen Stämme waren von den Sueben aus ihren Wohnsitzen verdrängt worden und zogen drei Jahre in Germanien umher, bis sie schließlich im Gebiet der Menapier, eines belgischen Stammes, mit Schiffen über den Fluss setzten.[36] Hier zeichnet sich bereits ein typisches Verhaltensmuster der Germanen ab: Einzelne Stämme oder Stammesverbände drangen in das rechtsrheinische Gebiet ein, weil sie selbst in innergermanischen Auseinandersetzungen unterlegen waren und für sich ein neues Siedlungsgebiet suchten.

Caesar befürchtete, dass die gallischen Stämme im Nordosten mit den Germanen kooperieren könnten, und zog mit seinen Legionen in das Gebiet, in das die Germanen eingedrungen waren. Auch in diesem Fall kam es zu Verhandlungen mit einer Gesandtschaft; die Germanen baten Caesar, ihnen ein Siedlungsgebiet anzuweisen oder aber ihnen das Gebiet, das sie erobert hatten, zu überlassen. Caesar ging auf diese Forderungen nicht ein und erklärte, es könne mit ihnen kein Freundschaftsbündnis (*amicitia*) geben, wenn sie in Gallien blieben.[37] Wie im Jahr 58 v. Chr. wurde eine militärische Entscheidung herbeigeführt, in der die Germanen unterlagen.

Nach dem Sieg über die beiden Stämme fasste Caesar den Beschluss, den Rhein zu überschreiten und zu diesem Zweck eine Brücke zu errichten; Caesar hatte die Absicht, die Germanen auf diese Weise von Einfallen in das römische Gallien abzuschrecken. Einen Anlass für die Unternehmung bot die Flucht der Reiter der Usipeter und Tenkterer in das rechtsrheinische Germanien zu den Sugambrern. Caesar berichtet zwar, germanische Gesandte hätten ihm die Frage [32] gestellt, warum er für seine Aktionen den Rhein nicht als Grenze anerkenne, obwohl er selbst es nicht akzeptiere, wenn Germanen den Fluss überschreiten würden, kommentiert aber diesen Einwand nicht. Caesar beschränkte sich darauf, die Gegenden, durch die er zog, zu verwüsten, da die Sueben sich in die Wälder zurückzogen und nicht zur Schlacht stellten. Es handelte sich um eine bloße Demonstration militärischer Macht, die kein wirkliches Ergebnis zeitigte.[38]

---

34 Caes. Gall. 1,44–45.
35 Wolfram, Germanen (wie Anm. 1), S. 30. Wolters, Römer in Germanien (wie Anm. 1), S. 22–24.
36 Caes. Gall. 4,1. 4,4. Vgl. Riemer, Germanienpolitik (wie Anm. 5), S. 30–33.
37 Caes. Gall. 4,7–8.
38 Caes. Gall. 4,19. Vgl. Riemer, Germanienpolitik (wie Anm. 5), S. 34–36.

Der Rhein als Grenze zwischen den Kulturen

Mit dem Sieg über die Usipeter und Tenkterer und dem Bau der ersten Rheinbrücke war aber ein gemeinsames Vorgehen von Galliern und Germanen keineswegs auf Dauer unterbunden; bereits für das Jahr 53 v. Chr. berichtet Caesar, dass die Treverer den Versuch unternahmen, für einen Kampf gegen die römische Vorherrschaft Germanen als Verbündete zu gewinnen. Die direkt am Rhein lebenden Stämme waren dazu aber nicht bereit, und so schlossen die Treverer Bündnisse mit Stämmen, die weiter entfernt siedelten, und versprachen ihnen Geld.[39] Da die Treverer aber die Römer in einem ungünstigen Gelände angriffen und ihnen in der Schlacht unterlagen, kam die Hilfe der Germanen zu spät; sie zogen sich wieder zurück, ohne in die Kämpfe eingegriffen zu haben.[40]

Auf dieses Zusammenwirken reagierte Caesar erneut mit dem Bau einer Brücke über den Rhein und einer militärischen Operation im rechtsrheinischen Germanien. Hier rechtfertigten sich zunächst die Ubier, ein germanischer Stamm, der mit den Römern verbündet war; sie betonten, sie hätten die Treverer nicht unterstützt, und baten um Schonung, damit sie nicht trotz ihrer Unschuld bestraft würden. An dieser Stelle findet sich bei Caesar eine beachtenswerte Formulierung: Die Ubier sprachen in dieser Situation von einem allgemeinen Hass auf die Germanen (*communi odio Germanorum*). Nach dem Feldzug des Jahres 55 v. Chr. und der Verwüstung der Gebiete der Sueben war auf der germanischen Seite folglich der Eindruck entstanden, die Römer handelten aus Hass auf die Germanen.[41]

Auch diese Expedition in die rechtsrheinischen Gebiete erwies sich als wirkungslos. Caesar bietet dafür eine Erklärung, da sonst der Eindruck entstehen könnte, im Krieg gegen die rechtsrheinischen Germanen sei er aufgrund eigener Fehler erfolglos gewesen: Angesichts des Rückzugs der Sueben in entfernt gelegene Wälder war bei einem Vormarsch des Heeres ein Mangel an Getreide zu befürchten. Wie die gesamte Schrift *de bello Gallico* zeigt, achtete die römische Armeeführung mit großer Sorgfalt darauf, dass die Versorgung der Legionen stets sichergestellt war.[42] Die Sorge, dass es bei einem Marsch durch größere Wald[33]gebiete zu Versorgungsschwierigkeiten kommen könne, wurde bereits 58 v. Chr. geäußert, sie hatte damals aber keinen Einfluss auf den Vormarsch gegen Ariovistus.[43] Im rechtsrheinischen Germanien verhielt es sich anders; die Einsicht, dass in diesen Gebieten kein Getreide zur Verfügung stand, da die Germanen kaum Ackerbau betrieben, führte zum schnellen Abbruch der militärischen Expedition.[44] Der Verzicht, im rechtsrheinischen Gebiet Krieg gegen die Germanen zu führen, hatte demnach seinen Grund in der Natur des Landes und in der im Vergleich mit den römischen oder selbst gallischen Verhältnissen rückständigen Landwirtschaft der Germanen.

Im Zusammenhang mit dem Krieg gegen die Usipeter und Tenkterer vergleicht Caesar in einem längeren ethnographischen Exkurs die politischen, sozialen und wirtschaftlichen

---

39 Caes. Gall. 6,2,1–2.
40 Caes. Gall. 6,8,7.
41 Caes. Gall. 6,9.
42 Zum Problem der Getreideversorgung im Gallischen Krieg vgl. etwa 1,16. 1,37,5. 1,39,1. 1,39,6. 1,40,10. Auch in den folgenden Büchern wird diese Frage immer wieder berührt.
43 Caes. Gall. 1,39,6.
44 Caes. Gall. 6,29,1: „... *inopiam frumenti veritus, quod, ut supra demonstravimus, minime omnes Germani agri culturae student, constituit non progredi longius.*"

Verhältnisse in Gallien mit denen in Germanien.[45] Diese Ausführungen dienen dazu, die Unterschiede zwischen den beiden Völkern herauszuarbeiten.[46] Nach der Schilderung der Verhältnisse in Gallien wird das Leben der Germanen einprägsam mit wenigen Worten dargestellt:

> „Das ganze Leben besteht aus Jagd und dem Training für den Krieg; von klein auf üben sie sich im Ertragen von Mühen und Ausdauer."[47]

Der Landwirtschaft der Germanen widmet Caesar hier einen ganzen Abschnitt: Nach Caesar trieben die Germanen nur wenig Ackerbau und ernährten sich vorwiegend von Milch, Käse und Fleisch. Die Felder wurden nur für ein Jahr bestellt und dann neu verteilt.[48] Herrschafts- und Befehlsstrukturen existierten nur während der Kriege, Raubzüge wurden als Mittel, die jungen Männer für den Krieg vorzubereiten, geschätzt.[49] Der Lebensstil der Germanen wird mit drei Begriffen charakterisiert: Armut, Not und Ausdauer (*inopia, egestate patientiaque*). Die Gallier hingegen haben aufgrund der Nähe zur römischen Provinz Überfluss an materiellen Gütern, und damit haben sie sich auch daran gewöhnt, in Kämpfen besiegt zu werden.[50]

Caesar erwähnt bestimmte Lebensgewohnheiten der Germanen mehrmals in der Schrift über den Gallischen Krieg; sie finden sich bereits in dem Überblick über Gallien zu Beginn des ersten Buches und im Bericht über die Konfrontation mit den Germanen unter Ariovistus. Als erstes ist die Kriegstüchtigkeit zu nennen: So hält Caesar die Helvetier für tapferer als die übrigen Gallier, weil sie fast täglich mit den Germanen kämpften;[51] die Rede des Diviciacus lässt keinen Zweifel daran, dass die Germanen den Galliern militärisch weit überlegen sind,[52] und Ariovistus selbst bezeichnet seine Krieger als „unbesiegte und waffengeübte Germanen."[53] Bei den Sueben bestand die Gewohnheit, jedes Jahr mit einer großen Zahl von Menschen in den Krieg zu ziehen.[54] Ferner sind Landwirtschaft und Armut der Germanen ein wiederkehrendes Thema bei Caesar: Der Ackerbau war in Germanien wenig entwickelt,[55] und die Böden waren schlechter als in Gallien.[56] Der Reichtum der Gallier war für die Germanen attraktiv,[57]

---

45 Caes. Gall. 6,11–28. Bereits im Bericht über die Kämpfe gegen die Usipeter und Tenkterer findet sich ein kurzer Exkurs über die Kultur und Lebensweise der Sueben (4,1,3–4,3,4). Zwischen beiden Exkursen gibt es direkte Übereinstimmungen, so in den Bemerkungen über den Landbesitz, über die Kleidung oder über das unbewohnte Land um das Kerngebiet eines Stammes (4,1,7 und 6,22,2. 4,1,10 und 6,21,5. 4,3,1 und 6,23,1–2).

46 Caes. Gall. 6,11,1. Der Abschnitt über die Germanen beginnt dementsprechend mit den Worten: *„Germani multum ab hac consuetudine differunt"* (Caes. Gall. 6,21,1).

47 Caes. Gall. 6,21,3: *„vita omnis in venationibus atque in studiis rei militaris consistit; a parvis labori ac duritiae student."* Vgl. Pohl, Germanen (wie Anm. 1), S. 52.

48 Caes. Gall. 6,22,2–4.

49 Caes. Gall. 6,23,4–8.

50 Caes. Gall. 6,24,4–6.

51 Caes. Gall. 1,1,4.

52 Caes. Gall. 1,31,4–12. Ähnlich dann 6,24,6.

53 Caes. Gall. 1,36,7. Vgl. auch die Aussage der Usipeter und Tencterer 4,7,3.

54 Caes. Gall. 4,1,4–5.

55 Caes. Gall. 4,1,7. 6,22,1–3.

56 Caes. Gall. 1,31,11. Die Fruchtbarkeit des Landes war nach Caesar auch das Motiv der Germanen, die in das Gebiet der Belger eindrangen und die Gallier vertrieben: 2,4,2.

57 Caes. Gall. 1,31,5.

obwohl sie [34] in ihrem eigenen Gebiet die Gier nach Geld nicht entstehen lassen wollten und Ungleichheit des Besitzes ablehnten.[58]

Diese Beschreibung der Gebiete und der Stämme rechts des Rheins lässt die Gründe dafür erkennen, dass Caesar seine Expansionspläne nicht auf Germanien ausweitete und nur kurzfristige Einfälle in die Gebiete germanischer Stämme unternahm. Die Kriegführung gegen die Germanen war schwierig; gleichzeitig lohnte es sich aufgrund der rückständigen Landwirtschaft und der Armut des Landes nicht, die Gebiete jenseits des Rheins zu erobern. Der Rhein war für Caesar damit nicht nur eine Grenze, die es zu verteidigen galt, sondern begrenzte auch das Gebiet, über das hinaus Eroberungen nicht für sinnvoll gehalten wurden. Diese Grenze war nicht willkürlich festgelegt, sondern war eine Grenze zwischen zwei Völkern mit unterschiedlichen Sitten und Lebensweisen, wie der ethnographische Exkurs Caesars deutlich machen sollte.

Diese Festlegung des Rheins als einer Grenze nicht nur zwischen dem römischen Machtbereich und Germanien, sondern auch als einer Grenze zwischen Völkern mit unterschiedlichen Kulturen hatte in Rom für die nächsten Jahrhunderte Gültigkeit und gehörte zum festen Bestand des politischen, geographischen und ethnographischen Wissens der römischen Führungsschicht. Deutlichen Ausdruck findet dies in dem Abschnitt über Germanien in Strabons Geographie, die zu Beginn des 1. Jahrhunderts n. Chr. verfasst worden ist.[59]

Nach der Beschreibung der Iberischen Halbinsel, Galliens und Italiens beginnt Strabon in Buch 7 mit der Darstellung der übrigen Gebiete Europas, die in zwei Teile aufgeteilt werden, in die Regionen östlich des Rheins und die Gebiete zwischen Adria und Schwarzem Meer. Die Donau trennt diese beiden Teile Europas voneinander.[60] Das Gebiet jenseits des Rheins, direkt östlich des Keltenlandes, wird von den Germanen bewohnt, die sich nach Strabon von den Kelten durch ihre Wildheit, Größe und ihr blondes Haar unterschieden, aber eine ähnliche Lebensweise wie die Kelten besaßen.[61] Auch wenn hier Unterschiede zu Caesar Darstellung der Germanen zu konstatieren sind, so folgt doch die politische Geographie des germanischen Raumes den Ansichten Caesars. Noch gegen Ende des 1. Jahrhunderts n. Chr. werden diese Anschauungen von Tacitus wiederholt; in deutlicher Anlehnung an Caesars *de bello Gallico* beginnt er die *Germania*:

> „Ganz Germanien wird von den Galliern und Raetern sowie den Pannoniern durch die Flüsse Rhein und Donau, von den Sarmaten und Dacern durch gegenseitige Furcht und durch Gebirge getrennt."[62]

---

58 Caes. Gall. 6,22,3–4.

59 Grundlegend zu Strabon jetzt: J. Engels, Augusteische Oikumenegeographie und Universalhistorie im Werk Strabons von Amaseia, Stuttgart 1999 (Geographica Historica 12).

60 Strab. 7,1,1.

61 Strab. 7,1,2.

62 Tac. Germ. 1,1: „*Germania omnis a Gallis Raetisque et Pannoniis Rheno et Danuvio fluminibus, a Sarmatis Dacisque mutuo metu aut montibus separatur*".

[35] Die Kimbern und Teutonen: Die Bedrohung Italiens durch die Wanderungen germanischer Stämme

Als Caesar in seinem Bericht über den Konflikt mit Ariovistus an die Kriegszüge der Kimbern und Teutonen fünf Jahrzehnte zuvor erinnerte,[63] hat er damit eine Kontinuität zwischen den Invasionen der beiden Stämme und dem Vordringen der Germanen in Gallien postuliert. Caesar prägte mit seiner Darstellung die historische Sicht auf die römisch-germanischen Konflikte. An ihrem Anfang standen für die Historiker der Principatszeit die Kriegszüge der Kimbern und Teutonen und die Siege des Marius über die Germanen.[64]

Die *Germania* des Tacitus verlieh dieser Sicht in klassischer Weise Ausdruck: Nach Auffassung des Historikers wurden die Germanen seit dem ersten Auftreten der Kimbern im Jahr 113 v. Chr. bis zur Regierungszeit des Traianus zweihundertundzehn Jahre lang immer wieder besiegt.[65] Es gab nach Tacitus in diesem Zeitraum auf beiden Seiten zahlreiche und schwere Niederlagen, die im Einzelnen auch genannt werden; so erwähnt Tacitus die Niederlage des Varus und den Verlust von drei Legionen. Für die Zeit nach 69 n. Chr. konstatiert Tacitus nüchtern, es seien mehr Triumphe abgehalten als Siege erfochten worden.[66] Und noch der spätantike Historiker Ammianus Marcellinus begann seine Aufzählung früherer Unglücksfälle des römischen Volkes mit den Kimbern und Teutonen.[67]

Nach Strabon hatten die Kimbern ihre Wohnsitze an der Nordseeküste; damit werden sie Germanien und dem Volk der Germanen zugeordnet.[68] Hier wird auch die These referiert, der Zug der Kimbern sei durch eine große Sturmflut ausgelöst worden, die ihr Siedlungsgebiet verwüstet hätte.[69] Unter Augustus erreichte die römische Flotte das Gebiet jener Kimbern, die ihre Wohnsitze nicht verlassen hatten; zusammen mit anderen Stämmen baten diese Kimbern um ein Freundschaftsbündnis mit Rom, wie Augustus stolz in seinem Tatenbericht schreibt.[70]

In der Zeit der Kämpfe gegen die Kimbern und Teutonen hatten die Römer keine klare Vorstellung von der Geographie der Länder jenseits des Rheins; es gab auch kaum zuverlässige Informationen über die Bevölkerung in diesen Gegenden. Heute sieht die historische Forschung die Kimbern und Teutonen als germanische Stämme, mit deren Kriegszügen die Geschichte der römisch-germanischen Konfrontation beginnt.[71] Für die Römer kam die Nachricht die-

---

63 Caes. Gall. 1,33,4.1,40,5. Vgl. außerdem die Erwähnungen 2,4,2. 7,77,12. 7,77,14.

64 Grundlegend zu Kimbern und Teutonen: D. Timpe, Kimberntradition und Kimbernmythos, in: D. Timpe, Römisch-germanische Begegnung in der späten Republik und frühen Kaiserzeit. Voraussetzungen – Konfrontationen – Wirkungen. Gesammelte Studien, Leipzig 2006, S. 63–113.

65 Tac. Germ. 37,2: „*sescentesimum et quadragesimum annum urbs nostra agebat, cum primum Cimbrorum audita sunt arma Caecilio Metello et Papirio Carbone consulibus. Ex quo si ad alterum imperatoris Traiani consulatum computemus, ducenti ferme et decem anni colliguntur: tam diu Germania vincitur.*"

66 Tac. Germ. 37,3–5.

67 Amm. 31,5,12.

68 Strab. 7,2,1–3. Vgl. Timpe, Kimberntradition (wie Anm. 64), S. 70–72.

69 Strab. 7,2,1. Strabon lehnt diese Annahme ab; er verweist auf die Regelmäßigkeit der Gezeiten an den Küsten des Ozeans; die alltägliche Erfahrung von Ebbe und Flut macht es seiner Meinung nach unwahrscheinlich, dass die Kimbern eine Flut als bedrohlich für sich ansahen. Vgl. Pohl, Germanen (wie Anm. 1), S. 90.

70 R. Gest. div. Aug. 26,4. Vgl. Strab. 7,2,1.

71 Vgl. etwa Wolfram, Germanen (wie Anm. 1), S. 27–29. Pohl, Germanen (wie Anm. 1), S. 11. M. Todd, Die Germanen. Von den frühen Stammesverbänden zu den Erben des Weströmischen Reiches, Stuttgart 2000, S. 48–53.

ser Wanderung ganzer Stämme überraschend, aber sie gewannen schnell Kenntnis von den Vorgängen jenseits der Grenzen ihrer Provinzen.

Als die Germanen plündernd durch Noricum zogen, glaubten die Römer, auch Italien sei bedroht, aber die militärische Intervention unter dem Consul Cn. Papirius Carbo endete 113 v. Chr. mit der Niederlage von Noreia.[72] Nach ihrem Sieg drangen die Kimbern und Teutonen aber nicht nach Süden vor, sondern [36] marschierten am nördlichen Alpenrand entlang in Richtung Westen; sie überquerten den Rhein,[73] verwüsteten große Gebiete Galliens und belagerten zahlreiche Städte, woran die Gallier sich noch während der Revolte des Vercingetorix im Jahr 52 v. Chr. erinnerten.[74] Wahrscheinlich im Süden Frankreichs, wo die Römer inzwischen die Stadt Narbo gegründet und die Provinz Gallia Narbonensis eingerichtet hatten, kam es im Jahr 109 v. Chr. zu einer erneuten Konfrontation mit den Römern. In dieser Situation forderten die Germanen Land und boten als Gegenleistung an, für Rom Heeresdienst zu leisten. Als diese Forderung vom Senat abgelehnt wurde, griffen die Germanen das von dem Consul M. Iunius Silanus geführte römische Heer an und errangen wiederum einen Sieg.[75]

Im Jahr 105 v. Chr. verursachte schließlich der Ehrgeiz des Q. Servilius Caepio eine militärische Katastrophe; Caepio, der als Proconsul eine römische Armee befehligte, lehnte jegliche Kooperation mit dem Consul Cn. Mallius Maximus, der ebenfalls römische Truppen führte, ab, weil er den Ruhm eines Sieges über die Germanen nicht teilen wollte. Unter diesen Voraussetzungen konnten die Germanen Anfang Oktober bei Arausio (heute Orange) nacheinander die beiden römischen Heere schlagen und gänzlich vernichten.[76] Das Verhalten der Germanen nach ihrem Sieg rief in Rom Trauer und Furcht hervor, wie der Historiker Valerius Antias in seinem Geschichtswerk berichtet hat;[77] die entsprechenden Passagen über das Schicksal der geschlagenen römischen Armee bei Valerius Antias hat Orosius paraphrasiert:

> „Die Feinde, die sich zweier Lager und riesiger Beute bemächtigt hatten, vernichteten in einem Akt neuartiger und ungewöhnlicher Verfluchung alles, was sie genommen hatten. Die Kleidung wurde zerrissen und weggeworfen, Gold und Silber wurden in den Fluss geworfen, die Panzer der Männer zerhauen, der Stirn- und Brustschmuck der Pferde wurde ganz zugrunde gerichtet, die Pferde selbst hat man in den Strudeln des Flusses ertränkt, die Menschen mit Stricken um den Hals an den Bäumen aufgehängt, so dass der Sieger nichts von der Beute behielt, der Besiegte keinerlei Mitleid wahrnahm. Außerordentlich war damals in Rom nicht nur die Trauer, sondern auch die Furcht, dass die Kimbern unverzüglich die Alpen überschreiten und Italien zerstören würden."[78]

---

72 Liv. per. 63. App. Celt. 13. Zur Lokalisierung der Schlacht vgl. Strab. 5,1,8. Vgl. Timpe, Kimberntradition (wie Anm. 64), S. 78–80.

73 Vell. 2,8,3. Vgl. Timpe, Kimberntradition (wie Anm. 64), S. 80–81.

74 Caes. Gall. 7,77,12–14.

75 Flor. epit. 1,38,2. Vgl. Timpe, Kimberntradition (wie Anm. 64), S. 83–84.

76 Sall. Iug. 114,1–2. Liv. per. 67. Vell. 2,12,2. Cass. Dio frg. 91. Vgl. Timpe, Kimberntradition (wie Anm. 64), S. 85–86.

77 Zu Valerius Antias vgl. H. Beck, U. Walter (Hrsg.), Die Frühen Römischen Historiker II. Von Coelius Antipater bis Pomponius Atticus, Darmstadt 2004, S. 168–171.

78 Oros. 5,16,5–7. Dieser Bericht erinnert an das Verhalten der Hermunduren nach ihrem Sieg über die Chatten; vgl. Tac. ann. 13,57,2: *„sed bellum Hermunduris prosperum, Chattis exitiosius fuit, quia victores diversam aciem Marti et Mercurio sacravere, quo voto equi viri, cuncta occidione dantur"* (Aber der Krieg ging für die Hermunduren günstig, für die Chatten um so verhängnisvoller aus, weil beide für den Fall des Sieges das gegnerische Heer dem Mars und Mercur geweiht hatten, ein Gelübde, nach dem Pferd und Mann, kurz

Sallust, der noch Zeitgenossen der Ereignisse gekannt haben kann, hat die in Rom herrschende Stimmung kurz mit folgenden Worten charakterisiert:

> „Vor Furcht zitterte ganz Italien; damals und bis in unsere Zeit waren die Römer der Meinung, dass alle anderen sich vor der römischen Tapferkeit beugten, mit den Galliern aber ums Überleben, nicht um Ruhm und Ehre gekämpft werde."[79]

[37] Unter diesen Voraussetzungen wurde C. Marius, der kurz zuvor, im Jahr 107, Consul gewesen war und aufgrund seines Sieges über den Numiderkönig Iugurtha großes Prestige als Feldherr besaß, noch 105 gegen das geltende Recht, das ein zweites Consulat untersagte,[80] zum Consul für das Jahr 104 gewählt.

Da die Kimbern und Teutonen zunächst nach Spanien abzogen, hatte Marius genügend Zeit, um die römischen Legionen auf den Krieg vorzubereiten.[81] Militärisch erhielt Rom auf diese Weise eine Atempause, aber zugleich entstand das Problem, dass der Krieg im Consulatsjahr des Marius nicht entschieden werden konnte. Noch während seines zweiten Consulates im Jahr 104 wurde Marius daher wiederum zum Consul für das Jahr 103 gewählt, und in diesem Jahr rief der Volkstribun L. Appuleius Saturninus das Volk auf, Marius erneut zum Consul zu wählen, obgleich dieser vorgab, das Amt nicht mehr anzustreben.[82] Diese Inszenierung verfehlte nicht ihre Wirkung. Marius wurde auch Consul des Jahres 102 v. Chr. Bei der wiederholten Wahl des Marius zum Consul mag eine Rolle gespielt haben, dass im Jahre 105 v. Chr. gerade der Dissens zwischen dem Proconsul Servilius Caepio und dem Consul Mallius zu der Niederlage von Arausio geführt hatte; das Risiko unklarer Befehlsstrukturen wollte man sich in Rom nicht mehr leisten.[83]

Marius konnte die Hoffnungen, die in sein Kommando gesetzt wurden, erfüllen.[84] Für die Römer erwies sich dabei als günstig, dass die beiden germanischen Stämme sich in der Absicht trennten, auf unterschiedlichen Wegen in Italien einzufallen. Vermutlich sollten die Römer dadurch gezwungen werden, ihre Legionen auf zwei unterschiedliche Regionen zu verteilen. Es gelang Marius aber, die Teutonen, die von Südfrankreich aus in Italien einzudringen versuchten, noch im Jahr 102 v. Chr. bei Aquae Sextiae (heute Aix-en-Provence) zu schlagen. Im folgenden Jahr konnte Marius seine Truppen mit denen des Proconsuls Q. Lutatius Catulus, der die Alpenpässe sperren sollte, vereinigen. Die Kimbern, die von Norden kommend die Alpen am Brenner überquert hatten, durchbrachen die römischen Verteidigungsstellungen an der Etsch und drangen in Norditalien ein; sie zogen durch die am Po gelegenen Gebiete, bis es bei Vercellae (westlich von Mailand) zur Schlacht kam, die mit einer Niederlage der Germanen endete.[85] Beide Schlachten waren für die Germanen außerordentlich verlustreich: Bei Aquae Sextiae sollen nach Velleius mehr als 150.000 Teutonen getötet worden sein, dieser Stamm

---

alles der Vernichtung anheim fällt). Es ist durchaus vorstellbar, dass die Germanen nach ihrem Sieg bei Arausio das geschlagene römische Heer ähnlich behandelten.

79 Sall. Iug. 114,2.
80 Liv. per. 56.
81 Liv. per. 67. Plut. Marius 14. Vgl. Timpe, Kimberntradition (wie Anm. 64), S. 87–89.
82 Plut. Marius 14.
83 Cic. prov. 19. Wie Cicero betont, haben einflussreiche Senatoren sich *„propter rationem Gallici belli"* dafür eingesetzt, dass Gallien Marius als Provinz zugeteilt wurde.
84 Sall. Iug. 114,4: *„et ea tempestate spes atque opes civitatis in illo sitae."* Vgl. Flor. epit. 1,38,5. Vell. 2,12,2.
85 Liv. per. 68. Vell. 2,12. Flor. epit. 1,38. Plut. Marius 15–27.

war in der Schlacht völlig vernichtet worden. Für die Schlacht bei Vercellae werden ähnlich hohe Zahlen angegeben: Nach Livius kamen 140.000 Kimbern um, 60.000 Menschen wurden gefangengenommen.[86]

Bemerkenswert ist die Tatsache, dass die Germanen noch in der letzten Phase der Kämpfe – wie schon 109 v. Chr. in den Verhandlungen mit dem Senat[87] – für sich Land forderten.[88] Die germanischen Stämme, die durch fremde Gebiete zo[38]gen, wollten Land als eigenen Siedlungsraum erhalten oder erobern. Es ist keineswegs sicher, dass Italien ursprüngliches Ziel der Kimbern und Teutonen war; lange Jahre durchzogen die beiden Stämme Gebiete nördlich der Alpen, Gallien und das keltiberische Spanien.[89] Zum Konflikt mit den Römern kam es, weil diese eine Störung der Verhältnisse in dem Vorfeld Italiens oder ihrer Provinzen nicht hinnehmen wollten. Wahrscheinlich erst nach dem gescheiterten Versuch, sich in Spanien niederzulassen, fiel die Entscheidung der Germanen, in Italien einzudringen; damit wurde aus einzelnen Feldzügen im Vorfeld der römischen Provinzen ein Kampf um Land in Italien.[90]

Mit den Siegen bei Aquae Sextiae und Vercellae hatten die Römer die Invasion der Germanen abgewehrt und eine für sie schwierige militärische Lage gemeistert, aber der Preis, den sie dafür zu zahlen hatten, war hoch.

Die politischen Folgen der Kriege gegen die Kimbern und Teutonen: Die Consulate des Marius

Die Kriege gegen die Kimbern und Teutonen können nicht nur unter dem Aspekt von Krieg und Expansion gesehen werden, denn sie hatten erhebliche Rückwirkungen auf die römische Innenpolitik. Die Wanderungen der beiden Stämme wurden als Bedrohung für Italien wahrgenommen und stellten so eine militärische Herausforderung dar, wie sie Rom seit dem Zweiten Punischen Krieg nicht mehr gekannt hatte. Durch die Niederlage von Arausio waren die traditionellen Methoden senatorischer Politik völlig diskreditiert, und diese Situation nutzte C. Marius, um seine eigenen politischen Interessen durchzusetzen. Die Siege der Kimbern und Teutonen in der Zeit zwischen 113 und 105 v. Chr. waren die Voraussetzung dafür, dass in einer krisenhaften innenpolitischen Situation C. Marius mehrere Jahre lang ununterbrochen das Consulat bekleiden konnte, wofür es seit dem Zweiten Punischen Krieg keinen Präzedenzfall mehr gegeben hatte. Gleichzeitig begann in diesen Jahren eine enge Zusammenarbeit zwischen dem Feldherrn Marius und dem Volkstribun L. Appuleius Saturninus. In einer solchen politischen Konstellation wurde die Machtfülle eines Consuls mit den weitreichenden politischen Kompetenzen der Volkstribunen gebündelt. Es ging dabei nicht allein um die Wahl des Marius zum Consul und um dessen persönliche Machtstellung, Saturninus griff vielmehr auf die gracchische Agrargesetzgebung zurück, indem er eine *lex agraria* durchsetzte, die eine Verteilung von Land in Afrika an die Veteranen des Marius vorsah.[91] Aber anders als Ti.

---

86 Liv. per. 68 (Aquae Sextiae: 200.000 Gefallene, 90.000 Gefangene. Vercellae: 140.000 Gefallene, 60.000 Gefangene). Vell. 2,12,4–5 (Aquae Sextiae: Mehr als 150.000 Gefallene. Vercellae: Mehr als 100.000 Gefallene und Gefangene). Flor. epit. 1,38,14 (Vercellae: 65.000 Gefallene). Plut. Marius 21.
87 Liv. per. 65.
88 Plut. Marius 24.
89 D. Timpe, Kimberntradition (wie Anm. 64), S. 89. 110–113.
90 Plut. Marius 11. 24–25.
91 Vir. ill. 73,1. Bell. Afr. 56. Die *coloniae Marianae* sind auch epigraphisch bezeugt: ILS 1334. 6790. 9405.

Gracchus besaß Saturninus durch die Verbindung mit dem erfolgreichen Feldherrn Marius einen machtpolitisch unschätzbaren Rückhalt.

[39] Während der Kämpfe gegen die Kimbern und Teutonen entwickelte die Gruppe von Senatoren um Marius, Saturninus und C. Servilius Glaucia machtpolitische Ambitionen, die sich nicht mehr darauf beschränkten, jedes Jahr Marius den Consulat und damit die Führung des Krieges gegen die Germanen zu sichern oder soziale Maßnahmen zugunsten seiner Veteranen durchzusetzen. Dies zeigte sich deutlich in den beiden Jahren 101 und 100 v. Chr. Obwohl die Germanen geschlagen waren, erhielt Marius sein sechstes Consulat,[92] und Saturninus wurde zum zweiten Mal zum Volkstribunen gewählt, wobei es zu gewaltsamen Ausschreitungen kam. A. Nunnius, der sich ebenfalls um das Tribunat bewarb, wurde ermordet.[93] Für die Situation war das Auftreten eines Mannes, der sich als Sohn von Tiberius Gracchus ausgab, symptomatisch.[94] Das politische Programm des Saturninus umfasste ein Agrargesetz, die Gründung von Ansiedlungen in Sizilien, Griechenland und Makedonien sowie ein Frumentargesetz.[95] Durch die Vorschrift, dass die Senatoren einen Eid auf das Agrargesetz zu leisten hätten, gelang es Saturninus, einem der prominentesten und einflussreichsten Senatoren, Q. Caecilius Metellus, auszuschalten, denn dieser weigerte sich, den geforderten Eid abzulegen, und ging in die Verbannung.

Die Bedrohung Italiens durch die Kimbern und Teutonen hatte auf diese Weise über das gestiegene persönliche Prestige des Marius hinaus eine völlige Verschiebung der Machtverhältnisse in der römischen Innenpolitik zur Folge. Erst als Saturninus sich in der zweiten Hälfte des Jahres 100 v. Chr. entgegen allen gesetzlichen Vorschriften zur Ämterlaufbahn um den Consulat bewarb und es in dieser Situation zu einer Eskalation der Gewalt kam, der auch C. Memmius, ein Gegner des Saturninus, zum Opfer fiel, konnten die Senatoren Marius dazu bringen, eine Aktion zur Ausschaltung der Politiker um Saturninus und Servilius Glaucia zu tolerieren.[96]

Die Einsicht aber, dass durch ein wichtiges militärisches Kommando nicht allein persönliches Ansehen erworben werden konnte, sondern eben auch die politische Machtposition, mit deren Hilfe ein grundlegender Wandel in der politischen Situation herbeigeführt werden konnte, bestimmte in den folgenden Jahren die römische Politik. Im Jahr 88 v. Chr., als Sulla Consul war, unternahm Marius den Versuch, an seine früheren militärischen Erfolge anzuknüpfen, indem er durch einen Volkstribunen Sulla das Kommando im Kriege gegen den kleinasiatischen Herrscher Mithradates nehmen und sich selbst übertragen ließ. Mit diesem Vorgehen des Marius begann in der römischen Geschichte eine neun Jahre dauernde Phase der Bürgerkriege und der exzessiven politischen Gewalt.

[40] Marius und Caesar

Wenn Caesar in dem Bericht über die Ereignisse in Gallien im Jahr 58 v. Chr. mehrmals die Kimbern und Teutonen erwähnt,[97] handelt es sich keineswegs nur um eine bloße historische Reminiszenz; Caesar besaß mannigfache Beziehungen zu Marius und der politischen Gruppierung, die zwischen 88 und 82 v. Chr. Rom und Italien beherrschte. Seine Tante war

92 Plut. Marius 28.
93 App. civ. 1,27–28. Liv. per. 69. Flor. epit. 2,4,1. Vir. ill. 73,5.
94 Val. Max. 9,7,1.
95 Liv. per. 69. App. civ. 1,29–31. Vir. ill. 73,5. Rhet. Her. 1,21.
96 App. civ. 1,32–33. Plut. Marius 28–30.
97 Caes. Gall. 1,33,4. 1,40,5. Vgl. o. Anm. 19.

mit Marius verheiratet, er selbst mit einer Tochter Cinnas, und er wäre deswegen beinahe ein Opfer der sullanischen Proskriptionen geworden.[98] In den Anfängen von Caesars politischer Karriere spielten diese Verbindungen eine wichtige Rolle: Bei der Totenrede auf seine Tante im Jahr 68 v. Chr. zeigte er Bilder von Marius, und wenige Jahre später ließ Caesar Standbilder auf dem Capitol aufstellen, die an die Siege des Marius über die Kimbern und Teutonen erinnern sollten. Diese Aktion, die in Rom ein ungeheures Aufsehen erregte, wurde im Senat als demonstrativer Angriff auf das politische System der Republik scharf kritisiert.[99]

In welchem Ausmaß Caesar die Beteiligung seiner eigenen Verwandten oder der Verwandten seiner Frau am Geschehen in den römisch-germanischen Auseinandersetzungen präsent war und er sein eigenes militärisches Vorgehen in Beziehung zu seiner Familiengeschichte setzte, zeigt mit aller Deutlichkeit seine Bemerkung, dass er mit der Vernichtung der Tigurini, eines Stammes der Helvetier, nicht nur das der Republik zugefügte, sondern auch das im privaten Bereich erlittene Unrecht gerächt habe. Die Tiguriner hatten nämlich in der Schlacht, in der sie L. Cassius im Jahr 107 v. Chr. besiegten, auch den Legaten L. Piso, den Vorfahren seines Schwiegervaters L. Calpurnius Piso, getötet.[100]

Caesars Eroberung Galliens hatte ähnliche Rückwirkungen auf die römische Innenpolitik wie die Siege des Marius über die Kimbern und Teutonen; Caesar erwarb durch seine militärischen Erfolge ein großes Prestige, dem der Senat zuletzt wenig entgegenzusetzen hatte. Da nicht damit zu rechnen war, dass Caesar sich so leicht politisch ausschalten lassen würde wie der politisch eher unerfahrene Marius im Jahre 100 v. Chr.,[101] und da die führenden Senatoren glaubten, durch das Bündnis mit Pompeius militärisch Caesar überlegen zu sein, riskierten sie durch eine entschiedene Abwehr der Forderung Caesars, sich im Jahr 49 v. Chr. *in absentia* um das Consulat bewerben zu können, den Bürgerkrieg, in dem dann die Republik unterging. Was im Jahr 100 v. Chr. noch vermieden werden konnte, wurde nach der Eroberung Galliens Realität.

Obgleich die Feldzüge Caesars gegen die Helvetii und gegen germanische Stämme in den Jahren 58 und 55 v. Chr. keinen größeren Einfluss auf die politische Entwicklung hatten, die zum Ausbruch des Bürgerkrieges führte, bleibt doch zu konstatieren, dass die Eroberung Galliens mit zwei Kriegen gegen wan[41]dernde Stämme, die in Gallien einzudringen drohten, begann. Caesar folgte im ersten Jahr seines Proconsulates dem Vorbild der römischen Politik in der Zeit zwischen 113 und 105 v. Chr., als Papirius Carbo, L. Cassius, Q. Servilius Caepio und schließlich Cn. Mallius Maximus erfolglos versucht hatten, die Wanderungsbewegungen der Kimbern und Teutonen sowie der Tigurini im Vorfeld des Imperium Romanum abzuwehren und diese Stämme von den römischen Provinzen und von Italien fernzuhalten.

Diese Orientierung Caesars an der militärischen Strategie des späten 2. Jahrhunderts v. Chr. hat seine Wahrnehmung der Situation in Gallien und sein Handeln 58 v. Chr. entscheidend geprägt: Bei der Nachricht, die Helvetier wollten in das Gebiet der Santoni an der Atlantikküste nördlich der Mündung der Garonne ziehen, sieht Caesar sogleich die Provinz bedroht,[102] und ebenso glaubt er, die Germanen würden nach der Besetzung von ganz Gallien in die Provinz

---

98 Suet. Iul. 1,1. Vgl. zu den Anfängen von Caesars Karriere vor allem H. Strasburger, Caesars Eintritt in die Geschichte, München 1938.
99 Plut. Caesar 5,2–3. 6,1–5.
100 Caes. Gall. 1,12,7.
101 Plut. Marius 28.
102 Caes. Gall. 1,10,2.

Gallia Narbonensis einfallen und danach in Italien einzudringen versuchen.[103] An dieser Stelle erwähnt Caesar die Züge der Kimbern und Teutonen, um seiner Befürchtung Plausibilität zu verleihen. Mit seiner Darstellung der Feldzüge des Jahres 58 v. Chr. beansprucht Caesar demnach für sich, eine Bedrohung Italiens, die faktisch der durch die Kimbern und Teutonen entsprach, abgewendet zu haben.

Die zeitgenössische Sicht auf Caesars Kriege in Gallien stellt ähnliche Bezüge her. Cicero betont in seiner im Juni des Jahre 56 v. Chr. gehaltenen Rede über die consularischen Provinzen, dass Gallien immer als eine Bedrohung des Imperium Romanum angesehen wurde, aber aufgrund der Stärke der gallischen Stämme nie ein offensives militärisches Vorgehen in Gallien gewagt worden sei. Es ist bemerkenswert, dass Cicero in diesem Zusammenhang auch auf die Schlachten gegen die germanischen Stämme und gegen die Helvetier eingeht.[104] Das Verdienst von Caesar wird darin gesehen, dass er nicht nur gegen solche Feinde gekämpft hat, die bereits Krieg gegen das römische Volk begonnen hatten, sondern ganz Gallien der römischen Herrschaft unterworfen hat. Mit einer solchen Argumentation wird das Vorgehen Caesars in Gallien als Präventivkrieg gerechtfertigt. Möglich war dies nur aufgrund der Erfahrungen, die Rom in den Kriegen gegen die Kimbern und Teutonen gemacht hatte; entscheidend war die Erkenntnis, dass Wanderungen von Stämmen außerhalb der Grenzen des Imperium Romanum zu einer Bedrohung Italiens und Roms werden konnten.

In der modernen Forschung ist unstrittig, dass die Germanen und ihre Invasionen in der Spätantike wesentlich zum Fall des Weströmischen Reiches beitrugen; es spricht aber auch viel dafür, dass die Wanderungen germanischer Stämme bereits in der Zeit der späten römischen Republik die politische Entwicklung in Rom tiefgreifend beeinflusst haben. Bedingt durch die Kriege gegen die Kimbern und Teutonen gewann Marius, der in den Jahren 104 bis 100 v. Chr. ohne Un[42]terbrechung Consul war, eine herausragende Stellung im politischen System, die es ihm möglich machte, in Zusammenarbeit mit dem Volkstribun L. Appuleius Saturninus die gegen den Senat gerichtete Politik der Gracchen wieder aufzunehmen. Durch die äußere Bedrohung, die nur mit außergewöhnlichen Maßnahmen zu bewältigen war, wurde auf diese Weise das politische System Roms destabilisiert und die politische Krise der Republik wesentlich verschärft. Indem Caesar wiederum sich zu Beginn seiner politischen Karriere und in dem ersten Jahr seines Proconsulates an Marius und seiner Politik orientierte, schuf er sich die politische Ausgangsposition, von der aus er den Bürgerkrieg gegen den Senat und gegen Pompeius erfolgreich führen konnte.

---

103 Caes. Gall. 1,33,4.
104 Cic. prov. 33.

Atque nos omnia plura habere volumus
Die Senatoren im Wirtschaftsleben der späten römischen Republik

zuerst in:
W. Blösel, K.-J. Hölkeskamp (Hrsg.), Von der *militia equestris* zur *militia urbana*.
Prominenzrollen und Karrierefelder im antiken Rom. Beiträge einer internationalen Tagung
vom 16. bis 18. Mai 2008 an der Universität Köln, Stuttgart: Steiner, 2011, S. 113–135.

I.

Während der späten römischen Republik wurde die wirtschaftliche Lage der Senatoren von mehreren Faktoren bestimmt, einerseits von der Tatsache, dass Landbesitz traditionell die Grundlage des Reichtums der römischen Oberschichten darstellte und andere Formen von Reichtum sowie andere Quellen des Erwerbs für die Senatoren und *equites* in der vorangegangenen Zeit eine eher geringe Rolle gespielt hatten, und andererseits von den Ausgaben, die neben den Aufwendungen für die Familie, für den demonstrativen Konsum, der den sozialen Rang eines Politikers bezeugen sollte, auch die Kosten einer politischen Karriere umfassten. Vermögen und Einkommen führender römischer Senatoren waren seit dem 2. Punischen Krieg zunehmend von Einkünften abhängig, die aus der Aneignung von Kriegsbeute und der widerrechtlichen Belastung der Provinzbevölkerung und der Entgegennahme von Geschenken in den Provinzen während einer Statthalterschaft stammten.

Aus der Möglichkeit, während der Ausübung solcher Ämter, die mit einem *imperium* verbunden waren, hohe Einkünfte zu erzielen, resultierten verschiedene Probleme, die erhebliche Rückwirkungen auf die Finanzen der römischen Senatoren und auf die politischen Verhältnisse besaßen. Es kam zu einer starken Differenzierung der Vermögen der Senatoren: Diejenigen Angehörigen der Nobilität, die sich in den Provinzen und während der Kriege immens zu bereichern vermochten, besaßen einen Reichtum, der den einfacher Senatoren bei weitem übertraf. Die Geldbeträge, die im Krieg oder in den Provinzen gewonnen wurden, standen wiederum zur Finanzierung der politischen Karriere zur Verfügung, so dass es zu einer weiteren Verschärfung der politischen Konkurrenz kam. Dieser Reichtum wurde zunehmend auch für den Kauf von Prestigegütern verwendet, was zur Folge hatte, dass der Aufwand für ein standesgemäßes Leben erheblich anstieg. Es kam damit zu einer stetig schärfer werdenden Konkurrenz im Wettlauf um Distinktion und Dignität,[1] der die privaten Vermögen stark belastete.

Die Senatoren waren auch deswegen keine homogene soziale Gruppe, weil es neben den Angehörigen der alten Nobilitätsfamilien im Senat auch nicht wenige [114] *homines novi* gab,[2] die enge Beziehungen zu den *equites* hatten und vor Beginn ihrer Karriere als *equites* in Finanzgeschäften oder in den *societates publicorum* tätig waren.

Diese Tatsachen sind stets zu bedenken, wenn der Besitz, die wirtschaftlichen Aktivitäten und das Wirtschaftsverhalten römischer Senatoren untersucht werden;[3] ferner ist zu betonen,

---

1 Zur Konkurrenz aristokratischer Familien im republikanischen Rom vgl. Hölkeskamp 2004a, 272f.
2 Vgl. zu den *homines novi* im Senat der Zeit Ciceros Gruen 1974, 201–209. Allgemein zur späten Republik vgl. Wiseman 1971.
3 Standardwerk zum Besitz, den wirtschaftlichen Aktivitäten und den Einkünften von Senatoren ist Shatzman 1975. Vgl. ferner Rawson 1976.

dass die soziale und politische Elite Roms bereits im späten 4. und frühen 3. Jahrhundert v. Chr. über einen großen Reichtum verfügte. Die in der römischen Literatur weit verbreitete Vorstellung, die römischen Senatoren der frühen und mittleren Republik hätten ihre kleinen Felder allenfalls mit der Hilfe weniger Sklaven selbst bestellt, ist ein Konstrukt der römischen Historiker, die zeitkritisch dem Reichtum und dem Luxus ihrer Gegenwart die Armut und Bescheidenheit der Senatoren der frühen und mittleren Republik gegenüberstellten.[4] Livius gibt aber auch zahlreiche Hinweise auf reiche Senatoren im frühen 3. Jahrhundert v. Chr.; so berichtet er, dass der Consular L. Postumius verurteilt wurde, weil er Soldaten zur Landarbeit auf seinen Feldern heranzog; es ist daher anzunehmen, dass Postumius große Ländereien besaß.[5] Für diese Zeit werden außerdem Prozesse gegen viele Römer erwähnt, die mehr Land als gesetzlich gestattet in Besitz hatten;[6] die Prozesse gegen Viehzüchter (*pecuarii*) scheinen einen ähnlichen Hintergrund besessen zu haben.[7] Symptomatisch ist auch der Fall des Consulars P. Cornelius Rufus, der aus dem Senat ausgeschlossen wurde, weil er zehn Pfund (etwa 3,27 kg) verarbeitetes Silber in seinem Haushalt besaß.[8] Wie die Leichenrede des Q. Metellus auf seinen Vater L. [115] Metellus (cos. 251 und 247) bezeugt, hat die senatorische Führungsschicht den Erwerb eines großen Vermögens durchaus positiv bewertet.[9]

Die Zahl der Sklaven, die freigelassen wurden, ist im 4. und 3. Jahrhundert v. Chr. wahrscheinlich erheblich gestiegen, was ebenfalls auf einen wachsenden Reichtum der römischen Oberschicht hindeutet. Diese Entwicklung lässt sich an zwei Ereignissen ablesen: 357 v. Chr. wurde eine fünfprozentige Steuer auf Freilassungen eingeführt; aus diesen Steuereinnahmen wurden im Aerarium Rücklagen gebildet, die bis zum Jahr 209 v. Chr. auf 4000 Pfund Gold angewachsen sein sollen; die Zahl der in diesem Zeitraum freigelassenen Sklaven muss demnach beträchtlich gewesen sein.[10] 312 v. Chr. nahm der Censor Ap. Claudius Söhne von Freigelassenen in die Senatsliste auf und erregte damit den heftigen Protest der Senatoren.[11] Im späten 3. Jahrhundert v. Chr. arbeiteten in der römischen Landwirtschaft zahlreiche

---

4 Vgl. zu L. Cincinnatus Liv. 3,26,7–12. Bemerkenswert sind die moralisierenden Betrachtungen zu Beginn der Erzählung: *Operae pretium est audire, qui omnia prae divitiis humana spernunt neque honori magno locum neque virtuti putant esse, nisi ubi effuse affluant opes.* Immerhin sollte nicht übersehen werden, dass die Armut des Cincinnatus in der Erzählung des Livius überhaupt erst durch die Zahlung einer hohen Bürgschaft für seinen Sohn verursacht worden war; vgl. Liv. 3,11,6–3,13,10. Vor Livius wurde diese Sicht der Entwicklung der römischen Gesellschaft von Sallust vertreten; vgl. Sall. Cat. 10–12; Iug. 41. Nach Meinung von Sallust setzte das Streben nach Reichtum mit der Zerstörung Carthagos ein. Ältere Autoren gaben naturgemäß einen früheren Zeitpunkt an, so Calpurnius Piso Frugi den Feldzug des Cn. Manlius Vulso (cos. 189) in Kleinasien und den Krieg gegen Perseus: FRH I 7,37; 7,41 (= Plin. nat. 34,14; 17,244). Val. Max. 4,4,7. Valerius Maximus nennt in dem Abschnitt de *paupertate* (4,4) eine Reihe armer Senatoren. Aus solchen Bemerkungen kann allerdings nicht auf eine generelle Armut der römischen Führungsschicht in der frühen Republik geschlossen werden. In der Principatszeit findet sich die klassische Formulierung dieser Thesen bei Plin. nat. 18,6–21. Zum frugalen Lebensstil der Senatoren des 4. und 3. Jh.s in der römischen Literatur vgl. Hölkeskamp 1987, 230f. und ders. 2004b, 115.

5 Liv. per. 11. Vgl. zum Reichtum der Nobilität im 4. und frühen 3. Jh. v. Chr. die erhellenden Ausführungen von Hölkeskamp 1987, 227–232.

6 Liv. 10,13,14. Vgl. auch Liv. 7,16,9 für das Jahr 357 v. Chr. und ferner 10,23,13; 10,47,4.

7 Liv. 10,23,13; 10,47,4.

8 Liv. per. 14.

9 Plin. nat. 7,140. Vgl. unten Anm. 22.

10 Liv. 7,16,7. Vgl. Rotondi 1912,221f. Liv. 27,10,11.

11 Liv. 9,46,10f.

Sklaven; nach der Niederlage bei Cannae leisteten Sklaven im römischen Heer Kriegsdienst. Der Niedergang der Landwirtschaft im Zweiten Punischen Krieg wurde auf einen Mangel an Sklaven zurückgeführt, was die Bedeutung der Sklaverei in dieser Zeit unterstreicht.[12] Ein beeindruckendes Zeugnis der sozialen und wirtschaftlichen Differenzierung innerhalb der römischen Gesellschaft sind die Maßnahmen des Jahres 214 v. Chr., als ein Krieg mit Syrakus drohte. Der Senat beschloss, dass die begüterten römischen Bürger Matrosen für die Flotte stellen und versorgen sollten, wobei die verschiedenen Vermögensklassen unterschiedlich belastet wurden.[13]

Die archäologischen Zeugnisse bestätigen dieses Bild. Der Reichtum patrizischer Familien findet einen imponierenden Ausdruck in der Grabanlage der Cornelii Scipiones[14] und im Sarkophag des L. Cornelius Scipio Barbatus in den Vatikanischen Museen.[15] In Rom wurden Erzeugnisse von hoher Qualität hergestellt; so weist die Inschrift auf der ‚Cista Ficoroni‘ aus der Zeit um 315 v. Chr. auf Rom als Herstellungsort hin.[16] Im 3. und im 2. Jh. v. Chr. scheint unter den römischen Senatoren ein ausgeprägter Hang existiert zu haben, nach Bekleidung einer Magistratur eine Statue im öffentlichen Raum aufzustellen, um so das damit erworbene Prestige demonstrativ zu dokumentieren. Die Censoren des Jahres 158 v. Chr. sahen sich daher veranlasst, die Standbilder auf dem Forum beseitigen zu lassen, sofern sie nicht aufgrund eines Volks- oder Senatsbeschlusses errichtet worden waren.[17]

[116] Von besonderer Bedeutung für die wirtschaftlichen Aktivitäten der römischen Senatoren war die *lex Claudia de nave senatorum* aus dem Jahr 218.[18] Das Gesetz untersagte Senatoren oder deren Söhnen den Besitz von Seeschiffen mit einer Ladefähigkeit von mehr als 300 Amphoren. Mit dem Verbot, größere Schiffe zu besitzen, war eine Beteiligung der Senatoren an Handelsgeschäften so gut wie ausgeschlossen. Angesichts dieser in der Literatur stets betonten Wirkung des Gesetzes darf nicht übersehen werden, dass es einen Anlass für ein solches Gesetz nur gab und der Widerstand der Nobilität gegen das Gesetz nur zu erklären ist, wenn in der Zeit vor 218 v. Chr. Senatoren tatsächlich größere Schiffe besaßen. Die *lex Claudia* belegt die Marktorientierung der Agrarproduktion auf den Gütern der Nobilität schon für die Zeit unmittelbar vor dem Zweiten Punischen Krieg.

---

12 Liv. 22,57,11f. Vgl. 24,14,3–24,16,19; 26,35,5; 28,11,9.

13 Liv. 24,11,7. Erwähnt werden Bürger mit einem Vermögen von 50.000 As, von 100–300.000 As, von 300.000 bis 1 Mio. As und von über 1 Mio. As.

14 Richardson 1992, 359f.

15 Ein weiteres Beispiel für die prunkvolle Ausstattung einer Grabanlage bietet ein auf dem Esquilin gefundenes Fresko mit einer Szene aus den Samnitenkriegen. Vgl. Ogilvie 1989, 13 und Bianchi Bandinelli 1970, 115 und Abb. 117.

16 ILS 8562. Vgl. Sprenger – Bartolini 1990, Tafel 232f. und 150f.; Forsythe 2005, 316f.

17 Plin. nat. 34,30. Vgl. dazu FRH I 7,40.

18 Liv. 21,63,3: *novam legem*, [...] *ne quis senator cuive senator pater fuisset maritimam navem, quae plus quam trecentarum amphorarum esset, haberet.* Interessant ist der Kommentar des Livius zu diesem Gesetz: *Id satis habitum ad fructus ex agris vectandos; quaestus omnis patribus indecorus visus.* Vgl. Rotondi 1912, 249f.; D'Arms 1981, 31–35; Aubert 2004, 166–168.

II.

Das wirtschaftliche Handeln und die Wirtschaftsethik vermögender Senatoren stehen in einem engen Zusammenhang mit der Verwaltung des eigenen Vermögens und dem Umgang mit Geld. Da es – abgesehen von den *societates* und insbesondere den *societates publicorum*[19] – in der römischen Republik nicht zu einer Herausbildung von wirtschaftlichen Unternehmungen[20] gekommen war und folglich das Eigentum an wirtschaftlichen Gütern nicht vom privaten Vermögen getrennt war, ist es kaum möglich, zwischen wirtschaftlichem Handeln und dem Umgang mit dem privaten Vermögen zu differenzieren. Der römische Großgrundbesitzer kann daher weder als Agrarunternehmer noch als Investor bezeichnet werden; das Vermögen reicher Römer bestand sowohl aus dem Geldvermögen, dem privat genutzten Eigentum als auch aus Besitzungen, die der Erzielung eines möglichst hohen Einkommens dienten; alle diese Bestandteile eines Vermögens bildeten eine untrennbare Einheit.

Unter diesen Voraussetzungen ist es gerechtfertigt, bei der Untersuchung des wirtschaftlichen Handelns von Senatoren von ihrer Einstellung zu privatem Reichtum und von ihrem Umgang mit dem eigenen Geldvermögen auszugehen. Dabei können hier aufgrund der Quellenlage, die statistische oder auch nur [117] quantitative Aussagen nicht zulässt, nur exemplarisch einzelne Fälle und einzelne Aussagen dargestellt und analysiert werden.[21]

Eine grundsätzliche Festlegung bestand darin, dass in Rom wirtschaftliches Handeln und alle Aktivitäten, die das eigene Vermögen betrafen, an Recht und Gesetz sowie an soziale Normen gebunden waren. Fragen des Eigentums sind zentraler Bestandteil des Zwölftafelrechts, und insofern war ein rechtlicher Rahmen für wirtschaftliches Handeln in der Republik traditionell gegeben. Die Bindung an soziale Normen kommt bereits deutlich in der Wiedergabe der Rede des Q. Metellus auf seinen Vater bei Plinius zum Ausdruck; es heißt an dieser Stelle, L. Metellus habe den Wunsch gehabt, ein großes Vermögen auf gute Weise (*bono modo*) zu erwerben.[22] Cato formuliert eine ähnliche Position in der Praefatio seiner Schrift über die Landwirtschaft: An dieser Stelle werden drei Möglichkeiten des Gelderwerbs bewertet und miteinander verglichen, das Handelsgeschäft, der Geldverleih und die Landwirtschaft. Während Cato den Handel seiner Risiken wegen ablehnt, bezeichnet er den Geldverleih gegen Zins als nicht ehrenhaft (*honestum*) und begründet dieses Urteil damit, dass die älteren Generationen (*maiores*) für Wucher eine höhere Strafe vorsahen als für Diebstahl. Daraus lässt sich nach Meinung Catos ermessen, dass man den Wucherer für einen schlechteren Bürger hielt als den Dieb.[23] Eine geradezu klassische Formulierung zur römischen Bewertung des Gelderwerbs stammt von Polybios, der

19 Zu den *societates* vgl. Andreau 2001a und 2001b sowie Badian 1972.
20 Wesentliche Merkmale einer wirtschaftlichen Unternehmung oder eines Unternehmens sind die Existenz eines Sondervermögens neben dem Privatvermögen des Eigentümers sowie die Tatsache, dass das Unternehmen den Rechtsstatus einer juristischen Person besitzt. Vgl. dazu Weber 1923/1981, 184 zur *commenda*; 200–202: „Mit der Ausbreitung des Kommendageschäftes entwickelt sich die *dauernde Betriebsunternehmung* [...] Schließlich entwickelt sich als wirksamstes und alle anderen überdauerndes Mittel zur Begründung der Kreditwürdigkeit die Ausscheidung eines Sondervermögens der Handelsgesellschaft, das vom Privatvermögen der Gesellschafter verschieden ist."
21 Dabei bleibt weitgehend offen, inwieweit einzelne Aussagen verallgemeinert werden können; immerhin treffen einzelne Autoren allgemeine Feststellungen, die in ihrer Zeit geglaubt werden sollten.
22 Plin. nat. 7,140: *voluisse enim* [...] *pecuniam magnam bono modo invenire*. Vgl. D'Arms 1981, 20f. D'Arms weist darauf hin, dass mit *invenire* in diesem Zusammenhang nur „to acquire a fortune" bedeuten kann. Eine bloße Erbschaft ist hier auszuschließen.
23 Cato agr. praef. 1.

ebenfalls die Bedeutung des Gesetzes für den Gelderwerb in Rom betont, wenn er schreibt, die Römer lehnten Bestechung und gesetzwidrige Bereicherung strikt ab, schätzten aber sehr den Erwerb auf rechtlichem Wege.[24]

Das Problem, inwieweit das Recht und die Norm des Ehrenhaften im Wirtschaftsleben zu beachten seien, hat Cicero in Anlehnung an die griechische Ethik und an die römische Rechtsprechung ausführlich erörtert.[25] Es geht Cicero dabei um die allgemeine Frage, ob es eine Differenz zwischen dem Ehrenhaften (*honestum*) und dem Nützlichen (*utile*) in der Weise geben kann, dass etwas zwar nützlich, aber nicht ehrenhaft ist.[26] Grundsätzlich vertritt Cicero die Auffassung, dass es nicht zu akzeptieren ist, wenn ein Vorteil erzielt wird, indem einem anderen Schaden zugefügt wird.[27] Ein solches Verhalten ist nach Cicero gegen die Natur und führt zur Zerstörung der menschlichen Gesellschaft und Gemeinschaft. Von dieser Prämisse her beurteilt Cicero das Verhalten bei Verkauf und Kauf. Bei [118] der Erörterung der Frage, ob ein Verkäufer dem Käufer für die Preisbildung relevante Informationen vorenthalten darf, dienen der Getreidehandel und der Verkauf eines Hauses als Beispiel.[28]

Cicero diskutiert den Fall eines Getreidehändlers, der während einer Hungersnot in Rhodos Getreide verkauft, gleichzeitig Kenntnis davon hat, dass weitere Schiffe mit Getreide Rhodos ansteuern, was zu einem Sinken des Getreidepreises führen würde, und so vor der Entscheidung steht, ob er dieses Wissen in Rhodos mitteilen soll. Beim Verkauf eines Hauses verhält es sich ähnlich: Hat der Verkäufer, so fragt Cicero, dem Käufer auch dann alle Mängel des Hauses mitzuteilen, wenn dadurch der Preis des Hauses stark sinken würde? Für Cicero ist die Bewertung dieser Fälle eindeutig: Es ist nicht zu billigen, wenn relevante Informationen verschwiegen werden, um so einen Gewinn auf Kosten eines Käufers zu erzielen.[29] Es ist zu betonen, dass die philosophische Position Ciceros von der römischen Rechtsprechung geteilt wurde, worauf mit Nachdruck hingewiesen wird. Cicero erwähnt die Formel *de dolo malo* des C. Aquilius, der es für eine böswillige Täuschung hielt, wenn etwas vorgetäuscht wird und etwas anderes aber getan wird.[30] Indem Cicero diese Rechtsauffassung auf das Zwölftafelrecht und damit auf das älteste römische Rechtsdokument zurückführt, verleiht er ihr die Autorität der Tradition.[31]

Bei der Frage, wie Besitz zu bewerten ist, steht bei Cicero die Beachtung der sozialen Norm im Vordergrund: Besitz ist dann zu billigen, wenn er auch den Freunden und dem Gemeinwesen zur Verfügung steht und auf gute Weise und nicht durch Ausübung eines schimpflichen oder verhassten Gewerbes erworben worden ist; vermehrt werden sollte ein Vermögen mit Vernunft, Sorgfalt und Sparsamkeit.[32]

---

24 Polyb. 6,56. Vgl. D'Arms 1981, 21.

25 Cic. off. 3,1–95.

26 Panaitios hat diese Frage nicht diskutiert (vgl. Cic. off. 3,7–12), weswegen Cicero sich hier an anderen Philosophen orientiert, darunter etwa Diogenes Babylonius und Antipater; vgl. Cic. off. 3,51–55.

27 Cic. off. 3,21–29.

28 Cic. off. 3,50–60.

29 Cic. off. 3,57.

30 Cic. off. 3,60: *in quibus ipsis, cum ex eo quaereretur, quid esset dolus malus, respondebat, cum esset aliud simulatum, aliud actum.*

31 Cic. off. 3,61. Neben dem Zwölftafelrecht wird die lex Plaetoria genannt; vgl. Rotondi 1912, 271 f. Zur Rechtslage beim Verkauf von Grundstücken vgl. Cic. off. 3,65: *Ac de iure quidem praediorum sanctum apud nos est iure civili, ut in iis vendendis vitia dicerentur, quae nota essent venditori.*

32 Cic. off. 1,92: *deinde augeatur ratione, diligentia, parsimonia.* Vgl. D'Arms 1981, 21.

Die Bewahrung eines Vermögens war nach Meinung Catos geradezu die Pflicht eines *pater familias*; nach Plutarch soll Cato seinem Sohn gesagt haben, sich „sein Vermögen abnehmen zu lassen, sei nicht Sache eines Mannes, sondern einer Witwe." Mit kritischer Distanz führt Plutarch auch die Meinung Catos an, „der müsse als ein bewundernswerter und göttlicher Mann gelten, aus dessen Büchern es sich erweise, dass er mehr Hinzuerworbenes als Ererbtes hinterlasse."[33] Eine derart extreme Einstellung war vielleicht ungewöhnlich, aber es lassen sich durchaus Argumente dafür anführen, dass viele römische Senatoren darauf bedacht waren, ihren Reichtum zu mehren. In der Rede für die Rhodier [119] charakterisiert Cato das in Rom übliche Verhalten mit folgenden Worten:

> „*Atque nos omnia plura habere volumus, et id nobis impune est.*"[34]

Das Verhalten römischer Senatoren in Fragen ihrer privaten Finanzen hat Polybios, der gute Kontakte zu römischen Senatskreisen besaß, in dem Abschnitt über Scipio Aemilianus charakterisiert: Als Scipio den noch ausstehenden Teil der Mitgift der Schwestern seines Adoptivvaters, einen hohen Geldbetrag, – es handelte sich um insgesamt fünfzig Talente, also 1,2 Mio. HS – bereits nach zehn Monaten an die Ehemänner der beiden Frauen auszahlen ließ, obwohl das Gesetz vorschrieb, die entsprechenden Beträge in drei Jahresraten zu zahlen, wurde dies Verhalten von den Ehemännern der beiden Frauen zunächst als Irrtum und dann als äußerst ungewöhnlich wahrgenommen. Polybios kommentiert diesen Vorgang mit folgenden Worten:

> „Und ihr Erstaunen [das der Ehemänner] war verständlich; denn in Rom würde niemand fünfzig Talente zu früh geben, ja nicht einmal ein einziges Talent vor dem Fälligkeitstermin, so genau nehmen sie es in Geldsachen, so sehr sucht jeder die Fristen auszunutzen."[35]

Nach Meinung der Ehemänner, denen die Mitgift ausgezahlt werden sollte, standen Scipio für die Zeit bis zur Auszahlung der Beträge die Zinsen aus dem Geldvermögen zu; Scipio hat also zugunsten seiner Verwandten faktisch auf ein ihm zustehendes Zinseinkommen verzichtet.

Ähnlich großzügig verhielt sich Scipio, als er seinen Anteil am Erbe seines Vaters seinem Bruder Fabius, der ebenfalls adoptiert worden war, überließ und überdies die Hälfte der Kosten für die Gladiatorenspiele, die Fabius zu Ehren des Vaters veranstaltete, übernahm.[36] Polybios geht deswegen so ausführlich auf Scipios Finanzgebaren ein, weil es nicht dem üblichen Vorgehen entsprach und in der römischen Öffentlichkeit gerühmt wurde.

Bemerkenswert sind zwei Tatsachen, die Polybios in seinem Bericht über Scipio erwähnt, zum einen das Faktum, dass ein Bankier auf Anweisung Scipios die Auszahlung der Mitgift vornimmt; daraus geht hervor, dass reiche Senatoren bereits gegen Mitte des 2. Jahrhunderts v. Chr. für die Verwaltung ihres Vermögens professionelle Hilfe in Anspruch nahmen und Geld nicht im eigenen Haus, so gut geschützt dies auch sein mochte, aufbewahrten, sondern beim Bankier deponierten. Zum anderen gibt der Text den Wert der Erbschaft des L. Aemilius Paullus mit 60 Talenten an und zeigt auf diese Weise, dass es mit der Verbreitung des

---

33 Plut. Cato maior 21,8. Vgl. D'Arms 1981, 21.

34 Gell. 6,3,37.

35 Polyb. 32,13. Vgl. auch Polyb. 32,12: Hier stellt Polybios fest, dass in Rom niemand freiwillig anderen etwas von seinem Eigentum abgebe.

36 Polyb. 32,14. L. Aemilius Paullus hatte 60 Talente (1,44 Mio. HS) hinterlassen, Gladiatorenspiele sollen nach Polybios mindestens 30 Talente gekostet haben.

Münzgeldes und der Durchsetzung der Geldwirtschaft zur Gewohnheit geworden war, den Geldwert eines Vermögens zu erfassen.

[120] **III.**

Es gibt ein beeindruckendes Zeugnis für die steigenden Ausgaben von Senatoren für demonstrativen Konsum, der den gesellschaftlichen Rang des einzelnen Senators erweisen sollte; es handelt sich um die Bemerkung von Plinius über die Häuser von Senatoren in Rom:

> „Wie bei den sorgfältigsten Autoren feststeht, gab es unter dem Consulat des M. Lepidus und Q. Catulus in Rom kein schöneres Haus als das des Lepidus selbst; doch nahm es, beim Hercules, fünfunddreißig Jahre später nicht einmal mehr die hundertste Stelle ein. Bei dieser Schätzung mag, wer will, in Rechnung stellen die Masse an Marmor, die Werke der Maler, den königlichen Aufwand und die mit dem schönsten und berühmtesten Haus wetteifernden hundert Häuser, die später von unzähligen anderen bis auf diesen Tag übertroffen wurden."[37]

Die gesellschaftlichen Mechanismen, die hinter diesem Aufwand standen, werden von Cicero klar beschrieben: Ein mit großem Aufwand gebautes Haus verleiht Würde wie im Fall des Cn. Octavius, der als *homo novus* Consul wurde, während M. Aemilius Scaurus, der dieses Haus hatte abreißen und ein größeres auf dem Grundstück bauen lassen, Schande und Unglück in das Haus brachte. Cicero formuliert den allgemeinen Grundsatz, die Würde eines Senators sei durch ein Haus zu erhöhen, nicht aber durch ein Haus zu erwerben; später hat Vitruvius betont, dass die Anlage eines Hauses der Tätigkeit und dem sozialen Rang seines Besitzers zu entsprechen hat.[38] Für Politiker, die hohe Ämter innehaben, sollen nach Vitruvius hohe königliche Vorhallen und weiträumige Atrien sowie Peristyle errichtet werden.[39]

Für den Bau oder Kauf eines Hauses in Rom mussten hohe Summen ausgegeben werden; so sollen für das bei Plinius erwähnte Haus des Redners L. Licinius Crassus 6 Mio. HS geboten worden sein,[40] M. Valerius Messalla (cos. 61) bezahlte für ein Haus 13,4 Mio. HS und Cicero wendete im Jahr 62 für sein Haus auf dem Palatin 3,5 Mio. HS auf.[41] Neben den Häusern in Rom wurden auch die Villen der Senatoren auf dem Land und die Parkanlagen immer aufwendiger ausgestattet; mit welcher Sorgfalt die Wohngebäude und Gärten geplant wurden, zeigt ein Brief, in dem Cicero seinem Bruder Quintus über Bauarbeiten, Veränderungen der Gartenanlagen und über den Kauf eines Sommerhauses berichtet.[42] Der Luxus der Villen des Lucullus wird von Plutarch eindrucksvoll beschrieben, und bezeichnend ist auch die Bemerkung, die Lucullus machte, als Pompeius die Villa in Tusculum kritisierte, weil sie nicht für den Winter geeignet sei:

> „Meinst Du, dass ich weniger Verstand habe als die Kraniche und Störche, so dass ich nicht meinen Aufenthaltsort mit den Jahreszeiten wechsle?"[43]

---

37 Plin. nat. 36,109f. Vgl. 17,2–6; 36,48.
38 Cic. off. 1,138f.; Vitr. 6,5,2f. Vgl. Cic. Att. 1,13,6.
39 Vitr. 6,5,2.
40 Plin. nat. 17,3.
41 Cic. Att. 1,13,6; fam. 5,6,2.
42 Cic. ad Q. fr. 3,1.
43 Plut. Luc. 39.

Tatsächlich sind eine Reihe von Senatoren der späten Republik bezeugt, die mehrere Villen [121] auf dem Land – insbesondere in der näheren Umgebung von Rom, etwa in Tusculum, oder am Golf von Neapel[44] – besaßen; zu ihnen gehörten etwa Q. Hortensius (cos. 69), L. Licinius Lucullus (cos. 74), L. Lucceius (pr. 67), Q. Lutatius Catulus (cos. 78), Cn. Pompeius Magnus (cos. 70, 55, 52), M. Terentius Varro (pr. 67) und M. Tullius Cicero (cos. 63). Die Größe solcher Villen konnte in der Politik genutzt werden, um Ressentiments gegen ihren Besitzer zu wecken, wie dies im Fall des Lucullus geschehen ist.[45] Es gibt einige Angaben zum Wert solcher Villen; so wurden Ciceros Landhäuser in Tusculum und Formiae nach seiner Rückkehr aus der Verbannung vom Senat auf 500.000 bzw. 250.000 HS geschätzt.[46]

Neben den Häusern in Rom und auf dem Lande gab es andere Formen eines standesgemäßen Aufwandes; an erster Stelle ist hier der Besitz von Kunstwerken zu nennen. Viele griechische Kunstwerke gelangten als Kriegsbeute oder durch illegale Aneignung während einer Statthalterschaft in den Besitz von Senatoren;[47] daneben existierte ein Kunstmarkt, auf dem aufgrund der großen Nachfrage hohe Preise verlangt und bezahlt wurden. Cicero erwähnt in der Rede gegen Verres, dass auf einer Auktion für eine nicht besonders große Bronzestatue 40.000 HS geboten worden sind, und bei Plinius finden sich Preise, die in der späten Republik für Gemälde bezahlt worden sind: Hortensius erwarb die Argonauten von Kydios für 144.000 HS, Caesar kaufte einen Aiax und eine Medea des Timomachos aus Byzanz für 80 Talente (1,92 Mio. HS) und stellte die Gemälde in dem Tempel der Venus Genetrix auf, Lucullus schließlich bezahlte für eine Kopie eines Gemäldes von Pausias zwei Talente (48.000 HS).[48] Cicero selbst begann in einer relativ frühen Phase seiner politischen Karriere, nämlich im Jahr 67 v. Chr., Kunstwerke in Griechenland zu erwerben, um damit seine Häuser und Parkanlagen auszustatten; er zahlte damals für megarische Standbilder 20.400 HS und bat Atticus, ihm weitere Statuen und Reliefs zu besorgen.[49]

Im Zusammenhang mit einem luxuriösen Lebensstil ist auch das Tafelsilber zu erwähnen, das den Gästen bei festlichen Anlässen auf einer Anrichte stolz gezeigt wurde.[50] Eine Vorstellung vom Wert des Tafelsilbers römischer Senatoren vermitteln einige Angaben bei Plinius: Der Redner L. Crassus (cos. 95) besaß zwei Silberbecher des Mentor, die 100.000 HS gekostet hatten; das übrige Tafelsilber hatte Crassus für 6000 HS je Pfund (327 Gramm) gekauft.[51] Dabei ist zu bedenken, dass solches Tafelgeschirr normalerweise mehrere Pfund schwer war. Das Fehlen von Tafelsilber wurde einem Senator zum Vorwurf gemacht, ein [122] Hinweis darauf, dass auch in diesem Fall eine gesellschaftliche Norm existierte, die von dem einzelnen Senator zu beachten war.[52]

Da die regelmäßigen Einkünfte der Senatoren in vielen Fällen nicht ausreichten, um die stark steigenden Ausgaben für den demonstrativen Konsum zu finanzieren, entstand das

44 D'Arms 1970, 18–72.
45 Cic. Sest. 93.
46 Cic. Att. 4,2,5.
47 Berüchtigtstes Beispiel hierfür ist C. Verres; dem Kunstraub in der Provinz Sicilia widmet Cicero eine ganze Rede gegen Verres: Cic. Verr. 2,4.
48 Plin. nat. 35,130; 35,136; 35,125.
49 Cic. Att. 1,8,2; 1,9,2; 1,10,3.
50 Cic. Verr. 2,4,33. Vgl. Stein-Hölkeskamp 2005, 146–154.
51 Plin. nat. 33,147.
52 Cic. Pis. 67.

Problem einer strukturellen Verschuldung der römischen Oberschicht. Gerade der Kauf eines Hauses bedeutete für Senatoren eine starke finanzielle Belastung; so schrieb Cicero freimütig, er sei nach dem Kauf seines Hauses auf dem Palatin hoch verschuldet, und Crassus stellte allgemein fest, dass die „Baulustigen sich ohne Zutun ihrer Feinde selbst ruinierten."[53] Während der Catilinarischen Verschwörung wurde das Problem der Verschuldung in aller Schärfe sichtbar, und die Forderung Catilinas nach einem Schuldenerlass entsprach durchaus der sozialen Lage der Catilinarier aus dem Senatorenstand.[54] Die Verschuldung von Senatoren hatte auf ihr politisches Verhalten in den letzten Jahren der Republik durchaus Einfluss und spielte auch bei dem Ausbruch des Bürgerkrieges eine wichtige Rolle.[55]

Der Luxus der senatorischen Oberschicht war Ausdruck einer Verfeinerung der Lebensweise sowie der Alltagskultur und diente außerdem der demonstrativen Zurschaustellung von Reichtum und sozialem Rang;[56] bei den Luxusgütern handelte es sich um das symbolische Kapital, das seinem Besitzer Dignität verlieh.[57] Es ist dabei aber nicht zu übersehen, dass der Luxuskonsum erhebliche Folgen für die wirtschaftliche Lage der Senatoren hatte. Während ein Senator bei den Ausgaben für die politische Karriere noch darauf hoffen konnte, dass er als Statthalter in einer Provinz oder als Feldherr in einem Krieg seine Finanzen wiederum sanieren könnte, war der Aufwand für einen Lebensstil, der als standesgemäß gelten konnte, ökonomisch gesehen völlig unproduktiv.

Die Vermögen vieler Senatoren bestanden während der letzten Jahrzehnte der Republik zu einem nicht unerheblichen Teil aus Immobilien und Gütern, die vor allem für private Zwecke genutzt wurden oder einen repräsentativen Rahmen für politische und gesellschaftliche Aktivitäten boten, aber keinen wirtschaftlichen Nutzen hatten.[58] Der private Aufwand bedeutete einen Verzicht auf hohe [123] Einkommen, die etwa durch den Kauf von Landbesitz, der bewirtschaftet wurde, hätten erzielt werden können. Gleichzeitig stellte die Verschuldung, die aufgrund der Zinsen ständig Kosten verursachte und damit für die Vermögen eine erhebliche Belastung darstellte, ein gravierendes wirtschaftliches Problem dar. Es ist daher nicht überraschend, dass Luxus und Verschuldung im Zentrum der politischen Diskurse der späten Republik standen. Die Fassade des Reichtums der Senatoren mag beeindruckend gewesen sein,

---

53 Cic. fam. 5,6,2. Plut. Crass. 2.

54 Sall. Catil. 21,2. Verschuldung der Catilinarier: Cic. Catil. 2,18f.; off. 2,84f.

55 Cic. Att. 7,3,5; 9,11,4; 10,8,2; Caes. civ. 1,4,2. P. Cornelius Lentulus Spinther (cos. 57) war im Jahre 50 gezwungen, alle seine Besitzungen außer dem Tusculanum zu verkaufen: Cic. Att. 6,1,23. Vgl. allgemein Frederiksen 1966 und Rollinger 2009.

56 In der Soziologie sind diese Aspekte von demonstrativem Konsum und kulturellen Ambitionen analysiert worden, so von Veblen 1899/1971 und Bourdieu 1979/1982.

57 Für den Hausbesitz hat dies Cicero, Att. 1,13,6 deutlich formuliert: ... *et homines intellegere coeperunt licere amicorum facultatibus in emendo ad dignitatem aliquam pervenire.*

58 Solche Angehörigen des *ordo equester*, die bestrebt waren, ihr Vermögen zu vermehren, und zu diesem Zweck die Kosten für die Lebenshaltung zu begrenzen suchten, haben den Lebensstil der Senatoren nicht imitiert. Beispiel hierfür ist Atticus; vgl. Nep. Att. 14: *Nullos habuit hortos, nullam suburbanam aut maritimam sumptuosam villam.* Vgl. Cic. Att. 9,9,4. An dieser Stelle charakterisiert Cicero, der einen Besitz in Lanuvium zu kaufen gedenkt, die Denkweise des Atticus mit Hinweis auf dessen Interesse an den Erträgen eines Besitzes. Der Lebensstil der Senatoren war spezifisch für eine begrenzte soziale Schicht, nicht für die wohlhabenden Römer im allgemeinen.

es ist aber deutlich, dass das Vermögen vieler Senatoren ökonomisch gesehen auf einem schwachen Fundament ruhte.[59]

IV.

Die landwirtschaftlich genutzten Besitzungen sicherten den Senatoren dauerhafte und wenigen Risiken ausgesetzte Einkünfte und stellten daher den Teil des Vermögens dar, der als ökonomische Basis ihrer sozialen und politischen Existenz anzusehen ist. Die wirtschaftliche Bedeutung der Landwirtschaft für das Vermögen der Senatoren hatte zur Folge, dass die landwirtschaftliche Produktion zum Gegenstand einer Fachliteratur wurde, die den Gutsbesitzern Wissen über die Organisation der Güter und die Behandlung der Sklaven sowie über den Anbau, die Weidewirtschaft und die Hoftierhaltung (*pastio villatica*) vermitteln sollte. Das Interesse an derartigen Informationen wird auch an dem Senatsbeschluss sichtbar, das Werk des Karthagers Mago über die Landwirtschaft in das Lateinische übersetzen zu lassen.[60] Die beiden erhaltenen Texte römischer Agrarschriftsteller – *de agricultura* von M. Porcius Cato (cos. 195) und *de re rustica* von M. Terentius Varro – sind von Senatoren verfasst; da in Varros Schrift überdies Diskussionen zwischen Senatoren wiedergegeben werden, kommen hier Ansichten zur Sprache, die ihrer Tendenz nach generell den Überzeugungen römischer Großgrundbesitzer entsprachen.[61] Diese Schriften sind daher für die Kenntnis der römischen Wirtschaftsethik sowie der wirtschaftlichen Interessen, Einstellungen und Aktivitäten römischer Senatoren überaus relevant.

Einer der wichtigsten Texte zu diesen Fragen stellt ohne Zweifel die *praefatio* von Catos Schrift über die Landwirtschaft dar.[62] Es ist signifikant, dass gleich zu Beginn von *de agricultura* die Frage nach dem Erwerb und insbesondere nach dem Erwerb von Vermögen gestellt wird und die Tätigkeit des Landwirtes mit [124] anderen Formen des Erwerbs, mit Handel und Geldverleih gegen Zins, verglichen wird.[63] Der Abschnitt über den Kauf eines Gutes macht deutlich, dass möglichst hohe Erträge erwirtschaftet werden sollten. Beim Kauf war darauf zu achten, ob die Güter in der Nachbarschaft ertragreich waren, ob das Gut, das gekauft werden soll, über hohe Lagerkapazitäten verfugte und ob es einen hohen Aufwand benötigte. Cato war sich bereits der Relation von Kosten und Ertrag bewusst.[64] Ferner war die Verkehrslage entscheidend: Das Gut sollte in der Nähe einer größeren Stadt, möglichst am Meer oder an einem schiffbaren Fluss oder an einer guten und vielbefahrenen Straße liegen. Diese Feststellung wird von Cato nicht begründet, aber von späteren Autoren eindeutig so verstanden, dass die Nähe guter Verkehrswege einen kostengünstigen Transport der Erzeugnisse zu den Märkten ermög-

---

59 Es ist symptomatisch für diese Situation, dass Senatoren oder Nobiles gezwungen waren, ihre Besitzungen zu veräußern; besonders eklatant ist der Fall des M. Iunius Brutus, dem der Redner L. Licinius Crassus (cos. 95) vorwarf, die ererbten Landgüter bei Privernum, Alba und Tibur verkauft zu haben: Cic. Cluent. 141; de orat. 2,222–225. Zu P. Cornelius Lentulus Spinther (cos. 57) vgl. Anm. 55.

60 Varro rust. 1,1,10; Colum. 1,1,10; 1,1,13; Plin. nat. 18,22f.

61 Zu den römischen Agrarschriftstellern vgl. Martin 1972, Christmann 1996 und Diederich 2007.

62 Zu Catos *de agricultura* vgl. Astin 1978, 240–266.

63 Cato agr. praef. 1–4. Vgl. dazu Diederich 2007, 167–172.

64 Cato agr. 1,6: *Scito idem agrum quod hominem, quamvis quaestuosus siet, si sumptuosus erit, relinqui non multum.* Vgl. dazu die auf das Landgut des Mamurra bezogene Wendung *fructus sumptibus exuperat* bei Catull. 114,4.

lichen sollte.[65] Diese Marktorientierung der Produktion auf den großen Gütern kommt im Abschnitt über das Gut in Stadtnähe ebenfalls zum Ausdruck; es sollen auf einem *fundus suburbanus* vor allem Brennholz und ferner Trauben sowie Obst für den Verzehr erzeugt werden.[66] Diese Sicht Catos wird durch die historischen Fakten bestätigt, so durch die *lex Claudia* des Jahres 218[67] oder durch den Bau einer Hafenmole in Terracina durch den Censor M. Aemilius Lepidus (cos. 187, 175, cens. 179), der in der Nähe Ländereien besaß. Man glaubte, Lepidus habe öffentliche Gelder ausgegeben, um die Erzeugnisse seines Gutes leichter zu den Märkten bringen zu können.[68]

Es kam Cato auch darauf an, die Erzeugnisse möglichst teuer zu verkaufen; Voraussetzung dafür waren hohe Lagerkapazitäten, die es erlaubten, mit dem Verkauf zu warten, bis Knappheit herrschte.[69] Die Wahl der Erzeugnisse orientiert sich offensichtlich an der Höhe der Erträge: Wein steht an erster Stelle, eine Olivenbaumpflanzung an vierter Stelle, während Getreideland erst an sechster Stelle genannt wird. Das wichtigste Grundnahrungsmittel steht also keineswegs im Zentrum der Überlegungen Catos. Gleichzeitig sollte so wenig wie möglich für das Gut gekauft werden: Ein wichtiger Grundsatz der Gutswirtschaft wird von Cato in lakonischer Kürze formuliert: Der *pater familias* soll ein Verkäufer, kein Käufer sein.[70]

[125] Diesem Prinzip entspricht es, dass die Kosten für das Gut so niedrig wie möglich gehalten wurden; dies betrifft insbesondere die Lebensmittel und die Kleidung der Sklaven.[71]

Aufschlussreich ist auch Catos Einstellung zur Arbeit; wenn Cato schreibt, der Besitzer solle eine Aufstellung der Arbeitskräfte und der Tage machen, so handelt es sich hier um erste Ansätze zu einer rationellen Planung der Arbeit.[72] Für Tage mit schlechtem Wetter und für Feiertage stellt Cato jeweils eine Liste mit Arbeiten auf, die durchführbar oder erlaubt sind.[73] Den Arbeiten bei schlechtem Wetter widmet Cato einen eigenen Abschnitt, in dem er die Maxime formuliert, die sein Verhältnis zur Arbeit generell bestimmt:

„Bedenke, wenn nichts geschieht, werden nicht weniger Kosten anfallen."[74]

Cato hat der Ausstattung eines Gutes mit den notwendigen Ackergeräten und Werkzeugen große Aufmerksamkeit geschenkt. Sämtliche Geräte und Werkzeuge von zwei Mustergütern werden jeweils in einem Inventar minutiös erfasst.[75] Es werden solche Orte genannt, in de-

---

65 Vgl. Varro rust. 1,16,3; 1,16,6; Colum. 1,3,3; Plin. nat. 18,28. Bei Columella wird in diesem Zusammenhang explizit darauf verwiesen, dass gute Verkehrswege den Wert einer Ernte erhöhen und die Kosten für all die Erzeugnisse mindern, die man auf dem Gut benötigt.

66 Cato agr. 7. Vgl. Cato agr. 8,2.

67 Vgl. oben Anm. 17.

68 Liv. 40,51,2.

69 Cato agr. 2,7: *vendat oleum, si pretium habeat.* Cato agr. 3,2: *patrem familiae villam rusticam bene aedificatam habere expedit, cellam oleariam, vinariam, dolia multa, uti lubeat caritatem expectare, et rei et virtuti et gloriae erit.* In Kapitel 11 empfiehlt Cato die Ausstattung eines Weingutes mit großen Tongefäßen (*dolia*) für fünf Weinernten.

70 Cato agr. 2,7: *patrem familias vendacem, non emacem esse oportet.*

71 Cato agr. 56–59.

72 Cato agr. 2,1f.

73 Cato agr. 2,3f.

74 Cato agr. 39,2: *Cogitato, si nihil fiet, nihilo minus sumptum futurum.* Vgl. zu den Arbeiten an Feiertagen Cato agr. 138.

75 Cato agr. 10f.

nen Geräte und Instrumente von hoher Qualität für das Gut gekauft werden konnten. Cato war demnach bereits klar, dass die effiziente Bewirtschaftung eines Gutes wesentlich von der Ausstattung abhing. Römische Großgrundbesitzer haben diese Auffassung wohl geteilt, denn in dem Konflikt um das Agrargesetz des Ti. Gracchus scheinen sie auf ihre Investitionen auf dem Land, das konfisziert werden sollte, hingewiesen zu haben.[76]

Cato bietet mehr als Tradition, Brauch und Faustregeln, von denen Finley sprach,[77] obgleich seine Schrift ihrem Inhalt und ihrer Methode nach natürlich keineswegs den Standards der modernen Wirtschaftswissenschaften entspricht; so betonen die Ausführungen Catos den Gelderwerb durch Verkauf der Erzeugnisse auf den Märkten, wobei die Erträge in Relation zu den Kosten gesehen werden. Die Argumentation weist durchaus eine Form ökonomischer Rationalität auf, die Finley m. E. zu Unrecht der Antike generell abspricht.[78]

In den römischen Schriften über die Landwirtschaft werden die Positionen älterer Autoren durchaus kritisch diskutiert und neue Einsichten formuliert. Gerade die Frage, wie viele Arbeitskräfte auf einem Gut benötigt werden, wurde intensiv diskutiert, weil die Zahl der Sklaven einen erheblichen Einfluss auf die Erträge und insbesondere auf die Relation zwischen Kosten und Erträgen hatte. So [126] referiert Varro zunächst die Auffassung Catos, um dann die abweichende Meinung Sasernas darzulegen. Saserna suchte schon nach einer Formel, die für Güter jeder Größe zugrundegelegt werden konnte; seiner Meinung nach sollte ein Morgen Land von einer Arbeitskraft in vier Tagen bearbeitet werden. Diese These weist Varro mit dem Argument zurück, eine solche Relation sei vielleicht für das Gut Sasernas in Gallien richtig, nicht aber für Güter in anderen Regionen. Varro schlägt daher vor, die Art des Anbaus und die Zahl der Sklaven auf benachbarten Gütern in Erfahrung zu bringen, um dann zu entscheiden, wie viele Sklaven mehr oder weniger auf dem eigenen Gut eingesetzt werden sollen, wenn ein besserer oder schlechterer Anbau angestrebt wird.[79]

Als Ziele der Landwirtschaft nennt Varro anders als Cato den Nutzen (*utilitas*) und den ästhetischen Genuss (*voluptas*), wobei der Nutzen im Ertrag besteht, der ästhetische Genuss in der Freude. Varro äußert an dieser Stelle eine klare Präferenz: Der Nutzen ist wichtiger als der Genuss, obwohl auch zugestanden wird, dass eine schöne Anpflanzung den Wert eines Gutes durchaus erhöhen kann.[80]

Das Streben römischer Gutsbesitzer nach einem hohen Einkommen wird bei Varro besonders in der Diskussion über die Hoftierhaltung (*pastio villatica*) deutlich; dieser Zweig der Landwirtschaft, der sich kurz vor der Abfassung der Schrift herausgebildet hatte,[81] galt als

---

76 App. civ. 1,10.

77 Finley 1973, 110. Vgl. dazu Astin 1978, 259.

78 Finley 1973, 117. Vgl. 111, wo Finley in diesem Zusammenhang die Bemerkung Catos über die Frage, welcher Anbau bevorzugt werden soll (Cato agr. 1,7), anführt und dabei auf die Unzulänglichkeiten der Aussagen Catos hinweist; es bleibt jedoch zu konstatieren, dass Cato hier eine Bewertung von Anbauland entsprechend seinem Kriterium der hohen Erträge (vgl. den vorhergehenden Satz Cato agr. 1,6) vornimmt und damit eine ökonomisch motivierte, rationale Entscheidung trifft.

79 Varro rust. 1,18. Es folgt die bemerkenswerte Ansicht, dass die Landwirtschaft sowohl auf eigener Erfahrung (*experientia*) als auch auf Nachahmung (*imitatio*) beruhe, wobei die eigene Erfahrung nicht auf Zufall beruhen dürfe, sondern einem systematischen Vorgehen (*ratio*) folgen müsse (Varro rust. 1,18,7–8).

80 Varro rust. 1,4,1ff. Vgl. auch 1,2,8: *Duo in primis spectasse videntur Italici homines colendo, possentne fructus pro impensa ac labore redire et utrum saluber locus esset an non.*

81 Vgl. Varro rust. 3,2,13 zur älteren Literatur, die dieses Thema nur unsystematisch und verstreut behandelt hat.

sehr ertragreich. Um dies zu belegen, nennt Varro auch präzise Zahlen.[82] Auf dem Gut des L. Abuccius war die Hoftierhaltung ertragreicher als die Bewirtschaftung der Felder.[83] Der Senator Q. Axius zeigte sich in diesem Gespräch jedenfalls fasziniert von den hohen Einkommen, die mit der Hoftierhaltung erzielt wurden.[84] Wie die *pastio villatica* zeigt, waren Großgrundbesitzer für Innovationen offen, wenn sie höhere Einnahmen versprachen.

V.

In einem beachtenswerten Abschnitt von Catos Biographie beschreibt Plutarch, welche Möglichkeiten ein Senator hatte, seine Einkünfte zu steigern. Dieser Text ist für unsere Kenntnis des Finanzgebarens von Senatoren überaus aufschlussreich:

> [127] „Als er anfing, etwas mehr an seine Bereicherung zu denken, fand er bald, dass der Landbau mehr Zeitvertreib als guten Ertrag biete. So legte er seine Gelder in Dingen an, die gewisse und sichere Einkünfte brachten, kaufte Teiche, warme Quellen, freigelegene Plätze, die sich für Walker eigneten, Anlagen für die Pecherzeugung sowie Ländereien, die aus natürlichen Weiden und Gehölzen bestanden. Davon hatte er bedeutende Einkünfte, die, wie er selbst sagt, selbst von Iupiter nicht beschädigt werden konnten. Auch erlaubte er sich den am meisten verschrieenen Geldverleih, das Seedarlehen, auf folgende Art: Er ließ Leute, die Geld aufnahmen, mit mehreren anderen eine Gesellschaft gründen. Wenn fünfzig Teilhaber und ebenso viele Schiffe beisammen waren, nahm er selbst nur einen Anteil durch seinen Freigelassenen Quintio, der mit den Darlehensnehmern die Geschäfte besorgte und die Seefahrt mitmachte. So wagte er nie das Ganze, sondern nur einen geringen Teil bei erheblichem Gewinn."[85]

Wie Plutarch hervorhebt, war Cato bestrebt, Risiken möglichst zu vermeiden; die Aussage, diesen Einkünften könne Iupiter, also das Wetter, nicht schaden, zeigt, dass Cato die von der jeweiligen Witterung abhängigen und damit schwankenden Ernteerträge als Risiko empfand. Auch beim Geldverleih achtete Cato darauf, bei einem geringem Risiko einen möglichst hohen Gewinn zu erzielen; dies erreichte er durch die Gründung einer *societas*, die soviel Mitglieder hatte, dass der Ausfall eines oder selbst mehrerer Schiffe nicht ins Gewicht fiel. Cato war an diesem Geschäft durch einen Mittelsmann beteiligt; aufgrund der Quellenlage kann nicht geklärt werden, ob die Kooperation mit einem Freigelassenen bei der Beteiligung an Handelsgeschäften ein Einzelfall war oder unter den Senatoren im 2. und 1. Jahrhundert v. Chr. eher üblich war.[86]

Eine direkte Beteiligung von Senatoren am Handel ist nur selten bezeugt; diese Fälle beziehen sich in der Regel auf *homines novi*, die als *equites* Handelsgeschäfte betrieben haben und später Senatoren wurden. Für die Frage der Beteiligung von Senatoren am Handel ist die Bemerkung Ciceros von Bedeutung, Hortensius, der Verteidiger des C. Verres, habe die Gesetze, die Senatoren den Bau von Schiffen verboten, als alt und tot bezeichnet.[87] Dabei ist der Kontext dieser Aussage zu beachten: Die Stadt der Mamertiner (Messane) hatte für Verres als Gegenleistung für gesetzwidrige Begünstigung ein Lastschiff bauen lassen, das Verres dann

---

82 Varro rust. 3,2,14f.: Die villa des M. Seius brachte 50.000 HS pro Jahr ein, ein Gut in Sabinum nahm durch den Verkauf von 5000 Drosseln 60.000 HS ein.

83 Varro rust. 3,2,17 (*pastio villatica*: 20.000 HS, Anbau: 10.000 HS). Vgl. ferner Varro rust. 3,6,1: Einkommen des M. Aufidius Lurco 60.000 HS.

84 Varro rust. 3,2,15: *Quid? Sexaginta, inquit Axius, sexaginta, sexaginta? Derides.*

85 Plut. Cato maior 21,5–8. Vgl. D'Arms, 1981, 34.

86 Wiseman 1971, 198f.

87 Cic. Verr. 2,5,45: *antiquae sunt istae leges et mortuae.*

gegen Ende seiner Amtszeit dazu verwendete, die in Sizilien widerrechtlich angeeigneten Güter nach Velia in Italien zu bringen.[88] Es geht in diesem Zusammenhang nicht um Handelsgeschäfte; aus dieser Stelle kann daher kaum gefolgert werden, dass Schiffe von Senatoren primär Handelsgeschäften dienten. Für Verres schließt Cicero dies jedenfalls mit einer rhetorischen Frage definitiv aus.[89]

Wie das Beispiel des P. Sestius (quaestor 63; tr. pl. 57), der bei Cosa Ländereien besaß, zeigt, ließen Senatoren auf ihren Landgütern Produkte für [128] entfernte Absatzmärkte herstellen.[90] Amphoren mit dem Stempel SES oder SEST wurden in großer Zahl in einem Schiffswrack vor der Küste von Marseille und ferner im Gebiet von Cosa, nicht aber südlich von Cosa gefunden; dies spricht dafür, dass der auf den Gütern des Sestius produzierte Wein vor allem nach Gallien gebracht und dort verkauft wurde.[91] Dabei bleibt aber unklar, ob Sestius den Wein auf eigenen Schiffen transportieren ließ und der Verkauf von Freigelassenen organisiert worden ist, oder ob Weinhändler, wie sie für die Principatszeit belegt sind,[92] die Ernte kauften und dann auf dem Seeweg nach Gallien brachten.[93] Mag der archäologische Befund des Grand Conglué Wracks auch beeindruckend sein, er bietet keine sicheren Informationen über die Beteiligung der Sestii am Handel selbst, sondern belegt nur eine marktorientierte Weinproduktion auf dem Landgut eines Senators. Wieviel Wein auf den Ländereien des Sestius erzeugt wurde, geht weder aus den literarischen Zeugnissen noch aus den Funden von Amphoren hervor. Eine einzige quantitative Angabe ist möglich: Auf dem Grand Conglué Wrack wurden etwa 1700 Amphoren gezählt; bei einem Fassungsvermögen von rund 25 Litern wären 42.500 Liter Wein mit dem Schiff transportiert worden. Legt man die Zahlen von Columella[94] zugrunde, entspricht diese Menge Wein einer Anbaufläche zwischen ca. 80 und 27 Morgen; bei einem jährlichen Konsum von rund 100 Litern Wein[95] hätten mit dieser Ladung 425 Menschen, bei einem Konsum von 150 Litern etwa 280 Menschen mit Wein versorgt werden können.[96]

In den Quellen gibt es keinen Anhaltspunkt dafür, dass Senatoren in größerem Umfang an Handelsgeschäften beteiligt waren; es existierten aber zwischen einzelnen Senatoren und den *negotiatores* soziale Kontakte, sowohl in den Provinzen als auch in Italien. Ein Beispiel dafür mag C. Vestorius aus Puteoli sein, dem John D'Arms einige überzeugende Seiten gewidmet hat.[97] Aber es handelt sich hier – soweit die Quellen das erkennen lassen – in der Regel nicht um geschäftliche Beziehungen; ein gutes Beispiel für diese Art von Beziehung ist Atticus, der für

---

88　Cic. Verr. 2,5,44.

89　Cic. Verr. 2,5,46: *naviculariam, cum Romam venisses, esse facturum?*

90　D'Arms 1981, 56–62; Aubert 2004, 167. Besitz des Sestius in Cosa: Cic. Att. 15,27,1. Zur Person des Sestius: Cic. Sest. 6f.

91　Peacock – Williams 1986, 62f. Zum Weinexport von Italien nach Gallien vgl. allgemein Tchernia 1983.

92　So Peacock – Williams 1986, 63. Vgl. etwa ILS 7277; 7484; 7486; 7487; 7490.

93　Auch die Datierung ist nicht gesichert; nach D'Arms ist es wahrscheinlich, dass die Amphoren aus der Zeit von L. Sestius, dem Vater des Quaestors, stammen und damit die Weinproduktion für das Landgut des L. Sestius in Cosa bezeugen; die Ländereien des Vaters hat P. Sestius dann geerbt.

94　Colum. 3,3,10f.: Columella nennt 524 Liter (1 *culleus*) pro *iugerum* als niedrigen Ertrag und 1572 Liter als hohen Ertrag.

95　Zum Weinkonsum der Sklaven bei Cato vgl. Cato agr. 57. Die Sklaven erhielten etwa 150 Liter im Jahr.

96　Die von D'Arms zitierte Meinung, „the Sestius firm apparently constituted a virtual monopoly in the Western Mediterranean of its day, but mostly in Gaul" (E. L. Will, vgl. D'Arms, 1981, 58) ist angesichts dieser Zahlen kaum aufrecht zu erhalten.

97　D'Arms, 1981, 49–55.

Cicero immer wieder in finanziellen Fragen tätig wurde und Zahlungen, Geldaufnahme und Rückzahlung von Schulden regelte; Senatoren [129] haben in Städten wie Puteoli einflussreiche *negotiatores* gesucht, um ihre Vermögensinteressen zu wahren,[98] aber nicht um aktive Geschäfte zu betreiben. Angesichts solcher Beziehungen zwischen Senatoren und *negotiatores* ist es nicht überraschend, wenn Händler und im Geldgeschäft tätige Römer von Cicero durchaus positiv gesehen werden.[99] Bei Cicero ist in diesem Zusammenhang auch auf seine Herkunft aus dem *ordo equester* hinzuweisen; Cicero war stets bemüht, gute Beziehungen zu den *equites* zu unterhalten. Dem entspricht es, wenn er in seinem Katalog der Berufe zwischen den Kaufleuten differenziert und die Fernkaufleute lobend erwähnt.[100]

VI.

Das Interesse von M. Licinius Crassus (cos. 70, 55) am Besitz von Mietshäusern in Rom wird durch die berühmte Beschreibung seiner finanziellen Aktivitäten bei Plutarch gut beleuchtet:

> „Da er ferner die der Stadt Rom eigenen, ihr stets gesellten Plagegeister gewahrte, Brände und Einstürze von Häusern infolge ihrer Größe und Schwere, so kaufte er Sklaven, die sich auf alle Zweige des Bauhandwerks verstanden, und als er deren über fünfhundert zusammen hatte, kaufte er die brennenden und die den brennenden benachbarten Gebäude auf, welche die Eigentümer aus Furcht und wegen der Unsicherheit des Kommenden um einen geringen Preis hergaben, so dass der größte Teil Roms in seine Hand kam."[101]

Angesichts dieses Textes ist zu klären, ob der Besitz städtischer Immobilien nur für Crassus eine größere wirtschaftliche Bedeutung besaß oder ob auch andere Senatoren Einnahmen aus wirtschaftlich genutzten städtischen Immobilien bezogen.[102] Was M. Crassus selbst anbetrifft, so ist zu konstatieren, dass sein Vermögen keineswegs nur aus städtischen Immobilienbesitz bestand, vielmehr besaß er überdies Silberbergwerke und Ländereien.[103] Crassus hatte als Anhänger Sullas in hohem Maße von den Proskriptionen Sullas profitiert und auf diese Weise Landgüter zu niedrigen Preisen erworben. Nach Aussage des Plutarch hatte Crassus zu Beginn seiner Karriere ein Vermögen in Höhe von 300 Talenten (7,2 Mio. HS), später zur Zeit des Partherfeldzuges in Höhe von 7100 Talenten (170,4 Mio. HS);[104] bei einer solchen Größe des Vermögens ist es vorstellbar, dass Crassus einen beträchtlichen Geldbetrag für den Kauf von Immobilien in Rom aufwenden konnte.

[130] Über Ciceros Hausbesitz sind wir durch die Briefe an Atticus gut informiert: Im Jahre 45 v. Chr. will Cicero seinem Sohn die Mieteinnahmen seiner Häuser am Argiletum und auf dem Aventin für das Studium in Athen zur Verfügung stellen.[105] Es handelte sich um 80.000

---

98 Vgl. zu Vestorius etwa Cic. Att. 14,9,1. Charakteristik des Vestorius als ein in arithmetischen Dingen geübter Mann (*in arithmeticis satis exercitatus*): Cic. Att. 14,12,3. Einfluss (*potentia*) des Vestorius: Cic. Att. 6,2,10.

99 D'Arms 1981, 21–24.

100 Cic. off. 1,151. D'Arms 1981, 23f.

101 Plut. Crass. 2.

102 Zu diesem Themenkomplex vgl. Garnsey 1976 und Rawson 1976, 97.

103 Plut. Crass. 2.

104 Plut. Crass. 2. Plinius hingegen gibt den Wert der Ländereien des Crassus mit 200 Mio. HS an (Plin. nat. 33,134).

105 Cic. Att. 12,32.

HS, eine Summe, die auch andere Senatorensöhne während ihres Jahres in Athen ausgeben konnten.[106] In Puteoli besaß Cicero *tabernae*, die ihm Cluvius im Jahre 45 v. Chr. hinterlassen hatte.[107] Die Briefe an Atticus zeigen, dass Cicero alle Fragen der Verwaltung anderen überließ, zum Teil eben Atticus. Als Cicero an Atticus wegen der Summe schrieb, die er seinem Sohn zur Verfügung stellen will, bat er den Freund darauf zu achten, wer die Mieter sind, wie viele es sind und ob sie pünktlich zahlen.[108] Cicero suchte den Rat des Vestorius, nachdem einige *tabernae* eingestürzt waren und andere Risse zeigten. Es kam Cicero darauf an, den Baukomplex durch den Neubau noch einträglicher zu machen.[109] Die Einnahmen, die Cicero aus diesem Baukomplex bezog, lagen bei 80.000 HS, er hoffte, in Zukunft 100.000 HS zu erhalten.[110] Atticus hatte an dieser Erbschaft Ciceros so großes Interesse gezeigt, dass Cicero ironisch schreiben konnte, Atticus wende größere Sorgfalt auf als er selbst, um dessen Angelegenheit es sich eigentlich handle.[111] Cicero hat die Verwaltung seiner städtischen Immobilien demnach weitgehend Personen wie Atticus oder Vestorius überlassen.

Beiläufig erwähnt Cicero, dass Q. Hortensius Hortalus (cos. 69) ebenfalls in Puteoli Häuser besaß,[112] P. Clodius (tr. pl. 58) Wohnungen auf dem Palatin extrem teuer vermietete[113] und M. Caelius (aed. 50) Ende 50 v. Chr. *vici* des Lucceius an der Porta Flumentana in Rom erwarb.[114] Aufgrund dieser Angaben kann angenommen werden, dass neben dem Landbesitz auch städtische Immobilien zum Einkommen der Senatoren beitrugen.[115] Diese Vermutung wird durch Hinweise auf die reichen *equites* bestätigt; so soll Atticus sein Einkommen wesentlich aus den Ländereien in Epirus und aus Immobilienbesitz in Rom bezogen haben.[116] Allein im Fall Ciceros ist es möglich, die Einkünfte aus Landbesitz und stadtrömischen Immobilien zu vergleichen; bevor Cicero die Erbschaft des Cluvius machte, hatte er 80.000 HS Einnahmen aus den genannten Häusern in Rom und nach eigener Aussage 100.000 HS Einnahmen aus [131] Landbesitz;[117] wenn diese Angabe richtig ist, hätte Cicero über 40 Prozent seiner ständigen Einnahmen dem Immobilienbesitz in Rom zu verdanken.

Es gibt auch einzelne Belege dafür, dass Senatoren in der späten Republik an den *societates publicorum* beteiligt waren; es war in nachsullanischer Zeit gesetzwidrig, wenn ein Praetor *socius* einer *societas* war, die in seiner Provinz die Steuern einzog. Ein bekannter Fall hierfür war C. Verres in Sizilien.[118] Durch einen Hinweis Ciceros in der Rede gegen P. Vatinius wissen wir, dass Caesar Anteile (*partes*) an den Pachtgesellschaften besaß und dass P. Vatinius (tr. pl. 59) solche sowohl von Caesar als auch von den Publicanen selbst erhalten hatte, wobei

---

106 Cic. Att. 16,1,5.
107 Cic. Att. 13,46,3; 14,9,1. Zu Cluvius vgl. Cic. fam. 13,56.
108 Cic. Att. 12,32,3: *itaque velim videas primum, conductores qui sint et quanti, deinde, ut sint, qui ad diem solvant.*
109 Cic. Att. 14,9,1.
110 Cic. Att. 14,10,3.
111 Cic. Att. 14,11,2.
112 Cic. Att. 7,3,9.
113 Cic. Cael. 17.
114 Cic. Att. 7,3,6; 7,3,9.
115 Vgl. auch die Gegenüberstellung von Einkünften aus der Stadt und vom Land bei Cic. off. 2,88.
116 Nep. Att. 14,3: *omnisque eius pecuniae reditus constabat in Epiroticis et urbanis possessionibus.*
117 Cic. parad. 49.
118 Cic. Verr. 2,3,130–163. Cicero warf Verres vor, *socius* der *decumani*, die den Zehnten der Getreideerträge einzogen, gewesen zu sein. Vgl. dazu Badian 1972, 101. Zur Vergabe der Steuerpacht vgl. auch Pol. 6,17.

wohl Erpressung eine Rolle spielte.[119] T. Aufidius (praet. vor 66) hatte vor Beginn seiner politischen Karriere einen kleinen Anteil an den *societates*, die in Asia tätig waren, was ihm später als Proprätor eben dieser Provinz aber nicht zum Vorwurf gemacht wurde.[120] Als Vatinius die Anteile erhielt, waren sie nach Aussage von Cicero sehr teuer, was darauf hindeutet, dass sie in Rom gehandelt wurden.[121] Es ist dabei unklar, inwieweit ein Senator wie Crassus, der im Jahr 61 v. Chr. im Senat die finanziellen Forderungen der Publicanen unterstützte, Anteile an den Steuerpachtgesellschaften der Provinz Asia besaß.[122] Es ist möglich, dass die Hinweise Ciceros einen Wandel in den Beziehungen zwischen Senatoren und Publicanen andeuten, aber für die Zeit vor Cicero fehlen jegliche Zeugnisse dafür, dass Senatoren an den Einnahmen der *societates publicorum* partizipierten.

Der Geldverleih von Senatoren verfolgte normalerweise politische Zielsetzungen; es ging darum, durch Darlehen sich den Schuldner zu verpflichten und in eine politische Abhängigkeit zu bringen. Dies kann etwa im Fall Ciceros beobachtet werden, dem Caesar eine größere Summe (820.000 HS) geliehen hatte, was sich kurz vor Beginn des Bürgerkrieges als eine überaus heikle Angelegenheit erwies.[123] Darlehen konnten auch an befreundete Senatoren vergeben werden, um ihnen etwa bei der Finanzierung eines Hauskaufs zu helfen.[124] Für derartige, politisch motivierte Darlehen wurde wohl kein oder nur ein sehr niedriger Zins verlangt; mit dieser Form des Geldverleihs waren demnach keine regelmäßigen Einkünfte verbunden. Es bleibt zu fragen, ob Senatoren nennenswerte Einkünfte durch Geldverleih gegen Zins erzielen konnten.

Senatoren haben – meistens wohl über Mittelsmänner – Geld an Städte in den Provinzen verliehen und extrem hohe Zinsen verlangt und auch erhalten. Es handelte sich dabei nicht um Einzelfälle, sondern um ein strukturelles Problem der römischen Provinzverwaltung, wie die Initiativen des C. Cornelius (tr. pl. 67) in [132] dieser Frage zeigen; Cornelius berichtete im Senat über solche Darlehen und äußerte dabei, die Zinsen ruinierten die Provinzen.[125] Durch die Briefe, die Cicero in Kilikien an Atticus schrieb, haben wir eine genaue Kenntnis des Darlehens, das M. Iunius Brutus der Stadt Salamis auf Zypern gewährt hatte. Als Zinssatz waren 48 Prozent vereinbart, was zur Folge hatte, dass die Schuldsumme sich in wenigen Jahren mehr als verzehnfacht hatte. Dieses Darlehensgeschäft geht wahrscheinlich auf die Zeit zurück, in der Brutus im Stab von M. Cato, der mit der Annexion der Insel beauftragt war, auf Zypern weilte. Die Höhe des Zinssatzes stand im Widerspruch zu den Bestimmungen der *lex Gabinia* und war damit rechtswidrig.[126] Das Vorgehen des Brutus, der durch Mittelsmänner mit Hilfe römischer Soldaten die Schulden eintreiben lassen wollte, gehört damit weniger zu den wirtschaftlichen als vielmehr zu den kriminellen Aktivitäten römischer Senatoren und ist als eine Form der Provinzausbeutung zu bewerten.

Die Liste der Senatoren, die in der späten römischen Republik Darlehen vergeben haben,[127] differenziert nicht zwischen solchen Darlehen, die aus politischen oder sozialen Gründen in-

---

119 Cic. Vat. 29. Badian 1972, 102.
120 Val. Max. 6,9,7. Vgl. Badian 1972, 102. Zu T. Aufidius vgl. ferner Cic. Flacc. 45.
121 Cic. Vat. 29: *partes illo tempore carissimas.*
122 Zu Crassus vgl. Cic. Att. 1,17,9; Ward 1977, 211f.
123 Cic. Att. 5,1,2; 5,4,3; 5,5,2; 5,6,2; 7,3,11; 7,8,5.
124 Vgl. Cic. Att. 1,13,6.
125 Ascon. 57–58 Clark: *exhauriri provincias usuris.*
126 Cic. Att. 5,21,10–13; 6,1,5–7; 6,2,7–9; 6,3,5.
127 Shatzmann 1975, 76.

nerhalb der Senatorenschicht gewährt oder in den Provinzen vergeben wurden, und einem rein ökonomisch motivierten Geldverleih. Es gibt jedenfalls keine Anhaltspunkte dafür, dass ein solcher Geldverleih in der Ökonomie senatorischer Familien eine größere Rolle gespielt hätte.

Es bestanden zweifellos enge Kontakte zwischen den Senatoren und den Geschäftsleuten, den *negotiatores*, die im Geldgeschäft; im Handel oder in den Pachtgesellschaften tätig waren; solche Kontakte waren häufig politisch bedingt, in manchen Fällen wurden Aufgaben der Verwaltung von Vermögen an *argentarii* oder *negotiatores* delegiert. Wie die Empfehlungsschreiben Ciceros[128] deutlich machten, setzten sich Senatoren durchaus für die geschäftlichen Interessen von *negotiatores* ein; wenn sie davon einen direkten Gewinn hatten, dann etwa über Erbschaften wie die des Cluvius, die immerhin einen Wert von ca. 1 Mio. HS besessen haben mag.[129] Eine direkte Beteiligung an den geschäftlichen Aktivitäten der *negotiatores* ist bislang nicht überzeugend nachgewiesen.

VII.

Die wirtschaftliche Lage und die wirtschaftlichen Aktivitäten der Senatoren ergaben in vieler Hinsicht kein einheitliches Bild; einerseits hatte sich aufgrund der Möglichkeiten, in den Provinzen, im Kriege oder durch außenpolitische Entscheidungen große Vermögen zu erwerben, eine kleine Gruppe extrem reicher Senatoren herausgebildet, so dass die Schicht der Senatoren insgesamt sehr große Unterschiede hinsichtlich ihrer Vermögen und damit ihrer ökonomischen sowie [133] politischen Interessen aufwies, andererseits war die Entwicklung einzelner Vermögen sehr stark abhängig von Aufwendungen für einen statusgemäßen Lebensstil sowie von nicht planbaren hohen Ausgaben und Einnahmen im politischen Bereich. Die wirtschaftliche Lage vieler Senatoren, die während ihrer politischen Karriere oft gezwungen waren, sich hoch zu verschulden, blieb damit außerordentlich labil. Insgesamt gesehen blieben der politische Erfolg und die militärischen Kommanden auch in der späten Republik ein wesentlicher Faktor der Entwicklung der Vermögen von Senatoren, demgegenüber die eigentlich wirtschaftlichen Aktivitäten und insbesondere der Landbesitz sowie die städtischen Immobilien nur eine zweitrangige Rolle spielten.

Landbesitz und zunehmend auch städtischer Immobilienbesitz stellten das wirtschaftliche Fundament solcher senatorischen Familien dar, denen es nicht gelang oder die nicht gewillt waren, sich in den Provinzen gesetzwidrig zu bereichern. Während zur Verwaltung von Immobilienbesitz wenige Informationen vorliegen, gewähren die Schriften der römischen Agronomen einen Einblick in die Strukturen der Gutswirtschaft. Hier zeigt sich ein Streben nach rationaler Organisation der Produktion, die bei strikter Begrenzung der Kosten auf die Erwirtschaftung möglichst hoher Erträge durch Verkauf der Erzeugnisse auf Märkten abzielte. Ein professioneller Umgang mit den Finanzen und dem gesamten Vermögen, wie er im Fall des Atticus[130] zumindest ansatzweise gegeben zu sein scheint, hat sich in den Kreisen der Senatoren allerdings nicht herausgebildet und angesichts der engen Verzahnung von Wirtschaft und Politik vielleicht auch nicht herausbilden können. Es ist kennzeichnend für die Einstellung von Senatoren zur Sphäre der *negotiatores* und zu deren Geschäftsgebaren und damit zugleich

---

128 Cic. fam. 13.
129 Vgl. Cic. fam. 13,56. Der Wert der Häuser in Puteoli wird wohl das Zehnfache der Jahresmiete (80.000 HS) überschritten haben.
130 Vgl. Nep. Att. 13f.

auch für die Mentalität von Senatoren in allen Fragen der Finanzen, wenn Cicero Vestorius als einen Mann beschrieb *remotum a dialecticis, in arithmeticis satis exercitatum*.[131]

Bibliographie

J. Andreau, DNP 10, 2001, 575–578, s. v. publicani.

J. Andreau, DNP 11, 2001, 664–665, s. v. societas.

A. E. Astin, Cato the Censor, Oxford 1978.

J.-J. Aubert, The Republican Economy and Roman Law: Regulation, Promotion, or Reflection?, in: H. I. Flower (Hg.), Cambridge Companian to the Roman Republic, Cambridge 2004, 160–178.

E. Badian, Publicans and Sinners. Private enterprise in the service of the Roman Republic, Oxford 1972.

R. Bianchi Bandinelli, Rom. Das Zentrum der Macht. Die römische Kunst von den Anfängen bis zur Zeit Marc Aurels, München 1970.

P. Bourdieu, Die feinen Unterschiede. Kritik der gesellschaftlichen Urteilskraft, Frankfurt 1982 (zuerst: La distinction. Critique social du jugement, 1979).

E. Christmann, DNP 1, 1996, 281–286, s. v. Agrarschriftsteller.

J. H. D'Arms, Romans on the Bay of Naples. A. Social and Cultural Study of the Villas and Their Owners from 150 B.C. to A.D. 400, Cambridge, Mass. 1970.

J. H. D'Arms, Commerce and Social Standing in Ancient Rome, Cambridge, Mass. 1981.

S. Diederich, Römische Agrarhandbücher zwischen Fachwissenschaft, Literatur und Ideologie (= Untersuchungen zur antiken Literatur und Geschichte 88), Berlin 2007.

M. I. Finley, The Ancient Economy, Berkeley – Los Angeles 1973.

G. Forsythe, A Critical History of Early Rome. From Prehistory to the First Punic War, Berkeley 2005.

M. W. Frederiksen, Caesar, Cicero and the problem of debt, JRS 56, 1966, 128–141.

P. Garnsey, Urban Property Investment, in: M. I. Finley (Hg.), Studies in Roman Property, Cambridge 1976, 123–136.

E. S. Gruen, The Last Generation of the Roman Republic, Berkeley – Los Angeles 1974.

K.-J. Hölkeskamp, Die Entstehung der Nobilität. Studien zur sozialen und politischen Geschichte der Römischen Republik im 4. Jhdt. v. Chr., Stuttgart 1987.

K.-J. Hölkeskamp, Senatus populusque Romanus. Die politische Kultur der Republik – Dimensionen und Deutungen, Stuttgart 2004.

K.-J. Hölkeskamp, Under Roman Roofs: Familiy, House, and Household, in: H. I. Flower (Hg.), The Cambridge Companion to the Roman Republic, Cambridge 2004, 113–138.

R. Martin, Recherches sur les agronomes latins et leurs conceptions économiques et sociales, Paris 1972.

R. M. Ogilvie, The Sources for Early Roman History, CAH 7,2, Cambridge 1989.

D. P. S. Peacock, D. F. Williams, Amphorae and the Roman economy, London 1986.

E. Rawson, The Ciceronian Aristocracy and its properties, in: M. I. Finley (Hg.), Studies in Roman Property, Cambridge 1976, 85–102.

L. Richardson jr., A New Topographical Dictionary of Ancient Rome, Baltimore – London 1992.

Chr. Rollinger, *Solvendi sunt nummi*. Die Schuldenkultur der späten römischen Republik im Spiegel der Schriften Ciceros, Berlin 2009.

I. Shatzman, Senatorial Wealth and Roman Politics, Bruxelles 1975.

M. Sprenger, G. Bartolini, Die Etrusker. Kunst und Geschichte, München 1990.

E. Stein-Hölkeskamp, Das römische Gastmahl. Eine Kulturgeschichte, München 2005.

A. Tchernia, Italian wine in Gaul at the end of the Republic, in: P. Garnsey, K. Hopkins, C. R. Whittaker (Hg.), Trade in the Ancient Economy, London 1983, 87–104.

Th. Veblen, Theorie der feinen Leute. Eine ökonomische Untersuchung der Institutionen, München 1971 (zuerst: The Theory of the Leisure Class, 1899).

A. M. Ward, Marcus Crassus and the Late Roman Republic, Columbia – London 1977.

---

131 Cic. Att. 14,12,3.

M. Weber, Wirtschaftsgeschichte. Abriss der universalen Sozial- und Wirtschaftsgeschichte, hg. von S.
   Hellmann u. M. Palyi, 3. Aufl. hg. v. J. F. Winckelmann, 4. Aufl. Berlin 1981.
T. P. Wiseman, New Men in the Roman Senate 139 B.C. – A.D. 14, Oxford 1971.

Technikgeschichte

Natur und technisches Handeln im antiken Griechenland

zuerst in:

L. Schäfer, E. Ströker, (Hrsg.), Naturauffassungen in Philosophie, Wissenschaft, Technik,
Bd. I, Antike und Mittelalter, Freiburg: Alber, 1993, S. 107–160.

I.

L. White jun. vertritt in dem 1967 publizierten Aufsatz „The Historical Roots of Our Ecological Crisis" die Auffassung, die ökologische Krise unserer Zeit sei entscheidend auf die Durchsetzung des christlichen Weltverständnisses im Mittelalter und in der frühen Neuzeit zurückzuführen, denn das Christentum habe die uneingeschränkte Nutzung der Erde durch den Menschen legitimiert:

> „God planned all of this explicitly for man's benefit and rule: no item in the physical creation had any purpose save to serve man's purposes. And, although man's body is made of clay, he is not simply part of nature: he is made in God's image. Especially in its Western form, Christianity is the most anthropocentric religion the world has seen ... Christianity, in absolute contrast to ancient paganism ..., not only established a dualism of man and nature but also insisted that it is God's will that man exploit nature for his proper ends."[1]

Der Mensch der Antike hingegen habe geglaubt, die Natur sei von göttlichen Wesen belebt, und habe daher Bedenken gehabt, sie seinen Zwecken zu unterwerfen:

> „In Antiquity, every tree, every spring, every stream, every hill had its own *geni*[108]*us loci*, its guardian spirit. These spirits were accessible to men, but were very unlike men; centaurs, fauns, and mermaids show their ambivalence ... By destroying pagan animism, Christianity made it possible to exploit nature in a mood of indifference to the feeling of natural objects."[2]

Eine ganz ähnliche Argumentation findet sich bei F. Rapp, der allerdings anders als L. White jun. die Herausbildung des neuzeitlichen Naturverständnisses positiv bewertet. Nach Meinung von Rapp beruht die Leistungsfähigkeit der modernen Technik auf der „systematischen und planvollen Indienstnahme von Naturprozessen", die „Verdinglichung der Natur" wird als Voraussetzung für eine weitere technische Umgestaltung der Natur angesehen. Die moderne Sicht der physischen Welt „als eines beliebig manipulierbaren Objektes" ist das Ergebnis „einer ,Entheiligung' und ,Entzauberung' der Natur", die seit Beginn der Neuzeit „nicht mehr als ein beseelter und verehrungswürdiger Kosmos, ... als eine unantastbare organische Ganzheit" gilt.[3]

Unabhängig von der Diskussion über die Entstehung der neuzeitlichen Technik kamen auch Altphilologen zu dem Ergebnis, in der Antike habe die Ehrfurcht vor der Natur eine entschiedene Nutzung der Erde verhindert; so spricht Wolfgang Schadewaldt in einem 1958 gehaltenen

---

1 L. White Jr., The Historical Roots of Our Ecological Crisis, in: Science 155 (1967) 1203–1207, hier 1205. Zur Rezeption dieses Aufsatzes vgl. R. P. Sieferle, Perspektiven einer historischen Umweltforschung, in: Ders. (Hg.), Fortschritte der Naturzerstörung, Frankfurt 1988, 356 ff.
2 White, a. a. O. 1205.
3 F. Rapp, Analytische Technikphilosophie, Freiburg/München 1978, 118. Vgl. außerdem R. Groh u. D. Groh, Weltbild und Naturaneignung, Frankfurt 1991, 13 ff.

Vortrag davon, das griechische Technikverständnis habe immer den „Primat der Natur, die als göttlich und heilig verstanden wurde", anerkannt. Damit konnte die Natur nicht zum Objekt [109] werden, sondern sie blieb „lebendiges Gegenüber des Menschen".[4] F. Krafft führt in einer Studie über die Anfänge der antiken Mechanik (1967) das Geschichtswerk Herodots als Beleg für eine kritische Einstellung der Griechen technischem Handeln gegenüber an; er meint, Herodot habe „die großen und zum Teil von Griechen ausgeführten technischen Leistungen, mit denen die Perserkönige ihre Griechenlandzüge ermöglichten – nämlich die Überbrückung des Bosporus und der Kanalbau, welcher der Flotte die beim ersten Versuch so verhängnisvolle Umschiffung des Athos ersparen sollte und die Halbinsel zur Insel machte – als frevelhafte, gottlose Eingriffe in die Natur" und als „Mitursachen für den zweimaligen Untergang des Perserheeres" angesehen. Zusätzlich verweist F. Krafft auf ein bei Herodot überliefertes Orakel der Pythia, die den Knidiern untersagte, einen Kanal durch den Isthmos von Knidos zu graben, und dieses Verbot mit dem Diktum begründete, „Zeus hätte Knidos zur Insel gemacht, wenn er es gewollt hätte".[5] Auf diesen Orakelspruch geht auch F. Lämmli ein; er wertet ihn als Ausdruck einer „extremen Frontstellung" der Griechen „gegen das Tun des homo faber";[6] die Folgen dieser religiös motivierten Haltung schätzt F. Lämmli [110] eher negativ ein; „Es ist klar, daß eine so weit getriebene Sehen (αἰδώς), die geheiligten Ordnungen der Natur zu durchbrechen, ein so kategorisches Gebot, die Dinge zu belassen, οἷα πεφύκασιν, die menschliche Aktivität lähmen, ja zu förmlichem Immobilismus führen mußte."[7]

Unter dem Eindruck der wachsenden ökologischen Probleme und der Warnungen des Club of Rome vor den Grenzen des Wachstums griffen einzelne Wissenschaftler die Vorstellung, die Griechen hätten aus Achtung vor der Natur bewußt auf die uneingeschränkte Ausbeutung der natürlichen Ressourcen verzichtet, wiederum auf, verbanden sie jetzt aber mit der Forderung, zu den griechischen Denkmodellen zurückzukehren. Charakteristisch für diese Tendenz sind etwa die Ausführungen von K. M. Meyer-Abich, der unter Berufung auf die Aussage des Thales, die Welt sei „voll von Göttern", behauptet, es sei für die Griechen selbstverständlich gewesen, „daß die natürliche Mitwelt nicht nur für den Menschen da" sei; nach Meinung von Meyer-Abich glaubten die Menschen in der Antike an die Allgegenwärtigkeit der Götter in der Natur:

> „Was auch geschah oder sich zeigte: das Rauschen des Bachs und die Macht der Winde, die Farbe des Himmels und der Geist einer Landschaft – ‚alles wies den eingeweihten Blicken, alles eines Gottes Spur' (Schiller in seinem Gedicht ‚Die Götter Griechenlands'). Die natürliche Mitwelt gehörte den Göttern. Einen Bach aber, der einem Gott gehört, wird kein Mensch, der dies weiß, ausbetonieren oder verrohren."[8]

---

4   W. Schadewaldt, Natur – Technik – Kunst, in: Ders., Hellas und Hesperien II, Zürich 1970, 499. Vgl. außerdem ders., Die Anfänge der Philosophie bei den Griechen, Frankfurt/M. 1978, 229, und J. Mittelstraß, Die Kosmologie der Griechen, in: J. Audretsch u. K. Mainzer (Hg.), Vom Anfang der Welt, München 1989, 40–65, besonders 43 ff., 62 ff.

5   F. Krafft, Die Anfänge einer theoretischen Mechanik und die Wandlung ihrer Stellung zur Wissenschaft von der Natur, in: W. Baron (Hg.), Beiträge zur Methodik der Wissenschaftsgeschichte, Wiesbaden 1967, 12–33, hier 29.

6   F. Lämmli, Homo Faber: Triumph, Schuld, Verhängnis?, Basel 1968, 47.

7   Ebd. Vgl. außerdem 62.

8   K. M. Meyer-Abich, Wege zum Frieden mit der Natur, München 1984, 162. Vgl. außerdem 204.

Immerhin räumt Meyer-Abich ein, daß es schon in der Antike [111] gravierende Umweltprobleme gab. Die Wälder wurden abgeholzt und die Mittelmeerländer verkarsteten, denn den Griechen „waren leider immer nur bestimmte Bäume oder Haine heilig".[9] Diese Einsicht veranlaßte Meyer-Abich freilich nicht dazu, seine Auffassungen zu überprüfen, im Gegenteil, in einem Interview aus dem Jahre 1991 hält er ausdrücklich an der Vorbildlichkeit antiker Denkmodelle fest:

> „Dementsprechend beginnen wir mit der Erinnerung an die Einbettung des menschlichen Verhaltens in ganzheitliche Zusammenhänge, wie sie beispielsweise in der Antike und später im Mittelalter noch gedacht worden sind."[10]

Iring Fetscher, der in dem Essay „Lebenssinn und Ehrfurcht vor der Natur in der Antike" die Thesen von Friedrich Nietzsche und Karl Löwith rezipiert, konstatiert ebenfalls einen scharfen Gegensatz zwischen der Naturauffassung der Griechen, für die der Kosmos „harmonisch, wohlgeordnet und schön" war, und der auf „Naturbeherrschung programmierten neuzeitlichen instrumentellen Vernunft".[11] Anders als Lynn White jun. glaubt Fetscher freilich, die Verabsolutierung der Idee der Naturbeherrschung sei weniger auf das Christentum als vielmehr auf die Säkularisierung des christlichen Denkens zurückzuführen.[12] Eine Chance zur Lösung der ökologischen Probleme der Gegenwart sieht Fetscher in einer Rückbesinnung auf die Erkenntnisfähigkeit des „ganzen Menschen", der in der Lage ist, die Natur als „schönen und bewah[112]renswerten Kosmos" wahrzunehmen.[13] Wie Fetscher selbst bemerkt, ist damit jedoch keine Gewähr für eine tatsächliche Schonung der Natur gegeben; er gesteht ähnlich wie Meyer-Abich zu, daß die „Ehrfurcht vor dem schönen Kosmos die Griechen der klassischen Zeit nicht daran gehindert hat, Raubbau an der Natur zu treiben".[14]

Neben der Behauptung, in der Neuzeit sei die Idee der Naturbeherrschung an die Stelle der für die griechische Kosmologie charakteristischen Achtung vor der Natur getreten, spielte in neueren Arbeiten zur Wissenschaftsgeschichte der Antike außerdem das Argument von F. Krafft eine wichtige Rolle, erst die christliche Sicht der Welt als einer Schöpfung Gottes habe es Galilei ermöglicht, die Mechanik als Naturwissenschaft zu definieren und auf diese Weise die „historisch bedingten Grenzen der antiken Mechanik" zu überwinden.[15] Die aristotelische Mechanik behandelt nach Meinung von Krafft anders als die Physik, deren Gegenstand die natürlichen Bewegungen waren, „naturwidrige, d. h. künstliche Bewegungen ..., für deren Zustandekommen sich der Mensch auf kunstvolle Weise ‚mechanischer Hilfsmittel' (μηχαναί) bedienen muß".[16] Die Mechanik war demnach eine techni[113]sche Disziplin, zwischen ihr und

9 Ebd. 162.
10 Süddeutsche Zeitung 17.9.1991.
11 I. Fetscher, Lebenssinn und Ehrfurcht vor der Natur in der Antike, in: Gymnasium Beiheft 9 (1988) 32–50, 33, 36.
12 Ebd. 36 f.
13 Ebd, 42.
14 Ebd. 43. Zur Kritik- dieser Position, die durch einen Rekurs auf das antike Naturverständnis einen Beitrag zur Lösung der ökologischen Krise unserer Zeit zu leisten versucht, vgl. L. Schäfer, Selbstbestimmung und Naturverhältnis des Menschen, in: O. Schwemmer (Hg.), Über Natur, Frankfurt/M. 1987, 15–35. Vgl. außerdem L. Schäfer, Das Bacon-Projekt, Von der Erkenntnis, Nutzung und Schonung der Natur, Frankfurt/M. 1993, 174–191.
15 F. Krafft, Dynamische und statische Betrachtungsweise in der antiken Mechanik, Wiesbaden 1970, 161.
16 Krafft, Betrachtungsweise, 137. Vgl. ders., Anfänge, 12 f.

der Physik stand „in der Antike ... eine unüberbrückbare Schranke"; aus diesem Grund konnte die Mechanik „keinen entscheidenden Einfluß auf ‚naturwissenschaftliche' Betrachtungsweisen und Ergebnisse ausüben".[17] Das Ergebnis seiner Untersuchungen faßt Krafft in folgenden Sätzen zusammen:

> „Die ‚Mechanik' galt ... als eine Kunst und hatte als Kunst dort einzugreifen, wo die Natur das vom Menschen Erwünschte nicht von sich aus vollbringen konnte. Das Künstliche ist damit etwas Nicht-Natürliches, ja etwas Naturwidriges. Im Falle der ‚Mechanik', der sich Mittel und Werkzeuge zur ‚Überlistung' der Natur bedienenden Kunst der Antike, ist diese Auffassung dann endgültig erst von Galileo Galilei und seinen Nachfolgern überwunden worden."[18]

Auch an anderer Stelle bezeichnet Krafft die μηχαναί als „Mittel zur ‚Überlistung' der Natur", obgleich für eine solche Auffassung jeglicher Anhaltspunkt im Werk des Aristoteles fehlt.[19] Bemerkenswert ist ferner die Ansicht Kraffts, die Mechanik unterscheide sich von der Physik auch durch die Anwendung mathematischer Methoden, denn die natürlichen Vorgänge seien viel zu komplex, „um ihnen von vornherein mathematische Gesetzmäßigkeiten unterlegen zu können".[20]

Diese Thesen zur antiken Mechanik fanden in der wissenschaftshistorischen Forschung eine weite Zustimmung; so betonen etwa M. Wolff und J. Mittelstraß in Anlehnung an die Arbeiten von F. Krafft die Differenz zwischen Mechanik und Physik bei [113] Aristoteles.[21] Gleichzeitig führt Mittelstraß als Beleg für seine Behauptung, das antike Verständnis der Mechanik habe bis zur Renaissance Geltung besessen, die Aussage von Guidobaldo del Monte an, zur Mechanik gehöre, „was z. B. von Zimmerleuten, Baumeistern und Lastenträgern *wider die Gesetze der Natur*" geleistet" werde. [22]

Gegen diese Sicht des griechischen Naturverständnisses und insbesondere der aristotelischen Mechanik sind jedoch Einwände möglich. Trotz der Hinweise von Krafft und Lämmli auf einzelne Stellen in der griechischen Literatur fällt es insgesamt außerordentlich schwer, überzeugende Belege für die vermeintliche Ehrfurcht der Griechen vor der Natur und für ihre ablehnende Haltung technischem Handeln gegenüber zu finden. Die Ausführungen von F. Krafft und F. Lämmli über Herodot werden durch eine genaue Textanalyse keineswegs bestätigt; vor allem ist kritisch anzumerken, daß jene Passagen, in denen der Historiker technische Leistungen bewundert und würdigt, unbeachtet blieben. Zudem ist fraglich, ob in der griechischen Religion der spätarchaischen und der klassischen Zeit eine so enge Verbindung zwischen Natur und Gottheiten gegeben war, wie L. White jun. und K. M. Meyer-Abich annehmen. Aufschlußreich ist jedenfalls der Hinweis von Meyer-Abich auf Schillers Gedicht „Die Götter Griechenlands"; man gewinnt den Eindruck, die von White jun., Rapp und Meyer-[115]Abich

---

17 Krafft, Betrachtungsweise, 138. Vgl. ders., Anfänge, 13.
18 Krafft, Anfänge, 27.
19 Krafft, Betrachtungsweise, 157.
20 Ebd. 159.
21 M. Wolff, Geschichte der Impetustheorie, Frankfurt 1978, 24 Anm. 10. J. Mittelstraß, Das Wirken der Natur, in: F. Rapp (Hg.), Naturverständnis und Naturbeherrschung, München 1981, 36–69, hier 60 f. Vgl. außerdem Lämmli, Homo Faber, 64 f. H. W. Pieket, Technology in the Greco-Roman World: A General Report, in: Talanta 5 (1973) 6–47, hier 20.
22 Mittelstraß, a, a. O. 61.

geäußerten Ansichten zum griechischen Naturverständnis seien eher von der Lektüre Schillers als vom Studium der griechischen Texte beeinflußt.

Es spricht daher viel für die Ansicht von Hans Jonas, die Differenz zwischen antiker und moderner Zivilisation sei nicht primär in einem grundsätzlich veränderten Verständnis von Natur und Technik, sondern eher in dem exzeptionellen Anwachsen der technischen Kapazitäten seit der industriellen Revolution, das dem Menschen eine zuvor nicht gekannte Verantwortung für sein Handeln auferlegt, zu suchen. Die Grenzen der antiken Technik sieht Jonas darin, daß die Natur in ihrem Bestand gesichert war und durch die Intervention des Menschen nicht tiefgreifend verändert werden konnte. Die Natur insgesamt stand den Griechen nicht zur Disposition, und gerade deswegen wurde ihre Nutzung nicht als fragwürdig empfunden.[23]

Problematisch ist auch die von F. Krafft vorgelegte Analyse der aristotelischen Mechanik; die Argumentation Kraffts folgt weitgehend der Kritik Galileis, die gegen die Mechanik des 16. Jahrhunderts gerichtet war;[24] dabei bleibt unklar, inwieweit die Mechanik der Renaissance in ihren programmatischen Äußerungen tatsächlich den Auffassungen des Aristoteles gefolgt ist und die Einwände Galileis gegen die Konzeption seiner unmittelbaren Vorgänger auch auf die aristotelische Mechanik zu beziehen sind. Immerhin bleibt festzuhalten, daß in dem Text des Aristoteles weder von einer „Überlistung der Natur" mit Hilfe der me[116]chanischen Instrumente, noch von Wirkungen, die gegen die Gesetze der Natur erzielt werden, gesprochen wird. Der von Krafft postulierte Gegensatz zwischen einer nichtmathematischen Physik und einer mathematischen Mechanik bei Aristoteles steht in Widerspruch zu vielen Textpassagen, in denen die Beziehungen zwischen den verschiedenen naturwissenschaftlichen Disziplinen und der Mathematik untersucht werden.[25]

Unter diesen Voraussetzungen scheint es mir angebracht zu sein, das Problem des griechischen Verständnisses von Natur und Technik[26] erneut zu diskutieren, wobei in Abschnitt II die Bewertung technischen Handelns und in Abschnitt III die Frage nach der Legitimität der Nutzung der Natur im Vordergrund stehen, während Teil IV dem Problem der Beziehung zwischen Natur und Technik in der aristotelischen Mechanik gewidmet ist.

[117] II.

Bei dem Versuch, die Einstellung der Griechen zur Natur und zum technischen Handeln zu analysieren, ist es notwendig, neben den in diesem Zusammenhang oft untersuchten Texten von Platon und Aristoteles auch Mythos und Dichtung sowie die Historiographie zu berücksichtigen, denn es kann keineswegs vorausgesetzt werden, daß die Auffassungen einzelner Philosophen wie Platon oder Aristoteles in Griechenland oder auch nur in Athen allgemeine

---

23 H. Jonas, Das Prinzip Verantwortung, Frankfurt/M. 1989, 17 ff. Vgl. jetzt auch Schäfer, Bacon-Projekt, 191.

24 F. Krafft, Betrachtungsweise, 160 ff. Zur Mechanik in der Renaissance vgl. S. Drake u. I. E. Drabkin (eds.), Mechanics in Sixteenth Century Italy, Madison – London 1969.

25 F. Krafft, Betrachtungsweise, 169. S. Heiland, Naturverständnis. Dimensionen des menschlichen Naturbezugs, Darmstadt 1992, 21: „Während die Mathematik bei Platon einen hohen Hang einnahm, spielte sie für Aristoteles keine Rolle." Vgl. T. Heath, Mathematics in Aristotle, Oxford 1949.

26 Die griechischen Begriffe φύσις und τέχνη entsprechen nicht vollständig den deutsches Begriffen Natur und Technik; auf die begriffsgeschichtlichen Probleme kann hier nicht eingegangen werden; vgl. dazu etwa F. Heinimann, Nomos und Physis, Basel 1945, 89 ff. Ders., Eine vorplatonische Theorie der τέχνη, in: Mus. Helveticum 18 (1961) 105–130; W. Wieland, Die aristotelische Physik, Göttingen ²1970, 231 ff. Vgl. zuletzt G. Heinemann, Zum Naturbegriff im archaischen und klassischen griechischen Denken, Kassel 1991.

Zustimmung fanden. Die in der Dichtung formulierten vortheoretischen Überzeugungen verdienen auch deswegen eine besondere Beachtung, weil sie einerseits einen erheblichen Einfluß auf die Herausbildung philosophischer Lehrmeinungen hatten und andererseits in der klassischen Zeit in großem Umfang rezipiert wurden. Das Geschichtswerk Herodots bietet aufgrund zahlreicher Beschreibungen von Monumentalbauten zudem die Möglichkeit, die Kriterien für die Bewertung technischer Leistungen klar zu erfassen.

In den Epen Homers ist der Begriff der Techne eng mit dem Handwerk verbunden und meint zunächst die manuelle Geschicklichkeit und generell das Können eines Handwerkers. Zu den auffallenden Merkmalen der Dichtung gehört die enge Beziehung, die Homer zwischen einzelnen Gottheiten und der handwerklichen Tätigkeit herstellt. An erster Stelle ist hier Hephaistos zu nennen, der nach seinem Sturz vom Olymp am Rande des Okeanos das Handwerk eines Schmiedes auszuüben begann. Die von Hephaistos verfertigten Waffen, Gefäße und Geräte werden in beiden Epen rühmend erwähnt, und die Herstellung der Waffen und der Rüstung für Achilleus ist ein zentrales Thema der [118] Ilias. Die außerordentliche Geschicklichkeit des Gottes wird auch in dem Lied, das der Sänger Demodokos im Hause des Königs der Phäaken vorträgt, hervorgehoben; es wird erzählt, wie Hephaistos, als er von der Liebesbeziehung zwischen Aphrodite, mit der er verheiratet war, und Ares erfährt, starke Ketten schmiedet, die zugleich so fein waren, daß sie selbst den Göttern unsichtbar blieben. Auf diese Weise gelingt es ihm, Ares und Aphrodite beim Liebesspiel zu fangen, was von den herbeigerufenen Göttern mit den folgenden Worten kommentiert wird:

> „… der Langsame fängt ja den Schnellen!
> Also fing Hephaistos, der Langsame, jetzt sich den Ares,
> Welcher am hurtigsten ist von den Göttern des hohen Olympos,
> Er, der Lahme, durch Techne."

Aufgrund seines technischen Könnens vermag also der körperlich Schwächere den Stärkeren zu überwinden; der in diesen Versen formulierten Auffassung über Wirkung und Funktion der Techne kommt insofern eine eminente Bedeutung für die Herausbildung des griechischen Technikverständnisses zu, als sie für die spätere Literatur – und dies gilt gerade auch für die technologischen Fachschriften – nahezu verbindlich geworden ist.[27]

Neben Hephaistos verfügt auch Athene über herausragende technische Fähigkeiten. Sie schuf die Gewänder, die von ihr selbst und von Hera getragen werden; außerdem lehrte sie die Frauen der Phäaken sowie [119] Penelope die Kunst des Webens. Einzelnen Zimmerleuten hilft sie bei der Ausübung ihres Handwerks, und zusammen mit Hephaistos gewährt sie einem Goldschmied verschiedenartige technische Fertigkeiten.[28] Unter den Helden Homers wird vor allem Odysseus ein besonderes handwerkliches Geschick zugeschrieben. Ausführlich schildert der Dichter, wie Odysseus das Boot baut, mit dem er dann die Insel der Nymphe Kalypso verläßt; auf Ithaka erzählt Odysseus, er habe vor dem Trojanischen Krieg selbst sein Bett gezimmert und die Schlafkammer seines Palastes errichtet, und gibt sich auf diese Weise Penelope untrüglich zu erkennen. Frauen wie Helena oder Penelope sind den Helden durchaus ebenbürtig:

---

27 Homer Od. 8, 329 ff. Zu Hephaistos vgl. außerdem Homer Il. 18, 370 ff.; 398 ff.; 488 ff.; 1, 590 ff.
28 Zu Athene vgl. Homer Il. 5, 734 f.; 14, 178 f.; Od. 2, 116; 7, 110 f.; Il. 15, 410 ff.; 5, 59 ff.; Od. 6, 232 ff.

Sie arbeiten am Webstuhl und stellen mit großer Geschicklichkeit kostbare Gewänder her.[29] Gegen derartige Tätigkeiten wird in den Epen kein Einwand erhoben; allenfalls wird gesehen, daß technisches Handeln unter bestimmten Umständen auch der Täuschung anderer zu dienen vermag und Unglück verursachen kann. So wird von den Schiffen, die Phereklos gezimmert hatte, gesagt, sie hätten den Trojanern Unheil gebracht, denn Paris hatte mit ihnen Helena nach Troja entführt. Mit Hilfe des hölzernen Pferdes, das Epeios gebaut hatte, überlisteten die Griechen schließlich die Trojaner und nahmen die bis dahin unbezwingbare Stadt ein.[30] An solchen Stellen deutet sich eine vage Einsicht in die Ambivalenz von Handwerk und technischem Handeln an. Dabei sollte aber nicht übersehen werden, daß Athe[120]ne sowohl Phereklos als auch Epeios Beistand leistete. Der Dichter fällt also keineswegs ein Verdikt über das Wirken dieser beiden als Zimmerleute tätigen Helden.

Obwohl handwerkliches Geschick und kostbare Artefakte in den Epen gerühmt werden, bleibt bei Homer die allgemeine Bedeutung der Techne für das menschliche Leben eher unbestimmt. Aber bereits in der archaischen Zeit wurden neue Auffassungen entwickelt und zunächst noch in der Form des Mythos vorgetragen. So wird in verschiedenen Texten der Gedanke geäußert, eine Techne werde gefunden, wobei der erste Erfinder oft namentlich genannt wird. Mit dem Denkmodell des πρῶτος εὑρετής haben die Griechen der Vorstellung einer Historizität des technischen Handelns zum Durchbruch verholfen.[31] Wie der Hymnos auf Hephaistos zeigt, nahm man gleichzeitig an, daß die Entstehung der Technai und ihre Aneignung durch die Menschen eine grundlegende Verbesserung der Lebensbedingungen zur Folge hatte:

> „Muse mit heller Stimme! Hephaistos, den ruhmvollen Denker,
> Preise im Lied! Mit Athene, der eulenäugigen Göttin,
> Lehrte er herrliche Werke die Menschen auf Erden, die früher
> Hausten wie Tiere in Höhlen der Berge. Doch jetzt in der Lehre
> Jenes ruhmvollen Künstlers Hephaistos lernten sie schaffen,
> Bringen sie leicht ihre Zeit dahin bis zum Ende des Jahres,
> [121] Leben in Ruhe und Frieden in ihren eigenen Häusern[32]

Das Erlernen technischer Fertigkeiten wird hier als Voraussetzung dafür gesehen, daß die Menschen den Zustand tierhaften Vegetierens überwinden können. Diese hier eher nur angedeutete Sicht wird gegen Mitte des 5. Jahrhunderts vom Tragödiendichter im *Gefesselten Prometheus* erneut aufgegriffen und nun detailreich ausgeführt. Die neue Version des Prometheusmythos weicht dabei in signifikanter Weise von der in den Gedichten Hesiods überlieferten Fassung ab; die *Theogonie* bietet eine Erzählung über die Ernährung der Menschen und das Verhältnis zwischen Mann und Frau: Prometheus betrügt die Götter beim Opfermahl von Mekone und gewährt den Menschen das Fleisch des Opfertieres; im Gegenzug nimmt Zeus den Menschen das Feuer und damit die Möglichkeit, Fleisch als Nahrung zuzubereiten. Nachdem Prometheus durch seinen Diebstahl den Menschen die Verfügungsgewalt über das Feuer gegeben hat, bestraft Zeus den Titanen, indem er ihn an einen Pfahl binden ließ, und die Menschen, indem

---

29 Schiffbau des Odysseus: Homer Od. 5, 243 ff. Das Bett des Odysseus: Od. 23, 183 ff. Helena: Il. 3, 125 ff. Penelope: Od. 19, 139 ff.

30 Schiffe des Phereklos: Il. 5, 61 ff. Das hölzerne Pferd: Od. 8, 492 ff.

31 A. Kleingünther, Πρῶτος εὑρετής. Untersuchungen zur Geschichte einer Fragestellung, Leipzig 1933. K. Thraede, Das Lob des Erfinders, in: Rhein. Mus. 105 (1962) 158–188.

32 Homer, Hymnen. 20.

er ihnen zum Unheil Pandora schickt, die Stammutter aller Frauen wird. Diese werden von Hesiod mit den Drohnen verglichen: Während die Bienen sich bis zum Sonnenuntergang Tag für Tag mühen und das helle Wachs stapeln, verzehren die Drohnen im Stock das, was fremde Arbeit geschaffen hat. Was die Menschen durch die ungerechte Teilung des Opfertieres ursprünglich gewonnen haben, verlieren sie schließlich an die Frau, die verzehrt, ohne zu arbeiten. Der von Hesiod erzählte Mythos entspricht vollkommen der Vorstellungswelt einer [122] ländlichen Bevölkerung, die hart arbeiten muß, um ihre Ernährung zu sichern, und für die Feld und Haus strikt getrennte Lebensbereiche von Mann und Frau darstellen.[33]

Die Tragödie, in deren Zentrum die Bestrafung des Prometheus steht, weist gegenüber den Gedichten Hesiods zwar kaum Änderungen an der äußeren Handlung auf, aber die Aussage des Mythos hat sich radikal gewandelt. Vor allem wird das Feuer nicht mehr vom Kontext der menschlichen Ernährung her gesehen, vielmehr wird es in dem Monolog des Prometheus zu Beginn der Tragödie als Lehrer jeder Techne und ein wichtiges Hilfsmittel für die Menschen bezeichnet. Dem Dichter gilt die Beherrschung des Feuers nun als Voraussetzung für die Entwicklung des Handwerks, wobei sicherlich zunächst an die Metallurgie und die Töpferei zu denken ist.[34] Die ausführliche Schilderung der Wohltaten, die Prometheus den Menschen erwies, läßt dann überraschenderweise das Motiv des Feuerraubs unbeachtet; Prometheus erscheint hier vielmehr als derjenige, der den Menschen die wichtigsten kulturellen und handwerklichen Techniken bringt und auf diese Weise die ähnlich wie im Hymnos auf Hephaistos beschriebene Frühzeit beendet, in der das menschliche Leben sich nicht von dem der Tiere unterschied:

> „Vordem ja, wenn sie sahen, sahn sie ganz umsonst;
> Vernahmen, wenn sie hörten, nichts, nein, nächtgen Traums
> [123] Wahnbildern gleich, vermengten all ihr Leben lang
> Sie blindlings alles, wußten nichts vom Backsteinhaus
> Mit sonnengebrannten Ziegeln noch von Holzbaus Kunst
> Und hausten eingegraben gleich leicht wimmelnden
> Ameisen in Erdhöhlen ohne Sonnenstrahl.
> Es gab kein Merkmal für sie, das des Winters Nahn
> Noch blütenduftgen Frühling noch, an Früchten reich,
> Den Herbst klar angab, nein, ohne Verstand war all
> Ihr Handeln ..."

Von den Gaben des Prometheus werden zuerst die Kenntnis der Sterne sowie Zahl und Schrift genannt, also die für die griechische Zivilisation der klassischen Zeit grundlegenden Kulturtechniken. In den folgenden Versen erscheinen dann die Anschirrung von Rindern, das Pferdegespann und der Schiffbau als Erfindungen des Prometheus. Nach einem Hinweis auf Medizin und Mantik werden zuletzt die Metalle erwähnt, die zuvor den Menschen verborgen waren. Die Aufzählung schließt mit der prononcierten Feststellung, alle Technai seien den Menschen von Prometheus gegeben.[35] Die aufgeführten technischen Errungenschaften werden als nützlich für die Menschen gekennzeichnet; so wird etwa ausdrücklich gesagt, durch die

---

33 Hesiod, Theogonie, 535 ff. J. P. Vernant, Prométhée et la fouction technique, in: Ders., Mythe et pensée chez les Grecs II, Paris 1978, 5–15. A. Neschke-Hentschke, Geschichten und Geschichte. Zum Beispiel Prometheus bei Hesiod und Aischylos, in: Hermes 111 (1983) 385–402.

34 Aischylos, Prometheus, 110 f.

35 Ebd. 436–506.

Zugkraft der Rinder sei der Mensch von größten Mühen befreit worden. Damit entspricht aber die Wirkung der Gaben des Prometheus seiner Gesinnung, die zu Beginn der [124] Tragödie mit den Worten charakterisiert wird, er habe die Menschen allzusehr geliebt. Während Hesiod den Opferbetrug von Mekone und den Feuerraub noch als Ursachen für eine harte Bestrafung der Menschen durch Zeus ansah und ihm der von Prometheus für sie erzielte Vorteil daher als fragwürdig erschien, bewertet der Dichter der Tragödie die Technai und den vom Titanen herbeigeführten Wandel der menschlichen Lebensverhältnisse eindeutig positiv. Eine urbane Gesellschaft, die zunehmend auf technische Leistungen angewiesen war, vergewisserte sich der Legitimität ihres Handelns, indem sie Handwerk und Technik auf göttliches Wirken zurückführte.

Während die Tragödie sich wesentlich darauf beschränkt, die wichtigsten von Prometheus den Menschen gewährten Technai aufzuzählen und deren Relevanz durch den Hinweis auf den vorangegangenen primitiven Zustand menschlichen Lebens nachzuweisen, wird in der philosophischen Diskussion des 4. Jahrhunderts auch die Frage nach den Ursachen für die Entstehung der Technai gestellt. Bei dem Versuch, in dem Dialog *Protagoras* das Problem der Lehrbarkeit politischer Tugend zu klären, hält Platon es für notwendig, zunächst zwischen den handwerklichen Technai und den politischen Fähigkeiten klar zu unterscheiden. Er verwendet zu diesem Zweck wiederum den Prometheusmythos, um Funktion und Grenzen technischen Handelns zu erläutern. Dabei nimmt Platon sich wie schon zuvor der Tragödiendichter die Freiheit, den Mythos grundlegend umzuformulieren und neue Akzente zu setzen. Die Erzählung, die Platon den Sophisten Protagoras vortragen läßt, beginnt mit der Erschaffung der Lebewesen. Von den Göttern damit beauftragt versah Epimetheus, der Bruder des Pro[125]metheus, die verschiedenen Tiere auf solche Weise mit bestimmten Eigenschaften, daß das Überleben jeder Art gesichert war. Allerdings vergaß er den Menschen, für den nichts übriggeblieben war, um ihn angemessen auszustatten, So fand Prometheus, als er kam, um das Werk zu betrachten, den Menschen „nackt, unbeschuht, unbedeckt, unbewaffnet" vor. In dieser Notlage stahl der Gott die technische Intelligenz (ἔντεχνος σοφία) des Hephaistos und der Athene zusammen mit dem Feuer und schenkte beides den Menschen. Unter diesen Umständen gelang es den Menschen, alles, was sie zum Leben benötigten, zu erfinden, nämlich Wohnung, Kleidung, Schuhe und Nahrungsmittel aus der Erde. Verstreut wohnend konnten sie sich aber nicht gegen die wilden Tiere behaupten, und daher begannen sie, Städte zu errichten. Ihnen fehlte allerdings die politische Techne, die Fähigkeit zum Zusammenleben in einer Polis, und deswegen kam es zu inneren Auseinandersetzungen, bis Zeus den Menschen schließlich Scham und Recht (αἰδῶ τε καὶ δίκην) als Garanten des inneren Friedens sandte.[36]

Platon sucht den Ursprung der Technik nicht mehr wie Hesiod oder der Tragödiendichter vornehmlich im zufälligen Handeln der Götter, sondern in der Natur des Menschen selbst. Im *Protagoras* ist die mißglückte Schöpfung des Menschen, der aufgrund seiner mangelhaften natürlichen Ausstattung als einziges Lebewesen nicht lebensfähig ist, entscheidende Voraussetzung für die Entstehung der Technai; diese Vorstellung impliziert, daß technisches Handeln für das Überleben des Menschen in einer ihm feindlichen Umwelt schlechthin notwendig ist. Ein weiterer Unterschied zu [126] den älteren Texten ist darin au sehen, daß bei Platon Prometheus nicht mehr der Erfinder der verschiedenen Technai ist, die dann den Menschen gewährt werden, sondern diese selbst, nachdem sie die technische Weisheit des Hephaistos und der Athene

---

36 Platon, Protagoras 320c–322d.

erhalten haben, das für sie Notwendige erfinden und auf diese Weise Subjekt der technischen Entwicklung werden. Diese veränderte Sicht ist auf die Wahrnehmung bedeutender technischer Fortschritte im Handwerk, Bauwesen und Schiffbau während des 6. und 5. Jahrhunderts zurückzuführen. Angesichts derartiger Erfahrungen war für eine philosophische Theorie die Behauptung, das Ensemble technischer Fertigkeiten sei den Menschen in einem einmaligen Akt von den Göttern geschenkt worden, nicht mehr plausibel.[37] Platon thematisiert nicht allein die Funktion der Technik, das Überleben der Menschen zu sichern, seine Ausführungen verdeutlichen auch die Grenzen der handwerklichen Techne (δημιουργικὴ τέχνη), mit deren Hilfe zwar Städte errichtet werden können, die aber das Zusammenleben der Menschen in diesen Städten nicht zu regeln vermag. Daher bedarf sie der Ergänzung durch die politische Techne (πολιτικὴ τέχνη), die auf Scham und Gerechtigkeit beruht, Eigenschaften, die jedes Mitglied einer differenzierten städtischen Gesellschaft besitzen muß.

In späteren Dialogen hat Platon, wiederholt verschiedene Aspekte technischen Handelns erörtert;[38] im Rahmen dieser Ausführungen kann exemplarisch nur auf einen weiteren Text hingewiesen werden, der zeigt, daß Platon an den im *Protagoras* formulierten Ein[127]sichten festgehalten hat: Im *Politikos* wird ein Mythos erzählt, dem zufolge die Lage aller Lebewesen sich radikal ändert, wenn der Umlauf der Gestirne seine Richtung wechselt. Während die Menschen in der vorangegangenen Ära von Gott behütet sorglos lebten, waren sie au Beginn des gegenwärtigen Zeitalters von Gott verlassen auf sich selbst angewiesen. Schutzlos waren sie den wilden Tieren preisgegeben und überdies unfähig, sich Nahrungsmittel zu verschaffen. In dieser Notlage erhielten sie das Feuer von Prometheus, die Technai von Hephaistos und Athene sowie schließlich die Saaten von anderen Göttern. Diese Erzählung besitzt dieselbe Struktur wie der Prometheusmythos im *Protagoras*: Die Notwendigkeit der Technai resultiert aus einer Notlage der Menschen, deren Überleben durch wilde Tiere und einen Mangel an angemessener Nahrung gefährdet ist.[39]

Der Theorie Platons, der Mensch sei wegen einer mangelhaften natürlichen Ausstattung und einer fehlenden Anpassung an die Umwelt auf die Technik angewiesen, wurde bereits in der Antike widersprochen. Aristoteles trifft in der zoologischen Schrift *de partibus animalium* die Feststellung, die Natur habe dem Menschen Hände gegeben, weil er das intelligenteste Lebewesen sei; von der Hand wiederum wird gesagt, sie habe nicht die Funktion eines einzigen Werkzeugs, sondern sie sei als ein Organ anzusehen, das viele verschiedene Werkzeuge nutzen könne. Für die Natur konnte es daher nach Aristoteles nur sinnvoll sein, ein Lebewesen mit der Hand auszustatten, das aufgrund seiner Intelligenz tatsächlich auch fähig war, sich in größtem Umfang technische Fähigkeiten anzueignen. Von die[128]sen Prämissen ausgehend kann Aristoteles die Meinung, der Mensch sei nicht schön gebildet, sondern das am schlechtesten ausgestattete Lebewesen, mit Nachdruck zurückweisen. Anders als die übrigen Lebewesen, die sich jeweils nur auf eine bestimmte Art und Weise verteidigen können, hat der Mensch nämlich die Möglichkeit, seine Werkzeuge oder Instrumente jeweils zu wählen und auch zu wechseln; denn die Natur hat die Hand derart gestaltet, daß sie Speer oder Schwert und alle anderen Waffen oder Geräte halten kann. Der faktische Gebrauch der Hand verweist nach Aristoteles auf ihren Zweck und darüber hinaus auf die Begabung des Menschen, sie zu diesem Zweck

37 Vgl. auch Xenophanes, DK 21 B 18.
38 Vgl. etwa Platon, Kratylos, 387a, 387d ff. Politeia, 368b ff. Philebos, 55c ff.
39 Platon, Politikos, 269c ff.

auch einzusetzen. Die Technik hat daher nicht die Funktion, die Schwäche des Menschen zu kompensieren, sondern umgekehrt, als einziges Lebewesen ist der Mensch von der Natur so ausgestattet, daß er entsprechend seiner Begabung technisch zu handeln vermag.[40]

Die Reflexion der Griechen über die Technai hat deren Bedeutung für den Menschen zu bestimmen versucht; in den Epen Homers wird erzählt, wie die Götter den Menschen bei der handwerklichen Arbeit beistehen, und in der Tragödie sind die Technai Voraussetzung dafür, daß die Menschen aus dem Zustand tierähnlichen Lebens heraustreten konnten; Platon behauptet die Notwendigkeit der Technik für das Überleben der Menschen, während bei Aristoteles der Mensch aufgrund seiner Intelligenz und seiner Anatomie befähigt ist, sich die Technai anzueignen. Weder in der Dichtung noch in der Philosophie wird das technische Handeln generell als ein verwerfliches Tun der Menschen bewertet, im Gegenteil, die Technai werden [129] legitimiert, indem sie auf göttliches Wirken, auf die Notwendigkeit, sich in einer feindlichen Umwelt zu behaupten, oder auf die Natur zurückgeführt werden.

Die klassischen Werke der griechischen Geschichtsschreibung gehen auf das Problem von Ursprung und Funktion der Technik nicht ein. Trotzdem sind die *Historien* Herodots als ein aufschlußreiches Zeugnis für das Technikverständnis der Griechen anzusehen, denn der Historiker behandelt ausführlich technisch aufwendige Großbauten und die Tätigkeit einzelner Architekten. Handwerker werden bei Herodot nur selten erwähnt, und das kostbare Artefakt, dem noch die uneingeschränkte Bewunderung Homers galt, findet allenfalls in der Aufzählung königlicher Weihgeschenke Beachtung. Während des 5. Jahrhunderts beginnt das Interesse der Griechen an technischen Leistungen sich vor allem auf die Architekten zu konzentrieren. Für die Bewertung technischer Großprojekte durch die Griechen sind die Berichte Herodots über den von Xerxes befohlenen Kanalbau am Athos und über die Errichtung der Brücken am Hellespont von besonderem Interesse; im Gegensatz zur Meinung von F. Krafft gibt es im Text keine Anhaltspunkte dafür, daß Herodot diese Bauten als Ursache der persischen Niederlage betrachtete. Gegen den Athoskanal wird einzig der Einwand erhoben, es habe sich um ein Prestigeprojekt von geringem Nutzen gehandelt, denn die Perser hätten ihre Schiffe ohne Schwierigkeiten auch über die Landenge ziehen können. Den Bau der Brücken über den Hellespont beschreibt Herodot in allen Einzelheiten, ohne den geringsten Vorbehalt gegen dieses Vorhaben erkennen zu lassen. Die Kritik des Historikers richtet sich allein gegen das unbeherrschte Verhalten des Xerxes, der nach der durch einen Sturm ver[130]ursachten Zerstörung der zuerst errichteten Brücken das Meer mit Rutenhieben strafen ließ und überdies noch mit frevelhaften Worten beleidigte.[41] Tatsächlich war die Überbrückung einer Meerenge für die Griechen unproblematisch; in diesem Zusammenhang sind die Ausführungen Herodots über jene Brücke, die Dareios vor Beginn seines Skythenfeldzuges am Bosporos errichten ließ, besonders signifikant. Wie Herodot erzählt, ließ der aus Samos stammende Architekt Mandrokles, der nach Vollendung des Bauwerkes vom Perserkönig reich beschenkt worden war, ein Bild von der Brücke malen, das auch den Großkönig am Ufer und das persische Heer beim Überschreiten des Bosporos zeigte. Mandrokles stiftete das Bild dem Heratempel von Samos; die beigefügte und von Herodot überlieferte Inschrift rühmte die Leistung des Architekten:

> „Über die fischreichen Fluten des Bosporus schlug eine Brücke
> Mandrokles, und er gab Hera dies Bildnis zum Dank.

---

40 Aristoteles, de part. anim., 687a ff.
41 Herodot 7, 22 ff., 34 ff.

Sich errang er den Kranz und Ruhm seiner Vaterstadt Samos,
Weil er getreulich erfüllt König Dareios' Begehr."

Mit diesem Epigramm beanspruchte der Architekt dieselben Ehren wie ein siegreicher Athlet, den Siegerkranz für sich und Ruhm für seine Heimatstadt. Die Aufstellung dieses Bildes als Weihgeschenk in einem der größten Tempel Griechenlands wäre undenkbar gewesen, wenn die Griechen allgemein derartige Bauten für einen „frevelhaften, gottlosen Eingriff in die Natur" (F. Krafft) gehalten hatten.[42] [131] Welche Bedeutung Herodot Großbauten beimißt, geht eindrucksvoll aus seinen abschließenden Bemerkungen zur Darstellung der Geschichte von Samos hervor; er habe, schreibt Herodot, so ausführlich über Samos berichtet, „weil die Samier die gewaltigsten Bauwerke geschaffen haben, die sich in ganz Hellas finden". Im einzelnen nennt er den sieben Stadien langen Tunnel, durch den das Wasser einer hinter einem Bergrücken gelegenen Quelle in die Stadt geleitet wurde, die Mole, die das Hafenbecken schützte, und zuletzt den Tempel der Hera. Diese Aufzählung macht deutlich, daß Herodot Bauwerke eher unter dem Gesichtspunkt von Nutzen und technischer Leistung als unter dem der Ästhetik beurteilt hat. Das Interesse des Historikers an technischen Sachverhalten kommt in der Genauigkeit seiner Beschreibung, die etwa auch die Abmessungen des Wasserleitungstunnels und der Mole bietet, gut zum Ausdruck.[43] In ähnlicher Weise lassen die Kapitel über die Monumentalbauten im Niltal die Bewunderung Herodots für das technische Können der Ägypter erkennen; es ist charakteristisch für die Themenstellung Herodots, daß dem Bau der Cheops-Pyramide längere Ausführungen gewidmet sind.[44]

In der griechischen Literatur gibt es unzweifelhaft auch kritische Bemerkungen über die Technai; einzelne Autoren betonen die Ambivalenz technischen Handelns, das eben die natürliche Überlegenheit des Stärkeren in Frage stellt und auch schlechten Zwecken zu dienen vermag. So konstatiert der einem aristokratischen Ethos verpflichtete Pindar, durch Techne werde der Bessere von geringeren Männern besiegt. Obgleich der Dichter hier die Situation des Wettkampfes [132] meint, ist doch ein kritischer Unterton der Techne allgemein gegenüber nicht zu verkennen.[45] Bei Aischylos verwendet Klytaimnestra ein technisches Hilfsmittel, nämlich „ein endlos Geweb wie zum Fischfang", um den damit wehrlos gemachten Agamemnon ermorden zu können.[46]

Aber erst beim späten Platon finden sich grundsätzliche Bedenken gegen die technische Entwicklung; in seinem letzten Werk, den Nomoi, trifft Platon die Feststellung, in der Frühzeit der Menschen, als die meisten Technai wie etwa die Metallurgie noch nicht existierten, habe es keine Kriege und keinen inneren Streit gegeben, und seien Neid sowie Prozesse unbekannt gewesen. Diese Argumentation wurde dann von dem Aristotelesschüler Dikaiarchos entfaltet, der in seiner nicht überlieferten Geschichte der griechischen Zivilisation (βίος Ἑλλάδος) die Frühzeit entsprechend dem Mythos vom Goldenen Zeitalter durch positive Begriffe wie Muße, Gesundheit, Frieden und Freundschaft charakterisierte und Reichtum sowie Kriege auf die Durchsetzung neuer Agrartechniken, nämlich Viehzucht und Ackerbau, zurückführte. Die Technik wird nicht mehr als notwendiges Mittel, das Überleben zu sichern, sondern als Antwort

42 Herodot 4, 87 f., F. Krafft, Anfänge, 29.
43 Herodot 3, 60.
44 Herodot 2, 124 f.
45 Pindar, Isthm. 3/4, 52 f.
46 Aischylos, Agamemnon, 1382 f. Choephoren, 980 ff.

auf die steigenden Bedürfnisse der Menschen betrachtet. Damit war die Voraussetzung für die radikale Ablehnung jeglicher Technai bei den Kynikern gegeben.[47]

Diese Gedanken wurden dann im spätrepublika[133]nischen und kaiserzeitlichen Rom rezipiert und breit ausgeführt, ohne allerdings einen nachweisbaren Einfluß auf die technische Entwicklung ausgeübt zu haben. Die technisch geprägte Zivilisation provozierte eine äußerst scharfe Kritik einzelner Autoren, deren Einwände sich primär gegen die verfeinerte Lebensweise mit ihren korrumpierenden Folgen für Politik und Moral richteten, aber – sieht man einmal von Plinius dem Älteren ab – nie gegen die Ausbeutung der Natur.

III.

In Agrargesellschaften stellt sich das Problem der Nutzung der Natur zunächst für die Landwirtschaft: Menschen bearbeiten den Boden, um Getreide und andere Nahrungsmittel zu produzieren, verwenden Tiere bei der Arbeit und verändern durch Rodung von Wäldern, Trockenlegung von Sumpfland oder Terrassierung von Berghängen einschneidend die natürliche Landschaft. Die Griechen haben die Landwirtschaft erst spät als technische Tätigkeit begriffen; die Autoren der archaischen und frühklassischen Zeit haben anfangs nur das Können eines Handwerkers oder einzelne Zweige des Handwerks, dann auch solche Disziplinen wie Medizin und Musik, die ähnlich wie ein Handwerk ein spezielles Wissen erfordern, als Techne bezeichnet. Immerhin erscheint aber bereits im *Gefesselten Prometheus* die Anschirrung der Zugtiere unter jenen Technai, die Prometheus den Menschen gegeben hat; in den frühen Dialogen Platons und im *Oikonomikos* Xenophons wird die Landwirtschaft schließlich als Techne verstanden, eine Auffassung, die sich im 4. Jahrhun[134]dert allgemein durchgesetzt hat und von Aristoteles sowie Theophrastos geteilt wurde.[48]

Unter diesen Voraussetzungen konnte in den Epen Homers noch kein Zusammenhang zwischen der Technik und der Ausbeutung der Natur hergestellt werden; einzelne Beschreibungen landwirtschaftlicher Tätigkeiten geben jedoch Aufschluß darüber, wie der Dichter die Nutzung des Bodens durch den Menschen wahrgenommen hat. Zu den bildlichen Darstellungen auf dem Schild des Achilleus, die die Weltsicht der Griechen zur Zeit Homers widerspiegeln, gehören mehrere ländliche Szenen, die das Pflügen eines Feldes, eine Getreideernte, eine Weinlese und Hirten beim Hüten von Rindern und Schafen zeigen. Abgesehen von den Versen über die Viehzucht, die beschreiben, wie Löwen eine Rinderherde angreifen und so die Gefährdung durch wilde Tiere verdeutlichen, wird die Landwirtschaft als Idyll dargestellt; es herrscht Frieden, die Beziehungen der Menschen untereinander sind von Harmonie und Eintracht geprägt; die Arbeit, von deren Härte hier nichts zu spüren ist, wird von Musik begleitet. Nichts deutet in der Schildbeschreibung darauf hin, daß der Dichter Natur und Landwirtschaft als unvereinbare Gegensätze empfunden hatte. Einige Verse der *Odyssee* bestätigen dies eindrucksvoll; es wird vom Ruhm eines Königs gesprochen,

> „Welcher ein großes Volk, beherrscht von tapferen Männern
> Und das Recht bewahrt; ihm trägt die schwärzliche Erde
> Weizen und Gerste genug, die Bäume brechen vom Obste,

---

47 Platon, Nomoi, 678e. Zu Dikaiarchos vgl. Varro, de re rustica, 1, 2, 16. 2, 1, 3 ff.; Porphyrios, de abstinentia, 4, 2; P. Vidal-Naquet, Plato's Myth of the Statesman, the Ambiguities of the Golden Age and of History, in: JHS 98 (1978) 132–141.

48 Aischylos, Prometheus, 462 ff.; Platon, Euthydemos, 291e f.; Xenophon, Oikonomikos, 5, 17.

[135] Immer gebiehrt das Vieh, und die Wasser wimmeln von Fischen,
Unter dem weisen Gebot, und es leben beglückt seine Völker."

Die Überzeugung, daß die Gerechtigkeit der Könige durch gute Ernten belohnt werde, schließt zweifellos aus, daß die Griechen die Landwirtschaft als problematischen Eingriff in die Natur bewertet haben.[49] Sogar die Schaffung neuer Anbauflächen durch Kultivierung der Wildnis galt uneingeschränkt als statthaft, obwohl in diesem Fall die dadurch herbeigeführte Veränderung der natürlichen Landschaft evident war. Eines der wichtigsten Zeugnisse für die Einstellung der Griechen zur unberührten Natur ist die Erzählung des Odysseus über seine Ankunft im Lande der Kyklopen; er erwähnt eine kleine, vor dem Festland gelegene Insel, die ihn zu folgenden Überlegungen veranlaßt:

„... ein kleines waldiges Eiland,
Welches unzählige Scharen von wilden Ziegen durchstreifen.
Denn kein menschlicher Fuß durchdringt die verwachsene Wildnis,
Und nie scheucht sie dort ein spürender Jäger, der mühvoll
Durch die Wälder pirscht und steile Felsen umklettert,
Nirgends weidet ein Hirt, und nirgends ackert ein Pflüger;
Unbesäet liegt und unbeackert das Eiland,
Ewig menschenleer, nur meckernde Ziegen ernährt es,
Denn es gebricht den Kyklopen an rotgeschnäbelten Schiffen,
[136]Auch ist unter dem Schwarm kein Meister kundig des Schiffbaus,
Schöngebordete Schiffe zu zimmern, daß sie mit Botschaft
Zu den Völkern der Welt hinsegelten, wie sich die Menschen
Sonst wohl oft in Schiffen besuchen über das Meer hin;
Die aber schüfen die Wildnis bald zu blühenden Auen.
Denn nicht karg ist der Boden und trüge jeglicher Jahreszeit.
Längs des grauen Meeres Gestade breiten sich Wiesen,
Reich an Quellen und Klee. Dort rankten beständig die Reben,
Und leicht pflügte der Pflug, und volle Ährengebilde
Reiften jährlich der Ernte, denn fett ist unten der Boden."[50]

Der prüfende Blick auf die Wildnis, der sogleich die Fruchtbarkeit des Bodens einzuschätzen vermag, gilt einzig der Frage nach der Möglichkeit einer künftigen landwirtschaftlichen Nutzung, und an die Stelle der Realität tritt die imaginierte Verwandlung der Insel in eine blühende Agrarlandschaft, die hohe Erträge abwirft. In diesen Versen ist weder eine religiös motivierte Ehrfurcht vor der Natur noch eine Scheu vor lokalen Gottheiten zu erkennen, die Vorstellung, die Insel könnte kultiviert werden, wird keineswegs als Verletzung religiöser Normen empfunden.

Gegenüber der älteren Literatur, insbesondere auch gegenüber dem *Gefesselten Prometheus,* formuliert Sophokles in dem ersten Stasimon der *Antigone* [137] neue Einsichten, indem, er die Überlegenheit des Menschen über die Naturgewalten und die Tiere hervorhebt:

„Vieles ist ungeheuer, nichts
Ungeheuerer als der Mensch.

---

49 Homer Il. 18, 478–808, bes. 541 ff.; 19, 109 ff. Vgl. außerdem Hesiod, Erga, 230 ff.
50 Homer Od. 9, 118 ff.

Das durchfährt auch die fahle Flut
In des reißenden Südsturms Not;
Das gleitet zwischen den Wogen,
Die rings sich türmen! Erde selbst,
Die allerhehrste Gottheit,
Ewig und nimmer ermüdend, er schwächt sie noch,
Wenn seine Pflüge von Jahre zu Jahre, wenn
Seine Rosse sie zerwühlen.

Völker der Vögel, frohgesinnt,
Fängt in Garnen er, rafft hinweg
Auch des wilden Getiers Geschlecht,
Ja, die Brut der salzigen See
In eng geflochtenen Netzen,
Der klug bedachte Mann, besiegt
Mit List und Kunst das freie,
Bergebesteigende Wild und umschirrt mit dem
Joche den mähnigen Nacken des Rosses und
Auch des unbeugsamen Bergstiers.

Und Rede und, rasch wie der Wind,
Das Denken erlernt' er, den Trieb,
Die Städte au ordnen, und auch der Fröste
Unwohnlichkeit im Gefild
Und Regensturms Pfeile fliehn:
Allbewandert, in nichts unbewandert schreitet er
Ins Künft'ge; vorm Tod allein
Sinnt er niemals Zuflucht aus;
Doch für heilloser Krankheit Pein
Fand er Hilfe.

Mit kluger Geschicklichkeit für
Die Kunst ohne Maßen begabt,
[138] Kommt heut er auf Schlimmes, auf Edles morgen.
Wer seines Lands Gesetze ehrt und Götterrecht schwurgeweiht,
Gilt in der Stadt; ohne Stadt ist, wem das Unrecht sich
Gesellt hat zu frevlem Tun.
Sitze nie an meinem Herd,
Und sei im Bunde nie mit mir,
Wer so handelt!"[51]

Zunächst ist festzuhalten, daß es zwischen diesem Chorlied und der großen Rede des Prometheus in der Tragödie weitreichende Übereinstimmungen gibt; es handelt sich bei beiden Texten um einen Katalog von Technai bzw. menschlichen Tätigkeiten, wobei einige Errungenschaften in beiden Tragödien genannt werden, so die Schiffahrt, die Zähmung von Arbeitstieren und die

---

51 Sophokles, Antigone, 332 ff. C. Meier, Die Entstehung des Politischen bei den Griechen, Frankfurt 1980, 457 ff. G. Heinemann, to deinon – Prometheische Weisheit und archaischer Schrecken, in: W. Schmied-Kowarzik (Hg.), Einsprüche kritischer Philosophie (Festschrift U. Sonnemann), Kassel 1992, 31–48.

Medizin als Hilfe gegen Krankheiten. Anstelle von Schrift und Zahl wird in der *Antigone* die
Sprache erwähnt, und wie im *Gefesselten Prometheus* wird bei Sophokles ebenfalls die Intelligenz
des Menschen betont. Daneben erscheinen im Chorlied auch einige Tätigkeiten, von denen in
der älteren Tragödie nicht gesprochen wird, etwa das Pflügen, die Vogeljagd und der Fischfang.
Aber nicht derartige Unterschiede im Detail sind von Belang, entscheidend ist vielmehr der
grundlegende Wandel in der Aussage beider Texte. Selbst nach der Aufzählung der Taten des
Prometheus kann der Chor der Okeaniden die Situation der Menschen noch mit folgenden
Worten umreißen:

> [139] „... sag, wo bleibt Abwehr,
> Von dem Eintagsgeschlecht der Beistand? Sahst nicht klar Du,
> Wie armselige Ohnmacht, kraftlos,
> Einem Traum gleich, dieses Erdvolks
> So ganz blindem Geschlechte den Fuß hemmt?"[52]

Obgleich die Menschen durch Prometheus begünstigt über technisches Können verfügen, bleiben sie kraftlos, ein Eintagsgeschlecht. Die Sicht der archaischen Literatur, die den Menschen
stets als ein schwaches, einem ungewissen Schicksal ausgeliefertes Wesen gekennzeichnet hatte,
ist für den *Gefesselten Prometheus* noch verbindlich. Völlig anders werden die Fähigkeiten des
Menschen von Sophokles eingeschätzt. Wenn es am Anfang des Chorliedes heißt, nichts sei ungeheurer (δεινότερον) als der Mensch, so nimmt Sophokles an dieser Stelle die Formulierung
eines Chorliedes aus den Choephoren von Aischylos auf, das mit folgenden Versen beginnt;

> „Ohne Zahl nährt die Erd
> Schreckensvolle Ungeheuer (δεινά);
> Meeres Arm, Seebucht bringt Scheusals Brut, ge-
> Fahrvoll dem Mensehenvolk,
> Massenweis; und mittendrein
> Aus der Höh der Blitze Schein!"[53]

Während der Mensch bei Aischylos noch von vielen Ungeheuern bedroht ist, gibt es bei
Sophokles nichts mehr, das ungeheurer ist als der Mensch, der über Fähigkeiten verfügt,
die durch die verwendete Terminologie ausdrücklich als technisches Können charakterisiert
werden.

[140] Der Mensch ist nicht mehr wie andere Lebewesen an einen bestimmten Raum gebunden; da er technische Hilfsmittel für seine Zwecke einzusetzen vermag, kann er sich sogar auf
dem Meer gegen den Sturm behaupten, und er ist den verschiedenen Tieren in ihrem jeweiligen
Lebensraum, der Luft oder dem Wasser, überlegen; er jagt Vögel, fängt Fische und vermag
dem Stier, der ihn an körperlicher Stärke bei weitem übertrifft, das Joch aufzuerlegen. Selbst
vor der Gottheit macht der Mensch nicht halt, mit seinem Pflug durchwühlt er die göttliche
Erde. Im Chorlied der *Antigone* ist der Mensch nicht mehr schwach und hilflos, sondern er ist
in der Lage, sich zu behaupten und andere Lebewesen seinen Interessen zu unterwerfen. Sein
technisches Können wird nicht mehr auf einen Gott zurückgeführt und damit legitimiert, es
ist vielmehr von vornherein in der Natur des Menschen begründet.

---

52 Aischylos, Prometheus, 545 ff.
53 Aischylos, Choephoren, 585 ff. Vgl. Heinemann, Promethische Weisheit, 36.

Es bleibt zu fragen, wie Sophokles das Handeln des Menschen bewertet. Die prononcierte Verwendung des Adjektivs δεινός – das auch die Bedeutung „schrecklich" haben kann – zu Beginn des Chorliedes schließt aus, daß der Dichter die Fähigkeiten des Menschen uneingeschränkt preisen wollte; aber auch die Behauptung von Hans Jonas, hier werde von einem „gewaltsamen und gewalttätigen Einbruch in die kosmische Ordnung", von einer „Vergewaltigung der Natur" erzählt, ist nicht unproblematisch.[54] Es geht in dem Text wohl kaum darum, seit langem geübte Praktiken wie Vogeljagd und Fischfang als Vergewaltigung der Natur zu kritisieren. Die technische Begabung des Menschen wird als gegeben vorausgesetzt, aber gleichzeitig wird gesehen, daß er die Freiheit hat, schlecht oder edel zu [141] handeln. Diese Möglichkeit wird bei Sophokles allein auf die menschliche Gesellschaft bezogen; kategorisch wird die Beachtung der Gesetze und des göttlichen Rechtes gefordert, wobei demjenigen, der nicht gerecht (καλόν) handelt, der Ausschluß aus der Polis angedroht wird. Die Problematik menschlichen Handelns sieht Sophokles also darin, daß der Mensch seine einzigartigen Fähigkeiten dazu mißbrauchen kann, gegen das Recht der Polis und der Götter zu verstoßen; auf diese Weise kommentiert das Chorlied das Geschehen der Tragödie, die ja den Konflikt um die Durchsetzung verschiedener Rechtsnormen thematisiert.

Einzig die Bemerkung über das Pflügen scheint einen Gegensatz zwischen menschlicher Tätigkeit und religiösen Normen anzudeuten; in diesem Zusammenhang ist aber auf den Mythos der Demeter zu verweisen; der archaische Hymnos auf die Göttin legt dar, daß eine Übereinkunft zwischen den Göttern das Wachstum des Getreides und damit den Menschen die Ernährung sichert. Die wichtigsten Kulturpflanzen galten als eine Gabe der Götter, wobei das Getreide mit Demeter und der Ölbaum mit Athene in Verbindung gebracht wurde. So entsprach die Landarbeit göttlichem Willen, die Menschen baten die Götter um gute Ernten und verliehen in den Primitialopfern ihrem Dank für die empfangenen Früchte Ausdruck.[55]

Wie eine kurze Bemerkung in den *Hiketiden* des Euripides deutlich macht, begannen die Griechen im 5. Jahrhundert anzunehmen, das Naturgeschehen diene den Bedürfnissen der Menschen: In einer längeren Rede erklärt Theseus, daß Gott gut für die Menschen gesorgt habe, indem er ihnen Einsicht, Sprache und [142] daneben auch verschiedene Technai gewährte. Es ist bemerkenswert, daß dabei auch die Früchte des Feldes und der vom Himmel kommende Regen, der die Pflanzen bewässert, erwähnt werden. Hier bahnt sich ein anthropozentrisches Verständnis der Natur an, das dann in der philosophischen Literatur des 4. Jahrhunderts theoretisch formuliert und begründet wurde.[56] Voraussetzung für diese neue Sicht war der etwa von Anaxagoras oder Diogenes von Apollonia geäußerte Gedanke, die Welt sei von einer vernünftigen Instanz geschaffen worden und daher als schön geordnet anzusehen.[57]

Derartige Ansätze aufgreifend unternimmt Xenophon in einem Abschnitt der Memorabilia, in dem er ein fiktives Gespräch zwischen Sokrates und dem jungen Athener Euthydemos referiert, den Versuch, sämtliche Naturerscheinungen systematisch auf die göttliche Fürsorge für den Menschen zurückzuführen. Die Diskussion beginnt mit der Frage des Sokrates, ob Euthydemos sich schon überlegt habe, „wie umsichtig die Götter das, was die Menschen benötigen, ins Werk gesetzt haben". Als erstes Beispiel hierfür werden das von den Göttern gewährte

---

54 Jonas, Prinzip Verantwortung, 18.
55 W. Burkert, Griechische Religion der archaischen und klassischen Epoche, Stuttgart 1977, 115–119.
56 Euripides, Hiketiden, 195 ff.
57 Diogenes von Apollonia, DK 64 B 3. F. Solmsen, Nature as Craftsman in Greek Thought, in: Ders., Kleine Schriften I, Hildesheim 1968, 332–355.

Licht, ohne das die Menschen nicht sehen könnten, und die Nacht, die dem Ruhebedürfnis ent-
gegenkommt, genannt. Die Gestirne sind derart beschaffen, daß sie dem Nutzen der Menschen
dienen; dabei hat etwa der Umlauf des Mondes auch die Funktion, das Jahr in Monate einzu-
teilen. Die Götter sorgten ferner dafür, daß die Erde die notwendige Nahrung hervorbringt,
wobei auch [143] das Wasser Erwähnung findet, weil es zum Wachstum der Pflanzen beiträgt
und außerdem Bestandteil der menschlichen Nahrung ist. Das Feuer wiederum ist Hilfsmittel
gegen Kälte sowie Dunkelheit und leistet den Technai wertvolle Dienste bei der Verfertigung
dessen, was für die Menschen nützlich ist. Der Umlauf der Sonne garantiert eine Abfolge der
Jahreszeiten, so daß es auf der Erde für die Menschen nie zu heiß oder zu kalt wird. Euthydemos
kann diesen Teil des Gespräches mit der Feststellung zusammenfassen, er glaube nun, daß es
den Göttern bei ihrer Schöpfung darum ging, für die Menschen zu sorgen. Allerdings bringt
Euthydemos noch einen Einwand gegen die Darlegungen des Sokrates vor: An allem, was dieser
bislang angeführt habe, hätten auch die Tiere Anteil. Es stellt sich also die Frage, ob der Mensch
wirklich der einzige Adressat der göttlichen Fürsorge ist. Sokrates unternimmt es nun nachzuweisen, daß die Tiere um des Menschen willen existieren und ernährt werden: Der Mensch hält
zu seinem Nutzen Ziegen, Schafe, Pferde und Ochsen, die ihm Nahrung – Milch, Käse, Fleisch
– liefern und bei der Arbeit helfen. Beachtenswert ist eine kurze Bemerkung des Euthydemos zu
den Tieren: Er hält die Auffassung des Sokrates deswegen für plausibel, weil die Tiere trotz ihrer
größeren Körperkraft ganz in der Gewalt der Menschen sind und von ihnen zu allen Zwecken
gebraucht werden. An dieser Stelle wird die Argumentationsstruktur, die den Ausführungen
des Sokrates zugrunde liegt, offengelegt: Die faktische Nutzung von Pflanzen und Tieren verweist auf ihren, ihnen von den Göttern zugedachten Zweck, den Bedürfnissen der Menschen
zu dienen. Indem die philosophische Theorie alle Naturerscheinungen einer vernünftig geordneten Welt auf den Men[144]schen bezieht, rechtfertigt sie damit einen Umgang mit der Natur,
der die von den Menschen gesetzten Zwecke uneingeschränkt zu realisieren sucht.[58]

Xenophon war nicht der einzige Theoretiker, der die These einer vernünftig geordneten Welt
aufgriff und einem anthropozentrischen Naturverständnis Ausdruck verlieh. Platon bezeichnet
im *Timaios* die Erde als „unsere Ernährerin" und stellt explizit fest, daß der Gott die Pflanzen
wachsen ließ, damit sie dem Menschen als Nahrung dienten. Die Existenz der Tiere wird allerdings anders als bei Xenophon erklärt – sie entstanden aus solchen Menschen, die die Essenz
des Humanen, nämlich Vernunftwesen zu sein, verfehlten.[59] Bei Aristoteles, der die Natur als
ein Subjekt betrachtet, das die unbelebten wie die belebten Naturerscheinungen hervorbringt,
findet sich vielleicht die radikalste Formulierung eines Naturverständnisses, das den Menschen
als Telos ansieht:

> „In gleicher Weise ist augenscheinlich anzunehmen, ... daß die Pflanzen der Tiere wegen da sind
> und die Tiere der Menschen wegen, die zahmen zur Verwendung und zur Nahrung, von den
> wilden, wenn nicht alle, so doch die meisten zur Nahrung und sonstigem Nutzen, sofern Kleider
> und andere Ausrüstungsgegenstände aus ihnen verfertigt werden. Wenn nun die Natur nichts
> unvollkommen und nichts zwecklos macht, so muß die Natur all dies um der Menschen willen
> gemacht haben."

58 Xenophon, Memorabilia, 4, 3, 3–12.
59 Platon, Timaios, 40b, 80d f. Zu den Tieren s. 91d ff.

Diese in der Politik vorgetragene Auffassung findet sich nicht in den naturwissenschaftlichen Schriften des Aristoteles und sollte nach Meinung von W. Wieland daher nicht „als Aussage der theoretischen Philosophie" verstanden werden; immerhin sind diese Ausführungen ein [145] Beleg dafür, wie weit verbreitet die Überzeugung war, die Natur diene den Zwecken des Menschen.[60] Dies wird durch eine eher beiläufige Bemerkung des Aristoteles in der Physik bestätigt; in einer Analyse der Bedeutung des Materials für die Technai beschreibt er mit folgenden Worten das Verhalten der Griechen: „und wir gebrauchen alles Vorhandene, als wäre es unseretwegen da".[61]

In der Schule des Aristoteles wurde der Philosophie zunehmend die Aufgabe zugewiesen, über die reine Beobachtung von Naturphänomenen hinaus solches Wissen zu sammeln und aufzuzeichnen, das auf eine möglichst effiziente Nutzung der Natur abzielte. Entsprechend der Erkenntnistheorie des Aristoteles hat man dabei an die Philosophie höhere Anforderungen gestellt als an das aus der Praxis resultierende Erfahrungswissen. Es kam darauf an, die Ursachen natürlicher Prozesse und die spezifische Wirkung bestimmter technischer Verfahren oder Instrumente zu analysieren, um auf diese Weise Vorgänge in der Natur zugunsten des Menschen zu beeinflussen oder ein für verschiedene Verwendungszwecke jeweils besonders geeignetes Material zu gewinnen. Nach der Legitimität dieser Indienstnahme der Natur wird hier nicht gefragt, sie wird vielmehr als selbstverständlich vorausgesetzt.

Eindrucksvolle Beispiele einer solchen praxisorientierten Naturforschung bieten die Schriften des Theophrastos zur Botanik; so ist das Buch V des systematischen Überblicks über die Pflanzen (περὶ φυτῶν ἱστορία) dem Holz, seiner Gewinnung und seiner Verwendung in verschiedenen Bereichen der Technik gewidmet. Im Proömium wird die Fragestellung des [146] Theophrastos präzise umrissen:

> „Es soll hier versucht werden, in derselben Weise über das Holz zu sprechen, welche Eigenschaften jede Holzart hat, zu welchem Zeitpunkt Bäume gefällt werden sollten, für welche Erzeugnisse es brauchbar ist, welche Holzart schlecht oder gut zu bearbeiten ist und alles andere, was zu einer systematischen Untersuchung gehört."[62]

Das Buch beginnt mit einer längeren Erörterung der Frage, in welcher Jahreszeit das Holz geschlagen werden sollte; in den folgenden Abschnitten werden verschiedene Themen behandelt, etwa die Eigenschaften und die Verwendungsmöglichkeiten von Nadelhölzern, das für so verschiedene Zwecke wie die Herstellung von Möbeln oder den Bau eines Dachstuhls jeweils geeignete Holz, die Umstände, unter denen Holz verrottet oder von Schädlingen befallen wird, oder das beim Schiffbau und beim Hausbau verwendete Holz. Katalogartig wird aufgelistet, wozu die verschiedenen Holzarten verwendet werden können, und außerdem werden die Regionen des mediterranen Raumes aufgeführt, aus denen die Griechen hochwerti-

---

60 Aristoteles, Politik, 1256 b 15 ff. Vgl. Wieland, Physik, 275.

61 Aristoteles, Physik, 194 a 34 f.

62 Theophrast, Hist. plant. 5, 1. Es ist überraschend, daß die Schriften des Theophrast zur Botanik von E. Rudolph, Theophrast, in: G. Böhme (Hg.), Klassiker der Naturphilosophie, München 1989, 61–73, nicht berücksichtigt werden. Schon in den zoologischen Schriften des Aristoteles lassen sich einzelne Passagen finden, in denen beschrieben wird, wie Tiere möglichst effizient genutzt werden können. Vgl. etwa zur Tiermast Hist. anim. 595 a 15 ff. Zur Tierzucht vgl. 573 a 32 ff. Eindrucksvoll ist die unbeteiligte Sachlichkeit, mit der Aristoteles die Kastration von Nutztieren beschreibt, die immerhin einen schwerwiegenden Eingriff in die Natur des Tieres darstellt. Vgl. 631 b 19 ff.

ges Holz importierten. Eine kurze Beschreibung der Herstellung von Holzkohle bildet den Abschluß der Ausführungen über das Holz. Dabei wird angegeben, welches Holz [147] für das Brennen der Holzkohle am besten zu gebrauchen ist, und welche Holzkohle für verschiedene Arbeitsvorgänge im Gewerbe – etwa für die Verhüttung von Eisenerzen oder Silbererzen – besonders geeignet ist.

Für die Denkweise des Theophrastos ist kennzeichnend, daß Holz immer wieder unter dem Gesichtspunkt seiner Verwertbarkeit beurteilt wird. Der Abschnitt über die Nadelbäume beginnt etwa mit der prononcierten Feststellung, daß ihr Holz für die meisten Verwendungszwecke von größtem Nutzen ist. Als unbrauchbar sowohl für das Zimmerhandwerk als auch für das Brennen von Holzkohle wird hingegen das Holz von Bäumen aus einer schattigen und feuchten Gegend eingeschätzt. Viele Informationen verdankte Theophrastos Holzfällern, Zimmerleuten und Architekten, für die Holz lediglich ein wertvoller Rohstoff war; er ist in seiner Darstellung ihrer praxisorientierten Sicht weitgehend gefolgt. Nicht allein in Buch V, sondern auch in den übrigen Büchern wird auf die Nutzung der Pflanzen durch die Menschen eingegangen. Vom Papyros wird ausdrücklich gesagt, er diene in Ägypten zum Bau von Booten, zur Herstellung von Beschreibstoffen und schließlich auch als Nahrungsmittel, und das Verfahren der Pechgewinnung wird ausführlich dargestellt. Längere Abschnitte gelten dem Getreide, der neben Wein und Ölbaum wichtigsten Kulturpflanze Griechenlands.[63]

In seiner späteren Schrift *Über die Ursachen der Pflanzen* (περὶ φυτῶν αἰτιῶν) stellt Theophrastos die Frage, welche Faktoren das Wachstum der Pflanzen [148] beeinflussen, und differenziert dabei zwischen solchen Ursachen, die als natürlich und spontan (φυσικὸν καὶ αὐτόματον) anzusehen sind, und solchen, die auf technischem Handeln beruhen. In Anlehnung an Aristoteles wird die Funktion der Techne als Hilfe für die Natur, ihr Ziel zu erreichen, bestimmt. Eine als Techne verstandene Landwirtschaft kann durch eine Vielzahl einzelner Maßnahmen – etwa durch das Beschneiden der Bäume oder Düngen und Pflügen des Bodens – auf das Wachstum der Kulturpflanzen einwirken. Es ist dabei die eigentliche Aufgabe der Botanik, die Gründe für die jeweils angewandten landwirtschaftlichen Verfahren anzugeben.[64] Theophrastos hat also begriffen, daß das Wesen der Landwirtschaft in der technischen Manipulation pflanzlichen Wachstums liegt, und in seinen Schriften zur Botanik neben den natürlichen Wachstumsprozessen auch das Einwirken des Menschen auf die Pflanzen behandelt.

Die Auswirkungen von Landwirtschaft und Holzgewinnung auf die natürliche Landschaft werden in den Schriften des Theophrastos nicht thematisiert; es wird keine Kritik an der Nutzung der Natur durch den Menschen geübt und kein Schutz der Natur gefordert. Die Möglichkeit etwa, Waldflächen durch Aufforstung zu bewahren, bleibt unbeachtet. Mit den Mitteln der antiken Technik war es durchaus schon möglich, weiträumige Landschaften den menschlichen Interessen entsprechend umzugestalten. Solche Maßnahmen wie die Trockenlegung großer Feuchtgebiete und Seen oder die Regulierung von Flüssen sind bereits für die mykenische Zeit archäologisch nachweisbar, in späteren Epochen wurden weite Waldgebiete gerodet. In[149]seln wurden durch Steindämme oder Brücken mit dem Festland verbunden, und während des Peloponnesischen Krieges errichtete man bei Chalkis eine Brücke, die eine Verbindung zwischen Böotien und der Insel Euböa herstellte. Es gibt in der Literatur keinen einzigen Hinweis

---

63 Nadelbäume: Theophrast, Hist. plant. 5, 1, 5. Holz aus feuchten Gegenden: 5, 1, 12. Papyros: 4, 8, 3. Pechgewinnung: 9, 3. Getreide: 8.
64 Theophrast, de causis plant. 2, 1, 1; 3, 1, 1; 3, 2; 3, 3.

darauf, daß dieses Bauwerk umstritten war. Selbst schwerwiegende Eingriffe in die natürliche Landschaft wurden von den Griechen keineswegs abgelehnt. So äußert Pausanias in seiner Beschreibung Griechenlands keine Bedenken gegen die von ihm erwähnten Wasserbauten aus mykenischer Zeit. In eindrucksvoller Weise wird die griechische Einstellung zur unberührten Natur durch bei Strabon überlieferte Bemerkungen des hellenistischen Geographen und Naturwissenschaftlers Eratosthenes zur Entwaldung Zyperns veranschaulicht:

> „Eratosthenes sagt, in alter Zeit seien die Ebenen von Bäumen bestanden gewesen, so daß sie von Wäldern bedeckt gewesen seien und keine Landwirtschaft betrieben worden sei. Ein wenig hätten dagegen die Bergwerke geholfen, da zum Schmelzen von Kupfer und Silber Holz gefällt worden sei; hinzugekommen sei der Flottenbau, in einer Zeit, in der das Meer sicher befahren worden sei, und zwar auch mit Kriegsschiffen. Da man aber der Wälder nicht habe Herr werden können, hätten sie allen, die dazu bereit und fähig gewesen seien, gestattet, die Bäume zu fällen und die gerodeten Flächen steuerfrei in Besitz zu nehmen."[65]

Die im Epos antizipierte Verwandlung der Wildnis in eine Kulturlandschaft wurde im Hellenismus realisiert und von einem Gelehrten wie [150] Eratosthenes unkritisch beschrieben; die Nutzung der Erde galt als legitim, da sie der Absicht der Götter bei der Schöpfung entsprach. Der Gedanke einer Schonung der Natur war den Griechen völlig fremd.

IV.

Die Griechen haben früh erkannt, daß zwischen Naturvorgängen und technischem Handeln strukturelle Übereinstimmungen bestehen. Wie mehrere Fragmente des Empedokles zeigen, wurden in der vorsokratischen Philosophie Naturerscheinungen erklärt, indem man sie mit Artefakten oder bestimmten handwerklichen Arbeiten verglich. Demokritos vertrat die Ansicht, die Menschen hätten in den wichtigsten Dingen von den Tieren gelernt, von den Spinnen etwa das Weben oder von den Schwalben den Hausbau. Technisches Handeln beruht nach Demokritos also auf einer bewußten Nachahmung der Natur durch den Menschen. Der Autor der medizinischen Schrift *Über die Regelung der Lebensweise* folgt diesem Ansatz, glaubt aber, die Natur werde vom Menschen unbewußt nachgeahmt. Obgleich in diesem Text mit Natur zunächst allein die menschliche Natur gemeint ist, geht der Autor in seiner langen Aufzählung von Beispielen auch auf solche Tätigkeiten oder Geräte ein, die andere Naturerscheinungen zum Vorbild haben; so wird über die Töpferscheibe gesagt, sie ahme den Umschwung des Weltalls nach.[66]

Aufgrund von politischen Erwägungen hat Platon der These, die Techne ahme die Natur nach, in sei[151]ner letzten Schrift, den *Nomoi*, entschieden widersprochen; er glaubte nämlich, mit dieser Auffassung sei auch die Annahme verbunden, die Welt verdanke ihre Existenz nur der Natur und dem Zufall, während die Technai ebenso wie die Vorstellung von der Gerechtigkeit erst später entstanden seien. Die Überzeugung aber, das Gerechte sei von den Menschen willkürlich festgesetzt worden, führt nach Platon zwangsläufig zu Konflikten und Aufständen innerhalb der Poleis. In diesem Zusammenhang referiert Platon die Meinung der von ihm kriti-

---

65 Zur Brücke bei Chalkis; Strabon 9, 2, 2; 9, 2, 8; 10, 1, 8. Diodor 13, 47, 3. Pausanias 8, 14, 3; 8, 23, 2; 9, 32, 3. Strabon 14, 6, 5, Zur Umweltproblematik in der Antike vgl. J. D. Hughes, Ecology in Ancient Civilizations, Albuquerque 1975.

66 Empedokles, DK 31 B 46; 84; 92; 100. Demokrit, DK 68 B 154. περὶ διαίτης 1, 11–24.

sierten Theoretiker, die meisten der von den Menschen erfundenen Technai seien weitgehend belanglos, und nur diejenigen Technai, die wie etwa die Medizin oder die Landwirtschaft größere Gemeinsamkeiten mit der Natur aufwiesen, könnten beachtenswerte Wirkungen erzielen. Die Polemik Platons deutet darauf hin, daß diese These zur Abfassungszeit der *Nomoi* eine weite Zustimmung fand.[67]

Auch Aristoteles hat sich der von Platon kritisierten Sicht angeschlossen und ihr im Protreptikos, einer frühen Schrift, einen systematischen Ausdruck verliehen. Dezidiert stellt er fest, nicht die Natur ahme die Techne nach, sondern diese die Natur; Aufgabe der Techne sei es, die Natur zu unterstützen und zu ergänzen. Diese Funktion wird am Beispiel der Pflanzen verdeutlicht, von denen einige ohne besondere Fürsorge wachsen, andere einer intensiven Pflege bedürfen. Der Gedanke der Nachahmung der Natur wird auch auf die Werkzeuge angewandt; für das Handwerk gilt, daß die besten Werkzeuge durch Beobachtung von Naturerscheinungen gefunden werden, was Aristoteles für das Zimmerhandwerk genauer aus[152]führt. In der *Physik* hat Aristoteles an dieser Position festgehalten und betont, daß Naturprozesse und technisches Handeln in ihrem Ablauf identisch sind. Dabei geht er soweit zu behaupten, daß ein Haus, wäre es ein Naturgegenstand, in derselben Weise entstünde, wie es durch die Techne tatsächlich hergestellt wird; umgekehrt würde ein Naturgegenstand, wenn er durch Techne geschaffen würde, genauso entstehen, wie er von Natur aus gebildet wird. Diese für die Naturphilosophie des Aristoteles zentrale These erscheint noch an einer anderen Stelle, an der es heißt, daß die Schiffsbautechnik, würde sie dem Holz innewohnen, ebenso wie die Natur tätig wäre.[68]

In der Einleitung der aristotelischen Mechanik wird hingegen zwischen solchem Geschehen, das sich naturgemäß (κατὰ φύσιν) vollzieht, und solchen Vorgängen, die sich naturwidrig (παρὰ φύσιν) ereignen, unterschieden – wobei von den naturwidrigen Vorgängen ausdrücklich gesagt wird, sie würden durch Techne bewirkt. Aristoteles erläutert diesen Gedanken, indem er darauf hinweist, daß zwischen der Natur und dem, was für die Menschen nützlich ist, oft ein Gegensatz besteht. Aus diesem Grund sind die Menschen genötigt, gegen die Natur zu handeln und sich dabei der Techne zu bedienen. Jener Teil der Techne aber, der in dieser Schwierigkeit als Hilfsmittel dient, wird nach Aristoteles allgemein Mechané genannt. Es stellt sich die Frage, ob diese Ausführungen, die auf den ersten Blick der Auffassung, die Techne ahme die Natur nach, zu widersprechen scheinen, die von F. Krafft vorgelegten Thesen zur antiken Mechanik zu stützen vermögen. Dabei ist zunächst die Bedeutung der bei[153]den Ausdrücke „naturgemäß" und „naturwidrig" zu untersuchen.

Beide Wendungen, denen zwei längere Abschnitte der *Physik* gewidmet sind, dienen in der aristotelischen Naturphilosophie dazu, ortsverändernde Prozesse zu klassifizieren. Im Bereich der unbelebten Natur gibt es nach Aristoteles naturgemäße Bewegungen wie die Aufwärtsbewegung des Feuers und die Abwärtsbewegung der Erde; als naturwidrig werden die jeweils diesen Richtungen konträren Bewegungen wie auch ein Verharren an einem Ort, der zur naturgemäßen Bewegung konträr ist, eingestuft. So ist es naturwidrig, wenn Erde oben verharrt. Diese Beispiele hat bereits Platon im *Timaios* verwendet, um seine Konzeption der Eigenschaften „schwer" und „leicht" zu verdeutlichen; in dieser Schrift wird es als „gewaltsam und naturwidrig" (βία καὶ παρὰ φύσιν) bezeichnet, wenn Erde in die Luft emporgehoben wird. Aus den Texten von Platon und Aristoteles geht klar hervor, daß nach griechischer Vorstellung

---

67 Platon, Nomoi, 888 d ff.
68 Aristoteles, Protreptikos, B 13, B 47. Physik, 194 a 21 ff., 199 a 12 ff., 199 b 28 f.

eine naturwidrige Bewegung ohne Hilfe der Technik möglich ist und an eine „Überlistung der Natur" nicht gedacht wird. Der Ausdruck „naturwidrig" meint im Zusammenhang mit einer Bewegung keineswegs, diese verstoße im Sinne der modernen Physik gegen ein Naturgesetz.[69]

Auch im achten Buch der *Physik* werden Prozesse in naturgemäße und naturwidrige Bewegungen unterteilt. Das Kriterium für die jeweilige Klassifizierung einer Bewegung ist nach Aristoteles zunächst in ihrer Ursache zu suchen. Die Bewegung eines Gegenstandes ist dann naturgemäß, wenn die Ursache dieser Bewe[154]gung in ihm selbst liegt, naturwidrig, wenn sie von außen verursacht wird. Darüber hinaus diskutiert Aristoteles die Frage, unter welchen Bedingungen ein von außen Bewegtes oder die Ursache einer Bewegung als naturgemäß oder naturwidrig bezeichnet werden kann. Von Relevanz für die Interpretation der aristotelischen Konzeption der Mechanik ist dabei der Hinweis auf den Hebel, der als Beispiel einer naturwidrigen Verursachung einer Bewegung angeführt wird, denn ein Hebel bewegt nicht von Natur aus ein Gewicht. Anders verhält es sich beim Wärmeübergang zwischen zwei Gegenständen; hier wird die Wärmequelle als naturgemäß bezeichnet. Der Unterschied zwischen beiden Vorgängen ist deutlich: Der Wärmeübergang findet statt, sobald die Wärmequelle mit einem anderen Gegenstand in Berührung kommt, während der Hebel nicht von sich aus das Gewicht bewegt, sondern selbst – vom Menschen – bewegt werden muß. Es gehört nicht zur Natur des Hebels, selbsttätig zu bewegen.

Wenn solche Bewegungen, die mit einem mechanischen Instrument wie dem Hebel verursacht werden, unter diesen theoretischen Voraussetzungen als naturwidrig qualifiziert werden, wird damit keineswegs behauptet, die Mechanik sei eine von der Physik und überhaupt der Naturphilosophie strikt getrennte Disziplin. In der Einleitung der Mechanik stellt Aristoteles ausdrücklich fest, daß die in dieser Schrift behandelten Probleme zwar nicht mit den physikalischen Problemen identisch seien, aber eine enge Beziehung sowohl zur Physik als auch zur Mathematik aufwiesen. Da die mechanischen Instrumente und ihre Wirkungen mit Hilfe der Mathematik analysiert und auf mathematische Gesetzmäßigkeiten zurückgeführt werden, besitzt die aristotelische Mechanik viele metho[155]dische Gemeinsamkeiten mit solchen Wissenschaften, die ebenfalls mathematische Verfahren anwenden.[70]

Grundlegend für die Mechanik ist die geometrische Analyse der Kreisbewegung: Aristoteles leitet die Wirkung des Hebels von der Tatsache ab, daß im Fall einer Rotation von zwei konzentrischen Kreisen bei gleicher Winkelgeschwindigkeit ein Punkt sich auf dem äußeren Kreis schneller bewegt als ein Punkt auf dem inneren Kreis. Ebenfalls mit Hinweis auf diese Gesetzmäßigkeit begründet Aristoteles in *de caelo* seine kosmologischen Vorstellungen; allein dieses Beispiel zeigt, daß zwischen der Astronomie und der Mechanik enge Verbindungen bestanden.[71]

Aber auch für den Bereich der sublunaren Natur besitzt die mathematische Methode Gültigkeit; bereits vor Aristoteles hat Archytas die Anwendung mathematischer Methoden im Bereich der Astronomie und der Musik theoretisch zu begründen versucht; Aristoteles hat dann in verschiedenen Schriften die Bedeutung der Mathematik für die Naturerkenntnis und das Verhältnis zwischen der Mathematik und den verschiedenen Disziplinen der Naturphilosophie

---

69 Aristoteles, Mechanik, 847 a 11 ff. Physik, 230 a 18 ff., 254 b 12 ff. Zu den Wendungen κατὰ φύσιν und παρὰ φύσιν vgl. auch G. Lloyd, Magic, Reason and Experience, Cambridge 1970, 51.

70 Aristoleles, Physik, 254 b 7 ff. Hebel und Wärmeübergang: 255 a 21 ff. Metaphysik, 1078 a 14 ff.

71 Aristoteles, Mechanik, 849 a–849 b 19. De caelo, 289 b 1 ff.

erörtert. In den *Analytica posteriora* wird die enge Beziehung zwischen Harmonik und Arithmetik sowie Optik und Geometrie hervorgehoben. Es ist nach Aristoteles daher möglich, im Syllogismus Prämissen aus der Harmonik und der Optik mit Hilfe mathematischer Gesetzmäßigkeiten zu beweisen. Die Mathematik hat zudem die Funktion, die Ursache bestimmter Naturerscheinungen zu erfassen. Die allgemeine Feststellung, daß der Beobachter einzelne Fakten weiß, der Mathe[156]matiker aber ihre Ursachen kennt, wird am Beispiel kreisförmiger Wunden illustriert, von denen der Arzt weiß, daß sie schwer heilen, während der Mathematiker die Ursache hierfür anzugeben vermag. Ein weiteres Argument für die Anwendung mathematischer Methoden wird in der Metaphysik vorgebracht: Die Analyse von Naturerscheinungen gewinnt nach Aristoteles durch die Mathematik an Genauigkeit; dabei ist jeweils von ihren bestimmten physikalischen Eigenschaften zu abstrahieren. Die in der Harmonik und Optik untersuchten Erscheinungen sind dann nur insofern zu analysieren, als sie auf Linie und Zahl reduziert werden können. In der zoologischen Schrift *Über die Bewegung der Tiere* veranschaulicht Aristoteles seine Thesen über natürliche Bewegungsabläufe mit Hilfe der Geometrie; in ähnlicher Weise wird in der *Mechanik* die Schwierigkeit eines Menschen erklärt, aus sitzender Position aufzustehen. Selbst die *Physik* beschränkt sich nicht auf die natürlichen Bewegungen, der Zusammenhang etwa von Kraft, Masse, Zeit und Strecke wird am Beispiel einer Schiffsmannschaft erläutert, die ein Schiff zieht.[72]

Als Begründer der mathematischen Mechanik gilt Archytas, ein Pythagoreer aus Tarent. Die mathematische Methode, die sich in den Untersuchungen der [157] Pythagoreer auf den Gebieten der Astronomie, Harmonik und Optik bewährt hatte, wurde auf die Mechanik, die Untersuchung technischer Instrumente, übertragen. Eine grundsätzliche Differenz in der Methodik der Naturphilosophie und der Mechanik hat es daher nicht gegeben. Die Mathematik ist das Band, das beide Gebiete philosophischer Forschung, Natur und Techne, verbindet.[73]

Mit der Mechanik begann in Griechenland eine Analyse technischer Instrumente, die den Anforderungen einer wissenschaftlichen Systematik entspricht, dabei methodisch reflektiert mathematische Verfahren anwendet und die Ursachen der beschriebenen Wirkung mechanischer Instrumente zu klären sucht. Damit wurde ein technisches Wissen formuliert, das über das Erfahrungswissen und Können von Handwerkern weit hinausgeht und weiteren Fortschritten der antiken Technik den Weg geebnet hat.

In der Einleitung der aristotelischen *Mechanik* wird die Funktion der Technik in Anlehnung an ältere Texte bestimmt. Es geht hier allerdings nicht mehr um die Selbstbehauptung des Menschen, der in einer ihm feindlichen Umwelt ohne Technai nicht zu überleben vermag, wie Platon noch gemeint hat, sondern darum, das, was den Menschen jeweils nützlich erscheint, auch gegen die Natur zu realisieren. Mit einem Vers des Dichters Antiphon wird schließlich die Wirkung der Technik für die Menschen prägnant charakterisiert:

> „Durch Techne nämlich beherrschen wir das, dem wir von Natur aus unterlegen sind."

---

72 Archytas, DK 47 B 1. 4. Aristoteles, Analytica post. 76 a 4 ff., 78 b 32 ff. Metaphysik, 1078 a 9 ff. Zur Mathematik in der Physik vgl. Physik, 193 b 22 ff. Bewegung der Tiere: de motu anim. 698 a 20 ff., 702 b 25 ff. Das Aufstehen eines Menschen: Mechanik, 857 b 21 ff.; Physik, 250 a 17 ff. In bemerkenswerter Weise versucht der Autor der späteren Schrift „Problemata Physika" einen physiologischen Vorgang des menschlichen Körpers mit Hinweis auf den Hebel zu erklären, wobei die Fachterminologie der Mechanik benutzt wird. Das Hebelgesetz hat demnach auch in der belebten Natur Gültigkeit. Vgl. Probl. Phys. 4, 23.

73 Diogenes Laertios, 8, 82 f.

Hier ist bereits – wenn auch noch vage – die Einsicht angedeutet, daß der Mensch mit der Technik die Instrumente dafür geschaffen hat, [158] sich von den naturgegebenen Bedingungen seiner Existenz weitgehend zu befreien.

Literatur

Burkert, W. 1977: Griechische Religion der archaischen und klassischen Epoche, Stuttgart.

Drake, S. u. Drabkin, I. E. (Hg.) 1969: Mechanics in Sixteenth Century Italy, Madison – London.

Fetscher, I. 1988: Lebenssinn und Ehrfurcht vor der Natur in der Antike, Gymnasium Beiheft 9, 32–50.

Groh, R. u. Groh, D. 1991: Weltbild und Naturaneignung, Frankfurt/M.

Heath, T. 1949: Mathematics in Aristotle, Oxford.

Heiland, S. 1992: Naturverständnis. Dimensionen des menschlichen Naturbezugs, Darmstadt.

Heinemann, G. 1991: Zum Naturbegriff im archaischen und klassischen griechischen Denken, Kassel.

Heinemann, G. 1992: To deinon – Prometheische Weisheit und archaischer Schrecken, in: Schmied-Kowarzik, W. (Hg.) 1992: Einsprüche kritischer Philosophie (Festschrift U. Sonnemann), Kassel, 31–48.

Heinimann, F. 1945: Nomos und Physis, Basel.

Heinimann, F. 1961: Eine vorplatonische Theorie der τέχνη, in: Mus. Helveticum 18, 105–130.

Hughes, J. D. 1975: Ecology in Ancient Civilizations, Albuquerque.

Jonas, H., 1979: Das Prinzip Verantwortung, Frankfurt/M.

Kleingünther, A. 1933: Πρῶτος εὑρετής, Untersuchungen zur Geschichte einer Fragestellung, Leipzig.

Krafft, F., Die Anfänge einer theoretischen Mechanik und die Wandlung ihrer Stellung zur Wissenschaft von der Natur, in: Baron, W. (Hg.) 1967: Beiträge zur Methodik der Wissenschaftsgeschichte, Wiesbaden, 12–33.

Krafft, F. 1970: Dynamische und statische Betrachtungsweise in der antiken Mechanik, Wiesbaden.

[159] Lämmli, F. 1968: Homo Faber: Triumph, Schuld, Verhängnis?, Basel,

Lloyd, G. 1979: Magic, Reason and Experience, Cambridge.

Meier, C. 1980: Die Entstehung des Politischen bei den Griechen, Frankfurt/M.

Meyer-Abich, K.-M. 1984: Wege zum Frieden mit der Natur, München.

Mittelstraß, J., Das Wirken der Natur, in: Rapp, F. (Hg.) 1981: Naturverständnis und Naturbeherrschung, München, 36–69.

Mittelstraß, J., Die Kosmologie der Griechen, in: Audretsch, J. u. Mainzer, K. (Hg.) 1989: Vom Anfang der Welt, München, 40–65.

Neschke-Hentschke, A. 1983: Geschichten und Geschichte. Zum Beispiel Prometheus bei Hesiod und Aischylos, Hermes 111, 385–402.

Pleket, H. W. 1973: Technology in the Greco-Roman World: A General Report, Talanta 5, 6–47.

Rapp, F. 1978: Analytische Technikphilosophie, Freiburg.

Rudolph, E. Theophrast, in: Böhme, G. (Hg.) 1989: Klassiker der Naturphilosophie, München, 61–73.

Schadewaldt, W. 1978: Die Anfänge der Philosophie bei den Griechen, Frankfurt/M.

Ders., Natur – Technik – Kunst, in: Ders. 1970: Hellas und Hesperien II, Zürich, 497–512.

Schäfer, L. 1993: Das Bacon-Projekt. Von der Erkenntnis, Nutzung und Schonung der Natur, Frankfurt/M.

Schäfer, L., Selbstbestimmung und Naturverhältnis des Menschen, in: Schwemmer, O. (Hg.) 1987: Über Natur, Frankfurt/M., 15–35.

Sieferle, R. P., Perspektiven einer historischen Umweltforschung, in: Ders. (Hg.) 1988: Fortschritte der Naturzerstörung, Frankfurt/M., 307–368.

Solmsen, F., Nature as Craftsman in Greek Thought, in: Ders. 1968: Kleine Schriften I, Hildesheim, 332–355.

Thraede, K. 1962: Das Lob des Erfinders, Rhein. Mus. 105, 158–186.

[160] Vernant, J, P., Prométhée et la fonction technique, in: Ders. 1978: Mythe et pensée chez les Grecs II, Paris, 5–15.

Vidal-Naquet, P. 1978: Plato's Myth of the Statesman, the Ambiguities of the Golden Age and of History, JHS 98, 132–141.

White, L. Jr. 1976: The Historical Roots of Our Ecological Crisis, Science 155, 1203–1207.

Wieland, W. ²1970: Die aristotelische Physik, Göttingen.
Wolff, M. 1978: Geschichte der Impetustheorie, Frankfurt/M.

Im Text wurden folgende Übersetzungen verwendet:

Aischylos: Tragödien und Fragmente, hg. v. O. Werner, München ³1980.
Homerische Hymnen, hg. v. A. Weiher, München/Zürich ⁶1989.
Sophokles: Tragödien und Fragmente, hg. v. W. Willige u. K. Bayer, München 1966.
Die Homerzitate folgen der Übersetzung von Johann Heinrich Voss.

Krieg und Technik im Zeitalter des Hellenismus*

zuerst in:
Berichte zur Wissenschaftsgeschichte 19, 1996, S. 76–80.

Summary:

In the 4th century BC the Greek warfare underwent major changes because of the development of siege-craft and the innovation of the catapult. Technicians who worked on catapults and other devices used in sieges gained in influence on warfare and military decisions. Technology became a major aspect in the waging of war, and mechanics tried to increase the efficiency of newly developed arms such as the catapult. Objections to the developments in military technology cannot be found in Greek literature.

Zwei Ereignisse des 4. Jahrhunderts v. Chr. machten in dramatischer Weise deutlich, daß die griechische Militärtechnik sich seit dem Ende des Peloponnesischen Krieges grundlegend gewandelt hatte: Als Dionysios, der Tyrann von Syrakus, gegen die Karthager im Westen Siziliens kämpfte und die von ihnen besetzte Stadt Motye zu belagern begann, kundschaftete Dionysios mit seinen Architekten die Gegend vor der Stadt genau aus. Der Architekt – derjenige, der große Belagerungsgeräte baute und ihren Einsatz überwachte – erhielt auf dem Kriegsschauplatz eine zuvor nicht bekannte Bedeutung; Feldzüge gehörten von nun an zu dem Betätigungsfeld der Techniker. Die Karthager hatten vor dem Angriff den Damm, der die Stadt mit dem Festland verband, abgebrochen; es war die Aufgabe der Architekten, die Einschließung der Stadt und alle dafür notwendigen Maßnahmen zu planen, vor allem dafür zu sorgen, daß die hohen Belagerungstürme an die Stadtmauern herangeschoben werden konnten. Der Einsatz der Architekten war erfolgreich, die Stadt Motye wurde erobert. Der zweite Vorfall spielte sich in Griechenland ab; dem spartanischen König Archidamos (361–338) wurde ein aus Sizilien herbeigeschafftes Katapult vorgeführt; als er die Durchschlagskraft dieses Katapultes wahrnahm, soll er geäußert haben, jetzt sei es zu Ende mit der Tapferkeit[1].

Der Einsatz neuer Belagerungsgeräte und die Erfindung des Katapultes sowie das Auftreten von Architekten und Technikern auf dem Kriegsschauplatz hatten nicht nur gravierende Auswirkungen auf die militärische Strategie, sondern hatten auch eine tiefgreifende Technisierung des Krieges zur Folge.

Es stellt sich hier die Frage, inwieweit der Krieg nicht schon in der mykenischen oder der archaischen Zeit auf technischem Können beruhte, etwa auf dem Können der Schmiede, die Waffen und Rüstungen herstellten, und inwiefern mit der Entwicklung der Belagerungstechnik und der Erfindung des Katapultes grundlegend neue Voraussetzungen jeglicher Kriegführung entstanden waren.

---

* Vortrag, gehalten auf dem XXXII. Symposium der Gesellschaft für Wissenschaftsgeschichte, „Wissenschaft und Krieg", 25.–27. Mai 1996 in Greifswald.

1 Diodoros: Bibliotheca historica XIV 48, 3; Plutarchos: Moralia p. 191E, 219A. Zur antiken Militärtechnik vgl. E. W. Marsden: Greek and Roman Artillery. 2 Bde (I: Historical Development. II: Technical Treatises), Oxford 1969–1971; J. G. Landels: Engineering in the Ancient World. London 1978, S. 99–132; Otto Lendle: Texte und Untersuchungen zum technischen Bereich der antiken Poliorketik. Wiesbaden 1983.

Die Abhängigkeit des Krieges und vor allem des Kriegers vom technischen Herstellen wurde bereits im Epos gesehen und thematisiert: In der *Ilias* wird erzählt, daß Achilleus, der mächtigste Held der Griechen vor Troja, nicht mehr in der Lage war, in die [77] Kämpfe einzugreifen, nachdem sein Gefährte Patroklos von Hektor getötet und der Waffen des Achilleus beraubt worden war. In einer zentralen Szene der *Ilias* schildert Homer, wie Thetis, die Mutter des Helden, den Gott Hephaistos bittet, für ihren Sohn neue Waffen und eine neue Rüstung zu schmieden. Die Werkstatt des Hephaistos und seine Arbeit werden realistisch dargestellt, auch wenn die Produkte des Gottes die menschlicher Schmiede bei weitem übertreffen. Und so versetzt Achilleus bereits dadurch, daß er diese Rüstung anlegt, sowohl die Griechen als auch die Trojaner in Schrecken. Ohne Rüstung ist der Held hilflos, die Rüstung des Hephaistos verschafft ihm erneut Überlegenheit über die Gegner[2]. Die Herstellung von Rüstungen und Waffen ist ein handwerklicher Vorgang, beruht auf den Kenntnissen und Fertigkeiten von Handwerkern. Ohne Zweifel handelt ein Handwerker technisch, und so ist zu fragen, worin unterschieden die Handwerker sich von den Technikern des 4. Jahrhunderts?

Nach Auffassung der Griechen waren zwei Kriterien entscheidend: Aristoteles differenziert zwischen Handwerkern und Technikern, indem er das handwerkliche Handeln als eine auf Erfahrung und Routine beruhende Tätigkeit beschreibt, während das technische Handeln im eigentlichen Sinn auf einem Wissen beruht, das Gründe anzugeben vermag. Dieses Wissen ist nach Aristoteles stets mathematisches, insbesondere geometrisches Wissen; denn die Geometrie macht deutlich, worin die Ursachen vieler Erscheinungen liegen. Bei Aristoteles ist also die Qualität des Wissens entscheidend, um es als technisch im eigentlichen Sinne bezeichnen zu können.

Das zweite Merkmal, aufgrund dessen die Tätigkeit der Handwerker und die der Techniker unterschieden werden können, liegt im Objekt; der Handwerker wirkt mit Hilfe der Werkzeuge direkt auf den Arbeitsgegenstand ein, der Techniker hingegen entwirft und baut neue, komplizierte Geräte, die μηχαναί genannt werden. Derartige Geräte wurden zunächst auf dem Theater eingesetzt, etwa, um einen Gott aus großer Höhe auf die Bühne herabschweben zu lassen. Auch Belagerungsgeräte und Katapulte waren komplizierte Geräte, die nur dann die gewünschte Wirkung entfalteten, wenn sie von Technikern entworfen wurden, die über ein Wissen verfügten, das über handwerkliche Kenntnisse weit hinausging.

Die Berufsbezeichnung μηχανοποιός, Konstrukteur von μηχαναί, taucht bereits in einem frühen Dialog Platons auf. Seit dem 3. Jahrhundert v. Chr. wurde der Bau von Katapulten als eine spezielle technische Disziplin angesehen, die als Zweig der Mechanik aufgefaßt und als *Belopoiike* bezeichnet wurde. Es entstand eine umfangreiche Fachliteratur, die eine eigene Terminologie ausbildete, an Fachleute gerichtet war und die Konstruktion von Katapulten exakt zu beschreiben suchte. Auch die technisch aufwendigen Belagerungsgeräte waren in hellenistischer Zeit Gegenstand von Fachschriften. Ziel der Mechaniker war es, Katapulte und Belagerungsgeräte zu verbessern sowie neue Waffen zu entwickeln. Dabei wurden Methoden der Mathematik angewandt, um die optimalen Abmessungen der Katapulte zu finden. Seit der Erfindung des Katapultes und der Entwicklung der Belagerungsgeräte beruhte die Stärke

---

2   Homeros: Ilias XVIII 368–617; XIX 12–17.

griechischer Heere entscheidend auf der Kompetenz von Technikern, die über umfassende Kenntnisse auf den Gebieten der Mechanik und der Mathematik verfügten[3].

Die Erfindung des Katapultes und die Entwicklung neuer Belagerungsgeräte gehören in den Kontext der auf Sizilien geführten Kriege zwischen Griechen und Karthagern im frühen 4. Jahrhundert; in den Feldzügen vor 399 v. Chr. hatten die Karthager Belagerungstürme, die die Mauern einer Stadt überragten, erfolgreich eingesetzt. Dionysios reagierte darauf, indem er vor dem Feldzug des Jahres 399 große Rüstungsanstrengungen [78] unternahm und auch Belohnungen für jede Verbesserung von Waffen aussetzte. Die Belagerungstürme, die vor Motye eingesetzt wurden, waren sechs Stockwerke hoch und hatten schmale Fallbrücken, die auf die Mauern herabgelassen werden konnten.

Das Katapult soll ebenfalls 399 v. Chr. entwickelt worden sein. Zweck des Katapultes ist nach Heron von Alexandria die Vorwärtsbewegung eines Geschosses über eine weite Distanz zu einem bestimmten Ziel mit einer hohen Durchschlagskraft; man kann das Katapult als Weiterentwicklung des Bogens auffassen. Es war unmöglich, den einfachen Bogen über ein gewisses Maß hinaus zu vergrößern, um Reichweite und Durchschlagskraft der Pfeile zu erhöhen, da er sich dann nicht mehr spannen ließ. Aus diesen Gründen wurde der verstärkte Bogen mit einer Schußrinne und einem Spannmechanismus versehen, der arretiert werden konnte. Eine Weiterentwicklung war das Torsionskatapult, bei dem die Spannung durch zwei senkrecht stehende Sehnenbündel erzeugt wurde. In diese Sehnenbündel fügte man zwei feste Holzstäbe ein, an deren Enden die Sehne befestigt war. Ähnlich waren auch die Ballisten konstruiert, mit denen man Steine mit einem Gewicht von bis zu 120 Kilogramm zu schleudern vermochte[4].

Belagerungsgeräte und Katapulte veränderten die Belagerungstechnik völlig. In den vorangegangenen Jahrhunderten konnte eine gut befestigte Stadt kaum im Sturm erobert werden; normalerweise mußte sie so lange belagert werden, bis die Einwohner keine Nahrungsmittel mehr hatten und so zur Übergabe gezwungen waren. Auf diese Weise konnten Belagerungen sich über Jahre hinziehen. Durch die Entwicklung der Belagerungsgeräte und Katapulte waren die Städte verwundbar geworden, und es wurde notwendig, den Befestigungen und den Mauern eine immer größere Aufmerksamkeit zu widmen[5].

Alexander setzte die Kompetenz von Technikern konsequent auf seinem Feldzug gegen die Perser ein; die militärtechnische Überlegenheit war Grundlage der Erfolge des Makedonenkönigs. Von den Technikern, die unter Philipp und Alexander in der makedonischen Armee tätig waren, nennt Vitruvius Polyeidos, Diades und Charias, aus anderen Quellen kennen wir Poseidonios, von dem es heißt, er habe einen dreißig Meter hohen Turm mit einer Fallbrücke gebaut. Diese Techniker waren Innovationen gegenüber äußerst aufgeschlossen; so rühmte sich Diades in seinen Schriften der Erfindung von Türmen, die in ihre Einzelteile zerlegt in der Armee mitgeführt werden konnten. Auf diese Weise waren die Belagerungsgeräte schnell einsatzbereit, sie mußten nicht erst am Ort gebaut werden. Auf dem Vormarsch durch Kleinasien und Syrien konnte Alexander überraschend schnell die befestigten Städte erobern. Als beson-

---

3 Heron von Alexandria: Belopoiika § 2 (p. 73 Wescher; S. 18/19 Marsden) – Herons Belopoiika (Schrift vom Geschützbau). Griechisch und deutsch von H. Diels und E. Schramm. (Abhandlungen der Königl. Preußischen Akademie der Wissenschaften, Phil.-histor. Klasse 1918, Nr. 2) Berlin 1918; vgl. auch Platon: Gorgias § 68, 512B.

4 Diodoros: Bibliotheca historica XIII 55, 2; XIV 41 f., 51 f.

5 Aristoteles: Politik VII 11, 1330b f.; Aineias Taktikos: De obsidione toleranda commentarius (recensuit Richard Schöne. Leipzig 1912), 32.

ders spektakulär wurde die Einnahme der Stadt Tyros, die auf einer Insel vor dem Festland lag, empfunden. Die Belagerung wurde technisch von Diades geleitet; es wurde ein Damm im Meer aufgeschüttet, Ballisten, die auf Schiffen aufgestellt waren, nahmen die Stadt unter Beschuß und brachten die Mauern zum Einsturz. Diesem Feldzug gegenüber wirken die Operationen im Peloponnesischen Krieg einhundert Jahre zuvor geradezu primitiv[6].

Berühmt war auch die Belagerung der Stadt Rhodos durch Demetrios Poliorketes während der Diadochenkriege nach dem Tod Alexanders[7]: Diese Belagerung war eigentlich ein Wettstreit zwischen zwei Architekten, Epimachos und Diognetos. Demetrios, der an militärtechnischen Fragen äußerst interessiert gewesen sein soll, ließ seinem Architekten Epimachos freie Hand bei dem Bau eines fahrbaren Turms, der *Helepolis* – Städtezerstörer – genannt wurde. Der Turm war 39 Meter hoch, hatte eine Basis von 21 Metern Seitenlänge und 8 Räder, deren Lagerung beweglich war, so daß der Turm seine Richtung ändern konnte. Er besaß 9 Stockwerke mit vielen Katapulten und Balli[79]sten; vorwärtsbewegt wurde er von 800 Mann im Unterbau. Der Turm muß in seiner Monumentalität großen Eindruck gemacht haben. Plutarchos schreibt, „daß die Menschen bestürzt waren, weil der Turm beim Vorrücken nicht schwankte oder sich zur Seite neigte, sondern mit lautem Krachen und Knarren sich unerschütterlich vorwärtsbewegte."

Aber Kampfkraft und Größe sind nicht allein entscheidend; Diognetos, der Architekt der Rhodier, ließ nachts durch vorgeschobene Rinnen Wasser, Unrat, Kot und Schlamm auf das Terrain schütten, auf das der Turm sich langsam zubewegte. Im Morast blieb der Turm schließlich stecken, die Belagerung mußte abgebrochen werden.

Die Konstruktion der Katapulte stellte Techniker und Mechaniker vor erhebliche Probleme. Es bestand die Schwierigkeit, daß bei dem Bau einige Geräte eine hohe Reichweite und Durchschlagskraft erhielten, während andere sich als untauglich erwiesen. Eine Ursache für diesen Tatbestand konnte zunächst nicht angegeben werden. Im hellenistischen Ägypten widmeten sich Techniker und Mechaniker zusammen mit Handwerkern diesem Problem; Philon von Byzanz glaubte, die Schwierigkeit nach dem Vorbild des Kanon von Polykleitos lösen zu können, der die Proportionen des Menschen arithmetisch zu erfassen suchte. Es kam also darauf an, die Maßeinheit zu finden, die beim Bau der Ballisten allen Teilen zugrunde gelegt werden könnte. Die Ptolemaier, die makedonischen Herrscher Ägyptens, ermöglichten es den am Museion in Alexandria tätigen Mechanikern, lange Versuchsreihen durchzuführen und Erfahrungswerte zu sammeln.

In seiner Schrift über die Katapulte äußert Philon die Auffassung, daß die Lösung technischer Probleme nicht allein mit den Methoden der theoretischen Mechanik, sondern stets auch durch praktische Erprobung zu erreichen sei. Das Problem wird auf die Frage reduziert, welches Verhältnis zwischen dem Durchmesser der Öffnung für die Spanner und dem Gewicht der Steine besteht; der Durchmesser kann dann als Maß für die anderen Teile der Katapulte dienen[8].

Durch die technische Entwicklung wurden aber auch die Waffen der Verteidiger entscheidend verbessert; in welcher Weise durch das Wirken eines Mathematikers wie Archimedes ein

---

6   Vitruvius: De architectura X 13, 3; Arrianos: Anabasis II 16–24.
7   Vitruvius: De architectura X 16; Plutarchos: Demetrios § 20; vgl. O. Lendle (wie Anm. 1), 58 ff.
8   Philon von Byzanz: Belopoiika § 1 ff. (p. 49 ff. Thevenot) – Philons Belopoiika (Viertes Buch der Mechanik). Griechisch und deutsch von H. Diels und E. Schramm. (Abhandlungen der Königl. Preußischen Akademie der Wissenschaften, Phil.-histor. Klasse 1918, Nr. 16) Berlin 1919.

Krieg beeinflußt werden konnte, zeigt die Belagerung der Stadt Syrakus durch die Römer im Jahr 213/212. Polybios, der griechische Historiker, berichtet[9]:

> Andere Geräte wiederum richteten sich gegen die Angreifer, die unter dem Schutz von Schirmdächern, um vor den durch die Mauern geschleuderten Geschossen sicher zu sein, vorgingen. Sie warfen Steine auf das Vorderschiff, groß genug, daß die Kämpfenden die Flucht ergreifen mußten. Zugleich ließ man eine an einer Kette befestigte eiserne Hand herab, mit der die Bedienung dieses Gerätes den Bug des feindlichen Schiffes, wo es ihn zu fassen bekam, ergriff. Dann senkte man den Hebelarm diesseits der Mauer, hob dadurch den Bug in die Höhe und stellte das Schiff senkrecht auf das Heck, machte darauf den inneren Hebelarm am Boden fest und ließ das Tau, das die Kette und die daran befestigte Hand hielt, plötzlich los. Dadurch fielen einige Schiffe auf die Seite, andere kenterten, die meisten kamen, wenn das Schiff aus der Höhe herabstürzte, unter Wasser und liefen voll, so daß die Verwirrung vollständig war.

Unter diesen Umständen verzichteten die Römer auf jeden weiteren Versuch, die Stadt zu erobern, und verließen sich wieder auf die alte Methode der langdauernden Einschließung. Syrakus wurde schließlich durch Verrat genommen.

Wie das Beispiel des Philon oder des Archimedes zeigt, war es für die antiken Mechaniker oder Mathematiker unproblematisch, Waffen wie Katapulte und Belagerungsgeräte zu konstruieren und zu verbessern oder neue Geräte für den Einsatz im Krieg zu erfinden. Die antike Mechanik kannte keine strikte Trennung zwischen militärischer und ziviler Technik, die Ausführungen über den Bau von Katapulten oder Belagerungsgeräten stehen oft neben Beschreibungen solcher Bereiche der Technik, die zivilen [80] Zwecken dienten. Das entscheidende Argument, mit dem Mechaniker ihre Beteiligung an den Rüstungsanstrengungen von Städten und Herrschern begründen konnten, findet sich in nuce bereits bei Platon. In einem seiner frühen Dialoge, dem *Gorgias*[10], wird die Ansicht geäußert, ein μηχανοποιός rette ebenso wie ein Steuermann oder ein Feldherr menschliches Leben, ja bisweilen ganze Städte. Die Funktion der Militärtechnik wird also darin gesehen, Leben vor äußeren Gefahren zu schützen. Diesen Gedanken aufgreifend nennt Vitruvius[11] zu Beginn seiner Darlegungen über Katapulte und Poliorketik als Thema die Geräte *„quae ad praesidia periculi et necessitatem salutis sunt inventa"* („die zum Schutz vor einer Gefahr und als notwendiges Hilfsmittel für das allgemeine Wohl erfunden sind"). Heron von Alexandria schließlich vergleicht in der Einleitung seiner *Belopoiika*[12] die Verdienste der Mechanik mit denen der Philosophie und behauptet, die Mechanik sei der Philosophie deswegen überlegen, weil es den Philosophen nicht gelungen sei, auf theoretischem Wege das Ziel der ἀταραξία, der Seelenruhe, zu erreichen, während die Mechanik durch die Sicherung des Friedens und die Verteidigung vor äußeren Angriffen im Kriege die Menschen gelehrt habe, ohne Unruhe zu leben.

---

9 Polybios: Historiae VIII 5–9; 37; Plutarchos: Markellos § 14–17. Vgl. Ivo Schneider: Archimedes. (Erträge der Forschung, Bd 102) Darmstadt 1979.

10 Platon: Gorgias § 68, 512B.

11 Vitruvius: De architectura X 10, 1.

12 Heron von Alexandria: Belopoiika § 1 (p. 71–73 Wescher, S. 18/19 Marsden; siehe Anm. 3).

Zur Archäologie der Dampfmaschine: Heron von Alexandria

zuerst in:
F. Tönsmann, H. Schneider (Hrsg.), Denis Papin. Erfinder und Naturforscher
in Hessen-Kassel, Kassel: euregioverlag, 2009, S. 14–32.

Conrad Matschoss hat in seiner bahnbrechenden Monographie über die Geschichte der Dampfmaschine darauf hingewiesen, dass bereits in der Antike das technische Prinzip der Nutzung von Dampfkraft zur Erzeugung von Bewegungen bekannt war.[1] Demnach beginnt die Geschichte der technischen Anwendung der Dampfkraft mit der antiken Fachliteratur, in der Geräte beschrieben worden sind, die als Vorläufer der Dampfmaschine angesehen werden können.[2] Ohne Zweifel ist die Konstruktion einer leistungsfähigen Dampfmaschine und ihr Einsatz in der gewerblichen Produktion im 18. Jahrhundert als ein epochaler Vorgang in der neueren Technikgeschichte zu bewerten. Mit der Dampfkraft stand der Gesellschaft eine neue Energiequelle zur Verfügung, die für unterschiedliche Zwecke genutzt werden konnte: Die Dampfmaschinen wurden in ihrer ersten Entwicklungsphase zur Wasserhaltung in den Bergwerken eingesetzt, wobei der hohe Energiebedarf deswegen nicht ins Gewicht fiel, weil in den Bergwerksrevieren genügend Kohle als Brennstoff zur Verfügung stand.[3] Nachdem im späten 18. und frühen 19. Jahrhundert in der industriellen Produktion einzelne Arbeitsschritte, insbesondere das Spinnen und Weben in der Textilherstellung, mechanisiert worden waren, lieferten die Dampfmaschinen im entstehenden Fabriksystem die Antriebskraft für die Arbeitsmaschinen.[4] Ein entscheidender Vorteil der Dampfkraft gegenüber der Wasserkraft lag darin, dass die Produktionsstätten nicht mehr auf einen Standort an einem Fluss angewiesen waren. Noch im 19. Jahrhundert revolutionierten das Dampfschiff und die dampfgetriebene Eisenbahn das Verkehrs- und Transportsystem. Mit der wirtschaftlichen Nutzung der Elektrizität und mit der Stromgewinnung einerseits und mit der Konstruktion von Verbrennungsmotoren andererseits wurden im späten 19. und frühen 20. Jahrhundert neue Energiequellen erschlossen, die der Wirtschaft wiederum im Bereich der Produktion, des Verkehrs, der Kommunikation

---

1 C. Matschoss, Geschichte der Dampfmaschine. Ihre kulturelle Bedeutung, technische Entwicklung und ihre großen Männer, Berlin 1901, S. 26–28. Vgl. zur Vorgeschichte der Dampfmaschine außerdem U. Troitzsch, Technischer Wandel in Staat und Gesellschaft zwischen 1600 und 1750, in: W. König (Hg.), Propyläen Technikgeschichte Bd. 3, Mechanisierung und Maschinisierung 1600 bis 1840, Berlin 1991, S. 47–48. Zu Matschoss vgl. U. Troitzsch u. a. (Hg.), Technik-Geschichte. Historische Beiträge und neuere Ansätze, Frankfurt 1980, S. 81–91 und H. Lackner, Von der Geschichte der Technik zur Technikgeschichte: Die erste Hälfte des 20. Jahrhunderts, in: W. König u. a. (Hg.), Die technikhistorische Forschung in Deutschland von 1800 bis zur Gegenwart, Kassel 2007, S. 35–61, bes. 41–48.

2 Auch in der althistorischen Literatur ist auf diesen Sachverhalt hingewiesen worden; dabei wurde vor allem betont, dass die Kenntnis der Dampfkraft nicht zur Entwicklung leistungsfähiger Antriebsmaschinen führte und ein möglicher technischer Fortschritt unterblieb. Vgl. dazu F. Kiechle, Sklavenarbeit und technischer Fortschritt im römischen Reich, Wiesbaden 1969 (= Forschungen zur antiken Sklaverei Band 3), S. 148–155.

3 Troitzsch, Technischer Wandel (wie Anm. 1), S. 55–60.

4 A. Paulinyi, Die Umwälzung der Technik in der Industriellen Revolution zwischen 1750 und 1840, in: W. König (Hg.), Propyläen Technikgeschichte Bd. 3, Mechanisierung und Maschinisierung 1600 bis 1840, Berlin 1991, S. 353–368.

und schließlich auch den privaten Haushalten völlig neue Möglichkeiten und Perspektiven eröffneten.

Angesichts der zentralen Bedeutung der wirtschaftlichen Nutzung der Dampfkraft in der ersten Phase der Industrialisierung ist auch die Erforschung der „Vor- und Frühgeschichte der Dampfmaschine"[5] eine wichtige Aufgabe der Geschichtswissenschaft. Die Rolle von Denis Papin wurde in diesem Zusammenhang oft gewürdigt[6] und ist Thema anderer Beiträge des vorliegenden Bandes. Die Aufgabe der folgenden Ausführungen ist es, dem Hinweis von Matschoss auf Heron und seine Bemerkungen über die Eigenschaften und Nutzbarmachung von Wasserdampf und durch Feuer erhitzter Luft nachzugehen. Dabei soll zunächst das Werk Herons charakterisiert und die Rolle der Technik in Alexandria beschrieben werden; die Energiequellen, die der Antike zur Verfügung standen, [15] werden im nächsten Abschnitt kurz behandelt. Es folgt abschließend eine Analyse der Kapitel in Herons *Pneumatik*, in denen Heron die Eigenschaften von Wasserdampf und erhitzter Luft und ihre Nutzung für bestimmte Effekte thematisiert.

Heron von Alexandria und die hellenistische Mechanik

Über Heron von Alexandria ist so gut wie nichts bekannt;[7] er gilt als Verfasser einer Reihe von Schriften, die der technischen Fachliteratur der Antike zuzuordnen sind. Bis zur maßgeblichen Edition der Texte Ende des 19. und Anfang des 20. Jahrhunderts[8] war nicht einmal klar, wann Heron gelebt hat. In der Einleitung dieser Textedition fasst der Herausgeber W. Schmidt den damaligen Kenntnisstand zusammen: Heron erwähnt Archimedes, hat also frühestens im späten 3. Jahrhundert v. Chr. gelebt; nach Schmidt bietet die Darstellung von Wein- und Ölpressen bei Plinius einen wichtigen Anhaltspunkt für die Datierung Herons: Das Aufkommen einer bestimmten Form der Schraubenpresse wird von Plinius auf die Zeit um 50 n. Chr. datiert; da diese Presse von Heron in der Mechanik beschrieben wird, ergibt sich ein terminus post quem, das Datum, nach dem das Werk Herons verfasst sein muss.[9] Für diese Datierung sprechen weitere Indizien, so vor allem die Erwähnung einer Mondfinsternis, die nach modernen Berechnungen

---

5   Diesen Terminus verwendet Troitzsch, Technischer Wandel (wie Anm. 1), S. 47.
6   Vgl. hierzu Matschoss, Dampfmaschine (wie Anm. 1), S. 354–367. Troitzsch, Technischer Wandel (wie Anm. 1), S. 54–57.
7   Zu Heron vgl. J. G. Landels, Engineering in the Ancient World, London 1978, S. 199–208 und B. Gille, Les mécaniciens grecs. La naissance de la technologie, Paris 1980, S. 122–145.
8   Die Edition in der Bibliotheca Teubneriana: W. Schmidt, L. Nix, H. Schöne, J. L. Heiberg (Hg.), Heronis Alexandrini opera quae supersunt omnia, vol. 1–5, Leipzig 1899–1914. Diese Ausgabe enthält auch eine deutsche Übersetzung. Vgl. dazu H. Schneider, Von Hugo Blümner bis Franz Maria Feldhaus: Die Erforschung der antiken Technik zwischen 1874 und 1938, in: W. König u. a. (Hg.), Die technikhistorische Forschung in Deutschland von 1800 bis zur Gegenwart, Kassel 2007, S. 85–115, bes. 101–102.
9   Plin. nat. 18,317. An dieser Stelle datiert Plinius, der bei dem Vesuvausbruch umgekommen ist und demnach sein Werk vor 79 v. Chr. verfasst hat, präzise das Aufkommen verschiedener Pressen im römischen Reich: „Vor etwa hundert Jahren hat man die griechischen Keltern erfunden, bei denen ein Gewinde am Pressbalken durch eine Schraubenmutter geht; bei der einen befindet sich eine Säule am Pressbaum befestigt, bei der anderen ein Steinkasten, der sich mit dem Pressbaum emporhebt, eine Einrichtung, die man für sehr nützlich erachtet. Vor 22 Jahren hat man die Erfindung gemacht, mit kleinen Pressen, einer weniger großen Kelter und einem in der Mitte errichteten kürzeren Pressbaum [zu arbeiten], wobei über die Trester gelegte runde Scheiben mit ihrem ganzen Gewicht drücken und man über der Presse noch schwere Gewichte anbringt" (dt. v. R. König). Heron, Mechanik 3,19–20. Vgl. W. Schmidt, Einleitung, in: Heronis Alexandrini opera vol. 1 (wie Anm. 8) S. XIX–XXIII.

am 13. März 62 stattfand.[10] Heron lebte demnach in Alexandria, als Ägypten längst römische Provinz geworden war. Das Museion und die große Bibliothek der Ptolemaier existierten noch; auch in römischer Zeit war Alexandria eine bedeutende Forschungsstätte.[11]

Heron verfasste umfangreiche Schriften zu verschiedenen Gebieten der Technik, der Mathematik und der Landvermessung.[12] Im Zusammenhang mit der Dampfkraft ist vor allem die Schrift zur Pneumatik von Interesse, daneben sind aber auch die Texte über das Automatentheater und zur Mechanik zu berücksichtigen, denn sie geben Aufschluss über die Mechanik in Alexandria, über ihre Funktion und ihren Kontext. Heron ging es primär nicht darum, von ihm selbst konstruierte Geräte und Instrumente zu beschreiben, sondern er rezipierte in großem Umfang die Schriften der Mechaniker, die vor ihm, in der Zeit der Ptolemaier (323–30 v. Chr.), in Alexandria tätig waren. Er war an naturwissenschaftlicher Grundlagenforschung und an einer Erklärung der Wirkung mechanischer Instrumente ebenso interessiert wie an einer systematischen Darstellung, die auch älteres Wissen mit einbezog. Aufgrund der Werke Herons, einer Reihe von Hinweisen bei Vitruvius, aufgrund einiger Fragmente und einer lateinischen Übersetzung der Pneumatik Philons aus dem Arabischen kann die Entwicklung der Mechanik in Alexandria in Umrissen rekonstruiert werden.

Ptolemaios I., der erste makedonische Herrscher Ägyptens (323–282 v. Chr.), gründete zu Beginn des 3. Jahrhunderts v. Chr. in Alexandria das Museion, eine Forschungsstätte, die von den ersten Ptolemaiern mit großem Engagement finanziell und durch einzelne Maßnahmen etwa bei der Beschaffung von Büchern für die Bibliothek gefördert wurde.[13] Im Museion bestand eine enge Verbindung von Forschung und Bibliothek sowie ein breites Spektrum an wissenschaftlichen Fächern; unter den Gelehrten, die [16] am Museion tätig waren, werden Philologen genannt, die sich mit der älteren griechischen Literatur, insbesondere mit Homer und den attischen Tragödiendichtern beschäftigten und dabei die Methodik der kritischen Textedition entwickelten, ferner Mathematiker, unter ihnen Eukleides (Euklid), Mediziner wie Herophilos aus Chalkedon, der zum ersten Mal Leichen sezierte, auch Vivisektionen vornahm und auf diese Weise die Kenntnis der Anatomie des Menschen entscheidend erweitert hat, Geographen wie Eratosthenes, der den Erdumfang relativ genau berechnet hat und Astronomen wie Aristarchos aus Samos, dessen Auffassung, die Erde bewege sich auf einer Kreisbahn um die Sonne, das heliozentrische Weltbild des Kopernikus vorwegnahm.[14]

10 Landels, Engineering (wie Anm. 7), S. 200–201. Wichtige Argumente für diese Datierung sind ferner die Verwendung lateinischer Begriffe bei Heron (Pneumatik 1,10. 1,11: assarium; 2,34: milliarium), die Erwähnung von Glasgefäßen (Pneumatik 1 praef.; 2,3) und die Tatsache, dass Vitruvius, der auf viele ältere Techniker und Mechaniker eingeht, Heron in de architectura nicht erwähnt.

11 Vgl. die Bemerkung, dass der Priester des Museion früher von den Königen bestimmt wurde, nun aber von Caesar (gemeint ist Augustus) eingesetzt wird, bei Strab. 17,1,8. Wichtige Informationen zum Museion in der Principatszeit bietet der spätantike Historiker Ammianus Marcellinus: Amm. 22,16,12–18. L. Casson, Libraries in the Ancient World, New Haven-London 2001, S. 47.

12 Einen Überblick über die Schriften Herons bietet Landels, Engineering (wie Anm. 7), S. 201–208.

13 Strab. 17,1,8. B. Seidensticker, Alexandria. Die Bibliothek der Könige und die Wissenschaften, in: A. Demandt (Hg.), Stätten des Geistes. Große Universitäten Europas von der Antike bis zur Gegenwart, Köln 1999, S. 15–37. M. Clauss, Alexandria. Eine antike Weltstadt, Stuttgart 2003, 92–106. Zur Bibliothek vgl. Eus. HE 5,8,11. L. Canfora, Die verschwundene Bibliothek, Berlin 1988. Casson, Libraries (wie Anm. 11), S. 31–47.

14 Einen guten Überblick über die Forschungen in Alexandria bietet Seidensticker, Alexandria (wie Anm. 13), S. 26–34.

Zu den Wissenschaftlern des Museion gehörten auch Mechaniker, die im Auftrag der Ptolemaier an einer Verbesserung von Waffen arbeiteten[15] und mechanische Apparate konstruierten, die dem monarchischen Repräsentationsbedürfnis dienten. Gleichzeitig wurden völlig neuartige Apparate erdacht, deren Wirkung nicht mehr auf den bekannten Prinzipien der Mechanik, sondern auf den zuvor nicht erforschten Eigenschaften von Luft, von erwärmter Luft und von Wasserdampf beruhten. Die Entdeckung, dass Luft und Wasserdampf technisch beherrschbar sind, bestimmte Effekte hervorrufen und für verschiedene Zwecke genutzt werden können, wird in der antiken Literatur Ktesibios zugeschrieben.

[17] Bei Vitruvius liegt ein Bericht darüber vor, auf welche Weise Ktesibios die Wirkungen, die mit Hilfe von bewegter Luft erzielt werden können, erkannt haben soll; da es sich um einen klassischen Text der antiken Technikgeschichte handelt, soll der entsprechende Abschnitt hier zitiert werden:

> „Ebenso sind von denselben Schriftstellern Methoden ersonnen, nach denen man Wasseruhren herstellt, und zwar zuerst von Ktesibios aus Alexandria, der auch die Kraft der natürlichen Luft entdeckt und Apparate erfunden hat, die durch die Kraft der Luft etwas in Bewegung setzen. Es ist wert, dass Lernbegierige erfahren, wie diese Entdeckung gemacht worden ist. Ktesibios war in Alexandria als Sohn eines Barbiers geboren worden. Er zeichnete sich durch Begabung und großen Fleiß vor den übrigen aus und hatte, wie man sagt, große Freude an mechanischen Dingen. Als er nämlich in der Barbierstube seines Vaters den Spiegel so aufhängen wollte, dass, wenn der Spiegel herabgezogen und wieder nach oben gezogen wurde, eine verborgene Schnur ein Gewicht nach (oben und) unten gleiten ließ, brachte er folgende Vorrichtung an. Unter einem Balken an der Decke befestigte er eine hölzerne Rinne und setzte dorthinein Rollen. Durch die Rinne führte er zu einer Ecke eine Schnur und brachte dort kleine ineinandergefügte Röhren an. In diesen Röhren ließ er eine an der Schnur befestigte Bleikugel hinabgehen. Wenn das Gewicht in den engen Röhren hinabglitt und die Luft zusammenpresste, drängte es infolge des schnellen Hinabgleitens die durch Zusammenpressung verdichtete Luft durch die Öffnung in die freie Luft und erzeugte dadurch, dass sie auf den Widerstand (der atmosphärischen Luft) stieß, bei der Berührung mit ihr einen hellen Ton. Als Ktesibios also erkannt hatte, dass infolge der Berührung (mit der atmosphärischen Luft) und durch das Herauspressen (der inneren Luft) Luftströme und Töne entstanden, machte er sich diese ersten Erkenntnisse zunutze und stellte als erster hydraulische Apparate (*hydraulicas machinas*) her."[16]

Die Tatsache, dass aus einem Rohr ausströmende Luft einen Ton hervorruft, war denn auch der Effekt, den Ktesibios nutzte, als er für die Ptolemaier arbeitete: Er konstruierte ein Trinkgefäß, das bei dem Ausgießen von Wein einen Ton hervorrief und das im Tempel der Arsinoë aufbewahrt wurde.[17] Vitruvius bezeugt ausdrücklich, dass Ktesibios Apparate und Geräte herstellte, die den Wasserdruck zum Verspritzen einer Flüssigkeit nutzten, sowie Automaten, die

---

15 Es handelte sich um Probleme bei dem Bau von Katapulten, deren Durchschlagskraft und Reichweite stark schwankten, weil keine Klarheit über die Abmessungen der einzelnen Teile der Katapulte bestand. Vgl. E. W. Marsden, Greek and Roman Artillery. Historical Development, Oxford 1969. Vgl. Philon, Belopoiika, in: E. W. Marsden, Greek and Roman Artillery. Technical Treatises, Oxford 1971, S. 105–184.

16 Vitr. 9,8,2–4 (dt. von C. Fensterbusch). Vgl. zu Vitruvius H. Knell, Vitruvs Architekturtheorie. Versuch einer Interpretation, Darmstadt 1985. Landels, Engineering (wie Anm.7), S. 208–211.

17 Athen. 497D. Athenaios zitiert hier ein Epigramm des Dichters Hedylos. Aus diesem Text ergibt sich die einzige sichere Möglichkeit einer Datierung von Ktesibios: Arsinoe, Frau ihres Bruders Ptolemaios II. Philadelphos, starb 270 oder 268 v. Chr. Zur Vergöttlichung der Arsinoe vgl. G. Hölbl, Geschichte des

die Stimmen von Vögeln nachahmten.[18] Ein berühmtes Beispiel für die technische Kreativität des Ktesibios ist die von Vitruvius beschriebene Wasseruhr;[19] erwähnenswert ist ferner die von Vitruvius als *Ctesibica machina* bezeichnete Wasserspritze, eine Saug- und Druckpumpe, die nach Aussage von Heron zum Löschen von Bränden eingesetzt werden konnte.[20] Technisch gesehen ist die Druckpumpe des Ktesibios auch deswegen als bedeutsame Innovation zu bewerten, weil sie zwei Geräteteile aufweist, die für die spätere technische Entwicklung entscheidend wurden, einerseits Kolben und Zylinder, andererseits das Ventil.

Die Informationen, die wir über Ktesibios besitzen, zeigen, dass die Pneumatik als eine technische Disziplin, die Wasserdruck und bewegte Luft für die Erzielung bestimmter Effekte nutzt, im 3. Jahrhundert v. Chr. in Alexandria entstanden ist. Es stellt sich dabei die Frage, in welchem Kontext diese Technik an Relevanz gewann. Ein Hinweis ist bereits mit der Erwähnung des Trinkgefäßes im Tempel der Arsinoë gegeben: Es handelt sich um Erfindungen, die [18] der Repräsentation und Legitimation der Herrschaft der Ptolemaier zu dienen hatten. Dies wird auch besonders deutlich am großen Festzug, den Ptolemaios II. in Alexandria veranstaltete und der die Macht des Königs über Menschen und Natur, die Größe der von ihm beherrschten Gebiete und seinen für griechische Verhältnisse unermesslichen Reichtum demonstrieren sollte. In der Beschreibung dieses Ereignisses erwähnt der hellenistische Historiker Kallixeinos einen großen Automaten:

> „Nach diesen Frauen kam ein vierrädriger Wagen, der 8 Ellen breit war und von sechzig Männern gezogen wurde. Auf diesem Wagen befand sich ein 8 Ellen hohes Bildnis der sitzenden Nysa, die mit einem gelben, golddurchwirkten Chiton und einem lakonischen Mantel bekleidet war. Es konnte aber auf mechanische Weise aufstehen, ohne dass jemand Hand anlegte, und nachdem es Milch aus einer goldenen Schale gespendet hatte, setzte es sich wieder."[21]

Der Automat erscheint hier in einem politischen Kontext, und durch ihre Funktion im Rahmen der Repräsentation königlicher Macht gewinnt die alexandrinische Technik ihre Relevanz.[22]

Ptolemaierreiches. Politik, Ideologie und religiöse Kultur von Alexander dem Großen bis zur römischen Eroberung, Darmstadt 1994, S. 94–98.

18 Vitr. 9,8,4; vgl. außerdem Vitr. 10,7,4.

19 Vitr. 9,8,5–7.

20 Vitr. 10,7,1–3. Heron, Pneumatik 1,28. Es ist bemerkenswert, dass dieses Feuerlöschgerät, mit dem ein kontinuierlicher Wasserstrahl erzeugt werden konnte, noch im 17. Jahrhundert bei Bränden eingesetzt worden ist. Vgl. Troitzsch, Technischer Wandel (wie Anm. 1), S. 244–245.

21 Athen. 198F. H. von Hesberg, Mechanische Kunstwerke und ihre Bedeutung für die höfische Kunst des frühen Hellenismus, Marburger Winckelmann-Programm 1987, Marburg 1987, S. 47–72. H. Schneider, Die Gaben des Prometheus. Technik im antiken Mittelmeerraum zwischen 750 v. Chr. und 500 n. Chr., in: W. König (Hg.), Propyläen Technikgeschichte Bd. 1, Landbau und Handwerk 750 v. Chr. bis 1000 n. Chr., Berlin 1991, S. 202.

22 In dieser Hinsicht entspricht die alexandrinische Technik der modernen Raumfahrt. Es trifft daher keineswegs zu, wenn den Mechanikern Alexandrias der Vorwurf gemacht wird, es habe sich bei ihren Konstruktionen um eine bloße Spielerei gehandelt, eine Ansicht, die mit Nachdruck etwa Albert Rehm vertrat; Rehm bezeichnet die Apparate und Automaten als eine „Menge von hübschen Spielereien und allerhand Vexierkunststücken": A. Rehm, Exakte Wissenschaften, in: A. Gercke, E. Norden (Hg.), Einleitung in die Altertumswissenschaft II 5, 4. Aufl. Leipzig 1933, S. 1–78. Vgl. vor allem S. 21 f., 55 f., 71–74. S. ferner A. Rehm, Zur Rolle der Technik in der griechisch-römischen Antike, AKG 28, 1938, S. 135–162. H. Schneider, Von Hugo Blümner bis Franz Maria Feldhaus (wie Anm. 8), S. 98–101.

Allerdings ist auch hervorzuheben, dass eine Reihe der von Ktesibios konstruierten Apparate von praktischem Nutzen war, worauf auch Vitruvius hinweist.[23]

Nach Aussage des Vitruvius hat Ktesibios Schriften über seine Apparate und Automaten verfasst, die allerdings nicht überliefert sind.[24] Einen Eindruck von der alexandrinischen Technik des 3. und 2. Jahrhunderts v. Chr. vermitteln die Pneumatik von Philon[25] sowie Herons Schrift über den Automatenbau, die sich in der Darstellung eines Automatentheaters im zweiten Abschnitt eng an eine ältere Schrift von Philon anlehnt.[26] Heron ist vor diesem Hintergrund zu sehen: Die technischen Neuerungen des 3. Jahrhunderts v. Chr., vor allem die Entstehung der Pneumatik und der Automatenbau, waren Grundlage seiner Forschungen und Erfindungen.

Die Dampfkraft und die Energiequellen der Antike

Die Erfindung und Entwicklung der Dampfmaschine im 18. Jahrhundert wird in der modernen Technikgeschichte unter dem Aspekt der „Energiepotentiale und Energienutzung"[27] wahrgenommen. Dabei darf nicht übersehen werden, dass Naturkräfte im Mittelmeerraum und Europa bereits in der Antike und im Mittelalter genutzt wurden; es ist hier zunächst an die Windkraft zu denken, die für die Seefahrt von großer Bedeutung war: Im Gegensatz zu den schnellen Kriegsschiffen, die unabhängig von den Windverhältnissen operieren mussten und daher auch gerudert wurden, besaßen Handelschiffe ein großes Rahsegel, oft überdies am Bug noch ein Vorsegel und ein Obersegel über dem Rahsegel. Mit dieser Takelage konnten die Handelsschiffe bei günstigen Windverhältnissen in relativ kurzer Zeit große Entfernungen zurücklegen. So erwähnt Plinius für einige besonders schnelle Fahrten die Fahrtdauer; sie betrug zwischen Ostia und Gades (heute Cadiz) sieben Tage und zwischen Ostia und Afrika zwei Tage, zwischen Puteoli und Alexandria neun Tage. Diese Informationen werden ergänzt durch Angaben bei Diodoros, der für die Fahrt zwischen dem Asowschen Meer und Rhodos eine Dauer von 10 Tagen und für die zwischen Rhodos und Alexandria von vier Tagen nennt.[28] Die Windkraft wurde in der Antike aber nie als Antrieb für bestimmte Arbeitsvorgänge wie das Mahlen von Getreide genutzt, es existierten keine Windmühlen im antiken Griechenland oder im Imperium Romanum.[29]

[19] Anders verhielt es sich mit der Wasserkraft; wahrscheinlich hat man bei der Bewässerung von Feldern mit Hilfe von Schöpfrädern das erste Mal die Erfahrung gemacht, dass fließendes

---

23 Vitr. 10,7,4–5: Vitruvius unterscheidet hier zwischen nützlichen und notwendigen Apparaten (*utilia et necessaria*) einerseits und solchen, die Augen und Ohren gefallen (*delectationibus oculorum et aurium*) und so der Unterhaltung dienen (*quae non sunt ad necessitatem sed ad deliciarum voluntatem*), andererseits.

24 Vitr. 10,7,5: *commentarii*.

25 Der Text ist ediert in der Heronausgabe von W. Schmidt (vgl. Anm. 8), Bd. 1, S. 458–489. Das griechische Original ist verloren; bei dem überlieferten Text handelt es sich um die lateinische Übersetzung aus dem Arabischen.

26 Heron, Automatenbau (peri automatopoietike) 20. Zu nennen wären hier auch Philons Belopoiika, deren Gegenstand der Bau von Katapulten ist. Zur Edition vgl. Marsden, Artillery (wie Anm. 15).

27 So Troitzsch, Technischer Wandel (wie Anm. 1), S. 25.

28 Plin. nat. 19,3–4. Diod. 3,34. Vgl. H. Schneider, Einführung in die antike Technikgeschichte, Darmstadt 1992, S. 140–155. A. Kolb, Transport und Nachrichtentransfer im Römischen Reich, Berlin 2000 (Klio Beihefte NF 2), S. 310–320.

29 Zur Windkraft und zu Windmühlen in der frühen Neuzeit vgl. Troitzsch, Technischer Wandel (wie Anm. 1), S. 41–47.

Wasser ein Rad dreht, wenn am Radkranz Schaufeln angebracht worden sind.[30] In der Zeit des Augustus wurde die Wasserkraft für das Mahlen von Getreide genutzt. Vitruvius beschreibt die Wassermühle in *de architectura* mit großer Genauigkeit: Das Wasserrad dreht eine Achse, an deren Ende ein Zahnrad in vertikaler Stellung angebracht ist; dieses überträgt die Bewegung auf ein horizontales Zahnrad, das wiederum eine Umdrehung der Mühlsteine bewirkt.[31] Diese Mühle besitzt das Wasserrad als Antrieb, ein Winkelgetriebe als Transmissionsmechanismus und die Mühlsteine, die die eigentliche Arbeit, das Mahlen des Getreides, verrichten. In den antiken Quellen sind eine Reihe von Wassermühlen erwähnt, durch archäologische Funde sind in den letzten Jahrzehnten zusätzlich eine größere Zahl antiker Wassermühlen nachgewiesen. Aus diesem Grund wird jetzt die ältere Auffassung, in der Antike sei die Möglichkeit, mit Hilfe der Wasserkraft Arbeit zu verrichten, zwar bekannt gewesen, aber dieses Wissen habe keine Anwendung im Wirtschaftsleben gefunden, für falsch gehalten.[32] Es findet sich in der antiken Literatur bereits auch der Gedanke, dass die Erfindung der Wassermühle den Menschen von einer schweren, monotonen Arbeit befreit hat, der technische Fortschritt also dem Menschen unmittelbar nützt. In einem Epigramm feiert der Grieche Antipatros die Errungenschaft der Wassermühle mit folgenden Worten:

> „Legt nur die Hand in den Schoß, Mühlmädchen, und schlafet nur lange,
>   wenn auch den Morgen bereits kündet der Hähne Geschrei;
> euer Geschäft hat heute Demeter den Nymphen befohlen.
>   Diese schwingen im Sprung oben aufs Rad sich hinauf,
> drehen die Achse im Kreis, und die, mit gedrechselten Speichen,
>   rollt des nisyrischen Steins hohles Gewicht nun herum.
> Sieh, wir genießen es wieder, das Leben der Vorzeit, wenn ohne
>   Arbeit wir Deos Geschenk uns zu bereiten verstehn."[33]

Bei einer Getreidemühle, wie Vitruvius sie beschrieben hat, wird die Rotationsbewegung des Mühlrades auf den Mühlstein übertragen; damit sind die Möglichkeiten, die Wasserkraft zu nutzen, deutlich eingeschränkt. Immerhin ist durch neuere Forschungen klar geworden, dass es bereits in der Antike wassergetriebene Marmorsägen gab, die einen Transmissionsmechanismus für die Umwandlung der Rotationsbewegung in eine hin- und hergehende Bewegung besaßen. Es gibt hierfür das Zeugnis von Ausonius, der in dem Gedicht über die Mosel solche Marmorsägen erwähnt,[34] und archäologische Belege liegen für Kleinasien und für Gerasa (Jordanien) vor. Da Marmor ein sehr kostbares Gestein war, hat man in römischer Zeit darauf verzichtet, Wände massiv aus Marmorblöcken zu errichten; vielmehr wurde Mauerwerk

---

30 Für diese Sicht sprechen die Bemerkungen bei Vitruvius: Vitr. 10,5,1.

31 Vitr. 10,5,2. Vitruvius, der Techniker im Heer Caesars gewesen war, schrieb *de architectura* unter Augustus (vgl. Vitr. 1 praef.). Erwähnung einer Wassermühle in Pontos, Kleinasien: Strab. 12,3,30.

32 Die These, die Wassermühle habe in der Antike keine weite Verbreitung gefunden, wurde mit Nachdruck von M. Bloch vertreten: M. Bloch, Antritt und Siegeszug der Wassermühle, in: M. Bloch, F. Braudel, L. Febvre u. a., Schrift und Materie der Geschichte, hg. v. C. Honegger, Frankfurt 1977, S. 171–197 (Erstpublikation: Avènement et conquêtes du moulin à eau, in: Annales 7, 1935, 538–563). Vgl. jetzt Ö. Wikander, Exploitation of Water-Power or Technical Stagnation?, Lund 1984.

33 Anth. Gr. 9,418 (dt. Übersetzung von H. Beckby).

34 Auson. Mos. 361–364 (4. Jahrhundert n. Chr.).

aus Ziegelsteinen mit dünnen Marmorplatten verkleidet.[35] Allerdings war es schwierig, dünne Marmorplatten zu schneiden; deswegen hat man – wahrscheinlich zuerst in Kleinasien oder in Syrien – für diesen Arbeitsvorgang eine wassergetriebene Marmorsäge konstruiert.[36]

Die Nutzung der Wasserkraft im antiken Gewerbe muss unter technikhistorischem Aspekt als eine höchst bedeutende Innovation bewertet werden. Dennoch kann kaum [20] angenommen werden, dass das Aufkommen und die Verbreitung der Wassermühle im Imperium Romanum die Energiebilanz der Antike wesentlich verändert hat, auch wenn das Mahlen von Getreide eine für die Versorgung der Bevölkerung mit dem Grundnahrungsmittel Brot unabdingbare Arbeit war. Bezieht man die Brennstoffe in diese Bilanz mit ein, die für zahlreiche Arbeiten bei der Rohstoffgewinnung und im Gewerbe – man denke hier nur an die Verhüttung der Erze, an die Metallurgie, an die Keramikherstellung, an die Produktion von gebrannten Ziegelsteinen oder an das Brennen von Kalk – die thermische Energie lieferten, so wird deutlich, dass die wichtigsten Energiequellen die menschliche und die tierische Muskelkraft sowie Holz und Holzkohle blieben.

Dies gilt sogar noch für die Frühe Neuzeit; so kam F. Braudel zu dem Ergebnis, dass die Energiequellen Europas im 18. Jahrhundert etwa in folgendem zahlenmäßigen Verhältnis zueinander standen: Die Muskelkraft der Arbeitstiere (Pferde und Ochsen) erbrachte 10 Mio. PS, Holz etwa 4 bis 5 Mio. PS, die Wasserkraft ca. 1,5 bis 3 Mio. PS und schließlich die menschliche Muskelkraft 900.000 PS. Die Segel der Handelsschiffe lieferten nach Braudel maximal 233.000 PS.[37] Selbst im Zeitalter der Manufaktur lag der Anteil der Wasserkraft, die im Gewerbe bereits in großem Umfang genutzt worden ist, an den Energiequellen insgesamt bei weniger als 20 %. Für die Antike ist der Anteil der Wasserkraft noch wesentlich geringer einzuschätzen.

Die antike Technik war eine Hand-Werkzeug-Technik; die Arbeit des Handwerkers mit seinem Werkzeug ist von Aristoteles prägnant charakterisiert worden: Die Seele des Handwerkers, in der eine Vorstellung von dem Gegenstand, der hergestellt werden soll, existiert, und das Wissen des Handwerkers bewegen die Hände oder einen anderen Teil des Körpers in einer bestimmten Weise, in verschiedener Weise bei der Herstellung verschiedener Gegenstände, in derselben Weise bei der Herstellung derselben Gegenstände, und die Hände bewegen die Werkzeuge, und die Werkzeuge formen das Material.[38] Da die meisten Arbeitsvorgänge nicht mechanisiert waren, konnte der Handwerker einen Gegenstand nur mit Hilfe seiner eigenen Muskelkraft herstellen. In einer Gesellschaft mit einer Hand-Werkzeug-Technik stellt sich nicht die Frage nach einem Antrieb und damit nach der Energie für diesen Antrieb. In der Mentalität der Antike ist diese Sicht des Arbeitsprozesses tief verankert; Arbeit bedeutet körperliche Anstrengung. Wenn der Mensch sich von dieser Anstrengung befreien kann, dann nur dort, wo Tiere die Arbeit des Menschen übernehmen. Dies gilt etwa für die Arbeitstiere in der Landwirtschaft und im Transportwesen, aber auch in solchen Fällen, in denen ein einzelner Arbeitsvorgang schon so weit mechanisiert war, dass Tiere eingesetzt werden konnten, wie dies beim Mahlen von Getreide der Fall war. Es verhält sich keineswegs so, wie der Dichter in seinem Epigramm behauptet, dass nämlich die Wassermühle die Mädchen und jungen Frauen von

---

35 Plin. nat. 36,51–53.
36 T. Ritti, K. Grewe, P. Kessener, A relief of a water-powered stone saw mill on a sarcophagus at Hierapolis and its implications, JRA 20, 2007, S. 139–163.
37 F. Braudel, Sozialgeschichte des 15.–18. Jahrhunderts. Der Alltag, München 1985, S. 400–402.
38 Aristot. gen. an. 730b.

der ermüdenden und monotonen Arbeit befreit hätte; vielmehr war die vor der Wassermühle verbreitete Form der Mühle eine Rotationsmühle, die von einem Tier, einem Esel oder einem Pferd gedreht wurde.[39]

Oft wird übersehen, in wie vielen Bereichen der antiken Wirtschaft die menschliche und die tierische Arbeit unverzichtbar waren; Menschen trugen Lasten auf ihrem Rücken, bisweilen zu zweit, eine lange Stange nutzend, die auf den Schultern der hintereinander gehenden Männer auflag, Menschen be- und entluden in den Häfen die Schiffe, in den Bergwerken bewegten sie die großen [21] Schöpfräder, in Ägypten die archimedischen Schrauben für die Bewässerung der Felder, die Ochsen wiederum zogen jahraus-jahrein den Pflug und sicherten den Menschen so die Getreideernten, Pferde und Ochsen zogen die schweren Wagen, Ochsen außerdem Schiffe stromaufwärts, Esel trugen die Erzeugnisse von Kleinbauern zum Markt, und Dromedare transportierten die Güter des Fernhandels durch die Wüsten des Orients und von Afrika. Und so bewegten Pferde und Esel eben auch die Mühlen, mit denen das Getreide gemahlen wurde.

Es gibt eine anschauliche antike Schilderung, die zeigt, was es für Lebewesen bedeutet, auf den Antrieb eines mechanischen Gerätes reduziert zu werden; es handelt sich um einen Abschnitt in dem faszinierenden Roman ‚Der goldene Esel oder die Metamorphosen‘ von Apuleius, der die antike Gesellschaft aus der Perspektive eines Römers beschreibt, der durch Zauberei in einen Esel verwandelt worden ist. Dieser wird eben auch an einen Besitzer von Mühlen verkauft und erzählt, wie es den Tieren der Mühle ergeht:

> „Und erst meine Arbeitskameraden, was oder wie soll ich da berichten? Was waren das für uralte Maulesel oder klapperige Gäule! Da standen sie um die Krippe, steckten die Köpfe hinein, und kauten die Häckselportion: Die Nacken von eiternder Wundfäule geschwollen, die schlaffen Nüstern von dauernden Hustenstößen geweitet, die Brust voller Schwären von dem unablässig reibenden Gurtband, die Rippen von lauter Prügeln bis auf die Knochen entblößt, die Hufe vom endlosen Herumrennen ungeheuerlich verklumpt und das ganze Fell starrend von Schmutzkruste, Räude und Dürre!"[40]

Das Tier war hier geradezu Teil des mechanischen Gerätes geworden, und dies trifft natürlich auch auf die Menschen zu, die im Bergbau, in der Landwirtschaft oder im Handwerk solche Arbeiten verrichteten. In der politischen Theorie kommt dies bei Aristoteles besonders in der Gleichsetzung von Mensch und Werkzeug zum Ausdruck: Für den Herrn ist der Sklave, der arbeitende Mensch, nichts anderes als ein beseeltes Werkzeug (*organon empsychon*).[41] Die Differenzierung zwischen unbeseeltem und beseeltem Werkzeug wird von Aristoteles am Beispiel des Steuermanns eines Schiffes erläutert: Für den Steuermann ist das Steuerruder ein unbeseeltes Werkzeug, der Gehilfe aber ein beseeltes. In ähnlicher Weise verwendet später der römische Gelehrte M. Terentius Varro in einer Schrift zur Landwirtschaft den Begriff ‚*instrumentum*‘ sowohl für Geräte als auch für Lebewesen; hier erscheint das *instrumentum vocale* (das sprachbegabte Inventar, die Sklaven) neben dem *instrumentum mutum* (das stumme

---

39 L. A. Moritz, Grain Mills and flour in Classical Antiquity, Oxford 1958.
40 Apul. met. 9,13,1–2.
41 Aristot. pol. 1253b.

Inventar, Geräte wie der Pflug) und dem *instrumentum semivocale* (das stimmbegabte Inventar, Arbeitstiere wie die Ochsen).[42]

Eine Überwindung solcher Verhältnisse und ein Verzicht auf die Sklaverei wäre nach Aristoteles nur möglich, wenn die Werkzeuge auf Befehl selbst ihre Aufgaben erfüllen würden.[43] Durch den Hinweis auf den Mythos des Daidalos und auf die von Hephaistos verfertigten Dreifüße wird diese Perspektive aber als nicht realisierbar gekennzeichnet. Für die Antike war die Mechanisierung von Arbeitsvorgängen und die Automatisierung keine wirkliche Möglichkeit. Sie war aber immerhin für einen Arbeitsvorgang realisiert, nämlich in der Entwicklung von der primitiven Reibemühle über die vom Tier angetriebene Rotationsmühle bis hin zur Wassermühle. Aber für die Antike [22] bestand damit kein Paradigma, das auf andere Arbeitsvorgänge hätte übertragen werden können.[44]

Unter diesen Voraussetzungen stellt sich der Antike das Problem der ausreichenden Energieressourcen nicht in derselben Weise wie in der Zeit der Industriellen Revolution. Mit der Dampfmaschine konnten zwei gravierende technische Probleme des 18. Jahrhunderts bewältigt werden: Zuerst die Wasserhaltung in den Steinkohlebergwerken, die damals die für die Produktion, etwa für die Eisenverhüttung, benötigte thermische Energie lieferten, und dann der Antrieb der Arbeitsvorgänge, die in der Textilherstellung mit der Spinnmaschine und dem mechanischen Webstuhl mechanisiert worden waren. Die Dampfkraft war im 18. Jahrhundert eine Antwort auf zunehmende Engpässe in der Energieversorgung, eine Situation, die in der Antike so nicht gegeben war, und damit lag auch der Einsatz der Dampfkraft in der Wirtschaft jenseits der intellektuellen Horizonte der Zeit.

Luft, Wasser und Feuer in der Pneumatik von Philon bis Heron

Wie in einem modernen Lehrbuch der Physik hat Heron in der Schrift zur Pneumatik die Grundlagen dieser Disziplin dargestellt, obwohl diese bereits im 3. oder frühen 2. Jahrhundert weitgehend von Philon geklärt waren. Vor allem geht es Heron in der Einleitung der Schrift zunächst um den Nachweis, dass Luft ein Stoff ist; diese Frage hängt eng zusammen mit dem Problem des Vakuums, über das in der antiken Naturforschung widersprüchliche Meinungen existierten. Heron, der sich hier eng an die entsprechenden Ausführungen Philons anlehnt,[45] beginnt seine Überlegungen mit dem Hinweis auf offene Gefäße und trifft dezidiert folgende Feststellung:

> „Die Gefäße, die gewöhnlich für leer gelten, sind in Wirklichkeit nicht, wie man glaubt, leer, sondern mit Luft gefüllt."[46]

Luft ist nach Heron aus feinen, kleinteiligen und unsichtbaren Körpern zusammengesetzt. Die Stofflichkeit von Luft wird nachgewiesen durch das Untertauchen von Gefäßen in Wasser:

> „Wenn man ein scheinbar leeres Gefäß umstülpt und in scharf lotrechter Richtung ins Wasser setzt, so fließt dieses nicht hinein, selbst wenn man das Gefäß ganz untertauchen sollte. Daraus

---

42 Varro rust. 1,17,1.
43 Aristot. pol. 1253b.
44 Zur Entwicklung der Mühle in der Antike vgl. D. Baatz, DNP 8, 2000, Sp. 430–435, s. v. Mühle II. Klassische Antike.
45 Philon, Pneumatik, 2–3 (in der Heron-Ausgabe von W. Schmidt [wie Anm. 8] Bd. 1, S. 459–489).
46 Heron, Pneumatik, praef. (dt. von W. Schmidt).

erhellt, dass die Luft ein Körper ist und dass sie deshalb, weil das ganze Innere des Gefäßes damit angefüllt ist, dem Wasser den Zutritt verwehrt. Bohrt man allerdings in den Boden des Gefäßes ein Loch, so dringt durch die Mündung das Wasser ein, während die Luft durch das Loch [im Boden] entweicht."[47]

Dieses Experiment erbringt aber zugleich eine Einsicht in eine weitere Eigenschaft von Luft:

„Die Luft wird zu *pneuma* [Wind], wenn sie bewegt wird. Denn der Wind ist nichts anderes als bewegte Luft. Wenn man also das Gefäß am Boden durchbohrt und die Hand ans Loch hält, während das Wasser einfließt, so wird man in der Tat fühlen, wie das *pneuma* aus dem Gefäß entweicht. Das ist aber nicht anderes als die vom Wasser ausgestoßene Luft."[48]

Zwischen den einzelnen Körpern der Luft – in der Terminologie der Physik zwischen den Molekülen – bleibt „eine Anzahl leerer Räume [...] wie beim Sand am Meeresstrand." Aufgrund dieser Tatsache ist es möglich, dass die Luft unter dem Einfluss einer äußeren Kraft verdichtet wird:

„Dann tritt die Luft an die Stelle der Vakua, indem ihre Moleküle künstlich zusammengedrängt werden. Hört die [23] Einwirkung der Kraft auf, so kehrt die Luft infolge der ihren Teilchen eigentümlichen Spannkraft wieder an ihre frühere Stelle zurück."[49]

Durch Absaugen der Luft aus einem Gefäß kann ein Vakuum hergestellt werden, das wiederum die Eigenschaft hat, den entstandenen leeren Raum zu füllen; auch dieser Tatbestand wird durch ein Experiment demonstriert:

„Nimmt man nun ein sehr leichtes Gefäß mit enger Mündung, hält es an den Mund, saugt die Luft aus und lässt es dann los, so bleibt das Gefäß an den Lippen hängen; denn das Vakuum zieht das Fleisch an, um den leeren Raum wieder zu füllen."[50]

Das Vakuum in einem Gefäß kann auch dadurch nachgewiesen werden, dass man ein Gefäß, aus dem die Luft abgesaugt worden ist, mit seiner Öffnung ins Wasser hält:

„Will man die medizinischen Eier, die aus Glas und enghalsig sind, mit einer Flüssigkeit füllen, so saugt man mit dem Mund die darin enthaltene Luft auf, hält ihre Mündung mit dem Finger zu und setzt sie umgekehrt in die Flüssigkeit. Lässt man denn den Finger los, so steigt das Wasser in das entstandene Vakuum hinauf, obwohl die Bewegung der Flüssigkeit nach oben nicht naturgemäß ist."[51]

Heron untersucht auch die Wirkung von Wärme auf die Stoffe, vor allem auf Wasser und Luft. Stoffe werden seiner Auffassung nach durch Zufuhr von Wärme umgewandelt. Sichtbar wird dies, wenn Wasser erhitzt wird:

„Auch das Wasser wird vom Feuer verflüchtigt und in Luft verwandelt. Denn die Dämpfe, die aus den geheizten Kesseln aufsteigen, sind nichts anderes als verdunstende, sich in Luft verwandelnde

47 Ebd.
48 Ebd.
49 Ebd.
50 Ebd.
51 Ebd.

Flüssigkeit. Dass also das Feuer alle Körper, die fester sind als dieses selbst, auflöst und verwandelt, ist hiernach klar."[52]

Für Heron haben die dargestellten Experimente Beweiskraft. Ihre Funktion ist es, sinnlich wahrnehmbare Vorgänge zu zeigen und damit Fragen der Theorie zu entscheiden. Auf diese Weise hat Heron das Fundament für seine Darstellung der Pneumatik errichtet. Die Eigenschaften der Luft und des Vakuums sind geklärt, und es ist auch deutlich geworden, dass Feuer auf die Stoffe, auch auf Wasser, bestimmte Wirkungen ausübt.

Der Kern dieser Thesen liegt bereits bei Philon vor.[53] Bemerkenswert ist es, dass schon Vitruvius über die Effekte, die erwärmte Luft bewirken kann, berichtet. In dem Kapitel über die Ausrichtung der Straßen nach den vorherrschenden Windverhältnissen geht Vitruvius auf die Eigenschaften des Windes ein, den er als eine strömende Luftwelle definiert.[54] Dass Wind durch den Zusammenstoß zwischen Wärme und Feuchtigkeit hervorgerufen wird, zeigt Vitruvius am Beispiel kleiner bronzener Figuren des Windgottes Aeolus:

> „Es werden nämlich hohle bronzene Figuren des Aeolos hergestellt – sie haben nur ein ganz kleines Mundloch –, die mit Wasser gefüllt und ans Feuer gestellt werden. Bevor sie warm werden, zeigen sie keinen Lufthauch; sobald sie aber heiß zu werden beginnen, geben sie zum Feuer hin einen heftigen Luftstrom von sich."[55]

Praxisorientierten Technikern wir Vitruvius war also spätestens im 1. Jahrhundert v. Chr. bekannt, dass es möglich ist, durch die Erwärmung von Luft einen Luftstrom hervorzurufen.

Als Heron die Pneumatik schrieb, stand ihm also ein umfangreiches Wissen der älteren griechischen Naturforschung über das Verhalten von Luft und Vakua und die Wirkung der Erwärmung von Luft sowie eine präzise Kenntnis der Methoden der Naturforschung zur Verfügung. Bei[24]des war Voraussetzung für die Konstruktion von Geräten und Mechanismen, die in der Pneumatik beschrieben werden.

Bewegte Luft und Dampfkraft in Herons Pneumatik

Die Pneumatik hat nach Auffassung von Heron zwei grundlegende Ziele: Sie soll den notwendigsten Bedarf für das Leben sichern und sie soll Erstaunen und Verwunderung hervorrufen.[56] Diese Zielsetzung entspricht nicht nur dem, was Vitruvius über die Schriften des Ktesibios berichtet hat,[57] sondern auch den Äußerungen Herons in anderen Schriften; das Erstaunen beim Betrachten der Automaten wird in der Schrift über den Automatenbau als deren Zweck bezeichnet. Es sollte auch durch die Wahl relativ kleiner Dimensionen der Verdacht vermieden werden,

---

52 Ebd. Die Ansicht Herons entspricht an dieser Stelle insofern nicht den Erkenntnissen der modernen Naturwissenschaft, als Wasser durch Erhitzung nicht in einen anderen Stoff umgewandelt wird, sondern seinen Aggregatzustand verändert.

53 Philon, Pneumatik 1–3.

54 Vitr. 1,6,2: *Ventus autem est aeris fluens unda cum incerta motus reduntantia.*

55 Ebd. Es ist bezeichnend, wie Vitruvius diese aus der Beobachtung eines solchen Artefaktes gewonnene Einsicht kommentiert: „So kann man aus einem kleinen und sehr kurzen Schauspiel Wissen und Urteil über die großen und unermesslichen physikalischen Ursachen der Himmelserscheinungen und der Winde gewinnen."

56 Heron, Pneumatik, praef.

57 Vitr. 10,7,4–5.

dass ein Mensch im Inneren den Automat steuert.[58] Mit nützlichen Geräten hat sich Heron ebenfalls befasst, wie aus der Mechanik hervorgeht. So werden etwa Krane, Hebevorrichtungen und die für die Öl- und Weinherstellung verwendeten Pressen genau beschrieben.[59]

Die Pneumatik Herons beginnt mit der Darstellung einer Reihe von einfachen Geräten, Vorrichtungen und Wirkungen. Es wird gezeigt, wie eine Flüssigkeit aus einem Gefäß durch einen Heber entnommen werden kann oder wie sich eine Flüssigkeit in zwei mit einander verbundenen Gefäßen verhält.[60] Die Eigenschaften komprimierter Luft werden für eine Hohlkugel verwendet, die etwa zur Hälfte mit Wasser angefüllt ist. Wird in diese Hohlkugel durch einen Kolben, der am unteren Ende durch ein Ventil verschlossen werden kann, weitere Luft eingeführt, so dass hier ein Überdruck entsteht, wird das Wasser durch eine Röhre, die dann geöffnet wird, aus der Kugel gepresst, so dass der Eindruck eines Springbrunnens entsteht.[61]

Wird hier der Effekt, das spritzende Wasser, durch den Druck der verdichteten Luft erreicht, so wird der Luftdruck bei einem anderen Automaten[62] durch Wärme erzielt.[63] Um einen Altar stehende Figuren sollen ein Trankopfer darbringen; der Altar steht auf einer Basis, die mit Wasser gefüllt ist. Wenn auf dem Altar ein Feuer entzündet wird, dehnt die Luft sich im Altar aus und drückt das Wasser durch Röhren, die durch die Figuren hindurchgehen, in die Opferschalen, so dass der Eindruck entsteht, hier werde ein Trankopfer vollzogen.[64]

Ähnlich ist ein anderer Mechanismus konstruiert, bei dem sich Tempeltüren automatisch öffnen: Neben dem Tempel[65] steht ein Altar, auf dem ebenfalls ein Feuer brennt; die Luft im Altar erwärmt sich, gelangt in eine mit Wasser gefüllte Hohlkugel und drückt das Wasser über [25] einen Heber aus der Hohlkugel hinaus. Das Wasser fließt in einen Behälter, der durch Ketten, die über Rollen laufen, und ein Gegengewicht in einer bestimmten Höhe gehalten wird. Wird der Behälter durch das einfließende Wasser schwerer als das Gegengewicht, senkt er sich und setzt die Ketten in Bewegung; diese sind mit den im Boden senkrecht verankerten Türangeln verbunden. Bewegen sich die Ketten, so setzen sie auch die Türangeln in Bewegung, die Tempeltüren öffnen sich. Erlischt das Feuer wiederum und erkaltet die Luft im Hohlraum des Altars, fließt das Wasser über den Heber wieder in die Kugel zurück, das Gefäß wird leichter als das Gegengewicht, das sich senkt und durch diese Bewegung die Tempeltüren wieder

---

58 Heron, Automatenbau 1,1. 1,7. 4,4.

59 Heron, Mechanik 2,2–8. 2,13–20. In der Pneumatik wird das von Ktesibios konstruierte Feuerlöschgerät berücksichtigt: Heron, Pneumatik 1,28.

60 Heron, Pneumatik 1,1. 1,2.

61 Ebd., 1,10.

62 Der Begriff Automat wird hier für Geräte verwendet, in die ein Programm eingeschrieben ist, das einmal in Gang gesetzt von selbst wie vorgesehen abläuft. Der Automat verfügt also über Informationen, die eine Lenkung durch einen Menschen von außen überflüssig machen. Genau hierin liegt eben auch das Erstaunliche der Automaten. Das Adjektiv automatisch (*autómatos*) erscheint übrigens zum ersten Mal in der Ilias und bezeichnet hier die von Hephaistos geschmiedeten Dreifüße, die von selbst in die Versammlung der Götter fahren (Hom. Il. 18,376); hierauf spielt dann Aristot. pol. 1253b an. Vgl. Schneider, Einführung (wie Anm. 28), 201–207. H. Schneider, Geschichte der antiken Technik, München 2007, 102–106.

63 Vgl. zu diesem Kapitel die instruktiven Bemerkungen bei A. G. Drachmann, Große griechische Erfinder, Zürich 1967, S. 39–48.

64 Heron, Pneumatik 1,12.

65 Wahrscheinlich handelt es sich hier nicht um einen Tempel in natürlicher Größe, sondern wie die anderen Automaten um ein Modell in kleinerem Maßstab, das bei einem Symposion aufgestellt werden kann.

schließt. Bei diesem Automaten leistet die Wärme Arbeit, indem sie durch Ausdehnung der Luft Wasser zum Fließen bringt und dadurch Bewegungen auslöst.[66]

Ein anderer raffinierter Automat wandelt die Wärme direkt in Bewegung um; wiederum brennt auf einem Altar ein Feuer, das Luft in einem Herd erwärmt. Der Herd ist mit dem Hohlraum im unteren Teil des Altars durch eine Röhre verbunden. Die Wand des Hohlraums besteht aus Glas, so dass man in den Altar hineinsehen kann. An der Röhre sind unten kleinere Röhren waagerecht befestigt, die an ihrem Ende umgebogen sind, wobei die Biegungen jeweils der gegenüber liegenden Röhre entgegengesetzt sind. Auf diesen Röhren ist eine Platte angebracht, auf der tanzende Figuren aufgestellt sind. Die durch das Feuer erwärmte Luft wird aus den kleinen, umgebogenen Röhren ausge[26]stoßen und versetzt so die Scheibe mit den tanzenden Figuren in eine Kreisbewegung.[67]

Bei den bisher dargestellten Apparaten und Automaten wurden Wirkungen erzielt, indem Luft erwärmt wurde. Heron hat aber auch zwei Apparate beschrieben, deren Wirkung darauf beruht, dass Wasser so erhitzt wird, dass Wasserdampf entsteht.

Der eine Apparat ist so konstruiert, dass durch die Erwärmung von Wasser ein überraschender Effekt erzielt wird: Ein Ball scheint zu schweben. Der Apparat besteht aus einem mit Wasser gefüllten Kessel, der oben verschlossen ist; durch die Abdeckung geht eine Röhre, die in einer kleinen, nach oben offenen Halbkugel endet. Wird ein leichter Ball in die Halbkugel geworfen, so wird er durch den aus dem Kessel entweichenden Dampf in der Luft gehalten, so dass er zu schweben scheint.[68]

Dass durch die Erzeugung von Wasserdampf eine Bewegung hervorgerufen werden kann, zeigt Heron in seinen Ausführungen zu einer Kugel, die durch Dampfdruck in eine Rotationsbewegung versetzt wird.[69] Da dieses Kapitel in der modernen technikhistorischen Literatur eine überragende Rolle gespielt hat, soll der Text hier wörtlich zitiert werden:

> „Über einen geheizten Kessel soll eine Kugel sich um einen Zapfen bewegen. Es sei $\alpha\beta$ (Abb.) ein mit Wasser gefüllter, geheizter Kessel. Seine Mündung sei mit dem Deckel $\gamma\delta$ verschlossen; durch diesen sei eine gebogene Röhre $\epsilon\zeta\eta$ getrieben, deren Ende luftdicht in eine Hohlkugel $\vartheta\kappa$ eingepasst sei. Dem Ende η liege ein auf dem Deckel $\gamma\delta$ feststehender Zapfen $\lambda\mu$ gegenüber. Die Kugel sei mit zwei gebogenen, einander diametral gegenüber stehenden Röhrchen versehen, die in sie münden und nach entgegengesetzten Richtungen gebogen sind (Abb.). Die Biegungen muss man sich rechtwinklig und quer durch die Linien η und λ denken. Wird nun der Kessel geheizt, so ist die Folge, dass der Dampf durch $\epsilon\zeta\eta$ in die Kugel dringt, durch die umgebogenen Röhren nach dem Deckel hin ausströmt und die Kugel zur Drehung bringt, ähnlich wie schon bei den tanzenden Figuren."

[27] Zwei Dinge unterliegen keinem Zweifel: Heron war ein Mechaniker, der durchaus an der Anwendung mechanischen Wissens im Bereich der Produktion interessiert war[70] und dem es nicht allein darauf ankam, mit Automaten für Unterhaltung zu sorgen, und der von Heron beschriebene Apparat nutzt Wärme, um Wasserdampf zu erzeugen, der eine Kugel in eine Rotationsbewegung versetzt. Angesichts der komplizierten Transmissionsmechanismen der von Heron beschriebenen Automaten wäre es durchaus denkbar gewesen, diese Rotationsbewegung

---

66 Heron, Pneumatik 1,38.
67 Ebd., 2,3.
68 Ebd., 2,6.
69 Ebd., 2,11.
70 Vgl. Anm. 59.

auf ein Gerät zu übertragen, das dann eine Arbeit verrichtet. Und so kann gefragt werden, warum dies unterblieb und welche Bedeutung die beschriebenen Automaten und Apparate Herons technikhistorisch besitzen.

[28] An dieser Stelle ist zunächst darauf hinzuweisen, dass die Übertragung einer Rotationsbewegung in der Antike prinzipiell möglich war, wie die Wassermühle oder von Tieren angetriebene Schöpfwerke (Eimerketten) zeigen. Aber jenseits der Mühle und solcher Schöpfwerke gab es keinen Bedarf für eine neue Antriebsenergie, weil es in der Antike noch nicht zu einer Mechanisierung von Arbeitsvorgängen und zu einer Ersetzung des Werkzeugs durch die Werkzeugmaschinen gekommen war, die erst in der Phase der Industriellen Revolution möglich wurde. Es ist auch zu bedenken, dass gerade im Montanbereich und in der gewerblichen Produktion bis in die Frühe Neuzeit die Wasserkraft oder auch der Pferdegöpel als Antrieb genutzt worden sind, ohne dass es bis zum 18. Jahrhundert zu Engpässen in der Energieversorgung gekommen ist.

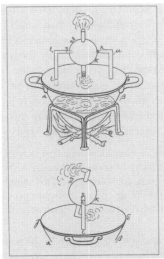

Abb.: Die rotierenden Kugel – aus: Heron von Alexandria. Druckwerke und Automatentheater, hg. u. übers. v. W. Schmidt, Bd. 2, Leizpig 1899, Fig. 55 & 55a.

Es darf ferner nicht verkannt werden, dass die Industrielle Revolution keineswegs durch einige wenige Erfindungen wie die der Dampfmaschine oder des mechanischen Webstuhls allein ausgelöst worden ist. Es gibt eine Vielzahl von Voraussetzungen für die Industrielle Revolution, so die Vermehrung des technischen Wissens durch die große Zahl von gedruckten illustrierten Fachbüchern – man denke nur an Agricolas ,de re metallica'[71] –, durch die zunehmend enger werdende Verbindung zwischen Naturwissenschaft und Technik, durch den Aufstieg von wissenschaftlichen Gesellschaften und Akademien, deren Ziel es war, die Lebenssituation der Bevölkerung zu verbessern und den Wohlstand der Gesellschaft zu vermehren, und schließlich durch die zahlreichen einzelnen technischen Verbesserungen, die jeweils nicht als eminenter

---

71 G. Agricola, Vom Berg- und Hüttenwesen, 3. Aufl. Düsseldorf 1961, ND München 1977 (zuerst erschienen 1556).

technikhistorischer Durchbruch gewertet werden können, die aber in ihrer Summe zu einem tiefgreifenden Wandel des technischen Systems beigetragen haben.[72]

Diese Voraussetzungen der Industriellen Revolution sind von den Althistorikern, die der Auffassung waren, in der Antike sei das Wissen vorhanden gewesen, um Maschinen für die gewerbliche Produktion einzusetzen, nicht beachtet worden.[73] Die Antike stand jedenfalls – und dies muss mit allem Nachdruck betont werden – nicht an der Schwelle der Industriellen Revolution, und die mögliche technische Entwicklung ist auch nicht aus solchen Gründen wie einer aristokratischen Verachtung materieller Produktion oder der Existenz billiger Sklavenarbeit bewusst verhindert worden.

Abgesehen von diesen allgemeinen Erwägungen ist auch zu bedenken, dass die Dampfmaschine der Frühen Neuzeit auf einer völlig anderen Konstruktion beruhte als der Apparat Herons. Die Dampfpumpe, die Denis Papin in den Jahren 1690–1695 konstruiert hatte, besaß bereits einen Kolben, der durch Dampfdruck in eine Richtung bewegt werden konnte.[74] Die Dampfmaschine von Newcomen arbeitete nach einem ähnlichen Prinzip; oberhalb des Dampfkessels war der Zylinder mit dem Kolben angebracht, der durch den Wasserdampf nach oben gedrückt wurde. Wichtig wie bei der späteren Dampfmaschine von James Watt war die Tatsache, dass der Dampf kondensiert werden musste, um die Bewegung des Zylinders in die Ausgangslage zu bewirken.[75] Überblickt man die lange Phase der Erprobung und der Verbesserungen der Dampfmaschinen von Newcomen bis Watt, dann wird auch deutlich, dass solche Möglichkeiten in der Antike nicht gegeben waren.

U. Troitzsch hat ferner auf die im Zusammenhang mit dem Bau von Dampfmaschinen auftretenden Probleme der Metallverarbeitung hingewiesen:

> [29] „Die Hauptprobleme ergaben sich bei der Anfertigung der metallenen Einzelteile, weil die Technik der Metallbearbeitung zwar für den bislang betriebenen Maschinenbau hinreichend war, aber die Ansprüche, die jetzt an Material und Genauigkeit der Fertigung gestellt wurden, nur ansatzweise erfüllen konnte. So war man am Beginn des 18. Jahrhunderts nicht in der Lage, einen wirklich kreisrunden Zylinder aus Messing, geschweige denn aus Gusseisen herzustellen."[76]

Einer der besten Kenner der antiken Technik, A. G. Drachmann, hat die Auffassung vertreten, dass die antike Metallurgie nicht in der Lage gewesen wäre, eine Dampfmaschine zu bauen:

> „Gelegentlich wird mit Hinweis auf dieses Dampfspielzeug die Ansicht geäußert, dass es in der Antike hätte möglich sein sollen, eine Dampfmaschine zu bauen, ein Vorstoß, der das technische Zeitalter um etwa 1700 Jahre vorweggenommen hätte. Aber kein Erfinder kann weiter gehen, als die technischen Möglichkeiten seines Zeitalters gestatten: für die Dampfmaschine waren

---

72 Vgl. hierzu die erhellenden Bemerkungen von U. Troitzsch, Die Technik der Frühen Neuzeit in der neueren deutschen Technikgeschichte, in: W. König u. a. (Hg.), Die technikhistorische Forschung (wie Anm. 8), S. 227–255, bes. 237–238.

73 Dies gilt vor allem für den einflussreichen Aufsatz von G. Lombroso-Ferrero, Pourquoi le Machinisme ne fut pas adopté dans l'antiquité, Revue du Mois 21, 1920, 448–469.

74 Vgl. Troitzsch, Technischer Wandel (wie Anm. 1), S. 55.

75 Ebd., S. 58 und Paulinyi, Die Umwälzung der Technik in der Industriellen Revolution (wie Anm. 4), S. 359–360.

76 Troitzsch, Technischer Wandel (wie Anm. 1), S. 58.

Rohre und Befestigungsschrauben aus Eisen nötig, die erst 1600 Jahre später hergestellt werden konnten."[77]

Der Feststellung von Drachmann könnte noch hinzugefügt werden, dass auch die Voraussetzungen für den Bau von Kesseln, die einem hohen Druck standhielten, nicht gegeben waren. Für die Antike existierte kein Weg von Herons Apparat zur Konstruktion einer funktionsfähigen Dampfmaschine.

Und dennoch war das technische Ingenium Herons für die Entwicklung der Dampfkraft in der Frühen Neuzeit nicht völlig bedeutungslos. Nur kurze Zeit nach der Erfindung des Buchdrucks wurden die Texte der Antike in großer Zahl ediert und gedruckt, wobei Städte wie Venedig, [30] Straßburg und Lyon eine führende Position einnahmen. Soweit die Schriften Herons in griechischer Sprache vorlagen, wurden auch sie – sicherlich nach den Werken der berühmten Philosophen, Dichter und Historiker – publiziert.[78] Die Pneumatik erschien 1575 in einer lateinischen Übersetzung, es folgten 1589 und 1592 die italienischen Übersetzungen von Giovanni Battista Aleotti, der als Wasserbauingenieur in den Diensten der Este in Ferrara stand, und von Alessandro Giorgi. Der Text Herons stand auf diese Weise den Ingenieuren, Physikern und Mechanikern, die an den italienischen Universitäten arbeiteten, zur Verfügung.[79] Wie U. Troitzsch gezeigt hat, empfing die frühe Diskussion über die Möglichkeiten der Dampfkraft durchaus Anregungen von Heron, wobei seine durch Wasserdampf angetriebene Kugel im Zentrum der Überlegungen stand. So geht der Entwurf einer Dampfturbine von Giovanni Branca 1629 von der einfachen, in der Antike bekannten Tatsache aus, dass durch Erhitzen von Wasser in einem Wasserkessel ein Dampfstrahl erzeugt werden kann.[80] Die technikhistorische Relevanz der alexandrinischen Mechanik erweist sich gerade in diesem Anknüpfen der frühneuzeitlichen Technik an die Erkenntnisse der Antike.

77 Drachmann, Große griechische Erfinder (wie Anm. 63), S. 48.

78 Vgl. M. Landfester, Geschichte der antiken Texte. Autoren- und Werklexikon, DNP Suppl. 2, Stuttgart 2007, S. 278–279.

79 Vgl. zu der Heron-Rezeption im 16. Jh. vor allem M. Valleriani, From *Condensation* to *Compression*: How Renaissance Italian engineers approached Hero's *Pneumatics*, in: H. Böhme, Chr. Rapp, W. Rösler, Hg., Übersetzung und Transformation, Berlin 2007, S. 333–353.

80 Salomon de Caus geht in seiner Schrift ‚Von gewaltsamen Bewegungen' (1615) ganz in der Manier der antiken Mechanik auf einen durch Erwärmung von Wasser erzeugten Wasserstrahl ein. Vgl. Troitzsch, Technischer Wandel (wie Anm. 1), S. 48–50.

Die Voraussetzungen wissenschaftlicher Forschung in der Antike
Schrift, Buch, Bibliothek

zuerst in:
M. Fansa (Hrsg.), Ex oriente lux? Wege zur neuzeitlichen Wissenschaft,
Mainz: Zabern, 2009, S. 21–27.

Gegenwärtig verändern sich die Formen wissenschaftlicher Kommunikation grundlegend, wobei noch nicht abzusehen ist, welche Auswirkungen elektronisches Publizieren, open access und Internet auf die Entwicklung der Wissenschaft haben werden. Ob die traditionelle wissenschaftliche Zeitschrift sowie die in Buchform publizierte wissenschaftliche Monographie oder wissenschaftliche Enzyklopädie überhaupt noch eine Zukunft besitzen, ist im Augenblick nicht mit Bestimmtheit zu sagen. Gerade angesichts dieses durch die elektronische Datenverarbeitung verursachten Wandels von Datenspeicherung, Kommunikation und wissenschaftlichem Publizieren wird im Blick auf die Vergangenheit deutlich, dass Wissenschaft seit der Antike an bestimmte Voraussetzungen gebunden war: Wissen wurde als Text formuliert, der in Form des Buches verbreitet wurde, und das kollektive Wissen einer Gesellschaft, das in einer Vielzahl von Büchern aufgezeichnet worden war, wurde in Bibliotheken zugänglich.

Heute erscheint uns diese Situation so selbstverständlich, dass die Entstehung von Schrift, Buch und Bibliothek als eine wesentliche Voraussetzung der Entstehung der Wissenschaft kaum reflektiert wird. Es gehört aber zu den bahnbrechenden Prozessen der archaischen und klassischen Zeit Griechenlands, dass mit der Einführung der phoinikischen Schrift, die aus wenigen Buchstaben bestand, mit dem Buch als neuem Medium und mit der Bibliothek als Institution überhaupt erst die Bedingungen für die Entfaltung von Philosophie und Wissenschaft geschaffen wurden.[1] Schrift, Buch und Bibliothek waren im frühen Griechenland, vor dem 8. Jahrhundert v. Chr., keineswegs selbstverständlich; die frühen griechischen Texte, die uns überliefert worden sind, wurden erst spät niedergeschrieben; sie wurden ursprünglich mündlich tradiert. Die mündliche Tradition hat eigene Formen des Wissens hervorgebracht: Der vom Sänger vorgetragene Text ist an das Gedächtnis des Menschen gebunden; er besitzt Versform und weist Formelverse auf, die den Vortrag erleichtern sollten. Nach griechischer Auffassung beruht der Gesang wesentlich auf Inspiration, der Sänger ist von den Musen inspiriert, die wiederum für die Wahrheit des Textes einstehen. Dementsprechend beginnen die Epen Homers mit dem Anruf der Musen; der Sänger fordert die Göttin oder die Muse auf, vom Zorn des Achilleus oder von den Taten des Odysseus zu singen, und damit ist die Wahrheit des Epos verbürgt. An einer zentralen Stelle der Ilias, zu Beginn des Schiffskatalogs, wird dies dadurch betont, dass der Sänger hier die Musen ausdrücklich auffordert, die Führer der Griechen zu nennen; zugleich wird göttliches und menschliches Wissen allgemein gegenübergestellt:

> Kündet, ihr Musen, mir jetzt, die ihr hauset im hohen Olympos;
> Göttinnen seid ihr, allgegenwärtig und alles erkennend;
> Unser Wissen ist nichts, wir horchen allein dem Gerüchte:
> Welches waren die Fürsten der Danaer und die Gebieter?
> Nie vermocht' ich die Schar zu verkündigen oder zu nennen,

---

1 Vgl. zu diesem Thema vor allem Havelock 1982; Thomas 1992; Blanck 1992; Casson 2001.

> Hätt' ich auch zehn Kehlen zugleich, zehn redende Zungen,
> Wär' unverwüstlich die Stimme und ehern das Herz mir geschaffen,
> Wenn die olympischen Musen mir nicht, des Aigiserschüttrers
> Töchter, verkündigen wollten, wie viele vor Ilion kamen.[2]

Hesiod nennt zu Beginn der Theogonie ebenfalls die Musen als Künderinnen der Wahrheit; die Aussage, die Musen hätten einst am Helikon Hesiod schöne Gesänge gelehrt, hat die Funktion, der Dichtung Wahrheitscharakter zu verleihen.

Einige der frühen griechischen Philosophen haben ihre Schriften nicht in Prosa geschrieben, sondern wie Dichter die Versform verwendet. Die Mündlichkeit spielte auch weiterhin eine bedeutende Rolle; der Philosoph Pythagoras gab der mündlichen Unterweisung seiner Schüler den Vorzug vor dem geschriebenen Text; es ist nicht einmal sicher, ob Pythagoras überhaupt je[22]mals philosophische Schriften verfasst hat. Später hat Sokrates sich ganz auf das Gespräch beschränkt, und in Schriften Xenophons sowie in den frühen Dialogen Platons wird die Methode des Sokrates aufgegriffen, im Gespräch das Wissen derer zu überprüfen, die behaupteten, von einer Sache etwas zu verstehen.

Im 6. Jahrhundert v. Chr. waren die Voraussetzungen für die Entstehung einer Fachliteratur gegeben: Es gab seit dem 8. Jahrhundert v. Chr. eine Schrift, die leicht erlernbar und auch gut lesbar war, und es existierte mit dem aus Ägypten eingeführten Papyrus ein für längere Texte geeignetes Beschreibmaterial. Das Buch existierte in Form der Papyrusrolle, die einseitig beschrieben war. Die Möglichkeiten, die mit Schrift und Buch gegeben waren, haben die Griechen sehr schnell und in großem Umfang genutzt; im 5. Jahrhundert v. Chr. wurden neben den Werken der Dichtung auch zahlreiche Prosatexte zu unterschiedlichen Bereichen des Wissens verfasst; dazu zählen etwa die umfangreichen Geschichtswerke von Herodot und Thukydides oder die im Corpus Hippocraticum gesammelten Schriften von Medizinern.

Die hippokratischen Ärzte haben die Bedeutung der Schriftlichkeit für ihre Tätigkeit klar erkannt; der Verfasser der Epidemien hält die Fähigkeit, geschriebene Texte richtig zu verstehen, für eine wichtige Kompetenz des Arztes.[3] Indem Mediziner in ihren Schriften über die Behandlung Kranker berichteten, entstand ein weit über die eigene Erfahrung hinausreichendes Wissen über Krankheiten und deren Behandlung. Ein Arzt, der dieses Wissen anzuwenden wusste, machte nach Meinung des Verfassers keine gravierenden Fehler. Durch die Schriften der Mediziner wurde das vorhandene Wissen Schritt für Schritt erweitert; gleichzeitig dienten diese Texte auch zur Verteidigung der Medizin gegen Angriffe von Laien, die glaubten, dass Krankheiten von den Göttern geschickt seien, und zur Diskussion über die Ziele und die Methoden der Medizin.

Der als Buch verbreitete Text machte es möglich, dass ein Leser die Auffassungen eines Autors kennen lernen konnte, der entweder weit entfernt lebte und so für ein Gespräch nicht erreichbar war oder aber bereits verstorben war. Mit einer steigenden Zahl von Büchern war zugleich ein Wissenszuwachs gegeben, der griechischen Gesellschaft stand damit eine stetig wachsende Zahl an Informationen zur Verfügung. Eine Erzählung des Sokrates demonstriert sehr anschaulich die Funktion von Büchern für die philosophische Kommunikation:

> Sondern als ich einmal einen lesen hörte aus einem Buche, wie er sagte, vom Anaxagoras, dass die
> Vernunft das Anordnende ist und aller Dinge Ursache, erfreute ich mich an dieser Ursache, und

---

2   Hom. Il. 2,484–492.
3   Hippokr. Epidemien 3,16.

es schien mir auf gewisse Weise sehr richtig, dass die Vernunft von allem die Ursache ist, und ich gedachte, [23] wenn sich dies so verhält, so werde die ordnende Vernunft auch alles ordnen und jegliches stellen, so wie es sich am besten befindet. [...] Dieses nun bedenkend, freute ich mich, dass ich glauben konnte, über die Ursache der Dinge einen Lehrer gefunden zu haben, der recht nach meinem Sinn wäre, den Anaxagoras [...]. Ganz emsig griff ich zu den Büchern und las sie durch, so schnell ich nur konnte, um nur aufs schnellste das Beste zu erkennen und das Schlechtere.[4]

An anderer Stelle erwähnt Sokrates, dass man die Schriften des Anaxagoras in Athen für eine Drachme kaufen konnte.[5] Wie aus diesen Texten hervorgeht, war es üblich geworden, sich ein Buch zu verschaffen und zu lesen, um sich über die Ansichten eines Autors zu informieren. Allerdings war es kaum mehr möglich, die Gedanken eines anderen Philosophen für seine eigenen auszugeben; wer dies getan hätte, wäre ausgelacht worden, wie Sokrates sagt.[6] Der Buchhandel war im späten 5. und im 4. Jahrhundert v. Chr. keineswegs auf Athen beschränkt, Bücher von Autoren aus Athen wurden in verschiedenen Teilen der griechischsprachigen Welt verkauft und gelesen.[7] Charakteristisch für die Situation in Athen ist ein Gespräch zwischen Sokrates und Euthydemos, über das Xenophon berichtet.[8] Euthydemos hatte zahlreiche Schriften von berühmten Dichtern und Sophisten erworben und glaubte deswegen, anderen Menschen an Wissen überlegen zu sein. Zu Beginn des Gespräches stellt Sokrates die Frage, welchen Beruf Euthydemos mit Hilfe seiner Bücher anstrebe; der Besitz von Büchern wird hier mit dem Erwerb von Wissen gleichgesetzt, das zu einem Beruf qualifiziert.

So nützlich Bücher sich auch erwiesen, sie lösten auch – und gerade unter Philosophen – Irritationen aus. Es stellte sich die Frage, ob ein Unterricht durch einen Lehrer in einem bestimmten Fach überhaupt noch notwendig sei, wenn durch Bücher Wissen erworben werden konnte. Eine grundlegende Kritik an der Schrift und dem Buchwissen äußerte Platon in einer Erzählung über den ägyptischen Gott Theuth, der Zahl und Rechnen, die Messkunst und die Astronomie, aber auch die Buchstaben erfunden hatte. Als Theuth sich seiner Erfindung rühmte, sei ihm, so Platon, folgendes erwidert worden:

O kunstreichster Theuth, einer versteht, was zu den Künsten gehört, ans Licht zu bringen, ein anderer zu beurteilen, wie viel Schaden und Vorteil sie denen bringen, die sie gebrauchen werden. So hast auch du jetzt als Vater der Buchstaben aus Liebe das Gegenteil dessen gesagt, was sie bewirken. Denn diese Erfindung wird der Lernenden Seelen vielmehr Vergessenheit einflößen aus Vernachlässigung des Gedächtnisses, weil sie im Vertrauen auf die Schrift sich nur von außen vermittelst fremder Zeichen, nicht aber innerlich sich selbst und unmittelbar erinnern werden. Nicht also für das Gedächtnis, sondern nur für die Erinnerung hast du ein Mittel erfunden. Und von der Weisheit bringst du deinen Schülern nur den Schein bei, nicht die Sache selbst. Denn indem sie nun vieles gehört haben ohne Unterricht, werden sie sich auch vielwissend zu sein dünken, obwohl sie doch unwissend größtenteils sind und schwer zu behandeln, nachdem sie dünkelweise geworden sind statt weise.[9]

Der geschriebene Text kann die gesprochene Rede dementsprechend auch nicht ersetzen:

---

4 Plat. Phaid. 97b–98b.
5 Plat. apol. 26d.
6 Plat. apol. 26d.
7 Blanck 1992, S. 114.
8 Xen. mem. 4,2.
9 Plat. Phaidr. 274e–275b.

Denn dies Schlimme hat doch die Schrift, Phaidros, und ist darin ganz eigentlich der Malerei ähnlich: Denn auch diese stellt ihre Ausgeburten hin als lebend, wenn man sie aber etwas fragt, so schweigen sie gar ehrwürdig still. Ebenso auch die Schriften. Du könntest glauben, sie sprächen, als verstünden sie etwas, fragst du sie aber lernbegierig über das Gesagte, so enthalten sie stets doch nur ein und dasselbe. Ist sie aber einmal geschrieben, so schweift auch überall jede Rede gleichermaßen unter denen umher, die sie verstehen, und unter denen, für die sie sich nicht gehört, und versteht nicht, zu wem sie reden soll und zu wem nicht. Und wird sie beleidigt oder unverdienterweise beschimpft, so bedarf sie immer ihres Vaters Hilfe; denn selbst ist sie weder imstande sich zu schützen noch sich zu helfen,[10]

Aber solche Einwände konnten die Verbreitung des Buches nicht hemmen. Es entstanden große private Bibliotheken, und nach Aussage von Athenaios sollen der Athener Eukleides und der Tragödiendichter Euripides zahlreiche Bücher besessen haben.[11] Selbst die Philosophen waren auf Bücher angewiesen, sie verfassten nicht nur selbst Bücher, sondern kauften sie auch für ihre Bibliothek. Platon erwarb die Schriften des Pythagoreers Philolaos zu einem hohen Preis,[12] und Aristoteles richtete in seiner Schule eine große Bibliothek ein.[13] Sie blieb sein Eigentum, was daraus hervorgeht, dass er diese Bücher seinem Schüler Theophrastos vererben konnte.[14] Nach Auffassung von Strabon ist die systematische Aufstellung der Bibliothek des Aristoteles später von den Ptolemaiern in Alexandria übernommen worden.

Das weitere Schicksal der Bibliothek des Aristoteles ist bekannt:[15] Theophrastos wiederum vermachte seine Bibliothek, darunter auch die Bücher des Aristoteles, testamentarisch Neleus;[16] dieser verließ nach dem Tod des Theophrastos Athen und brachte die Bibliothek nach Skepsis in Kleinasien. Neleus selbst verkaufte den größten Teil der Bücher an Ptolemaios II.,[17] behielt aber die Schriften des Aristoteles. Diese gerieten in die Hände von Erben, die keinerlei philosophische [24 Abb.; 25] oder intellektuelle Interessen mehr besaßen; schlecht gelagert litten die empfindlichen Papyrusrollen unter Feuchtigkeit und Schädlingsbefall. Schließlich kaufte Apellikon von Teos die Bücher zu einem hohen Preis und brachte sie nach Athen zurück. Nach der Eroberung der Stadt im Jahr 86 v. Chr. eignete der römische Feldherr Sulla sich diese Bücher als Beute an;[18] so kamen die Schriften des Aristoteles schließlich nach Rom, wo gebildete Bibliothekare sich der Texte annahmen, sie kritisch durchsahen, abschreiben ließen und auf diese Weise zugänglich machten.

Der Nachfolger des Theophrastos, Straton von Lampsakos, besaß wieder eine große Bibliothek.[19] Philosophische und naturwissenschaftliche Forschung war ohne Bibliothek nicht mehr denkbar. Es war daher konsequent, dass die Ptolemaier, die makedonischen Könige Ägyptens, die über einen für griechische Verhältnisse geradezu märchenhaften Reichtum verfügten, bei der Gründung einer großen Forschungsstätte in Alexandria auch eine Bibliothek einrichte-

---

10 Plat. Phaidr. 275d–e.
11 Athen. 1,3a.
12 Gell. 3,17,1.
13 Strab. 13,1,54; Athen. 1,3a; Gell. 3,17,3.
14 Strab. 13,1,54.
15 Vgl. vor allem Strab. 13,1,54 und dazu BLANCK 1992, S. 135–136.
16 Diog. Laert. 5,52.
17 Athen. 1,3b.
18 Plut. Sulla 26.
19 Diog. Laert. 5,62.

ten. Im Museion waren alle damals relevanten Wissenschaften vertreten, sowohl solche Wissenschaften wie Mathematik, Astronomie, Geographie, Mechanik und Medizin als auch die Philologie. Aufgabe der Philologen dieser Zeit war die Herstellung zuverlässiger Texte der bedeutenden Werke der griechischen Literatur, die Klärung der Echtheit einzelner Werke und die Kommentierung bedeutender Texte.[20] Es bestand also ein enger Zusammenhang zwischen dem Aufbau der Bibliothek und der Arbeit der Philologen. Unter den Ptolemaiern waren vor allem Ptolemaios II. Philadelphos (285/284–246 v. Chr.) und Ptolemaios III. Euergetes (246–222/221 v. Chr.) bestrebt, in der Bibliothek von Alexandria durch den systematischen Kauf von Bibliotheken und Büchern und durch Übersetzung von Werken, die nicht in griechischer Sprache geschrieben worden waren, das gesamte Wissen der damaligen Zeit zu erfassen und für die Forschung verfügbar zu machen.[21] Noch der spätantike Bischof und Kirchenhistoriker Eusebios erwähnt, dass Ptolemaios II. den Ehrgeiz besaß, für die Bibliothek von Alexandria alle Bücher zu erwerben, die in irgendeiner Weise Beachtung verdienten.[22] Planmäßig wurden Bücher in Athen und Rhodos gekauft;[23] Neleus veräußerte damals die Bibliothek des Aristoteles, die auf diese Weise zum Grundstock der Bibliothek von Alexandria gehörte. Unter Ptolemaios III. Euergetes wurden Schiffe, die in Alexandria anlegten, nach Büchern durchsucht und die gefundenen Exemplare für die Bibliothek konfisziert. Das Resultat dieses Engagements war die Entstehung der größten Bibliothek der Antike; Ammianus Marcellinus gibt an, dass die Bibliothek 700000 Buchrollen besessen hat;[24] nach einer anderen antiken Angabe handelte es sich um 490000 Rollen. Horst Blanck hat den Versuch unternommen, die Textmenge dieser 490000 Buchrollen zu bestimmen: Blanck kam dabei zum Ergebnis, dass der in 490000 Buchrollen aufgezeichnete Text etwa der Textmenge von 80000 bis 100000 modernen Büchern entspricht.[25] Das Museion war nach Strabon ein Teil der königlichen Paläste, die im Stadtteil Brucheion lagen. Es gab eine Säulenhalle und ein größeres Gebäude, in dem die Gelehrten gemeinsam speisten.[26] Die Einrichtung des Museion als Forschungsstätte mit einer Bibliothek war außerordentlich erfolgreich; die größten Leistungen der griechischen Wissenschaft nach Aristoteles und Theophrastos sind untrennbar mit dem Museion und der Bibliothek verbunden.[27] In Alexandria wirkten Eratosthenes, der den Erdumfang fast genau ermittelte, Aristarchos, der die These vertrat, dass die Erde sich auf einer Kreisbahn um die Sonne bewegte, Eukleides (Euklid), der das erste systematische Lehrbuch der Mathematik verfasste, und Herophilos, der die Anatomie des Menschen erforschte und als erster die inneren Organe genau beschrieb. Bedeutende Leistungen sind auch auf dem Gebiet der Philologie und Sprachwissenschaft zu nennen; der Dichter und Philologe Kallimachos schuf schließlich eine einhundertundzwanzig Bände umfassende Bibliographie der gesamten älteren griechischen Literatur.[28]

20 Zum Museion und der Bibliothek von Alexandria vgl. vor allem Seidensticker 1999; Casson 2001, S. 31–47 und Clauss 2003, S. 92–98. Grundlegend ist ferner Canfora 1988.
21 Vgl. zum folgenden Blanck 1992, S. 138-141; Seidensticker 1999, S. 23–25.
22 Eus. HE 5,8,11.
23 Athen. 1,3b.
24 Amm. 22,16,13.
25 Blanck 1992, S. 140.
26 Strab. 17,1,8.
27 Seidensticker 1999, S. 26–34; Casson 2001, S. 37–45.
28 Casson 2001, S. 38–40.

Die Wissenschaft in Alexandria beruhte wesentlich auf einer souveränen Kenntnis der Dichtung, der Philosophie und der wissenschaftlichen Literatur, das Studium der Bücher stand jetzt im Zentrum wissenschaftlicher Tätigkeit. Eine bei Vitruvius überlieferte Anekdote illustriert diese Form der Gelehrsamkeit in eindrucksvoller Weise:

> Daher stiftete er [Ptolemaios] den Musen und Apollo Spiele, und wie bei Athletenwettkämpfen setzte er für die Sieger unter den konkurrierenden Schriftstellern wertvolle Preise und Ehrungen aus. Danach musste man nun, als die Zeit der Spiele da war, literarisch gebildete Richter aussuchen, die die Entscheidung über sie treffen sollten. Sechs Persönlichkeiten aus der Bürgerschaft hatte der König schon ausgewählt, aber die siebente geeignete Person konnte er nicht so schnell finden. Er wandte sich daher an die Leiter der Bibliothek und fragte sie, ob sie jemanden wüssten, der dazu geeignet wäre. Da sagten diese, es gäbe da einen gewissen Aristophanes, der mit größtem Eifer und größter Sorgfalt Tag für Tag alle Bücher der Reihe nach von vorn bis hinten durchstudiere [...]. Als nun in der Reihenfolge als erste die Dichter zum Wettstreit hineingeführt waren und ihre Werke vorlasen, da gab das gesamte Volk durch Zeichen den Richtern einen Wink, was sie gutheißen sollten. Daher stimmten von den Richtern, als man sie einen nach dem anderen nach ihrer Meinung fragte, sechs in ihrem Urteil überein und erkannten dem, der, wie sie bemerkt hatten, bei der Menge am meisten Beifall gefunden hatte, den ersten Preis zu, dem folgen[26]den den zweiten. Als aber Aristophanes nach seiner Meinung befragt wurde, forderte er, dass als Sieger der bekannt gemacht werden sollte, der am wenigsten den Beifall des Volkes gefunden hätte. Als aber der König und die Volksmenge großen Unwillen zeigten, erhob sich Aristophanes und erreichte auf seine Bitte hin, dass sie ihn sprechen ließen. Unter allgemeinem Schweigen behauptete er, dass nur einer von diesen, und zwar der von ihm Bezeichnete, ein wirklicher Dichter sei, die übrigen fremde Werke vorgetragen hätten. Die Richter dürften aber nicht Plagiate, sondern müssten nur Originalwerke gelten lassen. Das Volk wunderte sich, und der König war im Zweifel. Da brachte Aristophanes im Vertrauen auf sein Gedächtnis aus bestimmten Bücherregalen eine unbegrenzte Zahl von Buchrollen herbei, verglich den Inhalt mit den Vorträgen und zwang die Vortragenden dadurch, sich selbst des Plagiats schuldig zu bekennen. Der König befahl daher, sie sollten wegen Diebstahls vor Gericht gestellt werden, schickte sie, nachdem sie verurteilt waren, mit Schimpf und Schande weg, Aristophanes aber überhäufte er mit höchsten Ehrungen und stellte ihn an die Spitze der Bibliothek.[29]

[27] Die alexandrinische Wissenschaft hatte insofern einen eminenten Einfluss auf die spätere Fachliteratur, als Autoren durch die Nennung der älteren Schriften ihre Kompetenz auf ihrem Fachgebiet nachzuweisen suchten. Zwei Texte seien hier exemplarisch angeführt, die Schriften von M. Terentius Varro und von L. Columella über die Landwirtschaft. Varro bittet zu Beginn seines Werkes noch die Götter um Beistand, bietet dann aber einen Überblick über die griechischen Agrarschriftsteller, eine Liste, die durch Nennung des Karthagers Mago noch vervollständigt wird.[30] Die Aufzählung bei Columella berücksichtigt neben den griechischen Autoren auch die römischen Agrarschriftsteller und Mago, wobei hier auch zeitgenössische Werke erscheinen.[31]

Bei Vitruvius hat das Verzeichnis der älteren Autoren, die über die Architektur geschrieben haben, eine weitere Funktion: Es geht ihm darum, sich vor dem Vorwurf zu schützen, er habe die früheren Werke ausgewertet, ohne dies anzugeben. Auch will Vitruvius ausdrücklich den

---

29 Vitr. 7 praef. 4–7.
30 Varro rust. 1,1,8–10. Varro nennt insgesamt fünfzig Autoren.
31 Colum. 1,1,7–14.

Eindruck vermeiden, dass er sich durch die Kritik an anderen hervortun will, im Gegenteil, er leitet seine Aufzählung der älteren Literatur mit einem Dank an die Vorgänger ein, die es ihm überhaupt möglich machten, ein systematisches Handbuch zur Architektur zu verfassen.[32] Bemerkenswert ist, dass Vitruvius sich nicht auf eine Aufzählung von Namen beschränkt, sondern genau angibt, welche Themen die einzelnen Autoren behandelten.[33]

Den Höhepunkt erreicht diese Tendenz, die verwendete Literatur umfassend anzugeben, in der Naturalis Historia des Plinius. Diese monumentale Enzyklopädie der Naturkunde gibt im gesamten ersten Buch die Themen der folgenden sechsunddreißig Bücher und die jeweils ausgewerteten Schriften an. Am Anfang stehen jeweils die römischen Autoren, gefolgt von fremden Schriftstellern. In der Vorrede verweist Plinius selbstbewusst nicht nur darauf, dass das Werk 20000 Fakten aufführt, sondern auch darauf, dass er 2000 Bände ausgewertet habe.[34] Plinius hält es für seine Pflicht, zu Beginn seines Werkes einzugestehen, dass er seine Informationen älteren Autoren verdankt, und er kritisiert ausdrücklich jene Schriftsteller, die ihre Vorgänger wörtlich abschrieben, ohne diese zu zitieren.[35] Das Werk des Plinius zeigt aber auch die Problematik einer Naturkunde, die wesentlich auf der umfassenden Auswertung der vorhandenen Literatur und nicht mehr auf eigener empirischer Forschung beruhte. Neue Erkenntnisse werden nicht mehr gewonnen, älteres Wissen wird allenfalls systematisch dargestellt. Damit wird deutlich, dass die Bibliothek und die Kenntnis der Literatur eine unabdingbare, aber nicht die einzige Voraussetzung von Wissenschaft und wissenschaftlichem Fortschritt darstellten.

Bibliographie

Blanck, Horst: Das Buch in der Antike, München 1992.

Canfora, Luciano: Die verschwundene Bibliothek, Berlin 1988.

Casson, Lionel: Libraries in the Ancient World, New Haven, London 2001.

Clauss, Manfred: Alexandria. Eine antike Weltstadt, Stuttgart 2003.

Havelock, Eric Alfred: The Literate Revolution in Greece and its Cultural Consequences, Princeton 1982.

Seidensticker, Bernd: Alexandria. Die Bibliothek der Könige und die Wissenschaften, in: Demandt, Alexander (Hrsg.): Stätten des Geistes. Große Universitäten Europas von der Antike bis zur Gegenwart, Köln 1999, S. 15–37.

Thomas, Rosalind: Literacy and Orality in Ancient Greece, Cambridge 1992.

---

32 Vitr. 7 praef. 10.
33 Vitr. 7 praef. 11–17.
34 Plin. nat. praef. 17.
35 Plin. nat. praef. 21–22.

Die Wasserversorgung im Imperium Romanum

zuerst in:
M. Fansa, K. Aydin (Hrsg.), Wasserwelten. Badekultur und Technik,
Oldenburg: Zabern, 2010, S. 73–87.

Wer heute in Deutschland morgens einen Wasserhahn in seiner Wohnung öffnet, erwartet normalerweise, dass sauberes Trinkwasser aus der Leitung fließen wird, und er denkt kaum über den technischen Aufwand nach, der notwendig ist, damit das Wasser in die Häuser geleitet werden kann, er macht sich keine Vorstellung von der bürokratischen Organisation, die für den Bau und die Instandhaltung aller Anlagen der Wasserversorgung verantwortlich ist, und er weiß meistens überhaupt nicht, woher das Wasser, das er für private Zwecke nutzt, überhaupt kommt. Wasser ist in den modernen Industriestaaten Europas kein Politikum, es ist nicht Gegenstand öffentlicher Wahrnehmung oder politischer Debatten; Wasser wird allenfalls beiläufig im Bereich der Umweltpolitik thematisiert.

Bei einer Beschäftigung mit Wasser in den Ländern der Dritten Welt oder in vorindustriellen Gesellschaften sieht man sich einer völlig anderen Situation gegenüber; Wasser ist knapp, es besteht für große Teile der Bevölkerung kein Zugang zu sauberem Trinkwasser, die technischen Hilfsmittel, um Wasser zu erhalten, sind primitiv, und Wasser kann durchaus Gegenstand politischer oder sozialer Konflikte sein. Diese Tatsachen sind zu beachten, wenn man als Historiker den Versuch unternimmt, die Leistung früherer Epochen auf dem Gebiet der Wasserversorgung angemessen zu beschreiben und zu bewerten.[1]

Welche Maßnahmen eine Gesellschaft ergreifen muss, um die Versorgung der Bevölkerung mit sauberem Trinkwasser sicherzustellen, ist nur vor dem Hintergrund der naturräumlichen Bedingungen eines Landes oder einer Region zu verstehen. Im Fall der Antike bedeutet dies, dass zunächst auf den Wasserhaushalt im mediterranen Raum eingegangen werden muss, um die Probleme zu verstehen, die Griechen und Römer zu bewältigen hatten, wenn sie die Trinkwasserversorgung einer wachsenden Bevölkerung sichern wollten.[2]

An erster Stelle ist hier auf die klimatischen Verhältnisse hinzuweisen. Das Wasserdargebot hängt in den Ländern des Mittelmeerraumes bis heute wesentlich von den Niederschlagsmengen ab, die äußerst ungleich über das Jahr verteilt sind. Es regnet vor allem im Herbst und im Winter, in den Monaten zwischen Oktober und März. Die Sommermonate sind abgesehen von wenigen gelegentlichen Starkregenfällen trocken, und dies hat zur Folge, dass die meisten Flüsse, die ihr Wasser durch Niederschläge erhalten, im Sommer austrocknen. Die Niederschlagsmengen nehmen nach Osten hin ab, da die Tiefdruckgebiete, die den Regen bringen, vom Atlantik nach Osten ziehen; die Wolken regnen dabei an der Westseite der Gebirge ab, die in Italien und auf dem Balkan eine Nord-Südrichtung aufweisen, während auf der Ostseite nur geringe Niederschläge fallen. Auf Korfu im Westen Griechenlands sind die Niederschläge daher deutlich höher als in Attika, und hier wiederum höher als auf Samos.

---

1 Zur modernen Problematik der Wasserversorgung vgl. u.a. Böhm/Deneke 1992.
2 Zum Wasserhaushalt im mediterranen Raum vgl. Réparaz 1987 und zusammenfassend Wagner 2001, S. 204–213.

Die Auswirkungen der geringen Niederschlagsmengen werden im Mittelmeerraum durch die hohe Verdunstung während der warmen Sommermonate noch erheblich verstärkt. Von Bedeutung ist ferner die Tatsache, dass in den meisten Mittelmeerländern nur geringe Grundwasservorkommen vorhanden sind. Die erdzeitgeschichtlich jungen Gebirge, die durch Faltung entstanden sind, bestehen vorwiegend aus Kalkstein, der Wasser nur in geringen Mengen speichert.

Unter diesen Umstanden war die Wasserversorgung in Griechenland während der archaischen Zeit (7. und 6. Jahrhundert v. Chr.) keineswegs ausreichend gesichert. Zunächst war es eine Aufgabe der Haushalte und Familien gewesen, sich mit Wasser zu versorgen, und so legten etwa die Athener in der Stadt selbst, aber auch in der näheren Umgebung von Athen, eine Vielzahl von Brunnen an, neben denen es auch einzelne öffentliche Brunnen gab. Bei [74] dem Bau eines Brunnens stieß man allerdings nicht immer auf Wasser, so dass der Zugang zum Wasser gesetzlich geregelt werden musste, wie der Bericht Plutarchs über ein Gesetz Solons aus dem Jahr 594/93 v. Chr. bezeugt:

> Da aber das Land weder durch stets Wasser führende Flüsse noch durch Seen noch durch starke Quellen hinreichend bewässert ist, sondern die meisten gegrabene Brunnen benutzen, so gab Solon ein Gesetz, dass, wo sich ein öffentlicher Brunnen innerhalb [...] von vier Stadien [eine Strecke von ca. 744 Metern] befinde, man diesen benutzen solle; wenn er weiter entfernt sei, solle man eigenes Wasser suchen; wenn man auf zehn orgyien [ca. 18 Meter] Tiefe im eigenen Boden kein Wasser finde, solle man es vom Nachbarn holen dürfen, und zwar zweimal täglich ein sechs chous [ca. 20 Liter] fassendes Gefäß.[3]

Das Brunnenwasser reichte nicht mehr aus, als die Bevölkerung in den Städten wuchs; aus diesem Grund ging man in verschiedenen Städten Griechenlands dazu über, Wasser ans entfernten Quellen durch Tonrohrleitungen in die Stadt zu leiten. Athen erhielt im 6. Jahrhundert v. Chr. eine über sieben Kilometer lange Wasserleitung, die Quellwasser aus dem Hymettos in die Stadt führte.[4] Da auf Samos ein Gebirge zwischen der Quelle und der Stadt lag, baute der Architekt Eupalinos einen über einen Kilometer langen Tunnel, in dem die Tonrohrleitung verlegt wurde.[5] Am Ende der Leitungen errichteten die Stadtherren ein Brunnenhaus, das entweder ein großes Wasserbecken zum Schöpfen des Wassers besaß oder aber Wasserspeier, deren Wasserstrahl die großen Tongefäße füllte. Das Wasserholen war eine Aufgabe der jungen Frauen, die Hydrien, die rund 10 Liter Wasser fassten, auf ihrem Kopf trugen.[6] Die antiken Bilder von Frauen, die Wasser in Tongefäßen vom Brunnen zum Haus tragen, machen einen Tatbestand deutlich, der im Zusammenhang mit Wasser meist übersehen wird: Wasser muss zu dem Ort, an dem es gebraucht wird, transportiert werden. Das Wasserholen gehörte in vorindustriellen Gesellschaften überhaupt zu den häufigsten Arbeiten, und im ländlichen Raum sind die Bilder von Frauen, die mit Hilfe eines Jochs zwei schwere Eimer tragen, bis in die Anfänge des 20. Jahrhunderts weit verbreitet. Wasser ist mit großer Wahrscheinlichkeit das Gut, das mehr als alle anderen Güter transportiert werden muss, um genutzt werden zu können. Der Bau einer Rohrleitung ändert an diesem Tatbestand wenig; die Arbeit des einzelnen Menschen, der das Wasser trägt, wird durch

3   Plutarch, Biographie des Solon 23,6.
4   Crouch 1993. Tölle-Kastenbein 1994.
5   Herodot 3,60. Kienast 1995.
6   Tölle-Kastenbein 1990, S. 130–143. Tölle-Kastenbein 1994, S. 88–100.

eine technische Anlage ersetzt, die mittels der Schwerkraft dafür sorgt, dass das Wasser zu dem Ort fließt, an dem der Bedarf an Wasser besteht.[7]

Wie Frontinus berichtet, haben die Bewohner der Stadt Rom bis zum Ende des 4. Jahrhunderts das Wasser vor allem dem [75] Tiber, Schöpfbrunnen oder Quellen entnommen.[8] Der Bau der großen römischen Fernwasserleitungen begann im Jahre 312 v. Chr. mit der Censur von Appius Claudius Caecus, der den Bau einer Wasserleitung, der nach ihm benannten *aqua Appia* veranlasste, die über eine Entfernung von mehr als 16 Kilometern Quellwasser nach Rom leitete.[9] Diese Leitung verlief über fast die gesamte Stecke unterirdisch, und dies gilt auch noch für den nach 272 v. Chr. gebauten *Anio Vetus*, eine Leitung, in die Wasser vom Oberlauf des Anio (h. Aniene) eingespeist wurde. Die Tatsache, dass nur kurze Zeit nach dem Bau der *aqua Appia* eine zweite Leitung notwendig wurde, deutet auf einen Anstieg der Bevölkerungszahl in der Stadt Rom hin. Der *Anio Vetus* hatte eine Länge von über 63 Kilometern, er war also erheblich länger als die von Appius Claudius gebaute Leitung.[10] Es dauerte dann über einhundertundzwanzig Jahre, bis die dritte Leitung errichtet wurde. Zunächst hatte der Senat eine Instandsetzung und Reparatur der beiden älteren Leitungen veranlasst, die inzwischen baufällig geworden waren, beauftragte dann aber den Praetor Q. Marcius Rex mit dem Bau einer weiteren Leitung, da der Wasserbedarf in der Stadt stark gestiegen war. Von den älteren Leitungen unterschied sich die von Marcius Rex erbaute *aqua* insofern, als der Kanal das Wasser in der Ebene vor Rom über eine Distanz von mehr als zehn Kilometern auf einer Bogenkonstruktion nach Rom leitete. Damit konnte das Wasser in großer Höhe nach Rom geführt und auf diese Weise auch auf die höher gelegenen Stadtteile verteilt werden.[11] Eine solche, über zehn Kilometer lange Bogenstrecke war ein monumentales Bauwerk, und es ist daher nicht überraschend, dass eine römische Münze des Münzmeisters Marcius Philippus aus dem Jahre 58 v. Chr. die Bögen dieses Aquäduktes zeigt und damit an die Leistung des Marcius Rex erinnert. In der Kaiserzeit wurden neben einer Reihe kleinerer Leitungen unter Claudius (41–54 n. Chr.) zwei große Fernwasserleitungen errichtet, der *Anio Novus* und die *aqua Claudia*; beide besaßen ebenfalls vor Rom eine fast zehn Kilometer lange Bogenstrecke; da das Wasser beider Leitungen eine sehr unterschiedliche Qualität hatte, leitete man es in zwei getrennten Kanälen nach Rom, errichtete [76] aber für beide Leitungen nur eine Bogenkonstruktion. Die beiden Kanäle lagen übereinander, die Höhe der Bögen betrug bis zu 32 Meter.[12]

Nimmt man diese monumentalen Bauwerke wahr, könnte vielleicht der Eindruck entstehen, der römische Senat und später die Kaiser hätten für die Wasserversorgung der Hauptstadt des Imperium Romanum in besonderer Weise gesorgt, während die Provinzen die Steuern auf-

---

7 An dieser Stelle kann darauf hingewiesen werden, dass in Paris noch im späten 18. Jahrhundert das Wasser zu den einzelnen Haushalten getragen werden musste; diese Arbeit verrichteten rund 20 000 Wasserträger, die das Wasser der Seine zu den Wohnungen der bis zu sieben Stockwerke hohen Häuser brachten. Einen anschaulichen Bericht über diese Verhältnisse gibt Mercier 1990, S. 172–173.

8 Frontinus, *de aquis urbis Romae* 4.

9 Livius 9,29,5–8; Frontinus, *de aquis urbis Romae* 5. Zur Wasserversorgung in Rom vgl. Hodge 1992. Alle Aspekte der Wasserversorgung und Nutzung von Wasser in der Antike werden jetzt im Handbuch umfassend dargestellt: Wikander 2000. Vgl. außerdem die Bände Frontinus-Gesellschaft e.V. 1982; 1987; 1988; Grewe 1992. Zur Bautechnik vgl. Adam 1984, S. 257–286. Eine Übersicht bietet Tölle-Kastenbein 1990, S. 83.

10 Frontinus, *de aquis urbis Romae* 6.

11 Frontinus, *de aquis urbis Romae* 7.

12 Frontinus, *de aquis urbis Romae* 9–15.

brachten, um solche Bauwerke für das Zentrum der Macht am finanzieren. Dieser Eindruck wäre allerdings völlig falsch, denn auch in den römischen Provinzen, insbesondere in Spanien, Frankreich, Deutschland, in Nordafrika und in Kleinasien existieren die Überreste und Ruinen großer Wasserleitungen, die den stadtrömischen Leitungen in nichts nachstehen.

In den Provinzen haben die Römer Wasserleitungen nach denselben Prinzipien wie in Italien gebaut: Wo das Gelände es zuließ, verliefen viele Leitungen unterirdisch, sie waren aber durch Einstiegsschächte zugänglich, um eine Säuberung oder Reparatur der Leitungen zu ermöglichen. Aquäduktbrücken baute man, um Täler zu überqueren. Die Trasse der Leitung war oft so gewählt, dass solche Aquädukte nur eine begrenzte Höhe und Länge hatten. Die Leitung, die Köln mit Wasser aus der Eifel versorgte, kann hier als ein Beispiel dienen; sie hat eine Länge von über einhundert Kilometern und besitzt mehrere Aquäduktbrücken, wobei die Brücke über das Swisttal bei einer Höhe von rund zehn Metern eine Länge von etwa 1400 Metern erreichte.[13] Zu den bedeutendsten römischen Monumenten Spaniens gehört der Aquädukt von Segovia; die Wasserleitung wird auf einer Aquäduktbrücke über eine Talsenke hinweg zu der auf einem Hügel gelegenen Stadt geführt. Dieser aus Natursteinen ohne Mörtel errichtete, über 700 Meter lange Aquädukt hat bei einer Höhe von 28 Metern zwei Bogenreihen.[14] Am bekanntesten von allen römischen Bauwerken, die der Wasserversorgung dienten, dürfte der Pont du Gard in Südfrankreich sein; es handelt sich um eine Aquäduktbrücke der Leitung nach Nîmes, einer bereits in augusteischer Zeit wichtigen römischen Stadt in der Provinz Gallia Transalpina. Die Leitung wurde von den Karstquellen bei Uzès gespeist, die etwa 20 Kilometer von der Stadt entfernt [77–78 Abb.; 79] waren. Da die Trasse der Leitung aber den Konturen des Geländes folgte, hatte die Leitung eine Länge von fast 50 Kilometern. Im Verlauf dieser Trasse stellte die Überquerung des Gard, eines kleinen Flusses, der bei Hochwasser im Frühjahr aber zu einem reißenden Strom werden konnte, eine besondere Herausforderung dar. Die Römer errichteten nur aus behauenen Natursteinen, die ohne Mörtel aufeinandergeschichtet wurden, eine Aquäduktbrücke mit drei Arkadenreihen, den Pont du Gard; anders als bei dem Aquädukt in Segovia haben die Bögen der oberen Arkade, die den gemauerten Kanal tragen, mit 4,8 Metern eine deutlich kleinere Spannweite als die Bögen der unteren beiden Arkadenreihen, deren mittlere Bögen hei einer Höhe von etwa 17 bzw. 22 Metern eine Spannweite von 24,5 Metern besitzen. Die oberste Arkadenreihe hat 35, die unterste sechs Bögen. Somit tragen die Bögen der beiden unteren Reiben drei oder vier der kleineren Bögen der obersten Arkadenreihe. Insgesamt besitzt der Pont du Gard eine Höhe von über 48 Metern. Die große Weite der Bögen war notwendig, da die starken Winde im Tal des Gard einen erheblichen Druck auf das Bauwerk ausüben; bei Hochwasser erreicht der Wasserstand fast die Höhe des Schlusssteins der unteren Bögen. Das Bauwerk ist damit hervorragend an die Bedingungen seiner natürlichen Umgebung angepasst; es erwies sich trotz seiner geringen Breite von etwas mehr als 6 Metern der unteren Arkadenreihe und etwa 3 Metern der oberen Arkadenreihe über rund zweitausend Jahre als stabil.[15]

[80] Die römischen Leitungen waren Freispiegelkanäle; die Leitungen waren gemauert, die Innenwände der Leitungen hat man normalerweise mit einem Kalkmörtel verputzt, der wasserundurchlässig war. Anders als im archaischen und klassischen Griechenland verwendeten die

---

13 Grewe 1988a, besonders S. 84–89.
14 Grewe 1988c.
15 Fiches/Paillet 1988.

Römer für ihre Fernleitungen keine Tonrohre; der Vorteil des Freispiegelkanals lag in dem relativ großen Leitungsquerschnitt, der es ermöglichte, große Mengen Wasser über weite Distanzen in die Städte zu leiten. Auf einer Bogenstrecke oder auf einem Aquädukt wie dem Pont du Gard wurde der wasserführende Kanal abgedeckt, um zu verhindern, dass das Wasser verdunstete oder verschmutzt wurde. Die römischen Leitungen wiesen ein Gefälle auf, das einen kontinuierlichen Zufluss, des Wassers garantierte. Für eine große Zahl an Leitungen konnte das Gefälle berechnet werden; es zeigt sich, dass die Römer in der Lage waren, selbst bei einem sehr geringen Höhenunterschied zwischen der Quelle und der Stadt, in der die Leitung endete, eine solche, viele Kilometer lange Freispiegelleitung zu trassieren.[16] An dieser Stelle mögen hier wenige Angaben ausreichen, um die Leistung römischer Vermessungstechniker zu demonstrieren: Das durchschnittliche Gefälle der *aqua Marcia* (Rom, 144 v. Chr.), betrug 0,29 %, der *aqua Claudia* (Rom, fertiggestellt 52/53 n. Chr.) 0,37 % und der Leitung von Nîmes 0,035 %. Das entspricht einer Höhendifferenz von 2,9 Metern, 3,7 Metern und 0,35 Metern auf einem Kilometer.[17] Der Anfang einer Leitung war eine Quellfassung, ein Becken, in dem das Quellwasser gesammelt und in die Leitung eingespeist wurde, oder eine Wasserfassung, die das Oberflächenwasser aus einem Bach oder einem Fluss in den Kanal einleitete. Am Ende einer Fernleitung wurde das Wasser in ein Verteilerbauwerk eingeleitet und auf die verschiedenen Stadtteile verteilt oder für verschiedene Funktionen wie die Versorgung der Laufbrunnen, der [81] privaten Haushalte oder der Thermen aufgeteilt. In mehreren römischen Städten sind solche Verteilerbauwerke erhalten, so in Pompeji oder in Nîmes, wo das *castellum divisorium* in einem hochgelegenen Teil der Stadt ausgegraben wurde. Der Freispiegelkanal endete in einem kreisrunden Becken, wo das Wasser in verschiedene Rohrleitungen des innerstädtischen Leitungsnetzes eingeleitet wurde.

Es stellt sich die Frage, warum die Römer für ihre Fernwasserleitungen solche monumentalen Aquädukte wie den Pont du Gard oder der Aquädukt von Segovia errichteten und nicht Druckrohrleitungen bauten. Zunächst ist zu betonen, dass die Römer das Prinzip der Druckrohrleitung kannten; bereits im Zeitalter des Hellenismus wurde eine Stadt wie Pergamon, die auf einem schmalen Bergrücken lag, durch eine Druckrohrleitung mit Wasser aus einem entfernt gelegenen Gebirge versorgt.[18] Die Druckrohrleitung erstreckte sich nicht über die ganze Länge einer Fernwasserleitung, sondern nur über den Leitungsabschnitt, der durch ein Tal führte. Die Freispiegelleitung endete in einem Becken, es begann die Druckrohrleitung, die durch das Tal zu einem zweiten Becken auf der anderen Talseite führte, wo die Freispiegelleitung wiederum das Wasser aufnahm. Damit eine Druckrohrleitung funktionsfähig war, musste das Becken am Ende der Druckrohrleitung niedriger gelegen sein als das Becken am Anfang dieses Leitungsabschnittes. Druckrohrleitungen sind nicht nur in der römischen Literatur beschrieben worden, sondern wurden auch archäologisch nachgewiesen. Die Leitungen, die Lugdunum (Lyon) mit Wasser versorgten, besaßen mehrere Druckstrecken. Gerade an diesem Beispiel wird deutlich, aufgrund welcher Kriterien die Römer die Entscheidung trafen, einen Aquädukt oder eine Druckrohrleitung zu bauen. Wie eine Untersuchung römischer Aquädukte zeigt, hatten solche Bauwerke eine Höhe zwischen 14 und 48 Metern, wobei Höhen von über 32 Metern selten sind. Der Grund für diese Beschränkung ist darin zu sehen, dass die schmalen Aquädukte bei größerer Höhe keine Stabilität mehr [82] besaßen. Damit war klar, unter welchen Bedingungen

---

16 Fahlbusch 1987, S. 146–147.
17 Adam 1984, S. 266.
18 Zu Pergamon vgl. Garbrecht 1987.

die Römer den Bau einer Druckrohrleitung gegenüber der Errichtung eines Aquäduktes vor-
zogen. Wenn die Römer für Fernleitungen überhaupt Aquädukte und Bogenstrecken errichteten und nicht generell Druckstrecken, so liegt die Ursache hierfür in dem erheblichen
Materialaufwand; da die antike Metallurgie nicht in der Lage war, Metallrohre mit einem
großen Querschnitt zu fertigen, war es bei einer Druckstrecke notwendig, eine Vielzahl von
Bleirohren parallel zu verlegen. Allein für die Druckstrecken der Leitungen nach Lugdunum
wurden nach modernen Schätzungen etwa 10 000 bis 40 000 Tonnen Blei benötigt. Bei längeren Talstrecken führten die Römer die Rohrleitungen ähnlich wie einen Freispiegelkanal auf
einer Bogenreihe; auf diese Weise wurde die Höhe, die überwunden werden musste, und damit
zugleich der Druck, den das Wasser auf die Rohrleitungen ausübte, reduziert.[19] In Regionen
mit geringen Niederschlagsmengen und wenigen Quellen, die ganzjährig Wasser führten,
war eine stetige Wasserversorgung größerer Städte nur möglich, indem durch den Bau von
Sperrmauern Wasserreservoire geschaffen wurden. Gerade auf der Iberischen Halbinsel sind
solche Staudämme errichtet worden; so erhielt Augusta Emerita (h. Merida), das seit augusteischer Zeit politisches Zentrum der Provinz Lusitania war, Wasser aus mehreren Stauseen. Die
Proserpina- und die Cornalvo-Staumauern existieren noch heute, sie haben bei einer Höhe von
12 bzw. 18 Metern eine Länge von über 420 und von fast 200 Metern.[20]

[83] Es gab in römischen Städten keineswegs für jedes Haus, geschweige denn für jeden
Haushalt einen eigenen Wasseranschluss; das Wasser wurde vielmehr zu Laufbrunnen geleitet,
die über das ganze Stadtgebiet verteilt waren, wie etwa das Beispiel von Pompeji zeigt. Der
Weg von der Wohnung zum Brunnen war damit relativ kurz, in Städten wie Pompeji nicht
länger als 80 Meter. Die städtische Bevölkerung hatte auf diese Weise ohne große Mühen einen Zugang zu sauberem Tränkwasser. Der Anschluss eines Privathauses an das öffentliche
Leitungsnetz bedurfte der Genehmigung durch politische Instanzen, er musste bezahlt werden
und war insgesamt der politisch-sozialen Oberschicht vorbehalten. Bei der Wasserversorgung
der Städte spielte neben dem Bedarf an sauberem Trinkwasser auch der Wasserverbrauch der
großen Thermen eine wichtige Rolle. In Rom wurde im frühen 3. Jahrhundert n. Chr. die *aqua
Alexandrina*, die über 20 Kilometer lang war, gebaut, um eine hinreichende Wasserzufuhr für
den Badebetrieb in den Caracallathermen zu sichern.

Es gibt nur wenige Angaben über die Beträge, die für den Bau von Fernwasserleitungen auf
gewendet wurden. Für die *aqua Marcia* stellte der Senat 180 Mio. Sesterzen zur Verfügung,
und der Bau der *aqua Claudia* und des *Anio Novus* soll zusammen 350 Mio. Sesterzen gekostet
haben.[21] Um die [84] Höhe dieser Geldbeträge richtig einschätzen zu können, ist ein Vergleich
mit den Ausgaben für das Militärwesen erhellend. In dar späten Republik erhielt ein Soldat im
Jahr einen Sold von 480 Sesterzen, wobei in diesem Betrag die Ausgaben für Ernährung und
Kleidung enthalten waren. Für eine römische Legion, die eine Stärke von 6000 Soldaten hatte,
mussten also – wenn man des höheren Sold für die Offiziere hier nicht berücksichtigt – 2,88
Mio. Sesterzen Sold bezahlt werden. Der Betrag, der für die *aqua Marcia* aufgewendet wurde,
hätte also ausgereicht, um zehn Legionen sechs Jahre lang zu besolden. Ähnliches gilt auch
für die Leitungen des Claudius; sie kosteten zwar fast das Doppelte der *aqua Marcia*, aber inzwischen war auch der Sold der Soldaten verdoppelt worden. Für den zivilen Sektor haben die

---

19 Zu Druckrohrleitungen vgl. Fahlbusch 1987, S. 153–156; Tölle-Kastenbein 1990, S. 75–84.
20 Tölle-Kastenbein 1990, S. 114–120; Grewe 1988b.
21 Frontinus, *de aquis urbis Romae* 7; Plinius, *naturalis historia* 36,122.

Römer also erhebliche Geldsummen ausgegeben, was zeigt, dass der Infrastruktur und insbesondere der Wasserversorgung eine hohe politische Bedeutung beigemessen wurde.

Als Herodes Atticus, der reichste Grieche seiner Zeit, Kaiser Hadrian (117–138 n. Chr.) darum bat, den Bau einer Wasserleitung für Alexandreia Troas, die Stadt, die mit dem Troja Homers identifiziert wurde, zu finanzieren, nannte er als dafür notwendigen Betrag 3 Mio. Drachmen. Hadrianus gab eine Zusage; während der Bauzeit stiegen die Kosten jedoch auf 7 Mio. Drachmen (28 Mio. Sesterzen) an, was dazu führte, dass die Procuratoren, die für die kaiserlichen Finanzen zuständig waren, beim Kaiser intervenierten und es ablehnten, dass den Städten der Provinz die beträchtlichen Kosten für die Wasserversorgung einer einzigen Stadt auferlegt würden. In dieser Situation bot Herodes Atticus dem Kaiser an, die Kosten, die den ursprünglich genannten Betrag von 3 Mio. Drachmen überstiegen, mithin 4 Mio. Drachmen oder 16 Mio. Sesterzen, selbst zu übernehmen.[22] Der Bericht über diese Ereignisse ist aus mehreren Gründen bemerkenswert: Zum einen besaß eine Stadt, die für das [85] politische Selbstverständnis Roms eine so wichtige Rolle spielte, bis zur Regierung Hadrians keine den römischen Standards entsprechende Wasserversorgung, zum anderen stand der Bau der Wasserleitung in enger Verbindung mit der Errichtung von Thermen, und schließlich wurde der Bau der Wasserleitung nur aufgrund der Initiative eines hochrangigen Senators begonnen, der direkten Zugang zum Kaiser besaß und schließlich auch zur Finanzierung einen Beitrag leistete.

Neben Herodes Atticus haben auch andere Angehörige der römischen Oberschicht sich an den Kosten für den Bau einer Wasserleitung beteiligt oder aber die Leitung ganz bezahlt, wie Inschriften aus Italien und den Provinzen belegen. Eine Inschrift aus Pola in Istrien besagt, dass ein Vertreter der lokalen Oberschicht, der hohe Ämter in der Stadt innehatte, eine Wasserleitung bauen ließ und auch bezahlte, was auf der Inschrift durch die Wendung *inpensa sua* hervorgehoben wird.[23] Wie die monumentalen Inschriften an der Porta Maggiore in Rom zeigen, ist Claudius für die Kosten der *aqua Claudia* und des *Anio Novus* aufgekommen, was bedeutet, dass der *fiscus* als Kasse des Kaisers zahlte, nicht aber das *aerarium*, die Kasse, über die theoretisch der Senat die Verfügungsgewalt hatte. Vespasianus und Titus wiederum ließen die Leitungen *sua impensa*, also aus eigenen Mitteln, reparieren und wiederherstellen.[24]

Die Inschriften an der Porta Maggiore sind ein Indiz dafür, dass die *principes*, die römischen Kaiser, mit Nachdruck auf ihre Maßnahmen für die Wasserversorgung Roms hinwiesen und so ihre Herrschaft durch Leistungen für die stadtrömische Bevölkerung zu legitimieren versuchten. Dies beginnt bereits unter Augustus, der in seinem Tatenbericht erwähnt, er habe die Wasserleitungen, die an vielen Stellen verfallen waren, wieder hergestellt und durch Erschließung einer neuen Quelle auch die Wassermenge der *aqua Marcia* ver[86]doppelt. An einem belebten Platz Roms, an der Porta Tiburtina, hat eine große Inschrift ebenfalls die Wiederherstellung der Wasserleitungen unter Augustus gerühmt.[25] In vielen Fällen erhielten die Leitungen ihren Namen nach demjenigen, der für ihren Bau verantwortlich war. Das politische Engagement für die Wasserversorgung hatte damit eine politische Dimension, die von Frontinus in seiner Schrift über die Wasserleitungen Roms angedeutet wird; über Pläne des *princeps* Traianus zur

---

22 Philostratus, *vitae sophistarum* 548. Vgl. auch Eck 2008, S. 33–34.
23 ILS 5755.
24 ILS 218.
25 *Res Gestae Divi Augusti* 20; ILS 98.

Verbesserung der Wasserqualität einer Leitung sagt Frontinus: Eine Inschrift nennt dann als neuen Urheber *Imperator Caesar Nerva Traianus Augustus*. Bereits im Stadium der Planung einer Wasserleitung hat man an die Möglichkeit gedacht, den Ruhm des Herrschers durch eine Inschrift zu mehren.[26]

Komplexe Einrichtungen der Infrastruktur bedürfen einer bürokratischen Aufsicht; es geht nicht nur darum, solche Anlagen zu erstellen, sondern auch um die Verhinderung von Missbrauch und um die Instandhaltung der Leitungen und sämtlicher Bauwerke, die mit den Leitungen verbunden waren. Während in der Zeit der Republik nur eine sporadische Aufsicht durch Senat und Censoren existierte, wurde unter Augustus eine neue Behörde geschaffen, die alle Aufgaben, die mit der Wasserversorgung der Stadt Rom im Zusammenhang standen, übernehmen sollte.[27] An der Spitze dieser Behörde, der *cura aquarum*, stand als *curator aquarum* im 1. Jahrhundert n. Chr. stets ein hochrangiger Senator, dessen Amtszeit nicht auf ein Jahr begrenzt war, wie diese für viele andere Ämter üblich war. Das Amt war mit Personal bestens ausgestattet, es wurden zudem Rechtsvorschriften erlassen, die jegliche unbefugte Wasserentnahme unter Strafe stellten und die Leitungen vor jeder Schädigung etwa durch landwirtschaftliche Aktivitäten schützen sollten.[28]

Die Römer selbst haben die Sicherung der Wasserversorgung einer Stadt, die zwischen 800 000 und 1,2 Mio. Einwohner hatte, als bedeutende Leistung empfunden; so rühmt Plinius, der im Jahr 79 n. Chr. bei dem Vesuvausbruch ums Leben kam, mit folgenden Worten die Anlagen für die Wasserversorgung Roms:

> Wenn man den Überfluss an Wasser in der Öffentlichkeit, in Bädern, Fischteichen, Kanälen, Häusern, Gärten und Landgütern nahe bei der Stadt, die Wege, die das Wasser durchläuft, die errichteten Bogen, die durchgrabenen Berge und eingeebneten Täler sich genau vergegenwärtigt, wird man gestehen müssen, dass es auf der ganzen Erde nie etwas Bewundernswerteres gegeben hat.[29]

Und Frontinus, der unter Traianus *curator aquarum* war und in dieser Funktion ein Handbuch über alle Aspekte der Wasserversorgung Roms verfasst hatte, stellt selbstbewusst die Leitungen Roms den ägyptischen und griechischen Bauwerken gegenüber:

> Mit einer solchen Vielzahl von unentbehrlichen und gewaltigen Wasserleitungsbauten vergleiche man die offensichtlich nutzlosen Pyramiden oder andere nutzlose, von den Griechen errichtete, in der öffentlichen Meinung aber so hoch gepriesene Bauwerke![30]

Bibliograpie

Adam 1984 = Adam, Jean-Pierre: La construction romaine. Materiaux et techniques, Paris 1984.
Böhm/Deneke 1992 = Böhm, Hans Reiner; Deneke, Michael (Hrsg.): Wasser. Eine Einführung in die Umweltwissenschaften, Darmstadt 1992.
Crouch 1993 = Crouch, Dora P.: Water Management in Ancient Greek Cities, Oxford 1993.

---

26 Frontinus, *de aquis urbis Romae* 93.
27 Die Senatsbeschlüsse des Jahres 11 v. Chr, sind bei Frontinus überliefert: Frontinus, *de aquis urbis Romae* 100. 104. 106. 108. 125. 127.
28 Eck 1995a; Eck 1995b.
29 Plinius, *naturalis hisioria* 36,123.
30 Frontinus, *de aquis urbis Romae* 16.

Eck 1995a = Eck, Werner: Organisation und Administration der Wasserversorgung Roms, in: Ders.: Die Verwaltung des römischen Reiches der hohen Kaiserzeit. Ausgewählte und erweiterte Beiträge 1. Band, Basel 1995, S. 161–178.

Eck 1995b = Eck, Werner: Die Wasserversorgung im römischen Reich: Sozio-politische Bedingungen, Recht und Administration, in: Ders.: Die Verwaltung des römischen Reiches der hohen Kaiserzeit. Ausgewählte und erweiterte Beiträge 1. Band, Basel 1995, S. 179–252.

Eck 2008 = Eck, Werner: Roms Wassermanagement im Osten. Staatliche Steuerung des öffentlichen Lebens in den römischen Provinzen?, Kassel 2008.

Fahlbusch 1987 = Fahlbusch, Henning: Elemente griechischer und römischer Wasserversorgungsanlagen, in: Frontinus-Gesellschaft e. V. (Hrsg.): Die Wasserversorgung antiker Städte. Geschichte der Wasserversorgung Band 2, Mainz 1987, S. 133–163.

Fiches/Paillet 1988= Fiches, Jean-Luc; Paillet, Jean-Louis: Nîmes, in: Frontinus-Gesellschaft e. V. (Hrsg.): Die Wasserversorgung antiker Städte. Geschichte der Wasserversorgung Band 3, Mainz 1988, S. 207–214.

Frontinus-Gesellschaft e. V. 1982 = Frontinus-Gesellschaft e. V. (Hrsg.): Sextus Iulius Frontinus, Curator Aquarum. Die Wasserversorgung im antiken Rom, München 1982.

Frontinus-Gesellschaft e. V. 1987 = Frontinus-Gesellschaft e. V. (Hrsg.): Die Wasserversorgung antiker Städte. Geschichte der Wasserversorgung Band 2, Mainz 1987.

Frontinus-Gesellschaft e. V. 1988 = Frontinus-Gesellschaft e. V. (Hrsg.): Die Wasserversorgung antiker Städte. Geschichte der Wasserversorgung Band 3, Mainz 1988.

Garbrecht 1987 = Garbrecht, Günther: Die Wasserversorgung des antiken Pergamon, in: Frontinus-Gesellschaft e. V. (Hrsg.): Die Wasserversorgung antiker Städte. Geschichte der Wasserversorgung Band 2, Mainz 1987, S. 11–47.

Grewe 1988a = Grewe, Klaus: Römische Wasserleitungen nördlich der Alpen, in: Frontinus-Gesellschaft e. V. (Hrsg.): Die Wasserversorgung antiker Städte. Geschichte der Wasserversorgung Band 3, Mainz 1988, S. 45–97.

Grewe 1988b = Grewe, Klaus: Merida, in: Frontinus-Gesellschaft e. V. (Hrsg.): Die Wasserversorgung antiker Städte. Geschichte der Wasserversorgung Band 3, Mainz 1988, S. 204–206.

Grewe 1988c = Grewe, Klaus: Segovia, in: Frontinus-Gesellschaft e. V. (Hrsg.): Die Wasserversorgung antiker Städte. Geschichte der Wasserversorgung Band 3, Mainz 1988, S. 219–223.

Grewe 1992 = Grewe, Klaus: Planung und Trassierung römischer Wasserleitungen, 2. Aufl. Wiesbaden 1992.

Hodge 1992 = Hodge, A. Trevor: Roman Aqueducts and Water Supply, London 1992.

Kienast 1995 = Kienast, Hermann J.: Die Wasserleitung des Eupalinos auf Samos, Bonn 1995 (= Deutsches Archäologisches Institut, Samos Band XIX).

Mercier 1990 = Mercier, Louis Sebastien: Tableau de Paris. Bilder aus dem vorrevolutionären Paris, Zürich 1990 (zuerst erschienen 1781–1788).

Réparaz 1987 = Réparaz, André de (Hrsg.): L'eau et les hommes en méditerranée, Paris 1987.

Tölle-Kastenbein 1990 = Tölle-Kastenbein, Renate: Antike Wasserkultur, München 1990.

Tölle-Kastenbein 1994 = Tölle-Kastenbein, Renate: Das archaische Wasserleitungsnetz für Athen und seine späteren Bauphasen, Mainz 1994.

Wagner 2001 = Wagner, Horst-Günther: Mittelmeerraum, Darmstadt 2001.

Wikander 2000= Wikander, Örjan (Hrsg.): Handbook of Ancient Water Technology, Leiden 2000.

Macht und Wohlfahrt
Wasser und Infrastruktur im Imperium Romanum

zuerst in:
B. Förster, M. Bauch (Hrsg.), Wasserinfrastrukturen und Macht von der Antike bis zur Gegenwart, Berlin: De Gruyter, 2015, S. 82–104 (= Historische Zeitschrift Beihefte 63).

I. Die römische Infrastruktur in der Zeit der Republik und des Principats

Mit der über Mittelitalien hinausgreifenden expansiven Politik der römischen Republik und mit dem Wachstum der Stadt Rom stiegen auch die Anforderungen an die städtische Infrastruktur sowie an die Infrastruktur Italiens. Es ist ein signifikanter Tatbestand, dass der planmäßige Ausbau sowohl der römischen Straßen als auch der Anlagen für die Wasserversorgung Roms im späten 4. Jahrhundert v.Chr. einsetzte, in einer Zeit, in der Rom Kriege gegen die Samniten und Etrusker um die Hegemonie in Mittelitalien führte und gleichzeitig Bündnisse mit griechischen Städten am Golf von Neapel schloss: Im Jahr 312 v.Chr. veranlasste der Censor Appius Claudius den Bau einer Straße von Rom nach Capua und einer ca. 16 Kilometer langen Wasserleitung, die das Wasser von Quellen, die östlich von Rom gelegen waren, in die Stadt leitete. Frontinus hat im Rückblick die historische Bedeutung der Errichtung dieser Leitung betont, wenn er schreibt, bis zu diesem Zeitpunkt hätten die Römer Wasser dem Tiber, Schöpfbrunnen oder Quellen entnommen.[1]

Die Anlagen für die Wasserversorgung der Stadt Rom wurden nach 312 v.Chr. noch in republikanischer Zeit durch den Bau weiterer Fernleitungen (*Anio Vetus, aqua Marcia, aqua Tepula*) erweitert. In der Principatszeit fand die Bautätigkeit für die Wasserversorgung der Stadt Rom ihre Fortsetzung unter Augustus (*aqua Iulia, aqua Virgo*) und Claudius (*Anio Novus, aqua Claudia*).[2] Einige der Wasserleitungen der Stadt Rom [83] waren über 50 Kilometer lang.[3] Damit das Wasser auch in die höher gelegenen Stadtteile geleitet werden konnte, errichtete man in der Ebene vor Rom für mehrere Leitungen über eine Strecke von ca. 10 Kilometern hohe Bogenkonstruktionen, auf denen das Wasser in einem Freispiegelkanal mit einem Gefälle nach Rom floss.[4] Gleichzeitig setzte auch der Bau von Fernleitungen in Italien und in den Provinzen ein, in denen spektakuläre Aquädukte errichtet wurden, so für die Leitungen von Segovia in Spanien oder von Nemausus (Nîmes) in Südfrankreich (Pont du Gard).

---

1 Frontin. aqu. 4.
2 Eine knappe Übersicht über die Leitungen Roms bietet *Lawrence Richardson, jr*, A New Topographical Dictionary of Ancient Rome. Baltimore 1992, 15–19. Vgl. weiterhin *Renate Tölle-Kastenbein*, Antike Wasserkultur. München 1990; *A. Trevor Hodge*, Roman Aqueducts and Water Supply. London 1992; *Werner Eck*, Die Verwaltung des Römischen Reiches in der Hohen Kaiserzeit Ausgewählte und erweiterte Beiträge. 2 Bde. (Arbeiten zur römischen Epigraphik und Altertumskunde, Bd. 1 u. 3.) Basel 1995. 1997; *Örjan Wikander* (Ed.), Handbook of Ancient Water Technology (Technology and Change in History, 2.) Leiden 2000. Zum Zusammenhang zwischen Infrastruktur und Politik vgl. *Helmuth Schneider*, Infrastruktur und politische Legitimation im frühen Principat, in: Opus 5, 1986, 23–51.
3 *Anio Vetus* 63 km; *aqua Marcia* 80 km; *aqua Claudia* 53 km; *Anio Novus* 72 km.
4 Die Bogenkonstruktion: *aqua Marcia* 10,25 km; *aqua Iulia* 9,5 km; *aqua Claudia* 14 km; *Anio Novus* 10 km.

Neben den Anlagen für die Wasserversorgung der Städte gab es – wenn man vom Land-
verkehr und den Straßen einmal absieht – im Imperium Romanum noch weitere Bereiche,
die wesentliche Merkmale der Infrastruktur aufweisen, den Hochwasserschutz einerseits
und den Hafenbau andererseits, der für den Gütertransport auf dem Seeweg von nicht geringer Bedeutung war. Um die Umgebung und das Stadtgebiet von Rom vor den häufigen
Überschwemmungen zu schützen, wurden an den Ufern des Tiber Deiche gebaut; so konnte
Plinius die Meinung äußern, der Tiber sei von allen Flüssen durch Deiche an beiden Ufern
am stärksten reguliert worden.[5] Die steigende Abhängigkeit der Stadt Rom von Importen aus
den Provinzen sowie die zunehmenden Handelsaktivitäten im Mittelmeerraum führten seit der
augusteischen Zeit zu einem forcierten Ausbau der Häfen. Der Hafen von Puteoli, in dem die
großen aus Ägypten kommenden Getreideschiffe anlegten, erhielt eine monumentale Mole[6],
und nach einer Getreideknappheit in Rom, die zu Unruhen führte, ließ Claudius einen Hafen
an der Tibermündung anlegen; auf diese Weise sollte die Getreideversorgung Roms verbessert werden.[7] Unter Traianus wurde landeinwärts ein zweites großes Hafenbecken gebaut, das
bei weitem mehr Schiffen als zuvor Anlegeplätze bot.[8] Neben Puteoli und Ostia hatten auch
die Hafenstädte in den anderen Regionen Italiens und in den Provinzen eine erhebliche wirtschaftliche Bedeutung; umfang[84]reiche Baumaßnahmen dienten der Förderung des Handels.
Eine eher geringe Rolle spielte demgegenüber der Bau von Kanälen, die der Hochsee- und
Binnenschifffahrt dienen sollten; hier sind vor allem Planungen erwähnt, nur wenige Vorhaben
wurden tatsächlich begonnen und auch vollendet.[9] Überblickt man den Ausbau der römischen
Infrastruktur, so wird deutlich, dass nach den Anfängen in der Zeit der Republik der Bau von
Anlagen für die Wasserversorgung und von Häfen in der Principatszeit sowohl in Italien als
auch in den Provinzen entschieden vorangetrieben wurde.

II. Die Finanzierung der Wasserleitungen und die bürokratische Organisation der Wasserversorgung

Eine Untersuchung der Interdependenzen von Infrastruktur und politischer Macht kann sich
nicht allein darauf beschränken, die politischen Intentionen und Ziele bei der Errichtung von
Bauwerken oder Anlagen der Infrastruktur zu beschreiben oder die Funktion der Infrastruktur
für Politik und Wirtschaft zu analysieren, vielmehr kommt es auch darauf an zu klären, unter welchen institutionellen und finanzpolitischen Voraussetzungen komplexe Anlagen der
Infrastruktur überhaupt erstellt werden konnten. Es handelte sich normalerweise um monumentale Bauwerke, deren Errichtung eine große technische Kompetenz, die Bereitstellung erheblicher finanzieller Mittel und den Einsatz zahlreicher Arbeitskräfte erforderte. Die Instand-

---

5   Plin. nat. 3,55.

6   Strab. 5,4,6. Anth. Gr. 7,379. 9,708. Zu Puteoli vgl. *Martin Frederiksen*, Campania. Rom 1984, 319–349,
    bes. 334.

7   Suet. Claud. 20,3. Cass. Dio 60,11,1–4.

8   *Russell Meiggs*, Roman Ostia. 2nd Ed. Oxford 1973, 149–171 u. 591–593. Die Leistung des Traianus cha-
    rakterisiert Meiggs wie folgt: „By increasing and substantially improving Rome's harbour capacity he had
    made it possible to maintain regular supplies to the capital and had removed a potential source of insecurity
    to the emperors that succeeded him" (ebd. 166).

9   *Kenneth Douglas White*, Greek and Roman Technology. London 1984, 227–229 (Table 6); *Örjan Wikander*,
    Canals, in: ders. (Ed.), Water Technology (wie Anm. 2), 321–330, bes. 328–330.

haltung von Anlagen der Infrastruktur und die Nutzung des Wassers bedurften rechtlicher Regelungen und einer Aufsicht, die über hinreichend Macht verfügen musste, um gegen Schädigung und Missbrauch einzuschreiten zu können.

Zur Finanzierung der Wasserleitungen der Stadt Rom liegen zwei Angaben über die Kosten vor; für den Bau der *aqua Marcia* im 2. Jahrhundert v.Chr. soll der Senat 180 Mio. Sesterzen bereitgestellt haben[10], und die beiden unter Claudius errichteten Leitungen haben nach Plinius 350 Mio. Sesterzen gekostet[11]. Um die genannten Be[85]träge richtig bewerten zu können, ist ein Vergleich mit den Ausgaben für die römische Armee sinnvoll: Für den Sold der Legionssoldaten mussten im 2. Jahrhundert v.Chr. im Jahr zwischen 14 und 26 Mio. Sesterzen, seit der Zeit des Augustus ca. 120 Mio. Sesterzen aufgewendet werden.[12] Die Baukosten der großen Leitungen waren also beträchtlich höher als der jährlich gezahlte Sold der Fußsoldaten sämtlicher Legionen. Dies zeigt einerseits, welche Bedeutung der Senat und später die Principes der stadtrömischen Wasserversorgung beimaßen, und andererseits, dass die römische Republik über die Finanzkraft verfügte, um neben den Ausgaben für das Militärwesen noch hohe Geldbeträge für den Ausbau der Infrastruktur bereitzustellen.

Die finanziellen Ressourcen Roms beruhten in dieser Zeit entscheidend auf den militärischen Erfolgen und der Expansion im Mittelmeerraum. Dieser Zusammenhang wurde schon von Frontinus gesehen: Er berichtet, dass im Jahr 272 v.Chr. die Beute aus dem Krieg gegen Pyrrhos dazu verwendet wurde, die später als *Anio Vetus* bezeichnete Leitung zu finanzieren.[13] Der *Anio Vetus*, der das Wasser des Anio über eine Entfernung von mehr als 60 Kilometern in die Stadt leitete und damit wesentlich länger als die einige Jahrzehnte zuvor gebaute *aqua Appia* war, kostete ohne Zweifel erheblich mehr als die ältere Leitung des Censors Appius Claudius.

Als der Senat im Jahr 144 v. Chr. dem Praetor Q. Marcius Rex den Auftrag erteilte, die bestehenden Leitungen (*aqua Appia* und *Anio*) zu reparieren und eine neue Leitung (*aqua Marcia*) zu bauen[14], besaß Rom nach Errichtung der römischen Provinzen auf der Iberischen Halbinsel den direkten Zugang zu den dortigen Edelmetallvorkommen, die bereits von den Karthagern ausgebeutet worden waren. Der Reichtum Spaniens an Edelmetallen wurde von antiken Autoren wie Diodoros, Strabon und Plinius betont.[15] Einem Bericht Strabons zufolge sollen im 2. Jahrhundert v.Chr. allein im Bergwerksdistrikt von Carthago Nova 40 000 Menschen gearbeitet haben; jeden Tag soll hier Silber im Wert von 25 000 Drachmen gewonnen worden sein, im [86] Jahr wurden hier also etwa 34 Tonnen Silber gefördert.[16] Die spanischen

---

10 Frontin. aqu. 7.

11 Plin. nat. 36,122.

12 Die Soldaten erhielten in der späten römischen Republik 480 Sesterzen im Jahr (Polyb. 6,39), bei einer Sollstärke der Legion von 5000 Soldaten zu Fuß betrug der Sold einer Legion ca. 2,4 Mio. Sesterzen im Jahr. Im 2. Jahrhundert v.Chr. standen je nach militärischer Lage zwischen sechs und elf Legionen im Dienst; vgl. *Peter Astbury Brunt*, Italian Manpower 225 B.C.–A.D. 14. Oxford 1971, 426–434. Caesar erhöhte den Sold auf 960 Sesterzen im Jahr; unter Augustus gab es 25 Legionen, dementsprechend stiegen die Kosten für den Sold. Vgl. Suet. Iul. 26,3. Cass. Dio 55,23. *J. B. Campbell*, in: Der Neue Pauly 7, 1999, 7–22 s. v. legio; *Richard Alston*, Roman Military Pay from Caesar to Diocletian, in: JRS 84, 1994, 123–223.

13 Frontin. aqu. 6.

14 Frontin. aqu. 7.

15 Diod. 5,35–38; Strab. 3,2,3. 3,2,8–11; Plin. nat. 3,30.

16 Strab. 3,2,10. Strabon folgt an dieser Stelle der Darstellung des Polybios, dessen historisches Werk eine – nicht überlieferte – Landeskunde der Iberischen Halbinsel enthielt; damit beziehen sich die Angaben auf die Verhältnisse im 2. Jahrhundert v.Chr.; 25 000 Drachmen entsprechen etwa 95 Kilogramm Silber; im

Bergwerke lieferten das Silber, das es Rom ermöglichte, in steigendem Umfang Silbermünzen zu prägen und so die Geldmenge stark auszuweiten; auf diese Weise wurde es möglich, im 2. und 1. Jahrhundert v.Chr. öffentliche Bauvorhaben in Rom – und darunter eben die *aqua Marcia* –zu finanzieren.

Von Bedeutung für die römischen Finanzen waren neben den Erträgen der Bergwerke auch die hohen Zahlungen, die Rom nach dem Zweiten Punischen Krieg besiegten Gegnern in den Friedensverträgen auferlegte. Karthago hatte nach dem Zweiten Punischen Krieg entsprechend den Bestimmungen des Friedensvertrages 50 Jahre lang 16 000 Pfund Silber (etwa 5,2 Tonnen) im Jahr an Rom zu zahlen.[17] Rom forderte von Philipp V. nach dem Zweiten Makedonischen Krieg 1000 Talente, zahlbar zu einer Hälfte sofort und zur anderen Hälfte in zehn Jahresraten[18], und im Friedensvertrag von Apameia (188 v.Chr.) war festgelegt, dass Antiochos III. 12 000 Talente in zwölf Jahresraten an Rom zahlen sollte.[19] Der König musste also jedes Jahr einen deutlich höheren Betrag als Karthago aufbringen; immerhin entsprach die jährliche Zahlung von 1000 Talenten nicht einmal dem Ertrag eines einzigen Bergwerks in Spanien.[20]

Die Finanzierung stellt nicht das einzige Problem bei der Errichtung von Anlagen der Infrastruktur dar. Die Baumaßnahmen und Planungen müssen gegenüber anderen rechtlich begründeten Ansprüchen oder gegenüber politisch oder religiös moti[87]vierten Bedenken durchgesetzt werden. Dies galt auch für die römische Politik; es gibt mehrere Beispiele dafür, dass Pläne zum Ausbau der Infrastruktur auf Widerstand stießen. Als die Censoren im Jahr 179 v.Chr. den Bau einer Wasserleitung planten, ließ M. Licinius Crassus, Angehöriger einer einflussreichen Nobilitätsfamilie, es nicht zu, dass die Leitung seine Ländereien durchquerte; das Vorhaben konnte deswegen nicht realisiert werden.[21] In den Jahren 143 und 140 v.Chr. wurde im Senat eine Debatte darüber geführt, ob es statthaft sei, das Wasser der *aqua Marcia* auf das Capitol zu leiten. Gegen diesen Plan hatten die *decemviri sacris faciundis* religiöse Bedenken geltend gemacht, konnten sich im Senat aber nicht gegen Q. Marcius Rex durchsetzen.[22]

Um die Wasserversorgung der Bevölkerung Roms zu sichern, war es notwendig geworden, gegen die missbräuchliche Nutzung des Wassers aus öffentlichen Leitungen vorzugehen. Im Jahr 184 v.Chr. unterbanden die Censoren L. Valerius Flaccus und M. Porcius Cato die

---

Jahr wären damit allein im Bergwerksdistrikt von Carthago Nova rund 34,675 Tonnen Silber gefördert worden, eine ausreichende Menge, um ca. 9,125 Mio. Denare zu prägen. Plinius erwähnt ein Bergwerk in Spanien, das den Karthagern zur Zeit Hannibals 300 Pfund Silber pro Tag geliefert haben soll. 300 römische Pfund (327,45 gr.) sind etwa 98 Kilogramm gleichzusetzen. Damit hätte dieses Bergwerk gegen Ende des 3. Jahrhunderts v.Chr. etwa dieselbe Menge Silber erbracht wie der Bergwerksdistrikt von Carthago Nova; vgl. Plin. nat. 33,97.

17 Plin. nat. 33,51. Vgl. Liv. 30,37,5 (10 000 Talente, also ca. 60 Mio. Denare oder 228 Tonnen Silber, im Jahr folglich 200 Talente, ca. 1,2 Mio. Denare oder ca. 4,5 Tonnen Silber).

18 Liv. 33,30,7 (500 Talente; 3 Mio. Denare oder 11,4 Tonnen Silber; die folgenden Jahresraten betrugen demnach 50 Talente oder 300 000 Denare mit einem Gewicht von 1,14 Tonnen).

19 Liv. 38,38,13. Das Gewicht eines Talentes wurde im Vertrag auf 80 römische Pfund festgesetzt (26,196 Kilogramm), das Talent hätte auf diese Weise 6893 Denaren entsprochen.

20 Antiochos: 1000 Talente mit einem Gewicht von jeweils 80 röm. Pfund = ca. 26 296 Kilogramm oder 26,19 Tonnen Silber. Im Bergwerk Carthago Nova: 34 675 Kilogramm oder 34,67 Tonnen Silber im Jahr, vgl. Anm. 16.

21 Liv. 40,51,7.

22 Frontin. aqu. 7.

Ableitung von öffentlichem Wasser in private Gebäude oder Gärten.[23] Wahrscheinlich während der Censur hielt Cato die Rede gegen L. Furius, dem er vorwarf, Ländereien mit der Absicht gekauft zu haben, diese durch Ableitung aus den öffentlichen Wasserleitungen zu bewässern.[24] In späterer Zeit wurden Felder, die gesetzwidrig bewässert worden waren, konfisziert.[25]

Wie aus zahlreichen Bemerkungen des Frontinus hervorgeht, erwies sich die Instandhaltung der großen Fernleitungen als schwierig; die Republik verfügte nicht über die Institutionen mit hinreichenden Machtbefugnissen, um die Leitungen wirklich vor Schäden zu bewahren.[26] Im Jahr 144 v.Chr. waren die bestehenden Leitungen (*aqua Appia*, *Anio Vetus*) baufällig[27], und nach den Bürgerkriegen waren die Fernleitungen (*aqua Appia*, *Anio Vetus*, *aqua Marcia*) nahezu völlig verfallen; M. Ag[88]rippa ließ sie im Jahr 33 v.Chr. wiederherstellen.[28] In seinem Tatenbericht führt Augustus dann die Reparatur der an vielen Stellen zerstörten Wasserleitungen als seine eigene Leistung auf.[29]

Die Situation veränderte sich grundlegend, als Augustus ein neues Herrschaftssystem in Rom durchsetzte. Das politische System des Principats, in dem der Herrscher nicht allein über eine große Machtfülle, sondern auch über eine eigene Finanzkasse, den *fiscus*, verfügte, begünstigte ohne Zweifel den Ausbau der Infrastruktur. Große Bauvorhaben in Italien sind auf die Initiative einzelner Principes wie Claudius und Traianus zurückzuführen. In diesem Rahmen wurden auch wichtige Projekte im Bereich der Wasserversorgung und des Hafenbaus realisiert. Neben den unter Claudius vollendeten Wasserleitungen ist die *aqua Traiana*, die Wasser vor allem in die jenseits des Tiber gelegene Stadtviertel leitete[30], und neben dem Bau eines zweiten Hafenbeckens in Ostia der Bau des Hafens von Centumcellae[31] oder der Mole in Ancona[32] zu nennen. Erwähnenswert sind außerdem die monumentalen Anlagen zur Trockenlegung des Fucinersees, durch die in Mittelitalien neues Ackerland gewonnen werden sollte.[33] Dem Hochwasserschutz diente ein Kanal, der unter Claudius am Unterlauf des Tiber die Wassermassen ableiten sollte.[34]

Das politische System des Principats bot auch die Voraussetzung für die Schaffung neuer Institutionen, die sämtliche mit der Infrastruktur verbundenen Aufgaben wahrzunehmen hatten, so vor allem die Führung des Personals sowie die Aufsicht über die Anlagen und über die Arbeiten zur Instandhaltung. Gerade die Wasserversorgung erforderte einen sehr hohen

---

23 Liv. 39,34,4. Plut. Cato maior 19,1. Frontin. aqu. 7. Vgl. *Robert H. Rodgers* (Ed.), Frontinus: De aquaeductu urbis Romae. (Cambridge Classical Texts and Commentaries, 42.) Cambridge 2004, 159.

24 Cato, ORF 99–105. Vgl. *Alan E. Astin*, Cato the Censor, Oxford 1978, 84.

25 Frontin. aqu. 97.

26 In der Republik wurde die Instandhaltung der Wasserleitungen an Pächter (*redemptores*) vergeben, die verpflichtet waren, für diese Aufgabe eine bestimmte Zahl an unfreien Handwerkern bereitzustellen. Für die Kontrolle der *redemptores* bestanden wechselnde Zuständigkeiten; Censoren, Aedilen oder Quaestoren nahmen diese Aufgabe wahr; vgl. Frontin. aqu. 96.

27 Frontin. aqu. 7: *vetustate quassati*.

28 Frontin. aqu. 9: *paene dilapsos*.

29 R. Gest. div. Aug. 20,2: *rivos aquarum compluribus locis vetustate latentes refeci*.

30 *Richardson, jr*, Topographical Dictionary of Ancient Rome (wie Anm. 2), 18f.

31 Plin. epist. 6,31,1–17.

32 ILS 298.

33 Plin. nat. 36,124. Suet. Claud. 20,1–2. 21,6. 32. Tac. ann. 12,56–57. Dio 60,1,5. 60,33,3–5. Vgl. *Klaus Grewe*, Licht am Ende des Tunnels. Planung und Trassierung im antiken Tunnelbau. Mainz 1998, 91–98.

34 ILS 207.

verwaltungstechnischen Aufwand.[35] Nach dem Tod des M. Agrippa, der als Privatmann für die Wasserversorgung Roms zuständig gewesen war und diese auch mit eigenen Mitteln finanziert hatte, schuf Augustus für den Bereich der Wasserversorgung die *cura aquarum* und setzte *curato*[89]*res* als Leiter dieser „Wasserbehörde"[36] ein. Die Ausstattung der Amtsträger, ihre Aufgaben und Pflichten, die Rechte der *curatores* gegenüber Grundstückseigentümern bei der Durchführung von Reparaturen sowie die Errichtung einer Schutzzone an den Leitungen, die nicht bebaut werden durfte, wurden durch Senatsbeschlüsse genau geregelt.[37] Als Vorbild dienten dabei entsprechende Bestimmungen über die *curatores viarum* und die *curatores frumenti*.[38] Auf diese Weise entstand unter Augustus eine leistungsfähige Verwaltung für den Bereich der Wasserversorgung. Welche politische Relevanz die *cura aquarum* für Augustus und die nachfolgenden Principes besaß, zeigt die Tatsache, dass das Amt des *curator aquarum* normalerweise von hochrangigen Senatoren ausgeübt wurde, die zudem nicht an das für die traditionellen Ämter geltende Prinzip der Annuität gebunden waren, sondern mehrere Jahre, in manchen Fällen sogar länger als ein Jahrzehnt, tätig waren.[39]

Ein weiterer Amtsbereich wurde mit der *cura riparum et alvei Tiberis* geschaffen; zentrale Aufgabe der für diese *cura* zuständigen Amtsträger war der Schutz der Stadt Rom vor Hochwasser[40]; die *curatores* sind durch eine Vielzahl von Inschriften bezeugt[41]. Wie einzelne Inschriften belegen, existierte die *cura alvei Tiberis* noch in der Zeit des Diocletianus und in der Mitte des 4. Jahrhunderts n.Chr.; die Schaffung der neuen Amtsbereiche für die Wasserversorgung und den Hochwasserschutz durch Augustus war demnach außerordentlich erfolgreich.[42]

[90] III. Der Ausbau der Infrastruktur in den Provinzen: Wohlfahrt und machtpolitische Interessen

In den Provinzen waren es oft die römischen Statthalter, die aufgrund ihrer genauen Kenntnis der lokalen Verhältnisse Baumaßnahmen im Bereich der Infrastruktur empfohlen haben.[43] Es ist ein Glücksfall der Überlieferungsgeschichte, dass der Briefwechsel zwischen Traianus und Plinius erhalten ist; Plinius war im Jahr 109 von Traianus als *legatus pro praetore consulari potestate* in die Provinz Pontus et Bithynia entsandt worden[44], um die zerrütteten Finanzen der Städte zu sanieren. Tatsächlich ging seine Tätigkeit weit über diesen Auftrag hinaus, und in

---

35 Dies zeigt auch die Inschrift mit den Vorschriften zur Wasserleitung von Venafrum: ILS 5743 (*edictum Augusti de aquaeductu Venafro*); vgl. Eck, Verwaltung (wie Anm. 2) 1. Band, 161–178.
36 *Jochen Bleicken*, Verfassungs- und Sozialgeschichte des römischen Kaiserreiches. Paderborn 1978, 162, 212.
37 Frontin. aqu. 98–130. Frontinus bietet den Wortlaut der Senatsbeschlüsse des Jahres 11 v.Chr.: Frontin. aqu. 100. 104. 106. 108. 225. 227.
38 Frontin. aqu. 101.
39 Eine Liste der *curatores aquarum* bietet Frontin. aqu. 102.
40 Suet. Aug. 37. Vgl. Suet. Aug. 30,1.
41 *Curatores alvei Tiberis et riparum* auf Inschriften von Senatoren: ILS 989, 1029, 1047, 1092, 1139, 1182, 1186, 1217, 1223, 1225, 2927 (Plinius), 8969, 8979. Curatores: ILS 5893, 5894. Inschriften auf Grenzsteinen: ILS 5922c, 5923d, 5924d, 5925–5928, 5930–5934.
42 ILS 1217, 1223, 5894.
43 Für die Provinzen im Osten vgl. *Werner Eck*, Roms Wassermanagement im Osten. Staatliche Steuerung des öffentlichen Lebens in den römischen Provinzen? (Kasseler Universitätsreden, 17.) Kassel 2008.
44 ILS 2927.

dem Briefwechsel zwischen Statthalter und Princeps werden auch solche Projekte erörtert, die den Bereich der städtischen Infrastruktur betrafen.

In einem der Briefe bittet Plinius den Princeps darum, den Bau einer Wasserleitung für die Stadt Sinope an der Nordküste Kleinasiens zu genehmigen; die Stadt leide an Wassermangel, schreibt Plinius, Wasser könne aus einer 16 Meilen (ca. 23 Kilometer) entfernten Quelle herangeführt werden, er habe den Boden in der Nähe der Quelle auf seine Tragfähigkeit überprüfen lassen und das Geld für den Bau könne unter seiner Aufsicht beschafft werden. Explizit wird dieses Vorhaben mit Gesundheit und Annehmlichkeit (*salubritas* und *amoenitas*) in Verbindung gebracht. In seiner Antwort greift Traianus die Formulierung des Plinius auf, wenn er schreibt, dass die Wasserversorgung zu Gesundheit und Wohlbefinden (*salubritas* und *voluptas*) beitragen werde.[45]

Ähnlich gelagert war der Fall der Stadt Amastris an der Küste des Schwarzen Meeres; Plinius empfiehlt im Brief an Traianus, einen Fluss, der durch die Stadt führt, abdecken zu lassen Bemerkenswert ist bereits die Beschreibung des Zustandes, den Plinius zu ändern gedenkt:

> „Die elegante und reich geschmückte Stadt Amastris, Herr, besitzt neben anderen hervorragenden Bauwerken eine sehr schöne und sehr lange Promenade, doch auf der einen Seite wird sie in ihrer ganzen Länge von etwas begleitet, was dem Namen nach ein Fluss ist, in Wirklichkeit aber eine abscheuliche *cloaca*, [91] schändlich durch ihren schmutzigen Anblick und ungesund wegen ihres ekelhaften Gestanks".

Wiederum werden Gesundheit und Schönheit (in diesem Fall *salubritas* und *decor*) als Argument für eine Baumaßnahme angeführt, und der Princeps antwortet mit der Feststellung, es sei vernünftig, das Gewässer abzudecken, das durch Amastris fließe, wenn es der Gesundheit schade.[46] In beiden Fällen geht es Plinius also um Wohlfahrtseffekte, wobei das Ziel der empfohlenen Maßnahmen die Förderung oder der Schutz der Gesundheit der Bevölkerung ist.

Eine ökonomische Argumentation findet sich hingegen in einem Brief über den Bau eines Kanals im Gebiet von Nicomedia. Der Text weist eine Lücke auf, der Gedankengang lässt sich aber gut rekonstruieren; Plinius beschreibt die Situation im Westen von Bithynia mit folgenden Worten:

> „Im Gebiet von Nicomedia befindet sich ein großer See. Über ihn werden Marmorblöcke, Früchte, Bau- und Brennholz ziemlich billig und ohne große Mühen mit Schiffen zur Straße gebracht, von dort mit erheblichen Mühen und noch höheren Kosten auf Wagen zum Meer gefahren."

Das Ziel des Projektes wird noch einmal in einem zweiten Brief erläutert, in dem Plinius auf die bereits in der Planungsphase aufgetretenen Probleme eingeht. Um zu verhindern, dass der See über den Kanal, der in einen Fluss einmünden soll, einfach abfließt, unterbreitet Plinius folgenden Vorschlag:

> „Der See lässt sich nämlich durch einen Kanal bis an den Fluss heranführen, ohne dass er sich in den Fluss ergießt, indem man eine Trennwand stehen lässt, die ihn gleichermaßen festhält und vom Fluss trennt. So werden wir erreichen, dass das Wasser sich nicht in den Fluss entleert und

45 Plin. epist. 10,90. 10,91. Vgl. auch Plin. epist. 10,37 und 10,38 zum Bau einer Wasserleitung für die Stadt Nicomedia.
46 Plin. epist. 10,98. 10,99. Zu Amastris vgl. Christian Marek, Pontus et Bithynia. Die römischen Provinzen im Norden Kleinasiens. Mainz 2003, 93.

der Kanal sich so mit dem Fluss vermischt. Leicht wird man die über den Kanal herangeführten Lasten über den sehr schmalen Damm zum Fluss schaffen."

Der geplante Kanal sollte den Arbeits- und Kostenaufwand beim Transport von Gütern aus dem Binnenland zum Meer erheblich reduzieren. Das Motiv des Plinius liegt in einer Verbesserung einer regionalen Verkehrsinfrastruktur, wobei der Nutzen der Bevölkerung der Provinz im Vordergrund steht.[47] Machtausübung und Stärkung der römischen Machtposition werden in diesen Briefen des Plinius nicht thematisiert; allerdings ist auch zu konstatieren, dass eine Politik, die den Interessen der Provinzialbevölkerung entsprach, für das Imperium Romanum eine stabilisierende Funktion besaß.[48]

[92] Für die Zeit des Hadrianus ist ein Vorgang bezeugt, der viele Ähnlichkeiten mit den Initiativen des Plinius aufweist. Als Herodes Atticus, der als Legat nach Kleinasien entsandt worden war, feststellte, dass die Stadt Alexandria Troas nur wenige Bäder besaß und unzureichend mit Wasser versorgt wurde, bat er den Princeps, 3 Millionen Drachmen für den Bau einer Wasserleitung zur Verfügung zu stellen. Die Kosten der Leitung stiegen aber auf 7 Millionen Drachmen an, was schließlich zu Protesten der Prokuratoren, die mit der Finanzverwaltung der Provinz beauftragt waren, und zur Verärgerung des Princeps führte. In dieser Situation sah Herodes Atticus sich gezwungen, den Betrag, der die ursprünglich vorgesehene Summe von 3 Millionen Drachmen überstieg, selbst aufzubringen.[49] Wie der Briefwechsel des Plinius und der Bericht über Herodes Atticus zeigen, war der Ausbau der Anlagen für die städtische Infrastruktur in den Provinzen keineswegs das Ergebnis einer gezielten Politik der Principes, sondern eher von den Initiativen einzelner Legaten und Statthalter abhängig.

Für die westlichen Provinzen des Imperium Romanum sind weitere Aspekte der Herrschaftssicherung durch Maßnahmen im Bereich der Infrastruktur zu nennen. Zunächst ist an die Bauten für die Wasserversorgung zahlreicher Städte vor allem auf der Iberischen Halbinsel und in Gallia Narbonnensis zu erinnern. In vielen dieser Städte waren Veteranen der römischen Legionen angesiedelt worden, und damit waren sie Zentren römischer Kultur und römischen Lebensstils; von ihnen ging die Romanisierung der Provinzen und besonders der einheimischen Oberschicht aus, und deswegen kam ihnen auch eine herausragende Bedeutung für die Stabilisierung der römischen Herrschaft in den Provinzen zu. Die Infrastruktur, und ganz besonders die Versorgung mit Trinkwasser von hoher Qualität, war unabdingbares Element der römischen Zivilisation und Kultur; unter diesen Voraussetzungen erhielten die Städte des Westens in relativ kurzer Zeit alle Bauten und Anlagen, die für die römische Stadt charakteristisch waren: ein Forum, Tempel, ein Theater sowie ein Amphitheater und nicht zuletzt Anlagen für eine leistungsfähige Wasserversorgung.

Es gab auch Baumaßnahmen, bei denen machtpolitische Interessen eindeutig im Vordergrund standen; vor allem spielten sie bei der Planung oder dem Bau von Ka[93]nälen eine nicht unwichtige Rolle. Für Gallien und die germanischen Provinzen erwähnt Tacitus Kanalbauprojekte der römischen Armee; durch den von dem Legaten L. Antistius Vetus geplanten Kanal zwischen Saône und Mosel sollte ein Binnenschifffahrtsweg geschaffen werden, auf dem der

---

47 Plin. epist. 10,41. 10,42. 10,61. 10,62. Vgl. *Marek*, Pontus et Bithynia (wie Anm. 46), 59.
48 Die ablehnende Antwort des Traianus auf den Vorschlag, in Nicomedia ein *collegium fabrorum* für die Brandbekämpfung einzurichten, zeigt, dass es Ziel der Politik des Princeps war, innere Unruhen und Konflikte in den Städten zu verhindern; vgl. Plin. epist. 10,33. 10,34.
49 Philostr. soph. 548. Vgl. *Eck*, Wassermanagement (wie Anm. 43), 33f.

Nachschub für die Legionen am Rhein und in Britannien zwischen dem Mittelmeer und der Nordsee leichter als auf dem Landweg hätte transportiert werden können. Antistius Vetus gab das Projekt allerdings auf, als politische Bedenken gegen das Vorhaben geäußert wurden.[50] Der von Traianus 101 n.Chr. an den Katarakten der Donau erbaute Kanal, der es Schiffen ermöglichte, die Stromschnellen des Flusses zu umfahren, diente ebenso wie die Donaubrücke des Architekten Apollodoros und die entlang der Donau errichtete Straße militärischen Zwecken; während der Dakerkriege sollten Brücke, Straße und Kanal die Operationen der römischen Legionen erleichtern und den Nachschub für die Armee sichern.[51] In diesen Kontext gehört auch der Ausbau des Hafens von Ancona; in dieser Stadt brach Traianus zu Beginn des 2. Dakerfeldzuges auf, um über die Adria den Kriegsschauplatz im unteren Donauraum zu erreichen.[52] Es ist in diesem Zusammenhang übrigens bezeichnend, dass Plinius in einem Brief an einen Dichter, der ein Epos über die Dakerkriege schreiben wollte, besonders die technischen Leistungen der Römer in diesem Krieg betont hat.[53]

[94] IV. Strategien der Legitimierung politischer Macht und sozialer Rangordnung

Wie aus den Briefen des Plinius hervorgeht, war der Bau von Anlagen der Infrastruktur untrennbar mit dem Ruhm des Princeps verbunden. Am Anfang des Briefes, in dem er den Bau des Kanals bei Nicomedia vorschlägt, betont Plinius, er empfehle dem Princeps solche Projekte, die der Unsterblichkeit seines Namens und seines Ruhmes würdig seien, und am Schluss erwähnt er einen Kanal, den ein König begonnen habe, aber nicht vollenden konnte; es ging Plinius nach seinen eigenen Worten darum, von Traianus „zu Ende geführt zu sehen, was Könige nur begonnen haben".[54] Der Verweis auf den Ruhm des Princeps (*gloria*) und der Vergleich mit hellenistischen Königen waren nicht ohne Funktion; es ging darum, die Zustimmung des Herrschers für eine ungewöhnliche Baumaßnahme zu erlangen.

Es gab verschiedene Möglichkeiten, die Errichtung eines Bauwerks mit der Person des Princeps zu verbinden. In seinem Bericht über den Bau des Hafens von Centumcellae (heute: Civitavecchia) erwähnt Plinius, der Hafen werde den Namen seines Erbauers tragen.[55] Noch präziser ist eine ähnliche Bemerkung von Frontinus; in dem Abschnitt über Maßnahmen zur Verbesserung der Wasserqualität des *Anio Novus*, einer der beiden unter Claudius erbauten

---

50 Planung des Kanals zwischen Mosel und Saône 58 n.Chr., Tac. ann. 13,53. Vgl. außerdem zum Kanal zwischen Rhein und Maas (47 n.Chr.) Tac. ann. 11,20,2.

51 Zur Inschrift am Kanal (AE 1973, 475) vgl. *Karl Strobel*, Untersuchungen zu den Dakerkriegen Trajans. Studien zur Geschichte des mittleren und unteren Donauraumes in der Hohen Kaiserzeit. (Antiquitas, Rh. 1,33.) Bonn 1984, 159–161; *Miroslava Mircović*, Moesia Superior. Eine Provinz an der mittleren Donau, Mainz 2007, 37; *Anne Kolb*, Technik und Innovation des Imperium Romanum im Spiegel der epigraphischen Denkmäler, in: Björn Onken/Dorothea Rohde (Hrsg.), In omni historia curiosus. Studien zur Geschichte von der Antike bis zur Neuzeit. FS Helmuth Schneider. (Philippika, 47.) Wiesbaden 2011, 31–42, bes. 41.

52 Vgl. *Strobel*, Dakerkriege Trajans (wie Anm. 51), 206f. Darstellung auf der Trajanssäule Bild 79. Dass ein Zusammenhang zwischen Aktivitäten im Bereich der Infrastruktur Italiens und auswärtigen Kriegen bestehen konnte, zeigt auch die Bemerkung von Cassius Dio über die von Augustus veranlassten Reparaturarbeiten an der via Flaminia: Cass. Dio 53,22,1.

53 Zur Donaubrücke vgl. *Colin O'Connor*, Roman Bridges. Oxford 1993, 142–145; Plin. epist. 8,4,2: *dices immissa terris nova flumina, novos pontes fluminibus iniectos ...*

54 Plin. epist. 10,41,1. 10,41,4f.

55 Plin. epist. 6,31,17: *habebit hic partus et iam habet nomen auctoris eritque vel maxime salutaris.*

Leitungen, heißt es: Eine Inschrift wird als neuen Urheber Imperator Caesar Nerva Traianus Augustus nennen.[56]

Beide Texte beschreiben eine in der Principatszeit gängige Praxis, die auf die Zeit der Republik zurückging: Die Bauten des Censors Appius Claudius, die von Rom zum Golf von Neapel führende Straße und die Wasserleitung für Rom, wurden nach ihrem Erbauer *via Appia* und *aqua Appia* genannt.[57] Nach dem Vorbild des Appius Claudius wurde es in den folgenden Jahrhunderten üblich, dass Straßen, Brücken und Wasserleitungen nach den Senatoren benannt wurden, die für den Bau verantwortlich waren. Als die Principes die Aufsicht über die Infrastruktur, vor allem über die Straßen zunächst in Italien, dann auch in den Provinzen und über die Wasserleitungen in Rom[58] übernahmen, wurden die republikanischen Handlungsmuster bei[95]behalten: Insbesondere Wasserleitungen erhielten mit wenigen Ausnahmen ihren Namen nach dem jeweiligen Princeps. Diese Entwicklung begann bereits mit der von M. Agrippa während seiner Ädilität errichteten Wasserleitung, die er nach dem Triumvirn C. Iulius Caesar, der den Namen seines Adoptivvaters trug, *aqua Iulia* nannte.[59] Eine der beiden unter Claudius gebauten Wasserleitungen hieß *aqua Claudia*[60], und der ebenfalls unter Claudius begonnene und unter Nero vollendete Hafen an der Tibermündung trug den Namen *Portus Ostiensis Augusti*, wie eine Münze der Zeit Neros belegt[61]. Auch unter Traianus wurde der Benennung von Bauten der Infrastruktur eine große Bedeutung beigemessen; dies zeigen nicht allein die Bemerkungen von Plinius und Frontinus, sondern auch die Namen der *aqua Traiana* und der *via Traiana*.

Ein Bauwerk der Infrastruktur vermag durch Monumentalität oder eine technisch anspruchsvolle Konstruktion zu beeindrucken, aber auf diese Weise wird noch kein Bezug zur politischen Macht hergestellt. Die Principes hatten deswegen ein Interesse daran, auf ihre Leistungen durch Inschriften hinzuweisen. Der epigraphische Befund der frühen Principatszeit besitzt in dieser Hinsicht überaus große Aussagekraft. Bereits Augustus wies in seinem großen Tatenbericht, der als Inschrift vor seinem Mausoleum aufgestellt werden sollte, auf die Instandsetzung und Reparatur sowohl von Wasserleitungen als auch der *via Flaminia* zwischen Rom und Ariminum (heute: Rimini) hin.[62] Eine Inschrift des Augustus an der Porta Tiburtina erwähnt ebenfalls die Reparaturarbeiten an den Wasserleitungen Roms.[63] Die eindrucksvollsten Inschriften dieser Art finden sich an der Porta Praenestina in Rom.[64] Das Tor stand an zwei

---

56 Frontin. aqu. 93: *novum auctorem imperatorem Caesarem Nervam Traianum Augustum praescribente titulo.*
57 Frontin. aqu. 5. Vgl. Liv. 9,29,5–8; ILS 54 (Elogium aus augusteischer Zeit).
58 Für Italien vgl. das *Edictum Augusti de Aquaeductu Venafrano*, ILS 5743.
59 Frontin. aqu. 9.
60 ILS 218; Frontin. aqu. 13–14.
61 Sesterz aus dem Jahr 64 n.Chr. Vgl. *Meiggs*, Roman Ostia (wie Anm. 8), plate XVIII (BMC Nero 130); *John P. C Kent/Bernhard Overbeck/Armin U. Stylow*, Die römische Münze. München 1973, Nr. 193 (RIC Nero 74).
62 R. Gest. div. Aug. 20,2: *Rivos aquarum compluribis locis vestustate labentes refeci, et aquam quae Marcia appellatur duplicavi fonte novo in rivum eius inmisso.* Zur via Flaminia vgl. R. Gest. div. Aug. 20,5.
63 ILS 98.
64 Heute die Porta Maggiore; vgl. *Richardson, jr*, Topographical Dictionary of Ancient Rome (wie Anm. 2), 306 f.; *Henner von Hesberg*, Bogenmonumente und Stadttore in claudischer Zeit, in: Volker Michael Strocka (Hrsg.), Die Regierungszeit des Kaisers Claudius (41–54 n.Chr.). Umbruch oder Episode? Mainz 1994, 245–260. Die Inschriften: vgl. ILS 218. Die beste Abbildung der Porta Maggiore ist bis heute die Vedute Piranesis: *John Wilton-Ely*, Piranesi, Vision und Werk. München 1978. Nr. 119.

stark frequentierten Straßen, an der *via Praenestina* und der *via Labicana*, die hier von der *aqua Claudia* und dem *Anio Novus* überquert werden. Die [96] erste Inschrift stammt von Claudius, der die Leistung, die mit dem Bau der beiden Leitungen verbunden war, dadurch kennzeichnet, dass er die Länge der Leitungen mit 45 beziehungsweise 62 Meilen präzise angibt; ferner betont Claudius, diese Leitungen auch aus eigenen Mitteln (*sua impensa*) finanziert zu haben. Die beiden folgenden Inschriften von Vespasianus und Titus verweisen in ähnlicher Weise, auch mit Betonung der Finanzierung durch den Princeps, auf die Reparaturarbeiten an den Leitungen.[65] Auffallend ist dabei, dass der Name *aqua Claudia* auf diesen Inschriften durch die Namen der Quellen *Curtius* und *Caeruleus* ersetzt worden ist; dass es sich hierbei nicht um einen Zufall handelt, zeigt eine Erwähnung der von Claudius errichteten Wasserleitungen bei Plinius in der unter Vespasianus (vor 79 n.Chr.) verfassten *naturalis historia*[66]; an dieser Stelle folgt Plinius der Sprachregelung der Inschriften, während Frontinus später wieder von der *aqua Claudia* spricht[67]. Dies belegt sehr anschaulich, dass die Benennung eines Bauwerks durchaus ein Politikum sein konnte.

Neben den Meilensteinen an den Straßen und neben den Stadttoren kam als Träger von Inschriften gerade auch dem Ehrenbogen, der die Leistung des Princeps für die Öffentlichkeit deutlich sichtbar machen sollte, eine besondere Bedeutung zu. Das früheste Beispiel hierfür stammt wiederum aus der augusteischen Zeit: An den beiden Endpunkten der von Augustus wiederhergestellten *via Flaminia*, in Rom und in Ariminum, stand jeweils ein Ehrenbogen, auf dem eine Statue des Princeps aufgestellt war.[68] Auch in der Zeit des Traianus wurden solche Ehrenbögen für den Princeps errichtet, so in Beneventum am Anfang der *via Traiana*. Der Bogen erwies sich auch als geeigneter Träger für Reliefs, die den Princeps und seine Aktivitäten zeigen. Der Ehrenbogen von Benevent ist geradezu ein Tatenbericht des Princeps in Bildform.[69] Für den Bau der Mole von Ancona wurde Traianus ebenfalls durch die Errichtung eines im Hafen weithin sichtbaren Ehrenbogens durch Senat und Volk von Rom geehrt.[70] Die Inschrift auf dem Bogen begründet dies damit, dass der Princeps [97] den Zugang nach Italien durch den Bau der Hafenmole von Ancona für die Seeleute sicherer gemacht habe.[71]

Portus, der Hafen bei Ostia, bietet ein besonders eindrucksvolles Beispiel der Inszenierung politischer Macht; am großen, unter Traianus errichteten zweiten Hafenbecken, das als *portus Traiani felicis* bezeichnet wurde, stand eine monumentale Statue des Princeps, deren Standort so gewählt war, dass Schiffe, die in den Hafen einfuhren, direkt auf dieses Standbild zusteuerten.[72] Eine gute Vorstellung von der Präsenz der Principes im Hafen von Ostia vermittelt das Relief im Museo Torlonia in Rom.[73] Auf dem vorletzten Absatz des Leuchtturms steht eine Statue, die ei-

---

65 Vgl. auch die Inschrift des Titus an der Porta Tiburtina ILS 98.

66 Plin. nat. 36,122: *influxere Curtius et Caeruleus fontes et Anien novus.*

67 Frontin. aqu. 13–14.

68 ILS 84. Cass. Dio 53,22,2.

69 *Niels Hamestad*, Roman Art and Imperial Policy. (Jutland Archeological Society Publications, 19.) Aarhus 1988, 177–186. Abbildungen der Reliefs bei *Bernard Andreae*, Römische Kunst. Freiburg im Breisgau 1973, Abb. 406–420.

70 *Hannestad*, Roman Art (wie Anm. 69), 174f. Abb. bei *John B. Ward-Perkins*, Architektur der Römer. Stuttgart 1975, 88.

71 ILS 298: *quod accessum Italiae hoc etiam addito ex pecunia sua portu tutiorem navigantibus reddiderit.*

72 *Meiggs*, Roman Ostia (wie Anm.8), 165f.

73 Ebd. 158f.; Abb. mit ausführlichem Kommentar: ebd. Plate XX. Vgl. *Lionel Casson*, Ships and Seamanship in the Ancient World. Princeton 1971, fig. 144.

nen Princeps darstellt[74], und deutlich ist ein Ehrenbogen mit einer Elefantenquadriga zu erkennen. Der Princeps im Wagen dieser Quadriga ist mit großer Wahrscheinlichkeit Domitianus, von dem man weiß, dass er solche von Elefanten gezogene Quadrigen aufstellen ließ.[75]

Eine ähnliche Funktion wie der Ehrenbogen hatte das Nymphaeum; die ästhetische und zugleich monumentale Gestaltung dieser Schauwände am Ende eines Aquädukts wies auf die Wasserleitung hin und ehrte in der Inschrift den Princeps, unter dem das Bauwerk errichtet worden ist. In den Nischen an den Wänden standen Statuen von Göttern, des Princeps und von Angehörigen seiner Familie sowie des städtischen Euergeten. In Argos war eine Statue des Hadrianus, in Ephesos ein Standbild des Traianus am Nymphaeum aufgestellt. Ein monumentales Nymphaeum hat Herodes Atticus um 150 n.Chr. in Olympia errichten lassen. Mit den Statuen des Princeps ist der Bezug zur römischen Herrschaft deutlich gegeben. Solche Nymphäen sind vor allem für die Städte der östlichen Provinzen nachzuweisen, so [98] etwa für Ephesos, Milet, Aspendos, Perge, Side und Antiocheia.[76] Ehrenbogen, Nymphaeum und Inschrift stellen eine enge Verbindung zwischen Infrastruktur und Herrschaft her mit dem Ziel, Herrschaft als positiv für die Bevölkerung zu erweisen und auf diese Weise das politische System des Principats zu legitimieren.

Angehörige der städtischen Oberschicht sind dem Vorbild des Princeps gefolgt und haben auf ihre Bauten oder die Übernahme von Kosten für die Errichtung einzelner Bauwerke in Inschriften hingewiesen und auf diese Weise versucht, politische Reputation zu gewinnen. Bei Ephesos ist die repräsentative Bogenkonstruktion, auf der eine Wasserleitung eine Straße überquert, mit einer zweisprachigen Inschrift des C. Sextilius Pollio versehen, der das Bauwerk der Artemis von Ephesos, den beiden Principes Augustus und Tiberius sowie der Bürgerschaft von Ephesus weiht und gleichzeitig erklärt, er habe die Aquädukt-Brücke selbst finanziert.[77] Zu Beginn des 2. Jahrhunderts n.Chr. hat Claudius Aristio eine etwa 38 Kilometer lange Wasserleitung für Ephesos und am Endpunkt der Leitung ein eindrucksvolles, zweistöckiges Nymphaeum errichten lassen. Auch in diesem Fall wird der Princeps geehrt und der Erbauer der Leitung – zusammen mit seiner Frau – genannt.[78] Das finanzielle Engagement städtischer Oberschichten in Italien und in den Provinzen für den Bau von Wasserleitungen ist auch sonst durch Inschriften gut bezeugt, die eine ähnliche Funktion hatten wie die Inschriften der

---

74 *Meiggs*, Roman Ostia (wie Anm. 8), Kommentar zu Plate XX. Nach Vermutung von Meiggs handelt es sich um Claudius, den Erbauer des Hafens, oder um Nero, der den Hafen nach seiner Vollendung einweihte. Nero ließ aus diesem Anlass einen Sesterz mit einem Bild des Hafens prägen. Vgl. oben Anm. 57. Für die Annahme, Claudius sei auf dem Relief dargestellt, spricht vor allem die Tatsache, dass der Typus der Statue einem Standbild des Claudius aus Herculaneum stark ähnelt Vgl. *Andreae*, Römische Kunst (wie Anm. 69), Abb. 321.

75 Mart. 8,65. Sesterz des Domitianus mit zwei Elefantenquadrigen: Vgl. *Kent/Overbeck/Stylow*, Die römische Münze (wie Anm. 61), Nr. 252 (RIC Domitianus 416).

76 *Tölle-Kastenbein*, Wasserkultur (wie Anm. 2), 190–198; *Franz Glaser*, Fountains and Nymphea, in: Wikander (Ed.), Water Technology (wie Anm. 2), 413–451, bes. 439–447. Das am Palatin in Rom unter Septimius Severus errichtete Septizodium hatte hingegen keine Funktion für die Wasserversorgung; vgl. *Richardson, jr*, Topographical Dictionary of Ancient Rome (wie Anm. 2), 350.

77 ILS 111. *Eck*, Wassermanagement (wie Anm.43), 39. Abb. des Aquaeducts von Ephesos: *Jean-Pierre Adam*, La construction romaine. Materiaux et techniques. Paris 1984, Abb. 561. Die Wasserversorgung antiker Städte. Bd. 2: Pergamon, Recht, Verwaltung, Brunnen, Nymphäen, Bauelemente. (Geschichte der Wasserversorgung 2.) Mainz 1987, 182, Abb. 3.

78 *Eck*, Wassermanagement (wie Anm. 43), 39f.

Principes.[79] Es ging den städtischen Wohltätern darum, ihre politische und gesellschaftliche Stellung durch den Nachweis ihrer Verdienste um die Wohlfahrt der städtischen Bevölkerung zu festigen.

Die Vollendung von Bauwerken der Infrastruktur wurde als politisches Ereignis in Szene gesetzt; für den Abschluss der Arbeiten an dem Ableitungskanal des Fuciner Sees liegen einige Zeugnisse vor, da es bei den Feierlichkeiten fast zu einer Katastrophe gekommen wäre. Als die Wehre des Abflusskanals geöffnet wurden, ström[99]te das Wasser mit einer solchen Wucht in den Kanal, dass es Landflächen am Ufer des Sees mit sich riss und Claudius zusammen mit seiner Familie fast ertrunken wäre.[80] Bemerkenswert ist das Motiv, das Tacitus für die Veranstaltung eines Schiffskampfes auf dem See angibt: Demnach ging es Claudius darum, dass die Monumentalität der Anlage, die in den Abruzzen fern von Rom liegt, von möglichst vielen Menschen wahrgenommen werden sollte. Nach weiteren Arbeiten an der Anlage ließ Claudius aus demselben Motiv heraus Gladiatorenspiele veranstalten.[81] Diese Feierlichkeiten zogen viele Menschen aus den umliegenden Städten und selbst aus Rom an, wie Tacitus ausdrücklich feststellt.[82]

V. Macht, soziale Rangordnung und die Verteilung des Wassers in Rom

Die politischen und sozialen Machtverhältnisse finden ihren Ausdruck nicht nur bei der Planung, Errichtung und Finanzierung von Anlagen der Infrastruktur, sondern wesentlich auch in der Nutzung der Anlagen. Dies trifft in besonderem Maße für die Systeme der Wasserversorgung zu. Es gibt mehrere Möglichkeiten, die Verteilung des Wassers in der Stadt Rom zu analysieren: Da die *fistulae aquariae*, die Zuleitungsrohre zu Privathäusern und zu privaten Grundstücken, oft mit Namen versehen waren, besteht die Möglichkeit, den sozialen Status derer, die über einen privaten Anschluss verfügten, zu klären. In einer neueren Studie gibt Werner Eck die Zahl der auf den *fistulae* genannten Personen mit 299 an; für 182 Personen kann der soziale Status festgestellt werden.[83] Dabei kommt Eck zu folgendem Ergebnis: 139 Personen gehörten dem *ordo senatorius* an, 20 Personen waren Angehörige des *ordo equester*, und ferner werden auf den *fistulae* 22 Freigelassene des Princeps sowie drei Ärzte und nichtkaiserliche Freigelassene genannt.[84] Unter den Senatoren waren 68 [100] selbst Consuln, 15 stammten aus consularen Familien, sind also zur Führungsschicht innerhalb des Senates zu rechnen. 25 der insgesamt 34 Frauen aus dem *ordo senatorius* waren Angehörige consularer Familien.[85] Nach Eck war „das spezifische Nahverhältnis zum Kaiser"[86] ausschlaggebend für die Erlaubnis einer Wasserzuleitung aus den öffentlichen Leitungen, und hier hatten hochrangige Senatoren und die Freigelassenen des Princeps einen entscheidenden Vorteil vor anderen Bevölkerungskreisen.

---

79 ILS 5754–5759, 5761–5785, 5788.
80 Tac. ann. 12,57. Suet. Claud. 32.
81 Tac. ann. 12,56,1: *quo magnificentia operis a pluribus viseretur*. Vgl. Tac. ann. 12,57,1: *et contrahendae rursum multitudini gladiatorum spectaculum editur*.
82 Tac. ann. 12,56,3.
83 *Werner Eck*, Die *fistulae aquariae* der Stadt Rom. Zum Einfluss des sozialen Status auf administratives Handeln, in: ders., Verwaltung (wie Anm. 2), Bd. 2, 245–277 (mit einer vollständigen Liste der Personen, die über einen Anschluss an die öffentlichen Leitungen verfügten).
84 Ebd. 251.
85 Ebd. 256f.
86 Ebd. 258.

Eine andere Möglichkeit, die Wasserverteilung in Rom zu analysieren, bieten die Angaben von Frontinus zur Aufteilung des Wassers der einzelnen Leitungen.[87] Zum Verständnis seiner Ausführungen ist es notwendig, das System der römischen Wasserversorgung kurz zu skizzieren: Im Gegensatz zu den Häusern der Senatoren, die eine hohe Chance hatten, die Genehmigung für eine eigene Zuleitung zu erhalten, besaßen die Wohnungen in den Mietshäusern keinen eigenen Wasseranschluss. Die Mehrzahl der Bewohner Roms war damit auf die Wasserversorgung durch öffentliche Laufbrunnen (*lacus*) angewiesen. Die große Zahl solcher Laufbrunnen, die über das ganze Stadtgebiet verteilt waren, war die Voraussetzung dafür, dass die Bevölkerung in relativer Nähe zur Wohnung Wasser für den eigenen Bedarf holen konnte. Immerhin erleichtert der Laufbrunnen gegenüber dem eigentlichen Brunnen das Wasserholen erheblich, denn das mit Wasser gefüllte Gefäß musste nicht aus größerer Tiefe emporgezogen werden.[88]

Frontinus gibt die Wassermenge jeweils in den Größen des Querschnitts von Kanälen und Leitungen an, die Einheit ist dabei die *quinaria*.[89] Da es hier auf die Relationen zwischen den verschiedenen Nutzern ankommt, ist es nicht notwendig, die [101] *quinariae* in Wassermengen umzurechnen.[90] Frontinus differenziert zunächst zwischen der Ableitung des Wassers außerhalb von Rom und dem Wasserangebot in Rom; außerhalb von Rom gibt es nur zwei Nutzer bzw. Nutzergruppen, den Princeps und die *privati* (Privatleute). In Rom wird die jeweils verteilte Wassermenge genau aufgelistet: er nennt den Princeps, die *privati* und das Wasser für den öffentlichen Verbrauch (*usus publici*); darunter werden auch die Laufbrunnen (*lacus*) aufgeführt.

Das Zahlenmaterial, das Frontinus bietet, bezieht sich auf die Zeit, in der er das Amt des *curator aquarum* übernahm, die Maßnahmen des Frontinus unter Traianus sind folglich noch nicht berücksichtigt. Da immer wieder Veränderungen an den Leitungen vorgenommen worden sind, geben die Angaben auch nicht den Zustand nach der Fertigstellung der einzelnen Leitungen wieder, es handelt sich vielmehr um eine Art Momentaufnahme der Wasserverteilung in der Zeit Nervas (96–98 n.Chr.). Dabei ist allerdings kein Anzeichen für eine grundlegende Änderung in der Wasserverteilung nach Agrippa und Augustus festzustellen; damit können die Angaben des Frontinus als symptomatisch für die Zeit des frühen Principats gewertet werden.

Das dem Princeps zur Verfügung stehende Wasser diente wahrscheinlich verschiedenen Zwecken, es war nicht allein für den Palast, sondern auch für alle Gebäude und Ämter unter der Kontrolle des Princeps bestimmt.[91] Entscheidend für die Frage nach den gesellschaftlichen Dimensionen der Wasserverteilung sind somit zwei Angaben, die Zahl der *quinariae* für die

---

87 Frontin. aqu. 79–86: *Rabun Taylor*, Public Needs and Private Pleasures. Water Distribution, the Tiber River and the Urban Development of Ancient Rome. (Studia archaeologica, 109.) Rom 2000.

88 Vgl. allgemein *Tölle-Kastenbein*, Wasserkultur (wie Anm. 2), 143–154. Zu den Laufbrunnen: Frontin. aqu. 104. Die Wasserversorgung in römischen Städten kann sehr gut am Beispiel von Pompeii analysiert werden. Vgl. Liselotte Eschebach, Pompeji, in: Wasserversorgung antiker Städte, Bd. 2 (wie Anm. 77), 202–205; *Gemma Jansen*, The Water System: Supply and Drainage, in: John J. Dobbins/Peddar W. Foss (Eds.), The World of Pompeii. London 2007, 257–266.

89 Die *quinaria* entspricht etwa 6,7 cm²: *Tölle-Kastenbein*, Wasserkultur (wie Anm. 2), 150. Mit der *quinaria* wurde der Durchmesser von Rohren und der Querschnitt der Freispiegelkanäle gemessen, wobei die Fließgeschwindigkeit des Wassers nicht berücksichtigt wurde; dass die Fließgeschwindigkeit Einfluss auf die Wassermenge besaß, war Frontinus durchaus bewusst: Frontin. aqu. 35–36.

90 Vgl. auch *Eck*, Die *fistulae aquariae* (wie Anm. 83), 246 Anm. 7; *Tölle-Kastenbein*, Wasserkultur (wie Anm. 2), 150; *Taylor*, Public Needs (wie Anm. 87), 33–39.

91 Ebd. 44.

privati und für die *lacus*, die für die Wasserversorgung der großen Mehrheit der Bevölkerung von entscheidender Bedeutung waren.

Eine Übersicht über die Angaben bei Frontinus ergibt folgendes Bild: Abgesehen von der *aqua Appia* erhalten *privati* von allen Leitungen deutlich mehr Wasser als die *lacus*, in einigen Fällen steht den *privati* mehr als das Fünffache der Wassermenge zu, die den *lacus* zugeleitet wird. Die Zahlenangaben für die einzelnen Leitungen machen die Disparitäten sehr deutlich. Der Anteil der *privati* und der *lacus* liegt gemessen an der gesamten Wassermenge der jeweiligen Leitung prozentual für den *Anio Vetus* bei 42,9 % und 10,4 %, für die *aqua Marcia* bei 31,3 % und 14,7 %, für die *aqua Tepula* bei 65,8 % und 7,1 %, für die *aqua Iulia* bei 42 % und 8,6 %, für die *Virgo* bei [102] 13,4 % und 2 % und schließlich für die *aqua Claudia* und den *Anio Novus*, die von Frontinus zusammen aufgelistet werden, bei 30,6 % und 9,8 %.[92] Auffallend ist die hohe Wassermenge, die von der Virgo in den Euripus Virginis, ein großes Wasserbecken im Zentrum des von M. Agrippa neu gestalteten Marsfeldes, eingeleitet wurde.[93] In der Zusammenfassung der Wasserverteilung in Rom[94] bei Frontinus sind erwartungsgemäß ähnliche Verhältnisse zu konstatieren; der Anteil der privati an der Wassermenge der *aquae* liegt bei 44,1 %, während auf die *lacus* 9,5 % der Wassermenge entfallen.

Wenn auch die Angaben bei Frontinus in mancher Hinsicht nicht exakt sind[95]; bieten sie doch einen wichtigen Anhaltspunkt für die wirkliche Wasserverteilung in Rom und für die Sicht des *curator aquarum*. Bemerkenswert ist in diesem Zusammenhang der Hinweis auf die Politik des Traianus; der Princeps hatte Maßnahmen ergriffen, um die Wasserzuleitung zu den Laufbrunnen zu gewährleisten, und die Zahl der *lacus* wurde erhöht[96], was eindeutig im Interesse der Bevölkerung Roms war, aber gleichzeitig wurden auch mehr Bewilligungen für private Zuleitungen gewährt. Die *privati*, die zuvor illegal Wasser abgeleitet hatten und eine Strafe befürchten mussten, erhielten auf diese Weise das Wasser als *beneficium* des Princeps.[97]

Die Wasserverteilung in Rom spiegelt demnach sehr deutlich die sozialen Machtverhältnisse in der Zeit des Principats wider. Obgleich die Bevölkerung der Stadt allgemein von dem Bau der Wasserleitungen profitierte, existierte doch ein klarer Vorrang der *privati*, die eine Erlaubnis zur Ableitung von Wasser aus den öffentlichen Leitungen erhalten hatten. Wie die Inschriften auf den *fistulae aquariae* zeigen, gehörten diese *privati* vor allem der politischen Führungsschicht und den Freigelassenen des Princeps an. Wasser wurde von den Angehörigen dieser Funktionseliten; [103] aber keineswegs nur als Trinkwasser benötigt, sondern es speiste auch Springbrunnen, Kaskaden und Wasserspiele in den Gärten.[98] Es war in den Oberschichten

---

92 Frontin. aqu. 80–86. Vgl. auch die Aufstellung bei *Tölle-Kastenbein*, Wasserkultur (wie Anm. 2), 150f. Im Anhang ist die Wassermenge für *privati* und *lacus* in *quinariae* aufgelistet Das Wasser der Alsietina wurde nicht nach Rom geleitet, sondern außerhalb der Stadt verbraucht Frontinus nimmt an, dass Augustus die Leitung baute, um Wasser für die Naumachie am rechten Tiberufer bereitzustellen. Frontin. aqu. 85 und 11.22. Vgl. *Richardson, jr*, Topographical Dictionary of Ancient Rome (wie Anm. 2), 15 und 265.

93 460 *quinariae*, also immerhin ca. 18,3 % der Gesamtmenge des Wassers der *Virgo*. Vgl. Frontin. aqu. 84; *Richardson, jr*, Topographical Dictionary of Ancient Rome (wie Anm. 2), 147.

94 Frontin. aqu. 78.

95 Zu den Ungenauigkeiten bei Frontinus vgl. Taylor, Public Needs (wie Anm. 87), 43.

96 Frontin. aqu. 87. 88.

97 Frontin. aqu. 88: *Nec minus ad privatos commodum ex incremento beneficiorum eius diffunditur; illi quoque qui timidi inlicitam aquam ducebant, securi nunc ex beneficiis fruuntur.*

98 Cic. ad Q. fr., 3,1,1. 3,1,3. Sen. epist. 55,6. Plin. epist. 5,6,36f. Zu den Stadthäusern vgl. für Pompeii Paul Zanker, Pompeji. Stadtbild und Wohngeschmack. (Kulturgeschichte der antiken Welt, 61.) Mainz

eine Garten- und Wasserkultur entstanden, die einen hohen Wasserverbrauch zur Folge hatte. Der Bau der Wasserleitungen entsprach damit vorrangig den sozialen und kulturellen Interessen einer reichen Oberschicht, die allerdings bereit war, die grundlegenden Bedürfnisse der städtischen Bevölkerung bei dem Ausbau der Infrastruktur so weit zu berücksichtigen, dass diese Politik die Akzeptanz der Bevölkerung fand.

Anhang: Die Wasserverteilung in Rom bei Frontinus

Überblick (Frontin. aqu. 78):
Gesamtmenge des Wassers: 14 018 *quinariae*
privati außerhalb von Rom und in Rom: 6192 *quinariae* (44,1 %)
591 Brunnen: 1335 *quinariae* (9,5 %)

Aqua Appia (Frontin. aqu. 79):
Gesamtmenge des Wassers: 704 *quinariae*
privati in Rom: 194 *quinariae* (27,5 %)
92 Brunnen: 226 *quinariae* (32,1 %)

Anio Vetus (Frontin. aqu. 80):
Gesamtmenge des Wassers: 2081 *quinariae*
privati außerhalb von Rom und in Rom: 894 *quinariae* (42,9 %)
94 Brunnen: 218 *quinariae* (10,4 %)

Aqua Marcia (Frontin. aqu. 81):
Gesamtmenge des Wassers: 1733 *quinariae*
privati in Rom: 543 *quinariae* (31,3 %)
113 Brunnen: 256 *quinariae* (14,7 %)

Aqua Tepula (Frontin. aqu. 82):
Gesamtmenge des Wassers: 445 *quinariae*
privati außerhalb von Rom und in Rom: 293 *quinariae* (65,8 %)
[104] 13 Brunnen: 32 *quinariae* (7,1 %)

Aqua Iulia (Frontin. aqu. 83):
Gesamtmenge des Wassers: 754 *quinariae*
privati in Rom: 317 *quinariae* (42 %)
28 Brunnen: 65 *quinariae* (8,6 %)

Virgo (Frontin. aqu. 84):
Gesamtmenge des Wassers: 2504 *quinariae*
privati in Rom: 338 *quinariae* (13,4 %)
25 Brunnen: 51 *quinariae* (2 %)

1995, 150–210.

Aqua Alsietina (Frontin. aqu. 85; vgl. 11):

Gesamtmenge des Wassers: 392 *quinariae*
privati außerhalb von Rom: 138 *quinariae*

Aqua Claudia und Anio Novus (Frontin. aqu. 86):

Gesamtmenge des Wassers: 4911 *quinariae*
privati außerhalb von Rom und in Rom: 1506 *quinariae* (30,6 %)
226 Brunnen: 482 *quinariae* (9,8 %)

Wissenschaftsgeschichte

Schottische Aufklärung und antike Gesellschaft

zuerst in:
P. Kneißl, V. Losemann (Hrsg.), Alte Geschichte und Wissenschaftsgeschichte.
Festschrift für Karl Christ, Darmstadt: Wissenschaftliche Buchgesellschaft, 1988, S. 431–464.

Der Beitrag der schottischen Aufklärung zur Analyse der antiken Gesellschaft ist heute fast vollständig in Vergessenheit geraten; dieser Tatbestand ist um so auffallender, als die Werke schottischer Juristen, Philosophen und Ökonomen des 18. Jahrhunderts ein zentraler Gegenstand neuerer Forschungen zur Geschichte der Aufklärung sind und die Althistorie wiederum gegenwärtig solche theoretischen und methodischen Konzeptionen intensiv diskutiert, die den von David Hume, Adam Smith oder John Millar entwickelten Positionen sehr nahestehen. Obwohl für die Werke der schottischen Aufklärung gerade die Verbindung von historischem Interesse und sozialwissenschaftlicher bzw. ethnologischer Fragestellung, die Einbeziehung von außermediterranen und sogar außereuropäischen Kulturen in die Untersuchung früher Gesellschaften sowie die Anwendung vergleichender Methoden charakteristisch sind, gehen weder Moses Finley, der in „The World of Odysseus" die Thesen von Marcel Mauss über den Geschenkaustausch rezipierte, noch Sally Humphreys, die eine enge Zusammenarbeit zwischen Historikern und Ethnologen befürwortet, in ihren programmatischen Vorträgen über ‚Anthropology and the Classics' auf die Schriften der schottischen Aufklärer ein.[1] Allein Humes Essay ‚Of the Populousness of Ancient Nations' findet die Beachtung Finleys; in ‚The Ancient Economy' wird die Feststellung Humes, in den antiken Quellen werde keine einzige Stadt erwähnt, die ihr Wachstum dem Gewerbe verdanke, zustimmend zitiert,[2] und in ‚Ancient Slavery and Modern Ideology' wird der Essay Humes ausführlich gewürdigt.[3] Allerdings ist überraschend, daß in diesem Zusammenhang John Millars Werk ‚The Origin of the Distinction of Ranks', das im sechsten Kapitel die antike und moderne Sklaverei sowie ihre politischen Auswirkungen behandelt, nur beiläufig genannt wird; Finley wird damit der Qualität und der wissenschaftshistorischen Bedeutung der Schrift Millars zweifellos nicht gerecht.[4]

[432] Die geringe Beachtung, die Theoretiker wie Adam Smith und John Millar bei Finley finden, hängt wahrscheinlich eng mit dessen Einschätzung der Funktion historischen Wissens in der Aufklärung zusammen; die Aufklärer sahen nach Finley Geschichte vornehmlich „as a source of paradigms, not as a discipline".[5] Diese Auffassung trifft allerdings für die schottische Aufklärung kaum zu, denn während des 18. Jahrhunderts bestand in Schottland ein genuines Interesse an Geschichte, das in einer Reihe von glänzenden Darstellungen zum Ausdruck kam; an dieser Stelle sei nur an David Humes ‚History of England' und an ‚The History of the Reign of the Emperor Charles V' von William Robertson, dem Principal der Universität Edinburgh,

---

1   M. I. Finley, Anthropology and the Classics, in: ders., The Use and Abuse of History London 1975, 102–119, S, C. Humphreys, Anthropology and the Classics, in: dies., Anthropology and the Greeks, London 1978, 17–30. Vgl. außerdem C. Kluckhohn, Anthropology and the Classics, Providence 1961.
2   M. I. Finley, The Ancient Economy, Berkeley 1973, 21 f.
3   M. I. Finley, Ancient Slavery and Modern Ideology, London 1980, 30.
4   Finley, Slavery 15. 28. 36.
5   Finley, Slavery 19 f.

erinnert.[6] Das Fach Geschichte war an verschiedenen schottischen Universitäten durchaus eta-
bliert; es gab Lehrstühle für „universal civil history" in Edinburgh und St. Andrews; das Fach
gehörte aber nicht zum obligatorischen Curriculum.[7]

Die Tatsache, daß nach einer Phase intensiver Rezeption[8] der methodische Ansatz und
die theoretischen Einsichten schottischer Autoren des 18. Jahrhunderts nicht mehr reflektiert wurden, hatte gravierende Auswirkungen auch auf die Entwicklung der klassischen
Altertumswissenschaften in Deutschland. Eduard Meyers modernistische Sicht der Antike,
seine Gleichsetzung von antiker und frühneuzeitlicher Wirtschaft, von Sklaverei und modernem Proletariat konnte sich nur durchsetzen, weil die Althistoriker die sozialwissenschaftlichen
Traditionen ihres Faches aufgegeben hatten und unfähig zum Dialog mit Nationalökonomen
wie Karl Bücher oder Soziologen wie Max Weber geworden waren.[9] Als nach 1950 in der
Bundesrepublik Deutschland die Diskussion über die antike Sklaverei vornehmlich mit dem
Ziel einer Abgrenzung vom marxistischen Geschichtsverständnis geführt wurde, übersah man
in Unkenntnis der Literatur des 18. Jahrhunderts, daß manche der Marx zugeschriebenen
Auffassungen bereits von Hume, Smith oder Millar formuliert worden waren. Dies gilt etwa,
um nur ein Beispiel zu nennen, für die von Franz Kiechle in einer größeren Monographie kritisierte These, „daß Sklavenarbeit den technischen Fortschritt gehemmt hätte".[10]

[433] Vor diesem Hintergrund kommt den folgenden Ausführungen nicht nur die Aufgabe
zu, ein bislang vernachlässigtes Kapitel der Wissenschaftsgeschichte zu erhellen, sondern es
soll darüber hinaus auch ein Beitrag zu den gegenwärtigen Bemühungen um eine angemessene Analyse der antiken Gesellschaft geleistet werden. Da die Entwicklung von Theorien in
hohem Maße von institutionellen und sozialen Voraussetzungen abhängig ist, wird in Teil I
zunächst der Kontext der schottischen Aufklärung kurz skizziert; anschließend sollen in den
Abschnitten II–V die grundlegenden Aussagen von Hume, Smith, Ferguson und Millar zur
antiken Gesellschaft exemplarisch behandelt werden.

I

Im 18. Jahrhundert befand sich Schottland in einer Phase tiefgreifender politischer, sozialer
und wirtschaftlicher Veränderungen.[11] Zu Beginn dieses Zeitraums, im Jahre 1707, wurde
von England, mit dem bereits seit 1603 eine dynastische Verbindung bestand, die Union der

---

6 Vgl. hierzu W. C. Lehmann, John Millar of Glasgow 1735–1801, Cambridge 1960, 98 ff.

7 R. G. Cant, The Scottish universities and Scottish society in the eighteenth century, in: Stud. on Voltaire
and the Eighteenth Cent. LVIII, 1967, 1953–1966.

8 Zur Rezeption der Werke von John Millar vgl. W. C. Lehmann, a. a. O. 145 ff.

9 Vgl. dazu H. Schneider, Hrsg., Sozial- und Wirtschaftsgeschichte der römischen Kaiserzeit, Darmstadt
1981, 1 ff. mit weiteren Literaturhinweisen.

10 F. Kiechle, Sklavenarbeit und technischer Fortschritt im römischen Reich, Wiesbaden 1969, 1 ff. Diese
These, von der Kiechle meint, sie gehe „im wesentlichen denn auch bereits auf Karl Marx zurück", findet
sich bei J. Millar, The Origin of the Distinctions of Ranks, in: Lehmann, John Millar of Glasgow 320 und
bei A. Smith, An Inquiry into the Nature and Causes of the Wealth of Nations, Oxford 1976, 684f. Zu
Kiechle vgl. auch Finley, Ancient Slavery, 62.

11 Allgemein zu Schottland im 18. Jh.: H. Trevor-Roper, The Scottish Enlightenment, in: Stud. on Voltaire and
the Eighteenth Cent. LVIII, 1967, 1635–1658. J. Clive, The Social Background of the Scottish Renaissance,
in: N. T. Phillipson – R. Mitchison, ed., Scotland in the Age of Improvement, Edinburgh 1970, 225–244.
N. Phillipson, The Scottish Enlightenment, in: R. Porter – M. Teich, ed., The Enlightenment in National
Context, Cambridge 1981, 19–40.

Parlamente durchgesetzt; Edinburgh verlor damit seine Funktion als Sitz des schottischen Parlaments, und gleichzeitig gingen zahlreiche Angehörige der schottischen Oberschicht als Lords oder Mitglieder des Unterhauses nach London, was zunächst einen wirtschaftlichen Niedergang der Stadt zur Folge hatte. Die Union bedeutete allerdings nicht eine völlige Angleichung der schottischen Verhältnisse an England; Schottland behielt eine unabhängige Kirche, sein Recht und seine Gerichtshöfe; damit blieb auch das oberste Gericht in Edinburgh bestehen. Dieser Wandel hatte spezifische Auswirkungen auf die Sozialstruktur der Stadt: Innerhalb der Oberschicht erlangten die Juristen eine dominierende Stellung.[12] Die gleichzeitige Existenz von zwei unterschiedlichen Rechtssystemen in England und Schottland sowie der Charakter des schottischen Rechts, das vor allem aus einzelnen Rechtsentscheidungen bestand, förderte [434] zudem eine intensive Beschäftigung mit dem Recht und der Rechtsgeschichte.[13]

Da mit der Union die Handelseinschränkungen der Navigation Acts für Schottland keine Gültigkeit mehr besaßen, kam es in der ersten Hälfte des 18. Jahrhunderts zu einem nachhaltigen wirtschaftlichen Aufschwung; die Stadt Glasgow, deren Prosperität vornehmlich auf dem Tabakimport beruhte, entwickelte sich zu einem der wichtigsten Handelszentren in Großbritannien; gleichzeitig entstand in den größeren Städten ein Gewerbe, das nicht nur den regionalen Bedarf zu decken vermochte, sondern auch für den Export produzierte; die in den Manufakturen Edinburghs hergestellten Kutschen wurden etwa bis nach Paris und St. Petersburg geliefert. Das Wirtschaftswachstum kann gut an den Produktionszahlen für ein typisch schottisches Erzeugnis verdeutlicht werden; Zwischen 1708 und 1783 stieg die Menge des jährlich produzierten Whiskys von etwa 220 000 auf über 7,5 Millionen Liter an.[14] Mit der wirtschaftlichen Entwicklung war eine beträchtliche Zunahme der Bevölkerung in den großen Städten verbunden; die Einwohnerschaft von Glasgow wuchs während des 18. Jahrhunderts von ca. 15 000 auf 80 000, die von Edinburgh von ca. 40 000 auf 70 000 an, was sich in dem Entstehen neuer Stadtviertel wie den New Towns in Edinburgh widerspiegelt.[15] Diese Veränderungen wurden von der Intelligenz nicht nur wahrgenommen, sie wurden auch bewußt vorangetrieben; man gründete verschiedene Societies ‚for Improving Arts and Sciences‘, darunter auch die Edinburgh Society, deren erklärtes Ziel die Förderung von Gewerbe und Landwirtschaft war.[16] Gleichzeitig verloren in der schottischen Gesellschaft die Relikte älterer Zeiten an Bedeutung. Nach dem erfolglosen Versuch der Stuarts, im Jahre 1745 in Schottland wiederum die Macht zu erlangen, wurden die Feudalrechte der Oberhäupter der Clans in den Highlands eingeschränkt; sichtbaren Ausdruck fanden diese Restriktionen in dem Verbot, den Kilt zu tragen.[17]

12 D. Young, Scotland and Edinburgh in the eighteenth century, in: Stud. on Voltaire and the Eighteenth Cent. LVIII, 1967, 1967–1990, bes. 1971 ff. 1976. Clive, The Social Background, 228. Zur Union vgl. B. Coward, The Stuart Age, London 1980, 376–382 und Phillipson, Scottish Enlightenment, 26 ff.

13 P. Stein, Law and Society in Eighteenth Century Scottish Thought, in: Phillipson – Mitchison, ed., Scotland in the Age of Improvement, 148–168. Ders., Legal Evolution – The story of an idea, Cambridge 1980, 23 ff.

14 Zur wirtschaftlichen Entwicklung von Glasgow vgl. R. H. Campbell – A. S. Skinner, Adam Smith, London 1985, 58 ff., Edinburgh; Young, Scotland 1977, 1980.

15 Bevölkerungswachstum der Städte; Cant, The Scottish universities 1957. Zur Stadtentwicklung von Edinburgh: Young, Scotland and Edinburgh 1976 f.

16 D. D. McElroy, Scotland's Age of Improvement, A Survey of Eighteenth-Century Literary Clubs and Societies, Washington 1969, besonders 50 ff. Phillipson, Scottish Enlightenment 27 f.

17 McElroy, Scotland's Age 34. Vgl. außerdem O. Kettler, The Social and Political Thought of Adam Ferguson, Ohio 1965, 16 f. Zur Bedeutung der Kenntnis der Highlands für Ferguson vgl. Z. Batscha – H. Medick, in:

Unter den Intellektuellen stellten neben den Juristen die Professoren der [435] schottischen Universitäten die wichtigste Berufsgruppe dar; es gab, anders als in London, keine freien
Autoren, denn der Buchmarkt war in Schottland zu begrenzt, um Schriftstellern eine eigenständige soziale Existenz zu ermöglichen.[18] Theoretiker wie Adam Smith, Adam Ferguson und
John Millar hatten Lehrstühle in Glasgow oder Edinburgh inne; David Hume, der wegen
seiner bekannt antikirchlichen Einstellung keine Professur erhielt, war Librarian der Faculty
of Advocates in Edinburgh und später Sekretär von Earl Hertford, dem englischen Botschafter
in Paris.[19]

Die Universitäten müssen als Teil des gesamten schottischen Bildungssystems betrachtet
werden, das seit Ende des 17. Jahrhunderts einem umfassenden Erneuerungsprozeß unterworfen war. Seit der Reformation existierte in Schottland ein ausgeprägtes Interesse an Erziehung
und Bildung; die 1560 erhobene Forderung, jeder Pfarrbezirk solle eine eigene Schule besitzen, wurde zwar erst 1696 durch einen Parlamentsbeschluß eingelöst, aber bereits im 17.
Jahrhundert waren die Fähigkeiten des Lesens und Schreibens in Schottland weit verbreitet.[20]
Im 18. Jahrhundert existierten fünf, im 15. bzw. 16. Jahrhundert gegründete Universitäten: St.
Andrews, Glasgow, Old Aberdeen, Edinburgh, New Aberdeen; die Zahl der Studenten belief
sich auf etwa 1500 und war damit so hoch wie an den beiden englischen Universitäten Oxford
und Cambridge, wobei in Rechnung zu stellen ist, daß die Bevölkerung Englands ungefähr
fünfmal so groß war wie die Schottlands.[21]

Die Entwicklung der Universitäten wurde während der ersten Hälfte des 18. Jahrhunderts
wesentlich von den Reformbestrebungen bestimmt, die eine Ablösung des Systems der Regents,
die als Tutoren das Studium in den verschiedenen Fächern beaufsichtigten, die Schaffung
von Lehrstühlen für die einzelnen wissenschaftlichen Disziplinen und die Einführung der
Vorlesungen zur Folge hatten. Die schottischen Universitäten waren keineswegs von den wissenschaftlichen Fortschritten in den anderen europäischen Staaten isoliert; Vorbild für die
Reformen waren die Universitäten Utrecht und Leiden, zu denen auch im weiteren Verlauf des
18. Jahrhunderts enge Beziehungen bestanden; viele schottische Theologen und Juristen haben
in den Nieder[436]landen studiert. Auf eine gute fachliche Ausbildung der Studenten, die aus
allen sozialen Schichten kamen, wurde an den schottischen Universitäten großer Wert gelegt;
sie unterschieden sich hierin von Oxford und Cambridge, wo das Studium sich eher an den
allgemeinen Bildungsidealen der ‚leisure class‘ orientierte.[22]

Die Professoren waren auf mannigfache Weise mit der politischen, sozialen und wirtschaftlichen Entwicklung Schottlands konfrontiert; die Universitäten besaßen eigenes Vermögen,
mit dessen Verwaltung einzelne Hochschullehrer beauftragt waren, zu denen in Glasgow auch

---

A. Ferguson, Versuch über die Geschichte der bürgerlichen Gesellschaft, Frankfurt 1986, 15 f.
18 Trevor-Roper, Scottish Enlightenment 1638. Clive, The Social Background 227. Vgl. dazu auch A. Smith,
    Wealth of Nations 810 f.: „In Geneva, on the contrary, in the Protestant cantons of Switzerland, in the
    Protestant countries of Germany, in Holland, in Scotland, in Sweden, and Denmark, the most eminent
    men of letters whom chose countries have produced, have, not all indeed, but the far greater part of them,
    been professors in universities."
19 A. Flew, David Hume, Philosopher of Moral Science, Oxford 1986, 6 ff.
20 Cant, The Scottish universities 1954 f.
21 Cant, The Scottish universities 1955 f.
22 Trevor-Roper, Scottish Enlightenment 1648 f. Clive, The Social Background 233 ff. Phillipson, Scottish
    Enlightenment 28 f. Campbell – Skinner, Adam Smith 18 f. 48 f. Soziale Herkunft der Studenten: Clive,
    The Social Background 225. Kettler, Adam Ferguson 34.

Adam Smith gehörte. Wichtiger noch waren in diesem Zusammenhang die ‚societies‘, die praktische Aufgaben wahrnahmen und in denen Professoren, Juristen, Kaufleute und Vertreter anderer Berufe zusammenkamen. Adam Smith etwa war Mitglied des Political Economy Club in Glasgow; es wird angenommen, daß Smith durch den Kontakt mit den anderen Mitgliedern dieses Clubs jene Einsichten in das Wirtschaftsleben erwarb, die es ihm ermöglichten, ‚The Wealth of Nations‘ zu schreiben.[23] Die ‚societies‘ förderten darüber hinaus auch die Kommunikation zwischen den Intellektuellen, die meist gute Kontakte untereinander besaßen, was gerade für Hume, Smith, Ferguson und Millar zu trifft.[24]

Das intellektuelle Leben in Schottland wurde um 1750 deutlich von der Auseinandersetzung mit französischen und englischen Einflüssen bestimmt. Aufgrund der alten dynastischen Verbindungen zwischen den Stuarts und Frankreich bestand in einer Stadt wie Edinburgh eine große Offenheit der französischen Kultur gegenüber; die Werke französischer Philosophen wurden in Schottland schnell rezipiert und intensiv diskutiert; ein 1756 von Adam Smith in der ‚Edinburgh Review‘ publizierter Artikel zeigt eine glänzende Kenntnis der zeitgenössischen wissenschaftlichen Literatur Frankreichs; die von Montesquieu in ‚De l'esprit des lois‘ formulierten Thesen fanden verhältnismäßig rasch Eingang in den Universitätsunterricht, wie die Vorlesungen von Adam Smith zeigen.[25] Andere Bemühungen galten der Verbesserung der englischen Sprachkenntnisse in Schottland; man hoffte, auf diese Weise zu [437] einer besseren Verbreitung schottischer Literatur in England beitragen zu können.[26]

Die kulturellen Einflüsse von außen, die Dominanz juristischen Denkens und die Erfahrung eines beschleunigten sozialen und wirtschaftlichen Wandels, der als ‚improvement‘ empfunden wurde, haben die an den schottischen Universitäten formulierten Theorien nachhaltig geformt; an dieser Stelle soll nur ein wesentlicher Aspekt hervorgehoben werden: Die Transformation Schottlands machte den Intellektuellen deutlich, daß Gesellschaften sich verändern. The ‚History of Civil Society‘ wurde als Objekt der Wissenschaft konstituiert.[27]

23 Campbell-Skinner, Adam Smith 54 ff. 64 f. McElroy, Scotland's Age 30 f. 40 f.

24 Zur Freundschaft zwischen Smith und Hume vgl. Campbell-Skinner, Adam Smith 186 ff. J. Millar war Schüler von Smith; vgl. Lehmann, John Millar 16.

25 Trevor-Roper, Scottish Enlightenment 1641 f. Young, Scotland 1982 f. Campbell-Skinner, Adam Smith 37. 110 f. Zum französischen Einfluß auf Smith vgl. auch A. S. Skinner, Adam Smith: an Economic Interpretation of History, in: A. S. Skinner – Th. Wilson, Essays on Adam Smith, Oxford 1975, 154–178, bes. 172.

26 McElroy, Scotland's Age 55 ff. Campbell-Skinner, Adam Smith 37.

27 Vgl. vor allem Lehmann, John Millar 98 ff. Die Gesellschaft ist Thema einer Vielzahl von historischen Werken schottischer Autoren; vgl. etwa A. Ferguson, An Essay on the History of Civil Society, 1767 und W. Robertson, A View of the Progress of Society in Europe, 1769 (vol. I von The History of the Reign of the Emperor Charles V).

II

David Humes Essay ‚Of the Populousness of Ancient Nations' (1752)[28] steht in der Tradition der ‚Querelle des Anciens et des Modernes'; wie Perrault, der in seinem Gedicht ‚Le siècle de Louis le Grand' die französische Kultur seiner Zeit feiert,[29] vergleicht auch Hume Antike und Gegenwart; während aber die französischen Schriftsteller in der Debatte, die dem Gedicht Perraults folgte, den Versuch unternahmen, den Vorrang der modernen Künste und Wissenschaften vor den Werken der Antike zu erweisen, konzentriert sich Hume auf die Frage, ob in der Antike oder in der Neuzeit mehr Menschen in Europa lebten. Die Argumentation Humes richtet sich gegen die in dieser Zeit weitverbreitete und noch vor 1745 von Robert Wallace zunächst in einem Vortrag vertretene Auffassung, die Bevölkerung habe seit der Antike deutlich abgenommen.[30] Da ihm für seine Untersuchungen kein [438] statistisches Material zur Verfügung stand, hält Hume es für notwendig, vor der kritischen Analyse der wenigen überlieferten Zahlenangaben zur antiken Bevölkerung zunächst die generellen Auswirkungen der sozialen und wirtschaftlichen Verhältnisse auf die Bevölkerungsentwicklung sowohl in der Antike als auch in der Neuzeit zu behandeln. Diesem Verfahren liegt die Überzeugung zugrunde, daß „almost every man who thinks he can maintain a family will have one“[31]. Damit ist ein Kriterium für die Einschätzung der Bevölkerungsgröße einer Gesellschaft gewonnen:

> But if everything else be equal, it seems natural to expect, that, wherever there are most happiness and virtue, and the wisest institutions, there will also be most people.[32]

Von diesen Voraussetzungen her ist es verständlich, daß Hume sich zunächst bemüht, die Unterschiede zwischen antiker und moderner Gesellschaft klar herauszuarbeiten. Die Darstellung der sozialen Verhältnisse der Antike beginnt mit einer genauen Analyse der Sklaverei, die als entscheidendes Strukturmerkmal der antiken Gesellschaft gesehen wird:

> The chief difference between the domestic oeconomy of the ancients and that of the moderns consists in the practice of slavery, which prevailed among the former, and which has been abolished for some centuries throughout the greater part of Europe.[33]

Die politischen und sozialen Konsequenzen der antiken Sklaverei werden in dem Essay sehr negativ beurteilt; dezidiert äußert Hume die Ansicht, daß im neuzeitlichen Europa selbst unter einem Willkürregime mehr Freiheit herrsche als in den antiken Staaten während ihrer Blütezeit, da die Sklaverei stets grausamer und härter sei als jegliche politische Unterdrückung. Durch die Sklaverei wurden die antiken Sitten ungünstig beeinflußt: Hume glaubt, die große Macht

---

28 D. Hume, Essays, Moral, political and Literary I (= Philosophical Works II), London 1875, 381–443. Vgl. Finley, Ancient Slavery 30 f. Im 19.Jh. wurde der Essay von solchen Althistorikern, die auf dem Gebiet der antiken Demographie arbeiteten, sehr positiv beurteilt; vgl. J. Beloch, Die Bevölkerung der Griechisch-Römischen Welt, Leipzig 1886, 34 ff. 86. Ed. Meyer, Die Bevölkerung des Altertums, in: Handwörterbuch der Staatswissenschaften II, Jena 1909, 901.

29 M. Fuhrmann, Die Querelle des Anciens et des Modernes, der Nationalismus und die deutsche Klassik, in: R. R. Bolgar, Classical Influences on Western Thought A.D. 1650-1870, Cambridge 1979, 107–129.

30 Vgl. R. Wallace, A Dissertation on the Numbers of Mankind in Ancient and Modem Times, Edinburgh 1753. Wallace und Hume arbeiteten gleichzeitig an ihren Schriften zur Bevölkerungsgeschichte; zur Entstehung des Essays von Hume vgl. McElroy, Scotland's Age 37 ff.

31 Hume, Of the Populousness 384.

32 Hume, Of the Populousness 384.

33 Hume, Of the Populousness 385.

über andere Menschen – die Gewohnheit, „to trample upon human nature" [34] – habe einen Verlust an Humanität zur Folge. Anders als in der Neuzeit bestand in der Antike zwischen ‚servant' und ‚master' kein Verhältnis gegenseitiger Verpflichtung; während der Sklave gezwungen werden konnte, gehorsam zu sein, gab es für den Sklavenbesitzer keine verbindliche Norm eines maßvollen und humanen Verhaltens den Sklaven gegenüber. Die Lebensbedingungen der Sklaven charakterisiert Hume prägnant durch den Hinweis auf die Aussetzung alter und kranker Sklaven, auf die Fesselung solcher Sklaven, die auf den großen römischen Landgütern arbeiteten, und auf die bei Prozessen übliche Folterung von Sklaven.

[439] In den Abschnitten des Essays, in denen Hume dann den Zusammenhang zwischen Sklaverei und Bevölkerungsentwicklung analysiert, wird zunächst die These kritisch überprüft, die Sklaverei habe erheblich zum Bevölkerungswachstum beigetragen, weil die Sklavenbesitzer im Bestreben, ihren Reichtum zu vermehren, an einer Aufzucht von Sklavenkindern interessiert gewesen seien. Demgegenüber betont Hume die hohen Kosten, die aufgewendet werden müssen, um ein Kind in einer großen Stadt oder einer prosperierenden Region aufzuziehen. Günstiger als die natürliche Reproduktion war es daher, Sklaven aus entfernten, ärmeren Gegenden heranholen zu lassen. Als Beleg für diese Auffassung führt Hume eine Reihe von antiken Zeugnissen an, aus denen hervorgeht, daß ständig Sklaven aus dem östlichen Mittelmeerraum nach Italien gebracht wurden und daß die in Griechenland sowie in Italien lebenden Sklaven größtenteils barbarischen Völkern angehörten.

Der natürlichen Reproduktion der Sklavenbevölkerung standen außerdem zwei weitere Faktoren entgegen: Unter den Sklaven überwogen bei weitem Männer; Frauen werden in den Verzeichnissen des in Werkstätten oder auf Landgütern arbeitenden Personals nur ausnahmsweise erwähnt. Außerdem galten Sklavenehen als ein Privileg, das nur wenigen Sklaven, etwa den *vilici*, gewährt wurde. Die Empfehlung Varros, Hirten zu erlauben, eine Familie zu haben und Kinder großzuziehen, erkläre Hume damit, daß die Kosten für den Unterhalt dieser fern von den Städten und den Landgütern lebenden Kinder äußerst niedrig waren. Die Versuche, Sklavinnen zur Aufzucht von Kindern zu motivieren, hält Hume insgesamt für wenig wirkungsvoll; er faßt das Ergebnis seiner Überlegungen mit den Worten zusammen, „that slavery is, in general disadvantageous both to the happiness and populousness of mankind".[35] Ferner wurde die Bevölkerungsentwicklung der Antike negativ durch die weitverbreitete Praxis der Kindesaussetzung beeinflußt, der ähnliche demographische Wirkungen wie der neuzeitlichen Gewohnheit, Töchter in ein Kloster zu bringen, zugeschrieben werden.

Neben der Sklaverei ist nach Ansicht Humes das niedrige Entwicklungsniveau von Gewerbe und Handel für die antike Wirtschaft charakteristisch:

„Trade, manufactures, industry, were no where, in former ages, so flourishing as they are at present in Europe."[36]

Die Nachrichten über hohe Zinssätze und große im Handel erzielte Gewinne werden als Indiz dafür gewertet, daß der sekundäre Wirtschaftssektor in der Zeit der Antike über ein Anfangsstadium noch nicht hinausgelangt war. Ein Wachstum von Städten aufgrund der Einrichtung von Werkstätten ist dementsprechend für die Antike nicht nachweisbar, und der

---

34 Hume, Of the Populousness 385.
35 Hume, Of the Populousness 394.
36 Hume, Of the Populousness 410.

Handel beschränkte sich weitgehend auf den Austausch solcher Agrarprodukte, deren Anbau besondere Böden oder ein bestimmtes [440] Klima erforderte. Hume sieht zwar, daß die Landwirtschaft in einigen Gebieten Griechenlands und Italiens zeitweise in Blüte stand, gleichzeitig stellt er aber die rhetorische Frage, ob eine solche Blüte isoliert – bei fehlendem Handel und Gewerbe – überhaupt denkbar sei. Die beste Methode, die Landwirtschaft zu fördern, ist nach Hume die Belebung des Gewerbes, das einerseits Absatzmärkte für Agrarprodukte schafft und andererseits der Landbevölkerung Güter für „pleasure and enjoyment"[37] liefert; da eher in der Neuzeit als in der Antike so verfahren wurde, kann Hume folgern, daß im neuzeitlichen Europa die Bevölkerung größer als in den antiken Gemeinwesen war.

In kurzen Bemerkungen zur neuzeitlichen Wirtschaft skizziert Hume die wesentlichen Errungenschaften der Moderne: Neben dem höheren technischen Können werden hier die Entdeckung neuer Welten und die daraus resultierende Intensivierung des Handels, die Verbesserung der Kommunikation durch die Einrichtung des Postwesens sowie die Verwendung von Wechseln im Geldverkehr genannt; diese Neuerungen begünstigten das Wachstum der Wirtschaft und der Bevölkerung: „These seem all extremely useful to the encouragement of art, industry, and populousness"[38]; sie können so als „improvements and refinements"[39] begriffen werden.

Die kritische Sicht der Antike ist bei Hume primär durch eine entschiedene, mit dem Hinweis auf die Verhältnisse in den amerikanischen Kolonien begründete Ablehnung der Sklaverei bedingt. Zu den nachteiligen Folgen der Sklaverei gehört vor allem eine spezifische Formung der sozialem Verhaltensweisen. In der antiken Gesellschaft ist jeder Angehörige der Oberschicht ein „petty tyrant" und erhält seine Erziehung in einem sozialen Klima, das von „the flattery, submission, and low debasement of his slaves"[40] bestimmt ist. Die in diesem Zusammenhang verwendete Terminologie ist überaus aufschlußreich: Indem Hume von den „barbarous manners of ancient times" spricht, richtet er den Begriff des Barbarischen, der in der Antike dazu diente, die griechisch-römische Zivilisation von anderen Kulturen abzugrenzen, polemisch gegen die klassische Antike. Das inhumane Verhalten Sklaven gegenüber und die Praxis der Kindesaussetzung werden ausführlich beschrieben, wobei Hume im Fall der Kindesaussetzung hervorhebt, daß diese Gewohnheit in der Antike nur selten kritisiert und selbst von einem Moralisten wie Plutarch gebilligt wurde.

Die gering ausgeprägte Humanität und die mangelnde Fälligkeit zur Mäßigung hatten auch gravierende Auswirkungen auf die Politik der antiken Staaten; innere Konflikte wurden in Griechenland sowie in Rom äußerst [441] gewaltsam ausgetragen:

> „The transactions, even in free governments, were extremely violent and destructive."[41]

Die von Appian in der Darstellung der römischen Bürgerkriege geschilderten Massaker und Proskriptionen bezeichnet Hume als „barbarous proceedings"[42], und die Häufigkeit eines gewaltsamen, gesetzwidrigen Vorgehens gegen politische Gegner in der Zeit der späten Republik wird mit dem Satz kommentiert:

37 Hume, Of the Populousness 412.
38 Hume, Of the Populousness 413.
39 Hume, Of the Populousness 412.
40 Hume, Of the Populousness 385.
41 Hume, Of the Populousness 404.
42 Hume, Of the Populousness 408.

A wretched security in a government which pretends to laws and liberty![43]

Für die Anschauungen Humes ist gerade auch sein Widerspruch gegen Swifts satirische Darstellung des modernen England kennzeichnend; eine Beschreibung, in der von einer Gesellschaft behauptet wird, sie bestehe vornehmlich aus „discoverers, wimesses, informers, accusers, prosecutors, evidences, swearers", paßt nach Hume besser auf Athen als auf das moderne England, das sich gerade durch „humanity, justice and liberty" auszeichnet.[44] Der scharfe Kontrast zwischen Antike und Moderne bei Hume wird noch deutlicher, wenn man diese Vorstellung vom neuzeitlichen England mit dem Urteil über die antiken Verfassungen vergleicht:

> In those days there was no medium between a severe, jealous Aristocracy, ruling over discontented subjects; and a turbulent, factious, tyrannical Democracy.[45]

Darüber hinaus weist Hume auch auf das unterschiedliche Entwicklungsniveau der antiken und neuzeitlichen Wirtschaft hin; während in der Antike ein prosperierendes Gewerbe weitgehend fehlte, kann von den „commercial states of modern times"[46] gesprochen werden. Der agrarisch geprägten Antike steht die moderne Gewerbegesellschaft gegenüber.[47] Sowohl die Sklaverei als auch das niedrige Entwicklungsniveau des Gewerbes sind nach Humes Einschätzung dem Glück der Menschen und damit gleichzeitig der Bevölkerungsentwicklung abträglich gewesen.[48] Aufgrund solcher Überlegungen ist es Hume möglich, das Verhältnis von Antike und Moderne prägnant mit den Worten „ancient nations seem inferior to the modern" zu umreißen.[49]

[442] III

Obgleich Hume annahm, daß die Nationen der Neuzeit aufgrund ihrer sozialen, wirtschaftlichen und politischen Errungenschaften den antiken Gemeinwesen überlegen waren, stellt er im Essay ‚Of the Populousness of Ancient Nations' wesentlich nur die gesellschaftlichen Zustände der Antike und der Moderne gegenüber, ohne eine theoretische Konzeption vorzulegen, die es ihm ermöglicht hätte, beide Epochen überzeugend in den Ablauf der Geschichte einzuordnen. Nur wenige Jahre später unternahmen dann schottische Juristen, die sich mit dem Wandel von Rechtsverhältnissen befaßten, den Versuch, eine Beziehung zwischen der Rechtsentwicklung und sozialen Veränderungen herzustellen. Anders als bei Montesquieu, der Klima und geographische Lage für die entscheidenden Faktoren hielt, die eine Gesellschaft und auch deren Gesetze

---

43 Hume, Of the Populousness 409.
44 Hume, Of the Populousness 408 Anm. 1.
45 Hume, Of the Populousness 409.
46 Hume, Of the Populousness 411.
47 Vgl. dazu auch Hume, Of Commerce, in: ders., Philosophical Works III, London 1875, 287 ff. In diesem Essay betont Hume das Fehlen von „commerce and luxury" (290) in vielen antiken Staaten, weist aber gleichzeitig darauf hin, daß in den, antiken Agrarstaaten ein höherer Prozentsatz der Bevölkerung in der Armee diente als in modernen Staaten.
48 Der Begriff happiness: Hume, Of the Populousness 384. 394. 410.
49 Hume, Of the Populousness 410. Dieses Urteil ist in der englischen Literatur um 1750 keineswegs üblich; so bezeichnet H. Fielding in dem 1749 erschienenen Roman Tom Jones (12. Buch, 12. Kapitel) die Regierungszeit der *principes* von Nerva bis Marcus Aurelius als „das einzige Goldene Zeitalter, das, außer in der erhitzten Einbildungskraft der Poeten, von der Vertreibung aus dem Garten Eden bis auf den heutigen Tag jemals existiert hat".

prägen, wurde in der schottischen Literatur des 18. Jahrhunderts die Theorie einer Abfolge von Gesellschaftstypen entworfen, denen jeweils ein bestimmtes Rechtssystem entspricht.[50]

Die erste Formulierung dieser Auffassung findet sich in der Abhandlung ‚An Essay towards a General Theory of Feudal Property in Great Britain‘ des Juristen John Dalrymple aus dem Jahre 1757; in dem Kapitel über das Eigentum an Land spricht Dalrymple von drei ‚stages of society‘:

> The first state of society is that of hunters and fishers; [.. .] The next state of society begins, when the inconveniences and dangers of such a life lead men to the discovery of pasturage. [...] A third state of society is produced, when men become so numerous, that the flesh and milk of their cattle is insufficient for their subsistence, and when their more extended intercourse with each other has made them strike out new arts of life and particularly the art of agriculture.[51]

Bei Lord Kames, der um 1750 im Zentrum einer Gruppe von Intellektuellen – darunter David Hume, Adam Smith und John Miliar – stand, wird dieses Modell historischer Entwicklung ebenfalls juristischen Untersuchungen [443] zugrunde gelegt, wobei die sozialen Veränderungen wie in Humes Essay als ‚improvements‘ bewertet werden:

> Law in particular becomes then only a rational study, when it is traced historically, from its first rudiments among savages, through successive changes, to its highest improvements in a civilized society.[52]

Diese Gedanken wurden von Adam Smith in den 1762 an der Universität Glasgow gehaltenen ‚Lectures on Jurisprudence‘ aufgegriffen und zu einer die gesamte Geschichte der Zivilisation erfassenden historischen Theorie ausgearbeitet; den drei ‚stages of society‘ wird noch eine vierte, von Gewerbe und Handel bestimmte Epoche hinzugefügt:

> There are four distinct states which mankind pass thro: -1st, the Age of Hunters; 2dly, the Age of Shepherds; 3^{rdly} die Age of Agriculture; and 4^{thly} the Age of Commerce.[53]

Das für Smith maßgebliche Kriterium der Periodisierung ist die Art und Weise, wie die Menschen die für lebensnotwendig gehaltenen Güter produzieren; von der jeweiligen Subsistenzweise werden dann die Eigentumsverhältnisse, die vorherrschenden Rechtsformen und der Grad der

---

50 Vgl. P. Stein, Law and Society in Eighteenth-Century Scottish Thought, in Phillipson-Mitchison, ed., Scotland in the Age of Improvement 148–168. Ders., Legal Evolution, The story of an idea, Cambridge 1980, 23 ff. Ders., Adam Smith's Theory of Law and Society, in: Bolgar, ed., Classical Influences 263–273.

51 J. Dalrymple, An Essay towards a General Theory of Feudal Property in Great Britain, zitiert nach Stein, Legal Evolution 24 f. Zu Dalrymple vgl. außerdem R. L. Meek, Social Science and the Ignoble Savage, Cambridge 1976, 99 ff.

52 Lord Kames, Historical Law Tracts, zitiert nach Stein, Legal Evolution 25. Zu Kames vgl. Meek, Social Science 102 ff. und Campbell-Skinner, Smith 29 ff.

53 A. Smith, Lectures on Jurisprudence, Oxford 1978, 14. Zur Geschichtsauffassung von Adam Smith vgl. H. Medick, Naturzustand und Naturgeschichte der bürgerlichen Gesellschaft, Göttingen 1973, 249 ff. A. S. Skinner, Adam Smith: an Economic Interpretation of History, in: A. S. Skinner – Th. Wilson, Essays on Adam Smith, Oxford 1975, 154-178. Zu den Lectures on Jurisprudence vgl. Campbell-Skinner, Smith 109 ff. Wenn Finley meint: „There was no road from the ‚Oeconomics‘ of Francis Hutcheson to the *Wealth of Nations* of Adam Smith" (Ancient Economy 20), werden hier die Lectures on Jurisprudence übersehen, deren Konzeption noch Hutcheson verpflichtet ist, die aber darüber hinaus den später im Wealth of Nations behandelten Themenkomplex bereits eingehend erörtern (333–394); dabei weist die Formulierung „means of introducing plenty and abundance into the country" schon auf den Titel des späteren Werkes voraus.

Institutionalisierung abgeleitet. Mit Hilfe dieser Theorie vermag Smith auch die Dynamik der gesellschaftlichen Entwicklung zu erklären: Die Viehzucht gewährte eine bessere Versorgung mit Nahrungsmitteln als die Jagd, und die Menschen gingen zum Ackerbau über, als die Viehzucht zur Deckung des Bedarfs einer wachsenden Bevölkerung nicht mehr ausreichte. Die Entstehung einer auf Handel und Gewerbe beruhenden Gesellschaft führt Smith schließlich auf eine zunehmende Arbeitsteilung innerhalb der Agrargesellschaft zurück.[54] Den Übergang zur Agrargesellschaft und die weitere Entwicklung von Handel und Gewerbe hält Smith keineswegs für zwangsläufig; vielmehr sind für diese Fortschritte natürliche Gegebenheiten erforderlich, die nur in wenigen [444] Regionen vorhanden sind; dazu gehören vor allem ein Boden, der für Maßnahmen zur Amelioration geeignet ist, und Verkehrswege, die den Transport der Güter erlauben, die nicht für den eigenen Bedarf gebraucht werden.[55] Diese Konzeption, die Smith im „Wealth of Nations" (1776) beibehalten hat,[56] besaß den Vorzug, daß Völker und Nationen verschiedener Kontinente und Zeiten in ein einheitliches System zivilisatorischer Entwicklung eingeordnet werden konnten.[57] Allerdings ist hier zu beachten, daß mit dem Begriff ‚Age of Commerce' allein die Epoche der frühen Neuzeit gemeint ist; Smith leugnet damit keinesfalls die Existenz von Handel und Gewerbe in frühen Gesellschaften, etwa in Athen oder Rom; entscheidend ist für ihn aber, daß der überregionale Austausch von Gütern erst in der Neuzeit jenen Umfang angenommen hat, der es rechtfertigt, von einem ‚Age of Commerce' zu sprechen.[58]

Da in den „Lectures on Jurisprudence" und im „Wealth of Nations" die systematischen Gesichtspunkte der Rechtstheorie und der politischen Ökonomie im Vordergrund stehen und Smith außerdem in der Darstellung früher Zivilisationen von den Strukturmerkmalen der einzelnen ‚stages of society' ausgeht, bieten diese Texte keine geschlossene, ausführliche Analyse der antiken Gesellschaft; in einer Reihe von meist kurzen Bemerkungen hat Smith aber ein durchaus differenziertes Bild von den sozialen und ökonomischen Verhältnissen der Antike entworfen, das hier in seinen Grundzügen wiedergegeben werden soll.

Die politische Entwicklung der griechischen Gemeinwesen und des römischen Staates wird in dem Abschnitt der „Lectures on Jurisprudence" behandelt, der den Rechten des Menschen als Mitglied der Gesellschaft gewidmet ist; Smith zeigt hier zunächst, daß im ‚age of shepherds' die soziale Differenzierung einsetzt und Eigentum sowie Herrschaft entsteht, um dann die von Homer beschriebene griechische Gesellschaft der Zeit des Trojanischen [445] Krieges neben Arabern und Tataren als Beispiel für diese Stufe sozialer Entwicklung anzuführen:

---

54 Smith, Lectures on Jurisprudence 15 f.

55 Smith, Lectures on Jurisprudence 223.

56 A. Smith, An Inquiry into die Nature and Causes of the Wealth of Nations, ed. R. H. Campbell – A. S. Skinner, Oxford 1976, 689 ff. 708 ff. (V 1).

57 Vgl. zu diesem Problem vor allem Meek, Social Science and the Ignoble Savage 37 ff. 68 ff. Vergleichende ethnologische Arbeiten zur amerikanischen Bevölkerung wie die Ogilbys (1671) oder Lafitaus (1724) sind von dem Bestreben geprägt, die Herkunft der Indianer zu klären. Dabei wurde erkannt, daß zwischen den indianischen und den frühen europäischen Kulturen strukturelle Übereinstimmungen existierten, eine Einsicht, die in klassischer Weise von John Locke im „Second Treatise of Government" formuliert wurde: „Thus in the beginning all the World was America" (§ 49; vgl. auch § 108). Smith war mit der französischen Literatur zu diesem Thema vertraut, wie seine Hinweise auf Charlevoix und Lafitau in den „Lectures on Jurisprudence" zeigen (106. 201).

58 Medick, Naturzustand und Naturgeschichte 263.

> The first inhabitants of Greece, as we find by the accounts of the historians, were much of the same sort with the Tartars.[59]

Die Bedeutung der Viehzucht für die griechische Wirtschaft geht daraus hervor, daß Vieh allgemeiner Wertmaßstab war und außerdem häufig zum Anlaß von Streitigkeiten wurde:

> All the disputes mentioned to have happened by him [Homer] are concerning some women, or oxen, cattle, or sheep or goats.[60]

Unter den Bedingungen einer Gesellschaft von Hirten war es durchaus möglich, für einige Jahre eine große Zahl von Menschen unter einem Oberbefehl, zu vereinen; Smith betont aber, daß der Trojanische Krieg kein Eroberungskrieg war, sondern ein Rachefeldzug, in dem es allenfalls noch um Beute ging: „when the city was taken each returned to his home with his share of the spoil."[61] Die Erzählungen des Odysseus enthalten nach Smith deutliche Hinweise auf eine weite Verbreitung der Piraterie, die keineswegs als unehrenhaft galt, und belegen so das große Ausmaß an Gewalttätigkeit und Unsicherheit im frühen Griechenland.[62]

Diese Auffassung hat Smith im „Wealth of Nations" modifiziert und weiter ergänzt; die Griechen der Zeit des Trojanischen Krieges werden nun zu den Völkern gerechnet, die gerade erst begonnen haben, Ackerbau zu treiben; dieses Stadium wird wiederum durch einen Vergleich veranschaulicht:

> Among those nations of husbandmen who are but just come out of the shepherd state, and who are not much advanced beyond that state; such as the Greek tribes appear to have been about the time of the Trojan war, and our German and Scythian ancestors when they first settled upon the ruins of the western empire ...[63]

[446] Bemerkenswert sind an dieser Stelle die Ausführungen über die Einkünfte der Stammeshäuptlinge: Sie leben von den Erträgen ihres eigenen Grundbesitzes, während ihre Untertanen nur dazu verpflichtet sind, ihnen Geschenke zu geben; die zentrale Rolle der Geschenke für die Ökonomie und die Herrschaftsstruktur der frühen griechischen Gesellschaft hat Smith durchaus erkannt.[64]

Die Vielfalt der Aspekte in der Analyse der von Homer beschriebenen Gesellschaft wird auch in dem Abschnitt über die sozialen Beziehungen innerhalb der Familie deutlich; Smith stellt fest, daß die in einer Epoche dominierende Eheauffassung den Affekt der Liebe grund-

---

59 Smith, Lectures on Jurisprudence 221.
60 Vieh als Wertmesser: Smith, Lectures on Jurisprudence 367. Vgl. auch 499 und ders., Wealth of Nations 38 (I 4), Zu den Streitigkeiten vgl. Lectures on jurisprudence 221 f. In der Vorlesungsmitschrift des Jahres 1766 findet sich eine besonders prägnante Formulierung: „We may suppose the progress of government in Attica in the infancey of the society to have been much the same with that in Tartary and the other countries we have mentioned, and we find in reality that at the time of the Trojan war it was much in the same situation, for then there was little or no cultivation of the ground, and cattle was the principle part of their property. All the contests about property in Homer regard cattle" (Lectures on Jurisprudence 409).
61 Smith, Lectures on Jurisprudence 221. Vgl. zum Trojanischen Krieg auch 204. 214.
62 Smith, Lectures on Jurisprudence 224.
63 Smith, Wealth of Nations 717 (V 1).
64 Smith, Wealth of Nations 718 (V 1). Smith verweist hier auf Homer IX 149 ff. Zur Rolle von Geschenken bei der Sühnung eines Verbrechens vgl. Lectures on Jurisprudence 108.

legend beeinflußt, was sich gerade in der Literatur widerspiegelt;[65] die Handlung der Ilias wird mit folgenden Worten kommentiert:

> The Iliad we may say turns upon a love story. The cause of the Trojan war was the rape of Helen, etc., but what sort of a love story is it? Why, the Greek chiefs combine to bring back Helen to her husband; but he never expresses the least indignation against her for her infidelity.[66]

Der Prozeß sozialer Differenzierung und politischer Institutionalisierung wurde in Griechenland durch den Bau von Städten, die die Bewohner vor den Überfällen von Räubern und Piraten schützen sollten, stark vorangetrieben;[67] anders als in den von Arabern und Tataren bewohnten Regionen bestanden in Mittelgriechenland, vor allem in Attika, die Voraussetzungen für die Entstehung und den Aufstieg des Handwerks.[68] Die Verfassungsentwicklung in Griechenland wurde nachhaltig von der Existenz der Sklaverei beeinflußt; nur aufgrund der Tatsache, daß im Gewerbe vor allem Sklaven arbeiteten, konnte das Volk zunächst am politischen Entscheidungsprozeß teilnehmen.[69] Die Fortschritte des Gewerbes und der Landwirtschaft hatten sowohl in Griechenland als auch später in Rom eine erhebliche Schwächung der militärischen Macht zur Folge, da die freie Bevölkerung zum Militärdienst untauglich wurde oder nicht mehr bereit war, im Heeresaufgebot zu dienen.[70]

[447] Im besonderen Maß gilt dies für die Zeit des Principats, weswegen man dazu überging, die Armee aus Barbaren zu rekrutieren.[71] Unter diesen Umständen konnte das Imperium Romanum von den Germanen, die Smith als „savage nations" bezeichnet, überrannt werden.[72] Die Zivilisation der in das Reich eindringenden Völker wird präzise charakterisiert:

> The German and other northern nations which over ran the Roman provinces in Europe were in the same form of government as the Tartars still are, but somewhat more improv'd; they had the knowledge of agriculture and of property in land, which they have not.[73]

Die Eroberung des Weströmischen Reiches durch barbarische Völker hatte eine Reihe gravierender sozialer und wirtschaftlicher Auswirkungen, auf die Smith im „Wealth of Nations" kurz hinweist: Der Handel zwischen den Städten und dem Land wurde unterbrochen, die Abhängigkeitsverhältnisse auf dem Land wandelten sich, bis es schließlich zur vollständigen Ablösung der Sklaverei durch das Pachtsystem kam, und gleichzeitig veränderte sich die Sozialstruktur der Städte, da die Grundbesitzer dazu übergingen, in befestigten Gebäuden auf ihren Landgütern zu leben.[74]

---

65 Smith, Lectures on Jurisprudence 149: „We see that there is no poems of a serious nature grounded on that subject either amongst the Greeks or Romans. There is no ancient tragedy except Phaedra the plot of which turns on a love story."
66 Smith, Lectures on Jurisprudence 149. Vgl. außerdem 439 (Mitschrift des Jahres 1766).
67 Smith, Lectures on Jurisprudence 222, 224.
68 Smith, Lectures on Jurisprudence 223.
69 Smith, Lectures on Jurisprudence 226.
70 Smith, Lectures on Jurisprudence 230ff. 235. 238 ff. Vgl. auch die ausführliche Darstellung im Wealth of Nations 698 ff. (V 1).
71 Smith, Lectures on Jurisprudence 238.
72 Smith, Lectures on Jurisprudence 244.
73 Smith, Lectures on Jurisprudence 244.
74 Smith, Wealth of Nations 381 ff. 397 ff. (III 2, III 3). Zur Bedeutung des Handels zwischen Stadt und Land für die Prosperität eines Landes vgl. 376 (III 1).

Die Sklaverei hat nach Ansicht von Smith die Entwicklung der antiken Wirtschaft stark gehemmt; im „Wealth of Nations" stellt er die Behauptung auf, Fortschritte in der Landwirtschaft
seien dort nicht zu erwarten, wo Sklaven als Arbeitskräfte eingesetzt werden. Da der Sklave
kein Eigentum erwerben kann, ist sein Interesse allein darauf gerichtet, möglichst viel zu essen und möglichst wenig zu arbeiten. Ohne eigene Motivation muß er mit Gewalt zur Arbeit
gezwungen werden; infolge dieser Situation blieb während der Antike die Produktivität im
Agrarsektor außerordentlich gering. Die hohen Arbeitskosten für Sklaven versucht Smith durch
einen Vergleich mit den Verhältnissen in den amerikanischen Kolonien zu belegen; nur auf
Zuckerrohr- oder Tabakplantagen lohnte sich der Einsatz von Sklaven, während die Kosten der
Sklavenhaltung für den Getreideanbau zu hoch waren.[75] Im Gewerbe wiederum verhinderte
der Einsatz von Sklaven technische Verbesserungen im Produktionsbereich, denn normalerweise hatten sie keinen Nutzen von einer arbeitssparenden oder arbeiterleichternden Erfindung; aus
dieser Prämisse zieht Smith folgenden Schluß:

> [448] In die manufactures carried on by slaves, therefore, more labour must generally have been
> employed to execute the same quantity of work, than in those carried on by freemen.[76]

Das Vorherrschen von Sklavenarbeit in der Landwirtschaft und im Gewerbe hatte daneben
auch soziale Folgen; die besitzlosen römischen Bürger konnten weder Land pachten noch im
städtischen Gewerbe eine Arbeit finden. In diesen Verhältnissen sieht Smith die Ursache dafür,
daß in der römischen Geschichte so häufig und mit so großem Nachdruck vom Volk Land gefordert wurde.[77] Eine bewußte politische Förderung der Landwirtschaft oder des Gewerbes hat
es in den antiken Staaten nicht gegeben; in Griechenland war eine negative Einschätzung der
handwerklichen Arbeit weit verbreitet, eine Einstellung, die Smith wiederum mit der Sklaverei
in Verbindung bringt;

> Such occupations were considered as fit only for slaves, and the free citizens of the state were pro-
> hibited from exercising them.[78]

Smith stellt in den „Lectures on Jurisprudence" und später im „Wealth of Nations" die
Sklaverei als eine soziale Institution dar, die auf alle zentralen Lebensbereiche der griechischen
Gemeinwesen und des römischen Staates einen prägenden Einfluß ausgeübt hat; es ist daher
keineswegs überraschend, daß Smith in seiner Analyse der Rechtsstellung von Menschen innerhalb einer Familie ausführlich auf das Verhältnis zwischen ‚master' und ‚servant' eingeht und
dabei in großem Umfang auch antike Texte heranzieht.[79]

Die grundlegende Voraussetzung für die innere Struktur der antiken Familie ist ein politisches System, das zu schwach ist, um in die Beziehungen zwischen den Angehörigen einer Familie einzugreifen, und das daher dem Oberhaupt der Familie möglichst umfassende Kompetenzen bis hin zur Verhängung von Kapitalstrafen einräumt.[80] Der Autorität des

---

75 Smith, Wealth of Nations 387 f. (III 2). Vgl. dazu auch die Überlegungen in den Lectures on Jurisprudence
    185.
76 Smith, Wealth of Nations 684 (IV 9).
77 Smith, Wealth of Nations 684. Vgl. außerdem 556 f. (IV 7).
78 Smith, Wealth of Nations 683 (IV 9).
79 Smith, Lectures on Jurisprudence 175 ff.
80 Smith, Lectures on Jurisprudence 141 ff. Vgl. besonders 143. 176. Vgl. Stein, Adam Smith's Theory of Law
    and Society 269 ff.

Familienoberhaupts über die ‚servants' waren unter diesen Bedingungen keine Beschränkungen auferlegt; die Knechte „became therefore slaves under the absolute and arbitrary power of their master".[81] Smith versucht die Rechtsverhältnisse, die das Leben der Sklaven bestimmten, in einer Aufzählung zu erfassen; zuerst wird hier das Recht des Herrn genannt, über das Leben des Sklaven zu entscheiden, wobei er anders als im Fall der Kinder an keine Gesetze gebunden war. [449] Ebenso konnte der Besitzer über die Arbeitskraft der Sklaven frei verfügen und sie die härtesten und unerträglichsten Arbeiten verrichten lassen. Der Sklave war außerdem nicht fähig, Eigentum zu haben; den Ertrag seiner Arbeit eignete sich der Herr an. Verträge vermochte ein Sklave nur mit Zustimmung des Herrn zu schließen.[82]

Neben dieser vollständigen Abhängigkeit vom Willen des Herrn gab es weitere Umstände, die das Leben des Sklaven erschwerten. Smith führt dabei zunächst die Ehelosigkeit an und fügt hinzu, daß in den Fällen, in denen dem Sklaven gestattet wurde, mit einer Frau zusammenzuleben, diese Beziehung stets von der Zustimmung des Herrn abhängig blieb, der eine Sklavenehe jederzeit wieder auflösen konnte. Außerdem glaubt Smith, daß die Sklaven keiner religiösen Gemeinschaft angehören konnten, weil in antiken Gemeinwesen vornehmlich lokale Gottheiten verehrt wurden, zu denen die aus weit entfernten Regionen stammenden Sklaven keine Beziehung besaßen. Die jüdisch-christliche Vorstellung eines höchsten Gottes verbreitete sich daher in der Kaiserzeit besonders schnell unter Sklaven und Freigelassenen.[83]

Als Beispiel für die Grausamkeit der Behandlung von Sklaven erwähnt Smith dieselben Maßnahmen wie Hume, nämlich die Fesselung der in Stadthäusern oder auf den Gütern arbeitenden Menschen und die Aussetzung alter und kranker Sklaven. Die Härte im Verhalten Sklaven gegenüber erklärt Smith mit ihrer großen Anzahl und der daraus resultierenden Gefahr von Revolten. Die Einsicht, daß die Freiheit der freien Bürger und die Unterdrückung der Sklaven einander bedingten, ist klar formuliert:

> The freedom of the free was the cause of the great oppression of the slaves. No country ever gave greater freedom to the freemen than Rome; so that a free man could not be put to death for any crime whereas a slave could for the smallest.[84]

Am Schluß dieses Kapitels der Vorlesungen greift Smith das Thema von Humes Essay auf und stellt die negativen Wirkungen der Sklaverei auf die Bevölkerungsentwicklung dar; ähnlich wie Hume verweist Smith in diesem Zusammenhang darauf, daß die Aufzucht von Kindern in den Produktionszentren teurer war als der Kauf von Sklaven und daß Frauen nur einen geringen Anteil an der Sklavenbevölkerung stellten.[85]

[450] Es kennzeichnet das Verständnis der Antike bei Smith, daß die griechisch-römische Zivilisation nicht mehr als Vorbild oder als Norm empfunden wird; es fehlt in den „Lectures

---

81 Smith, Lectures on Jurisprudence 176.
82 Smith, Lectures on Jurisprudence 176 ff.
83 Smith, Lectures on Jurisprudence 178 ff.
84 Smith, Lectures on Jurisprudence 182. Smith sieht selbst, daß die von ihm beschriebene Form der Sklavenbehandlung ein Ergebnis der wirtschaftlichen Entwicklung und insbesondere einer zunehmenden Vermögenskonzentration war: „The old Romans during their simple and rude state treated their slaves in a very different manner from what they did when more advanced in riches and refinement […] They wrought, they eat altogether […] they looked on them as faithfull friends, in whom they would find sincere affection" (Lectures on Jurisprudence 184).
85 Smith, Lectures on Jurisprudence 192 ff.

on Jurisprudence" oder im „Wealth of Nations" jegliche Spur einer Bewunderung der Antike; weder Athen oder Sparta noch Rom werden zu Idealen verklärt, wie dies im vorrevolutionären Frankreich, etwa bei Rousseau, geschah.[86] Gerade auf die Ausführungen über die Antike trifft das Urteil von Donald Winch zu, der Stil von Smith sei nicht mehr „normative" wie der seines Lehrers Hutcheson, sondern „more ‚experimental' and coolly historical"[87].

Die Theorie der „four stages of society" hat zur Folge, daß Smith die Antike nicht als Epoche der europäischen Geschichte, sondern als ein Fallbeispiel für ein bestimmtes Stadium sozialer und wirtschaftlicher Entwicklung thematisiert; damit bestand die Möglichkeit, die Zivilisation der Griechen und der Römer mit der anderer Völker zu vergleichen und die strukturellen Übereinstimmungen früher Gesellschaften klar herauszuarbeiten. Charakteristisch für dieses methodische Vorgehen ist die Bemerkung über die Wertschätzung von Musik und Tanz bei barbarischen Völkern im „Wealth of Nations"; in signifikanter Weise wird hier antiken und zeitgenössischen Völkerschaften, die auf derselben Stufe der zivilisatorischen Entwicklung stehen, auch dieselbe Mentalität zugeschrieben:

> It is so at this day among the negroes on the coast of Africa. It was so among the antient Celtes, among the antient Scandinavians, and, as we may learn from Homer, among the antient Greeks in the times preceding the Trojan war.[88]

Das sozialwissenschaftlich orientierte Erkenntnisinteresse von Smith findet seinen Ausdruck auch in der Interpretation eines Dichters wie Homer, dessen Epen nicht unter ästhetischen Gesichtspunkten, sondern als Quelle für die frühgriechische Zivilisation ausgewertet werden. Smith ist sich dieses Vorgehens durchaus bewußt; in seiner Vorlesung sagt er ausdrücklich, Homer biete „the best account which is to be had of the ancient state of Greece".[89]

Das explanatorische Potential dieses methodischen Ansatzes zeigt sich daran, daß Smith trotz seines Verzichts auf eine chronologische Darstellung der antiken Geschichte und trotz der systematischen Aufarbeitung des Materials überzeugende Erklärungen für die Entwicklung antiker Gemeinwesen [451] zu geben vermag; seine Thesen zum Zusammenbruch des Weströmischen Reiches gehören noch heute zu den niveauvollsten Beiträgen zu diesem Thema. Die Argumentation wird dabei keineswegs zu einer einseitig ökonomischen Interpretation der Geschichte, denn Smith war durchaus in der Lage, die Interdependenz zwischen wirtschaftlichen Veränderungen und Institutionalisierungsprozessen zu erfassen.[90]

---

86 Vgl. etwa R. A. Leigh, Jean-Jacques Rousseau and the Myth of Antiquity in die Eighteenth Century, in: Bolgar, ed., Classical Influences 155–168.

87 D. Winch, Adam Smith's Politics, Cambridge 1978, 65.

88 Smith, Wealth of Nations 776 (V 1).

89 Smith, Lectures on Jurisprudence 225. Vgl. auch Stein, Adam Smith's Theory of Law and Society 265: „Smith treated Homer almost as a text of social anthropology."

90 Vgl. vor allem Smith, Wealth of Nations 689 ff. Grundlegend ist hier folgende Überlegung: „The number of those who can go to war, in proportion to the whole number of the people, is necessarily much smaller in a civilized, than in a rude state of society" (695). Vgl. dazu auch A. Demandt, Der Fall Roms, München 1984, 129 f. Zur Interdependenz von Wirtschaft und Politik bei Smith vgl. H. Medick, Naturzustand 255 f.

IV

Im Jahre 1767, kurz nachdem Smith seinen Lehrstuhl in Glasgow aufgegeben hatte,[91] publizierte Adam Ferguson, Professor für Moralphilosophie an der Universität Edinburgh, sein umfangreiches Hauptwerk „An Essay on the History of Civil Society", eine Schrift, deren thematischer Bogen weit gespannt ist: Nach einer ausführlichen Einleitung über die allgemeinen Kennzeichen der menschlichen Natur wird zunächst die Geschichte primitiver Völker behandelt; der Schwerpunkt der Darstellung liegt auf der Beschreibung zivilisierter (polished) Nationen, während in den abschließenden Kapiteln der Niedergang der Nationen einerseits sowie ‚corruption' und ‚political slavery' andererseits erörtert werden.[92] Die historische Entwicklung setzt nach Meinung von Ferguson mit dem Zustand der Primitivität (rudeness) ein und bewegt sich auf den Zustand der Zivilisation zu;[93] dieser Prozeß vollzog sich in der Geschichte der Menschheit zweimal, denn die Barbaren, die das Römische Reich eroberten, verachteten jene Künste und Techniken, die von ihren Nachfahren später wiederum entdeckt wurden.[94] Die primitiven Völker teilt Ferguson in zwei Kategorien ein. Die wilden Stämme (state of the savage) [452] kennen noch kein Eigentum, das dann jedoch bei den Barbaren (state of the barbarian) Verbreitung findet, ohne bereits gesetzlich geregelt zu sein.[95]

Ferguson war sich der Schwierigkeiten einer Analyse der Zivilisation primitiver Völkerschaften durchaus bewußt; folgerichtig widmet er deswegen den ersten Abschnitt des Kapitels über die Geschichte primitiver Völker methodischen Überlegungen, wobei er vor allem Fragen der Interpretation antiker Texte zu diesem Thema zu klären versucht. Zunächst stellt Ferguson die Forderung auf, daß jegliche Untersuchung über den ursprünglichen Charakter der Menschheit von den überlieferten Fakten auszugehen hat und sich nicht auf bloße Vermutungen beschränken darf.[96] Zwei Beispiele sollen zeigen, daß weitverbreitete allgemeine Annahmen über den Zustand der Primitivität nicht plausibel sind: Es handelt sich um die Überzeugung, die Negation aller Tugenden der Gegenwart reiche allein schon aus, um den ursprünglichen Zustand des Menschen zu kennzeichnen, und um den Glauben, die frühen Menschen hätten die Mängel ihres Lebens so deutlich empfunden, daß sie bereit gewesen seien, jeden Plan einer Verbesserung zu akzeptieren.[97]

---

91 1764–1766 begleitete Smith den Duke of Buccleuch nach Frankreich; Smith nahm seine Lehrtätigkeit nach seiner Rückkehr aus Frankreich nicht wieder auf. Vgl. Campbell – Skinner, Smith 123 ff.

92 Zu Ferguson vgl. D. Kettler, The Social and Political Thought of Adam Ferguson, Ohio 1965. Z. Batscha – H. Medick, Einleitung, in: A. Ferguson, Versuch über die Geschichte der bürgerlichen Gesellschaft, Frankfurt 1986, 7–91. Meek, Social Science and the Ignoble Savage 150 ff. S. G. Pembroke, The Early Human Family. Some Views 1770–1870, in; Bolgar, ed., Classic Influences 275–291, bes. 275 ff.

93 A. Ferguson, An Essay on the History of Civil Society, 4. Aufl. London 1773, 2. Vgl. auch 123, wo Ferguson von einem „slow and gradual progress" spricht.

94 Ferguson, History of Civil Society 184.

95 Ferguson, History of Civil Society 136. Eine ähnliche Begriffsbildung liegt schon bei Montesquieu, L'esprit des lois, XVIII 11 vor; vgl. Meek, Social Science and the Ignoble Savage 153.

96 Ferguson, History of Civil Society 125. Die Polemik Fergusons richtet sich gegen Theoretiker wie Rousseau; vgl. 8 mit der Anmerkung und Z. Batscha – H. Medick, Einleitung 22. Vgl. außerdem Meek, Social Science and the Ignoble Savage 151 f.

97 Ferguson, History of Civil Society 125. 207. Vgl. außerdem auch 175; „and we are apt to exaggerate the misery of barbarous times, by an imagination of what we ourselves should suffer in a situation to which we are not accustomed."

Den tradierten Berichten über die Frühzeit der verschiedenen Völker steht Ferguson kritisch gegenüber, denn sie sind seiner Meinung nach eher von der Zeit geprägt, aus der sie stammen, als von der, die zu beschreiben sie vorgeben. [98] Dies gilt auch für die frühen griechischen Dichtungen:

> It were absurd to quote the fable of the Iliad or the Odyssey, the legends of Hercules, Theseus, or Oedipus, as authorities in matter of fact relating to the history of mankind; but they may, with great justice, be cited to ascertain what were the conceptions and sentiments of the age in which they were composed, or to characterise the genius of that people, with whose imaginations they were blended, and by whom they were fondly rehearsed and admired.[99]

Ein weiteres Problem sieht Ferguson in dem Gebrauch einer inadäquaten Terminologie; die antiken Historiker arbeiteten in ihren Darstellungen primitiver Völker oft mit Begriffen, deren Bedeutung in einem späteren, völlig andersartigen Zustand der Gesellschaft festgelegt worden war. So wird der Terminus ,noble' zwar auf einen frühen Römer wie Cincinnatus angewandt, [453] aber dabei ist zu beachten, daß dieser Mann anders als Adlige späterer Zeiten selbst den Pflug führte. Aus diesem Grund hält Ferguson es für notwendig, die allgemeinen Begriffe eines Textes zu übergehen, um die wirklichen Verhältnisse einer Epoche aus eher zufällig überlieferten Gegebenheiten zu erschließen.[100]

Eine Möglichkeit, frühe Gesellschaften zu analysieren, bietet der Vergleich mit primitiven Völkern der Gegenwart; Ferguson verweist hier auf Thukydides, der bereits erkannt habe, daß die frühen Griechen wie die Barbaren seiner Zeit lebten. Dieses Verfahren übernimmt Ferguson, wobei freilich an die Stelle der Barbaren jetzt die Indianer treten:

> It is in their present condition, that we are to behold, as in a mirror, the features of our own progenitors; and from thence we are to draw our conclusions with respect to the influence of situations, in which, we have reason to believe that our fathers were placed.[101]

Da Ferguson annimmt, daß die Griechen und Römer von primitiven, nicht-seßhaften Völkern abstammten,[102] kann er die politischen Institutionen von Gemeinwesen wie Sparta und Rom von dem Zustand der Primitivität ableiten, der am Beispiel amerikanischer Stämme beschrieben wird. Bei den Irokesen etwa sind die Herrschaftsverhältnisse nur schwach ausgeprägt, Begriffe wie ,magistrate' und ,subject' oder ,noble' und ,mean' sind unbekannt. Die Alten gebrauchen, ohne ein besonderes Amt zu bekleiden, ihr Ansehen dazu, um ihren Stamm zu beraten, und die Führer im Kriege zeichnen sich nur durch ihre Tapferkeit aus. Die für primitive Stämme charakteristische Struktur von Entscheidungsprozessen kennt außer den ratgebenden Alten und dem militärischen Führer noch die Versammlung der gesamten Gemeinschaft (community) im Fall einer drohenden Gefahr. Aus diesen noch rudimentären Institutionen sind der Senat, die Exekutivgewalt und die Volksversammlung hervorgegangen, die gemeinhin als Werk einzelner antiker Gesetzgeber gelten. Die politischen Einrichtungen der Griechen und Römer werden so

---

98 Ferguson, History of Civil Society 127.
99 Ferguson, History of Civil Society 127 f.
100 Ferguson, History of Civil Society 131 f.
101 Ferguson, History of Civil Society 133. Vgl. zu der Darstellung der Indianer in der Literatur des 17. und 18. Jh. o. Anm. 57.
102 Ferguson, History of Civil Society 124 f.

auf einen gesellschaftlichen Zustand wilder Völker zurückgeführt, der identisch ist mit dem amerikanischer Stimme:

> The suggestions of nature, which directed the policy of nations in the wilds of America, were followed before on the banks of the Eurotas and the Tyber; and Lycurgus and Romulus found the model of their institutions where the members of every rude nation find the earliest mode of uniting their talents, and combining their forces.[103]

[454] Die Einteilung der primitiven Volker in Wilde und Barbaren findet bei Ferguson explizit für die Antike Anwendung; in bewußtem Gegensatz zum antiken Sprachgebrauch wird der Zustand der frühen Griechen und Römer als barbarisch bezeichnet, wobei die Bedeutung dieses Terminus genau umrissen wird; er dient dazu, „to characterize a people regardless of commercial arts; profuse of their own lives, and of those of others; vehement in their attachement to one society, and implacable in their antipathy to another".[104] Die permanente Gewalttätigkeit und Kriegführung im „barbarous state" ist bedingt durch eine Mentalität, für die vor allem Beute und Ruhm als erstrebenswert galten. In seiner kurzen Beschreibung der frühen griechischen Gesellschaft weist Ferguson darauf hin, daß die Helden Homers diese Sinnesart in vollkommener Weise verkörperten:

> Every nation is a band of robbers, who prey without restraint, or remorse, on their neighbours. Cattle, says Achilles, may be seized in every field; and the coasts of the Aegean sea were accordingly pillaged by the heroes of Homer, for no other reason than because those heroes chose to possess themselves of the brass and iron, the cattle, the slaves, and the women, which were found among the nations around them.[105]

Durch die zunehmende Arbeitsteilung und Spezialisierung im Handwerk wurde nach Meinung von Ferguson ein Fortschritt des Handels (progress of commerce) bewirkt, der wiederum Reichtum und Überfluß zur Folge hatte. Gleichzeitig setzte ein Prozeß sozialer Differenzierung ein, der es den Bürgern der antiken Gemeinwesen erlaubte, sich nur mit Politik und Krieg zu beschäftigen, während die Arbeit im Handwerk oder in der Landwirtschaft von Sklaven und Heloten verrichtet wurde. Ferguson merkt kritisch an, daß auf diese Weise die Ehre der einen Hälfte der Menschheit der der anderen Hälfte geopfert wurde, was für ihn ein Beleg für die generelle Unvollkommenheit menschlicher Einrichtungen ist.[106]

Eine wesentliche Differenzierung zwischen den antiken Staaten und den Monarchien des modernen Europa sieht Ferguson in der Art der Kriegführung. Im modernen Europa, und damit ist das Europa des 18. Jahrhunderts gemeint, sind Kriege ein Gegenstand der Politik und nicht der Volksstim[455]mung, weswegen man dem öffentlichen Interesse zu schaden versucht,

---

103 Ferguson, History of Civil Society 141 f. Vgl. außerdem 208. Ferguson äußert in diesem Kapitel die Überzeugung, daß die Verfassungen der Antike ein nichtintendiertes Ergebnis sozialer Prozesse waren: „No constitution is formed by concert, no government is copied from a plan" (206). Vgl. dazu Meek, Social Science and die Ignoble Savage 150.

104 Ferguson, History of Civil Society 325.

105 Ferguson, History of Civil Society 164. Vgl. auch zum griechischen Königtum und zu Odysseus 167, zum Trojanischen Krieg 169 und zum frühen Rom 209.

106 Ferguson, History of Civil Society 301 ff. Zur Sklaverei vgl. 309 f. Zum Prozeß der sozialen Differenzierung vgl. auch Fergusons Feststellung 251: „In the progress of arts and of policy, the members of every state are divided into classes."

das private Interesse hingegen schont. Völlig anders handelten Griechen und Römer; sie verwüsteten das Territorium des Gegners, zerstörten die Besitzungen der Bürger und verkauften die Gefangenen in die Sklaverei oder töteten sie.[107] Das Handeln der homerischen Helden ist von der Gier nach Beute oder von Rachsucht bestimmt, nie aber von Reue und Mitleid;[108] der im Epos dargestellte Grieche verhält sich demnach ähnlich wie der Indianer:

> The hero of Greek poetry proceeds on the maxims of animosity and hostile passion. His maxims in war are like those which prevail in the woods of America. They require him to be brave, but they allow him to practise against his enemy every sort of deception.[109]

Auch die Beziehung zwischen den Geschlechtern wandelte sich seit der Antike grundlegend. Während die Helden im frühen Griechenland die Schönheit in Gestalt einer Frau wie Helena lediglich als wertvollen Besitz ansahen, wurde in der Feudalgesellschaft die Anbetung der keuschen Frau zum Ideal erhoben. Ferguson hält gerade die von der feudalen Ritterlichkeit (chivalry) geprägten Anschauungen, die noch im 18. Jahrhundert die Politik stark beeinflußten, für das entscheidende Element, durch das moderne und antike Staaten sich unterscheiden.[110] Das Selbstbewußtsein der Moderne beruht auf der Einsicht in den Fortschritt der Sitten und des Gewerbes:

> And if our rule in measuring degrees of politeness and civilization is to be taken from hence, or from the advancement of commercial arts, we shall be found to have greatly excelled any of the celebrated nations of antiquity.[111]

Die Distanz zwischen Antike und Moderne verdeutlicht Ferguson mit Hilfe eines literarischen Kunstgriffs: Er konstruiert die Möglichkeit, daß ein moderner Reisender ohne Kenntnis der Alten Geschichte in das antike Griechenland gelangt und seine Eindrücke wie ein Ethnologe in einem Reisebericht wiedergibt. Rückständigkeit, Primitivität und Armut der Griechen stehen in dieser Beschreibung im Vordergrund; in den einleitenden Sätzen wird Griechenland folgendermaßen beschrieben:

> [456] This country [...] compared to ours, has an air of barrenness and desolation. I saw upon the road troops of labourers, who were employed in the fields; but no where the habitations of the master and the landlord. It was unsafe, I was told, to reside in the country; and the people of every district crouded into towns to find a place of defence. It is indeed impossible, that they can be more civilized, till they have established some regular government, and have courts of justice to hear their complaints. At present, every town, nay, I may say, every village, acts for itself, and the greatest disorders prevail.[112]

---

107 Ferguson, History of Civil Society 324 ff.
108 Ferguson, History of Civil Society 336.
109 Ferguson, History of Civil Society 337. Zur Kriegführung der Indianer vgl. vor allem 151. Vgl. ferner die allgemeine Formulierung 165: „A similar spirit reigned, without exception, in all the barbarous nations of Europe, Asia, and Africa.“
110 Ferguson, History of Civil Society 338 ff.
111 Ferguson, History of Civil Society 340. Vgl. außerdem 412: „Polished nations, in their progress, often come to surpass the rude in moderation. and severity of manners.“
112 Ferguson, History of Civil Society 327.

Die Verhältnisse in Sparta werden von dem Reisenden als derart primitiv empfunden, daß er meint, sie seien nicht einmal für englische Arbeiter oder Bettler annehmbar.[113] Die Könige sind mit den Monarchen der Neuzeit nicht zu vergleichen:

> I saw one of them; but such a potentate! he had scarcely cloaths to his back; and for his Majesty's table, he was obliged to go to the eating-house with his subjects.[114]

Athen hingegen weist „some tolerable buildings" auf,[115] wird aber dennoch als „wretched country" abqualifiziert;[116] das Verhalten der Athener beim Sport veranlaßt den Reisenden zu einem wenig schmeichelhaften Vergleich:

> They throw all off; and appear like so many naked cannibals, when they go to violent sports and exercises.[117]

Der fiktive Reisende schließt seinen Bericht mit der Bemerkung, er könne nicht verstehen, „how scholars, fine gentlemen, and even women, should combine to admire a people, who so little resemble themselves"[118]. Unter dem nüchternen Blick des Ethnologen verliert die Antike ihre Faszination für die Moderne.

V

Anders als Ferguson, der in seinem „Essay" versucht hat, den Zustand primitiver Völker umfassend zu beschreiben und in die Geschichte der ‚civil society' einzuordnen, konzentriert sich John Millar in „The Origin of the [457] Distinction of Ranks" (1771/³1779),vor allem auf die sozialen Beziehungen innerhalb der frühen Gesellschaften und auf das Problem der Herausbildung von Statusunterschieden.[119] Der Denkstil Millars war wesentlich von den Vorlesungen, die er als Student bei Adam Smith gehört hatte, geprägt worden; im Rückblick äußerte sich Millar über den Inhalt des Teils der Vorlesungen, der das Recht thematisierte, in folgender Weise:

> Upon this subject he followed the plan that seems to be suggested by Montesquieu; endeavouring to trace the gradual progress of jurisprudence, both public and private, from the rudest to the most refined ages and to point out the effect of those arts which contribute to subsistence, and to the accumulation of property, in producing correspondent improvements or alterations in law and government. [120]

Millar ist den grundlegenden Einsichten, die Smith in seinen Vorlesungen vorgetragen hat, in „The Origin of the Distinction of Ranks" weitgehend gefolgt; er übernimmt die These, daß der zivilisatorische Prozeß durch den Wandel der Subsistenzweise bedingt ist, und legt seiner

---

113 Ferguson, History of Civil Society 328.
114 Ferguson, History of Civil Society 328. Durchaus positiv wird Sparta in anderen Kapiteln beurteilt, allerdings unter den begrenzten Aspekten der Verteidigung und der Bekämpfung des Luxus; vgl. 245 ff. 264 ff.
115 Ferguson, History of Civil Society 329.
116 Ferguson, History of Civil Society 330.
117 Ferguson, History of Civil Society 330.
118 Ferguson, History of Civil Society 331.
119 Der Text der überarbeiteten dritten Auflage 1779 ist ediert in: W. C. Lehmann, John Millar of Glasgow 1735–1801, Cambridge 1960, 175–322. Die Schrift war 1771 zunächst unter dem Titel „Observations Concerning the Distinction of Ranks in Society" erschienen.
120 Zitiert nach Campbell-Skinner, Adam Smith 110. Zur Gliederung der Vorlesungen vgl. a. a. O. 94.

Darstellung die Theorie der ‚four stages‘ zugrunde.[121] Aber Millar hat nicht nur den theoretischen Ansatz seines Lehrers rezipiert, auch die Thematik und die Gliederung von „The Origin of die Distinction of Ranks" gehen zumindest partiell auf die Lectures von Adam Smith zurück, der in dem Abschnitt über Domestic Law die Beziehungen zwischen ‚Husband and Wife‘, ‚Parent and Child‘ sowie ‚Master and Servant‘ dargestellt hat.[122] Die entsprechenden Kapitel bei Millar werden noch ergänzt durch eine Analyse der Herrschaft eines „chief over the members of a tribe or village" (III) und des „sovereign over a society composed of different tribes or villages" (IV); außerdem werden die Veränderungen der Regierungsform, die durch den Fortschritt von „arts" und „polished manners" hervorgerufen werden, in Kapitel V diskutiert. Die Ausführungen Millars zur Antike sind demnach Bestandteil einer Untersuchung, deren Ziel es ist, wichtige Strukturmerkmale früher Gesellschaften systematisch zu erhellen. Für das methodische Vorgehen Millars ist charakteristisch, daß er ebenso wie Smith und Ferguson neben antiken Quellen vor allem zeitgenössi[458]sche Berichte über außereuropäische Kulturen auswertet[123] und unter den antiken Völkern nicht allein Griechen und Römer, sondern außerdem in Anlehnung an die Schriften von Caesar und Tacitus auch Germanen und Kelten behandelt.[124]

In den Grundzügen folgt Millars Beschreibung der antiken Gesellschaft den Darstellungen von Smith und Ferguson, was leicht am Beispiel einer kurzen Bemerkung über das homerische Griechenland verdeutlicht werden kann; als wichtigste Charakteristika einer frühen Gesellschaft erscheinen hier wie auch sonst in der sozialwissenschaftlichen Literatur Schottlands die Stammesorganisation und der Entwicklungsstand der Landwirtschaft:

> The inhabitants of that country were then divided into clans or tribes, who, having for the most part begun the practice of agriculture, had quitted the wandering life of shepherds, and established a number of separate independent villages. As those little societies maintained a constant rivalship with each other, and were frequently engaged in actual hostilities, they were far from being in circumstances to encourage a familiar correspondence.[125]

Die eigentliche Leistung von Millar besteht in der eingehenden Beschreibung der sozialen Lage von Frauen und Kindern in frühen Gesellschaften, wobei auch der Aspekt des Wandels der Gefühle beachtet wird.[126] Dieses Thema haben zwar früher schon Smith und Ferguson

---

121 Millar, Origin 203 f. (pastoral age); 208 (agriculture); 243 (commercial age); vgl. dazu Meek, Social Science and the Ignoble Savage 160 ff.

122 Smith, Lectures on Jurisprudence 141. Diese Themen wurden bereits in der Naturrechtslehre des 17 Jh. behandelt; vgl. etwa J. Locke, The Second Treatise of Government, §§ 22 ff. (slavery); 52 ff. (paternal power); 78 ff. (conjugal society).

123 Die Quellenlage diskutiert Millar, Origin 180 f.; an dieser Stelle wird auch die Verwendung von Reiseberichten ausführlich begründet.

124 Vgl. etwa Millar, Origin 196 (Kaufpreis der Frau); 197 (Macht des Mannes über die Frauen); 235 (Macht über die Kinder); 254 (Gefolgschaft); 259 f. (Germanen); 266 (Politische Verhältnisse bei den Kelten).

125 Millar, Origin 208. Vgl. 264 ff. zu den Herrschaftsverhältnissen im homerischen Griechenland und im archaischen Rom; vgl. außerdem 237, wo Millar über den frühen römischen Staat schreibt: „In those early ages [...] the Roman state was composed of a few clans, or families of barbarians."

126 Frauen: Millar, Origin 183 ff. Kinder: 229 ff. Beide Kapitel enthalten glänzende Analysen, die die meisten späteren Untersuchungen zu diesen Themen an Qualität bei weitem übertreffen, Unbegreiflicherweise wird Millars Werk aber weder in der auf Bachofen und Engels fixierten Diskussion über das Matriarchat (vgl. etwa U. Wesel, Der Mythos vom Matriarchat, Frankfurt 1980, der Millar nicht einmal in der um-

aufgegriffen,[127] aber erst bei Millar wird die Modellierung der menschlichen Affekte zu einem zentralen [459] Problem der sozialwissenschaftlichen Untersuchung.[128] Bereits zu Beginn des Kapitels über Status und Situation von Frauen in den verschiedenen Epochen wird programmatisch auf die Bedeutung des sozialen Kontextes für die Ausbildung differenzierter Formen sexueller Beziehungen hingewiesen:

> Of all our passions, it should seem that those which unite the sexes are most easily affected by the peculiar circumstances in which we are placed, and most liable to be influenced by the power of habit and education. Upon this account they exhibit the most wonderful variety of appearances, and, in different ages and countries, have produced the greatest diversity of manners and customs.[129]

Die beiden Kapitel über Frauen und Kinder in frühen Gesellschaften enthalten neben einer Vielzahl von Passagen zur Familienstruktur der primitiven Völker Amerikas und Afrikas auch aufschlußreiche Skizzen zur antiken Sozialgeschichte. Nach Auffassung von Millar blieben während der archaischen Zeit Griechenlands die „ancient barbarous manners" in den Beziehungen zwischen den Geschlechtern bestehen; es fehlte im Verhalten der Frau gegenüber „any high degree of delicacy".[130] Die Einschätzung der Frau in der homerischen Gesellschaft veranschaulicht Millar durch den Hinweis auf die Frauengestalten der Epen: Helena wird in der „Ilias" kaum für wertvoller gehalten als der ebenfalls von Paris gestohlene Schatz, mit dem sie stets in einem Atemzug genannt wird.[131] Menelaos selbst scheint ihr gegenüber keinen Groll zu besitzen, obgleich sie Paris freiwillig nach Troja gefolgt ist. Die Treue der Penelope wird nach Ansicht Millars gerade auch deswegen als verdienstvoll empfunden, weil sie durch die Zurückweisung der Freier der Familie des Odysseus ihre Mitgift bewahrt hat. Die Strenge, mit der Telemachos seine Mutter in das Frauengemach schickt, ist für Millar ein Indiz dafür, daß er keine Achtung vor ihrem Geschlecht besaß.

Erst mit der Entwicklung von Handwerk und Gewerbe veränderte sich die Stellung der Frau, deren Fähigkeiten nun höher bewertet wurden:

> In this situation, the women become, neither the slaves, nor the idols of the Other sex, but the friends and companions.

Unter solchen Umständen zielte die Erziehung darauf ab, die häuslichen Fertigkeiten der Frauen zu entwickeln. In Athen führte dies dazu, daß die Frau wesentlich nur für die eigene Familie sorgte und ihre Tätigkeit auf das Haus [460] beschränkt blieb. Wegen der Isolierung

---

fangreichen Bibliographie aufführt) noch in der neueren Literatur zur Geschichte der Kindheit (vgl. etwa L. de Mause, Hrsg., Hört ihr die Kinder weinen, Frankfurt 1977, oder E. Badinter, Die Mutterliebe, München 1984) angemessen berücksichtigt. Vgl. zu Millars Darstellung primitiver Familienstrukturen auch S. G. Pembroke, The Early Human Family, in: R. R. Bolgar, ed., Classical Influences 279 ff.

127 Smith, Lectures on Jurisprudence 149 f. Ferguson, History of Civil Society 338 ff.
128 Vgl. Millar, Origin 228: „The revolutions that I have mentioned, in the condition and manners of the sexes, are chiefly derived from the progress of mankind in the common arts of life, and therefore make a part in the general history of society."
129 Millar, Origin 183.
130 Millar, Origin 209.
131 Millar, Origin 209: „In the Iliad, the wife of Menelaos is considered as of little more value than the treasure which had been stolen along with her."

der Frau und der fast vollständigen Trennung der Geschlechter im öffentlichen Leben war eine Vervollkommnung der Sitten bei den Griechen nicht möglich.[132]

Die Entstehung von Reichtum und Luxus in einer Gesellschaft beeinflussen nach Millar nachhaltig die Stellung der Frau, die nun zum Zentrum der Geselligkeit wird und dabei zunehmend auf ihre Wirkung achtet. In exemplarischer Weise schildert Millar diesen Prozeß am Beispiel der späten römischen Republik und der frühen Kaiserzeit. In Rom nahm die allgemeine Prostitution der Frauen einen solchen Umfang an und wurden Scheidungen so häufig, daß die Ehe nur noch als „very slight and transient connection" aufgefaßt wurde. Die weitverbreitete Untreue der Frauen hatte eine Entfremdung zwischen Vätern und Kindern zur Folge, man ging dazu über, die Erben testamentarisch festzusetzen. In einem Zeitalter der Ausschweifung und des Vergnügens war kein Raum mehr für eine wirkliche Leidenschaft:

> In those voluptuous ages of Rome, it should seem that the inhabitants were too much dissipated by pleasure to feel any violent passion for an individual, and the correspondence of the sexes was too undistinguishing to be attended with much delicacy of sentiment.[133]

Zur Begründung dieser Auffassung versucht Millar zu zeigen, daß die Liebe in der augusteischen Dichtung nur eine untergeordnete Rolle spielt und es sich bei den geschilderten Liebesbeziehungen meist um ein Verhältnis mit einer Konkubine oder einer verheirateten Frau handelt.[134]

Die elterliche Zuneigung zu den Kindern faßt Millar nicht als eine natürliche Anlage des Menschen auf, sondern als das Ergebnis der Herausbildung einer Familienstruktur, für die ein dauerhaftes Zusammenleben von Eltern und Kindern kennzeichnend war. Diese Zuneigung blieb in frühen Gesellschaften allerdings situationsabhängig und konnte in Widerspruch zum Selbsterhaltungsinteresse geraten; in einer Notlage läßt der Wilde seine Kinder im Stich, er setzt sie aus oder verkauft sie als Sklaven.[135] Die aus diesen Bedingungen erwachsene Gewalt des Vaters über seine Kinder existierte auch in der antiken Gesellschaft; in Griechenland und in Rom wurden Säuglinge häufig ausgesetzt, eine Gewohnheit, die Millar als „barbarous practice" bezeichnet und die selbst dann nicht abgeschafft wurde, als keine äußere Not mehr ein solches Verhalten notwendig machte. Aus den Zwölftafelgesetzen geht hervor, daß im frühen Rom Kinder vom ,pater familias' verkauft werden konnten; das Kind galt allgemein als Sklave seines Vaters.[136] Erst durch die spätere [461] Rechtsentwicklung wurde die vollständige Abhängigkeit der Kinder vom Vater eingeschränkt. Die väterliche Gewalt wurde begrenzt, insbesondere verlor der ,pater familias' das Recht, über ein Kind, das ein Verbrechen begangen hatte, einen Urteilsspruch zu fällen; der Vater wurde in einem solchen Fall gezwungen, das Kind vor einem ordentlichen Gericht anzuklagen. Zusammenfassend stellt Millar fest, daß die römische Gesetzgebung darauf abzielte, „first to secure the property, afterwards the liberty, and last of all the life and personal safety of the children"[137]

Da Millar glaubt, daß in frühen Gesellschaften der Status des ,servant' mit dem des ,slave' identisch war, konzentriert er sich in dem Kapitel über „The authority of a Master over

---

132 Millar, Origin 219. 221 f.
133 Millar, Origin 224 ff. bes. 226.
134 Millar, Origin 227 f.
135 Millar, Origin 229 f.
136 Millar, Origin 236 ff.
137 Millar, Origin 242.

his Servants" ausschließlich auf die Analyse der antiken und der modernen amerikanischen Sklaverei, deren wesentliche Kennzeichen wie folgt beschrieben werden:

> The master assumed an unlimited jurisdiction over his servants, and the privilege of selling them at pleasure. He gave them no wages beside their maintenance; and he allowed them to have no property, but claimed to his own use whatever, by their labour or by any other means, they happened to acquire.[138]

Aus dieser Situation resultiert nach Millar, daß Sklaven an ihrer Arbeit nicht interessiert sind und nur unter Zwang arbeiten; er hält die Sklavenarbeit deswegen in einer Gesellschaft mit einem entwickelten Gewerbe für weniger produktiv als die freie Arbeit;[139] als weiteres Argument für die Ineffizienz der Sklavenarbeit wird die Tatsache angeführt, daß die Nutzung von arbeiterleichternden oder arbeitsparenden Geräten dort nicht möglich ist, wo wie etwa auf Jamaika vor allem unfreie Arbeitskräfte verwendet werden.[140] In Rom setzte mit der sozialen Differenzierung, die das enge Zusammenleben von Herrn und Sklaven beendete und zu einem starken Anwachsen der Sklavenmassen führte, eine grausame Disziplinierung der Sklaven ein, bis die kaiserliche Gesetzgebung schließlich den Versuch unternahm, die schlimmsten Exzesse zu unterbinden.[141]

Die antiken Gesellschaften beruhten auf Sklaverei und Sklavenarbeit, der größte Teil der arbeitenden Bevölkerung war rechtlos:

> In the ancient states, so celebrated upon account of their free government, the bulk of their mechanics and labouring people were denied the common, privileges of men, and treated upon the footing of inferior animals.[142]

[462] Zwischen Sklaven und Freien bestand nach Millars Schätzung, der sich hier auf Hume beruft, ein zahlenmäßiges Verhältnis von drei zu eins, für die Blütezeit Roms rechnet Millar mit einem noch höheren Anteil der Sklaven an der Gesamtbevölkerung. Die Aufhebung der Sklaverei im mittelalterlichen Europa führt Millar auf die wirtschaftlichen Interessen der Großgrundbesitzer zurück; dem Christentum gesteht er einen nur geringen Einfluß auf diesen Prozeß zu.[143] Millar selbst enthält sich hier nicht einer eigenen Stellungnahme:

> In the history of mankind, there is no revolution of greater importance to the happiness of society than this which we have now had occasion to contemplate.[144]

Die Ausführungen Millars sind mit Nachdruck gegen die Praxis der Sklavenhaltung im modernen Amerika gerichtet; er bemüht sich darum, einerseits ökonomische Argumente für eine Abschaffung der unfreien Arbeit zu liefern und andererseits die Unvereinbarkeit von politischer Freiheit und Sklavenarbeit darzulegen.[145] Die Abschnitte über die Verhältnisse in der

---

138 Millar, Origin 298.
139 Millar, Origin 299 f. Diese These versucht Millar mit Hilfe von Angaben über Löhne und über die Kosten für den Unterhalt von Sklaven in Westindien zu erhärten.
140 Millar, Origin 320 f.
141 Millar, Origin 302 ff. Vgl. auch 315. 319.
142 Millar, Origin 315.
143 Millar, Origin 305 ff. Zum Christentum vgl. 310 ff.
144 Millar, Origin 315.
145 Millar, Origin 319 ff.

Antike entsprechen insofern dieser Tendenz, als Millar den außerordentlichen Umfang der Sklavenhaltung in Griechenland und Rom sowie die Brutalität der Sklavenbehandlung hervorhebt; sie bieten auf diese Weise ein glänzendes Beispiel für die enge Verbindung, die die Analyse früher Gesellschaften und ein auf die Gegenwart gerichtetes politisches Engagement in der sozialwissenschaftlichen Literatur Schottlands eingegangen sind.[146]

VI

Der Überblick über die Schriften von Hume, Smith, Ferguson und Millar läßt ein in den Grundannahmen übereinstimmendes Bild der Antike erkennen, das einerseits aus den politischen und sozialen Erfahrungen dieser Theoretiker und andererseits aus ihren philosophischen und methodischen Prämissen resultiert. Für die schottische sozialwissenschaftliche Literatur ist die Überzeugung grundlegend, daß der Mensch „a member of a society" ist;[147] folgerichtig stellen die schottischen Autoren nicht die bedeutenden Einzelpersönlichkeiten,[148] sondern die gesellschaftlichen Strukturen und [463] Entwicklungen in den Mittelpunkt ihrer Untersuchungen. Das Interesse an den Rechtsverhältnissen der Vergangenheit befähigte sie, die Rechtsstellung bestimmter sozialer Gruppen wie etwa der Sklaven mit großer Klarheit zu erfassen. Aufgrund der Auswertung von Berichten über die Lebensbedingungen wilder Völker außerhalb Europas und aufgrund ihrer Erfahrung eines beschleunigten sozialen und wirtschaftlichen Wandels in Schottland während des 18. Jahrhunderts nahmen die schottischen Theoretiker die Diskrepanz zwischen Primitivität und Zivilisation besonders scharf wahr; dennoch gelang es Smith, Ferguson und Millar, beide Zustände der historischen Entwicklung in ein evolutionäres Modell der Gesellschaft zu integrieren.

Von diesen Voraussetzungen her wird die Antike präzise als eine Gesellschaft beschrieben, deren Anfänge bis in das ‚age of shepherds' zurückreichen, die zum Ackerbau übergegangen ist und deren Gewerbe und Handel nur in Ansätzen entwickelt waren. Die Ursprünge der antiken Gesellschaft in den barbarischen Zuständen der Frühzeit werden ebenso wie die Grenzen der zivilisatorischen Entwicklung in der Antike immer wieder betont, gleichzeitig wird die Differenz zwischen Antike und Moderne akzentuiert. Dies gilt gerade auch für die soziale Institution der Sklaverei, die von Hume als das wichtigste Merkmal bezeichnet wird, das antike und moderne Wirtschaft unterscheidet; die negativen Auswirkungen der Sklaverei auf die antike Gesellschaft werden ausführlich diskutiert, und es wird die These geäußert, daß in der Antike aufgrund der Sklaverei die politische Freiheit nur äußerst begrenzt war und außerdem nie die für die Moderne charakteristischen, zivilisierten Sitten im Umgang zwischen den Menschen und vor allem zwischen den Geschlechtern entwickelt wurden.

Bei einem Versuch, den wissenschaftlichen Ansatz der schottischen Theoretiker zu würdigen, kann es nicht darauf ankommen, einzelne Detailfeststellungen zu korrigieren[149] oder die mangelnde Auswertung nichtliterarischer Quellen zu kritisieren; auch die zweifellos zu opti-

---

146 Zu Millars Engagement gegen den Sklavenhandel vgl. Lehmann, John Millar 50. 72. Bemerkenswert sind Millars Bemühungen urn die Verleihung der Doktorwürde der Universität Glasgow an William Wilberforce; vgl. a. a. O. 50.

147 Smith, Lectures of Jurisprudence 141. Vgl. Lehmann, John Millar 104 ff.

148 Millar lehnt ausdrücklich eine an Personen orientierte Geschichtsdarstellung ab; vgl. Origin 177 f.

149 So sind etwa die Annahmen von Smith und Millar über die Zahl der Sklaven in Griechenland und Rom eindeutig zu hoch. Die Überlegungen zur Rentabilität der Sklavenarbeit in Amerika sind auf die antiken Verhältnisse kaum anwendbar.

mistische Einschätzung der Moderne gerade bei Ferguson[150] kann in diesem Zusammenhang nicht als gravierender Einwand gelten. Vielmehr ist zu sehen, daß die in den schottischen Arbeiten formulierten Fragestellungen und Positionen für die moderne Althistorie noch immer von Relevanz sind. So ist die Einbeziehung der ethnologischen Forschungen in die vergleichende, systematische Darstellung früher Gesellschaften von großem Interesse für die gegenwärtige Diskussion [464] über die cross-cultural studies. Die Frage nach den sozialen Beziehungen innerhalb der antiken Familie, vor allem die Frage nach dem Verhältnis zwischen master and servant, könnte vielleicht ans dem Dilemma der Alternative von Klassenanalyse und Statusmodell herausführen.[151] Gerade nach den Forschungen von Norbert Elias zum Prozeß der Zivilisation sollte das von Smith und Millar erkannte Problem der Beziehungen zwischen sozialer Entwicklung und Gestaltung der Gefühle erneut aufgegriffen und erörtert werden. Millars Ausführungen über Frauen und Kinder sind schließlich geeignet, der sozialhistorischen Forschung neue Impulse zu geben.

Abschließend soll noch kurz auf eine weitere Eigenheit der schottischen Literatur aufmerksam gemacht werden: Für die schottischen Autoren war es unproblematisch, die Antike als der Moderne in entscheidenden Bereichen unterlegen zu qualifizieren; ihre Überzeugung, die Moderne sei das Ergebnis eines historischen Prozesses, der positiv zu bewerten sei, macht es ihnen möglich, die Primitivität der archaischen Gesellschaft oder die Schattenseiten der antiken Zivilisation in ihren Schriften zu thematisieren. Apologetische Tendenzen oder Bemühungen, die antiken Verhältnisse in irgendeiner Weise zu beschönigen oder zu rechtfertigen, sind in ihren Texten nicht zu finden. In einer Zeit, in der die britische Architektur wiederum begann, sich am Vorbild der Antike zu orientieren,[152] insistierte die schottische Sozialwissenschaft darauf, daß die antike Gesellschaft kein Ideal für die Gegenwart zu sein vermag.

---

150 Goyas „Desastre de la Guerra" widerlegen nur wenige Jahrzehnte später schonungslos die Aussage Fergusons, die modernen Kriege seien humaner als die antiken Feldzüge und schonten die Zivilbevölkerung (Ferguson, History of Civil Society 324 f. 334 ff.).

151 Vgl. jetzt auch F. Vittinghoff, Soziale Struktur und politisches System der hohen römischen Kaiserzeit, HZ 230, 1980, 31–56.

152 D. Watkin, English Architecture, London 1979, 124 ff. Zu Robert Adam vgl. 133 ff.

August Boeckh

zuerst in:
M. Erbe (Hrsg.), Berlinische Lebensbilder – Geisteswissenschaftler,
Berlin: Colloquium, 1989, S. 37–54.

Die Geschichte der Friedrich-Wilhelms-Universität ist in den ersten fünf Jahrzehnten ihres Bestehens untrennbar mit der Persönlichkeit des Philologen August Boeckh verbunden, der bereits in der Gründungsphase der Hochschule nach Berlin berufen worden war und dort seit dem Sommersemester 1811 als Professor, seit 1814 auch als Mitglied der Akademie der Wissenschaften bis zu seinem Tode im August 1867 tätig war. Vor allem durch die Mitarbeit in der Kommission, die die von der Unterrichtsverwaltung ausgearbeiteten Statuten für die Universität begutachten sollte, und in dem von Altenstein ins Leben gerufenen Revisionsausschuß, der die Aufgabe hatte, Vorschläge zur Reform der Akademie auszuarbeiten, konnte Boeckh einen maßgeblichen Einfluß auf die Entwicklung der Berliner Bildungsinstitutionen nehmen; außerdem hat Boeckh die Vorschriften für das philologische Seminar der Universität entworfen, die Ende Mai 1812 bestätigt wurden. Die Fähigkeit Boeckhs, auch schwierige Verwaltungsaufgaben zu bewältigen, fand unter den Berliner Professoren deutliche Anerkennung: Boeckh ist sechsmal zum Dekan der philosophischen Fakultät, fünfmal zum Rektor gewählt worden; sein Engagement für die Universität wurde besonders dadurch gewürdigt, daß ihm das Rektorat für das akademische Jahr 1859/60 übertragen wurde; auf diese Weise erhielt Boeckh die Möglichkeit, am 15. Oktober 1860 in seiner Funktion als Rektor die Festrede zum fünfzigjährigen Bestehen der Universität zu halten und dabei an jene Intentionen zu erinnern, die bei der Gründung der Universität im Vordergrund gestanden hatten.

Die Feier des Jahres 1860 war nicht die einzige Gelegenheit, bei der er zu Fragen der Geschichte der Wissenschaften oder zu aktuellen Problemen der Kultuspolitik Stellung nahm; mit dem Lehrstuhl für Philologie war das Amt eines Professors der Beredsamkeit verbunden, und in dieser Eigenschaft hatte Boeckh nicht nur jedes Semester die Einleitung für das Vorlesungsverzeichnis abzufassen, sondern auch bei offiziellen Anlässen, wie dem Geburtstag des Königs, als Festredner aufzutreten. In seinen Reden hat Boeckh immer wieder die Vorstellungen der liberalen Hochschullehrer artikuliert und der Bürokratie gegenüber geltend gemacht; sie stellen somit ein wichtiges Zeugnis für das Selbstverständnis eines Teils der Berliner Professorenschaft in den Jahren vor [38] 1870 dar. Aufgrund seiner wissenschaftlichen Leistungen erwarb Boeckh sich ein Ansehen, das weit über die Grenzen von Preußen und Deutschland hinausreichte; er war als einer der führenden Gräzisten Europas anerkannt, wie die Aufnahme in die Akademien von Neapel, Kopenhagen (1828), Turin (1829), Lissabon (1838), Stockholm (1843), Petersburg (1844), Dublin (1850), Den Haag (1851), Boston (1853), Wien (1855), in die wissenschaftlichen Gesellschaften zu Göttingen (1830), Utrecht (1832), Uppsala (1839), Athen (1845) und in das Institut de France in Paris (1831) zeigt. Boeckhs Schriften haben die Entwicklung der Altphilologie in Deutschland entscheidend geprägt; sein Problembewußtsein, sein Interesse an methodischen Fragen und sein Eintreten für wissenschaftliche Kooperation waren für die deutsche Geisteswissenschaft des 19. Jahrhunderts richtungweisend.[1]

August Boeckh, der am 24. November 1785 in Karlsruhe geboren wurde, entstammte einer süddeutschen Pastorenfamilie; seine Vorfahren wirkten als Geistliche in Nördlingen, sein Vater, der Jurist Georg Matthäus Boeckh, war Hofratssekretär im badischen Staatsdienst. Obwohl die Familie nach dem frühen Tod des Vaters im Jahre 1790 unter schwierigen Umständen lebte, konnte August Boeckh zunächst in Karlsruhe das Gymnasium besuchen und seit dem Frühjahr 1803 mit einem Stipendium der badischen Kirchenbehörde in Halle Theologie studieren. Zwei Gelehrte haben den Studenten nachhaltig beeinflußt, der Philologe Friedrich August Wolf und der Theologe Friedrich Schleiermacher. Wolf vertrat eine von pädagogischen Aspekten geprägte Konzeption der Philologie, die durch „Kenntnis der altertümlichen Menschheit selbst" zur Entfaltung der menschlichen Schöpferkraft beitragen sollte. Das gesamte Leben der Griechen, nicht allein ihre Kunst, galt als Vorbild für die eigene Zeit, weswegen Wolf die geographischen, politischen, militärischen und religiösen Zustände der Antike in sein System der Altertumswissenschaft einbezog; die sprachliche Analyse antiker Texte war nach Wolfs Ansicht nicht mehr die zentrale Aufgabe der Philologie.[2] Unter dem Eindruck der Persönlichkeit Wolfs gab Boeckh das Theologiestudium bald auf und widmete sich der Philologie, wobei er die Auffassung seines Lehrers über die Thematik dieser Wissenschaft weitgehend übernahm; Boeckh hat in seinen späteren Ausführungen zur Methodik der Philologie die Positionen Wolfs grundsätzlich aufrechterhalten und in seinen Briefen die Beschränkung der Philologen auf Textkritik oft scharf kritisiert. Die Vorlesungen Schleiermachers regten Boeckh dazu an, sich intensiv mit Platon zu beschäftigen; die erste Publikation Boeckhs, die 1806 in Halle erschien, hatte den pseudoplatonischen Dialog *Minos* zum Thema; es folgte in den Jahren zwischen 1807 und 1810 eine Reihe von Studien vor allem zur Naturphilosophie Platons und zu dem pythagoreischen Einfluß auf die platonische Kosmologie, außerdem eine Edition von kleineren, Platon zugeschriebenen Texten.

[39 Abb.; 40] Nach Beendigung des Studiums wurde Boeckh auf Empfehlung Wolfs im Sommer 1806 Mitglied des Seminars für gelehrte Schulen in Berlin; da nach der Niederlage von Jena sich ihm in Preußen keine günstigen beruflichen Perspektiven mehr boten, kehrte Boeckh bereits im folgenden Jahr nach Baden zurück, wo er im Oktober 1807 eine außerordentliche Professur an der Heidelberger Universität erhielt. Zwischen Friedrich Creuzer, dem Direktor des philologischen Seminars, und Boeckh entstand bald ein freundschaftliches Verhältnis, dem Boeckh auch die Einführung in den Kreis der Heidelberger Romantiker verdankte. Seine Situation an der Universität verschlechterte sich, als Creuzer einen Ruf nach

---

1   Die wichtigste Literatur zu Boeckh: Max Hoffmann, *August Boeckh*, Leipzig 1901; Johannes Schneider, *Das Wirken August Boeckhs an der Berliner Universität und Akademie*, in: *Altertum*, Bd. 15 (1969), S. 103–115; Johannes Irmscher, *August Boeckh und seine Bedeutung für die Entwicklung der Altertumswissenschaft*, in: *Jahrbuch für Wirtschaftsgeschichte*, (1971), S. 107–118; George Peabody Gooch, *Geschichte und Geschichtsschreiber im 19. Jahrhundert*, Frankfurt 1964, S. 40 ff., Wolfhart Unte, *Berliner Klassische Philologen im 19. Jahrhundert*, in: Willmuth Arenhövel/Christa Schreiber (Hrsg.), *Berlin und die Antike*, Berlin 1979, S. 9–67, dort S. 15–20; Adolf von Harnack, *Geschichte der Königlich Preußischen Akademie der Wissenschaften zu Berlin*, Bd. 1,2, Berlin 1900, S. 853 ff.; Ulrich von Wilamowitz-Moellendorff, *Geschichte der Philologie*, Ndr. Leipzig 1959, S. 54 f.; Ada Hentschke/Ulrich Muhlack, *Einführung in die Geschichte der Klassischen Philologie*, Darmstadt 1972, S. 88 ff.
2   A. Hentschke/U. Muhlack, *Einführung* ..., S. 80 ff.

Leiden annahm; vor allem Johannes Voss und dessen Sohn Heinrich feindeten Boeckh an, der über diese Spannungen an einen Freund schrieb:

> „Voss ist hier der wahre Hausteufel der Universität, der nichts tut als Samen der Zwietracht streuen … Der Sohn hat einen milderen Charakter, aber die alberne Anbetung des Vaters macht, daß er es nie zu einer eigenen Idee bringen wird. Ich gehe meinen eigenen Weg und bin von Natur Protestant gegen alle menschliche Autorität; darum kann ich diesem Affen und dem alten Mogul, der Weihrauch gestreut haben will, nimmermehr gefallen."[3]

Die Charakterzüge Boeckhs, die in diesem Brief deutlich hervortreten, haben sein Handeln als Hochschullehrer immer wieder bestimmt; mehrfach äußerte er in späteren Jahren seinen Widerwillen gegen persönliche Auseinandersetzungen an der Universität, die seiner Ansicht nach den Wissenschaftsbetrieb nur hemmen. In einem Brief an Welcker vom 29. November 1826 spricht er seine Meinung offen aus:

> „Diese verdammten Händel, die doch überall nur in der Selbstsucht gegründet sind, verbittern alle wissenschaftliche Tätigkeit."[4]

Stets hat Boeckh es abgelehnt, sich irgendwelchen Cliquen anzuschließen; er besaß einen ausgeprägten Willen zur Unabhängigkeit, der Autoritäten nicht gelten ließ, Boeckh hat seine Ansichten auch in Berlin beibehalten; in ähnlicher Weise wie über Voss äußert er sich 1827 über Hegel:

> „Daß dem Streuen des Weihrauches für Hegel möchte einiger Einhalt getan werden, darauf habe ich aufmerksam gemacht" (an K. O. Müller, 5. August 1827).[5]

Die Rückkehr Creuzers nach Heidelberg führte zu Rivalitäten, denn inzwischen war Boeckh zum Ordinarius ernannt worden; unter diesen Bedingungen war es verständlich, daß er im Herbst 1810 den Ruf an die neugegründete Berliner Universität annahm; die Bereitschaft, nach Preußen zu gehen, begründete er mit seinem Mißbehagen an den Heidelberger Verhältnissen und seiner „Liebe zu dem frischen und kräftigen Geist und Leben der neu zu errichtenden Universität".[6]

Boeckh, der im Sommer Semester 1811 in Berlin zu lehren begann, übernahm schon nach kurzer Zeit vielfältige Verpflichtungen in der Verwaltung und im Bereich der Lehrerbildung; er schuf das philologische Seminar, gehörte den Kommissionen an, die die Statuten der Universität ausarbeiteten und die der Akademie revidierten, und widmete sich außerdem als Mitglied der Wissenschaftlichen Prüfungskommission für das Lehramt an höheren Schulen und von [41] 1819 an auch als Direktor des Seminars für gelehrte Schulen nachdrücklich der Lehrerausbildung. Obgleich wesentlich jünger als die meisten seiner Kollegen wurde Boeckh bereits 1814 zum Dekan der philosophischen Fakultät gewählt, das Amt des Rektors bekleidete er zum ersten Mal 1825. Solche Verwaltungsaufgaben hat Boeckh in glänzender Weise erledigt;

---

3   M. Hoffmann, *August Boeckh* …, S. 17.
4   Der wissenschaftliche Briefwechsel Boeckhs ist bei M. Hoffmann, *August Boeckh* …, S. 153–466, publiziert.
5   *Briefwechsel zwischen August Boeckh und Karl Otfried Müller*, Leipzig 1883.
6   Bernd Schneider, *August Boeckh: Altertumsforscher, Universitätslehrer und Wissenschaftsorganisator im Berlin des 19. Jahrhunderts* (= Ausstellungskataloge der Staatsbibliothek Preußischer Kulturbesitz, 26), Berlin 1985, S. 17.

sein Gutachten für den Revisionsausschuß der Akademie beurteilt Adolf Harnack mit folgenden Worten:

> „Wer dieses Gutachten des damals 33jährigen Boeckh aufmerksam liest und das, was er fordert,
> mit dem Zustande vergleicht, in welchem sich die Akademie heute befindet, der wird erkennen,
> daß sich fast alles, was der junge Gelehrte verlangt, als zweckmäßig erwiesen hat und durchgeführt
> worden ist."[7]

Diese erfolgreiche Tätigkeit kann aber nicht darüber hinwegtäuschen, daß Boeckh Ämter und
Aufgaben in der Verwaltung kaum angestrebt und normalerweise als eine Belastung empfunden hat, die ihn von der wissenschaftlichen Arbeit abhielt; gegenüber Kollegen klagte er immer
wieder über Zeitmangel, der durch die ihm aufgebürdeten Pflichten bedingt war; so heißt es in
einem Brief an Welcker vom 14. Juli 1841:

> „Wenn Sie mein elendes Leben in der Nähe sehen könnten, wie ich fast niemals unabhängig von
> äußeren geschäftlichen Antrieben arbeiten kann, so würden Sie mir zugeben, daß ich nichts nöti-
> ger habe als mich auf die Arbeiten zu konzentrieren, die ich einmal unternommen habe, und jede
> Zerstreuung durch Nebenunternehmungen vermeiden muß."

Bereits 1826 bezeichnet Boeckh es als Unglück, daß er „die Rede am 3. August immer halten"
müsse (an Niebuhr, 25. Juli 1826). Außerdem verbitterte es ihn, daß er nicht mehr frei sprechen
konnte: „Überdies darf man nichts mehr sagen, ja es wird einem noch obendrein gesagt, was
man sagen soll." In späteren Jahren wurde die Situation für Boeckh immer unerträglicher, wie
folgende Zeilen an Welcker deutlich machen:

> „Daß meine Reden Ihren Beifall haben, wie Ihr letzter Brief mir wieder zeigt, ist mir aufmuternd;
> aber dennoch bringt mich die ewige Wiederholung dieser Pflichtstücke allmälig zur Verzweiflung,
> oder macht mich wenigstens mürbe und gleichgültig" (28. April 1847).

Die Wirkung von Reformen auf dem Sektor des Bildungswesens wurde von Boeckh eher gering eingeschätzt; das 1817 in einem Brief an Niebuhr gefällte Verdikt: „Die Akademie der
Wissenschaften ist und bleibt eine Leiche", wiederholte er trotz seiner eigenen Mitarbeit am
neuen Statut der Akademie sinngemäß fast zwanzig Jahre später:

> „Am langweiligsten sind die [Geschäfte] der Akademie der Wissenschaften. Diese Institute sind
> und bleiben in Deutschland tot, und alle Anstrengungen, ihnen Leben einzuhauchen, vergeblich,
> zumal wenn wie hier persönliche Cliquen ins Spiel kommen, gegen die nichts Besseres aufkommen
> kann" (an Welcker, 1. Januar 1836).

Diese pessimistische Sicht bestimmte Boeckhs Verhalten auch während der Revolution von
1848. Als die preußische Regierung ihn im Sommer 1848 fragen ließ, ob er bereit sei, das Amt
des Kultusministers zu übernehmen, lehnte er ab. Boeckh, der von sich sagte, er hänge an alten
Formen, mit denen er groß geworden sei (an Welcker, [42] 11. April 1834), stand den Plänen
einer Universitätsreform skeptisch gegenüber und versuchte, die bestehenden Institutionen
weitgehend unverändert zu bewahren. Im Rückblick stellte Boeckh seine Rolle im Jahre 1848
folgendermaßen dar:

---

7   A. von Harnack, *Geschichte* ..., Bd. 1,2, S. 687.

„Bei der Universität war ich tätiger, um den beabsichtigten sogenannten Reformen entgegenzu-
arbeiten, die nur Verschlechterungen sind, ich rechne es mir zum Verdienst an, die Beschickung
des Jenaer Congresses hintertrieben zu haben, nicht weil ich borussisch wäre, denn ich bin vielmehr sehr deutsch gesinnt, sondern weil alle diese Wichtigtuerei zu nichts führt" (an Creuzer, 24.
August 1849).[8]

Auf der Konferenz der preußischen Hochschulen im Herbst 1849 hat Boeckh eine Politik der
Mitte betrieben:

„Mein Prinzip", schreibt er an Meier (12. November 1849), „war, weder übermäßigen Forderungen
nachzugeben (die freilich in dieser Versammlung wenig Fürsprache hatten), noch in reactionärer
Weise zurückzunehmen, was man früher nachzugeben angemessen gefunden hatte."

Boeckh, der über ein unabhängiges und außergewöhnlich kritisches Urteil verfügte, äußerte
sich schon wenige Jahre nach Antritt seiner Professur in Berlin unzufrieden über die Verhältnisse
an der Universität. Dabei spielten etwa Schwierigkeiten bei der Literaturbeschaffung, die durch
den Mangel an finanziellen Mitteln für die Bibliothek bedingt waren, nur eine geringe Rolle;
der Bibliotheksetat wurde 1827 beträchtlich erhöht, so daß wenigstens in dieser Hinsicht eine
Besserung eintrat. Die Klagen Boeckhs richteten sich vor allem gegen einzelne Maßnahmen
der Verwaltung oder insgesamt gegen die preußische Kultuspolitik. So konstatiert er in einem
Schreiben an Niebuhr vom 19. Oktober 1817 die Vernachlässigung der Philologie in Preußen;
die Haltung der Regierung, die Vergabe von Stipendien auf Halle und Breslau zu konzentrieren, hatte nach Boeckhs Meinung zur Folge, daß nur wenige Theologen und Philologen in
Berlin studieren konnten. Besonders scharfe Kritik übt Boeckh an der Berufungspolitik:

„Unsere erledigten Stellen sind unbesetzt, Fichtes, Klaproths, Hoffmanns. Man wählt und wählt,
bis der Gewählte schon anders gewählt hat; alle Berufungen mißlingen, zum Teil wegen Mangels
an Zutrauen, oder auf der anderen Seite allzugroßer Weisheit."

Boeckh sah keinen Anlaß, seine Auffassung zu revidieren; 1828 bemerkt er Thiersch gegenüber:

„Die Vorgesetzte Behörde hat gewiß den besten Willen, aber ob sie immer richtig urteilt und
handelt, ist sehr zu bezweifeln. Das Vielregieren ist überhaupt eine schauderhafte Untugend der
Staaten und greift immer mehr um sich. Im Ganzen unserer Universität fehlt es an Plan und
Ordnung, vorzüglich in Besetzung der Stellen, und das Geld wird durch Anstellung einer Menge
halbtätiger Leute zersplittert" (19. Oktober 1828).

Mit der Thronbesteigung Friedrich Wilhelms IV. 1840 trat auch ein Wandel in der preußischen Kultuspolitik ein; Eichhorn, der im Oktober 1840 nach dem Tod Altensteins Minister
geworden war, unternahm den Versuch, die rückwärtsgewandten und konservativ-christlichen
Anschauungen des Königs und [43] seiner Umgebung im Bildungswesen und damit auch in
der Universität durchzusetzen;[9] bei Berufungen wurden vor allem solche Gelehrten berücksichtigt, die die Gesinnung der Hofkreise teilten oder zumindest zu teilen vorgaben; unbeque-
men Privatdozenten entzog Eichhorn die Lehrerlaubnis, Studenten und Hochschullehrer wur-

---

8 M. Hoffmann, *August Boeckh* ..., S. 122.
9 Vgl. Friedrich Paulsen, *Geschichte des gelehrten Unterrichts auf den deutschen Schulen und Universitäten*, Bd.
   2, 2. Aufl., Leipzig 1897, S. 451–468, und Thomas Nipperdey, *Deutsche Geschichte 1800–1866*, München
   1984, S. 396 f.

den einer scharfen Kontrolle unterworfen, und besonders ließ der Minister das Auftreten der Professoren in der Öffentlichkeit überwachen. Die Willkür und Arroganz, die Eichhorns Politik kennzeichneten, provozierten eine steigende Feindseligkeit der liberalen Hochschullehrer. Varnhagen von Ense, der in seinen Tagebüchern die Berliner Ereignisse fortlaufend kommentiert hat,[10] schreibt am 22. März 1842 über Eichhorn:

> „Der Minister Eichhorn gewinnt an Einfluß und Dreistigkeit, seine brutale Hingebung an die Wünsche von oben gefällt ... Auch fühlt er sich glücklich in seiner Macht und Herrlichkeit, und kann seine Freude gar nicht bergen. – Dagegen steigt der Haß gegen ihn auf anderer Seite furchtbar, die Gelehrten, die Geistlichkeit, seine eigenen Beamten, sind ihm bitter feind. Man hat die verächtlichste Meinung von ihm, man nennt ihn einen feigen Schmeichler, einen trotzigen Schurken, der seine Seele längst verkauft hat."

Die Mentalität Eichhorns enthüllt kraß ein Vorfall, über den Varnhagen am 11. Oktober 1844 berichtet:

> „Der Minister Eichhorn hat kürzlich zu jemanden in drohender Aufwallung gesagt: Wenn Fichte käme und wollte jetzt hier Reden halten, wie die an die deutsche Nation im Jahre 1808, ich wäre der Erste, sie ihm zu verbieten."

Und zwei Tage später notiert Varnhagen, es sei eine Schmach, daß Eichhorn die Macht habe, „Männer von Gedanken, von Kenntnissen und Wissenschaft zu hänseln". Die Gegensätze zwischen Boeckh und Eichhorn waren unüberbrückbar, ein Konflikt zwischen dem liberalen Gelehrten, der es 1832 demonstrativ abgelehnt hatte, für die Zensurbehörde zu arbeiten, und dem konservativen Minister war unausweichlich. In seinen Universitätsreden während der ersten Regierungsjahre Friedrich Wilhelms IV. trat Boeckh vorsichtig für eine freiheitliche Verfassung ein und bekannte sich gleichzeitig zum Prinzip der Freiheit der Wissenschaft:

> „Non possunt litterae vigere nisi liberae."[11]

Solche Äußerungen boten Eichhorn noch keinen hinreichenden Anlaß zum Einschreiten, aber als Boeckh in der Einleitung zum Vorlesungsverzeichnis des Wintersemesters 1842/43 in Anlehnung an den platonischen Theaitetos die Studenten aufforderte, sie sollten sich im Studium zu freien Menschen heranbilden, und verschiedene Zeitungen darüber berichteten, beanstandete der Minister den von Boeckh verfaßten Text. Im folgenden Semester nahm Boeckh zu diesem Vorgang Stellung, wurde aber von Eichhorn gezwungen, die entsprechenden Sätze seiner Vorrede zum Vorlesungsverzeichnis zu streichen. Im November 1843 wurde ein Fackelzug der Studenten zu Ehren Boeckhs von der Regierung untersagt; zu einem Eklat kam es dann 1844, als eine Hamburger Zeitung eine Ansprache Boeckhs an die Studenten wiedergab, die ihn an seinem Geburtstag durch einen Fackelzug geehrt hatten. Das Ministerium führte darauf eine [44] Vernehmung Boeckhs durch, der sich wegen der Rede rechtfertigen mußte, und verlangte, daß er eine Gegendarstellung veröffentlichte. Boeckh kam dieser Aufforderung nach; er sah sich dabei genötigt, seine generelle Zustimmung zur preußischen Kultuspolitik zum Ausdruck zu bringen. Boeckh erklärt zunächst, daß seine Rede nicht genau zitiert worden sei, und fährt dann fort:

---

10 Karl August Varnhagen von Ense, *Tagebücher*, Bd. 2, 2. Aufl., Leipzig 1863.
11 M. Hoffmann, *August Boeckh* ..., S. 111.

„Ist in jenem Artikel die Rede von letztjährigen Versuchen, die Freiheit des Geistes zu beschränken, so habe ich von solchen überhaupt nicht gesprochen, wohl aber habe ich in meinen letzten,
bei der Feier des Geburtstagsfestes Sr. Majestät des Königs in den Jahren 1842 und 1843 vor
der Universität gehaltenen Reden aus eigenem Antriebe öffentlich ausgesprochen, daß unter der
erleuchteten Regierung Sr. Majestät des Königs Friedrich Wilhelms IV., des edelsten Beschützers
der Wissenschaften und Künste, in unseren Vaterlande weniger als je für die Freiheit des Geistes
und der Wissenschaften irgend etwas zu besorgen sei.“[12]

Boeckh hatte in dieser Erklärung zwar formal an dem Prinzip der Freiheit der Wissenschaft
festgehalten, aber sich letztlich dem Anpassungsdruck, der vom Ministerium ausging, gebeugt.
Es ist bezeichnend für die Denkweise des Königs, daß ihn eine derartige erzwungene Erklärung
zufriedenstellte; die Auseinandersetzungen waren jedenfalls zunächst beigelegt.

Zu der nächsten, diesmal internen Konfrontation zwischen Boeckh und Eichhorn kam es,
als der Minister an den Universitäten konversatorische Übungen einführen wollte, durch die der
jeweilige Hochschullehrer die Möglichkeit erhalten sollte zu kontrollieren, ob „der wesentliche
Inhalt der Vorlesung von den Zuhörern richtig gefaßt worden sei“. Boeckh hielt dem entgegen,
daß die Resultate der freien Selbstbestimmung, die den Hochschulunterricht kennzeichnet, die
Nachteile, die die Freiheit der Studierenden leicht mit sich bringe, bei weitem überwögen; eine
Verschulung der Universität sei daher abzulehnen.[13]

Eichhorn hatte in den Auseinandersetzungen mit Boeckh die Unterstützung einiger
Zeitungen erhalten, die seinem Ministerium nahestanden; im Jahre 1847 schließlich wurde
die Presse von Eichhorn in der Absicht benutzt, Boeckh in der Öffentlichkeit zu desavouieren,
Vorangegangen war ein Konflikt über einen Akademievortrag von Raumers zur Religionspolitik
Friedrichs II. von Preußen. Friedrich Wilhelm IV., der – selbst anwesend – über die Reaktion
mehrerer Akademiemitglieder während der Rede aufgebracht war, ließ mitteilen, daß er künftig
die Festsitzungen der Akademie nicht mehr besuchen werde. Daraufhin sandte die Akademie
ein von Boeckh konzipiertes Entschuldigungsschreiben an Friedrich Wilhelm IV., das nur als
bedingungslose Unterwerfung unter den Willen des Königs interpretiert werden kann. Das
Schreiben schließt mit folgender Versicherung:

„Allerhöchstdieselben mögen zugleich der Akademie, deren edelster Schmuck und höchster
Ruhm es ist, der Gnade des hochherzigsten Königs sich zu erfreuen, huldreichst gestatten, die
sichere Überzeugung auszusprechen, daß in Zukunft niemals durch irgendein Verse[45]hen oder
unrichtige und leichtsinnige Beurteilung der Verhältnisse und Umstände von Seiten eines ihrer
Mitglieder das Königliche Gemüt verletzt oder sonst ein Ärgernis gegeben werden könne.“[14]

Eichhorn gab seine Abschrift des Textes an den *Rheinischen Beobachter* weiter, um auf diese
Weise deutlich zu machen, daß die Akademie nicht von Raumer unterstütze und loyal zum
System stehe; das liberale Bürgertum empfand die Entschuldigung der Akademie jedoch als
servil; die Akademie wurde in der Presse scharf kritisiert, und innerhalb der Akademie hatte
die Veröffentlichung eine Distanzierung von Boeckh zur Folge. In welchem Ausmaß die wissenschaftliche Arbeit Boeckhs, der die Publikation des Schreibens der Akademie als Intrige
bezeichnet, von diesen Ereignissen beeinträchtigt war, geht aus einem Brief an Welcker hervor:

---

12 *A. a. O.*, S. 115.
13 *A. a. O.*, S. 117.
14 A. von Harnack, *Geschichte* ..., S. 934 f.

„Ich bin in ein unerträgliches Geschäftswesen hineingeraten, teils bei der Universität, teils bei der Akademie. Das Unglück ist, daß die jetzige Regierung die Geschäfte verdoppelt und verdreifacht und des Ministers Art zu verfahren Unannehmlichkeiten über Unannehmlichkeiten herbeiführt. ... Aus Mangel an Zeit kann ich folglich an nichts mehr kommen; es sind mir aber diese Geschäfte so zuwider, daß ich oft Lust bekomme, alles hinzu werfen" (30. Juni 1847).

Die von Eichhorn geprägte Phase der preußischen Kultuspolitik endete im März 1848, als die Minister infolge der Unruhen und Barrikadenkämpfe in Berlin zurücktraten. Der Übergang zur konstitutionellen Monarchie wurde von Boeckh ausdrücklich begrüßt; in der Rede vom 15. Oktober 1848 betont er, daß diese Staatsform „auch den Wissenschaften und Künsten die zuträglichste ist, weil sie, ohne drückende Überwachung oder Bevormundung, ohne Begünstigung jener Richtungen zum Rückschritt wie im Staate so in der Wissenschaft, überhaupt ohne willkürliche Gunst oder Ungunst, dem freien Aufschwung des Genius keine Fessel anlegt und zugleich alle Hülfsmittel zu leisten vermag, deren der Unterricht und die Übung der Wissenschaften und Künste bedürfen".[15] Unter dem Eindruck der folgenden Entwicklungen, die wiederum zu Konflikten zwischen Universität und Ministerium führten, hat Boeckh seine Auffassungen noch deutlicher formuliert. Vor allem hat er das Prinzip der Freiheit der Wissenschaft gegenüber seinen früheren Äußerungen insofern radikalisiert, als er nun behauptete, diese Freiheit schließe auch die Kritik am Staat mit ein. In seiner letzten Universitätsrede vom 22. März 1863, die erst 1980 publiziert wurde, führt er aus:

„Ist der Staat gesund, so kann er die Wissenschaft in ihrer ganzen Freiheit vertragen, braucht nichts ihrem Auge zu entziehen, nichts von der freien und freimütigen Untersuchung und Besprechung auszuschließen; ist er krank und zerrüttet, so kann ihn nichts sicherer retten als die Erkenntnis seines krankhaften Zustandes, die er ohne ein tüchtig durchgebildetes Wissen der Staatsgenossen nicht erlangen kann. Aber die Männer der Wissenschaft müssen ihrerseits ihrer Freiheit sich bewußt sein und sie ausüben."[16]

[46] Boeckh unterhielt nur wenige freundschaftliche Beziehungen zu anderen Professoren der Universität; den bedeutenden, in Berlin lehrenden Philosophen Hegel und Schelling brachte er wenig Sympathie entgegen. Als Boeckh dennoch zusagte, sich an der Herausgabe der von Hegel geplanten *Jahrbücher für wissenschaftliche Kritik* zu beteiligen, rechtfertigte er dies Niebuhr gegenüber in einem längeren Brief, in dem er auch sein Verhältnis zu Hegel darlegte:

„Ich habe seit vielen Jahren mit Hegel in einer ziemlich erklärten Spannung gestanden; sein ganzes Bestreben, seine unerträgliche Parteimacherei und vorzüglich die höchst verkehrte Begünstigung seiner Anhänger von oben herab, und selbst die unangenehme Art seines persönlichen Wesens haben mich beständig von ihm ab gestoßen, und auch er war mir abgeneigt."

Die mit ihm befreundeten Kollegen hielt Boeckh für unzuverlässig; er argwöhnte, daß sie im Stillen lächelten, wenn er „einen Hieb" bekäme (24. Oktober 1826). Unter diesen Umständen ist es nicht überraschend, daß Boeckh sich Ende 1829, nach dem Tod seiner Frau Anfang des Jahres, in Berlin isoliert fühlte. Seinem Lieblingsschüler Karl Otfried Müller, der damals Professor in Göttingen war, schilderte er seine Lage:

---

15 August Boeckh, *Gesammelte Kleine Schriften*, Bd. 2, Leipzig 1859, S. 33.
16 Wolfhart Unte, *August Boeckhs unveröffentlichte Universitätsrede vom 12. März 1963*, in: *Antike und Abendland*, Bd. 26 (1980), S. 174.

„... doch ist mir allmählig vieles hier zuwider. Von der Griechischen Gesellschaft, die mir den hauptsächlichsten literarischen Verkehr gewährt, bin ich ausgeschieden, weil sie mir nicht mehr behagte; und meine Specialcollegen, Bekker und Lachmann, sind nicht nach meinem Sinn. Auch Schleiermacher ist mir zu sehr mit denen verbunden, die ich nicht leiden mag, als daß ich noch mit ihm stimmen könnte. Da ich eines gemütlichen häuslichen Verhältnisses beraubt bin, müßte ich Freunde haben, die eine wohlwollende Gemütlichkeit zeigten; diese sind in dieser Gesellschaft nicht zu finden" (21. Dezember 1829).

Eine enge, auf Vertrauen und gegenseitiger Achtung beruhende Freundschaft entwickelte sich hingegen zwischen Boeckh und den Brüdern Wilhelm und Alexander von Humboldt. Seit 1827 wohnte Alexander von Humboldt, aus Frankreich nach Preußen zurückgekehrt, wiederum in Berlin; Boeckh kam oft nach Tegel, wo auf dem Landsitz der Humboldts über wissenschaftliche Probleme diskutiert wurde. Alexander von Humboldt, der sich häufig mit Fragen zur antiken Geographie und Astronomie an Boeckh wandte, besuchte zwischen 1833 und 1835 auch dessen Vorlesungen. Zur Feier des fünfzigjährigen Doktorjubiliäums gedachte der siebenundachtzigjährige Naturforscher ihrer Freundschaft, indem er an die Gespräche in Tegel und die Vorlesungen, deren Mitschriften er noch besaß, erinnerte.[17]

Das Werk, dem Boeckh seine herausragende Stellung in der Wissenschaftsgeschichte verdankt, ist ohne Zweifel die Abhandlung über *Die Staatsbaushaltung der Athener,* die 1817 in Berlin erschien. Das Konzept zu dieser Monographie geht auf den älteren Plan Boeckhs zurück, unter dem Titel *Hellen* die Resultate seiner „Forschungen über das griechische Volk in einer möglichst vollkommenen Form" niederzulegen. Alle Einzelstudien, schrieb Boeckh 1815 an den badischen Minister von Reitzenstein, habe er als Vorarbeiten zu diesem Werk [47] unternommen; dazu rechnete er auch die Darstellung des Finanzwesens:

„Vor zwei Jahren wollte ich wirklich Hand ans Werk legen und fing mit der Untersuchung der bürgerlichen Verhältnisse Griechenlands an, aber ich merkte bald, daß gar keine genügende Vorarbeit da sei, alles noch in rohem Chaos liege, und wollte nun erst die einzelnen Zweige des politischen Wesens mir selbst aufklären. Hier blieb ich beim Finanzwesen, ohne Zweifel dem dunkelsten und worüber ich am wenigsten Aufklärung vorfand, sitzen und immer sitzen und habe nun dieses soweit, daß ich drucken lassen könnte."[18]

Boeckhs Interesse an Fragen der Finanzpolitik mag dadurch gefördert worden sein, daß sein älterer Bruder in der badischen Finanzverwaltung tätig war; wichtige Anregungen verdankte er auch Niebuhr, der ihn auf Heerens Behandlung der antiken Staatswirtschaft hingewiesen hatte.

Die Monographie über *Die Staatshaushaltung der Athener* war in methodischer Hinsicht bahnbrechend, denn Boeckh unternahm zu einem Zeitpunkt, zu dem es noch keine nur annähernd vollständige Sammlung der griechischen Inschriften gab, den Versuch, über die literarischen Zeugnisse hinaus das epigraphische Material für die griechische Geschichte des 5. und 4. Jahrhunderts v. Chr. zu erschließen; zum ersten Mal wurden die griechischen Inschriften in großem Umfang für eine wissenschaftliche Untersuchung ausgewertet. Entsprechend der Bedeutung, die nach Auffassung Boeckhs der Epigraphik zukommt, werden im Anhang, der den ganzen zweiten Band einnimmt, eine Reihe wichtiger und zum Teil noch nicht edierter Inschriften publiziert und eingehend interpretiert. Die Darstellung selbst besteht aus vier

---

17 M. Hoffmann, August *Boeckh* ... S. 451 f.
18 *A. a. O.*, S. 35.

Teilen; im ersten Teil werden Preise, Löhne und Zinsen in Attika untersucht, der zweite Teil beschreibt die Finanzverwaltung und die Staatsausgaben, während die ordentlichen und außerordentlichen Einkünfte Gegenstand des dritten und vierten Teils sind. Der erste Teil bietet wesentlich mehr, als die Überschrift vermuten läßt; es handelt sich um eine umfassende Beschreibung des athenischen Wirtschaftsleben in der klassischen Epoche.

Die ersten Abschnitte sind, bedingt durch die Fragestellung Boeckhs, den Edelmetallen und dem Münzgeld gewidmet; er stellt fest, daß die Edelmetalle der Maßstab der Preise für andere Waren sind. Die Edelmetalle verloren an Wert, als die Menge an Gold und Silber, die in Griechenland im Umlauf war, während des 5. und 4. Jahrhunderts stark anwuchs. Ein weiterer wichtiger Faktor der Preisentwicklung ist die Nachfrage, die von der Größe der Bevölkerung abhängt. Boeckh wendet sich hier gegen Montesquieu und Hume, die die Glaubwürdigkeit der antiken Angaben über die attische Bevölkerung angezweifelt hatten, und akzeptiert das bei Athenaios überlieferte Ergebnis der Volkszählung unter Demetrios; demnach sollen gegen Ende des 4. Jahrhunderts 21 000 Bürger, 10 000 Metoiken und 400 000 Sklaven in Athen gelebt haben. Da noch Frauen und Kinder zu berücksichtigen sind, nimmt Boeckh die Zahl von 135 000 freien Menschen für Attika an; an der überlieferten Zahl der Sklaven [48] hält Boeckh ausdrücklich fest; da sie ihm aber aufgerundet erscheint, reduziert er die Zahl auf 365 000, so daß er mit einer Gesamtbevölkerung von 500 000 Menschen und einem Verhältnis von 1:4 zwischen Freien und Sklaven rechnet.

Es folgt ein Überblick über Landwirtschaft und Gewerbe; die Bedeutung der Sklavenarbeit auf dem Agrarsektor und im Handwerk wird klar erkannt. Nach Boeckhs Ansicht herrschte eine große Prosperität in Athen, wo es viele Fabriken gab, in denen zahlreiche Menschen arbeiteten. Der Handel, durch den Athen alles erhielt, was nicht in Attika produziert werden konnte, wurde durch das gute athenische Geld begünstigt, das auch ausgeführt werden durfte. Einfuhr und Ausfuhr unterlagen teilweise gesetzlichen Regelungen, wobei die Bedürfnisse des Landes im Vordergrund standen. Bei der allgemeinen Bestimmung des Preisniveaus geht Boeckh vorsichtig vor; die Annahme, „die Preise seien im Durchschnitt zehnmal niedriger als im achtzehnten Jahrhundert gewesen" (S. 78),[19] wird unter Hinweis auf den Getreidepreis zurückgewiesen; allerdings wird dabei nur das Verhältnis von Getreide und Silber, nicht aber von Getreide und Lohn berücksichtigt. Während im folgenden die antiken Angaben über den Preis von Ländereien, Sklaven und Vieh nur relativ kurz behandelt werden, erörtert Boeckh ausführlich das Problem der Getreideversorgung Attikas. Der Bedarf wird aufgrund der Bevölkerungszahl von 500 000 Menschen auf 3,4 Millionen *medimnoi* pro Jahr bestimmt; einer Angabe des Demosthenes folgend glaubt Boeckh, der Import Athens habe im 4. Jahrhundert etwa eine Million *medimnoi* betragen, so daß in Attika selbst circa 2,4 Millionen *medimnoi* produziert wurden, Boeckh hält dies durchaus für möglich; Voraussetzung dafür ist allerdings, daß etwa die Hälfte der Fläche von Attika Getreideland gewesen wäre. Die Tatsache, daß Athen ein Drittel des konsumierten Getreides einführen mußte, hatte eine staatliche Beaufsichtigung des Getreidehandels zur Folge; die einzelnen Maßnahmen zur Sicherung der Getreideimporte werden von Boeckh genau analysiert. In dem Kapitel über den Lohn hebt Boeckh hervor, daß „höher gestellte Personen oder solche, die mit der Feder arbeiteten, ... nach echt demokratischem Grundsatz nicht besser bezahlt" wurden, „Der Architekt beim Poliastempel erhielt nicht mehr als ein Säger oder gemeiner Bauarbeiter" (S. 149). Den Abschluß dieses Teils der Monographie

---

19 Zitiert wird nach der 3. Aufl. Berlin 1886, ND Berlin 1967.

bilden die Kapitel über Zins, Seezins und Verpachtung. Auch die Ausführungen über Ausgaben und Einkünfte Athens enthalten eine Reihe wichtiger Beobachtungen zur wirtschaftlichen und sozialen Entwicklung; in dem Abschnitt über die Relevanz der Finanzen für die antiken Staaten führt Boeckh den Zwiespalt zwischen den besitzenden und den ärmeren Klassen auf die demokratische Struktur der Finanzverwaltung zurück; der Kampf zwischen Oligarchie und Demokratie wird als Kampf zwischen Besitzenden und Nichtbesitzenden gesehen. Die Vermögenssituation reicher Athener beschreibt er exemplarisch in einem Kapitel des vierten Teils und stellt dabei fest, daß im 4. Jahrhundert eine Tendenz zur Vermögenskonzentration einerseits und zur Verarmung anderer[49]seits bestand; aufgrund einzelner Nachrichten über die Erhebung von Vermögenssteuern sucht Boeckh außerdem das attische Volksvermögen zu ermitteln.

Das Urteil, daß Boeckh im Schlußkapitel über die athenische Finanzverwaltung fällt, ist weit entfernt von jeglicher idealisierenden Tendenz:

> „Übrigens waren die Finanzen einfach und kunstlos; man sorgte selten über das laufende Jahr hinaus, wenn nicht große Hilfsmittel für große Pläne zu Gebote standen, wie bei den Tributen; über Veruntreuung und Unterschleif dachte man leichtsinnig; ohne seine Kräfte zu kennen, gab man auf einmal viel aus, und geriet hernach in Verlegenheit" (S. 708).

Kritisiert werden vor allem Spenden und Besoldungen, die die „Bürger ... an den Gedanken" gewöhnten, „der Staat sei verpflichtet, sie zu ernähren" (S. 709). Boeckh hat deutlich gesehen, daß die Antike der Gegenwart kein Vorbild mehr sein kann: „Nur die Einseitigkeit oder Oberflächlichkeit schaut überall Ideale im Altertum" (S. 710); er erinnert daran, daß es „Rückseiten" gibt, die „weniger schon als die gewöhnlich herausgekehrten" sind:

> „Die Hellenen waren im Glanze der Kunst und in der Blüte der Freiheit unglücklicher als die meisten glauben" (S. 710).

Das Vermächtnis der Antike für die moderne Zeit sieht Boeckh in jener „Freisinnigkeit und Großherzigkeit", jenem „unversöhnlichen Haß gegen Unterdrückung und Knechtschaft und Willkür der Machthaber, die den Hellenen auszeichneten" (S. 711). Die Aneignung dieser Haltung der Griechen ist nach Boeckhs Überzeugung notwendig, wenn die politischen Entwicklungen seiner Zeit sich als wirklicher Fortschritt erweisen sollten.

Mit der *Staatshaushaltung der Athener* ist es Boeckh gelungen, wirtschaftshistorische Fragestellungen in die Altertumswissenschaft zu integrieren und die Grundlagen für die weitere Erforschung der griechischen Wirtschaft zu schaffen. Einzelne Sachfeststellungen mögen heute überholt sein; die Bevölkerungszahlen für Attika sind wohl zu hoch angesetzt, und die Größe der Anbaufläche und damit auch die attischen Getreideerträge sind überschätzt. In diesem Zusammenhang ist allerdings zu beachten, daß die in den vergangenen Jahrzehnten allgemein anerkannte Auffassung über die Getreideimporte Athens unlängst von P. Garnsey kritisiert wurde, der die These vertritt, die Bedeutung der attischen Getreideproduktion für den Gesamtkonsum sei in neueren Arbeiten unterbewertet worden.[20] Das Niveau der Argumentation Boeckhs wird vor allem daran deutlich, daß er trotz einer detaillierten Beschreibung der recht komplexen Verwaltungsstruktur Athens die antiken Verhältnisse deutlich von den modernen

---

20 Peter D. A. Garnsey, *Grain for Athens*, in: Paul A. Cartledge/F. D. Harvey (Hrsg.), *Crux*, Exeter 1985, S. 62–75.

abgrenzt; er ist nicht der Gefahr des Modernismus erlegen. Die umfassende Auswertung des Quellenmaterials, die Vielfalt der behandelten Aspekte und die Abgewogenheit des Urteils, die für das Werk kennzeichnend sind, konnten auf dem Gebiet der antiken Wirtschaftsgeschichte nach Boeckh erst wieder von M. I. Rostovtzeff erreicht werden. So ist es nicht überraschend, daß Boeckhs Darstellung der athenischen Finanzen auch in der Nationalökonomie Anerkennung fand; Gustav Schmoller rechnete [50] dieses althistorische Werk in seinem *Grundriß der allgemeinen Volkswirtschaftslehre* zu den „Perlen der national-ökonomischen Literatur" (2. Aufl., 1908, S. 117); im Ausland galt es schnell als Standardwerk. Bereits 1828 erschien in London die Übersetzung von George Cornewall Lewis (Esq.), die den Titel *The Public Economy of Athens* trägt; 1842 folgte dann die überarbeitete zweite Auflage der englischen Ausgabe.

Während der Arbeit an der Monographie über das athenische Finanzwesen wurde Boeckh klar, wie wichtig das Studium der Inschriften für die Altertumswissenschaft ist; er stellte daher Anfang 1815 in dar Preußischen Akademie der Wissenschaften den Antrag, die Akademie solle ein Corpus der griechischen Inschriften herausgeben. Dieses Vorhaben wurde auch mit arbeitstechnischen Argumenten begründet; in dem Antrag heißt es:

> „Unmöglich kann es der Zweck einer solchen Akademie sein, daß einzelne einer sehr geringen und selten auch nur zur Hälfte versammelten Anzahl von Mitgliedern Abhandlungen vorlesen, welche bloß das Werk einzelner sind ... Der Hauptzweck einer königlichen Akademie der Wissenschaften muß dieser sein, Unternehmungen zu machen und Arbeiten zu liefern, welche kein einzelner leisten kann, teils weil seine Kräfte denselben nicht gewachsen sind, teils weil ein Aufwand dazu erfordert wird, welchen kein Privatmann zu machen wagen wird."[21]

Es wurde darauf eine Kommission zur Durchführung dieser Pläne gebildet; ihr gehörten Niebuhr, Schleiermacher, Buttmann, Bekker und Boeckh an, dem auch die Leitung übertragen wurde. Zur wirklichen Kooperation, wie Boeckh sie gewünscht hatte, kam es jedoch nicht, denn Bekker und Niebuhr gingen ins Ausland und Schleiermacher war ohnehin überlastet. Die Hauptarbeit mußte Boeckh daher weitgehend allein leisten. Da Griechenland noch zum Osmanischen Reich gehörte, war nicht beabsichtigt, die im griechischen Mutterland vorhandenen Inschriften dort kopieren zu lassen; es war vielmehr daran gedacht, das gedruckte Material zu sichten und auszuwerten und darüber hinaus durch eigene Kopien von nicht publizierten Inschriften zu ergänzen. So arbeitete etwa K. O. Müller, der 1822 nach England reiste, im Britischen Museum und in Privatsammlungen intensiv für das projektierte Corpus. An diesen Editionsprinzipien hielt Boeckh allerdings auch fest, als in den Jahren 1844 bis 1854 unter wesentlich günstigeren Voraussetzungen eine Sammlung der lateinischen Inschriften von der Akademie geplant wurde; nur unter Schwierigkeiten konnte Theodor Mommsen seine Vorstellung durchsetzen, daß die Autopsie unabdingbar für jede Publikation von Inschriften ist.[22]

Die Arbeit für die Inschriftensammlung war für Boeckh selbst mit ständigen Frustrationen verbunden; in einem Brief an K. O. Müller schreibt er über seine Herausgebertätigkeit:

> „Ich habe mich wieder an die Inschriften gemacht; da geht mir dann bisweilen die Geduld aus, besonders wo einem der Verstand ausgeht. Wo diese Arbeit ein Ende finden soll, kann ich gar

21 A. von Harnack, *Geschichte* ..., S. 669.
22 *A. a. O.*, S. 900 ff. Lothar Wickert, *Theodor Mommsen*, Bd. 2: Wanderjahre, Frankreich und Italien, Frankfurt 1964, S. 160 ff.

nicht absehen, da ich zumal gar keine Hilfe mehr habe, wie Sie sie eine Zeitlang leisteten ... ich hoffe, [51] daß die Ausarbeitung minder unerfreulich sein wird, wenn ich den angehäuften Stoff genießen und mich der Masse freuen kann, wogegen mich jetzt in jedem Augenblick das Gefühl der Unvollständigkeit drückt" (25. März 1821).

Fast sieben Jahre später hat sich seine Stimmung kaum geändert:

> „Das *Corp[us] Insc[riptionum]* macht mir zu viel Mühe und Sorge, und die Arbeit ist um so unangenehmer, da sie kein Ende und Ziel hat; denn immer kommt wieder Neues. Nicht einmal einen Band kann man abschließen, ohne daß schon wieder neue Nachträge, die hineingesollt hätten, nachgeliefert werden" (an Müller, 9. Januar 1828).

An anderer Stelle schrieb Boeckh resigniert, die Inschriften zehrten die besten Jahre seines Lebens auf (an Müller, 22. Oktober 1826). Die vier Bände erschienen in Einzellieferungen; 1828 war der erste Band abgeschlossen, 1843 der zweite. Die folgenden Teile wurden dann nicht mehr von Boeckh bearbeitet, 1877 erhielt das Werk einen Index. Das *Corpus Inscriptionum Graecarum* war nicht nur eine wissenschaftliche, sondern auch eine wissenschaftsorganisatorische Leistung ersten Ranges. Aufgrund dieser Editionstätigkeit kann Boeckh als Schöpfer der modernen griechischen Epigraphik gelten.

Das erste Heft des *Corpus Inscriptionum Graecarum* stieß auf den scharfen Widerspruch des Leipziger Professors Gottfried Hermann; es schloß sich eine lange Kontroverse an, in deren Verlauf Boeckh seine Ansicht über die Aufgaben der Philologie präzise formulierte. Philologie definierte er 1827 als „wissenschaftliche Erkenntnis der gesamten Tätigkeit des ganzen Lebens und Wirkens des Volkes".[23] Eine Reduzierung der Philologie auf Sprachforschung hat Boeckh, der auf diesem Gebiet selbst als Herausgeber Pindars erfolgreich tätig war, nie akzeptiert. Eine Methodologie der Philologie hat Boeckh nicht veröffentlicht, aber er hielt zwischen 1809 und 1865 wiederholt eine Vorlesung mit dem Titel: „Enzyklopädie der Philologie"; in diesem systematischen Überblick, der 1877 postum unter dem Titel *Enzyklopädie und Methodologie der philologischen Wissenschaften* als Buch erschien,[24] werden die Intentionen und der Horizont Boeckhs deutlich; das Studium der Antike wird damit begründet, daß „alle Geschichte ihrer einen Hälfte nach auf dem Altertum" beruht (S. 31). Die Zivilisation der Antike wird thematisiert, Wirtschaft, Religion, Kunst, Philosophie, Wissenschaftsgeschichte und Literaturgeschichte werden in die Betrachtung einbezogen. Die Konzeption Boeckhs ist gegen eine isolierte Betrachtung der einzelnen Objekte gerichtet; die Enzyklopädie ist ein Entwurf des Ganzen, innerhalb dessen die Spezialdisziplinen ihren Standort finden.

Im Rahmen der *Encyklopädie* hat Boeckh seine Vorstellungen über Wirtschaft und Gesellschaft der Antike prägnant zusammengefaßt: Seine Konzeption ist deswegen beachtenswert, weil sie die grundlegenden Schwächen der Thesen von Eduard Meyer oder M. I. Rostovtzeff zur antiken Wirtschaft nicht aufweist. Boeckh hat es vor allem vermieden, die antike Wirtschaft ausschließlich als Hauswirtschaft oder Volkswirtschaft zu charakterisieren, die er vielmehr als verschiedene Sektoren der antiken Ökonomie auffaßt. Er integriert die [52] Hauswirtschaft in seine Darstellung der antiken Wirtschaft und zeigt, daß die Erzeugung von Gütern im Hause und die gewerbliche Produktion gleichzeitig existierten. Der Handel war nach Boeckhs

---

23 *Kleine Schriften*, Bd. 7, Leipzig 1872, S. 264.
24 *Enzyklopädie und Methodologie der philologischen Wissenschaften*, hrsg. von Ernst Bratuscheck, Leipzig 1877; Zitate nach der 2. Aufl., Leipzig 1886.

Auffassung zunächst auf den lokalen Austausch zwischen Produzenten und Konsumenten beschränkt; der Binnenhandel hatte insgesamt wegen der schlechten Verkehrsverbindungen keine Bedeutung. Nach den Perserkriegen und vor allem in der Zeit des Imperium Romanum erreichte der antike Handel jedoch einen größeren Umfang. In Griechenland wurden vor allem Luxuswaren und Rohstoffe importiert, während man Fertigwaren exportierte. Boeckh geht in der *Encyklopädie* nicht von einem statischen Bild der antiken Wirtschaft aus, sondern hebt auch solche Entwicklungen wie die Differenzierung des Gewerbes, die fortschreitende Arbeitsteilung, die Verlagerung der Handelszentren in Griechenland oder die Erschließung von Binnenräumen durch Schaffung einer Verkehrsinfrastruktur im Imperium Romanum hervor. Aber nie werden solche Prozesse überschätzt oder mit denen der Neuzeit gleichgesetzt, wie dies später bei Eduard Meyer der Fall war.

Boeckh hat die grundlegenden Differenzen zwischen Antike und Moderne mehrmals thematisiert. Es wird festgestellt, daß im Gewerbe ein „complicirtes Maschinenwesen" fehlte; die „großartigen technischen Erfindungen" und der „Welthandel, der die Erzeugnisse aller Zonen austauscht" sind nach Boeckh jene Erscheinungen, durch die das moderne „Leben eine bedeutend zweckmäßigere Einrichtung als im Altertum gewonnen" hat (S. 400). Die in der Neuzeit zur Entfaltung gelangte Theorie der Volkswirtschaft ist seiner Ansicht nach in der Antike ebenfalls nur in Ansätzen vorhanden. Die „Geschichte der Erwerbsgesellschaft" behandelt Boeckh vor allem unter dem Aspekt der Arbeitskraft und insbesondere der Sklaverei; abschließend wird konstatiert, daß in der Antike „die Idee der Freiheit nicht zu vollem Bewußtsein gelangt war. Man riß die körperliche Arbeit von der geistigen los und bürdete sie einer staatlosen Klasse von Menschen auf, denen man als beseelte Maschinen keine freie Individualität zuerkannte" (S. 415).

Die Stadt Berlin würdigte die wissenschaftliche Leistung Boeckhs, indem sie ihm 1857 anläßlich seines fünfzigjährigen Doktorjubiläums die Ehrenbürgerwürde verlieh; zehn Jahre später ernannte der preußische König den greisen Gelehrten zum Kanzler der Friedensklasse des Ordens pour le mérite. Die höchste Würde, die im 19. Jahrhundert einem deutschen Wissenschaftler übertragen werden konnte, war auf diese Weise Boeckh zuteil geworden; ein längeres Wirken als Kanzler des Ordens pour le mérite blieb ihm aber versagt; Boeckh starb am 3. August 1867 an den Folgen eines Schlaganfalls. Sein Grab befindet sich – nicht weit von der Universität entfernt – auf dem Dorotheenstädtischen Friedhof.

Das Werk Boeckhs vermittelte der Altertumswissenschaft des 19. Jahrhunderts wichtige Impulse; der Aufschwung der epigraphischen Studien ist wesent[53]lich auf seine Tätigkeit zurückzuführen. Es sollte dabei aber nicht übersehen werden, daß gerade Boeckhs Sicht dar antiken Wirtschaft und Gesellschaft in der folgenden Zeit keine Beachtung mehr fand. Ernst Curtius erhob die Antike in seiner *Griechischen Geschichte* wiederum zum Ideal, und die wirtschaftshistorischen Arbeiten von Eduard Meyer und später von M. I. Rostovtzeff waren von modernistischen Tendenzen geprägt. In der gegenwärtigen Situation aber, in der die Thesen Meyers und Rostovtzeffs nicht mehr akzeptiert und gleichzeitig die Strukturen der antiken Wirtschaft erneut intensiv diskutiert werden, ist die Rezeption der Auffassungen Boeckhs eine dringliche Aufgabe der Wissenschaft.

[54] **Werke (in Auswahl)**

Die Staatshaushaltung der Athener, 2 Bde., 1817. — Philolaos des Pythagoreers Lehren nebst den Bruchstücken seines Werkes, 1819. — Corpus Inscriptionum Graecarum, 2 Bde., 1828. — 1843. — Metrologische Untersuchungen über Gewichte, Münzfüße und Maße des Alterthums in ihrem Zusammenhange, 1838. — Enzyklopädie und Methodologie der philologischen Wissenschaften, hrsg. von E. Bratuschek, 1877. — Gesammelte Kleine Schriften, 7 Bde., 1858–1874.

Nachlaß

Der Nachlaß befindet sieh in der Staatsbibliothek Preußischer Kulturbesitz und im Privatbesitz der Familie Boeckh in Berlin (West).

Die Bücher-Meyer Kontroverse

zuerst in:
W. M. Calder III, A. Demandt (Hrsg.), Eduard Meyer. Leben und Leistung
eines Universalhistorikers, Leiden: Brill, 1990, S. 417–445.

Die Kontroverse zwischen dem Nationalökonomen Karl Bücher und dem Althistoriker Eduard Meyer über das Problem der Einordnung der antiken Wirtschaft in die allgemeine Wirtschaftsgeschichte[1] übte einen nachhaltigen Einfluß auf die Entwicklung der internationalen Althistorie aus und trug insbesondere in England zur Herausbildung des methodischen Selbstverständnisses jener Historiker bei, die Wirtschaft und Gesellschaft der Antike analysierten. So bedeutende Gelehrte wie W.L. Westermann oder M.I. Rostovtzeff übernahmen weitgehend die von Eduard Meyer 1895 und 1898 in zwei Vorträgen formulierten Thesen und legten sie ihren eigenen Arbeiten zugrunde.[2] Gleichzeitig aber wurde Meyers am Modell der neuzeitlichen Wirtschaft orientierte Darstellung der ökonomischen Verhältnisse der Antike einer dezidierten Kritik unterzogen; bereits 1896 lehnte L.M. Hartmann in einer Rezension die Ansicht ab, „daß sich die antike Wirtschaft von der modernen nicht wesentlich unterschieden hat."[3] J. Hasebroek, der in mehreren Aufsätzen und Monographien ein von der modernen Sichtweise unabhängiges Bild der griechischen Wirtschaft zu entwerfen suchte, sprach von der „Anfechtbarkeit der Eduard Meyer-Belochschen Einstellung" und betonte, daß die Quellen „jenes stolze Gebäude der modernisierenden Richtung in keiner Weise zu tragen vermögen."[4]

[418] Welche Bedeutung die Bücher-Meyer Kontroverse in der nach 1950 erneut einsetzenden Diskussion über die antike Wirtschaft besessen hat, zeigt allein schon die Tatsache, daß sowohl E. Will als auch M.M. Austin in ihren programmatischen Ausführungen über die griechische Wirtschaft die Arbeiten von Bücher und Meyer eingehend behandelten[5] und daß M.I. Finley 1979 in den USA eine umfangreiche Dokumentation der Kontroverse herausgab.

---

1 Die wichtigsten Texte sind ediert in: M.I. Finley, ed., The Bücher-Meyer Controversy, New York 1979. Eine zusammenfassende Darstellung bietet M. Mazza, Meyer vs Bücher: Il dibattito sull'economia antica nella storiografia tedesca tra otto e novecento, Società e storia 29, 1985, 507–546. Unberücksichtigt bleiben im folgenden die Arbeiten von Max Weber, dessen Beziehungen zu Meyer Gegenstand einer eigenen Studie in diesem Band sind.

2 W.L. Westermann, RE Suppl. VI (1935), 894–1068, s.v. Sklaverei. Vgl. außerdem ders., Die wirtschaftliche Grundlage des Niederganges der antiken Kultur, in: K. Christ, Hg., Der Untergang des Römischen Reiches, Darmstadt 1970, 109–137, bes. 124 f. M. Rostovtzeff, The Social and Economic History of the Roman Empire, Oxford 1926. Vgl. ders., Der Niedergang der alten Welt und seine wirtschaftlichen Erklärungen, in: K. Christ, Hg., Untergang, 228–253.

3 L.M. Hartmann, Rez. Ed. Meyer, Die wirtschaftliche Entwicklung des Altertums, Zeitschr. f. Sozial- und Wirtschaftsgeschichte IV 1896, 153–157. Zu Hartmann vgl. den Nachruf von W. Lenel, HZ 131, 1925, 571 ff. und jetzt K. Christ, Römische Geschichte und deutsche Geschichtswissenschaft, München 1982, 70 mit weiteren Literaturangaben.

4 J. Hasebroek, Griechische Wirtschafts- und Gesellschaftsgeschichte bis zur Perserzeit, Tübingen 1931, X. Vgl. auch E. Pack, Johannes Hasebroek und die Anfänge der Alten Geschichte in Köln, in: Geschichte in Köln 21, 1987, 5–42.

5 E. Will, Trois quarts de siècle de recherches sur l'économie greque antique, Annales ESC 9, 1954, 7–22. M.M. Austin – P. Vidal-Naquet, Economic and Social History of Ancient Greece: An Introduction, London 1977, 3 ff.

Bei Will ist ebenso wie bei Austin die Tendenz erkennbar, die Argumentation von Bücher wiederum stärker zu beachten; daneben hat gerade auch die Rezeption der Arbeiten Hasebroeks in England zu einem Verständnis der griechischen Wirtschaft geführt, das dem Büchers durchaus nahesteht.[6] Die Vorträge Eduard Meyers wurden nach 1950 indessen sehr unterschiedlich beurteilt; während K. Christ ihnen den „Rang einer verbindlichen Synthese" zuerkannte,[7] äußerte sich Finley äußerst kritisch über Meyers Studie der antiken Sklaverei:

> In sum, Meyer's lecture on ancient slavery is not only as close to nonsense as anything I can remember written by a historian of such eminence, but violates the basic canons of historical scholarship in general and of German historical scholarship in particular.[8]

Dieses Verdikt blieb freilich nicht unwidersprochen; E. Badian und zuletzt auch M. Mazza halten eine differenziertere Bewertung der Auffassungen Meyers für notwendig.[9]

Austin beschränkte sich nicht darauf, die Thesen von Bücher und Meyer kritisch zu referieren, sondern er stellte darüber hinaus fest, daß bereits der Ansatz der Diskussion insofern verfehlt war, als das Problem der antiken Wirtschaft auf die einfache Alternative ,primitiv oder modern' reduziert und das grundlegende Problem der Anwendung moderner ökonomischer Theorien in wirtschaftshistorischen Untersuchungen nicht erörtert wurde.[10] Der unglückliche Verlauf der Kontroverse war auch eine Folge der schroff ablehnenden Haltung Meyers Bücher gegen[419]über, die Mazza mit der Situation der deutschen Geschichtswissenschaft in der Zeit zwischen 1890 und 1900 zu erklären versucht.[11] Die Fragestellung Mazzas scheint geeignet zu sein, die Position Meyers in der Kontroverse präziser als bislang zu erfassen. In den folgenden Überlegungen sollen daher nach einer kurzen Skizze der Theorie Büchers (I) zunächst die wissenschaftshistorischen Voraussetzungen der beiden Vorträge Meyers untersucht werden, wobei vier Problemkomplexe zu berücksichtigen sind: die Methodendiskussion der Historiker, die Stellung der Alten Geschichte innerhalb der Geschichtswissenschaften, die Frage einer modernisierenden Sicht der Antike und schließlich die Erforschung der antiken Wirtschaft vor Eduard Meyer (II); anschließend werden die Auffassungen Meyers systematisch dargestellt (III), während die Rezension Hartmanns und die Replik Büchers Thema des letzten Abschnittes (IV) sind.

I

Die von dem Leipziger Nationalökonomen Karl Bücher (1847–1930) in der Schrift ,Die Entstehung der Volkswirtschaft' (1893) vorgelegte Theorie der wirtschaftlichen Entwicklung war keineswegs originell, sondern stand in einer langen Tradition volkswirtschaftlicher Theorie-

---

6 M.I. Finley, Classical Greece, in: Second International Conference of Economic History, Vol. I, Paris 1965, 11–35. P. Cartledge, ,Trade and Politics' revisited: Archaic Greece, in: P. Garnsey, ed., Trade in Ancient Economy, London 1983, 1–15.

7 K. Christ, Von Gibbon zu Rostovtzeff, Darmstadt 1972, 293. Vgl. außerdem J. Vogt, Die antike Sklaverei als Forschungsproblem von Humboldt bis heute, in: ders., Sklaverei und Humanität, Wiesbaden 1965, 97–111, bes. 103: „Eduard Meyer hat um dieselbe Zeit in zwei großartigen Entwürfen der antiken Wirtschaftsgeschichte den Weg gewiesen."

8 M.I. Finley, Ancient Slavery and Modern Ideology, London 1980, 44–49.

9 E. Badian, The Bitter History of Slave History, New York Review of Books, 22. Oktober 1981. M. Mazza, aaO 542.

10 M.M. Austin, aaO 5.

11 M. Mazza, aaO 539 ff.

bildung in Deutschland. In dem Augenblick, in dem das Werk von Adam Smith an den deutschen Universitäten rezipiert wurde, setzten auch die Bemühungen ein, die Abfolge verschiedener Wirtschaftssysteme theoretisch zu erfassen; die deutschen Ökonomen orientierten sich dabei zunächst am Vorbild des ‚Wealth of Nations‘ und postulierten mehrere, einander ablösende gesellschaftliche Zustände, die durch die vorherrschende Subsistenzweise charakterisiert wurden (Hirten, Ackerbauern, Gewerbegesellschaft); später legte man solchen Stufentheorien andere ökonomische Kategorien zugrunde; so sprach B. Hildebrand von den Stadien der Natural-, Geld- und Kreditwirtschaft (1864), während bei Schmoller die Distribution der Güter im Zentrum steht und zwischen Haus-, Dorf-, Stadt-, Territorial- und Staatswirtschaft unterschieden wird.[12]

Die Aufstellung von Wirtschaftsstufen sah Bücher als „unentbehrliches methodisches Hilfsmittel" an, das dazu beitragen sollte, die konzeptionellen Schwächen der älteren Volkswirtschaftslehre zu überwinden; vor allem kritisierte Bücher, daß die historische Schule der Nationalökonomie „fast unbesehen die gewohnten, von den Erscheinungen der modernen [420] *Volks*wirtschaft abstrahierten Kategorien auf die Vergangenheit übertragen, oder daß sie an den verkehrswirtschaftlichen Begriffen so lange herumgeknetet hat, bis sie wohl oder übel für alle Wirtschaftsepochen passend erschienen."[13] Demgegenüber hat sich nach Meinung Büchers der Wirtschaftshistoriker zunächst die Frage zu stellen, ob eine bestimmte Wirtschaft der Vergangenheit überhaupt als Volkswirtschaft zu qualifizieren ist: „Sind ihre Erscheinungen wesensgleich mit denjenigen unserer heutigen Verkehrswirtschaft oder sind beide wesentlich voneinander unterschieden?"[14] Die Einsicht in die Historizität der Volkswirtschaft, die als „Produkt einer jahrtausendelangen historischen Entwicklung" gesehen wird, führt schließlich zu der Überzeugung, daß die Menschheit vor der Entstehung des modernen Staates „große Zeiträume hindurch ohne Tauschverkehr oder unter Formen des Austauschs von Produkten und Leistungen gewirtschaftet hat, die als volkswirtschaftliche nicht bezeichnet werden können."[15]

Bei der Unterteilung der wirtschaftlichen Entwicklung in verschiedene Stufen hält Bücher den Gesichtspunkt des Verhältnisses von Produktion und Konsumtion für maßgeblich und gelangt zu den drei Stufen der geschlossenen Hauswirtschaft, der Stadtwirtschaft und der Volkswirtschaft, die als System der reinen Eigenproduktion, der Kundenproduktion und der Warenproduktion gekennzeichnet werden;[16] zu seiner Methode bemerkt Bücher, daß die theoretische Analyse der Wirtschaftsstufen darauf abziele, diese „in ihrer typischen Reinheit zu erfassen." Dieses Vorgehen, das ansatzweise die Webersche Methode der Bildung von Idealtypen vorwegnimmt,[17] abstrahiert von jeglichen „Übergangsbildungen" und von solchen Erscheinungen, „die als Nachbleibsel früherer oder Vorläufer späterer Zustände in eine Periode hineinragen und in ihr etwa historisch nachgewiesen werden können."[18]

---

12 H. Winkel, Die deutsche Nationalökonomie im 19. Jahrhundert, Darmstadt 1977, 175–180. Zur Rezeption von Smith in Deutschland vgl. 7 ff.

13 K. Bücher, Die Entstehung der Volkswirtschaft, in: M.I. Finley, ed., The Bücher-Meyer Controversy, New York 1979, 87.

14 Ebd., 86.

15 Ebd., 90 f.

16 Ebd., 91.

17 Ebd., 91. Vgl. dazu M. Weber, Gesammelte Aufsätze zur Sozial- und Wirtschaftsgeschichte, Tübingen 1924, 1–288, besonders 7.

18 Bücher, aaO 91 f.

In dem Kapitel über die Hauswirtschaft werden die allgemeinen Merkmale dieser Wirtschaftsstufe von Bücher klar herausgearbeitet: Das Haus bildet den Rahmen für Produktion und Konsumtion, wobei die Gütererzeugung sich am Bedarf der Hausangehörigen orientiert. Die Erwerbswirtschaft ist demnach mit der Produktion für die Bedarfsdeckung des Haushaltes gleichzusetzen, Tauschgeschäfte sind „ursprünglich ganz [421] unbekannt."[19] Die Arbeitsgemeinschaft ist unter diesen Bedingungen wichtiger als die Arbeitsteilung; die vorherrschende soziale Organisationsform dieser Wirtschaftsstufe ist der Familienverband.[20]

Bücher entwirft nicht nur ein theoretisches Modell der geschlossenen Hauswirtschaft, sondern er ordnet diese Wirtschaftsstufe gleichzeitig in den Ablauf der allgemeinen Geschichte ein und identifiziert sie mit den Epochen der Antike und des frühen Mittelalters.[21] In den folgenden Ausführungen zur griechischen und römischen Wirtschaft übernimmt Bücher die Anschauungen von Johann Karl Rodbertus (1805–1875), der den Begriff der Oikenwirtschaft (1864) geprägt hatte. Der Oikos, das Haus, ist die Wohnstätte und darüber hinaus „die gemeinsam wirtschaftende Menschengruppe." Als spezifisches Charakteristikum des antiken Hauses wird der Besitz von Sklaven angeführt: „In der *patria potestas* ist die eheherrliche und väterliche Gewalt mit dem Herrenrecht des Sklavenbesitzers begrifflich verschmolzen."[22] Am Beispiel reicher römischer Familien der frühen Kaiserzeit versucht Bücher nachzuweisen, daß in der Antike die Selbstversorgung des Hauses als die grundlegende wirtschaftliche Aktivität anzusehen ist; der Größe der einzelnen Haushalte entspricht dabei die Differenzierung der Berufe, die die Sklaven ausübten.[23] Auf dieselbe Weise wirtschaftet auch der Staat, der wichtige Verwaltungsaufgaben Sklaven überträgt und diese wiederum durch Staatsdomänen oder Tribute versorgen läßt.[24]

Die Existenz von Handel und Austausch in der Antike wie auch im frühen Mittelalter wird von Bücher keineswegs geleugnet; dieser Handel, der etwa durch eine ungleiche natürliche Ausstattung verschiedener Regionen notwendig wurde, hat nach Bücher allerdings „die geschlossene Hauswirtschaft nur an der Oberfläche" berührt.[25] Die Funktion des antiken Handels blieb insofern begrenzt, als „Gegenstände des täglichen Bedarfs" nicht regelmäßig ausgetauscht wurden. Allein für die städtischen Bevölkerungszentren wird ein „lebhafter Marktverkehr in [422] Lebensmitteln" angenommen, wofür das klassische Altertum und das Afrika des 19. Jahrhunderts Beispiele bieten. Trotz solcher Einschränkungen hält Bücher aber an der zentralen Aussage seiner Theorie fest:

---

19 Ebd., 92.
20 Ebd., 94 ff.
21 K. Bücher, Die Entstehung der Volkswirtschaft, Tübingen 1893, 15 f.: „Die Periode der geschlossenen Hauswirtschaft reicht von den Anfängen der Kultur bis ins Mittelalter hinein (etwa bis zum Beginn des zweiten Jahrtausends unserer Zeitrechnung)." Bücher hat diesen Satz in der 2. Auflage der Schrift gestrichen; vgl. dazu Ed. Meyer, Die wirtschaftliche Entwicklung des Altertums, in: ders., Kleine Schriften I, Halle [2]1924, 87 Anm.
22 K. Bücher, Entstehung, in: Finley, ed., Bücher-Meyer Controversy 98 f.
23 Bücher, aaO 99 ff. Pronociert erklärt Bücher: „Aus der wirtschaftlichen Autonomie des sklavenbesitzenden Hauses erklärt sich die ganze soziale und ein guter Teil der politischen Geschichte des alten Rom" (99).
24 Bücher, aaO 103.
25 Ebd., 109 ff.

„Anstoß und Richtung empfängt jede Einzelwirtschaft nach wie vor durch den Eigenbedarf ihrer Angehörigen; was sie zur Befriedigung desselben selbst erzeugen kann, muß sie hervorbringen."[26]

Damit ist eine deutliche Differenz zwischen der Hauswirtschaft und der Volkswirtschaft gegeben:

„Nach dem Gesagten wird es klar geworden sein, daß bei dieser Art der Bedürfnisbefriedigung die wesentlichen wirtschaftlichen Erscheinungen sich verschieden gestalten müssen von den Erscheinungen der modernen Volkswirtschaft."[27]

Diesen Unterschied verdeutlicht Bücher abschließend am Beispiel des Kreditwesens: Er weist daraufhin, daß Darlehen in der Periode der Hauswirtschaft vor allem konsumtiven Zwecken dienten und ein Produktivkredit nicht existierte.[28] Die geschlossene Hauswirtschaft wurde durch die Entwicklung eines direkten Austausches in den mittelalterlichen Städten überwunden, die Eigenproduktion wurde durch die Kundenproduktion abgelöst. Ansätze dieser Stadtwirtschaft hat es nach Bücher bereits in der Antike gegeben; gerade dieser Hinweis zu Beginn des Kapitels über die Stadtwirtschaft zeigt, daß Bücher neben der Hauswirtschaft noch mit anderen Formen der Bedarfsdeckung in der Antike rechnet.[29]

Die Theorie Büchers entwirft ein durchaus differenziertes Bild der antiken Wirtschaft; obgleich Bücher den Akzent seiner Analyse auf die Eigenproduktion legt, leugnet er keineswegs die Existenz von Austausch, Handel, Geldverkehr und Darlehensvergabe in der griechischen und römischen Wirtschaft; allerdings wird der geringe Umfang des Handels betont, der normalerweise auf seltene Naturprodukte und Luxusgüter beschränkt blieb. Daneben müssen aber auch die eklatanten Schwächen der Theorie Büchers gesehen werden, die zu Mißverständnissen Anlaß geben konnten. Die für die Antike und das frühe Mittelalter geltende Feststellung, daß es „im regelmäßigen Verlauf der Wirtschaft auch keine Waren, keinen Preis, keinen Güterumlauf, keine Einkommensverteilung und demgemäß keinen Arbeitslohn, keinen Unternehmergewinn, keinen Zins als besondere Einkommensarten" gegeben habe, steht in offenem Widerspruch zu einer Vielzahl von bekannten Fakten der antiken Wirtschaftsgeschichte,[30] und die Einschränkung der Aussage durch die Wen[423]dung „im regelmäßigen Verlauf" ist wenig hilfreich, weil damit die in den größeren antiken Städten üblichen Formen des Wirtschaftens nicht in die Theorie integriert, sondern einfach zur Ausnahme erklärt werden. Ein weiterer Gesichtspunkt ist hier noch erwähnenswert: Bücher entwirft ein statisches Modell der antiken Wirtschaft; die Quellen zur antiken Wirtschaftsgeschichte zeigen demgegenüber, daß es schon in der archaischen Zeit eine wirtschaftliche Entwicklung gab, als deren wichtigste Merkmale ein Bevölkerungswachstum, Urbanisation und eine Ausweitung des Handels angesehen werden können. Damit aber war für Eduard Meyer die Möglichkeit gegeben, Einspruch gegen die Thesen Büchers zu erheben.

---

26 Ebd., 111.
27 Ebd., 113 f.
28 Ebd., 115.
29 Ebd., 116.
30 Ebd., 114. Vgl. auch die kritischen Bemerkungen von L.M. Hartmann, Zeitschr. f. Sozial- und Wirtschaftsgeschichte IV 1896, 153.

II

Die Schärfe der Meyerschen Polemik gegen Bücher ist nur vor dem Hintergrund der Diskussion über Methodik und Fragestellung der Geschichtswissenschaft in den Jahren vor 1895 verständlich. Unter den führenden deutschen Historikern bestand ein Konsens darüber, daß die vor allem von Ranke entwickelte Konzeption der Historie gegenüber neuen Tendenzen zu bewahren sei; positivistische, sozialhistorisch orientierte oder sozialwissenschaftlich beeinflußte Ansätze wurden entschieden abgelehnt. Über nonkonformistische Arbeiten wurden Verdikte gefällt, die die Funktion besaßen, sich der eigenen, konventionellen Auffassung um so sicherer zu vergewissern. Es ist symptomatisch hierfür, daß Droysen seine Rezension von H.T. Buckles ‚History of civilisation in England' im Anhang des ‚Grundrisses der Historik' (1868) wiederum abdrucken ließ.[31] Droysen wendet sich entschieden gegen eine Geschichtsauffassung, die der Entwicklung der Zivilisation eine zentrale Rolle zugesteht und die darüber hinaus Gesetze zu formulieren sucht.[32] Der thematischen Beschränkung historischer Forschung auf das Gebiet der politischen Geschichte wurde allerdings auch widersprochen; so verteidigte E. Gothein in der Antwort auf D. Schäfers Tübinger Antrittsrede, in der die politische Geschichte als „das eigentliche Arbeitsgebiet" der Historiker bezeichnet wurde, die Kulturgeschichte, die anders als eine auf die politischen Ereignisse reduzierte Historie auch Massenerscheinungen behandele und „die Ereignisse auf Kräfte" zurückführe.[33]

Die Diskussion zwischen Schäfer und Gothein war jedoch nur das Vor[424]spiel zu einer größeren Debatte, die sich an der ‚Deutschen Geschichte' von Karl Lamprecht entzündete.[34] G. Iggers hat die Positionen von Lamprecht und seinen Gegnern in folgender Weise umrissen:

> „Der grundlegende Unterschied zwischen Lamprecht und der traditionellen Methode bestand in der Frage, ob der Historiker sich mehr der sozialen oder der politischen Geschichte widmen sollte."[35]

In diese Richtung zielt bereits die Kritik G. v. Belows, der die ersten drei Bände der ‚Deutschen Geschichte' 1893 in der HZ als wissenschaftlich unzuverlässig bezeichnete. Zur Disposition des Stoffes bemerkt v. Below:

> „Die politische Geschichte ist nicht genug berücksichtigt worden. Wir wollen aus einem Geschichtswerk nun einmal lernen, was geschehen ist, uns über die politischen Ereignisse und Personen unterrichten lassen."[36]

31 J.G. Droysen, Historik, hg. v. R. Hübner, ND Darmstadt 1974, 386–405.
32 Ebd., 388. 402. Zu den Gesetzen vgl. 396.
33 D. Schäfer, Das eigentliche Arbeitsgebiet der Geschichte, Jena 1888. E. Gothein, Die Aufgaben der Kulturgeschichte, Leipzig 1889. Vgl. dazu G.P. Gooch, Geschichte und Geschichtsschreiber im 19. Jahrhundert, Frankfurt 1964, 609 ff. G. Oestreich, Die Fachhistorie und die Anfänge der sozialgeschichtlichen Forschung in Deutschland, HZ 208, 1969, 320–363, besonders 326 ff.
34 Zum Lamprecht-Streit vgl. Gooch, aaO 611 ff. Oestreich, Fachhistorie 346 ff. G.G. Iggers, Deutsche Geschichtswissenschaft, München 1971, 256 ff. K.H. Metz, „Der Methodenstreit in der deutschen Geschichtswissenschaft (1891–99)": Bemerkungen zum sozialen Kontext wissenschaftlicher Auseinandersetzungen, Storia della Storiografia 6, 1984, 3–20. G.G. Iggers, The „Methodenstreit" in International Perspective. The Reorientation of Historical Studies at the Turn from the Nineteenth to the Twentieth Century, Storia della Storiografia 6, 1984, 21–32.
35 Iggers, Deutsche Geschichtswissenschaft, 258.
36 G. v. Below, Rez. K. Lamprecht, Deutsche Geschichte I–III, HZ 71, 1893, 465–498. Vgl. dazu Oestreich, Fachhistorie, 347.

Auf die theoretischen Überzeugungen Lamprechts und auf die Rezeption seines Werkes in der deutschen Öffentlichkeit geht v. Below kurz zu Beginn der Rezension ein:

> „Doch wie dem auch sei, die zahlreichen Anpreisungen liegen vor, und ihr Chorus wird sich ohne Zweifel noch verstärken, nachdem Lamprecht sich neuerlich als Anhänger der jetzt blühenden materialistischen und physiologischen Geschichtsbetrachtung bekannt hat, deren Genossen sich freuen werden, in einem vielbelobten Historiker einen feurig vorausschreitenden Bannerträger für ihre Tendenzen gewonnen zu haben."[37]

Below sieht sich an dieser Stelle genötigt einzugestehen, daß die kulturhistorisch orientierte Sicht der Geschichte bei Lamprecht weithin positiv beurteilt wurde; gerade diese Zustimmung scheint ihn – und später andere etablierte Historiker – dazu veranlaßt zu haben, sich scharf von Lamprecht zu distanzieren.[38] Es gibt Anzeichen dafür, daß in dieser Zeit das Ansehen der konventionellen Geschichtswissenschaft eher gesunken ist. G. Oestreich weist in diesem Zusammenhang auf Äußerungen Bernheims hin, der in einem Brief vom 16.7.1893 über den Rückgang des Interesses „an der politischen Geschichte" klagte und folgende Festellung über das Geschichtsstudium traf:

> „Eine seltsame Ironie der ‚Geschichte‘ ist es, daß gerade jetzt, da überall die Seminare und Biblio[425]theken nebst Hilfsmitteln in üppigster Weise ausgestattet sind, das Studium so stark abnimmt. Ist man vielleicht zu lange Staats-Historiker gewesen?"[39]

Während Bernheim aber für eine Öffnung der Geschichtswissenschaft den „neuen Strömungen" gegenüber plädierte, blieb die Mehrzahl der Historiker bei ihrer ablehnenden Haltung, die sich im Lamprecht-Streit schließlich auch durchsetzte.[40]

In einer schwierigen Situation befand sich nach 1890 gerade auch die Alte Geschichte, denn die dominierende Stellung der Altertumswissenschaften im Bildungssystem wurde zunehmend in Frage gestellt. Bereits in den Jahren vor 1890 wurde mit großem Nachdruck eine Schulreform gefordert; zu den Zielen der Bildungsreformer gehörte vor allem die Gleichstellung des Realgymnasiums mit dem traditionellen Gymnasium. Die Schulkonferenz, die auf Initiative von Wilhelm II. im Dezember 1890 in Berlin zusammentrat, um Vorschläge zu einer Neuordnung des Schulwesens auszuarbeiten, war vornehmlich gegen die Betonung der klassischen Sprachen im humanistischen Gymnasium gerichtet.[41] Der Kaiser, der in seiner Jugend ein Gymnasium in Kassel besucht hatte und seitdem eine tiefgehende, schon früh öffentlich geäu-

---

37 Below, aaO 466.

38 So etwa M. Lenz, Rez. Lamprecht, Deutsche Geschichte Bd. V, HZ 77, 1896, 385–447.

39 Zitiert nach Oestreich, Fachhistorie, 337 Anm. 69.

40 Die generelle Ablehnung wirtschaftshistorischer Arbeiten kommt auch in einem Brief von M. Lenz vom 20.10.1890 zum Ausdruck: „Seinen 4 Bänden Wirtschaftsgeschichte stand ich schon mißtrauisch gegenüber; ich kannte sie nicht, mißbilligte sie aber" (zitiert nach Oestreich, Fachhistorie, 331 Anm. 44).

41 Zur Bildungspolitik in der wilhelminischen Zeit vgl. allgemein H.-U. Wehler, Das Deutsche Kaiserreich 1871–1918, Göttingen 1973, 122 ff. F. Paulsen, Geschichte des gelehrten Unterrichts II, Berlin – Leipzig ³1921, besonders 576 ff. M. Kraul, Das deutsche Gymnasium 1780–1980, Frankfurt 1984, 100 ff. J.C. Albisetti, Secondary School Reform in Imperial Germany, Princeton 1983. L. Canfora, Wilamowitz und die Schulreform: Das Griechische Lesebuch, in: W.M. Calder III, Hg., Wilamowitz nach 50 Jahren, Darmstadt 1985, 632–648. Zur Position des Realschulmännervereins vgl. etwa F. Paulsen, Das Realgymnasium und die humanistische Bildung, Berlin 1889. Wichtige Hinweise zu diesem Themenkomplex verdanke ich meinem Kollegen Dr. W. Neugebauer.

ßerte Abneigung gegen die Übersetzungsübungen in das Lateinische besaß, kritisierte in seiner Rede vor den Konferenzteilnehmern die zu starke Berücksichtigung der klassischen Antike in den gymnasialen Curricula und forderte zugleich eine eher an den nationalen Interessen ausgerichtete Erziehung:

> „Es fehlt vor allem an der nationalen Basis. Wir müssen als Grundlage das Deutsche nehmen; wir sollen junge Deutsche erziehen, und nicht junge Griechen und Römer. Wir müssen von der Basis abgehen, die jahrhundertelang bestanden hat, von der klösterlichen Erziehung des Mittelalters, wo das Lateinische maßgebend war und ein bißchen Griechisch dazu. Das ist nicht mehr maßgebend."[42]

Das Resultat der Beratungen war eine Neufassung der Lehrpläne (1891/92), in denen die Stundenzahl [426] der klassischen Sprachen erheblich gekürzt wurde; der lateinische Aufsatz entfiel als Ausbildungsziel, und innerhalb des Geschichtsunterrichts reduzierte man den Anteil der Alten Geschichte zugunsten der Geschichte der Neuzeit.[43] Die pädagogischen Reformen, insbesondere die gewünschte Politisierung des Geschichtsunterrichts, stießen allerdings auf den Widerstand der süddeutschen Historiker und trugen damit zu der Initiative für die Einberufung des ersten Historikertages im Jahre 1893 bei.[44] Das Problem der Stellung der Alten Geschichte im Unterricht wurde im folgenden Jahr auf dem zweiten Historikertag in Leipzig diskutiert, die Versammlung verabschiedete eine Resolution, die die humanistische Bildung insgesamt würdigt und sich gegen die neuen Lehrpläne ausspricht. Dabei ist bemerkenswert, daß die Maßnahmen der Kultusbürokratie durchaus als populär eingeschätzt wurden.[45]

Die Debatte über die Curricula fand auch unter den Althistorikern Beachtung; der Erlanger Ordinarius Robert Pöhlmann, der ein ausgeprägtes Problembewußtsein besaß, erkannte, daß mit den Äußerungen Wilhelms II. die Berechtigung einer intensiven Beschäftigung mit der Antike im Rahmen des Schulunterrichts generell in Frage gestellt war. In einem bereits kurz nach der Schulkonferenz publizierten Aufsatz[46] geht Pöhlmann auf die Kritik des Kaisers ein:

> „Unter der Fülle von Klagen, welche in unserer Zeit über die humanistischen Studien hereinstürmen, ist wohl keine schwerwiegender, für die höchsten Interessen der Nation bedeutungsvoller, als die, welche wir neuerdings aus kaiserlichem Munde vernommen haben, daß die humanistischen Gymnasien die zu maßgebendem Einfluß auf das Volksleben berufenen Kreise bisher nicht in der Weise vorgebildet hätten, wie es im Interesse der Erhaltung des modernen Staates und der Durchführung seiner großen sozialen Aufgaben zu wünschen wäre."[47]

Ausdrücklich wird der in der Rede Wilhelms formulierte politische Anspruch an die Schule akzeptiert:

---

42 Zitiert nach Paulsen, Geschichte II, 597.
43 Paulsen, Geschichte II, 600 ff. Kraul, Das deutsche Gymnasium, 104 ff.
44 P. Schumann, Die deutschen Historikertage von 1893 bis 1937, Diss. Marburg 1974, 36 ff.
45 Ebd., 39 ff.
46 R. v. Pöhlmann, Das klassische Altertum in seiner Bedeutung für die politische Erziehung des modernen Staatsbürgers, in: ders., Aus Altertum und Gegenwart, München 1895, 1–33. Zu Pöhlmann vgl. K. Christ, Von Gibbon zu Rostovtzeff, 201–247. Zur Reaktion von Wilamowitz auf die neuen Lehrpläne vgl. Canfora, Wilamowitz und die Schulreform, 637 ff.
47 Pöhlmann, Aus Altertum und Gegenwart, 1.

„... soviel wird wohl zuzugeben sein, daß der allgemeine Gedanke, der das leitende Motiv für die Schulreform von 1892 war, unbedingte Geltung beanspruchen darf.“[48]

Pöhlmann kommt es in seinen Ausführungen darauf [427] an, den Vorwurf zu widerlegen, das Studium der Antike habe zur politischen Erziehung nichts beizutragen. Die Aktualität der Alten Geschichte wird am Beispiel der politischen Theorie des Aristoteles, an dem Problem des allgemeinen Stimmrechts und an der sozialen Frage verdeutlicht; Pöhlmann behauptet etwa, daß in der ‚Politik‘ des Aristoteles dieselbe Auffassung über das Königtum zum Ausdruck gebracht wird wie in jenem preußischen Erlaß, in dem die Belehrung der Jugend „über die sozialpolitische Bedeutung der Monarchie als Verkörperung der ausgleichenden Gerechtigkeit“ gefordert wird;[49] die „Betrachtung des antiken Massenelends“ wiederum soll die Einsicht in die wirtschaftlichen und sozialen Ursachen von Revolutionen und folglich das Verständnis für Maßnahmen zugunsten der „leidenden Klassen“ fördern.[50] Die Aktualisierung der Alten Geschichte war eine Antwort auf die Zweifel an dem Bildungswert der Antike; der Gegenwartsbezug der Historie entspringt bei Pöhlmann keineswegs einem progressiven politischen Bewußtsein, sondern dient vielmehr der Unterstützung des monarchischen Staates.

Für eine aktualisierende Darstellungsweise gab es in der deutschen Altertumswissenschaft durchaus Vorbilder. Das bedeutendste althistorische Werk, das eine modernistische Konzeption aufweist, ist ohne Zweifel Mommsens ‚Römische Geschichte‘. Es geht hier nicht allein um das Problem der Begrifflichkeit, wie Mommsen selbst 1854 in einem Brief an Henzen meinte: „es gilt doch vor allem, die Alten herabsteigen zu machen von dem phantastischen Kothurn, auf dem sie der Masse des Publikums erscheinen, sie in die reale Welt, wo gehaßt und geliebt, gesägt und gehämmert, phantasiert und geschwindelt wird, den Lesern zu versetzen – und darum mußte der Konsul ein Bürgermeister werden.“[51]

Für Mommsen war also die Aktualisierung der römischen Geschichte notwendig geworden, weil ein idealisiertes Bild der Antike nicht mehr akzeptiert werden konnte; die modernistische Begrifflichkeit sollte eine Wahrnehmung der realen Welt der Antike ermöglichen. Die Anpassung der historischen Darstellung an den intellektuellen Horizont der Leser ging tatsächlich aber weit über die Verwendung vertrauter Begriffe anstelle von Termini des römischen Staatsrechts hinaus. Da Mommsen glaubte, der Geschichtsschreiber habe „die Pflicht politischer Pädago[428]gik“,[52] hielt er es für legitim, seine politischen Überzeugungen in der Darstellung der Entwicklung des römischen Staates ebenso wie in der Beurteilung einzelner römischer Politiker explizit zum Ausdruck zu bringen. Auf diese Weise wurde aber auch die Konzeption der ‚Römischen Geschichte‘ von modernen Strömungen politischen Denkens nachhaltig beeinflußt: Die sozialen Unruhen und politischen Kämpfe in der späten römischen Republik werden analog den inneren Konflikten europäischer Staaten des 19. Jahrhunderts

---

48 Ebd., 2.
49 Ebd., 4.
50 Ebd., 19 ff.
51 Zu Mommsen vgl. A. Wucher, Theodor Mommsen – Geschichtsschreibung und Politik, Göttingen ²1968. A. Heuß, Theodor Mommsen und das 19. Jahrhundert, Kiel 1956. K. Christ, Von Gibbon zu Rostovtzeff, 84–118. Ders., Römische Geschichte und Wissenschaftsgeschichte III, Darmstadt 1983, 26–73. Ders., Römische Geschichte und deutsche Geschichtswissenschaft, München 1982, 58 ff. Der Brief an Henzen ist zitiert nach K. Christ, Rom. Gesch. und Wissenschaftsgesch. III 45.
52 A. Wucher, Theodor Mommsen, in: H.-U. Wehler, Hg., Deutsche Historiker IV, Göttingen 1972, 23.

beschrieben, die römische Expansion in Italien wird in Anlehnung an die Forderungen der Verfechter eines deutschen Nationalstaates als Einigung „des gesamten Stammes der Italiker" interpretiert.[53]

Gegen die modernistischen Tendenzen bei Mommsen wurden schon kurz nach Erscheinen seines Buches gravierende Einwände erhoben;[54] besonders negativ äußerte sich Bachofen in einer Reihe von Briefen an den Züricher Philologen H. Meyer-Ochsner:

> „Überhaupt handelt es sich bei M. kaum um Rom und die Römer. Der Kern des Buches liegt in der Durchführung der neuesten Zeitideen."[55]

Es existierte also durchaus eine Sensibilität für die Problematik einer modernistischen Sicht der antiken Geschichte. Dennoch gehörte Mommsens ‚Römische Geschichte' zu den erfolgreichsten Werken der deutschen Historiographie des 19. Jahrhunderts; ihre Diktion übte auf die Historiker dieser Zeit bis hin zu Pöhlmann, Beloch und Meyer einen großen Einfluß aus.[56]

Für die Entwicklung der klassischen Altertumswissenschaften in Deutschland ist es nicht ohne Bedeutung gewesen, daß Mommsen in der Römischen Geschichte die wirtschaftlichen und sozialen Verhältnisse Roms ausführlich beschrieben hat; die wirtschaftshistorische Erforschung der Antike begann zwar bereits mit August Boeckhs ‚Die Staatshaushaltung der Athener' (Berlin 1817), aber erst Mommsen war es wirklich gelungen, die Wirtschaftsgeschichte in die Darstellung der allgemeinen Geschichte zu integrieren. In den folgenden Jahrzehnten setzte dann eine intensive Erforschung der antiken Sozial- und Wirtschaftsgeschichte ein; zu verschiedenen Themenkomplexen erschienen umfangreiche Mono[429]graphien, darunter ‚Besitz und Erwerb im griechischen Altertum' von A.B. Büchsenschütz (Halle 1869), H. Blümners handbuchartige Darstellung der antiken Technik ‚Technologie und Terminologie der Gewerbe und Künste bei Griechen und Römern' (4 Bde., 1875–1887) und schließlich die frühe Studie Pöhlmanns zur ‚Übervölkerung der antiken Großstädte' (1884). Anschließend widmete sich Pöhlmann der Untersuchung sozialer Bewegungen in Griechenland und Rom; die Ergebnisse seiner Forschungen publizierte er in der zweibändigen ‚Geschichte des antiken Kommunismus und Sozialismus' (I 1893); der erste Band von Belochs ‚Griechischer Geschichte' (1893) bietet ein längeres Kapitel zur Entwicklung der Wirtschaft in der archaischen Zeit. Beloch, der von einer „Umwälzung im Wirtschaftsleben" spricht,[57] betont den teilweise dramatischen ökonomischen Wandel in der Ägäis und überhaupt im östlichen Mittelmeerraum. L.M. Hartmann schließlich, ein Schüler Mommsens, behandelte 1894 in gedrängter Form die antike Sklaverei.[58]

Gleichzeitig begannen die Althistoriker auch, die Vorstellungen von Sozialwissenschaftlern und sozialdemokratisch eingestellten Theoretikern kritisch zu erörtern. So beschäftigte sich

---

53 Th. Mommsen, Römische Geschichte, München 1976, 1, 22. Zum Problem des modernistischen Geschichtsverständnisses bei Mommsen vgl. v.a. Wucher, Theodor Mommsen 41 ff. und Christ, Rom. Gesch. u. Wissenschaftsgesch. III 45 f.

54 Zur Resonanz der ‚Römischen Geschichte' vgl. Wucher, Theodor Mommsen, 215 ff.

55 J.J. Bachofen, Gesammelte Werke X, Basel – Stuttgart 1967, 262 (13.12.1862). Vgl. außerdem 251 ff. 254 f. und Christ, Röm. Gesch. und deutsche Geschichtswiss. 75 ff.

56 Zu Wilamowitz-Moellendorff vgl. U. Hölscher, Die Chance des Unbehagens, Göttingen 1965, 17.

57 K.J. Beloch, Griechische Geschichte I, 1893. Zur Wirtschaftsgeschichte bei Mommsen vgl. Heuß, Theodor Mommsen 86.

58 L.M. Hartmann, Zur Geschichte der antiken Sklaverei, Deutsche Zeitschrift f. Geschichtswiss. 11, 1894, 1–17.

Pöhlmann in einem Aufsatz aus dem Jahre 1894 mit den Thesen von Karl Kautsky, wo-bei er auch kurz auf die Theorie eingeht, die Menschheit habe „in gesetzmäßiger Weise be-stimmte Stufen" durchlaufen. Für die Interpretation der Kritik, die Eduard Meyer ein Jahr später auf dem Historikertag an dieser Auffassung übte, ist entscheidend, daß Pöhlmann die Stufentheorie politisch einordnet und als Dogma der sozialistischen Wissenschaft abqualifi-ziert.[59] Nach Pöhlmann konstruiert diese sozialistische Lehrmeinung „für die Institution des Privateigentums eine Reihe von typischen Entwicklungsstadien ..., die mit den gleichfalls als notwendige Durchgangsstadien der Völkergeschichte betrachteten Stufenfolgen der volkswirt-schaftlichen Produktion zusammenfallen sollen."[60] Gegen eine solche Konzeption wird einge-wendet, alle Versuche, „große geschichtliche Entwicklungen in ein enges Schema zu zwängen," könnten den Tat[430]sachen nicht gerecht werden, und die Theorie Morgans sei „wissenschaft-lich ebenso wertlos ... wie die seiner griechischen Vorgänger."[61]

Überblickt man die Entwicklung der Alten Geschichte in Deutschland während der zweiten Hälfte des 19. Jahrhunderts, gewinnt man den Eindruck, daß die Althistoriker die Erforschung der antiken Sozial- und Wirtschaftsgeschichte entschieden vorantrieben, dabei für unkonven-tionelle Fragestellungen und Themen wie die Überbevölkerung der antiken Großstädte offen waren und gleichzeitig die Bereitschaft zeigten, sozialwissenschaftliche Theorien – wenn auch sehr kritisch – zu diskutieren und einzelne Thesen selbst von Marx zu rezipieren, wie dies für Pöhlmann belegt werden kann.[62] Einen uneingeschränkten Primat der politischen Geschichte hat es in der klassischen Altertumswissenschaft vor 1895 nicht gegeben, die Einbeziehung der Sozial- und Wirtschaftsgeschichte in die historische Forschung wurde keineswegs als pro-blematisch empfunden. Zum Verhältnis von Staat und Gesellschaft bemerkt Pöhlmann pro-grammatisch in der Vorrede der ‚Geschichte des antiken Kommunismus und Sozialismus', in Deutschland habe man „nach dem epochemachenden Vorgang von Stein und Gneist längst gelernt, ... die Geschichte des Staates und seiner Verfassung auf der Geschichte der Gesellschaft aufzubauen."[63] Aber gerade Pöhlmanns Hauptwerk, in dem solche Begriffe wie Sozialismus und Kapitalismus auf die antiken Verhältnisse übertragen werden, offenbart deutlich, daß vor 1895 auch in Arbeiten zur antiken Sozial- und Wirtschaftsgeschichte modernistische Tendenzen stark ausgeprägt waren.[64]

III

Eduard Meyer, der als erster Althistoriker auf einem Historikertag sprach, hielt den Vortrag ‚Die wirtschaftliche Entwicklung des Altertums' am 20. April 1895 auf der dritten Versammlung deutscher Historiker in Frankfurt; knapp drei Jahre später behandelte Meyer in Dresden die

59 R. Pöhlmann, Extreme bürgerlicher und sozialistischer Geschichtsschreibung, in: ders., Aus Altertum und Gegenwart, 393. Kautsky, schreibt Pöhlmann, „steht mit Marx und Engels durchaus auf dem Boden jener Anschauungsweise, die – schon bei dem Kulturhistoriker Dikäarch, dem Schüler des Aristoteles, hervortre-tend und in neuerer Zeit unter anderem durch Rousseau, Condorcet, List und besonders Morgan weitergebil-det – für die sozialistische Wissenschaft der Gegenwart zu einem geschichtlichen Dogma geworden ist."
60 Pöhlmann, Aus Altertum und Gegenwart, 393.
61 Ebd., 394.
62 Vgl. etwa K. Christ, Von Gibbon zu Rostovtzeff, 208 f.
63 R. Pöhlmann, Geschichte des antiken Kommunismus und Sozialismus I, München 1893, V.
64 Zu diesem Problemkomplex vgl. F. Oertel, Das Hauptproblem der ‚Geschichte des Sozialismus und der sozialen Frage' von R. v. Pöhlmann, in: ders., Kleine Schriften zur Wirtschafts- und Sozialgeschichte des Altertums, Bonn 1975, 40 ff.

antike Sklaverei, auf die er bereits im Anhang zu dem Frankfurter Referat kurz eingegangen
war.[65] In beiden Vorträgen, die thematisch eine Ein[431]heit bilden, analysiert Meyer zentrale
Probleme der antiken Sozial- und Wirtschaftsgeschichte; darüber hinaus nimmt er zu grundlegenden methodischen und theoretischen Fragen der Althistorie Stellung, wobei sich zahlreiche Wiederholungen ergeben, die es rechtfertigen, beide Texte im folgenden gemeinsam zu
untersuchen.

Zu Beginn der Frankfurter Versammlung 1895 wurde noch einmal deutlich, daß die
Althistoriker ihre eigene Position innerhalb der Geschichtswissenschaft als wenig befriedigend
einschätzten. Wie aus Äußerungen von Julius Kaerst hervorgeht, glaubte man allgemein, die
Althistoriker stünden „auf einem verlorenen Posten." Kaerst verlangte deswegen eine stärke-
re Beachtung der Beziehungen zwischen Altertum und allgemeiner Geschichte und führte
exemplarisch Niebuhr und Ranke als Historiker an, die von der alten Geschichte ausgegangen oder zu ihr zurück gekehrt seien.[66] Unter diesen Bedingungen hatte Meyer sich bei der
Wahl seines Themas von dem Wunsch leiten lassen, „einen Gegenstand möglichst universeller Art zu besprechen, bei dem die Bedeutung klar hervortreten könnte, die auch für unsere Gegenwart noch eine richtige Erkenntnis der Probleme besitzt, welche die alte Geschichte
bewegen."[67] Außerdem weist Meyer darauf hin, daß seiner Meinung nach die vorherrschenden
Anschauungen über die antike Wirtschaft falsch seien; er nimmt die kurz zuvor publizierte
Schrift Karl Büchers über die Entstehung der Volkswirtschaft zum Anlaß, um „ein Bild des
wirklichen Verlaufs der wirtschaftlichen Entwicklung des Altertums zu geben."[68] Dabei geht
es Meyer um ein richtiges „Verständnis nicht nur des Altertums, sondern der weltgeschichtlichen Entwicklung überhaupt."[69] Auf diese Weise erhält der althistorische Diskurs wiederum
Relevanz für das moderne Geschichtsbewußtsein. Das Bestreben, der Althistorie innerhalb der
Geschichtswissenschaft erneut Gewicht zu verleihen, wird auch in der Schlußbemerkung des
Vortrags deutlich, in der Meyer den Untergang des Altertums als „vielleicht das interessanteste
und wichtigste Problem der Weltgeschichte" bezeichnet.[70]

Der Gegenwartsbezug der Althistorie wird in dem Referat über die antike Sklaverei noch
deutlicher herausgearbeitet; Meyer stellt zunächst fest, die These Büchers, eine Volkswirtschaft
habe in der Antike nicht existiert, lasse nur noch ein rein historisches Interesse an der antiken Wirtschaftsgeschichte zu. Nimmt man wie Bücher eine grundlegende [432] Differenz
zwischen Altertum und Moderne an, kann man nach Meinung Meyers aus der wirtschaftlichen Entwicklung des Altertums nichts mehr lernen.[71] Da Meyer aber glaubt, daß in der

---

65 Ed. Meyer, Die wirtschaftliche Entwicklung des Altertums, in: ders., Kleine Schriften I, Halle ²1924, 81–
    168. Wieder abgedruckt in M.I. Finley, ed., The Bücher-Meyer Controversy, New York 1979. Die Sklaverei
    im Altertum, in: ders., Kleine Schriften I, 171–212.
66 Schumann, Historikertage, 190.
67 Meyer, Wirtschaftl. Entwicklung, 81.
68 Ebd., 89.
69 Ebd., 81. Vgl. auch 89.
70 Ebd., 160. Zur Krise der römischen Republik vgl. 142: „das alles sind Vorgänge, die ... noch für die Gegen-
    wart eine tiefgreifende Bedeutung haben."
71 Meyer, Sklaverei 175. Die hier von Meyer kritisierte Auffassung wurde kurz vor dem Dresdner Vortrag
    explizit von Max Weber in der Rede ‚Die sozialen Gründe des Untergangs der antiken Kultur' (1896) vertre-
    ten: „Es kommt dem Eindruck, den der Erzähler macht, zugute, wenn sein Publikum die Empfindung hat:
    de te narratur fabula, und wenn er mit einem dicite moniti! schließen kann. In dieser günstigen Lage befin-
    det sich die folgende Erörterung *nicht*. Für unsere heutigen sozialen Probleme haben wir aus der Geschichte

Antike „dieselben Einflüsse und Gegensätze maßgebend gewesen sind, welche auch die moderne Entwicklung beherrschen"[72] ist es für ihn möglich, direkte Bezüge zwischen antiken und modernen Verhältnissen herzustellen. So wird die Frage aufgeworfen, ob im Deutschen Reich nicht ebenso wie in den antiken Großstädten ein erwerbsloses Hungerproletariat entstehen könnte, wenn die Industrie ihre auswärtigen Absatzmärkte verlöre,[73] und die Verdrängung der italischen Bauern durch Sklaven in Etrurien während des 2. Jahrhunderts v. Chr. wird mit der Situation in der Lausitz oder in Sachsen verglichen, wo viele deutsche Kleinbauern sich gezwungen sahen, ihr Land aufzugeben, während gleichzeitig „gewaltige Scharen polnischer Arbeiter" auf den großen Gütern eingesetzt wurden.[74] Meyer verzichtet zwar darauf, konkrete Maßnahmen zu empfehlen, aber aus seinen Bemerkungen über die strukturelle Ähnlichkeit antiker und moderner Verhältnisse konnten leicht politische Schlußfolgerungen gezogen werden.[75] Nur zu der Frage der Sklaverei in den deutschen Kolonien hat Meyer offen seine Meinung geäußert; nach dem Hinweis darauf, daß in den Kolonien „die bestehenden Sklavereiverhältnisse ... als rechtlich bindend" anerkannt werden, erklärt er, „es würde wirtschaftlich ganz verkehrt sein, wenn wir dort zur Zeit schon weiter, zur völligen Aufhebung der Sklaverei, vorschreiten wollten."[76]

[433] Meyers Ablehnung der sozialwissenschaftlichen Auffassungen zur antiken Sozial- und Wirtschaftsgeschichte war nicht nur fachwissenschaftlich begründet, sondern auch geschichtsphilosophisch motiviert. Die Argumentation in beiden Vorträgen richtet sich gegen die Annahme eines universellen Fortschritts, gegen den „Wahnglauben, ... daß die Entwicklung der Geschichte der Mittelmeervölker kontinuierlich fortschreitend in aufsteigender Linie verlaufen sei."[77] Die Idee eines historischen Fortschritts beruht nach Ansicht Meyers wesentlich auf der konventionellen Einteilung der Geschichte in die drei Epochen Altertum, Mittelalter und Neuzeit:

> „Da man im Mittelalter ganz primitive Zustände findet, glaubt man für das Altertum wohl oder übel noch primitivere postulieren zu müssen."[78]

Dieser These gegenüber insistiert Meyer darauf, „daß die Entwicklung der Mittelmeervölker bis jetzt in zwei parallelen Perioden verlaufen ist, daß mit dem Untergang des Altertums die

---

des Altertums wenig oder nichts zu lernen. ... Unsere Probleme sind völlig anderer Art. Nur ein *historisches* Interesse besitzt das Schauspiel, das wir betrachten, allerdings eines der eigenartigsten, das die Geschichte kennt: die innere Selbstauflösung einer alten Kultur." Vgl. M. Weber, Gesammelte Aufsätze zur Sozial- und Wirtschaftsgeschichte, Tübingen 1924, 291.

72 Meyer, Sklaverei 175.

73 Ebd., 201.

74 Meyer, Sklaverei 207 f. Auch an dieser Stelle wird betont, daß im 19. Jahrhundert eine Arbeitslosigkeit großen Umfangs nur durch die Existenz einer für den Export produzierenden Industrie verhindert wurde. Zur Frage der polnischen Landarbeiter in dem deutschen Osten hatte sich seit 1892 wiederholt M. Weber geäußert. Vgl. W. Mommsen, Max Weber, Gesellschaft, Politik und Geschichte, Frankfurt 1974, 24. D. Käsler, Einführung in das Studium Max Webers, München 1979, 62 f.

75 Später gab Meyer diese Zurückhaltung auf; zur Agrarfrage äußerte er sich in: Die Heimstättenfrage im Lichte der Geschichte, 1924.

76 Meyer, Sklaverei 178. Zur „Antisklavereibewegung" besaß Meyer ein eher distanziertes Verhältnis; er wirft ihr vor, daß sie weder die antike noch die moderne Sklaverei „richtig zu beurteilen vermag." Vgl. aaO 211.

77 Meyer, Wirtschaftl. Entwicklung 88. Vgl. Sklaverei 173.

78 Ebd., 89. Vgl. auch Sklaverei 173.

Entwicklung von neuem anhebt, daß sie wieder zurückkehrt zu primitiven Zuständen, die sie einmal schon längst überwunden hatte."[79] Das Ende der Antike wurde weniger durch eine Zerstörung von außen als vielmehr „durch die innere Zersetzung einer völlig durchgebildeten, ihrem Wesen nach durchaus modernen Kultur" verursacht.[80] Da das Imperium Romanum in der Spätantike zur Bindung der auf dem Großgrundbesitz arbeitenden Pachtbauern an die Scholle und zur Naturalwirtschaft überging und somit zu Verhältnissen zurückkehrte, die bereits im frühen Griechenland bestanden, kann Meyer am Schluß seines Vortrages von einem „Kreislauf" der antiken Entwicklung sprechen.[81]

Voraussetzung für eine solche Periodisierung ist die bereits in der ‚Geschichte des Altertums' formulierte Auffassung, die homerische Zeit sei als das griechische Mittelalter anzusehen; diese Epoche wird charakterisiert als eine „Zeit der Adelsherrschaft, des Ritterkampfs und des Heldengesangs, wo der Grundbesitz mit Viehzucht und Ackerbau zur vollen Entwicklung gelangt ist, wo die Form des Stadtstaats sich herausbildet, die von da an der typische Träger der antiken Kultur geblieben [434] ist."[82] Die folgende Beschreibung der homerischen Gesellschaft orientiert sich dementsprechend eher an der mittelalterlichen Sozialstruktur als an den Aussagen der Epen Homers:

> „Auf der einen Seite stehen die großen adligen Grundherren, die von der Arbeit ihrer Untergebenen leben und diese dafür beschützen, auf der andern eine zahlreiche, teils hörige, teils zwar freie, aber politisch ganz abhängige Bevölkerung von Kleinbauern, Pächtern, Tagelöhnern und Bettlern."[83]

In dem Dresdner Vortrag von 1898 präzisiert Meyer dann seine Thesen; er behauptet, im archaischen Griechenland hätten dieselben sozialen Verhältnisse wie im europäischen Mittelalter bestanden:

> „Man sieht, es sind durchaus die Zustände des christlich-germanischen Mittelalters, die wir hier antreffen: eine scharfe Scheidung erblicher Stände, eine herrschende Stellung des grundbesitzenden Kriegeradels, eine stets zunehmende Abhängigkeit der Bauernschaft, von den mildesten

---

79 Meyer, Wirtschaftl. Entwicklung 89. Vgl. die fast gleichlautenden Aussagen bei Meyer, Sklaverei 188. Hier gilt die Feststellung nicht mehr nur für den Mittelmeerraum.

80 Meyer, Wirtschaftl. Entwicklung 89. 145. Sklaverei 175.

81 Meyer, Wirtschaftl. Entwicklung 159 f. Vgl. Sklaverei 212. Die These vom „Kreislauf der antiken Kulturentwicklung" wurde von M. Weber rezipiert; vgl. Weber, Soziale Gründe, aaO 291. Diese hier noch vage formulierten Anschauungen hat Meyer später in Anlehnung an Ibn Chaldun zu einer Theorie der Kulturentwicklung ausgearbeitet; der Kreislauf „in den äußeren und inneren Schicksalen der Völker" wird von Meyer in den Elementen der Anthropologie (GdA 1, 6. Aufl. Stuttgart 1953, 82 ff.) auf das in jeder Kultur vorhandene „zersetzende Element" zurückgeführt.

82 Meyer, Wirtschaftl. Entwicklung 99. Vgl. zum Begriff des griechischen Mittelalters auch Meyer, Geschichte des Altertums, 2. Bd. Stuttgart 1893, 291: „Die Zeit, welche jetzt beginnt, bedarf eines zusammenfassenden Namens, der sie von der mykenischen Zeit wie von der folgenden, mit den Ständekämpfen beginnenden Epoche bestimmt scheidet; wir können sie mit einem der Geschichte der christlichen Völker entlehnten Ausdruck als das griechische Mittelalter bezeichnen." Vom „hellenischen Mittelalter" sprach auch R. Pöhlmann; vgl. Aus Altertum und Gegenwart 149 ff. Zur Kritik Belochs an der Verwendung des Ausdrucks ‚griechisches Mittelalter' vgl. jetzt L. Polverini, Il carteggio Beloch-Meyer, in: K. Christ – A. Momigliano, Hg., L'Antichità nell' Ottocento in Italia e Germania, Bologna – Berlin 1988, 217.

83 Meyer, Wirtschaftl. Entwicklung 101.

Formen der Hörigkeit oder Untertänigkeit bis zu vollster Leibeigenschaft, ein zwar freies aber wenig geachtetes und entwickeltes Handwerk.“[84]

Hieraus wird gefolgert, daß die Hörigkeit nicht nur ein Resultat der sozialen Entwicklung der Antike und der Sklavenwirtschaft gewesen ist, sondern bereits zu Beginn der Antike existierte und der klassischen Zeit vorausging.[85] Wenn aber die homerische Zeit dem Mittelalter entspricht, ist die klassische Epoche der Neuzeit gleichzusetzen; sozialhistorisch bedeutet dies, daß die Sklaverei der klassischen Epoche „mit der freien Arbeit der Neuzeit auf gleicher Linie“ steht und „aus denselben Momenten erwachsen“ ist.[86]

Diese Periodisierung der Geschichte ist für Meyers Darstellung der Wirtschaft des Altertums keineswegs bedeutungslos; mehrfach betont Meyer in der Rede auf dem Frankfurter Historikertag die Gleichartigkeit der wirtschaftlichen Entwicklung im archaischen und klassischen Griechenland einerseits und in der frühen Neuzeit andererseits; es werden sogar direkte Parallelen zwischen einzelnen Phasen beider Epochen kon[435]statiert:

„Das siebente und sechste Jahrhundert in der griechischen Geschichte entspricht in der Entwicklung der Neuzeit dem vierzehnten und fünfzehnten Jahrhundert n. Chr.; das fünfte dem sechzehnten.“[87]

Folgerichtig wird der Hellenismus dann mit dem 17. und 18. Jahrhundert verglichen,[88] und die Politik Karthagos ist nach Meyer ebenso wie die „englische Politik des 18. und 19. Jahrhunderts“ von ökonomischen Interessen bestimmt gewesen.[89] Der antiken Wirtschaft werden alle wichtigen Merkmale der Modernität beigelegt; dementsprechend häufig wird das Attribut ‚modern‘ verwendet, um bestimmte Erscheinungen des antiken Wirtschaftslebens zu charakterisieren: So spricht Meyer von den „modernen Verhältnissen“ im spätarchaischen Athen oder vom „modernen Charakter der antiken Sklaverei“[90], und Xenophons Bemerkungen über die Arbeitsteilung werden mit den Worten kommentiert, diese Schilderung lasse sich „Wort für Wort ... auf die Gegenwart, auf die Verhältnisse ... einer modernen Großstadt anwenden.“[91] Die Großstädte des Hellenismus, die an die Stelle der kleinen Landstädte treten, werden als ‚modern‘ bezeichnet und den Ackerbaustädten des Mittelalters gegenübergestellt. Für Meyers Sicht der Antike ist gerade die Beschreibung dieser hellenistischen Städte aufschlußreich:

„Die neugegründeten Städte werden systematisch angelegt und mit allem Komfort der Neuzeit ausgestattet und bilden mit ihrer dichten Bevölkerung von Industriellen, Kaufleuten und Gewerbetreibenden das Zentrum für ein großes Gebiet.“[92]

84 Meyer, Sklaverei 187. Meyer hat seine Sicht der archaischen Zeit begründet in den Forschungen zur Alten Geschichte II, 1899, 512 ff.
85 Meyer, Sklaverei 187 f.
86 Ebd., 188. Vgl. außerdem 202.
87 Meyer, Wirtschaftl. Entwicklung 118 f.
88 Ebd., 141.
89 Ebd., 135.
90 Ebd., 112. Vgl. auch Sklaverei 195. Zur Beurteilung der antiken Sklaverei vgl. Sklaverei 211.
91 Meyer, Wirtschaftl. Entwicklung 116.
92 Ebd., 137.

Resümierend stellt Meyer dann fest, daß der Hellenismus „in jeder Hinsicht nicht modern genug gedacht werden kann."[93]

Das modernistische Verständnis der antiken Wirtschaft wurde dadurch begünstigt, daß die wirtschaftshistorische Forschung des 19. Jahrhunderts es versäumt hatte, eine hinreichend differenzierte Terminologie zu entwickeln. Solche Begriffe wie ‚Fabrik' oder ‚Industrie' waren unscharf und mehrdeutig;[94] sie konnten daher auch in Untersuchungen zur antiken Wirtschaftsgeschichte verwendet werden. Aber damit war weder bei [436] Boeckh noch bei Büchsenschütz die Annahme verbunden, es habe im antiken Athen Betriebsformen gegeben, die unter dem Aspekt der Produktionstechnik mit den Fabriken der Industriellen Revolution verglichen werden könnten; Boeckh, der die Unterschiede zwischen antiker und neuzeitlicher Wirtschaft klar erkannt hat, weist in der ‚Encyklopädie' nachdrücklich auf das Fehlen eines „complicirten Maschinenwesens" in der Antike und auf die „großartigen technischen Erfindungen der Neuzeit" hin.[95] Büchsenschütz definiert die antike Fabrik schließlich als einen Betrieb, der auf Sklavenarbeit beruht und dessen Erträge dem Besitzer zufließen, der selbst nicht als Handwerker tätig ist. Die Funktion des Besitzers beschränkt sich darauf, das Kapital für den Kauf der Sklaven sowie der Werkzeuge und des Arbeitsmaterials zur Verfügung zu stellen.[96]

Auch in Meyers wirtschaftshistorischen Arbeiten sind ‚Fabrik' und ‚Industrie' zentrale Begriffe, die zur Beschreibung der griechischen Wirtschaft von der Zeit der Kolonisation bis zum Hellenismus herangezogen werden. Die Modernität der Antike wird in dem Vortrag von 1895 darüber hinaus noch durch Begriffe wie Großverkehr, Großindustrie und Großkapital unterstrichen.[97] Neben dem Terminus Industrie erscheint eine Wendung wie „Industrialisierung der griechischen Welt"[98], und eine Polis wie Megara wird als Industriestaat bezeichnet.[99] Erst 1898 reflektiert Meyer die von ihm verwendete Terminologie in zwei kurzen Abschnitten, in denen die Bedeutung von ‚Fabrik' und ‚Kapital' erläutert wird. Dabei wird deutlich, daß auch für Meyer eine Differenz zwischen Antike und Gegenwart besteht:

> „Gewiß, größere Maschinen hat das Altertum nicht gekannt, und die Riesenfabriken der Gegenwart sind ihm immer fremd geblieben."

Dennoch hält Meyer am Begriff ‚Fabrik' als Bezeichnung für die größeren Produktionsstätten der Antike fest; das entscheidende Kriterium ist für ihn dabei die Zahl der dort arbeitenden Sklaven; die Werkstatt des Demosthenes, in der 33 Sklaven Waffen produzierten, muß „auch

---

93 Ebd., 141. Gerade solche Bewertungen wurden in der Öffentlichkeit beachtet; vgl. Schumann, Historikertage 59. Zur Modernität der Antike vgl. ferner Sklaverei 188: „die Blütezeit des Altertums ... ist ... nach jeder Richtung eine moderne Zeit, in der die Anschauungen herrschen, die wir als modern bezeichnen müssen."

94 Vgl. D. Hilger, Fabrik, Fabrikant, in: Geschichtliche Grundbegriffe II, Stuttgart 1975, 229–252. L. Hölscher, Industrie, Gewerbe, Geschichtliche Grundbegriffe III, Stuttgart 1982, 237–304.

95 A. Boeckh, Encyklopädie und Methodologie der philologischen Wissenschaften, Leipzig ²1886, 393. 400

96 A.B. Büchsenschütz, Besitz und Erwerb im griechischen Altertum, Halle 1869, 193 f.

97 Meyer, Wirtschaftl. Entwicklung 109, 127, 133, 154.

98 Ebd., 116.

99 Ebd., 117. An anderer Stelle spricht Meyer von „reinen Industriegebieten" (aaO 107) oder von „ausgeprägten Handels- und Industriestädten" (aaO 113).

nach dem Maßstab der Gegenwart" als Fabrik angesehen werden.[100] Trotz solcher Präzisierungen wird aber durch die [437] von Meyer gewählte Begrifflichkeit eine strukturelle Übereinstimmung von antiker und neuzeitlicher Wirtschaft postuliert.

Der Diskussion von Büchers Thesen räumt Meyer in seinem Vortrag von 1895 nur wenig Platz ein; in der Einleitung werden die Auffassungen von Rodbertus und Bücher kurz skizziert, wobei die Feststellung Büchers, es habe in Rom „keine produktiven Berufsstände, keine Bauern, keine Handwerker" gegeben, unter Hinweis auf die freien Bauern und Handwerker im klassischen Athen zurückgewiesen wird; die großen Haushalte der römischen Kaiserzeit wiederum läßt Meyer nicht als typisch gelten, sie werden vielmehr als singuläre Erscheinungen bewertet.[101] Immerhin ist bemerkenswert, daß Meyer an dieser Stelle Bücher konzedieren muß, die Selbstversorgung der bäuerlichen Familie im Prinzip richtig dargestellt zu haben. Der Einwand, die von Bücher zitierte Empfehlung Varros (I, 22), man solle nicht kaufen, was auf dem Gut hergestellt werden könne, habe „zu allen Zeiten im Altertum wie gegenwärtig für jede Bauernwirtschaft" gegolten, übersieht jedoch, daß die bäuerliche Wirtschaft in einer Industrienation des 19. Jahrhunderts eine wesentlich geringere ökonomische Bedeutung besitzt als im antiken Italien. Durchaus in Übereinstimmung mit der Theorie Büchers stellt Meyer fest, daß im homerischen Griechenland „die autonome Wirtschaft des Einzelhaushalts ... die maßgebende Lebensform" war,[102] aber er unternimmt keinen Versuch zu klären, ob der Oikos als Wirtschaftsform in den ländlichen Gebieten Griechenlands später fortexistierte und welche Rolle die Produktion für den Eigenbedarf in klassischer Zeit selbst in einer Polis wie Athen spielte.

Der folgende Überblick über die wirtschaftliche Entwicklung des Altertums reicht vom Alten Ägypten bis zum Untergang des Imperium Romanum. Den entscheidenden Fortschritt seiner eigenen Darstellung den älteren Arbeiten gegenüber sieht Meyer selbst darin, daß bislang „nirgends der Versuch einer historisch entwickelnden Betrachtung unternommen" worden ist, auf die es ihm gerade ankam.[103] Diese Einschätzung der Forschungslage ist insofern nicht überzeugend, als Büchsenschütz insgesamt zwar systematisch vorgegangen ist, die wirtschaftlichen Verän[438]derungen der archaischen und klassischen Zeit in den Kapiteln über Gewerbe und Handel aber ausführlich behandelt hat.[104]

Die Ausführungen zur griechischen Wirtschaftsgeschichte lehnen sich eng an entsprechende Passagen der ‚Geschichte des Altertums‘ an und wiederholen einfach ältere Auffassungen, ohne auf die Argumentation Büchers einzugehen. Die homerische Zeit war nach Meyer von der Existenz der Einzelhaushalte adliger Familien geprägt. Daneben werden aber bei Homer viele Handwerker erwähnt, die für die Gemeinde arbeiten; mit Nachdruck weist Meyer dar-

---

100 Meyer, Sklaverei 199. Zur Definition des Begriffs Kapital vgl. 205; als wesentliches Kennzeichen des Kapitals wird hier das „Bestreben der Geldmacht" genannt, ihr Vermögen durch den Kauf fremder Arbeitskraft „zu verwerten und zu vermehren".

101 Meyer, Wirtschaftl. Entwicklung 83 f. Die Kritik Meyers ist deswegen nicht gerechtfertigt, weil Bücher von Landwirten spricht, von Landbesitzern also, die für den Markt produzieren. Die Existenz einer kleinbäuerlichen, für den Eigenbedarf produzierenden Bevölkerung wird keineswegs geleugnet, wie aus den folgenden Bemerkungen hervorgeht: „Es gibt große und kleine Besitzer, Reiche und Arme. Drängt der Reiche den Armen aus dem Besitze des Grund und Bodens, so macht er ihn zum Proletarier." Vgl. Entstehung der Volkswirtschaft 99.

102 Meyer, Wirtschaftl. Entwicklung 101.

103 Ebd., 108 Anm.

104 Büchsenschütz, Besitz und Erwerb 316 ff. 356 ff.

aufhin, daß der Seehandel dem jüngeren Epos „bereits ganz geläufig" ist.[105] Mit der griechischen Kolonisation setzte dann eine wirtschaftliche Entwicklung ein, die ihre Dynamik von der Entstehung eines „ungeheuren Handelsgebiets" erhielt.[106] Die kommerzielle Beherrschung des Mittelmeerraumes hatte das Aufkommen einer „für den Export arbeitenden Industrie" zur Folge.[107] Meyer illustriert dies an der Keramikproduktion, die es seiner Meinung nach ermöglicht, „die Konkurrenz der einzelnen Fabriken und die Wandlungen der Handelsgeschichte" zu verfolgen. Nachdem Chalkis und Korinth zunächst eine führende Position erworben hatten, eroberte im 6. Jahrhundert dann Athen mit seinen Produkten alle wichtigen Absatzgebiete, darunter auch Italien.[108] Im Gegenzug zu diesen Exporten wurden Rohstoffe und Getreide eingeführt; gerade die „reinen Industriegebiete" waren „auf überseeisches Korn" angewiesen.[109] Gleichzeitig gingen die Griechen, die für die gewerbliche Produktion zusätzliche Arbeitskräfte benötigten, zum Sklavenimport und zur Sklavenarbeit über.[110] Durch den Aufstieg der Geldwirtschaft und des überregionalen Handels wurden schließlich „die sozialen und ökonomischen Verhältnisse von Grund aus umgestaltet."[111] Wesentliche Momente der daraus resultierenden sozialen Krise waren der Rückgang des Ertrags der Landwirtschaft[112] und die Herausbildung eines neuen Standes „der städtischen Gewerbetreibenden." Die neuen sozialen Gruppen, die „Händler, Kaufleute, Matrosen und ... freien Arbeiter" haben schließlich ‚"vereint mit der Bauernschaft ... die Adelsherrschaft gestürzt und das Bürgertum an ihre Stelle gesetzt."[113]

[439] Die wirtschaftliche Entwicklung der archaischen Zeit förderte nach Meyer den Aufstieg der Handels- und Industriestädte an den Küsten der Ägäis.[114] Zu diesen Städten gehörte schon früh Korinth,[115] später auch Athen, dessen Politik während des 5. Jahrhunderts „vollständig von den Handelsinteressen beherrscht" wurde.[116] Insgesamt gesehen kann Meyer von einer „Industrialisierung der griechischen Welt" und von einer „immer weiter fortschreitenden Arbeitsteilung" sprechen. Als treibendes Element dieser Entwicklung werden Handel, Export

---

105 Meyer, Wirtschaftl. Entwicklung 101 ff. Vgl. GdA 2, 1893, 362 ff.

106 Ebd., 105. Vgl. Sklaverei 188 f., wo die Entwicklung der archaischen Zeit ganz ähnlich aufgefaßt wird, und außerdem GdA 2, 1893, 533 f.

107 Meyer, Wirtschaftl. Entwicklung 105. Vgl. GdA 2, 1893, 547.

108 Ebd., 106. Vgl, GdA 2, 1893, 548.

109 Ebd., 107.

110 Ebd., 108. Vgl. GdA 2, 1893, 549.

111 Ebd., 109. Vgl. GdA 2, 1893, 549 ff.

112 Ebd., 110. Vgl. GdA 2, 1893, 553.

113 Ebd. 111. Vgl. Sklaverei 193. Wie stark Meyers Beschreibung der archaischen Gesellschaft von modernen Verhältnissen beeinflußt ist, zeigen besonders gut folgende Sätze in GdA 2, 1893, 555: „Sie alle bekämpfen das Adelsregiment. Die Landbevölkerung strebt nach Befreiung von dem unerträglichen ökonomischen Druck, die reich gewordenen Bürger nach Teilnahme am Regiment, die Nachkommen der Zugewanderten, welche an Zahl die Altbürger oft überragen mögen, nach Gleichberechtigung mit der erbgesessenen Bürgerschaft. Alle diese Elemente werden unter dem Namen des Demos zusammengefaßt wie zur Zeit der französischen Revolution unter dem des tiers état." Der Rekurs auf die Moderne als Erkenntnismodell verstellt den Blick für die Realität der Antike.

114 Meyer, Wirtschaftl. Entwicklung 113.

115 Ebd., 114. Zu Korinth vgl. jetzt die Analyse bei J.B. Salmon, Wealthy Corinth, Oxford 1984, bes. 157 f. Salmon spricht von „the overwhelming importance of agriculture in the Corinthian economy." Allein die Vernachlässigung des Agrarsektors macht es möglich, eine Stadt wie Korinth als Industriestadt zu bezeichnen.

116 Ebd., 115. Vgl. Sklaverei 194.

und die „Fabrikation für den Export" genannt.[117] Damit hatte Griechenland in klassischer Zeit jenes Niveau erreicht, das dem der frühen Neuzeit gleichkommt.[118]

Die Relevanz der Sklaverei für die griechische Wirtschaft darf nach Meyer nicht überschätzt werden, denn gerade in Athen haben auch viele freie Bürger im Handwerk gearbeitet.[119] Allerdings räumt Meyer ein, daß „die Arbeiter in der Großindustrie und in den Bergwerken ... meist Sklaven" waren;[120] dennoch ist anzunehmen, daß in Attika wesentlich mehr Bürger und Metoiken als Sklaven lebten.[121] Der Sklaverei wird deswegen eine „zersetzende Wirkung" zugeschrieben, weil die mit der Kapitalisierung der Landwirtschaft in die Städte gedrängte verarmte Landbevölkerung dort keine Arbeit finden konnte:

> „Dadurch entwickelt sich neben dem Großkapital ein immer stärker anwachsender Pauperismus."[122]

Im Zeitalter des Hellenismus kam es schließlich zu einem „Rückgang des griechischen Mutterlandes", was im Fall von Athen auf die Verlagerung der Handelswege zurückgeführt wird.[123] Der neue Typus der Großstadt verdrängte in dieser Epoche die kleinen Land[440]städte,[124] der modernen Stadt dieser Zeit entspricht die hellenistische Monarchie, die „über alle Kräfte des modernen Lebens" frei verfügen konnte.[125]

Es folgen in dem Vortrag längere Ausführungen über das römische Kaiserreich, in denen aber weniger die wirtschaftliche Entwicklung als vielmehr der Niedergang der antiken Kultur thematisiert wird; als eine wesentliche Ursache des „Zersetzungsprozesses" wird die Tatsache angeführt, „daß auch auf politischem und militärischem Gebiet den Gebildeten die Führung entsinkt und auf die Massen übergeht."[126] Der schnell voranschreitende Verfall der Landwirtschaft, der zur Verödung ganzer Regionen führte,[127] hatte seine Ursachen in dem Anwachsen des Großkapitals:

> „Das Großkapital kauft den Grundbesitz auf und macht die Existenz eines kräftigen Bauernstandes unmöglich."[128]

Mit dem „Ruin der Landbevölkerung" verloren aber auch die Städte ihre wirtschaftliche Basis. Der Wandel der ökonomischen Funktion der Städte wird von Meyer präzise erfaßt: „die

---

117 Meyer, Wirtschaftl. Entwicklung 116.
118 Ebd., 118 f.
119 Ebd., 121 ff. 126.
120 Ebd., 127.
121 Ebd., 129.
122 Ebd., 133.
123 Ebd., 137.
124 Ebd., 136.
125 Ebd., 140.
126 Ebd., 148. Vgl. A. Momigliano, Premesse per una discussione su Eduard Meyer, Riv. Stor. Ital. 93, 1981, 384–398, bes. 395. Erwähnenswert ist in diesem Zusammenhang auch die These Meyers, der Rückgang der Sklaverei sei auf das Ende jener „ununterbrochenen Kriege" zurückzuführen, „welche unter der Republik den Markt immer wieder mit neuem und billigem Menschenmaterial versorgten." Vgl. aaO 151. Von dieser Auffassung ist dann auch M. Weber in dem Vortrag ‚Die sozialen Gründe des Untergangs der antiken Kultur' (1896) ausgegangen; vgl. aaO 299 ff. Zuvor war diese These schon von L.M. Hartmann, Zur Geschichte der antiken Sklaverei 8 f. formuliert worden.
127 Meyer, Wirtschaftl. Entwicklung 152 ff.
128 Ebd., 154 f.

Stadt, ursprünglich das Hauptförderungsmittel der Kultur und die Ursache einer gewaltigen Steigerung und Vermehrung des Wohlstandes, vernichtet schließlich Wohlstand und Kultur und zuletzt sich selbst." Die „Rückkehr zu den primitiven Lebensverhältnissen" bildet das Ende der antiken Kultur.[129]

Andere Akzente setzt der Vortrag über die Sklaverei insofern, als Meyer 1898 den sozialen und wirtschaftlichen Niedergang Roms auf die „Gewinnung der Weltherrschaft" in der Zeit der Republik zurückführt: Die Expansion hat den römischen Kleinbauern, „eben dem Stande," der die Weltherrschaft „errungen hatte, die Existenzbedingungen entzogen." Es kommt zu „einer furchtbaren und permanenten agrarischen Krisis," deren Nutznießer die Besitzer der großen Güter sind. „So ist es möglich gewesen, daß binnen wenigen Jahrzehnten in dem Hauptteil Italiens die freie Bauernschaft fast völlig vernichtet wurde, daß an ihre Stelle Latifundienwesen und Sklavenwirtschaft traten", die „in wenigen [441] Jahrzehnten ein blühendes Land nach dem andern verwüstet und entvölkert haben." Erst mit der Aufrichtung der Monarchie haben sich nach Meyer die Verhältnisse gebessert, die Situation der Sklaven „hat sich ständig gehoben." Schließlich beginnt die Sklaverei im 2. Jahrhundert zurückzugehen, „bis sie langsam und ohne Kampf abstirbt und als wirtschaftliche Institution bedeutungslos wird." Die Sklaverei wird aber nicht durch die freie Arbeit ersetzt, die vielmehr mit der Sklaverei zusammen zugrunde geht. An ihre Stelle tritt vielmehr der „Arbeitszwang in den erblich gewordenen Ständen. ... Die Entwicklung kehrt auf den Punkt zurück, von dem sie ausgegangen war: die mittelalterliche Weltordnung tritt zum zweiten Male die Herrschaft an."[130]

Meyers Darstellung der griechischen Wirtschaftsgeschichte folgt weitgehend den Thesen von Büchsenschütz, der die Entwicklung des griechischen Handels ausführlich beschrieben und dabei auch auf die von der Ausweitung des Handels ausgehenden Impulse auf die anderen Wirtschaftssektoren hingewiesen hat.[131] Büchsenschütz hat von einem „gewaltigen Umschwung in den Handelsverhältnissen Griechenlands"[132] während der nachhomerischen Zeit gesprochen und den Zusammenhang zwischen Kolonisation und Handel betont:

> „Der Einfluß dieser Colonien, welche den Bezug zahlreicher Naturprodukte aus den reichen Pontosländern und den Absatz griechischer Produkte und Industrieerzeugnisse an die dort wohnenden weniger civilisierten Völkerschaften in höchst gewinnbringender Weise sicher stellten, muß für die Entwicklung des ganzen griechischen Handels ein außerordentlicher gewesen sein."[133]

Auch die These, die Entstehung einer für den Export arbeitenden Industrie sei eng mit der Ausweitung des Handelsgebietes verbunden gewesen,[134] findet sich schon bei Büchsenschütz:

> „Mit der Entwicklung des Handels hielt die der Industrie gleichen Schritt, indem sie nicht allein durch die Erweiterung des Absatzes gesteigert wurde, sondern auch durch die in fremden Ländern gefundenen Vorbilder neue Anregungen empfing."[135]

---

129 Ebd., 157 f.
130 Sklaverei 204 ff. Vgl. zur römischen Republik außerdem Wirtschaftl. Entwicklung 154 Anm. 3.
131 Büchsenschütz, Besitz und Erwerb 356 ff. Aus GdA 2, 1893, 362 und 548 geht klar hervor, daß Meyer die Monographie von Büchsenschütz für die wirtschaftshistorischen Abschnitte von GdA benützt hat.
132 Büchsenschütz, Besitz und Erwerb 366.
133 Ebd., 376.
134 Meyer, Wirtschaftl. Entwicklung 105.
135 Büchsenschütz, Besitz und Erwerb 381.

Büchsenschütz hat außerdem den ,Fabriken' in Athen längere Ausführungen gewidmet; er nimmt an, daß solche ,Fabriken' „in den industriellen Städten sehr zahlreich" waren und „für viele eine Quelle des Reich[442]tums" darstellten;[136] weiterhin rechnet Büchsenschütz in Anlehnung an einzelne Äußerungen von Xenophon und Platon mit einer ausgeprägten, durch die Entwicklung des Gewerbes vorangetriebenen Arbeitsteilung im städtischen Gewerbe.[137] Meyers Analyse der gewerblichen Produktion gelangt Büchsenschütz gegenüber kaum zu neuen Einsichten.

Meyer hat aber nicht allein die Konzeption von Büchsenschütz übernommen, eine Vielzahl von einzelnen Fakten, auf die Meyer und später auch Beloch[138] hinweisen, werden bereits in ,Besitz und Erwerb im griechischen Altertum' erwähnt, gleichgültig, ob es sich um die ,Fabriken' einzelner Athener,[139] um die Textilproduktion von Megara[140] oder um die Einfuhr von tausend Sklaven nach Phokis durch Mnason[141] handelt. Neue Fakten oder Einsichten sind weder von Meyer noch von Beloch in die Diskussion eingebracht worden; im Grunde argumentieren beide nur mit dem von Büchsenschütz erarbeiteten Faktenmaterial, wobei sie seine in vieler Hinsicht sehr differenzierten Überlegungen radikal vereinfachen. So bleibt etwa die von Büchsenschütz vorgetragene Auffassung, auf die gewerbliche Entwicklung hätten verschiedene Faktoren, darunter das Fortbestehen einer weit verbreiteten Produktion für den Eigenbedarf und die „Mangelhaftigkeit der Transportmittel",[142] hemmend eingewirkt, bei Meyer und Beloch bezeichnenderweise unbeachtet.

In auffallender Weise konzentriert sich Meyer in seinem Überblick über die antike Wirtschaftsgeschichte auf den Handel und die Entwicklung der gewerblichen Produktion; die Landwirtschaft wird trotz ihrer eminenten ökonomischen Bedeutung nicht näher untersucht.[143] Gerade auch deswegen war es möglich, die Ausweitung des griechischen Handels und das wirtschaftliche Wachstum sowie die generelle Tendenz der Urba[443]nisation als ,Industrialisierung' zu verstehen; an keiner Stelle unternimmt Meyer den Versuch nachzuweisen, daß in den von ihm als Handels- und Industriestädte bezeichneten Poleis das Gewerbe tatsächlich der wichtigste Wirtschaftszweig gewesen ist. Die knappen Bemerkungen zur griechischen Landwirtschaft beschränken sich auf die Behauptung, der Anbau habe sich nicht mehr

---

136 Ebd., 336. 342.

137 Ebd., 341 f.

138 J. Beloch, Die Großindustrie im Altertum, Zeitschrift f. Socialwissenschaft 2, 1899, 18–26. Ders., Zur griechischen Wirtschaftsgeschichte, Zeitschrift f. Socialwissenschaft 5, 1902, 95–103. 169–179 (ND bei Finley, The Bücher-Meyer Controversy)

139 Büchsenschütz, Besitz und Erwerb 335 ff. Beloch, Großindustrie 21 ff.

140 Büchsenschütz, Besitz und Erwerb 337. Meyer, Wirtschaftl. Entwicklung 117. Beloch, Großindustrie 23. Zur griechischen Wirtschaftsgeschichte 177.

141 Büchsenschütz, Besitz und Erwerb 325. Meyer, Wirtschaftl. Entwicklung 130. Sklaverei 198. Beloch, Großindustrie 23. Die Beispiele lassen sich beliebig vermehren.

142 Büchsenschütz, Besitz und Erwerb 316 f.

143 Damit unterscheidet sich die Sicht Meyers völlig von Mommsens ,Römischer Geschichte', in der die Rolle der Landwirtschaft ausführlich behandelt wird; der Abschnitt über die Wirtschaft des frühen Rom beginnt mit folgender Feststellung: „In der Volkswirtschaft war und blieb der Ackerbau die soziale und politische Grundlage sowohl der römischen Gemeinde als des neuen italischen Staates." Vgl. Röm. Gesch., München 1976, 1, 457. Zur Vernachlässigung der Landwirtschaft bei Meyer vgl. A. Momigliano, Max Weber and Eduard Meyer: Apropos of City and Country in Antiquity, in: ders., Sesto Contributo alla Storia degli studi classici e del mondo antico I, Roma 1980, 289.

rentiert, das Großkapital habe das Land aufgekauft und dann die Landbevölkerung verdrängt. Diese Entwicklung, die im Hellenismus durch die Expansion noch einmal aufgefangen werden konnte, wiederholte sich in römischer Zeit; die „volle Ausbildung des Kapitalismus" führte nunmehr zum Ruin der Landbevölkerung und zuletzt zur Zerstörung der antiken Kultur.[144]

Die politische Tendenz des Vortrags ist am ehesten in diesen Überlegungen zu erfassen: Die aus der uneingeschränkten Durchsetzung des Kapitalinteresses resultierende Umwandlung herkömmlicher sozialer und ökonomischer Strukturen besitzt nach Meyer letztlich einen zerstörerischen Charakter und stellt die Existenz der Kultur in Frage. Meyer hat deutliche Parallelen zwischen Antike und Gegenwart gesehen, wie seine Hinweise zum Niedergang des deutschen Bauerntums in den ostelbischen Gebieten zeigen. Die Analyse der antiken Wirtschaft und politisches Denken stehen bei Meyer in einer engen wechselseitigen Beziehung: Da Meyers Auffassung nach das zerstörerische Potential des Kapitalismus den Zusammenbruch der antiken Kultur bewirkt hat, ist er gezwungen, die Fortschrittsidee als inadäquate Theorie der welthistorischen Entwicklung zu verwerfen und auf die Diskontinuität zivilisatorischer Entwicklung zu insistieren.[145] Meyers Thesen stellen sich so als ein konservativer Protest gegen die Transformation traditionaler Strukturen im Modernisierungsprozeß dar.[146]

IV

Die Kenntnis der Rezeption eines Textes trägt oft zum Verständnis seiner Aussage bei; so macht die Resonanz von Meyers Vortrag in der Presse seine politischen Implikationen noch einmal deutlich. Die Zeitungsberichte über das Frankfurter Referat sind vor allem ein Beleg dafür, daß die Zeitgenossen die politischen Anspielungen Meyers als solche erkannt [444] haben; die Parallelen zur Gegenwart, zur „allerneuesten Zeit", wurden wahrgenommen und durchaus als Warnung verstanden.[147]

L.M. Hartmann hatte den Eindruck, daß Meyer kaum Unterschiede zwischen antiker und moderner Wirtschaft gesehen hat.[148] In seiner glänzenden Rezension zählt Hartmann daher eine Reihe von Faktoren auf, die seiner Meinung nach bei einer differenzierten Analyse der antiken Wirtschaft zu berücksichtigen seien: Wegen der Transportverhältnisse konnten Massengüter nur zur See transportiert werden; Getreide etwa wurde vom römischen Staat als Steuer eingezogen und aus den Provinzen importiert. Die Differenz zwischen den Importen in der Antike und in der Moderne veranschaulicht Hartmann am Beispiel von Kaffee und Baumwollstoffen aus Übersee, die im 19. Jahrhundert für die überwiegende Masse der Bevölkerung erschwinglich waren und nicht nur Luxusprodukte für eine kleine Minderheit darstellten. Der „größte Teil von Griechenland" besaß nach Hartmann zudem „eine fast ausschließlich landwirtschaftliche Bevölkerung"; Korinth und Athen können nicht als charakteristische Poleis gewertet werden. Die Rezension schließt mit der Bemerkung, daß man in der Antike „ein Nebeneinander und ein

---

144 Meyer, Wirtschaftl. Entwicklung 110. 132 f. 154 f. 157.
145 Es ist bemerkenswert, daß Meyer die Kontinuität vor allem im Bereich der Ideengeschichte sieht. Die „Idee einer allgemeinen Kirche und des einen allgemeinen Staats" existierte nicht zu Beginn der Antike wie im christlich-germanischen Mittelalter. Vgl. Wirtschaftl. Entwicklung 89 Anm. 1.
146 Dies gilt auch für die Bemerkungen über die Verflachung einer Kultur, die eine allgemeine Verbreitung findet. Vgl. Wirtschaftl. Entwicklung 147.
147 Vgl. hierzu Schumann, Historikertage 59 f. Schumann wertet hier die Kölnische Zeitung vom 23.4.1895 und die Frankfurter Zeitung vom 20.4.1895 aus.
148 L.M. Hartmann, Zeitschrift für Sozial- und Wirtschaftsgesch. IV 1896, 153–157.

Nacheinander verschiedener wirtschaftlicher Typen" beobachten kann, daß gleichwohl aber die „große Masse der Bevölkerung ... noch im Banne der Eigenproduktion und Hauswirtschaft" lebte.

Die Replik Büchers, erstmals 1901 in der Festschrift für A. Schäffle und dann in erweiterter Form 1922 erschienen, hatte auf den Gang der Diskussion keinen Einfluß mehr. Meyer qualifizierte sie in einer Anmerkung zu einer späteren Fassung seines Vortrags als „Phantasien" ab, und die Entgegnung von Beloch, der energisch für Meyer Partei ergriff, geht auf die entscheidenden Probleme nicht ein.[149] Tatsächlich hat Bücher in seinem Aufsatz zur griechischen Wirtschaftsgeschichte einige Thesen formuliert, die sich als unhaltbar erwiesen und gegen die bereits Beloch Einwände erhob.[150] Immerhin ist beachtlich, daß Bücher nicht einfach die theoretische Diskussion über die Hauswirtschaft fortführt, sondern auf die Argumentation von Meyer eingeht und diese sehr genau prüft, wobei er auch die Quellenlage erörtert und nachweisen kann, daß viele Aus[445]sagen Meyers über die Gewerbezentren der griechischen Welt in den antiken Texten nicht zu belegen sind.[151] Bücher hat so den Versuch unternommen, den man von den Althistorikern hätte erwarten sollen, den Versuch einer Begründung wirtschaftshistorischer Theorie durch eine präzise Analyse der Quellen.

Meyer stellte Büchers Theorie der antiken Hauswirtschaft das Bild einer modernen Antike, der Fortschrittsidee die Vorstellung des Kreislaufs in der Geschichte gegenüber. Die Position Meyers war der Büchers wissenschaftlich keineswegs überlegen. Will man das Verdienst Eduard Meyers im Bereich der antiken Wirtschaftsgeschichte charakterisieren, kann dies vielleicht am besten mit dem folgenden Aphorismus von Ludwig Wittgenstein getan werden:

> „Ist ein falscher Gedanke nur einmal kühn und klar ausgedrückt, so ist damit schon viel gewonnen."[152]

---

149 K. Bücher, Zur griechischen Wirtschaftsgeschichte, in: ders., Beiträge zur Wirtschaftsgeschichte, Tübingen 1922, 1–97 (ND bei Finley, The Bücher-Meyer Controversy). Meyer, Wirtschaftl. Entwicklung 87 Anm. Beloch, Zur griech. Wirtschaftsgeschich. 95 ff. 169 ff.

150 Dies gilt einerseits für die Besteuerung von Sklaven in der Begleitung von Reisenden (Bücher, Zur griech. Wirtschaftsgesch. 24 ff.) und andererseits für die Herkunft der Keramik (aaO 65 ff.).

151 Bücher, Zur griech. Wirtschaftsgesch. 39 ff.

152 L. Wittgenstein, Vermischte Bemerkungen, hg. G.H. von Wright, Frankfurt 1987, 146.

Sozialwissenschaftliche Orientierung
Alte Geschichte und moderne Sozialwissenschaften

zuerst in :
R. Faber, B. Kytzler (Hrsg.), Antike heute, Würzburg: Königshausen u. Neumann, 1992,
S. 81–92.

Im 20. Jahrhundert hat sich das Verhältnis zwischen Alter Geschichte und modernen Sozialwissenschaften als außerordentlich schwierig und spannungsreich erwiesen, verpaßte Chancen, nicht
eingelöste Forderungen, mangelndes Verständnis für die jeweils andere Disziplin bestimmten
lange Jahrzehnte die Situation. Wenn man den Versuch unternimmt, das Verhältnis zwischen
den beiden Disziplinen zu analysieren, scheint es sinnvoll zu sein, nicht allein der Frage nachzugehen, welchen Einfluß die Sozialwissenschaften gegenwärtig auf die althistorische Forschung
besitzen und wie unsere Kenntnis der Antike sich durch die Anwendung sozial-wissenschaft-
licher Methoden und Fragestellungen gewandelt hat. Sondern es ist darüber hinaus auch zu
untersuchen, welche Rolle die Beschäftigung mit der Antike und der antiken Gesellschaft bei
der Herausbildung der modernen Sozialwissenschaften im 18. und 19. Jahrhundert gespielt
hat und wie sich die Beziehungen zwischen den klassischen Altertumswissenschaften und den
Sozialwissenschaften bis zum Beginn des 20. Jahrhunderts entwickelt haben. Nur so dürfte es
möglich sein, die Ursachen dafür, daß im 20. Jahrhundert viele Althistoriker dem sozialwissenschaftlichen Ansatz eher ablehnend gegenüberstanden und die Sozialwissenschaftler ihrerseits
nach Max Weber die Antike immer weniger in ihren Forschungen berücksichtigten, klar zu
erfassen und gleichzeitig Perspektiven einer sozialwissenschaftlich orientierten althistorischen
Arbeit zu entwickeln.

Im Rahmen einer Ringvorlesung zum Thema „Antike heute" ist dabei zumindest andeutungs-
weise zu erörtern, welche Relevanz der Antike und den Altertumswissenschaften in der modernen
Welt überhaupt noch zukommt; unübersehbar besteht zwischen der Antike und der Moderne
eine tiefe Kluft, die nicht allein darauf beruht, daß wir von der Geschichte Griechenlands und
Roms durch einen Zeitraum von über 1500 Jahren getrennt sind. Vielmehr ist zu betonen, daß
der mit der Industriellen Revolution einsetzende historische Prozeß die europäische Zivilisation
tiefgreifend und in allen ihren Bereichen umgestaltet hat, weswegen ein Rekurs auf die Antike
mit dem Ziel, die eigene Situation besser verstehen zu können, geradezu aussichtslos zu sein
scheint. Was kann, so muß man fragen, die Antike für die Erkenntnis und die Selbsterkenntnis
einer Welt leisten, in der die Gentechnologie ungeahnte Möglichkeiten eröffnet, die Strukturen
des Lebens zu verändern, in der die Kommunikation durch die Computertechnik revolutio-
niert wurde und deren Wirtschaft dadurch geprägt ist, daß an die Stelle des Unternehmers der
Investor getreten ist und die großen Unternehmen, die Waren für den Weltmarkt produzieren,
selbst zur Ware geworden sind. Bereits Max Weber hat in seinem Vortrag über die „sozialen Gründe des Untergangs der antiken Kultur" von 1896 dezidiert festgestellt: „Für unsere
heutigen sozialen Probleme haben wir aus der Geschichte des Altertums wenig oder nichts
zu lernen", und dieses Diktum gilt, meine ich, für viele Bereiche der modernen Zivilisation.
Hier kann nicht der Versuch unternommen werden, diese Problematik auch nur annähernd

erschöpfend zu diskutieren; ein Tatbestand soll hier allerdings erwähnt werden, der nicht allein im Zusammenhang mit dem Thema „Alte Geschichte und moderne Sozialwissenschaften"
von Bedeutung zu sein scheint: Obgleich mit dem Zusammenbruch des weströmischen
Reiches und der Entstehung der germanischen Königreiche in Spanien, Gallien, Britannien
und Italien die Voraussetzungen für ein wirkliches Fortleben der antiken Kultur nicht mehr
gegeben waren, blieben die wesentlichen kulturellen Errungenschaften, Literatur, Philosophie
und Wissenschaft, aber auch Architektur und Kunst in den folgenden Jahrhunderten präsent.
Die antike Kultur war eben keine untergegangene und in Vergessenheit geratene Kultur wie
die Ägyptens oder Mesopotamiens, deren Ruinen erst durch die Ausgrabungen des 19. und
20. Jahrhunderts wieder zugänglich wurden [82] und deren Texte erst nach der Entzifferung
der Hieroglyphen und der Keilschrift lesbar waren, – die antike Tradition ist vielmehr bis zur
Moderne ein genuiner Bestandteil der europäischen Kultur gewesen. Die besonders seit der
Renaissance intensiv geführte Auseinandersetzung mit der Antike beschränkte sich keineswegs
auf eine Übernahme ästhetischer Normen oder philosophischer Lehrmeinungen, sondern führte wesentlich auch zur Formulierung neuer, eigenständiger Gedanken. Dies gilt gerade für die
Entwicklung der Naturwissenschaften von Kopernikus bis Galilei; obgleich die Thesen wie
auch die Methoden antiker Naturphilosophen und vor allem des Aristoteles schroff abgelehnt
wurden, sind die neuen Erkenntnisse dennoch in einem intensiven Diskussionsprozeß über
die antiken Auffassungen gewonnen worden. Die kritische Prüfung der antiken Tradition ver-
half dem frühneuzeitlichen Europa zu einem neuen Selbstverständnis und einem gesteigerten
Selbstbewußtsein, das vor allem in der ‚Querelle des Anciens et des Modernes' seinen Ausdruck
fand, in jenem berühmten Disput, in dem gegen Ende des 17. Jahrhunderts über die Frage ge-
stritten wurde, ob die Antike oder das gegenwärtige Frankreich kulturell höher entwickelt sei.
Perrault, der diese Debatte mit seinem Gedicht ‚Le siècle de Louis le Grand' ausgelöst hatte, entschied sich prononciert für den Vorrang seiner eigenen Zeit; die Struktur der Argumentation,
die dichotomische Gegenüberstellung von Antike und Gegenwart, ist noch undifferenziert,
aber vielleicht ist es den Autoren der Querelle, die Perrault folgten, gerade deswegen möglich
gewesen, ein eindeutiges Urteil zugunsten der französischen Kultur zu fällen.[1]

Im 18. Jahrhundert kam es zu einem ähnlichen Disput, in dem dann die Analyse der antiken und der modernen Gesellschaft in das Zentrum der Überlegungen rückte: Es wurde die
im Zeitalter der gezielten Bevölkerungspolitik des Absolutismus keineswegs unerhebliche Frage
erörtert, ob Europa in der Antike oder im 18. Jahrhundert eine größere Bevölkerung besessen
habe. Das Thema wurde bereits 1721 von Montesquieu in den ‚Lettres persanes' behandelt,
wobei ungeprüft vorausgesetzt wurde, daß Europa – ebenso wie auch die übrigen Kontinente –
in früherer Zeit wesentlich dichter besiedelt war als in der Neuzeit; unter dieser Voraussetzung
konnte Montesquieu sich darauf beschränken, die wichtigsten Ursachen des vermeintlichen
Bevölkerungsrückgangs zu erörtern. Sie lagen seiner Meinung nach im Islam wie auch im
Christentum wesentlich in den religiösen Vorschriften über die Ehe begründet. Polygamie und
Harem im Islam und das Verbot der Ehescheidung im Christentum hatten zur Folge, daß weniger Kinder geboren wurden als es unter anderen Umständen der Fall gewesen wäre. In Europa
bewirkte zudem der Zölibat, dem die Kleriker und Ordensangehörigen unterworfen waren, daß

---

1 Vgl. M. Fuhrmann, Die ‚Querelle des Anciens et des modernes', der Nationalismus und die deutsche
   Klassik, in: R. R. Bolgar, ed., Classical Influences on Western Thought A. D. 1650–1870, Cambridge 1979,
   107–129.

eine große Zahl von Menschen kinderlos blieb. In der Antike hingegen wurden die Sklaven, wie Montesquieu meint, dazu ermuntert, Kinder großzuziehen, weil so die Zahl der Diener erhöht werden konnte, und gleichzeitig war etwa den römischen Bürgern die Ehelosigkeit untersagt. Die in verschiedenen Briefen des Romans (113ff.) vorgetragenen Argumente bieten allerdings keinen systematischen Vergleich zwischen antiker und moderner Gesellschaft.

Erst der schottische Philosoph David Hume hat in dem Essay ,Of the Populousness of Ancient Nations' aus dem Jahre 1752 das Problem der antiken Bevölkerung zum Anlaß genommen, um die Unterschiede in den gesellschaftlichen Strukturen der Antike und der modernen europäischen Staaten herauszuarbeiten. Das Problem der europäischen Bevölkerungsentwicklung konnte nach Auffassung Humes nur auf diese Weise geklärt werden, denn es fehlten jegliche statistische Daten über die antike Bevölkerung. Anders als Montesquieu vertritt Hume aber die Auffassung, daß Europa im 18. Jahrhundert eine größere Bevölkerung als in Zeiten der Antike hatte.

Es gibt zwei Gründe dafür, an dieser Stelle auf den Essay von Hume einzugehen; der erste Grund ist darin zu sehen, daß Humes Schriften einen großen Einfluß auf jene schottischen Ge[83]lehrten ausübten, die im 18. Jahrhundert einen maßgeblichen Beitrag zur Entwicklung der modernen Sozialwissenschaften leisteten. Der Essay von David Hume kennzeichnet das in Schottland in den Jahrzehnten vor der Publikation des ,Essay of the History of Civil Society' von Adam Ferguson (1767) und des ,Wealth of Nations' von Adam Smith (1776) erreichte Reflexionsniveau. Aber wichtiger ist vielleicht noch ein zweiter Aspekt: Der Essay von Hume besitzt bereits jene Argumentationsstruktur, die für die sozialwissenschaftlichen Analysen antiker Gesellschaften bis zu Max Weber charakteristisch gewesen ist.

Im Mittelpunkt der Ausführungen Humes über die antike Gesellschaft steht die Sklaverei, die seiner Auffassung nach nicht nur eine ausgesprochen nachteilige Wirkung auf das sittliche Niveau der Griechen und Römer ausübte, da das Rechtsinstitut der Unfreiheit sie daran gewöhnte „to trample upon human nature", sondern auch die natürliche Reproduktion der Bevölkerung negativ beeinflußte. Hume weist darauf hin, daß Sklaven in großer Zahl aus fremden Gebieten in das römische Reich importiert wurden und der zahlenmäßige Anteil der Frauen an der gesamten Sklavenschaft eher gering war, so daß nicht mit einer großen Zahl von Sklavenehen oder Sklavenkindern innerhalb des Imperiums gerechnet werden konnte. Weitere Faktoren, die auf die Bevölkerungsentwicklung der Antike ungünstige Auswirkungen hatten, waren nach Hume die Grausamkeit der antiken Kriegführung und der innenpolitischen Kämpfe sowie das im Vergleich zur Neuzeit eher niedrige Niveau von Handel und Gewerbe in den antiken Gemeinwesen. In diesem Zusammenhang kann Hume die geradezu klassische Feststellung treffen: „ancient nations seem inferior to the moderns".[2]

Das Bild, das Hume von der antiken Gesellschaft zeichnet, ist überaus kritisch; die negativen Seiten der Sklaverei werden ausdrücklich hervorgehoben, und der Vergleich zwischen der Antike und dem neuzeitlichen England zeigt nach Meinung Humes eindeutig, wie wenig entwickelt die antike Wirtschaft gewesen ist. Eine solche Sicht läßt eine Bewunderung der Antike kaum noch zu.

---

2 D. Hume, Essays, Moral, Political, Literary I, London 1875, 381–443. Zu den Positionen der schottischen Aufklärung vgl. jetzt W. Nippel, Griechen, Barbaren und „Wilde", Frankfurt 1990, 61ff.

Adam Smith, der seine Thesen zur gesellschaftlichen Entwicklung und zur Antike in den ‚Lectures on Jurisprudence' 1762/63 an der Universität Glasgow vorgetragen hat, setzt ganz ähnliche Akzente. Die Auswirkungen der Sklaverei auf die antike Wirtschaft und Gesellschaft werden eingehend erörtert und ebenfalls weitgehend negativ beurteilt; in diesen Vorlesungen hat Smith auch einen grundlegend neuen Gedanken, der wenige Jahre zuvor in Schottland entwickelt worden war, aufgegriffen und modifiziert. Es handelt sich um die Einteilung der Menschheitsgeschichte in Epochen, die wesentlich durch die vorherrschende Form ihrer Wirtschaft charakterisiert werden. Smith führt im einzelnen folgende vier Epochen auf: erstens das Zeitalter der Jäger, zweitens das der Hirten, drittens die Epoche des Ackerbaus und viertens die von Handel und Gewerbe bestimmte Epoche.[3] In diesem Entwicklungsschema, das im späten 18. und im 19. Jahrhundert von Sozialwissenschaftlern und Ökonomen immer wieder rezipiert und dabei auch neu formuliert wurde, ist die Antike als eigenständige und wichtige Epoche der europäischen Geschichte verschwunden; die griechische und römische Gesellschaft wird zwar noch thematisiert, aber primär unter den systematischen Gesichtspunkten einer ökonomischen Theorie. Dieses Vorgehen bietet den Vorteil, daß nun Vergleiche zwischen verschiedenen Völkern möglich werden und ein klares Raster für die Einordnung bestimmter Völker in die soziale und wirtschaftliche Entwicklung existiert. So kann Adam Smith dann in dem später erschienenen ‚Wealth of Nations' von dieser Theorie ausgehend den Entwicklungsstand antiker Völker präzise umreißen: Die griechischen Stämme zur Zeit des Trojanischen Krieges werden wie auch die germanischen und skythischen Völker, die Westrom eroberten, als Ackerbau treibende Völker bezeichnet, die gerade eben erst die Stufe der Hirten überwunden haben und über diesen Zustand [84] noch nicht weit hinausgelangt sind. Solche Vergleiche bestimmen auch die Ausführungen über das Erziehungswesen; in dem Abschnitt, in dem die Bedeutung der Musik im Leben der frühen Völker hervorgehoben wird, heißt es:

> „So verhält es sich in unseren Tagen bei den Negern im afrikanischen Küstenland, und so war es auch bei den antiken Kelten, den alten Skandinaviern und, wie Homer uns überliefert hat, auch bei den alten Griechen in den Zeiten vor dem Trojanischen Krieg".

Smith kann hier Afrikaner, Kelten und Griechen in einem Atemzug erwähnen, denn für die Fragestellung des Sozialwissenschaftlers ist es unerheblich, welche historische Bedeutung die von ihm aufgeführten Völker besessen haben.[4]

Die von Smith im ‚Wealth of Nations' genannten Gründe für seine negative Bewertung der Sklavenarbeit haben die spätere sozialwissenschaftliche und althistorische Forschung stark beeinflußt; seiner Meinung nach ist in der Landwirtschaft die Arbeit der Sklaven deswegen am teuersten, weil die Interessenlage von Unfreien eine wirkliche Motivation zur Arbeit ausschließt:

> „Jemand, der kein Eigentum erwerben kann, kann auch kein anderes Interesse haben, als möglichst viel zu essen und so wenig wie möglich zu arbeiten. Was er auch immer an Arbeit leistet, die über die Deckung des eigenen Lebensunterhalts hinausgeht, kann nur durch Gewalt aus ihm gepreßt werden, keineswegs aber aus eigenem Interesse erreicht werden".

Außerdem behauptet Smith, daß durch den Einsatz von Sklaven in der Produktion technische Verbesserungen verhindert werden:

---

3 A. Smith, Lectures on Jurisprudence, Oxford 1978, 14.
4 A. Smith, Der Wohlstand der Nationen, dt. v. H. C. Recktenwald, München 1978, 607. 658.

„Sklaven sind indes höchst selten erfinderisch, und die wichtigsten Erfindungen und Verbesserungen entweder im Bau von Maschinen oder in der Anordnung und Aufteilung der einzelnen Verrichtung, welche die Arbeit erleichtern und abkürzen, sind von Freien gemacht worden. Sollte ein Sklave je eine solche Verbesserung vorgeschlagen haben, so dürfte sein Herr stets bereit gewesen sein, den Vorschlag als Eingebung von Faulheit und des Wunsches zu betrachten, auf Kosten seines Herrn weniger arbeiten zu müssen".[5]

Der hier postulierte Zusammenhang von technischer Stagnation und Sklavenarbeit ist nach Smith immer wieder von Althistorikern und Sozialwissenschaftlern zum Gegenstand ihrer Erörterungen gemacht worden.

Bei Adam Ferguson, der in dem ‚Essay on the History of Civil Society‘ (1767) die Geschichte als Fortschreiten der Menschheit vom Zustand der Rohheit zur Zivilisation interpretiert, wird ebenfalls die Distanz zwischen der Antike und der Moderne betont; um Aufschluß über die Kultur der frühen Griechen und Römer zu erhalten, verwendet Ferguson systematisch den Vergleich mit rezenten primitiven Völkern; der gesellschaftliche Zustand der nordamerikanischen Indianer wird so zum Modell, mit dessen Hilfe die Entstehung der politischen Einrichtungen der Griechen und Römer erklärt werden kann. Die Schaffung von Senat, Magistraten und Volksversammlung in Griechenland und Rom folgt letztlich denselben Prinzipien, die auch die Entwicklung der nordamerikanischen Indianerstämme bestimmt haben: „Die Eingebungen der Natur", so schreibt Ferguson, „welche die Politik der Völker in den Wildnissen Amerikas lenkten, wurden an den Ufern des Eurotas und des Tiber bereits früher befolgt: Lykurg und Romulus fanden das Vorbild ihrer Einrichtungen ebendort, wo die Angehörigen eines jeden wilden Volkes die erste Form der Vereinigung ihrer Talente und ihrer Kräfte finden"[6]. Die antiken Völker werden auf diese Weise in die Nähe der Wilden gerückt und gleichzeitig wird der Abstand zwischen Antike und Moderne betont. Ferguson geht dabei soweit, daß er das antike Griechenland von einem fiktiven Reisenden im Stile eines modernen Ethnologen beschreiben läßt; von der Größe Spartas ist in diesem Bericht nichts mehr zu spüren:

„Ich gelangte durch einen Staat, in dessen Hauptstadt das beste Haus nicht vom geringsten Eurer Arbeiter hier bewohnt würde, ja wo selbst Eure Bettler keine Lust hätten, mit dem König zu tafeln. Und doch hält man sie für eine große Nation, und sie haben nicht weniger als zwei Könige. Einen von ihnen bekam ich tatsäch[85]lich zu sehen, was für ein Potentat er war! Kaum, daß er einen Rock auf dem Leibe hatte. Was die Tafel seiner Majestät anbelangt, so war er genötigt, mit seinen Untertanen in ein und dasselbe Speisehaus zu gehen. Sie verfügten über keinen Pfennig Geld, und so war ich genötigt, mein Essen auf öffentliche Kosten zu erhalten, da auf dem Markt keinerlei Nahrungsmittel zu kaufen waren. Wahrscheinlich werdet ihr Euch einbilden, daß es silbernes Tafelgeschirr und eine große Aufwartung gegeben haben muß, um einen berühmten Fremden zu bedienen. Aber mein ganzes Mahl bestand aus einer Schüssel elender Suppe, die mir ein nackter Sklave brachte, der es mir überließ, mit der Suppe nach meinem Gutdünken zu verfahren".

Über die Athener bemerkt der Reisende:

„Auf den Gassen gehen sie barfuß und ohne die geringste Kopfbedeckung; sie sind in Überwürfe eingehüllt, die nicht anders als Schlafgewänder aussehen. Begeben sie sich zum Kampfsport und

---

5 A. Smith, Der Wohlstand der Nationen, 319. 579.
6 A. Ferguson, Versuch über die Geschichte der bürgerlichen Gesellschaft, dt. v. H. Medick, Frankfurt 1986, 209.

zu sportlichen Übungen, bei denen sie großen Wert auf Proben der Geschicklichkeit und der Stärke legen, dann werfen sie alle Kleidung ab und sehen dann genauso aus wie ein Haufen nackter Kannibalen".

Der Bericht endet mit der Feststellung, es sei unverständlich, „wie Gelehrte, feine Herren und sogar Frauen einstimmig ein Volk bewundern könnten, das ihnen selbst so wenig ähnlich ist"[7]. Wie Hume und Smith glaubt auch Ferguson, daß die europäischen Nationen des 18. Jahrhunderts den antiken Gemeinwesen weitaus überlegen sind; begründet wird diese Sicht mit der höher entwickelten Höflichkeit und Zivilisation ebenso wie mit den Fortschritten des Gewerbes.

Die grundlegenden Einsichten von Hume, Smith und Ferguson wurden von John Millar in ‚The Origin of the Distinction of Ranks' (1771/1779) wiederum aufgegriffen und wiederholt; Millars Buch muß hier aus zwei Gründen kurz erwähnt werden: Der für die schottische Aufklärung so charakteristische sozialwissenschaftliche Ansatz findet bei John Millar in der systematischen Beschreibung von Herrschaftsverhältnissen in frühen Gesellschaften seinen vollendeten Ausdruck. In Anlehnung an die Vorlesungen von Adam Smith behandelt Millar die Stellung der Frau, die Gewalt des Vaters über die Kinder, die Herrschaft eines Häuptlings über ein Dorf und eines Herrschers über sein Land; abgeschlossen wird das Buch mit einem Kapitel über die Beziehung zwischen Herr und Knecht, einer vergleichenden Analyse antiker und moderner Sklaverei. Millars Darstellung zeichnet sich durch eine konsequente Anwendung komparatistischer Methoden aus; er hat sowohl die antiken Texte als auch die Berichte moderner Autoren über wilde Völker ausgewertet. Ein Vorrang der Antike vor anderen frühen Gesellschaften wird nicht akzeptiert, das Interesse Millars gilt ebenso dem Indianer wie dem frühen Griechen.

Für die Entwicklung der modernem Sozialwissenschaften ist ein weiterer Tatbestand von Bedeutung: Millar war ein entschiedener Gegner des Sklavenhandels, und dieses politische Engagement hat seine Darstellung der antiken Sklaverei insofern entscheidend geprägt, als die große Bedeutung der Sklaverei für die antike Gesellschaft und die außerordentliche Brutalität in der Behandlung der Sklaven betont werden.

John Millar ist so ein Beispiel dafür, daß seit der Aufklärung Sozialwissenschaftler sich zunehmend der kritischen Intelligenz zugehörig fühlten, die unter Berufung auf die Vernunft die tradierten wirtschaftlichen, sozialen und politischen Verhältnisse in Frage stellte und für einen umfassenden politischen und sozialen Wandel plädierte. In der Aufklärung wurde die Funktion der kritischen Intelligenz aber noch weitgehend von der philosophischen Theorie wahrgenommen; erst im 19. Jahrhundert gingen Zeitkritik, politisches Engagement und Sozialwissenschaften jene enge, bei John Millar bereits im Ansatz sichtbare Verbindung ein, die dann Thematik und Zielsetzung sozialwissenschaftlicher Arbeiten nachhaltig prägen sollte.

Dies trifft in besonderem Maße auf das Werk von Karl Marx zu, der in seinen Schriften wiederholt auf Probleme der antiken Wirtschaftsgeschichte eingegangen ist und dessen Auffassungen [86] unter den spezifischen politischen Bedingungen des 20. Jahrhunderts in den Altertumswissenschaften eine weite Beachtung fanden. Der Gegensatz von Philosophie und revolutionärer Praxis wird vom jungen Marx in den Thesen über Feuerbach in folgender Weise gekennzeichnet:

---

7   Ferguson, a. O. 357ff.

„Die Philosophen haben die Welt nur verschieden <u>interpretiert</u>, es kommt darauf an, sie zu verändern".

Es entspricht dieser Ansicht, wenn Marx später davon sprach, das ‚Kapital' sei „das furchtbarste Missile, das den Bürgern ... noch an den Kopf geschleudert worden ist"[8]. Es gehört zu den Besonderheiten der Wirkungsgeschichte von Marx, daß wichtige Texte zur Wirtschaft vorkapitalistischer Gesellschaften erst spät vorlagen und teilweise nur wenig Beachtung fanden. Der dritte Band des ‚Kapitals' mit den Kapiteln über das Kaufmannskapital und das Wucherkapital in vorkapitalistischen Gesellschaften erschien 1894, und erst 1939/41 wurden in Moskau die ‚Grundrisse der Kritik der politischen Ökonomie' publiziert, in denen sich das Kapitel ‚Formen, die der kapitalistischen Produktion vorhergehn' findet. In diesen Texten betont Marx, daß die Kategorien der politischen Ökonomie des 18. und 19. Jahrhunderts nicht geeignet sind, die Wirtschaft der vorkapitalistischen Gesellschaften zu erfassen; so kritisiert er etwa jene Philologen, „die von Kapital im Altertum sprechen, römischen, griechischen Kapitalisten". Diese Auffassung begegnet uns auch im ‚Kapital' I (1867), in dem Marx es für ein wesentliches Kennzeichen der altasiatischen und antiken Produktionsweise hält, daß „die Verwandlung des Produkts in Ware, und daher das Dasein der Menschen als Warenproduzenten, eine untergeordnete Rolle" spielt.[9] Ähnlich wie die schottischen Sozialwissenschaftler sieht Marx eine grundlegende Differenz zwischen der modernen Gesellschaft, deren Essenz die kapitalistische Produktionsweise ist, und den vorkapitalistischen Gesellschaften. Diese Thesen haben in der Rezeptionsgeschichte der Marxschen Theorie allerdings keine allzu große Bedeutung besessen; für die Entwicklung des historischen Materialismus war der Satz des kommunistischen Manifestes: „Die Geschichte aller bisherigen Gesellschaft ist die Geschichte von Klassenkämpfen" von ungleich größerer Wirkung. Wie die folgenden Bemerkungen im Manifest zeigen, muß dieser Satz auch auf die Antike bezogen werden: „Freier und Sklave, Patrizier und Plebejer, Baron und Leibeigener, Zunftbürger und Gesell, kurz Unterdrücker und Unterdrückte standen in stetem Gegensatz zueinander, führten einen ununterbrochenen, bald versteckten, bald offenen Kampf."[10] Mit dieser Behauptung werden die für Industriegesellschaften charakteristischen Formen sozialer Konflikte als grundlegend auch für die vorindustriellen Gesellschaften vorausgesetzt, eine Position, die angesichts der tiefgreifenden sozialen und wirtschaftlichen Veränderungen und angesichts der Entwicklung der Kommunikationsmittel kaum zu überzeugen vermag. Dementsprechend mußten alle Versuche marxistisch orientierter Historiker, die sozialen Auseinandersetzungen der Antike als Klassenkämpfe zu interpretieren, erfolglos bleiben.

Das Interesse der Sozialwissenschaften konzentrierte sich zwar deutlich auf die Untersuchung der zeitgenössischen Wirtschaft und Gesellschaft, aber immer wieder haben Theoretiker und Sozialwissenschaftler von Rang – neben den schottischen Autoren und Marx wäre hier noch Comte zu nennen – den Versuch unternommen, die Antike in die historische Entwicklung einzuordnen und die wichtigsten Merkmale ihrer Wirtschaft und Gesellschaft zu erfassen. Damit waren die Voraussetzungen für eine interdisziplinäre Zusammenarbeit zwischen

---

8 Marx an J. Ph. Becker, 17.4.1867.
9 K. Marx, Grundrisse der Kritik der politischen Ökonomie, Frankfurt – Wien o. J., 412. Kapital I (MEW 23), Berlin 1970, 93. Vgl. auch 182 Anm. 39.
10 K. Marx – F. Engels, Manifest der Kommunistischen Partei (MEW 4), Berlin 1974, 462.

Sozialwissenschaften und klassischen Altertumswissenschaften eigentlich nicht ungünstig, zumal auch die Althistoriker in der Zeit um 1850 sozial- und wirtschaftshistorischen Fragestellungen durchaus aufgeschlossen gegenüberstanden.

Mommsen behandelte im Rahmen seiner ‚Römischen Geschichte‘ (1854/56) auch die Wirtschaftsgeschichte, 1869 erschien die Monographie ‚Besitz und Erwerb im griechischen Alterum‘, [87] in der A.B. Büchsenschütz einen systematischen Überblick über die griechische Wirtschaft gibt, und Robert Pöhlmann widmete eine Spezialstudie einem so aktuellen Thema wie der ‚Übervölkerung der antiken Großstädte‘ (1884); es könnten noch weitere wichtige Arbeiten zu diesen Themenbereichen genannt werden, aber diese Hinweise mögen genügen, um die Offenheit der Althistoriker neuen Fragen und Themen gegenüber zu belegen. Die Chance einer interdisziplinären Arbeit auf dem Gebiet der antiken Sozial- und Wirtschaftsgeschichte wurden aber in Deutschland nicht wahrgenommen, die Alte Geschichte grenzte sich nach 1890 vielmehr radikal von den Sozialwissenschaften ab, ein Vorgang, der mehrere Ursachen hat.

Zunächst ist hier auf die Entwicklung in der Neueren Geschichte hinzuweisen: Das Erscheinen der ersten Bände von Karl Lamprechts ‚Deutscher Geschichte‘ löste eine lebhafte Debatte aus, in der die führenden deutschen Historiker das Konzept Lamprechts aus grundsätzlichen Erwägungen heraus kritisierten. Es ging dabei vor allem um die Frage, ob der Historiker primär die sozialen Verhältnisse einer Zeit oder die politischen Ereignisse darstellen sollte; apodiktisch erklärte Georg von Below 1893 in der ‚Historischen Zeitschrift‘:

> „Wir wollen aus einem Geschichtswerk nun einmal lernen, was geschehen ist, uns über die politischen Ereignisse und Personen unterrichten lassen".

Wirtschaftshistorische Forschungen wurden nun generell abgelehnt; so schrieb der Historiker Lenz in einem Brief über ältere Arbeiten Lamprechts:

> „Seinen 4 Bänden Wirtschaftsgeschichte stand ich schon mißtrauisch gegenüber; ich kannte sie nicht, mißbilligte sie aber".

Mit dem Lamprechtstreit hatte sich das Klima in der deutschen Historikerschaft verändert, es setzte sich eine ablehnende Haltung neuen Strömungen gegenüber durch.[11]

Auch Althistoriker begannen nun, sich kritisch mit den Thesen sozialwissenschaftlicher Provenienz auseinanderzusetzen; beispielhaft hierfür ist der Aufsatz von Robert Pöhlmann über die ‚Extreme bürgerlicher und sozialistischer Geschichtsschreibung‘ (1894), eine Schrift, die, anders als ihr Titel vermuten läßt, vor allem gegen den sozialdemokratischen Theoretiker Karl Kautsky gerichtet ist. Dabei äußert sich Pöhlmann auch kritisch über die Lehre, die Entwicklung der Menschheit durchlaufe in streng gesetzmäßiger Weise bestimmte Stufen; der Versuch, einen typischen Entwicklungsprozeß zu konstruieren, „der überall von der Wirtschaftsstufe des Jäger- und Fischervolkes durch die des Hirtenvolkes hindurch zum Ackerbau-, Gewerbe- und Handelsvolk führen soll", muß nach Pöhlmann angesichts der Ergebnisse der modernen Anthropologie „den Tatsachen mehr oder weniger Gewalt antun"; damit kann aber diese Theorie, als deren wichtigster Vertreter hier Lewis H. Morgan genannt wird, als wissenschaftlich wertlos abqualifiziert werden. Für unseren Zusammenhang ist entscheidend, daß

---

11 Vgl. G. Oestreich, Die Fachhistorie und die Anfänge der sozialgeschichtlichen Forschung in Deutschland, HZ 208, 1969, 320–363.

Pöhlmann diese Stufentheorie auch mit Marx und Engels in Verbindung bringt und als ein Dogma der sozialistischen Wissenschaft bezeichnet; unter diesen Voraussetzungen schien eine Diskussion zwischen linksgerichteten Theoretikern und den Althistorikern nicht mehr möglich zu sein.[12]

In der Zeit nach 1890 wurden die Auffassungen der Althistoriker auch dadurch beeinflußt, daß sich ihre Position im deutschen Bildungssystem deutlich zu verschlechtern begann. Pädagogische Reformbestrebungen zielten auf eine Gleichstellung von Realgymnasium und humanistischem Gymnasium und auf eine Zurückdrängung der alten Sprachen und der Alten Geschichte im Unterricht an den Gymnasien ab. Auf der Schulkonferenz von 1890 äußerte sich Wilhelm II. selbst ganz im Sinn der Reformer und forderte eine Neuorientierung der Erziehung. Damit aber bestand für die Altertumswissenschaftler und vor allem auch für die Alte Geschichte der Zwang, die Stellung ihrer Fächer im Schulwesen zu begründen und zu legitimieren.[13] [88] In dieser Situation hielt der Althistoriker Eduard Meyer zwei Vorträge, deren wissenschaftshistorische Bedeutung kaum überschätzt werden kann. Im Jahre 1895 sprach er auf dem Frankfurter Historikertag über die wirtschaftliche Entwicklung des Altertums, 1898 in Leipzig über die antike Sklaverei: In beiden Vorträgen wendet sich Meyer gegen die Thesen des Nationalökonomen Karl Bücher, der in seiner Schrift ‚Die Entstehung der Volkswirtschaft‘ (1893) eine modifizierte Stufentheorie vorgelegt hatte. In der Überzeugung, daß die „von der modernen Volkswirtschaft abstrahierten Kategorien" nicht auf die Vergangenheit übertragen werden dürfen und die moderne Volkswirtschaft selbst das „Produkt einer jahrtausendelangen Entwicklung" ist, postulierte Bücher eine Abfolge von Hauswirtschaft, Stadtwirtschaft und Volkswirtschaft, wobei das Stadium der Hauswirtschaft wesentlich mit der Antike identisch sei.[14]

Meyer wiederum kam es angesichts der prekären Situation der Althistorie darauf an, auf dem Historikertag ein Thema zu behandeln, „bei dem die Bedeutung klar hervortreten könnte, die auch für unsere Gegenwart noch eine richtige Erkenntnis der Probleme besitzt, welche die alte Geschichte bewegen". Diese Intention steht allerdings in deutlichem Widerspruch zu dem sozialwissenschaftlichen Ansatz, was Meyer selbst gesehen hat; im Vortrag von 1898 vertritt er die Ansicht, die Lehre Büchers impliziere, „daß der wirtschaftlichen Entwicklung des Altertums nur noch ein historisches Interesse zugebilligt wird; waren seine Zustände in der Tat von den unseren in dieser Weise fundamental verschieden, so versteht es sich von selbst, daß unsere Zeit aus ihnen nichts mehr lernen kann"[15].

Um die Aktualität der Alten Geschichte für die Gegenwart zu erweisen, zeichnet Meyer das Bild einer modernen Antike. Im Zeitalter der griechischen Kolonisation kam es seiner Meinung nach zu der Erschließung und Beherrschung eines „ungeheuren Handelsgebietes", das mit Handelsartikeln" versorgt werden mußte. Dadurch angeregt „entwickelt sich eine für den Export arbeitende Industrie". In den folgenden Ausführungen spricht Meyer von der

12 R. v. Pöhlmann, Aus Altertum und Gegenwart, München ²1911, 346–384.
13 J. C. Albisetti, Secondary School Reform in Imperial Germany, Princeton 1983, 208ff.
14 K. Bücher, Die Entstehung der Volkswirtschaft, Tübingen 1906, 87. 90.
15 Ed. Meyer, Die wirtschaftliche Entwicklung des Altertums, in: ders., Kl. Schr., Halle 1924, 81–168. Ders. Die Sklaverei im Altertum, a. O. 171–212. Vgl. bes. 81. 175. Zur Bücher-Meyer Kontroverse vgl. M. Mazza, Meyer vs Bücher: Il dibattito sull' economia antica nella storiografia tedesca tra otto e novecento, Società e storia 29, 1985, 507–546.

Konkurrenz der Fabriken, von „ausgeprägten Handels- und Industriestädten" an den Küsten der Ägäis und schließlich sogar von der „Industrialisierung der griechischen Welt", eine kleine Polis wie Megara wird als Industriestaat bezeichnet. Meyer sieht deutliche Parallelen in der wirtschaftlichen Entwicklung der Antike und der Neuzeit:

> „Das siebente und sechste Jahrhundert in der griechischen Geschichte entspricht in der Entwicklung der Neuzeit dem vierzehnten und fünfzehnten Jahrhundert n. Chr.; das fünfte dem sechzehnten".[16]

Der Hellenismus wird von Meyer als eine Epoche beschrieben, in der die Großstadt die „eigentliche Trägerin der modernen Entwicklung" wird; diese modernen Städte sind „mit allem Komfort der Neuzeit" ausgestattet und besitzen eine „dichte Bevölkerung von Industriellen, Kaufleuten und Gewerbetreibenden". Das Ptolemäerreich verfügt nach Meyer „über alle Kräfte des modernen Lebens, Handel, Geld, Bildung, die in der Hauptstadt konzentriert werden". Zusammenfassend stellt Meyer fest, daß die Zeit des Hellenismus „im Gegensatz zu den landläufigen Anschauungen, die auch in wissenschaftlichen Kreisen weit verbreitet sind, in jeder Hinsicht nicht modern genug gedacht werden kann".[17] Die Abschnitte zur Entwicklung des römischen Reiches bringen dann keine neuen Argumente mehr; die Ausführungen konzentrieren sich auf das Problem des Untergangs des römischen Reiches, der mit dem allgemeinen Niedergang [89] der geistigen Kultur, dem Ausscheiden der Gebildeten aus der politischen und militärischen Führung sowie dem vom Großkapital herbeigeführten Ruin der Bauernschaft erklärt wird.

Der Vortrag über die Sklaverei (1898) weist dieselbe Tendenz und dieselbe modernistische Terminologie auf; dezidiert behauptet Meyer, in der Antike seien „dieselben Einflüsse und Gegensätze maßgebend gewesen ..., welche auch die moderne Entwicklung beherrschen"; dementsprechend können die antike Sklaverei und die freie Arbeit der Neuzeit gleichgesetzt werden, beide Erscheinungen sind nach Meyer „aus denselben Momenten erwachsen".[18] Es ist nicht die wissenschaftliche Leistung, die eine Beschäftigung mit den Vorträgen Eduard Meyers notwendig macht, sondern der eminente Einfluß der Thesen Meyers auf die Entwicklung der internationalen und insbesondere deutschen Althistorie; ohne diese Wirkungsgeschichte wären die Thesen Meyers heute allenfalls als Ausdruck bestimmter Strömungen der Geschichtswissenschaft im wilhelminischen Deutschland von Interesse. Aber es ist eben zu beachten, daß das modernistische Bild der antiken Wirtschaft mit all seinen Implikationen von so bedeutenden Gelehrten wie W.L. Westermann oder M.I. Rostovtzeff akzeptiert wurde; J. Vogt erklärte 1962, Eduard Meyer habe in zwei großartigen Entwürfen der antiken Wirtschaftsgeschichte den Weg gewiesen, und Karl Christ gestand den Vorträgen noch 1972 den „Rang einer verbindlichen Synthese" zu.[19] In der Althistorie hatte sich damit eine Auffassung durchgesetzt, die in scharfem Gegensatz zu den sozialwissenschaftlichen Theorien die Modernität der Antike betont und die sozialwissenschaftliche Methodik für ungeeignet erklärt, die antiken Verhältnisse angemessen zu erfassen.

---

16 Meyer, a. O. 104–119.
17 Meyer, a. O. 135–141.
18 Meyer, a. O. 175. 188.
19 J. Vogt, Sklaverei und Humanität, Wiesbaden 1965, 103. K. Christ, Von Gibbon zu Rostovtzeff, Darmstadt 1972, 293.

Die Einwände, die gegen die Sicht Meyers erhoben wurden, blieben unbeachtet. Ludo Moritz Hartmann, Schüler Mommsens, Sozialdemokrat und Herausgeber der Vierteljahresschrift für Sozial- und Wirtschaftsgeschichte, hat bereits 1896 in einer Rezension auf die gravierenden Unterschiede zwischen antiker und moderner Wirtschaft hingewiesen und dabei vor allem betont, „daß der größte Teil Griechenlands eine fast ausschließlich landwirtschaftliche Bevölkerung besaß" und die Bedeutung des antiken Gewerbes von Meyer stark überschätzt wird. Nach Hartmann findet man in der Antike ein Nebeneinander verschiedener Wirtschaftstypen, wobei er allerdings zu bedenken gibt, daß die „große Masse der Bevölkerung ... noch im Bann der Eigenproduktion und Hauswirtschaft" lebte. Büchers Thesen werden nach Hartmann also der Realität der Antike durchaus gerecht.[20]

Max Weber, seit 1894 Professor für Staatswissenschaften in Freiburg, hat sich wiederholt intensiv mit den Positionen von Eduard Meyer auseinandergesetzt. Der wichtigste Text Webers ist in diesem Zusammenhang sicherlich die theoretische Einleitung zu dem Artikel „Agrarverhältnisse im Altertum" in der 3. Auflage des Handwörterbuches der Staatswissenschaften (1909).[21]

Für Max Webers Auffassungen ist charakteristisch, daß er sich auf eine Diskussion über die Stufen der wirtschaftlichen Entwicklung nicht einläßt und die These Büchers, der Oikos, der Haushalt, sei der für das Altertum charakteristische Typus der Wirtschaftsorganisation, als idealtypische Konstruktion interpretiert. Unter einer Vorherrschaft des Oikos ist nach Max Weber eine „allerdings sehr starke, in ihren Konsequenzen höchst wirksame <u>Einschränkung</u> der Verkehrserscheinungen in ihrer Bedeutung für die Bedarfsdeckung" zu verstehen. Die Überlegenheit des Sozialwissenschaftlers Weber zeigt sich vor allem an der Klarheit der Begrifflich[90]keit. Gegenüber Meyer, der fortlaufend mit dem Begriff der Fabrik arbeitete – wobei er als einziges Kriterium für den Fabrikbetrieb die Zahl der tätigen Sklaven nennt – macht Weber geltend, daß „von gewerblichen Betrieben, welche ihrer Größe, Dauer und technischen Qualität nach (Konzentration des Arbeitsprozesses in Werkstätten mit Arbeitszerlegung und -vereinigung und mit „stehendem Kapital") diesen Namen verdienten, die Quellen als von einer irgendwie verbreiteten Erscheinung nichts" wissen. Weber kann seine eigene Position – die Formulierung Meyers aufgreifend – in folgender Weise zusammenfassen:

„Es wäre nichts gefährlicher, als sich die Verhältnisse der Antike „modern" vorzustellen"[22].

Zwei Eigenheiten der Antike führt Max Weber u.a. an, um zu zeigen, wie weit die antike Wirtschaft noch von den mittelalterlichen und neuzeitlichen Zuständen entfernt war: 1. Die antiken Städte waren weniger Produktionszentren als vielmehr Konsumzentren; es kann – so Max Weber – nicht von einer entwickelten antiken Stadtwirtschaft gesprochen werden. 2. Die Sklaverei erfordert anders als das System der freien Arbeit ein beträchtliches Kapital, um die Arbeitskraft für einen Gutsbetrieb oder eine Werkstatt zu kaufen. Diese wenigen Hinweise mögen genügen, um zu zeigen, daß Max Weber der Sicht Büchers im wesentlichen folgt, ohne allerdings irgendeinen besonderen Typus der antiken Wirtschaft, der mit einem einzigen Begriff

---

20 L. M. Hartmann, Zeitschr. für Sozial- und Wirtschaftsgesch. 4, 1896, 153–157. Zu Hartmann vgl. K. Christ, Römische Geschichte und deutsche Geschichtswissenschaft, München 1982, 70.
21 M. Weber, Gesammelte Aufsätze zur Sozial- und Wirtschaftsgeschichte, Tübingen 1924, 1–45.
22 Weber, a. O. 10.

erfaßt werden könnte, zu postulieren. An die Stelle der abstrakten Theorie tritt die konkrete sozialwissenschaftliche Beschreibung und Analyse.

Auch bei Max Weber war der Vergleich ein wichtiges heuristisches Mittel wissenschaftlicher Erkenntnis; während aber die schottischen Autoren vornehmlich die Kultur wilder Völker zum Vergleich heranzogen, steht bei Max Weber immer wieder das Mittelalter im Zentrum seiner Überlegungen. Entscheidend ist aber die sozialwissenschaftlich kontrollierte Kenntnis der modernen Wirtschaft und Gesellschaft, eine Kenntnis, die Weber bei der Untersuchung antiker Verhältnisse eine außerordentliche Sicherheit des Urteils verlieh.

Webers frühe Arbeiten, etwa die Habilitationsschrift über juristische Aspekte der römischen Agrargeschichte, fanden die Anerkennung des alten Mommsen; die folgende Althistorikergeneration erwies sich als weniger intelligent, das Werk Webers wurde von der Althistorie kaum zur Kenntnis genommen, bis Alfred Heuß in einem großen Aufsatz über Max Weber an die Leistungen des Soziologen für die Erkenntnis des Altertums erinnerte.[23]

Einzig die beiden Monographien zur griechischen Wirtschaftsgeschichte von Johannes Hasebroek, in den letzten Jahren der Weimarer Republik veröffentlicht, folgten dem Ansatz von Karl Bücher und Max Weber. Hasebroek, Ende der dreißiger Jahre von der NS-Kultusbürokratie von seinem Kölner Lehrstuhl entfernt, konnte nach 1945 keine Wirkung in Deutschland mehr entfalten. In der englischsprachigen Welt hingegen hat es bis in das vergangene Jahrzehnt hinein eine intensive Rezeption der Schriften Hasebroeks gegeben.[24]

Die deutsche Althistorie hatte sich in der Bücher-Meyer Kontroverse darauf festgelegt, den sozialwissenschaftlichen Ansatz zurückzuweisen; darüber hinaus wurde aber auch die wirtschaftshistorische Forschung zugunsten der politischen Geschichte zurückgedrängt. In der Schrift ‚Zur Theorie und Methodik der Geschichte‘ von 1902 insistiert Meyer darauf, daß dem Staat unter allen Formen der Gemeinschaft der Primat zukomme, und er verlangt deswegen, die politische Geschichte müsse das „Centrum der Geschichte bleiben"[25].

[91] Der Schwerpunkt der althistorischen Forschung in Deutschland war damit umrissen, und obgleich zugestanden werden muß, daß die Althistorie der folgenden Jahrzehnte eine große Themenvielfalt aufweist, ist doch ein Vorrang der politischen Ereignisgeschichte, der Verfassungsgeschichte und der Biographie zu konstatieren. Auf dem Historikertag in Köln 1970 hat Dieter Timpe diese Themenstellung der Alten Geschichte mit neuen Argumenten zu begründen versucht: Da die antiken Historiker und Philosophen keinen „umfassenden Begriff des Sozialen" und keine „allgemeine Vorstellung von sozialer Aktion und Interaktion als Kategorie der Wirklichkeit" besaßen und die Kategorie der Gesellschaft erst im 18. Jahrhundert gebildet wurde, kann die sozialwissenschaftliche Arbeitsweise nur im Bereich der neueren Geschichte erfolgreich sein.[26] Diese Überlegungen, – die immerhin deutlich machen, welch komplexen methodischen Problemen sich der Althistoriker gegenübersieht, – fanden indes keine allgemei

---

23 A. Heuß, Max Webers Bedeutung für die Geschichte des griechisch-römischen Altertums, HZ 201, 1965, 529–556. Vgl. jetzt ferner Chr. Meier, Max Weber und die Antike, in: Chr. Gneuss – J. Kocka, Hg., Max Weber – Ein Symposion, München 1988, 11–24.

24 J. Hasebroek, Staat und Handel im alten Griechenland, Tübingen 1928. Ders., Griechische Wirtschafts- und Gesellschaftsgeschichte, Tübingen 1931. Vgl. E. Pack, Johannes Hasebroek und die Anfänge der alten Geschichte in Köln, Geschichte in Köln 21, 1987, 5–41.

25 B. Näf, Eduard Meyers Geschichtstheorie. Entwicklung und zeitgenössische Reaktionen, in: W. M. Calder III – A. Demandt, Hg., Eduard Meyer, Leiden 1990, 285–310.

26 D. Timpe, Alte Geschichte und die Fragestellung der Soziologie, HZ 213, 1972, 1–12.

ne Zustimmung; unter dem Eindruck der Entwicklungen in der Neueren Geschichte, die seit den späten sechziger Jahren intensiv sozial- und wirtschaftshistorische Fragen zu behandeln begann, wobei Industrialisierung, Arbeiterbewegung, soziale Lage und Protestverhalten von Unterschichten wichtige Themenschwerpunkte waren, und unter dem Eindruck der Tendenzen der internationalen althistorischen Forschung nahm auch in Deutschland das Interesse an der antiken Sozial- und Wirtschaftsgeschichte zu. 1975 erschien die ‚Römische Sozialgeschichte' von Geza Alföldy; im Vorwort dieses Buches wird ausdrücklich bemerkt, daß die Quellenlage für die antike Sozialgeschichte keineswegs schlechter ist als für „andere zentrale historische Probleme". Und im folgenden Jahr (1976) konnte Alföldy davon sprechen, daß die „zweifellos wichtigste Veränderung innerhalb der Geschichtswissenschaft ... die Durchdringung ... mit Fragestellungen und Methoden der Soziologie" darstellt.[27] Mit den Arbeiten von Alföldy und anderen deutschen Althistorikern hat sich das Spektrum der althistorischen Forschung inzwischen erheblich erweitert. Die Alte Geschichte befindet sich auf dem Weg zur Normalität einer Forschungspraxis, die keinen Bereich der historischen Realität mehr willkürlich vernachlässigt. Dennoch ist das Verhältnis zwischen Sozialwissenschaften und Alter Geschichte schwierig geblieben, und dies gilt auch für die internationale Forschung. Ein Grund hierfür besteht sicherlich darin, daß unter den Sozialwissenschaftlern gegenwärtig nur noch ein geringes Interesse an den vorindustriellen Gesellschaften vorhanden ist. Bei Soziologen wie Norbert Elias oder Niklas Luhmann finden sich allenfalls Untersuchungen zur Gesellschaft der frühen Neuzeit. Andererseits ist die Darstellung von Theoretikern der sozialen Entwicklung wie Gerhard Lenski (Macht und Privileg) oder Talcott Parsons so abstrakt, daß unter Althistorikern meist wenig Neigung besteht, deren Arbeiten zu rezipieren.

Zu den wenigen Sozialwissenschaftlern, die sich nach 1945 intensiv mit der vormodernen Ökonomie beschäftigten, gehörte Karl Polanyi, dessen Buch über die Industrialisierung (‚The Great Transformation', 1944) inzwischen auch für die Althistorie große Bedeutung erlangt hat. Die zentrale These Polanyis besagt, daß die Marktwirtschaft, ein selbstregulierendes System von Märkten, erst im Zeitalter der Industrialisierung entstanden ist. Dabei wird die Existenz von Märkten in vorindustriellen Gesellschaften keineswegs bestritten, aber bis zum 19. Jahrhundert hat der Markt nach Polanyi das wirtschaftliche Geschehen nicht dominieren können, er spielte nur eine Nebenrolle. Für den Austausch von Gütern waren andere Mechanismen entscheidend: Redistribution und Reziprozität, Mechanismen, die nicht von einem ökonomischen Interesse bestimmt waren. Grundlegend für die vorindustrielle Wirtschaft ist ferner die Produktion für den Eigenbedarf; die Distribution von Gütern erfolgt vornehmlich aufgrund von sozialen Normen, die Wirtschaft ist in die Gesellschaft eingebettet.[28] Diese Überlegungen haben in der An[92]thropologie eine große Debatte über die Wirtschaft primitiver Völker ausgelöst und dann, sehr viel später, auch die althistorische Forschung zu neuen Fragestellungen und Ansätzen angeregt. 1969 hat die englische Althistorikerin Sally Humphreys das Werk Polanyis umfassend gewürdigt und seine Relevanz für die Althistorie hervorgehoben.[29]

---

27 G. Alföldy, Römische Sozialgeschichte, Wiesbaden 1975, IX. Ders., Die römische Gesellschaft – Struktur und Eigenart, Gymnasium 83, 1976, 1–25.
28 K. Polanyi, The Great Transformation, Frankfurt 1978, 71–112.
29 S. C. Humphreys, History, economics and anthropology: the work of Karl Polanyi, in: dies., Anthropology and the Greeks, London 1978, 31–75. Vgl. jetzt außerdem Nippel, a. O., 124–151.

Das Konzept Polanyis hat wesentlich Moses Finley für die Althistorie erschlossen. Finley, der 1912 in New York geboren worden ist, nach 1933 in New York im Institut für Sozialforschung gearbeitet hat, an der Columbia University zum Arbeitskreis von Polanyi gehörte und dann nach seiner Entlassung aus dem amerikanischen Hochschuldienst in der Ära des McCarthy-Ausschusses nach Cambridge ging, hat bereits in seinem Buch ‚The World of Odysseus' (1954) seiner Rekonstruktion der in den Epen Homers beschriebenen sozialen Strukturen die Ergebnisse anthropologischer Forschungen zugrundegelegt; so betonte er in Anlehnung an Marcel Mauss die Bedeutung des Geschenkeaustausches in der frühen griechischen Gesellschaft. Bahnbrechend wurden dann Finleys Vorlesungen ‚The Ancient Economy' von 1973.[30] Hier unternimmt Finley den Versuch nachzuweisen, daß in der Antike eine ökonomische Rationalität im Sinne von Max Weber nicht existierte, die Märkte und der Handel wenig entwickelt waren.

So wichtig ‚The Ancient Economy' für die Forschung auch war, heute stellen sich neue Probleme. Seitdem deutlich geworden ist, daß die Mentalität einer Bevölkerung die Art des Wirtschaftens entscheidend prägen kann, werden die Vorstellungen der antiken Menschen etwa über die Produktion von Nahrung, über Gabenaustausch und Kauf sowie Verkauf thematisiert; damit bieten sich aber neue Perspektiven für eine Zusammenarbeit mit Anthropologen, eine Tendenz, die gerade im Werk von Sally Humphreys, aber auch in den Arbeiten französischer Althistoriker wie Jean-Pierre Vernant und Pierre Vidal-Naquet zum Ausdruck kommt.[31] Und hier öffnet sich dann der Blick für fremde, archaische Welten, für Konzeptionen, die die Beziehungen zwischen Mann und Frau, Jugendlichen und Erwachsenen, Mensch und Gott, Mensch und Tier, Ordnung und Unordnung strukturieren sollen. Wir blicken hinter den Vorhang der vermeintlichen Rationalität und nehmen dann Irrationalität, Grausamkeit, Gewalt und Religiosität wahr, wir sehen die Rituale, die dem menschlichen Leben Form geben, die Opfer und Feste, die das Jahr gliedern und den Menschen das Gefühl der Zusammengehörigkeit geben, wir nehmen die Gegenüberstellung von Bürger und Fremden, von Freien und Unfreien, von städtischer und ländlicher Bevölkerung wahr.

Die Sozialwissenschaften haben seit dem 18. Jahrhundert die Distanz zwischen Antike und Moderne akzentuiert, es ist deutlich, daß eine sozialwissenschaftliche Orientierung der Klassischen Altertumswissenschaften uns zwingt, die Vorstellung des Humanismus von der Antike als Vorbild ebenso aufzugeben wie die Meinung Meyers, eine moderne Antike hielte Lehren für die Gegenwart bereit; was wir gewinnen, ist ein Bild vom Menschen, das nicht ideologisch reduziert ist, das nicht mehr einfach das Spiegelbild unserer selbst ist, und wenn wir diesen Menschen in einer nichttechnisierten Welt handeln sehen, konfrontiert mit der Natur und mit anderen Menschen, wenn wir seine Leidenschaften und Begierden, seine Ängste und Wünsche wahrnehmen, dann sehen wir vielleicht, welche Welt wir im Prozeß der Industrialisierung verloren haben, aber auch, welche Welt wir gewonnen haben.

---

30 M. I. Finley, The Ancient Economy, Berkely – Los Angeles 1973.
31 Vgl. etwa J.-P. Vernant, Mythe et société en grèce ancienne, Paris 1979. P. Vidal-Naquet, Le chasseur noire, formes de pensées et formes de société dans le monde grec, Paris 1981.

Von Hugo Blümner bis Franz Maria Feldhaus
Die Erforschung der antiken Technik zwischen 1874 und 1938

zuerst in:

W. König, H. Schneider (Hrsg.), Die technikhistorische Forschung in Deutschland
von 1800 bis zur Gegenwart, Kassel: kassel university press, 2007, S. 85–115.

Der Kontext der Forschungen zur antiken Technik: Die Rolle der Altertumswissenschaften im deutschen Bildungssystem

Die wirtschaftlichen, sozialen, politischen und kulturellen Entwicklungen in den Jahrzehnten zwischen der Gründung des Deutschen Reiches und dem Ausbruch des Zweiten Weltkrieges hatten auf das Bildungswesen und damit auch auf die Geisteswissenschaften tief greifende Auswirkungen. In einer Zeit, in der das humanistische Gymnasium seine exklusive Position als die Schule verlor, deren Abschluss den Zugang zum Hochschulstudium eröffnete, neu gegründete Technische Hochschulen an die Seite der Universitäten traten und darüber hinaus neue Wissenschaften, darunter insbesondere die Naturwissenschaften sowie die Wirtschafts- und Sozialwissenschaften, unter den Fächern, die an den Universitäten gelehrt wurden, an Bedeutung gewannen, war eine Neubestimmung der Rolle der Klassischen Altertumswissenschaften, der Klassischen Philologie, der Althistorie und der Archäologie, im Wissenschaftssystem und im Bildungswesen notwendig geworden. Besonders auf die im Jahr 1890 vom Preußischen Innenministerium einberufene Schulkonferenz reagierten einige jüngere Althistoriker, so Eduard Meyer (1855–1930) und Robert Pöhlmann (1852–1914), indem sie durch die Darstellung sozialer und wirtschaftlicher Entwicklungen im antiken Griechenland und Rom die Modernität der Antike und die Aktualität der Altertumswissenschaften für die Gegenwart nachzuweisen versuchten.[1] In diesem Zusammenhang sind vor allem die Vorträge von Eduard Meyer ‚Die wirtschaftliche [86] Entwicklung des Altertums‘ und ‚Die Sklaverei im Altertum‘ zu erwähnen; beide Vorträge, die bald publiziert und später in die ‚Kleinen Schriften‘ (1910, ²1924) Meyers aufgenommen wurden, fanden in der Öffentlichkeit eine große Resonanz und übten bis in die Zeit nach dem Zweiten Weltkrieg einen erheblichen Einfluss auf die Erforschung der antiken Wirtschaftsgeschichte aus. Die Ausführungen von Eduard Meyer stellten aber nicht nur eine Antwort auf die aktuelle bildungspolitische Situation dar, sondern boten auch eine kritische Auseinandersetzung mit den Auffassungen des Wirtschaftswissenschaftlers K. Bücher, der im Rahmen einer Theorie wirtschaftlicher Entwicklungsstufen die antike Wirtschaft wesentlich als Hauswirtschaft und damit als eine im Vergleich mit den modernen Verhältnissen primitive Wirtschaftsform charakterisierte. Nach Meinung von Meyer hätte man aus der wirtschaftlichen Entwicklung des Altertums aber nichts mehr für die Gegenwart lernen können, wenn man die Auffassungen Büchers akzeptierte. Damit hätte die Alte Geschichte aber ihre Aufgaben im Bildungswesen verloren.

Auffallend an beiden Arbeiten von Meyer ist die Tatsache, dass zwar deutliche Parallelen zwischen der Antike und der Neuzeit gezogen werden und von einer „Industrialisierung der

---

1 Zu R. Pöhlmann und Ed. Meyer vgl. K. Christ, Von Gibbon zu Rostovtzeff. Leben und Werk führender Althistoriker der Neuzeit, Darmstadt 1972, S. 201–247. 286–333.

griechischen Welt" die Rede ist, aber weder auf technische Erfindungen in der Antike noch
auf die mit der Industrialisierung im 19. Jahrhundert verbundenen technischen Innovationen
eingegangen wird. Eduard Meyer fehlte jegliches Verständnis für die technische Dimension
sowohl der antiken wie auch der modernen Wirtschaftsgeschichte.[2] Auf eine andere Weise reagierte auf diese für die [87] Altertumswissenschaften als bedrohlich empfundene Situation
der bedeutende Gräzist Ulrich von Wilamowitz-Moellendorff (1848–1931),[3] der nach der zweiten Schulkonferenz im Jahr 1900 in Zusammenarbeit mit anderen Gelehrten ein Lehrbuch
für den Griechischunterricht herausgab. Nach Meinung von Wilamowitz-Moellendorff sollte das Ziel des humanistischen Gymnasiums nicht mehr die ästhetische, sondern die historische Bildung sein. Dementsprechend wurden in das ‚Griechische Lesebuch' neben Texten
aus der griechischen Dichtung und Philosophie auch Abschnitte aus Werken der griechischen
Astronomie, Mathematik und Medizin aufgenommen. Wilamowitz-Moellendorff wies dem
Sprachunterricht auf diese Weise die Aufgabe zu, den Schülern alle Aspekte der griechischen
Welt und nicht nur die Kenntnis der griechischen Literatur zu vermitteln. Bemerkenswert ist
allerdings, dass mit der Abwendung von der klassizistischen Auffassung, die in der Antike ein
ästhetisches Ideal sah, keineswegs der Vorrang der griechischen Kultur in Frage gestellt wurde,
im Gegenteil, gerade durch die Berücksichtigung der wissenschaftlichen Texte der Griechen
sollte ihre Bedeutung für die Entwicklung der Wissenschaften im neuzeitlichen Europa erwiesen werden. Im Rückblick auf die Schulkonferenz von 1900 und das ‚Griechische Lesebuch'
verlieh Wilamowitz-Moellendorff dieser Sicht prononciert Ausdruck:

> „Griechisch als Weltsprache lehrt erst, dass jede Wissenschaft aus Hellas stammt, Mathematik und
> Technik, Grammatik und Medizin, jede Philosophie und die Bibel samt den ältesten Dokumenten
> des Christentums".[4]

[88] Die Beziehungen zwischen den Naturwissenschaftlern und Technikern auf der einen Seite
und den Altphilologen sowie Althistorikern auf der anderen Seite waren in der Zeit vor 1914
überaus schwierig und von Konflikten, Ressentiments sowie gegenseitiger Polemik geprägt.[5]
Welches Ausmaß die Empfindlichkeiten angenommen hatten, zeigt eine von Wilamowitz-
Moellendorff in seinen ‚Erinnerungen' erwähnte Begebenheit: Als Wilamowitz-Moellendorff in
seiner Eigenschaft als Rektor der Friedrich-Wilhelms Universität den Minister August von Trott

---

2   Zur Bücher-Meyer Kontroverse vgl. M. Mazza, Meyer vs Bücher: II dibattito sull'economia antica nella
    storiografia tedesca tra otto e novecento, Società e storia 29, 1985, S. 507–546. H. Schneider, Die Bücher-
    Meyer Kontroverse, in: William M. Calder III., Alexander Demandt (Hg.), Eduard Meyer. Leben und
    Leistung eines Universalhistorikers (Mnemosyne Suppl. 112), Leiden 1990, S. 417–445. Vgl. außerdem
    Ed. Meyer, Geschichte des Altertums, Einleitung. Elemente der Anthropologie, 6. Aufl. Stuttgart 1953, S.
    63–70. Hier sieht Meyer zwar den Übergang zur Rinderzucht, zum Ackerbau und damit zur Sesshaftigkeit
    als entscheidenden Schritt in der Geschichte der Menschheit an, aber spätere technische Entwicklungen
    bleiben unbeachtet.
3   R. L. Fowler, Ulrich von Wilamowitz-Moellendorff, in: W. W. Briggs, W. M. Calder III. (Hg.), Classical
    Scholarship. A Biographical Encyclopedia, New York-London 1990, S. 489–522. William M. Calder III,
    Hellmut Flashar, T. Lindken (Hrsg.), Wilamowitz nach 50 Jahren, Darmstadt 1985.
4   Wilamowitz zur Schulkonferenz und zum ‚Griechischen Lesebuch': U. von Wilamowitz-Moellendorff,
    Erinnerungen 1848–1914, Leipzig o. J., S. 250–253. L. Canfora, Wilamowitz und die Schulreform: Das
    ‚Griechische Lesebuch', in: W. M. Calder III u. a. (Hg.), Wilamowitz (wie Anm. 3), S. 632–648.
5   A. Demandt, Natur- und Geisteswissenschaft im 19. Jahrhundert, in: Ders., Geschichte der Geschichte.
    Wissenschaftshistorische Essays, Köln 1997, S. 81–105.

zu Solz durch die Gebäude und Anlagen der Universität führte, waren sich beide, der Rektor und der Minister, darin einig, dass das Denkmal des bedeutenden Physikers Hermann von Helmholtz (1821–1894)[6] von seinem Standort entfernt werden müsse. Wilamowitz-Moellendorff kommentiert dies mit den Worten, es schicke „sich auch nicht, dass die Naturwissenschaft sich einen Herrschaftsplatz anmaßt.“[7] Aber auch die Naturwissenschaftler waren mit ihrer Kritik an der humanistischen Bildung keineswegs zurückhaltend: So warf der Biologe Hugo von Mohl bereits 1863 auf einer Rede anlässlich der Gründung der naturwissenschaftlichen Fakultät der Universität Tübingen den Philologen vor, den Menschen auf dem Gymnasium „künstlich zu einem der Natur entfremdeten Wesen“ zu erziehen, und der Chemiker Wilhelm Ostwald bemerkte über das von den alten Sprachen beherrschte Abitur, es sei ein „Verbrechen an unserer geistigen Jugend.“[8] Altphilologen haben diese Angriffe auf die Stellung der Alten Sprachen durchaus wahrgenommen, [89] wie das Vorwort von Hermann Diels (1848–1922) zu seiner Aufsatzsammlung „Antike Technik“ zeigt.

Diels spricht an dieser Stelle von dem „Kampf der modernen Technik und Naturwissenschaft gegen die Antike, der das vorige Jahrhundert durchtobte“ und konstatiert, dass die „heutigen klassischen Philologen [...] zu der bestgehassten Spezies der modernen Menschheit gehören.“[9] Es ist bemerkenswert, dass nach Meinung von Diels ein Grund für die Kritik an der humanistischen Bildung auch in den Versäumnissen der Altphilologen zu suchen ist:

> „Die Humanisten, im unklaren Idealismus befangen, kannten die reale Welt des Altertums zu wenig, um ihren Zusammenhang mit den heutigen Realitäten zu begreifen.“

Immerhin behauptet Diels aber, dass die Philologen seiner Zeit sich verstärkt modernen Fragestellungen zugewandt haben:

> „Sie haben sich zum größten Teile mit den Realitäten der antiken Kultur ebenso vertraut gemacht wie mit ihren unsterblichen Formschönheiten und ihrer idealen Gedankenwelt. Sie lassen es sich angelegen sein, den modernen, für die Wunder der Technik von Kindesbeinen an begeisterten Menschen geduldig einzuführen in die oft geringen und wirkungslosen Anfänge technischen Denkens, um ihm zu zeigen, dass der Scharfsinn und die Ideenkraft des antiken und speziell der hellenischen Techniten nicht geringer ist als die der modernen Tausendkünstler.“

Damit steht für Diels die Antike am Beginn einer technischen Entwicklung, die nur durch das Mittelalter unterbrochen worden ist:

> „Aber wer die Geschichte der Technik kennt, weiß, dass wir ohne das phantastische Vordenken und tastende Versuchen der alten Künstler und Handwerker und ohne die kärglichen und durch die Dumpfheit des Mittelalters durchgeretteten mannigfach verstümmelten Überreste ihrer [90] technischen Literatur nicht den Höhepunkt der industriellen und technischen Kultur erreicht haben würden, auf den die heutige Welt so stolz ist.“[10]

6 Zu Helmholtz vgl. M. Heidelberger, Hermann von Helmholtz (1821–1894), in: K. von Meyenn (Hg.), Die großen Physiker. Erster Band: Von Aristoteles bis Kelvin, München 1997, S. 396–415.

7 Wilamowitz-Moellendorff, Erinnerungen (wie Anm. 4), S. 291. Vgl. Demandt, Natur- und Geisteswissenschaft (wie Anm. 5), S. 84.

8 J. Radkau, Max Weber. Die Leidenschaft des Denkens, München 2005, S. 236. 119.

9 H. Diels, Antike Technik, 2. Aufl. Leipzig, 1920, S. VI. Zu Diels vgl. E. Schütrumpf, Hermann Diels, in: Briggs, Calder III. (Hg.), Classical Scholarship (wie Anm. 3), S. 52–60.

10 Diels, Antike Technik (wie Anm. 9), S. VI–VII.

Die Beschäftigung mit der antiken Technik hat demnach mehrere Funktionen: Sie soll dazu beitragen, die Missverständnisse zwischen den Technik- und Naturwissenschaften einerseits und der klassischen Philologie andererseits zu überwinden und darüber hinaus die Stellung der Altertumswissenschaften im Bildungswesen durch den Nachweis der in der Antike erbrachten technischen Leistungen und ihrer Bedeutung für die moderne Technik legitimieren. Unter dem Eindruck der militärischen Niederlage Deutschlands im Ersten Weltkrieg hat Diels im Vorwort zur zweiten Auflage des Buches 1919 seine Auffassung bekräftigt:

> „Es gilt jetzt alle Kräfte zusammenzunehmen, den Idealismus unserer klassischen und den Realismus unserer technischen Blütezeit. Sonst geht Deutschland und mit ihm die Kultur der ganzen Welt in Trümmer!"[11]

Die Initiativen von Wilamowitz-Moellendorff und Diels fanden jedoch keine größere Resonanz; Wilamowitz-Moellendorff selbst bezeichnete sein ‚Griechisches Lesebuch‘ resigniert als einen Misserfolg, und Diels erwähnt im Vorwort von 1919 kritische Stimmen zu seinem Buch.[12] Diese Reaktion ist nicht überraschend, denn sowohl in den Klassischen Altertumswissenschaften als auch in den Geschichtswissenschaften waren die Wirtschaftsgeschichte und die Technikgeschichte weitgehend vernachlässigte Spezialdisziplinen. Allein Johann Gustav Droysen hatte in seiner kurzen Übersicht über die Vorlesung zur Historik die Technik thematisiert, aber dieser Hinweis blieb unbeachtet, und die Bemühungen von Karl Lamprecht um eine methodische und theoretische Neuorientierung stießen [91] in der Geschichtswissenschaft auf eine entschiedene Ablehnung.[13] Trotz dieser Situation erschien noch vor 1900 die umfassende, bis heute als Standardwerk geltende Darstellung der antiken Technik von Hugo Blümner (1844–1919);[14] der wissenschaftshistorische Kontext dieser Arbeit ist allerdings weniger in den bildungspolitischen Auseinandersetzungen oder in der Wahrnehmung technischer Fortschritte im Zeitalter der Industrialisierung zu suchen als vielmehr in der Tradition der antiquarischen Forschung und in der wachsenden Bedeutung, die dem archäologischen Material für eine Darstellung der antiken Kultur beigemessen wurden.

---

11 Diels, Antike Technik (wie Anm. 9), S. VIII.
12 Wilamowitz-Moellendorff, Erinnerungen (wie Anm. 4), S. 252. Diels, Antike Technik (wie Anm. 9), S. VIII.
13 J. G. Droysen, Historik. Vorlesungen über Enzyklopädie und Methodologie der Geschichte, hg. v. R. Hübner, München 1937 ND Darmstadt 1974, S. 347: „Die Natur erforschend und begreifend, beherrschend und zu menschlichen Zwecken umgestaltend, erhebt sie [die geschichtliche Arbeit, H.S.] sie in die sittliche Sphäre und legt über den Erdkreis die aerugo nobilis menschlichen Wollens und Könnens (Entdeckungen, Erfindungen usw. Anbau, Feldbau, Bergbau usw. Zähmung, Züchtung der Tiere usw. Veränderung der Länder und Landschaften durch Übersiedlung von Pflanzen, Tieren usw. Der Kreis der Naturwissenschaften usw.)" Zu K. Lamprecht vgl. L. Schorn-Schütte, Karl Lamprecht. Wegbereiter einer historischen Sozialwissenschaft?, in: N. Hammerstein (Hg.), Deutsche Geschichtswissenschaft um 1900, Stuttgart 1988, S. 153–191.
14 H. Blümner, Technologie und Terminologie der Gewerbe und Künste bei Griechen und Römern, Bd. 1, 2. Aufl. Leipzig 1912; Bd. 2–4 Leipzig 1879–1887, ND Hildesheim 1969. H. P. Isler, Hugo Blümner 1844–1919, in: R. Lullies, W. Schiering (Hg.), Archäologenbildnisse. Porträts und Kurzbiographien von Klassischen Archäologen deutscher Sprache, Mainz 1988, S. 86–87.

Die Grundlage aller späteren Forschung: Hugo Blümner

Hugo Blümner, der in Breslau, Berlin und Bonn Klassische Philologie studiert hatte und 1870 in Breslau für Klassische Philologie und Archäologie habilitiert worden war, erhielt die Anregung, sich mit dem antiken Handwerk zu beschäftigen, von außen, durch eine Preisaufgabe der Fürstlich Jablonowskischen Gesellschaft; die Preisschrift ,Die gewerbliche Tätigkeit der Völker des klassischen Altertums'[15] war die Grundlage der späteren Forschungen Blümners auf dem Gebiet der antiken Technik. 1872 [92] vereinbarte Blümner dann mit dem Verlag B. G. Teubner die Publikation „eines Werkes über die Technik der Gewerbe und Künste bei Griechen und Römern;"[16] das Werk erschien in den Jahren von 1874 bis 1887 in vier umfangreichen Bänden, 1912 legte Blümner schließlich eine völlig neu bearbeitete zweite Auflage des ersten Bandes vor.

Mit den beiden Begriffen „Gewerbe und Künste" greift Blümner auf die in seiner Zeit traditionelle Terminologie zurück, die das Handwerk zu den ,artes' zählte. Die Gliederung des gesamten Werkes orientiert sich an den Stoffen, die technisch bearbeitet werden: Der erste Band ist der Verarbeitung von pflanzlichen und tierischen Materialien gewidmet: An erster Stelle steht die Verarbeitung des Getreides und die Brotherstellung, es folgen Abschnitte über die Gewinnung und Verarbeitung von Wolle und pflanzlichen Fasern wie Leinen und Hanf, über das Färben von Stoffen, die Verarbeitung von Tierhäuten, die Herstellung von Papyrus und zuletzt die Herstellung von Ölen und Salben. Im zweiten Band stellt Blümner die Arbeit in „weichen" und „harten Stoffen" dar; es wird zunächst die Herstellung von Tonziegeln und die „Fabrication" von Tongefäßen, dann die Verarbeitung des Holzes und anderer Rohstoffe wie Elfenbein oder Bernstein beschrieben. Das Thema des dritten Bandes ist die „Arbeit in Stein"; hier wird neben der antiken Bautechnik auch die Bildhauerkunst und die Steinschneidekunst berücksichtigt. Die Metalle, der Bergbau und die Metallurgie sind schließlich Gegenstand des letzten Bandes.

Die Thematik und vor allem die Anordnung der einzelnen Abschnitte geht ohne Zweifel auf die technologische Literatur des 18. und frühen 19. Jahrhunderts zurück.[17] Blümner, dem es vorrangig um eine Rekonstruktion der im antiken Handwerk verwendeten Techniken und um eine präzise [93] Klärung der antiken Begrifflichkeit ging, lässt damit wichtige Bereiche der antiken Technik, etwa die Landwirtschaft (abgesehen vom Getreideanbau), den Landtransport und die Schifffahrt außer acht, und in dem Abschnitt über die Bautechnik wird nicht auf den Bau von Brücken oder von Wasserleitungen eingegangen. Darüber hinaus wird die Interdependenz zwischen Technik, Wirtschaft und Gesellschaft kaum berücksichtigt; grundlegende Voraussetzungen der Produktion im antiken Handwerk werden nicht geklärt: Weder der Handel mit Handwerkserzeugnissen noch die Sklavenarbeit oder die Arbeitsorganisation in den Werkstätten werden systematisch beschrieben, und ebenso wenig wird die Bedeutung technischer Erfindungen und Entwicklungen für die antike Zivilisation thematisiert. Obwohl das Werk also keineswegs eine modernen Vorstellungen entsprechende Konzeption aufweist, kann die Leistung Blümners angesichts der schwierigen Quellenlage auf dem Gebiet der antiken Technikgeschichte und angesichts der Tatsache, dass die altertumswissenschaftliche Forschung

---

15 H. Blümner, Die gewerbliche Tätigkeit der Völker des klassischen Altertums, 1869.

16 H. Blümner, Technologie (wie Anm. 14), Bd. 1, S. III.

17 A. Timm, Kleine Geschichte der Technologie, Stuttgart 1964. G. Bose (Hg.), Allgemeine Technologie zwischen Aufklärung und Metatheorie. Johann Beckmann und die Folgen, Berlin 1997. G. Bayerl, J. Beckmann (Hg.), Johann Beckmann (1739–1811). Beiträge zu Leben, Werk und Wirkung des Begründers der Allgemeinen Technologie, Münster 1999.

das Thema der griechischen und römischen Technik bis dahin eher vernachlässigt hatte, nicht hoch genug eingeschätzt werden.

Die Zeugnisse zur antiken Technik finden sich verstreut in Schriften aller literarischen Gattungen; die technische Fachliteratur der Antike bietet insgesamt nur einen geringen Teil der Informationen, die der Althistoriker bei einer Untersuchung technikhistorischer Fragen zu berücksichtigen hat. So werden einzelne für die Landwirtschaft oder das Handwerk typische Arbeitsvorgänge ausführlich in der antiken Dichtung beschrieben, in philosophischen Texten in exemplarischer Form zur Analyse politischen Handelns herangezogen oder in der Geschichtsschreibung beiläufig erwähnt. Daneben existiert ein umfangreiches archäologisches Material, darunter vor allem die Abbildungen auf der griechischen Keramik, die Mosaiken und die Weih- und Grabreliefs.[18] Blümner hat in [94] bewundernswerter Weise das gesamte in seiner Zeit zugängliche literarische und archäologische Material gesichtet und damit Standards für jede weitere Beschäftigung mit der antiken Technik gesetzt. Wie sehr es Blümner darauf ankam, neben den antiken Texten gerade das archäologische Material für die Darstellung der antiken Technik zu erschließen, geht aus seinen Bemerkungen im Vorwort zur zweiten Auflage des ersten Bandes hervor; hier betont Blümner, dass die erste Auflage angesichts der zahlreichen neu gefundenen Denkmäler „als völlig antiquiert erscheinen musste" und daher die Zahl der Abbildungen von antiken Artefakten gegenüber der ersten Auflage stark vermehrt wurde.[19]

Wie Blümner selbst sah, lag die Thematik seines wissenschaftlichen Hauptwerkes „der großen Mehrzahl der Philologen so fern, dass auf einen raschen Absatz des Buches gar nicht zu rechnen war."[20] Die Leistung Blümners fand zunächst jedenfalls nicht die verdiente Anerkennung, was man daran sehen kann, dass es in der späteren wissenschaftlichen Literatur nur selten erwähnt wird;[21] damit blieb die Wirkung des Buches begrenzt, die Chance, die Forschung auf dem Gebiet der antiken Technikgeschichte zu intensivieren, wurde von den Klassischen Altertumswissenschaften nur in Ansätzen wahrgenommen. Dieser Tatbestand ist vielleicht auch darauf zurückzuführen, dass Blümner keinen Lehrstuhl an einer der renommierten deutschen Universitäten erhielt, sondern von 1877 bis zu seinem Tod als ordentlicher Professor Archäologie und Klassische Philologie an der Universität Zürich lehrte und die Schweiz stets sein Lebensmittelpunkt blieb.[22]

[95] Die Missachtung der Technik in der Antike: Hermann Diels

Nach Blümner machte Hermann Diels durch seine zuerst in Salzburg 1912 gehaltenen und 1914 in Buchform publizierten Vorträge die antike Technikgeschichte erneut zum Gegenstand einer umfangreichen wissenschaftlicher Publikation.[23] Während es Blümner darum ging, die

18 Zur Quellenlage der antiken Technikgeschichte vgl. H. Schneider, Einführung in die antike Technikgeschichte, Darmstadt 1992, S. 30–39.
19 Blümner, Technologie (wie Anm. 14), Bd. 1, S. III–IV.
20 Blümner, Technologie (wie Anm. 14), Bd. 1, S. III.
21 So ist auffallend, dass etwa H. Diels das Werk Blümners in seinem Vorwort zu der Aufsatzsammlung Antike Technik (wie Anm. 9) nicht als Beispiel für das Interesse der Altertumswissenschaftler an der „realen Welt des Altertums" anführt.
22 Vgl. hierzu H. P. Isler, Hugo Blümner (wie Anm. 14), S. 86.
23 Vgl. zu H. Diels E. Schütrumpf, Hermann Diels (wie Anm. 9), S. 57–58 und W. M. Calder, J. Mansfeld, Hg., Hermann Diels (1848–1922) et la science de l'antiquité, Genf 1999; in diesem Band fehlt allerdings ein Beitrag zu den technikhistorischen Arbeiten von Diels; vgl. dazu die Ausführungen von S. Rebenich, „Mommsen ist er niemals näher getreten." Theodor Mommsen und Hermann Diels, a. a. O. S. 85–134,

Technik der verschiedenen Handwerkszweige enzyklopädisch zu erfassen, hat Diels sich auf sehr spezielle Fragen konzentriert, so auf die Türen und Schlösser, die Automatentechnik, die Telegraphie, die Artillerie, die Chemie und die Uhr in der Antike. Einen souveränen Überblick über die technische Entwicklung sowie die Beziehung zwischen Wissenschaft und Technik im antiken Griechenland bietet allerdings die erste Abhandlung des Bandes „Wissenschaft und Technik bei den Hellenen."[24] Es geht Diels darum zu zeigen, wie eng die Bewältigung praktischer Aufgaben mit der Naturforschung und der Anwendung mathematischer Kenntnisse verbunden war; durch eine auf die Vermehrung des Wissens abzielende Forschung erwarben die Griechen jene Kompetenz, die sie zu den bedeutenden Leistungen vor allem im Bereich der Architektur und Bautechnik befähigte. Als Beispiele für diesen Tatbestand führt Diels den Bau der Brücke über den Bosporos durch den samischen Architekten Mandrokles oder den Bau des Eupalinos-Tunnels auf Samos an. Die Bedeutung der Mathematik für das Denken dieser Zeit wird durch den Hinweis auf Pythagoras, auf die Stadtplanung des Hippodamos oder den Kanon des Polyklet verdeutlicht. Besonders erfolgreich waren die Griechen im Bereich der Militärtechnik; es gelang ihnen in der Zeit des Hellenismus, [96] mit Hilfe von Experimenten und mathematischen Methoden leistungsfähige Katapulte zu konstruieren. Diels vertritt die Auffassung, dass die Mechaniker, die das Katapult entwickelt haben, über eine gute mathematische Vorbildung verfügt haben; damit ist es nach Meinung von Diels wahrscheinlich, dass sie aus dem Kreis der Pythagoreer stammten.

Im zweiten Teil des Vortrags geht Diels auf das mangelnde „Interesse des Altertums an den technischen Erfindungen und an der Persönlichkeit der Erfinder" ein;[25] er führt diese auffallende „Missachtung der Technik" auf zwei Ursachen zurück, auf die aristokratische Mentalität der Griechen und auf die Existenz der Sklaverei. Die weite Verbreitung der Sklavenwirtschaft machte es nach Meinung von Diels überflüssig, „die Maschine zum Ersatz der Handarbeit auszubilden."[26] Dementsprechend gab es in römischer Zeit keine relevanten technischen Fortschritte mehr. Der Niedergang der Wissenschaft, die Diels hier als „Nährmutter der Technik" bezeichnet, führte zur technischen Stagnation. Die Tätigkeit des Archimedes dient im letzten Abschnitt des Vortrags als ein Beispiel für die „fruchtbare Vereinigung von Theorie und Praxis;" damit kann Diels zum entscheidenden Ergebnis seiner Überlegungen überleiten: „Die Technik kann der Wissenschaft nicht entbehren, und umgekehrt wird die reine Spekulation in der Wissenschaft, wenn sie nicht immer und immer wieder von dem frischen Hauche des Lebens berührt wird, steril und stirbt ab," eine Position, die bereits in der Antike vertreten wurde, wie eine von Diels angeführte Äußerung des Vitruvius deutlich macht.[27] Diese Erkenntnis wird schließlich auch auf die Situation Deutschlands im beginnenden 20. Jahrhundert bezogen:

> „Der hohe Stand unserer heutigen Kultur wird nur durch die innige [97] Durchdringung von Wissenschaft und Technik gewährleistet. Das Ausland erkennt an, dass Deutschland seinen Aufschwung zumeist dieser gesunden Verbindung von Theorie und Praxis zu verdanken hat."[28]

besonders S. 91–92. Zu diesem Themenkomplex s. H. Wilsdorf, Hermann Diels in seiner Bedeutung für die Geschichte der antiken Technik, Philologus 117, 1973, S. 284–293.

24 Diels, Antike Technik (wie Anm. 9), S. 1–39.

25 Diels, Antike Technik (wie Anm. 9), S. 29.

26 Diels, Antike Technik (wie Anm. 9), S. 31–32.

27 Diels, Antike Technik (wie Anm. 9), S. 37. Diels zitiert hier Vitr. 1,1,2.

28 Diels, Antike Technik (wie Anm. 9), S. 38. Diese Betonung der Verbindung von Technik und Wissenschaft entspricht den Postulaten der Ingenieursausbildung in Deutschland, gilt aber keineswegs allgemein für die

Die wissenschaftshistorische Bedeutung der Thesen von Diels beruht darauf, dass seine Auffassung, durch soziale und wirtschaftliche Faktoren seien mögliche technische Fortschritte in der Antike verhindert worden, die Diskussion über die antike Technik bis in die zweite Hälfte des 20. Jahrhunderts weitgehend bestimmen sollte. Dabei sind die bei Diels genannten Faktoren, die die technische Entwicklung in römischer Zeit beeinflussten, nämlich die vorherrschende aristokratische Gesinnung der antiken Gesellschaft und die Sklavenwirtschaft, auch in der Folgezeit immer wieder angeführt worden, um die technische Stagnation der Antike zu erklären.[29]

In einer weiteren umfangreichen Studie aus dem Jahr 1917 hat Diels die von Prokopios verfasste Beschreibung einer Kunstuhr in Gaza interpretiert und die Uhr zu rekonstruieren versucht; zugleich hat Diels den Text ediert und mit einer Übersetzung versehen.[30] Der spätantike Autor hat nach Meinung von Diels „für das Technische keinen Sinn und kein Verständnis"[31] besessen; sein Text beschränkt sich auf die inhaltlichen Programme der Uhr. Diels wertet die Konstruktion als ein Zeugnis „technischer Meisterschaft" hellenistischer Mechaniker und stellt sie [98] einerseits in die Tradition der alexandrinischen Technik, andererseits sieht er die Uhr von Gaza als ein Beispiel jener antiken Uhrmacherkunst, die später in der arabischen Welt und im mittelalterlichen Europa fortgeführt worden sei. Bei der Erwähnung der Kunstuhr im Straßburger Münster finden die Anschauungen des Philologen, der das Wissen um die technische Leistung der Antike mit nationalem Stolz verbindet, pathetischen Ausdruck:

> „Er [der Besucher des Straßburger Münsters, H.S.] wird dankbar des Erbes gedenken, das die Menschheit der hellenischen Wissenschaft und Kunst verdankt, und dann mit Stolz der Tüchtigkeit des eigenen Volkes innewerden, welches das Ererbte schöner und reicher zu entwickeln verstanden hat."[32]

Die Grenzen der technischen Entwicklung: Albert Rehm

In Deutschland wurde die Diskussion über die antike Technik erst 1938 von Albert Rehm[33] aufgegriffen und weitergeführt; zu Beginn seines Aufsatzes über die Rolle der Technik in der Antike stellt Rehm zunächst fest, dass die antike Technik seit der Renaissance sehr unterschiedlich bewertet wurde; dem früher vorherrschenden positiven Urteil und vor allem der Bewunderung der Überreste römischer Bauten folgte im späten 19. Jahrhundert eine kritische Sicht. Rehm, der durchaus zugesteht, dass es in der Antike keine Warenproduktion wie in der Moderne gab, beabsichtigt nicht, die „antike Technik zu retten", sondern setzt sich zum Ziel „zu zeigen, wie sich die Technik in das griechische und römische Gesamtleben einfügt."[34] Dabei

---

technische Entwicklung im 19. Jahrhundert. In England etwa wurde viel stärker die Berufspraxis betont. Vgl. dazu jetzt W. Kaiser, W. König (Hg.), Geschichte des Ingenieurs. Ein Beruf in sechs Jahrtausenden, München 2006.

29 Vgl. zu dieser Diskussion F. Kiechle, Sklavenarbeit und technischer Fortschritt im römischen Reich, Wiesbaden 1969, S. 1–11. H. Schneider, Einführung (wie Anm. 18), S. 22–30.

30 H. Diels, Über die von Prokop beschriebene Kunstuhr von Gaza, Abhandl. der Königl. Preuss. Akademie der Wissenschaften 1917, Phil.-hist. Klasse 7, Berlin 1917.

31 Diels, Kunstuhr (wie Anm. 30), S. 5.

32 Diels, Kunstuhr (wie Anm. 30), S. 23.

33 A. Rehm, Zur Rolle der Technik in der griechisch-römischen Antike, AKG 28, 1938, S. 135–162.

34 Rehm, Rolle der Technik (wie Anm. 33), S. 136. 137.

charakterisiert Rehm zunächst die technischen Leistungen der Griechen und Römer in den unterschiedlichen Epochen der Antike, wobei für die Zeit des Hellenismus auch die Grenzen der technischen Entwicklung verdeutlicht werden: Eine „Umwälzung der Technik oder [99] auch nur eine bedeutende Steigerung ihrer Wichtigkeit für das Leben ist daraus nicht gefolgt." Die hellenistische Technik blieb im wesentlichen dem Spieltrieb verhaftet;[35] Fortschritte sind allerdings im Bereich der Mechanik festzustellen, so in der Verwendung des Zahnrades und der Schraube, Erfindungen, hinter denen nach Meinung von Rehm „eine durchaus wissenschaftliche Theorie steckt."[36] Nach einem längeren Exkurs über die Strukturen der antiken Wirtschaft und die Thesen des Wirtschaftswissenschaftlers Karl Bücher unternimmt Rehm den Versuch, die Grenzen der technischen Entwicklung in der Antike genauer zu bestimmen. Entscheidend ist hier nach Auffassung von Rehm die Tatsache, dass es in der Antike nie eine planmäßige „Verwendung der nichtanimalischen Kräfte" gegeben hat; die Wassermühle war zwar in der Antike erfunden worden, hatte sich aber nicht durchgesetzt, obwohl es in Italien und selbst in Griechenland genügend Wasserläufe gab, um Wassermühlen einzurichten.[37] Unter solchen Umständen blieb „in dieser ganzen Epoche die Rolle der Technik so bescheiden."[38] Dasselbe gilt, wie Rehm in Anlehnung an Diels meint, auch „für die Stellung des Technikers": Die Historiker haben Techniker nicht erwähnt, und zu einer wirklichen Spezialisierung der technischen Berufe ist es nicht gekommen; damit hat sich das Band „zwischen Technik und Wissenschaft" gelockert, was schließlich „zum Absterben der Technik führte."[39]

[100] Die kurze Übersicht über die ältere Literatur bei Rehm[40] bietet nur wenige Titel; die Bemerkung von Diels, die Philologen hätten sich „zum größten Teile mit den Realitäten der antiken Kultur [...] vertraut gemacht, erweist sich damit im Rückblick als zu optimistisch.[41] Ein weiteres Defizit der deutschen Forschung dieser Zeit ist in der mangelnden Wahrnehmung der internationalen Diskussion zu sehen; so findet sich bei Rehm kein Hinweis auf die wegweisende Studie von Gina Lombroso-Ferrero oder auf die Arbeiten von R. Lefebvre des Noëttes und A. G. Drachmann.[42]

---

35 Rehm, Rolle der Technik (wie Anm. 33), S. 143. 144.

36 Rehm, Rolle der Technik (wie Anm. 33), S. 145.

37 Rehm, Rolle der Technik (wie Anm. 33), S. 160–161. Zur Frage der Wasserkraft vgl. die inzwischen klassische Schrift von Ö. Wikander, Exploitation of Water-Power or Technological Stagnation? A Reappraisal of the Productive Forces in the Roman Empire, Lund 1984. Wikander stellt das gesamte Quellenmaterial zur Nutzung der Wasserkraft im Imperium Romanum zusammen und kommt zum Ergebnis, dass die Wassermühle weiter verbreitet war als in der älteren Forschung angenommen worden war.

38 Rehm, Rolle der Technik (wie Anm. 33), S. 161.

39 Rehm, Rolle der Technik (wie Anm. 33), S. 162. Die These, eine enge Verbindung zwischen Technik und Wissenschaft sei notwendig für jeglichen technischen Fortschritt, wird mit Hinweis auf Ortega y Gasset begründet; Rehm zitiert folgende Feststellung von Ortega y Gasset: „Man vergisst nur zu gern, wenn man von der Technik spricht, dass ihre Lebensader die reine Wissenschaft ist und die Bedingungen ihrer Fortdauer an diejenigen gebunden sind, die reine Wissenschaftsausübung möglich machen." Diese Auffassung kann allerdings kaum uneingeschränkt für die gesamte Geschichte der antiken Technik Geltung beanspruchen, denn technische Neuerungen beruhten in vorindustriellen Gesellschaften in großem Umfang nicht auf der Tätigkeit von Wissenschaftlern, sondern auf der Erfahrung und der manuellen Geschicklichkeit der Handwerker, so im Bereich der Metallurgie, der Keramik oder der Glasherstellung.

40 Rehm, Rolle der Technik (wie Anm. 33), S. 138 Anm. 4.

41 Vgl. o. Anm. 10.

42 G. Lombroso-Ferrrero, Pourquoi le Machinisme ne fut pas adopté dans l'antiquité, Revue du Mois 21, 1920, 448–469. R. Lefebvre des Noëttes, Force motrice animale à travers les âges, Paris 1924. A. G. Drachmann,

Das mangelnde Interesse der deutschen Altertumswissenschaften an Fragen der antiken Technik zeigt sich auch daran, dass in dem von A. Rehm verfassten Abschnitt über die exakten Wissenschaften in der „Einleitung in die Altertumswissenschaft" von Alfred Gercke und Eduard Norden die Technik nur eine untergeordnete Rolle spielt: Im Kapitel über die vorsokratische Zeit wird allein das im 4. Jh. v. Chr. entwickelte Katapult behandelt, der Abschnitt über den Hellenismus bietet nur einige Bemerkungen über Ktesibios und seine Erfindungen, und die Abschnitte [101] zur römischen Kaiserzeit beschränken sich auf wenige Hinweise zur spätantiken Architektur, zu Frontinus, Vitruvius, dessen Ausführungen über die technischen Aufgaben des Architekten als „mehr oder minder unzulänglich" abqualifiziert werden, und zur technischen Mechanik im Werk von Heron. Auch hier herrscht eine kritische Sicht vor: Rehm spricht von einer erstaunlichen „Menge von hübschen Spielereien und allerhand Vexierkunststücken" und konstatiert, dass „nur ganz Weniges in dem, übrigens schlecht geordneten, Werk [...] auch praktische Bedeutung" hat. Die Altertumswissenschaften waren von einer angemessenen Darstellung der antiken Technik noch weit entfernt.[43]

Immerhin wurden aber nach 1930 technikhistorische Themen in Paulys Realencyclopädie zunehmend berücksichtigt. So erschienen 1935 und 1937 in der Realencyclopädie mehrere Artikel zur antiken Technik; Autor des Artikels über die Schraube war der dänische Wissenschaftler A. G. Drachmann, der 1932 eine umfassende Untersuchung über die antiken Ölmühlen und Pressen vorgelegt hatte.[44]

Die Edition der Schriften Herons

Neben diesen Veröffentlichungen zur antiken Technikgeschichte ist ferner auf die Edition der Schriften des Mechanikers Heron in der Bibliotheca Teubneriana hinzuweisen.[45] Die Werke Herons, der im 1. Jh. n. Chr. in Alexandria tätig war, sind für die Kenntnis der antiken Technik auch deswegen von herausragender Bedeutung, weil sonst zahlreiche [102] Abhandlungen antiker Techniker nicht überliefert sind und Heron in verschiedenen Texten den Inhalt älterer Schriften, etwa von Philon von Byzanz oder von Ktesibios, wiedergibt. Der erste 1899 publizierte Band, der von W. Schmidt herausgegeben wurde, enthält die Pneumatik und die Schrift über die Herstellung von Automaten, der zweite Band (L. Nix und W. Schmidt, 1900) die Mechanik, die nur in einer arabischen Übersetzung überliefert ist, und das Werk über die Optik. Mit der insgesamt fünfbändigen Ausgabe, die 1914 abgeschlossen war, lagen wichtige Texte der antiken technologischen Fachliteratur in einer modernen Edition vor. Es ist dabei bemerkenswert, dass nicht nur der arabische Text der Mechanik in das Deutsche übertragen wurde, sondern auch die übrigen im griechischen Original überlieferten Schriften eine Übersetzung erhielten. Auf diese

Ancient Oil Mills and Presses, Kobenhavn 1932. Zwar wird die deutsche Übersetzung von Rostovtzeffs Werk zur römischen Sozial- und Wirtschaftsgeschichte (M. I. Rostovtzeff, The Social and Economic History of the Roman Empire, Oxford 1926, dt. Leipzig 1930) erwähnt, aber der für die Technikgeschichte interessante Aufsatz The Decay of the Ancient World and its Economic Explanations, Econ. Hist. Rev. 2, 1930, S. 197–214 bleibt unbeachtet.

43 A. Rehm, Exakte Wissenschaften, in: A. Gercke, E. Norden (Hg.), Einleitung in die Altertumswissenschaft II 5, 4. Aufl. Leipzig 1933, S. 1–78. Vgl. besonders S. 21f. 55f. 71–74. Vitruvius: S. 7. Heron: S. 74.

44 Rehm, Rolle der Technik (wie Anm. 33), S. 138 Anm. 4. G. Drachmann, RE Suppl. 6 (1935), Sp. 654–659, s. v. Schraube sowie Hörle, RE 12 A, (1937), Sp. 1727–1748, s. v. Torcular. Vgl. A. G. Drachmann, Ancient Oil Mills and Presses, Kobenhavn 1932.

45 W. Schmidt, L. Nix, H. Schöne, J. L. Heiberg (Hg.), Heronis Alexandrini opera quae supersunt omnia, vol. 1–5, Leipzig 1899–1914.

Weise wurde das Werk Herons auch jenen Technikhistorikern zugänglich gemacht, die keine altsprachliche Ausbildung erhalten hatten.

Ein Überblick über die Arbeiten der Altertumswissenschaften zur antiken Technikgeschichte zeigt ein Nebeneinander von Versäumnissen und von bedeutenden Leistungen, unter denen zuerst das Werk Hugo Blümners zu nennen ist. Insgesamt ist es den deutschen Altertumswissenschaften jedoch nicht gelungen, auf der Grundlage der präzisen Darstellung der Handwerkstechnik bei Blümner die antike Technik unter Einbeziehung der Landwirtschaft und Agrartechnik umfassend zu beschreiben und gleichzeitig die Interdependenz zwischen der Technik einerseits und der antiken Wirtschaft und Gesellschaft andererseits angemessen zu erfassen.

Geringe Fortschritte seit den Ramessiden und Assurbanipal: Die antike Technik bei Max Weber

Die antike Technik war auch Gegenstand der Sozial- und Wirtschaftswissenschaften; von Interesse ist hier besonders die Stellungnahme von Max Weber, der zwar Rechtswissenschaft studiert hatte, aber mit Arbeiten zur antiken und mittelalterlichen Wirtschaftsgeschichte promoviert und [103] habilitiert worden war[46] und der in dem umfangreichen Lexikonartikel ‚Agrarverhältnisse im Altertum‘[47] auf Fragen der antiken Technik eingegangen ist. Gerade die nach 1945 einsetzende internationale Rezeption der Auffassungen Max Webers zur Antike macht es notwendig, an dieser Stelle seine mit großer Entschiedenheit vorgetragene Sicht der antiken Technik ausführlich zu zitieren:

> „Die *Oekonomik* und *Technik* der Wirtschaft hat dagegen in den Zeiten seit den Ramessiden und Assurbanipal, mit Ausnahme der Erfindung der *Münze*, im Altertum offenbar *relativ* geringe Fortschritte gemacht. Wieviel – oder wie wenig – die im Licht der Geschichte liegende Zeit des Altertums an *technischen* Neuerungen geschaffen hat, wird sich erst entscheiden lassen, wenn einmal eine dem heutigen Quellenstand entsprechende *Industrie*geschichte Aegyptens und Mesopotamiens (für die *Technik*: vornehmlich Aegyptens) vorliegt. Es ist sehr möglich, dass alsdann der Orient, – wie er der Vater aller bis gegen Ende unseres Mittelalters hinein herrschenden *Handels*formen (Babylon), ferner der Fronhöfe (Aegypten), der unfreien Heimarbeit (Aegypten), des Leiturgiesystems (Aegypten), der *Bureaukratie* (Aegypten), der Kloster- und anderer kirchlicher Organisationen (Aegypten, Juden) war, – auch als Schöpfer der größten Mehrzahl aller *technischen* Neuerungen erscheint, welche auf dem Gebiete des *Gewerbes* bis zum Ende des Mittelalters gemacht worden sind. Auf *landwirtschafts*technischem Gebiet sind im Lauf des Altertums einzelne [104] Umgestaltungen zu verzeichnen, welche der *Vergrößerung* der, mit einem gegebenen Quantum Arbeit in gegebener Zeit zu bewältigender Fläche, also der Arbeitsersparnis, dienten (bessere Dresch-, Pflüge- und Erntewerkzeuge – die letzteren beiden charakteristischerweise erst nach Schluss der klassischen Epoche und im nordischen *Binnenland*). Im Gewerbe ist, wenn wie

---

46 Zu Max Weber s. A. Heuss, Max Webers Bedeutung für die Geschichte des griechisch-römischen Altertums, HZ 201, 1965, S. 529–556. D. Käsler, Einführung in das Studium Max Webers, München 1979, S. 30–55. J. Kocka (Hg.), Max Weber, der Historiker, Göttingen 1986 (Kritische Studien zur Geschichtswissenschaft 73). Chr. Meier, Max Weber und die Antike, in: Chr. Gneuss, J. Kocka (Hg.), Max Weber. Ein Symposion, München 1988, S. 11–24. J. Radkau, Max Weber (wie Anm. 8).

47 M. Weber, Agrarverhältnisse im Altertum, in: Ders., Gesammelte Aufsätze zur Sozial- und Wirtschaftsgeschichte, Tübingen 1924, S. 1–288. Ursprünglich war der Artikel im „Handwörterbuch der Staatswissenschaften" (3. Aufl. 1909) erschienen; für die beiden vorangegangenen Auflagen (1897 und 1898) hatte Weber jeweils eine kürzere Fassung dieses Artikels geschrieben.

billig, von den Kriegsmaschinen und den ihnen verwandten Hebevorrichtungen u. dgl. wesentlich bei *öffentlichen* Arbeiten verwandten Instrumenten abgesehen wird, der Fortschritt, soviel erkennbar, hauptsächlich ein der *Spezialisierung* des *Einzel*arbeiters, nicht oder doch nicht im wesentlichen Maß, der Arbeits*vereinigung* dienender."[48]

Die Auffassungen von Weber unterscheiden sich signifikant von den Positionen der Althistoriker: Obwohl Weber in seinem 1896 in Freiburg gehaltenen Vortrag „Die sozialen Gründe des Untergangs der antiken Kultur" die Bedeutung der Sklaverei für die antike Wirtschaft hervorgehoben hat,[49] nennt er an dieser Stelle die Arbeitsersparung als Ziel technischer Fortschritte in der antiken Landwirtschaft; die Sklaverei hat nach Meinung von Weber also keineswegs Fortschritte in der Agrartechnik gänzlich ausgeschlossen. Im Bereich der handwerklichen Produktion hat nach Weber technischer Fortschritt die Spezialisierung des einzelnen Handwerkers, nicht aber die Arbeitsteilung vorangetrieben; in diesem Tatbestand sieht er einen charakteristischen Unterschied zu der Entwicklung im Mittelalter und in der Neuzeit.[50] Insgesamt vertritt Weber [105] aber die Auffassung, dass die Antike im Vergleich mit dem Alten Orient und dem Alten Ägypten nur wenig zur technischen Entwicklung beigetragen hat. Weber gehört damit zu jenen Autoren, die sich in der Zeit vor 1914 kritisch über den Stand der antiken Technik geäußert haben.[51]

Die Werke der Ingenieure: C. Merckel und Th. Beck

An dieser Stelle darf der Beitrag der Ingenieure und Techniker, die sich für die Geschichte ihrer eigenen technischen Disziplin interessierten und in diesem Rahmen spezielle Bereiche der Technik der Antike und des Mittelalters untersuchten, nicht übersehen werden.[52] Charakteristisch für das Motiv dieser Ingenieure ist die Bemerkung, die Curt Merckel an den Anfang seines Buches „Die Ingenieurtechnik im Alterthum" gestellt hat:

„Die Liebe zu meinem Fache war die Ursache gewesen, dass ich mich mit dessen geschichtlicher Entwicklung beschäftigte."[53]

Die Publikationen dieser Ingenieure besitzen ein hohes Niveau und sind als beachtliche Leistung technikhistorischer Forschung einzuschätzen.

---

48 Weber, Agrarverhältnisse (wie Anm. 47), S. 267.
49 M. Weber, Die sozialen Gründe des Untergangs der antiken Kultur, in: Ders., Gesammelte Aufsätze zur Sozial- und Wirtschaftsgeschichte, Tübingen 1924, 289–311. Vgl. etwa S. 293: „Die antike Kultur ist Sklavenkultur." In diesem Aufsatz sieht Weber jedoch in der Sklaverei durchaus einen hemmenden Faktor für die technische Entwicklung: „Es wurde verhindert, dass mit Entwicklung der Konkurrenz freier Unternehmer mit freier Lohnarbeit um den Absatz auf dem Markt diejenige ökonomische Prämie auf arbeitssparende Erfindungen entstand, welche die letzteren in der Neuzeit hervorrief" (a. a. O. S. 293f.).
50 Diese Auffassung Max Webers wird von der neueren Forschung durchaus geteilt; vgl. hierzu etwa E. M. Harris, Workshop, marketplace and household: the nature of technical specialization in classical Athens and its influence on economy and society, in: P. Cartledge, E. E. Cohen and Lin Foxhall (Hg.), Money, Labour and Land. Approaches to the economies of ancient Greece, London 2002, S. 67–99 und S. Treggiari, Urban Labour in Rome: *mercenarii* and *tabernarii*, in: P. Garnsey (Hg.), Non-Slave Labour in the Greco-Roman World, Cambridge 1980, S. 48–64.
51 Vgl. später Rehm, Rolle der Technik (wie Anm. 33), S. 136.
52 Für wichtige Informationen zu diesem Abschnitt danke ich den Kollegen W. König und U. Troitzsch.
53 C. Merckel, Die Ingenieurtechnik im Alterthum, Berlin 1899, S. V.

Curt Merckel (1858–1921), der als Baurat der Baudeputation in Hamburg tätig war, legte 1899 eine umfangreiche, imponierende Darstellung der antiken Ingenieurtechnik vor; die Einleitung über ‚Wesen und Wirkung der Ingenieurtechnik' bietet eine glänzende Verteidigung des technischen Fortschritts gegen die zeitgenössische Kritik und einen Überblick über die Geschichte der Ingenieurtechnik bis zum Ende des 19. Jahrhunderts. Damit ist der Rahmen für eine umfassende Darstellung der antiken Bautechnik gegeben; in den einzelnen Abschnitten werden Wasserbauanlagen, darunter der Abfluss[106]kanal des Albaner Sees sowie die großen Projekte zur Trockenlegung des Lago Fucino und der Pomptinischen Sümpfe, der Straßen- und Brückenbau, die Hafenbauten und die Anlagen für die Wasserversorgung der Städte eingehend beschrieben. Merckel hat für seine Darstellung die antiken Quellen in großem Umfang ausgewertet, in dem Kapitel über die Wasserversorgung zitiert er längere Passagen von Vitruvius und Frontinus über die römischen Wasserleitungen.[54] Neben den Leitungen der Stadt Rom berücksichtig Merckel auch die Anlagen in Italien und in den Provinzen; diese Abschnitte enthalten wichtige Informationen zu einzelnen Wasserleitungen und Aquädukten in Frankreich, Spanien oder Kleinasien, wobei gerade auch die Überreste der römischen Bauten und die Ergebnisse der archäologischen Forschung zur Darstellung der Ingenieurtechnik mit herangezogen werden.

Das Buch ist mit zahlreichen Abbildungen versehen, darunter finden sich zahlreiche Radierungen aus dem 18. Jahrhundert. Insbesondere hat Merckel die Schriften von G. B. Piranesi (1720–1778)[55] ausgewertet, der intensiv die römischen Straßen, Brücken und Wasserleitungen untersucht hatte; die Veröffentlichungen Piranesis stellten in vielen Fällen die einzige zuverlässige archäologische Publikation solcher Bauten dar, und seine Radierungen sind für viele antike Baudenkmäler lange Zeit die besten Illustrationen gewesen. Dies gilt gerade für den Abflusskanal des Albaner Sees, und so ist es durchaus sachgerecht, wenn Merckel bei der Wahl der Abbildungen in verschiedenen Kapiteln auf die Radierungen Piranesis zurückgriff. Es zeichnet Merckels Darstellung der Ingenieurtechnik des Altertums aus, dass alle frühen Zivilisationen, also auch China, Indien, der Alte Orient und das Alte Ägypten berücksichtigt werden; der [107] Schwerpunkt der Darstellung liegt aber deutlich auf Griechenland und Rom. Eine Schlussbetrachtung fasst nicht nur die Ergebnisse prägnant zusammen, sondern es wird auch der Versuch unternommen, die Leistungen der verschiedenen Völker zu vergleichen und zu bewerten. Einige Übersichten erleichtern den Zugang zu dem Material, so führt Merckel in chronologischer Reihenfolge die wichtigsten Ingenieure[56] und die bedeutenden Ingenieurbauten[57] der Antike auf.

Die Rezeption dieses in vieler Hinsicht beeindruckenden Werkes in den klassischen Altertumswissenschaften wurde dadurch erschwert, dass Merckel an keiner Stelle die in den Altertumswissenschaften übliche Zitierweise beachtet. So bietet er bei Zitaten antiker Texte normalerweise keine Stellenangaben, die griechischen und römischen Inschriften werden nicht

---

54 Merckel, Ingenieurtechnik (wie Anm. 53), S. 515–558. Vgl. ferner die Auswertung der Briefe des Plinius zu Baumaßnahmen in Bithynien a. a. O. S. 572–573.
55 Zu Piranesi vgl. vor allem J. Wilton-Ely, Giovanni Battista Piranesi. Vision und Werk, München 1978. N. Miller, Archäologie des Traums. Versuch über Giovanni Battista Piranesi, München 1978. C. Höper, Hg., Giovanni Battista Piranesi. Die poetische Wahrheit, Ostfildem-Ruit 1999.
56 Merckel, Ingenieurtechnik (wie Anm. 53), S. 619–626.
57 Merckel, Ingenieurtechnik (wie Anm. 53), S. 640–643.

hinreichend ausgewertet,[58] viele Informationen scheinen allein aus der Sekundärliteratur übernommen zu sein. Wahrscheinlich wurde das Buch aus solchen Gründen von der Althistorie übergangen, es erhielt damit nicht die verdiente Resonanz.[59]

Im Jahr 1899 erschien ein weiteres bedeutendes Werk zur Technikgeschichte, das allerdings weit über die Antike hinausgreifend den Maschinenbau bis zur Erfindung der Dampfmaschine und bis James Watt darstellte.[60] Der Verfasser, Theodor Beck (1839–1917), war nach dem Studium am Polytechnicum in Karlsruhe Teilhaber einer Maschinenfabrik in Darmstadt geworden. Er publizierte zunächst eine Reihe von Untersuchungen zur Geschichte des Maschinenbaus, die dann als Buch [108] herausgegeben wurden. Dieses Werk ist völlig anders gegliedert als die Arbeit von Merckel; es handelt sich bei den einzelnen Kapiteln um Detailstudien, die jeweils einen Techniker oder Autor zum Gegenstand haben; für die Antike sind dies Heron von Alexandria und seine Vorgänger sowie ferner Pappos, Vitruvius, Frontinus und Cato der Ältere. Vorrangig kam es Beck darauf an, den Inhalt der Schriften dieser Techniker wiederzugeben und mit einem kurzen Sachkommentar zu versehen. Im Abschnitt über Heron steht die Schrift zur Pneumatik im Zentrum, im folgenden Kapitel wird der Inhalt des achten Buches der „Synagogé" des Pappos, das sich eng an die Mechanik Herons anlehnt, referiert; in den Ausführungen zum zehnten Buch von „de architectura" des Vitruvius beschreibt Beck präzise die einzelnen von Vitruvius erwähnten Geräte, so etwa die Hebegeräte, die Wasserhebegeräte, die Wassermühle und Waffen wie das Katapult. Beck geht zwar auf die Schrift des Frontinus ausführlich ein, stellt aber resümierend fest, der Text enthalte „doch nichts von eigentlicher Mechanik." Im Kapitel über Cato geht es vor allem um die Rekonstruktion der von Cato beschriebenen Wein- und Olivenpresse. Zur Interpretation der Beschreibung von Pressen bei Cato zieht Beck frühneuzeitliche Schriften,[61] archäologische Berichte über Ausgrabungen in Afrika und Italien (Stabiae)[62] sowie den Abschnitt über die Pressen bei Plinius[63] heran. Der Text ist mit einer Vielzahl von Rekonstruktionszeichnungen versehen, die dem besseren Verständnis der Ausführungen dienen und die Argumentation Becks begründen sollen. Am Schluss des Kapitels über Cato wird noch einmal die Sicht der antiken Technik bei Beck mit folgender Bemerkung verdeutlicht:

> „Viele unserer Leser dürften wohl dem dritten Jahrhunderte vor Christi Geburt den Gebrauch so großer Maschineneinrichtungen, wie sie die römischen Presshäuser enthielten, [109] nicht zugetraut haben."[64]

Beck, der ein hervorragender Kenner der Geschichte des Maschinenbaus bis zum 18. Jahrhundert war, hat die technischen Errungenschaften der Römer positiv bewertet; er tritt dafür

---

58 Vgl. beispielsweise die Erwähnung der Inschriften an der Brücke von Alcantara: Merckel, Ingenieurtechnik (wie Anm. 53), S. 299; es erfolgt weder ein Hinweis auf die Edition der Inschrift (CIL II 759. 760. ILS 287) noch wird eine genaue Interpretation gegeben.

59 Vgl. etwa das apodiktische Urteil von A. Rehm, Exakte Wissenschaften (wie Anm. 43), S. 22: „Philologisch unzulänglich." Ähnlich urteilte später Wilsdorf, Hermann Diels (wie Anm. 23), 287.

60 Th. Beck, Beiträge zur Geschichte des Maschinenbaus, Berlin 1899.

61 Vgl. Beck, Maschinenbau (wie Anm. 60), S. 68: Vittorio Zonca, Novo teatro di machine et edificii, Padua 1621.

62 Beck, Maschinenbau (wie Anm. 60), S. 70–71 und S. 72–75.

63 Beck, Maschinenbau (wie Anm. 60), S. 76–77. Plin. nat. 18, 317.

64 Beck, Maschinenbau (wie Anm. 60), S. 87.

ein, die Leistungen früherer Epochen auf dem Gebiet der Technik angemessen zu würdigen und nicht gering zu schätzen.[65] Seine eigenen Arbeiten sollen als „kurzgefasste und doch klare, das Wesentliche enthaltende Berichte über den Inhalt der wichtigeren älteren Werke über Maschinenbau [...] zur Verbreitung kulturhistorischer Kenntnisse wesentlich beitragen."[66]

Die Rekonstruktion der antiken Katapulte: General E. Schramm

Ein anderer Bereich der antiken Technik steht bei Generalleutnant Erwin Schramm (1856–1935) im Mittelpunkt; Schramm unternahm den Versuch, die antiken Katapulte zu rekonstruieren; diese Waffe, die im frühen 4. Jahrhundert v. Chr. erfunden und im Hellenismus immer wieder verbessert worden war, hatte die antike Militärtechnik tief greifend verändert. Veranlasst durch Funde im Legionslager Haltern und durch den Fund bei Ampurias in Spanien begann Schramm, verschiedene Typen solcher Katapulte zu rekonstruieren und zum Teil in Originalgröße nachzubauen.

Die Schrift von Schramm gibt einen Überblick über die Geschichte der Katapulte in der Antike und über die erhaltenen bildlichen Darstellungen aus römischer Zeit; es folgen ein Kapitel über die Reste des bei Ampurias gefundenen römischen Katapultes und zuletzt die detaillierte Beschreibung der rekonstruierten und in der Saalburg aufgestellten Katapulte. Ohne [110] Zweifel ist die Schrift Schramms als ein wichtiger Beitrag zur Erforschung der antiken Militärtechnik anzusehen.[67]

Gesamtdarstellungen der antiken Technik: A. Neuburger und F. M. Feldhaus

Die beiden vor 1933 publizierten Gesamtdarstellungen der antiken Technik sind von Technikern verfasst worden, die sich wie Merckel und Beck der Technikgeschichte zugewandt hatten. Zuerst ist hier das Buch von Albert Neuburger (geb. 1867) zu nennen, der in München und Erlangen studiert hatte und nach einer Tätigkeit in technischen Betrieben als Redakteur bei der „Berliner Morgenpost" in Berlin arbeitete; Neuburger hat ab 1905 eine Reihe von Büchern zu Themen der Naturwissenschaften und der Technik veröffentlicht; 1919 erschien schließlich „Die Technik des Altertums."[68] Unter Altertum versteht Neuburger die Geschichte der frühen Hochkulturen bis zum Untergang des weströmischen Reiches im späten 5. Jahrhundert n. Chr.; dementsprechend wird die Technik des Alten Ägyptens und des Alten Orients in der Darstellung berücksichtigt, die insgesamt systematisch gegliedert ist: Auf die Abschnitte über den Bergbau und die Metallverarbeitung, die Bearbeitung des Holzes sowie die Lederherstellung folgen Kapitel zur Landwirtschaft und zur Erzeugung der Nahrungsmittel; hier wird auch auf das Mahlen des Getreides und das Backen des Brotes eingegangen. Mit den Ausführungen über die

---

65 Vgl. Beck, Maschinenbau (wie Anm. 60), S. 1: „Das Interesse für die Entwicklungsgeschichte der Mechanik und des Maschinenbaus ist erfreulicherweise im Wachsen begriffen. Die ehedem üblichen geringschätzigen Äußerungen über die Leistungen früherer Jahrhunderte beginnen zu verstummen und sorgfältiger erwogene Urteile werden immer häufiger ausgesprochen."

66 Beck, Maschinenbau (wie Anm. 60), S. 1.

67 E. Schramm, Die antiken Geschütze der Saalburg. Bemerkungen zu ihrer Rekonstruktion, Berlin 1918. ND Bad Homburg v. d. Höhe 1980 (mit einer Einführung von D. Baatz). Standardwerk der modernen Forschung zu den Katapulten ist E. W. Marsden, Greek and Roman Artillery. Historical Development, Oxford 1969 und ders., Greek and Roman Artillery. Technical Treatises, Oxford 1971. Vgl. außerdem D. Baatz, DNP 6, 1999, Sp. 340–343, s. v. Katapult.

68 A. Neuburger, Die Technik des Altertums, Leipzig 1919. Das Buch erschien bereits 1921 in 3. Auflage.

Keramik, das Glas und die Textilherstellung sind wesentliche Bereiche des Handwerks erfasst;
ein längerer Abschnitt ist der Mechanik und den [111] mechanischen Instrumenten gewidmet. Der Städtebau, der Hausbau, die Errichtung von Monumentalbauten und die Bautechnik
sind Gegenstand weiterer Kapitel; danach werden die Wasserversorgung sowie der Straßen-und
Brückenbau beschrieben, den Abschluss bildet die Darstellung des Schiffbaus, der Schifffahrt
und der Hafenanlagen.

Sowohl der zeitliche Rahmen als auch der thematische Umfang des Buches sind weit gespannt; es ist beeindruckend, welche Fülle an Informationen Neuburger verarbeitet hat und dem
Leser präsentiert. Die Bilddokumentation ist umfangreich und umfasst neben Rekonstruktionszeichnungen und Photographien von antiken Bauten und Artefakten auch antike Abbildungen
wie etwa griechische Vasenbilder, römische Reliefs oder Wandgemälde. Da Neuburger auch
die frühen Hochkulturen in seine Darstellung einbezieht und so die Technik vieler, sehr unterschiedlicher Gesellschaften beschreibt, kann die Interdependenz zwischen Technik, Wirtschaft
und Gesellschaft nicht angemessen erfasst werden. Teilweise orientiert sich die Gliederung an
rein technischen Sachverhalten; so steht das Kapitel über die Militärtechnik, die unter dem
Aspekt der Nutzung der Elastizität (Bogen, Armbrust, Geschütze) betrachtet wird, zwischen
den Abschnitten über Zahnräder und Göpelrad einerseits und über Hydraulik und Wasserrad
andererseits. Das Befestigungswesen wiederum, dessen Entwicklung seit dem 4. Jahrhundert v.
Chr. wesentlich durch die Erfindung des Katapultes beeinflusst wird, erhält an anderer Stelle
ein eigenes Kapitel.[69]

Die 1931 publizierte Darstellung der antiken und mittelalterlichen Technik von Franz
Maria Feldhaus (1874–1957)[70] ist noch wesentlich ambitionierter als das Buch von Neuburger.
Feldhaus hatte bereits 1914 ein Lexikon über die „Technik der Vorzeit, der geschichtlichen Zeit
und der [112] Naturvölker" verfasst;[71] eine unglaubliche Fülle von Fakten hat Feldhaus hier dem
Leser vorgelegt; die antike Technik wird in einer Vielzahl von Artikeln berücksichtigt, daneben
gibt es auch Artikel, die allein der antiken Technik gewidmet sind.[72] Wie dies Lexikon zeigt,
besaß Feldhaus die notwendigen Kenntnisse, um eine umfassende Geschichte der Technik von
den Anfängen bis zum Beginn der Neuzeit zu schreiben. Tatsächlich setzt seine Darstellung der
Technikgeschichte – ähnlich wie das Lexikon – mit der Vor- und Frühgeschichte ein; es folgt
dann ein längeres Kapitel über die „Technik des Alten Orient" (Ostasien, Indien, Vorderasien,
Ägypten). Die Ausführungen über Griechenland und Rom tragen den Titel „Techniten und
Architekten der klassischen Welt."[73] Auch die Überschrift zum Teil über das Mittelalter nennt
die Techniker: „Erfinder und Ingenieure des Mittelalters." Damit ist die Perspektive des Buches
klar charakterisiert: Bei Feldhaus stehen Erfindungen und Erfinder im Zentrum.

Das größte Problem des Buches besteht in dem fehlenden Nachweis der Quellen und in
einer Gliederung, die einzelne Fakten rein assoziativ aneinander reiht. Dies kann bereits an
den ersten Seiten des Kapitels über Griechenland demonstriert werden: Nach einigen Absätzen
zu Homer, dessen technisches Wissen kurz skizziert wird, wendet sich Feldhaus der Frage der
Triere zu, geht auf den Bronzeguss und die Löttechnik ein, erwähnt den Diolkos am Isthmos von Korinth (einen Weg, über den Boote von einer Küste zu der anderen geschleppt wer-

69 Neuburger, Technik (wie Anm. 68), S. 221–228 und 285–307.
70 F. M. Feldhaus, Die Technik der Antike und des Mittelalters, Potsdam 1931.
71 F. M. Feldhaus, Die Technik der Vorzeit, der geschichtlichen Zeit und der Naturvölker. Ein Lexikon, 1914.
72 Vgl. etwa Feldhaus, Die Technik (wie Anm. 71), Sp. 383–391, s. v. Geschütz des Altertums.
73 Feldhaus, Technik der Antike (wie Anm. 70), S. 117–218.

den konnten) und den Bau von Brunnen in Athen, um schließlich Thaies, Krösos und Ana-
ximandros als frühe Erfinder und Entdecker anzuführen. Merkwürdig ist, dass Feldhaus die
Wasserleitung des Eupalinos, eine der größten Leistungen der griechischen Bautechnik, nur
kurz abhandelt. Obwohl die Darstellung [113] insgesamt chronologisch gegliedert ist, folgt
auf die Bemerkung über den Tunnel auf Samos, der im späten 6. Jahrhundert v. Chr. gebaut
worden war, eine Beschreibung und Würdigung der Druckrohrleitung von Pergamon, die aus
der Zeit des Hellenismus stammt.[74]

Einzelne Behauptungen sind schlicht rätselhaft, können aber nicht überprüft werden, da
kein Hinweis auf die Quellen erfolgt. Dies trifft etwa auf folgende Feststellung zu:

> „Ich glaube z. B., dass die Maschinen zum Bearbeiten von Baumwolle, die um 475 v. Chr. in
> Griechenland nachweisbar sind, auf die Perserkriege zurückgehen."[75]

Wenn Feldhaus erwähnt, die Nachricht von der Eroberung Troias sei durch Fackelzeichen nach
Griechenland übermittelt worden, kann diese Tatsache kaum richtig beurteilt werden, da der
Hinweis auf die Quelle unterbleibt; es handelt sich hier nicht um einen Bericht in einem historiographischen Werk, sondern um die Erzählung der Klytaimnestra in einer Tragödie des
5. Jahrhundert v. Chr., also um eine Aussage in einem fiktiven Text.[76] Daneben sind auch
Fehler in den Einzelheiten festzustellen; so datiert Feldhaus den Koloss von Rhodos auf das Jahr
vor dem Tod Alexanders des Großen (also auf 324 v. Chr.), obwohl in der antiken Literatur die
Errichtung dieser monumentalen Statue eindeutig in die Zeit nach der Belagerung der Stadt
durch Demetrios Poliorketes gesetzt wird (also nach 306 v. Chr.).[77] Das Kapitel über die römische Technik reiht in chronologischer Folge – meist in Verbindung mit der Regierungszeit der
römischen Principes – Erfindungen jeglicher Art, technische Projekte, Großbauten, Anlagen
für die Infrastruktur und einzelne Informationen aus der technologischen Fachliteratur sowie aus den übrigen literarischen Texten aneinander. Die Bemerkungen von Feldhaus zu den
Projekten einzelner Principes wie etwa Caligula oder Nero [114] sind durchaus aufschlussreich
und beleuchten die Einstellung zur Technik und zu technischen Planungen, aber dennoch gelingt es Feldhaus auch hier wiederum allenfalls in Ansätzen, die Entwicklung der Technik
in römischer Zeit adäquat darzustellen. Vieles wird übergangen; die ungemein wichtigen
Bemerkungen Catos etwa zu den in der Landwirtschaft verwendeten Pressen und Ölmühlen
werden nur oberflächlich gestreift, das Werk Columellas, das als die wichtigste Darstellung der
römischen Agrartechnik anzusehen ist, wird nur kurz abgehandelt.[78]

So bleibt ein zwiespältiger Eindruck; auch in diesem Fall ist zu bewundern, welche Menge
an einzelnen Informationen der Autor verarbeitet hat, aber ein klare Vorstellung von der
Entwicklung der antiken Technik wird nicht vermittelt. Aus diesem Grund hat A. Rehm das
Buch von Feldhaus nicht zu Unrecht als „schwere Enttäuschung" bezeichnet: Das „Fehlen aller
genaueren Quellenangaben macht das Buch für den Forscher schwer benutzbar, und im einzelnen ist es von der Gründlichkeit des älteren Werkes weit entfernt. Was soll der Altertumsforscher

---

74 Feldhaus, Technik der Antike (wie Anm. 70), S. 118–122.
75 Feldhaus, Technik der Antike (wie Anm. 70), S. 123.
76 Feldhaus, Technik der Antike (wie Anm. 70), S. 118 und Aischyl. Ag. 281–316.
77 Feldhaus, Technik der Antike (wie Anm. 70), S. 136. Zu dem Koloss vgl. Plin. nat. 34, 41–42 und W.
    Hoepfner, Der Koloss von Rhodos, Mainz 2003.
78 Feldhaus, Technik der Antike (wie Anm. 70), S. 150 und 174.

mit einem Buch anfangen, in dem er liest, dass Vitruv ‚nicht Fachmann war, sondern als Laie schrieb'?"[79]

Neben diesen umfangreichen Darstellungen zur antiken Technik ist noch auf den kurzen Überblick zu diesem Thema von Eduard Stemplinger hinzuweisen.[80] Zu Beginn der kleinen Schrift zitiert Stemplinger eine Reihe von kritischen Äußerungen zur Technik der Griechen und Römer, um dann einige Bereiche der antiken Technik herauszugreifen und den hohen Standard antiker Technik nachzuweisen. Die Errungenschaften der Mechanik werden aufgezählt,[81] und die Wasserversorgung Roms und [115] anderer Städte wird kurz beschrieben.[82] Der Straßenbau der Römer wird ebenso gewürdigt wie der Schiffbau.[83] Die abschließenden Bemerkungen gelten der Tatsache, dass einerseits die Renaissance an die technologischen Schriften der Antike anknüpfen konnte und andererseits die im Humanismus entstehende Philologie es über lange Zeit versäumt hat, sich mit der Technik der Antike zu beschäftigen.[84]

Mit dieser Schrift wurden – teilweise in Anlehnung an Diels[85] – die Ergebnisse der technikhistorischen Forschung über die Fachgelehrten hinaus einem breiten Leserkreis vermittelt.

Bei einem Versuch einer Bilanz der Erforschung der antiken Technik zwischen 1871 und 1938 ist zu konstatieren, dass es den Altertumswissenschaften nicht gelungen ist, die Technik der Antike zu einem Forschungsfeld zu machen, auf dem kontinuierlich gearbeitet wurde und beständig Fortschritte erzielt wurden. Die wichtigen Publikationen sind vielmehr als Leistungen einzelner Gelehrter anzusprechen. Wichtig für die Technikgeschichte der Antike sind ohne Zweifel die Arbeiten der Techniker selbst, die sich für die Geschichte ihres Fachs engagiert haben. Zu einer wirklichen interdisziplinären Zusammenarbeit zwischen Technikern und Altertumswissenschaftlern ist es allerdings kaum gekommen. Gleichzeitig ist jedoch auch zu betonen, dass mit den technikhistorischen Arbeiten dieser Zeit die Grundlage für die spätere Forschung gelegt worden ist und die Fortschritte, die nach 1950 auf dem Gebiet der antiken Technikgeschichte erzielt worden sind, nicht denkbar sind ohne Vorläufer wie Hugo Blümner und Hermann Diels.

79 Rehm, Rolle der Technik (wie Anm. 33), S. 138 Anm. 4. Zu den Abschnitten über Vitruv bei Feldhaus vgl. Feldhaus, Technik der Antike (wie Anm. 70), S. 161.
80 E. Stemplinger, Antike Technik, München 1924 (Tusculum Schriften).
81 E. Stemplinger, Technik (wie Anm. 80), S. 10–12. 20–22.
82 E. Stemplinger, Technik (wie Anm. 80), S. 15–18.
83 E. Stemplinger, Technik (wie Anm. 80), S. 24–33.
84 E. Stemplinger, Technik (wie Anm. 80), S. 37–40.
85 E. Stemplinger, Technik (wie Anm. 80), S. 8 (Verbindung von Theorie und Praxis). S. 12 (geringes Interesse der Antike an den Erfindern). 22 (Zeitmessung und Uhren).

Die antike Technik in der deutschen Archäologie nach 1945[1]

zuerst in:
W. König, H. Schneider (Hrsg.), Die technikhistorische Forschung in Deutschland
von 1800 bis zur Gegenwart, Kassel: kassel university press, 2007, S. 191–205.

Die antike Technik und die Archäologie: Das Problem der Quellen

In dem Vorwort zu der zweiten Auflage des ersten Bandes von „Technologie und Terminologie der Gewerbe und Künste bei Griechen und Römern" erklärte Hugo Blümner, die zahlreichen neugefundenen Denkmäler hätten eine völlige Neubearbeitung der Darstellung notwendig gemacht.[2] Mit dieser Bemerkung hat Blümner auf den für die Technikgeschichte der Antike grundlegenden Tatbestand hingewiesen, dass jegliche Erforschung der antiken Technik neben den schriftlichen Zeugnissen auch das archäologische Material zu erfassen und auszuwerten hat. Dabei handelt es sich um Abbildungen auf attischen Vasen, auf römischen Grabreliefs oder Mosaiken, um Votivgaben, um Funde von Werkzeugen, um Ausgrabungen von Werkstätten, um die Artefakte und im Fall der Infrastruktur und der Bautechnik um die Überreste von antiken Bauten. Dieses überaus wichtige Quellenmaterial hat insgesamt nicht nur einen erheblichen Umfang, sondern es wächst auch aufgrund von Ausgrabungen und Zufallsfunden etwa auf den zahllosen Baustellen im Mittelmeerraum und auf dem Gebiet der römischen Provinzen beständig [192] an; oft sind solche neuen Funde nur an entlegener Stelle publiziert und daher schwer überschaubar.[3]

Die archäologischen Zeugnisse besitzen meist eine große Anschaulichkeit und einen hohen Informationsgehalt. Allerdings ist zu bedenken, dass die antiken Abbildungen von Arbeiten in der Landwirtschaft oder im Handwerk, von Werkzeugen oder Werkstätten nicht primär die Funktion hatten, über technische Sachverhalte zu informieren. Auf attischen Vasen erscheint etwa die Arbeit eines Schmiedes im Kontext des Mythos, und auf den Grabsteinen sollen der Fleiß und das handwerkliche Können des Verstorbenen zum Ausdruck gebracht werden. Bei Funden von Werkzeugen oder Werkstücken und bei den Überresten antiker Bauten ist deren Funktion oft nicht unmittelbar erkennbar. Ohne Zweifel bedürfen die archäologischen Zeugnisse einer genauen und umsichtigen Interpretation. Die Technikgeschichte der Antike ist aufgrund der Quellenlage immer auf die interdisziplinäre Kooperation zwischen Archäologen, Philologen und Althistorikern angewiesen.

Für die Archäologen gibt es ein wichtiges Motiv, sich mit Technik und Technikgeschichte zu beschäftigen: Es war nicht immer klar, wie die von der Archäologie untersuchten Artefakte hergestellt worden sind. Dies trifft beispielsweise auf die Produktion der attischen Keramik zu; bis zur Mitte des 20. Jahrhunderts wussten die Archäologen nicht, mit welchen technischen

---

1 Dieser Beitrag wurde nicht auf der Tagung in Kassel vorgetragen; er hat die Funktion, die Ausführungen von B. Meissner, in denen die archäologische Forschung kaum berührt wurde, zu ergänzen.

2 H. Blümner, Technologie und Terminologie der Gewerbe und Künste bei Griechen und Römern, Bd. 1, 2. Aufl. Leipzig 1912, S. III.

3 Vgl. H. Schneider. Einführung in die antike Technikgeschichte, Darmstadt 1992, S. 30–39. Vgl. jetzt auch K. Greene, Archaeology and Technology, in: J. Bintliff (Hg.), A Companion to Archaeology, Oxford 2003, S. 155–173.

Verfahren die schwarz- und rotfigurigen Vasenbilder geschaffen worden sind. Viele Fragen zur Technik stellten sich auch bei der Untersuchung von Bronzeskulpturen der archaischen und klassischen Zeit. Es ist daher nicht überraschend, dass in der Archäologie technischen Sachverhalten gerade im Bereich der Keramik und der Metallurgie große Aufmerksamkeit gewidmet wurde. Hinzu kamen Themen der Bautechnik [193] und der Infrastruktur, wobei in der deutschen Archäologie vor allem die Wasserversorgung im Vordergrund stand.

In welchem Umfang das archäologische Material nach 1945 zunächst zum Verständnis der antiken Technik beigetragen hat, zeigt gerade die Schrift von Fritz Kretzschmer über die römische Technik[4]; hier werden ausschließlich Bilddokumente präsentiert, während auf die antiken Texte kaum eingegangen wird. Das in diesem Band gezeichnete Bild der römischen Technik ist außerordentlich positiv, wie Bemerkungen im Vorwort deutlich machen:

> „Herausragende Zeugnisse aus allen Bereichen des täglichen Lebens dokumentieren die genialen technischen Leistungen des römischen Volkes in Architektur, Straßen- und Brückenbau, Schiffsverkehr, Kriegstechnik, Industrie, Handwerk und Kunst."

Die Forschungen zur antiken Keramik: Von Roland Hampe bis zu Ingeborg Scheibler

Einen bedeutenden Beitrag zur Erforschung der Technik der antiken Keramik leistete der Heidelberger Archäologe R. Hampe; zusammen mit A. Winter, einem Töpfer, der die für die Untersuchung antiker Keramikgefäße notwendigen handwerklichen Kenntnisse besaß, erforschte er die vorindustriellen Töpfereien im Mittelmeerraum, um auf diese Weise Informationen über die antike Keramikproduktion zu gewinnen. Gerade in ländlichen Regionen wurde die traditionelle Töpferei, die sich gegenüber den antiken Verhältnissen wenig verändert hatte, oft noch im Haushalt und noch nicht gewerblich betrieben. Die Darstellung von Hampe und Winter kann als eine methodische Pionierleistung gelten, die durch eine Erforschung gegenwärtig noch existierender vorindustrieller Technik entscheidend zur Klärung von Produktionstechniken der Antike [194] beigetragen hat.[5] Spätere Arbeiten zur antiken Keramik folgten dem methodischen Ansatz von Hampe und Winter insofern, als die Resultate der Ethnographie zunehmend Berücksichtigung fanden.[6]

Ingeborg Scheibler behandelte in ihrer umfassenden Monographie zur griechischen Keramik drei Themenbereiche, die Verwendung und Bedeutung der griechischen Tongefäße, wobei den Vasenbildern ein längerer Abschnitt gewidmet ist, ferner das Töpferhandwerk und zuletzt den Handel mit Tongefäßen und Tongeschirr.[7] Das Kapitel über das Töpferhandwerk stellt die Technik der Keramikherstellung sehr genau dar, wobei das Formen der Vasen auf der Töpferscheibe, die Technik der Vasenmalerei und der Brand der Gefäße in den Töpferöfen ausführlich beschrieben werden; diese Abschnitte bieten eine hervorragende Einführung in einen wich-

---

4 F. Kretzschmer. Bilddokumente römischer Technik, Düsseldorf 1967, zuerst Begleitbuch einer Ausstellung des Vereins deutscher Ingenieure 1958. Kretzschmer selbst war nicht Archäologe, sondern Ingenieur.

5 R. Hampe, A. Winter, Bei Töpfern und Töpferinnen in Kreta, Messenien und Zypern, Mainz 1962. Dies., Bei Töpfern und Zieglern in Süditalien, Sizilien und Griechenland, Mainz 1965.

6 Ein Beispiel hierfür ist die Monographie von D. P. S. Peacock, Pottery in the Roman World. An ethnoarchaeological approach, London 1982. Vgl. außerdem G. London, F. Egoumenidou, V. Karageorghis, Töpferei auf Zypern damals – heute, Mainz 1989.

7 I. Scheibler, Griechische Töpferkunst. Herstellung, Handel und Gebrauch der antiken Tongefäße, München 1983.

tigen Bereich der antiken Technik. In dem Buch von Scheibler werden die Eigenheiten der archäologischen Darstellungsweise deutlich: Nicht die Produktionstechnik steht im Zentrum, sondern das Artefakt, das unter verschiedenen Fragestellungen untersucht wird; die Abschnitte zur Technik des Töpferhandwerks sind in die Darstellung integriert, die Ausführungen über die Technik der Handwerker sind dabei ein wesentlicher Teil des Buches. Es wird jedoch nicht der Versuch unternommen, am Beispiel der Keramik grundlegende Merkmale des antiken Handwerks oder der antiken Technik insgesamt zu erfassen oder Bezüge zu anderen Zweigen des Handwerks herzustellen.

[195] Das Buch von Ingeborg Scheibler erschien in einer von Hans von Steuben herausgegebenen Schriftenreihe, in der noch weitere Bände zu Themen der Archäologie publiziert wurden. Es war ein beachtliches Verdienst dieser Bände, wichtige Themen der antiken Technik auf hohem Niveau sowohl der Fachwelt als auch einer breiten Öffentlichkeit präsentiert zu haben.[8]

Die Metallurgie und der Bronzeguss

Der Bronzehohlguss wurde im 6. Jahrhundert v. Chr. entwickelt; damit besaßen die Griechen ein Verfahren, um aus Bronze lebensgroße Statuen verfertigen zu können. Bei der Herstellung der älteren Bronzen wurde die Technik der verlorenen Form angewendet; die Figur wurde in Wachs geformt und dann mit einem Mantel aus feinem Ton umgeben. Nachdem das Wachs ausgeschmolzen war, konnte Bronze über einen oder mehrere Gusskanäle in die hohle Form gegossen werden. Damit entstand eine Figur aus massiver Bronze; mit diesem Verfahren wurden die zahlreichen Votivgaben, in der Regel kleine Statuetten, die in Heiligtümern wie Olympia gefunden wurden, angefertigt. Die Aufstellung großer Statuen erforderte eine vollständig andere Technik, die erst mit Hilfe von modernen naturwissenschaftlichen Methoden analysiert werden konnte. Die Entwicklung des griechischen Bronzegusses haben vor allem Wolf-Dieter Heilmeyer und Gerhard Zimmer[9] untersucht, die Ergebnisse der Forschung [196] hat P. C. Bol zusammengefasst.[10] Am Schluss seiner Untersuchung geht Gerhard Zimmer auf die Frage des technischen Fortschritts ein;[11] Zimmer sieht ein entscheidendes Problem archäologischer Arbeiten zur antiken Technik darin, dass die Produktionstechnik in einem bestimmten Handwerk jeweils für die griechische und römische Zeit erklärt wird, Veränderungen aber nicht wahrgenommen werden. Demgegenüber betont Zimmer in diesem Kapitel die von den griechischen Bronzegießer erreichten Fortschritte im Bronzegussverfahren und geht präzise auf die technischen Probleme ein, die von den Handwerkern jeweils durch Anwendung neuer technischer Verfahren gelöst werden mussten.

Eine exemplarische Studie, in der auch technische Fragen des Bronzegusses berührt werden, legte W. Hoepfner vor, der den Kontext des sogenannten „Kolosses von Rhodos" und

---

8   Beck's Archäologische Bibliothek: P. C. Bol, Antike Bronzetechnik. Kunst und Handwerk antiker Erzbildner, München 1985. O. Höckmann, Antike Seefahrt, München 1985. W. Müller-Wiener, Griechisches Bauwesen in der Antike, München 1988. A. Pekridou-Gorecki, Mode im antiken Griechenland, München 1989. R. Tölle-Kastenbein, Antike Wasserkultur, München 1990. Weitere Bände galten kulturhistorischen, wissenschaftsgeschichtlichen und kunsthistorischen Themen, die Fragen der Technikgeschichte nicht berühren; es handelte sich also keineswegs um eine technikhistorische Schriftenreihe im engeren Sinn.

9   W.-D. Heilmeyer, Gießereibetriebe in Olympia, IDAI 84, 1969, S. 1–28. G. Zimmer, Griechische Bronzegusswerkstätten. Zur Technologieentwicklung eines antiken Kunsthandwerkes, Mainz 1990.

10   Bol, Antike Bronzetechnik (wie Anm. 8).

11   Zimmer, Bronzegusswerkstätten (wie Anm. 9), S. 176–180.

die Quellen zu dieser Statue, von der keine Überreste mehr existierten, untersucht bat. Der „Koloss", der nach der Belagerung der Stadt Rhodos durch Demetrios Poliorketes (305 v. Chr.) von Chares errichtet worden war, stellte bei einer Höhe von über 30 Metern eine eminente technische Herausforderung dar. Damit wird an diesem Beispiel deutlich, über welches Potential die antike Metallurgie verfügt hat.[12] Für die römische Zeit ist jetzt auch die instruktive Arbeit von Bettine Gralfs über die metallverarbeitenden Werkstätten in Pompeji heranzuziehen.[13]

Bei der Analyse von antiken Artefakten und von Verfahren der Herstellung spielen naturwissenschaftliche Untersuchungsmethoden eine immer größere Rolle. Solche Methoden der Laboruntersuchung dienen primär dazu, die Frage zu klären, ob Artefakte überhaupt aus der Antike [197] stammen oder wesentlich jüngeren Datums sind, daneben aber auch der Analyse des verwendeten Materials und der Herstellungstechniken. Einen Einblick in diese modernen Verfahren gibt für den Bereich der Metallurgie der von Hermann Born herausgegebene Band ‚Archäologische Bronzen. Antike Kunst, moderne Technik'.[14]

Die Forschungen zum antiken Glas

Glas, ein Stoff, von dem keine natürlichen Vorkommen existieren, gewann durch zwei grundlegende Erfindungen in der Principatszeit eine herausragende Bedeutung als Werkstoff; während die Glasmacher mit dem älteren Verfahren der Sandkerntechnik kleine, buntgefärbte Gefäße herstellten, wurde es durch das Blasen von Glas mit der Glasmacherpfeife möglich, größere Gefäße und vor allem Flaschen herzustellen, und durch Zusätze konnte man ein farbloses, durchsichtiges Glas erlangen, das sich dann auch für Fensterscheiben eignete. Die große Monographie von Axel von Saldern geht auch auf technische Fragen ein; in den verschiedenen Kapiteln wird die Technik der Herstellung von Glasgefäßen jeweils ausführlich erläutert.[15] Die herausragende Rolle der Museen in der Vermittlung der Ergebnisse technikhistorischer Forschung zur Antike kommt auch in einzelnen Bestands- oder Ausstellungskatalogen über antikes Glas zum Ausdruck.[16]

[198] Die Textilherstellung

Ein knapper, informativer Überblick über die Technik der Textilherstellung findet sich in einem Buch, dessen Titel kaum technikhistorische Ausführungen erwarten lässt: Es handelt sich um die Studie von Anastasia Pekridou-Gorecki über Mode im antiken Griechenland.[17] Als wichtige Arbeitsschritte der Textilherstellung werden die Verarbeitung der Wolle, das Spinnen

---

12 W. Hoepfner, Der Koloss von Rhodos und die Bauten des Helios. Neue Forschungen zu einem der Sieben Weltwunder, Mainz 2003. Vgl. insbesondere S. 83–98.

13 B. Gralfs, Metallverarbeitende Produktionsstätten in Pompeji, Oxford 1988 (BAR International Series 433).

14 H. Born (Hg.), Archäologische Bronzen. Antike Kunst, moderne Technik, Berlin 1985 (Staatliche Museen Preussischer Kulturbesitz). Vgl. dazu auch F. G. Maier, Neue Wege in die alte Welt. Methoden der modernen Archäologie, Hamburg 1977 und J. Riederer, Archäologie und Chemie – Einblicke in die Vergangenheit, Berlin 1987 (Rathgen-Forschungslabor Staatliche Museen Preussischer Kulturbesitz).

15 A. von Saldern, Antikes Glas, München 2004 (Handbuch der Archäologie). Vgl. S. 7–9 (kerngeformtes Glas), S. 201 (Fensterglas), S. 202–205 (Kameoglas), S. 218–224 (Glasblasen), S. 623–637 (Technologie des Glases; Hüttenwesen; Herstellungstechniken und Werkzeuge).

16 Vgl. etwa U. Liepmann, Glas der Antike, Kestner-Museum Hannover, Hannover 1982. G. Platz-Horster, Antike Gläser. Ausstellung im Antikenmuseum Berlin, Staatliche Museen Preußischer Kulturbesitz, Berlin 1976.

17 Pekridou-Gorecki, Mode (wie Anm. 8), S. 13–37.

und Weben ebenso wie das Spinngerät und der Webstuhl beschrieben. Da die wichtigsten Vasenbilder in das Buch aufgenommen worden sind, bietet es eine vorzügliche Einführung in das archäologische Quellenmaterial.

Die Römerschiffe von Mainz und die Technik des Schiffbaus

Der Fund von Überresten mehrerer römischer Schiffe bei Bauarbeiten am Rheinufer in Mainz im Winterhalbjahr 1981/82 war Anlass zu umfassenden Forschungen auf dem Gebiet der römischen Schiffbautechnik; aufgrund der Mainzer Funde konnte gezeigt werden, dass in der Spätantike beim Bau von Schiffen, die auf dem Rhein eingesetzt wurden, die mediterrane Schalenbauweise durch eine Bauweise ersetzt wurde, die als Übergang zur Skelettbauweise anzusehen ist.[18] Darüber hinaus bestand die Intention, die Überreste der römischen Schiffe der Öffentlichkeit zu präsentieren ; dies führte zur Gründung eines neuen Museums in Mainz, das neben den Funden auch Nachbauten der Rheinschiffe sowie Modelle anderer antiker Schiffe zeigt und einen Einblick in die antike Schiffbautechnik gewährt.[19]

[199] Die Bautechnik der Antike

Es lag nahe, dass Archäologen, die sich mit der griechischen und römischen Architektur beschäftigten, neben der künstlerischen Gestaltung vor allem der griechischen Tempel auch Fragen der Bautechnik untersuchten. Der monumentale, aus Steinquadern errichtete Tempel stellte an die griechischen Architekten vollständig neue technische Anforderungen. Das Heben der in der Regel mehrere Tonnen schweren Steinblöcke etwa auf die Höhe der Säulen erforderte neue technische Vorrichtungen; aber auch der Transport des Baumaterials von den Steinbrüchen zur Baustelle erwies sich in vielen Fällen als schwierig. Unter diesen Voraussetzungen wird verständlich, dass Wolfgang Müller-Wiener in seiner Monographie über das griechische Bauwesen Baumaterial, Werkzeuge und Baukonstruktion ein längeres Kapitel gewidmet hat.[20] In dem Abschnitt über die Baukonstruktion werden das Mauerwerk, die Hebevorrichtungen und die horizontale und vertikale Verklammerung der Quadersteine eingehend behandelt. Zwei Jahre nach dem Erscheinen von Müller-Wieners Monographie veranstaltete das Architekturreferat des Deutschen Archäologischen Instituts in Berlin ein Kolloquium zur Bautechnik der Antike; 1991 erschienen die auf dem Kolloquium vorgetragenen Referate als Buch.[21] In den meisten Beiträgen werden einzelne Detailprobleme der antiken Bautechnik analysiert, es wird allerdings kein systematischer Überblick gegeben, und die Beziehungen zwischen der Bautechnik und sozialen und wirtschaftlichen Entwicklungen werden nicht thematisiert.

Zwei Publikationen zur antiken Bautechnik, die das archäologische Material auswerten, aber von Technikern verfasst worden sind, verdienen hier Beachtung. Die Verwendung des *opus caementicium*, eines aus vulkanischen Erden bestehenden Gussmörtels, der nach dem Trocknen eine [200] solche Festigkeit erreicht, dass mit Gewölben oder Kuppeln aus diesem Baustoff große Räume überdacht werden konnten, stehen im Mittelpunkt einer Monographie von Heinz-

---

18 G. Rupprecht (Hg.), Die Mainzer Römerschiffe, Mainz 1982. O. Höckmann, „Keltisch" oder „römisch"? Bemerkungen zur Typgenese der spätrömischen Ruderschiffe von Mainz, in: JRGZ 30, 1983, S. 403–434. Vgl. außerdem Höckmann, Seefahrt (wie Anm. 8), S. 52–74.

19 B. Pferdehirt, Das Museum für Antike Schiffahrt. Ein Forschungsbereich des Römisch-Germanischen Zentralmuseums, Mainz 1995.

20 Müller-Wiener, Bauwesen (wie Anm. 8), 40–111.

21 A. Hoffmann, E.-L. Schwandner, W. Hoepfner und G. Brands (Hg.), Bautechnik der Antike, Mainz 1991.

Otto Lamprecht. Bemerkenswert sind hier vor allem die naturwissenschaftlichen Analysen des für verschiedene Bauten verwendeten *opus caementicium*.[22] Mit dem Tunnelbau machte Klaus Grewe einen speziellen Bereich der Bautechnik zum Gegenstand einer Monographie; Tunnel wurden in der Antike angelegt, um das Wasser von Seen abzuleiten, um bei der Trassierung von Straßen die Umgehung von Felsmassiven zu vermeiden oder um Wasserleitungen durch ein Gebirge zu führen; alle diese verschiedenen Aspekte finden bei Grewe Beachtung.[23]

Die Wasserversorgung antiker Städte

Ein wichtiges Themenfeld archäologischer Forschungen war die Wasserversorgung antiker Städte; im 6. Jahrhundert v. Chr. gab es zahlreiche Initiativen für eine Verbesserung der Wasserversorgung der Städte; bekannt sind vor allem die Vasenbilder der Zeit um 550 v. Chr., auf denen Brunnenhäuser dargestellt sind. In der Zeit der römischen Republik und des Principats wurden durch den Bau großer Wasserleitungen erhebliche Anstrengungen unternommen, um die wachsende Bevölkerung der Städte in Italien und in den römischen Provinzen mit Trinkwasser zu versorgen. Unter diesen Voraussetzungen gibt es im Mittelmeerraum, aber auch in den nordwestlichen Provinzen zahlreiche Überreste von römischen Wasserversorgungsanlagen. Die Wasserversorgung der Stadt Athen in [201] archaischer Zeit hat Renate Tölle-Kastenbein untersucht;[24] im Zentrum der Darstellung steht die über 7 Kilometer lange Fernleitung, die Wasser vom Hymettos-Gebirge nach Athen leitete. Eine weitere Untersuchung zur Wasserversorgung in archaischer Zeit liegt mit der Monographie von Hermann J. Kienast über die Eupalinos-Leitung vor.[25] Im 6. Jahrhundert baute der Architekt Eupalinos für die Stadt Samos eine Wasserleitung; da die Quelle, deren Wasser in die Stadt geleitet werden sollte, hinter einem Bergrücken lag, musste ein Tunnel gebaut werden, der im Gegenortverfahren, also von beiden Seiten des Berges gleichzeitig, begonnen wurde. Der Tunnel, der nur durch Herodot bekannt war,[26] wurde im 19. Jahrhundert entdeckt und ist im Rahmen eines DFG-Projektes umfassend erforscht worden, insbesondere ist die Vermessung des Tunnels genau analysiert worden; die Ergebnisse wurden von H. J. Kienast publiziert. Das archäologische Material zur Planung und zum Bau römischer Wasserleitungen hat der Diplom-Ingenieur Klaus Grewe in einem reich bebilderten Band präsentiert und interpretiert.[27] Als exemplarischen Fall römischer Wasserversorgungstechnik in Deutschland hat Waldemar Haberey die Wasserleitungen nach Köln beschrieben.[28]

---

22 H.-O. Lamprecht, Opus Caementitium. Bautechnik der Römer, 2. Aufl. Düsseldorf 1985. Zu den Materialanalysen vgl. S. 41–67.

23 K. Grewe, Licht am Ende des Tunnels. Planung und Trassierung im antiken Tunnelbau, Mainz 1998. Vgl. zu den Straßentunneln auch das kurz zuvor erschienene Werk von M. S. Busana, Via per montes excisa. Strade in galleria e passaggi sotterranei nell'Italia romana, Rom 1997.

24 R. Tölle-Kastenbein, Das archaische Wasserleitungsnetz für Athen und seine späteren Bauphasen, Mainz 1994.

25 H. J. Kienast, Die Wasserleitung des Eupalinos auf Samos, Bonn 1995 (Samos Bd. XIX).

26 Hdt. 3,60.

27 K. Grewe, Planung und Trassierung römischer Wasserleitungen, 2. Aufl. Wiesbaden 1992.

28 W. Haberey, Die römischen Wasserleitungen nach Köln, Bonn 1972. Vgl. S. 7: Der ,Eifelkanal' darf sich mit seiner Länge von fast 100 km zu den großen römischen Aquädukten rechnen [...] Dennoch kann er hinsichtlich seiner Planung und Ausführung, seiner Hydraulik und effektiven Musterleistung als Musterbeispiel eines römischen Wasserwerkes gelten, das eine größere Stadt zu versorgen hatte." Vgl. ferner K. Grewe, Atlas der römischen Wasserleitungen nach Köln, Köln 1986.

Renate Tölle-Kastenbein hatte bereits vor ihrer Untersuchung zum archaischen Wasserleitungsnetz von Athen im Rahmen der [202] Archäologischen Bibliothek einen Band über die antike Wasserkultur verfasst.[29] Das Buch besitzt eine systematische Gliederung: Die Leitungen, die Wasservorratsanlagen (Zisternen und Talsperren), die Wasserverteilung innerhalb der Städte und die Wasserversorgung sind die Themen der zentralen Kapitel, daneben werden auch das Wasserrecht und das Wasser als ästhetisches Element berücksichtigt. Die Ausführungen von Renate Tölle-Kastenbein gelten primär technikhistorischen Fragen, wobei nicht die historische Entwicklung der Wasserversorgung und die Rolle der Politik bei dem Ausbau der antiken Infrastruktur vorrangig behandelt werden, sondern vor allem die Struktur antiker Wasserversorgungsanlagen beschrieben wird.[30]

Vasenbilder und Reliefs als Quellen zur Technikgeschichte der Antike

Wichtige Informationen zur antiken Technik bieten für Griechenland die Vasenbilder der spätarchaischen und der klassischen Zeit und für Rom die große Zahl der erhaltenen Grabreliefs. Die Abbildungen auf der attischen Keramik zeigen neben Szenen aus dem Mythos auch einzelne Handwerker bei der Arbeit und Werkstätten mit einer größeren Zahl von arbeitenden Menschen. Die Grabreliefs bringen das Selbstverständnis und Selbstbewusstsein römischer Handwerker zum Ausdruck; dabei gab es [203] verschiedene Möglichkeiten der bildlichen Darstellung: Auf einigen Grabsteinen wird das Handwerk des Verstorbenen durch Abbildung seiner Werkzeuge angedeutet, auf anderen Reliefs erscheint der Handwerker mit seinen Erzeugnissen im Laden oder bei der Arbeit in der Werkstatt. Obgleich diese Bilder im Detail oft ungenau sind und unterschiedlich interpretiert werden können, ist ihre Bedeutung als Quelle für die antike Technikgeschichte unstrittig. Die Anregung zu einer Beschäftigung mit den bildlichen Darstellungen gab das Antikenmuseum der Staatlichen Museen Preußischer Kulturbesitz in Berlin; dieses Museum verfügt über eine Reihe von attischen Tongefäßen mit bedeutenden Werkstattbildern und darüber hinaus über einige Votivtäfelchen mit Bildern von Töpfern. Gerade diese *pinakes* aus Penteskouphia bei Korinth sind für den Technikhistoriker von unschätzbarem Wert. Es lag nahe, den Museumsbesuchern die Informationen zu vermitteln, die für ein Verständnis dieser Bilder notwendig sind. Dies geschah in einer von Gerhard Zimmer verfassten Broschüre, die neben einer Einführung in die attischen Werkstattbilder und Erläuterungen zu den dargestellten Techniken einen kommentierten und illustrierten Katalog der in Berlin vorhandenen Gefäße und Tontäfelchen enthält.[31] Daneben legte Gerhard Zimmer

29 Tölle-Kastenbein, Wasserkultur (wie Anm. 8).

30 Bei einem Überblick über die Literatur zur antiken Wasserversorgung darf der Beitrag der Wasserbauingenieure nicht vergessen werden. Es war vor allem Günther Garbrecht von der TU Braunschweig, der Arbeiten auf diesem Gebiet angeregt hat und selbst exemplarisch einzelne Anlagen untersuchte, so die Leitungen von Pergamon. Informativ ist auch der von Garbrecht verfasste Überblick über die antike Hydrotechnik. Die Aufsätze von Garbrecht finden sich neben weiteren wichtigen Arbeiten von Technikern, Althistorikern und Archäologen in den folgenden Bänden: Frontinus-Gesellschaft e. V. (Hg.), Wasserversorgung im antiken Rom, München 1982. Frontinus-Gesellschaft e. V. (Hg.), Die Wasserversorgung antiker Städte, Mainz 1987 (Geschichte der Wasserversorgung Bd. 2). Frontinus-Gesellschaft e.V. (Hg.), Die Wasserversorgung antiker Städte, Mainz 1988 (Geschichte der Wasserversorgung Bd. 3).

31 G. Zimmer, Antike Werkstattbilder. Bilderhefte der Staatlieben Museen Preußischer Kulturbesitz Berlin, Berlin 1982. Obgleich in dem darstellenden Teil auch Bilder auf attischen Vasen anderer Museen aufgenommen wurden, sind die antiken Vasenbilder zum griechischen Handwerk hier keineswegs vollständig erfasst. Weitere für die Technik der Antike relevanten Vasenbilder sind in der englischen Literatur zu fin-

auch einen Katalog der römischen Berufsdarstellungen aus Italien vor;[32] es handelt sich dabei in [204] der überwiegenden Mehrzahl um Grabreliefs der Principatszeit. Zimmer hat das Material nach Berufszweigen gegliedert, so dass ein schneller Überblick über das römische Bildmaterial zu Werkzeugen, Werkstätten und Läden verschiedener Zweige des Handwerks möglich ist.

Die antike Technik in der deutschen Archäologie. Ein Résumé

Ein Überblick über die archäologischen Arbeiten zur antiken Technik offenbart eine auffallende Diskrepanz: Einerseits haben Archäologen insgesamt einen wichtigen Beitrag zur Kenntnis der antiken Technik in einzelnen Bereichen des antiken Handwerks und Gewerbes geleistet, andererseits werden die Ergebnisse der archäologischen Forschung zur antiken Technik meist in Darstellungen präsentiert, in denen eine bestimmte Gattung von Artefakten untersucht oder ein einzelnes Handwerk oder Gewerbe thematisiert und oft primär unter kunsthistorischen oder ästhetischen Aspekten behandelt wird. Es geht vor allem um die Klärung der Frage, mit welcher Technik die Artefakte, die im Zentrum archäologischer Forschung stehen, hergestellt worden sind. Ohne Zweifel haben die Ergebnisse dieser Untersuchungen erheblich zur Kenntnis der antiken Technik beigetragen. Teilweise sind auch die Werkzeuge, die Werkstatt und die Werkstattorganisation analysiert worden. In dieser Hinsicht ist die Arbeit von Gerhard Zimmer sicherlich vorbildlich.[33]

Da die Arbeiten der Archäologen in der Regel einem einzigen Handwerk gelten, wird nicht die Frage gestellt, welche Zusammenhänge es zwischen den technischen Entwicklungen in verschiedenen Zweigen des antiken Handwerks gibt. Das technische System der Antike kommt auf diese Weise nicht in den Blick. Ferner ist von Seiten der Archäologen kaum der Versuch unternommen worden, die Methoden und Fragestellungen der modernen Technikgeschichte, so wie sie etwa von [205] Karin Hausen und Reinhard Rürup oder von Ulrich Troitzsch in Anlehnung an die internationale Forschung entwickelt worden sind,[34] zu rezipieren und zu prüfen, inwieweit sie für Forschungen zur antiken Technik Anwendung finden können. Obwohl Archäologen die antiken Texte zur Interpretation der archäologischen Funde in großem Umfang heranziehen, fehlt in der Regel eine systematische Auswertung von literarischen und archäologischen Quellen, um technikhistorische Fragen zu klären. Die große Diskussion über die Frage, ob die antike Technik von Fortschritt oder von Stagnation geprägt sei, wurde von Archäologen nicht aufgegriffen, obwohl gerade die Bauforschung zur Klärung dieses Problems entscheidend beitragen könnte.

So sind an dieser Stelle nicht nur die bedeutenden Leistungen technikhistorischer Forschung zu nennen, sondern auch Perspektiven einer künftigen Forschung zu formulieren. Die Archäologie sollte die Technik der Antike als eines ihrer wichtigen Themen begreifen und dement-

---

den, so vor allem bei J. Boardman, Athenian Black Figure Vases, London 1974. Ders., Athenian Red Figure Vases. The Archaic Period, London 1975. Ders., Athenian Red Figure Vases. The Classical Period, London 1989. Für die Vasenbilder von Töpfern, Töpfereien und Vasenmalern ist Scheibler, Töpferkunst (wie Anm. 7) heranzuziehen.

32 G. Zimmer, Römische Berufsdarstellungen, Berlin 1982 (= Archäologische Forschungen Bd. 12). Für das römische Gallien ist das Material zusammengestellt bei: E. Espérandieu, Recueil général des basreliefs, statues et bustes de la Gaule romaine, Paris 1907 ff.

33 Zimmer, Bronzegusswerkstätten (wie Anm. 9).

34 Vgl. K. Hausen, R. Rürup (Hg.), Moderne Technikgeschichte, Köln 1975. U. Troitzsch, G. Wohlauf (Hg.), Technikgeschichte. Historische Beiträge und neuere Ansätze, Frankfurt/M. 1980.

sprechend Forschungsprogramme entwickeln, die über die Klärung der Produktionstechnik in einzelnen Zweigen des Handwerks hinausgehen und relevante Fragen der Technikgeschichte in interdisziplinärer Zusammenarbeit in Angriff nehmen. Ziel solcher Bemühungen muss es sein, mit der Technik einen bedeutenden Bereich der antiken Kultur wissenschaftlich zu erschließen.

Die Erforschung der antiken Wirtschaft
vom Ende des 18. Jahrhunderts bis zum Zweiten Weltkrieg:
Von A. H. L. Heeren zu M. I. Rostovtzeff

zuerst in:
V. Losemann (Hrsg.), Alte Geschichte zwischen Wissenschaft und Politik.
Gedenkschrift Karl Christ, Wiesbaden: Harrassowitz, 2009, S. 337–385
(Philippika. Marburger altertumskundliche Abhandlungen 29).

Karl Christ hat in seiner ersten Monographie zur Wissenschaftsgeschichte der Alten Geschichte[1] M. I. Rostovtzeff ein umfangreiches Kapitel gewidmet und dessen Werke zur Sozial- und Wirtschaftsgeschichte der Antike ausführlich referiert. In dem später erschienenen Band über die bedeutenden Althistoriker der Zeit nach 1945[2] findet sich eine Studie über Moses Finley, dessen 1973 publizierten Vorlesungen zur antiken Wirtschaft die nachfolgenden Forschungen auf diesem Gebiet stark beeinflusst haben.[3] Auf diese Weise hat Karl Christ in seinen beiden Büchern die Althistoriker, die im 20. Jahrhundert die wohl wichtigsten Arbeiten zur antiken Wirtschaft verfasst haben, umfassend gewürdigt. Allerdings war es im Rahmen solcher biographischen Skizzen kaum möglich, die Entwicklung der althistorischen Forschung zur antiken Wirtschaft umfassend nachzuzeichnen;[4] an dieser Stelle soll daher in der Tradition der wissenschaftshistorischen Arbeiten von Karl Christ[5] der Versuch unternommen werden, einen Überblick über die wirtschaftshistorischen Arbeiten zur Antike in der Zeit zwischen dem Ende des 18. Jahrhunderts und den Jahren 1940/1941 zu bieten, wobei der Akzent auf der deutschen Althistorie liegen wird. Im Zentrum der Ausführungen steht die inhaltliche und methodische Konzeption jener Althistoriker, die auf den Gang der Forschung einen größeren Einfluss auszuüben vermochten, während spezielle Fragen der antiken Wirtschaftsgeschichte [338] an dieser Stelle nicht erörtert werden können. Zwischen 1945 und 1973 sind ohne Zweifel wichtige Arbeiten zur antiken Wirtschaft erschienen, mit der Publikation von Finleys *The Ancient Economy* kam es zu einer methodischen und inhaltlichen Neuorientierung der wirtschaftshistorischen Forschung, die hier aber nicht mehr Thema sein kann.

Im ersten Abschnitt (I) werden die Arbeiten von Boeckh bis Büchsenschütz behandelt, Gegenstand der folgenden Ausführungen (II) ist die Bücher-Meyer-Kontroverse, in der die modernistische Auffassung von der antiken Wirtschaft pronociert formuliert worden ist. Max

---

1   K. Christ, Von Gibbon zu Rostovtzeff, Darmstadt 1972.
2   K. Christ, Neue Profile der Alten Geschichte, Darmstadt 1990.
3   M. I. Finley, The Ancient Economy, Berkeley – Los Angeles 1973.
4   Immerhin ist Christ aber auf entsprechende Werke von Robert von Pöhlmann, Karl Julius Beloch und Eduard Meyer eingegangen: Vgl. Christ, Von Gibbon zu Rostovtzeff (wie Anm. 1), S. 212–226. 266–267. 308–311. Vgl. ferner K. Christ, Hellas. Griechische Geschichte und deutsche Geschichtswissenschaft, München 1999, S. 222–239 und außerdem Klios Wandlungen. Die deutsche Althistorie vom Neuhumanismus bis zur Gegenwart, München 2006. Dieser Band ist stärker auf die Persönlichkeit einzelner Althistoriker als auf die thematischen und disziplinären Zusammenhänge ausgerichtet und bietet daher keinen geschlossenen Überblick über die sozial- und wirtschaftshistorische Forschung zur Antike.
5   Diese Skizze verdankt den wissenschaftshistorischen Arbeiten von K. Christ zahlreiche Anregungen, und insofern sind die folgenden Ausführungen auch als ein Dank an den Gelehrten Karl Christ zu verstehen.

Webers Beitrag zur Analyse der antiken Wirtschaft ist Thema von Abschnitt III, während in den Abschnitten IV und V die Arbeiten von J. Hasebroek und M. I. Rostovtzeff im Mittelpunkt stehen; im Abschnitt über Rostovtzeff soll außerdem auf weitere bedeutende Leistungen der internationalen althistorischen Forschung zur antiken Wirtschaft hingewiesen werden. Im letzten Abschnitt (VI) wird auf die Frage eingegangen, wie die Althistoriker im behandelten Zeitraum sich zur Relevanz der wirtschaftshistorischen Forschungen zur Antike geäußert haben. Dabei ist mir klar, dass es im Rahmen dieses Beitrags keineswegs möglich ist, einen erschöpfenden Forschungsbericht zu geben; es handelt sich in den folgenden Bemerkungen allenfalls um einen ersten Versuch, in einer Skizze die wesentlichen Etappen der wirtschaftshistorischen Forschung zur Antike vor dem Zweiten Weltkrieg zu erfassen und in die allgemeine Wissenschaftsgeschichte einzuordnen.[6]

I

Die wissenschaftliche Erforschung der antiken Wirtschaft begann in Deutschland Ende des 18. und Anfang des 19. Jahrhunderts mit zwei herausragenden Werken, mit A. H. L. Heerens *Ideen über die Politik, den Verkehr und den Handel der vornehmsten Völker der alten Welt* und mit A. Boeckhs *Staatshaushaltung der Athener*.[7] Beide Werke weisen große Unterschiede in ihrer Thematik und in ihrem wissenschaftlichen Anspruch auf, ihre wissenschaftshistorische Bedeutung und ihr Rang sind heute aber unbestritten. Heeren hat den Versuch unternommen, weit über Griechenland und Rom hinausgehend, einen Überblick über Politik, Wirtschaft, [339] Handel und Verkehr der verschiedenen Völker und Kulturen des Altertums zu geben, während Boeckh den Plan einer Gesamtdarstellung der griechischen Welt schon früh aufgegeben und sich auf eine sehr begrenzte Fragestellung konzentriert hat, dabei jedoch mit den griechischen Inschriften zuvor wenig beachtetes Quellenmaterial für die Forschung erschlossen und zugänglich gemacht hat.

An der 1734/1737 gegründeten Universität Göttingen, an der im 18. Jahrhundert zahlreiche progressiv eingestellte Wissenschaftler arbeiteten und neue Wissenschaften wie die Staatswissenschaften, die Technologie oder die Ökonomie große Bedeutung besaßen, bestand ein deutliches Interesse an der Wirtschaftsgeschichte;[8] in diesem Umfeld unternahm A. H. L. Heeren (1760–1842) den ersten Versuch einer umfassenden Darstellung der Wirtschaft des

6 Eine erste Skizze der Entwicklung der Sozial- und Wirtschaftsgeschichte der Antike: H. Schneider, Einleitung, in: Ders., Hg., Sozial- und Wirtschaftsgeschichte der römischen Kaiserzeit, Darmstadt 1981, S. 1–28. Vgl. außerdem H. Schneider, DNP 15,3, 2003, Sp. 83–92, s. v. Sozial- und Wirtschaftsgeschichte. Eine glänzende Einführung in die Problematik bietet M. M. Austin, Concepts and General Problems, in: M. M. Austin, P. Vidal-Naquet, Hg., Economic and Social History of Ancient Greece: An Introduction, London 1977, S. 3–35. Zur Entwicklung der neuhistorisch orientierten sozialhistorischen Forschung in Deutschland vgl. die nun klassische Studie: G. Oestreich, Die Fachhistorie und die Anfänge der sozialgeschichtlichen Forschung in Deutschland, HZ 208, 1969, S. 320–363.

7 A. H. L. Heeren, Ideen über die Politik, den Verkehr und den Handel der vornehmsten Völker der alten Welt, Göttingen 1793–1796. A. Boeckh, Die Staatshaushaltung der Athener, Berlin 1817.

8 Zur Universität Göttingen vgl. R. Vierhaus, Göttingen. Die modernste Universität im Zeitalter der Aufklärung, in: A. Demandt, Hg., Stätten des Geistes. Große Universitäten Europas von der Antike bis zur Gegenwart, Köln 1999, S. 245–256. Zur Rolle der Universität Göttingen in der Herausbildung der Technologie und der Technikgeschichte vgl. G. Bayerl, J. Beckmann, Hg., Johann Beckmann (1739–1811). Beiträge zu Leben, Werk und Wirkung des Begründers der Allgemeinen Technologie, Münster 1999 und G. Bayerl, Die Anfänge der Technikgeschichte bei Johann Beckmann und Johann Heinrich Moritz von

Altertums; Heeren, der in Göttingen bei Chr. G. Heyne studiert hatte und mit einer Arbeit zur griechischen Philologie promoviert worden war, lehrte seit 1787 in Göttingen als außerordentlicher Professor Philologie, bis er 1799 den historischen Lehrstuhl erhielt.[9] Die *Ideen über die Politik, den Verkehr und den Handel der vornehmsten Völker der alten Welt* sind allein schon aufgrund des thematischen Umfangs ein imponierendes Werk; die fünf Bände der dritten Auflage behandeln Asien und die Perser (Band 1,1), Phönizier, Babylonier, Skythen und Inder (Band 1,2), Carthager und Äthioper (Band 2,1), Ägypter (Band 2,2) und schließlich Griechenland (Band 3).

Der den Griechen gewidmete Band beginnt mit einer ausführlichen Beschreibung der Geographie Griechenlands;[10] am Ende dieses Kapitels führt Heeren die Faktoren auf, die einen erheblichen Einfluss auf die griechische Geschichte hatten, so die starke Gliederung der Landschaft durch Gebirgszüge, die Verschiedenartigkeit der Landschaften, in denen jeweils Getreideanbau, Viehzucht oder Ölbaumpflanzungen vorherrschend waren, und die verkehrsgünstige Lage Griechenlands mit guten Seewegen nach Kleinasien und Phoinikien im Osten und Italien im Westen.

[340] Es ist bemerkenswert, dass Heeren die Epen Homers bereits sozial- und wirtschaftshistorisch auswertete.[11] Das frühe Griechenland wird als „stark bevölkertes, und gut angebautes Land" bezeichnet, in dem ummauerte Städte mit einem öffentlichen Platz für Versammlungen existierten. Heeren betont, dass Homer die verschiedenen Arbeiten in der Landwirtschaft klar beschreibt, wobei neben dem Getreideanbau auch der Weinbau, der Gartenbau und die Viehzucht Erwähnung finden.[12] Die Metalle spielen in den Epen eine große Rolle, das Weben von Stoffen galt als Frauenarbeit. Das Verhältnis der Geschlechter wird thematisiert, hier ist Heeren der Meinung, dass sich in späterer Zeit die Rolle der Frau nicht verändert habe:

> „Aber dennoch nehmen wir bereits damahls bey den Griechen dasselbe Verhältnis beyder Geschlechter wahr, das auch nachmahls bey ihnen dauerte. Die Frau ist Hausfrau, nicht mehr!"[13]

Die griechische Staatswirtschaft der Zeit nach den Perserkriegen ist Thema eines eigenen Kapitels.[14] Der Gegensatz zwischen den griechischen und modernen Zuständen wird prägnant mit folgenden Sätzen gekennzeichnet:

> „In der alten Welt ward Staatswirthschaft überhaupt nicht aus einem so hohen Gesichtspuncte angesehen, und deshalb konnte sie auch nicht in gleichem Grade Gegenstand der Speculation werden. Ob die Welt dabey verloren habe oder nicht? ist eine Frage, die wir lieber unentschieden

---

Poppe, in: W. König, H. Schneider, Hg., Die technikhistorische Forschung in Deutschland von 1800 bis zur Gegenwart, Kassel 2007, S. 13–32.

9 Zu Heeren vgl. vor allem J. Bleicken, Die Herausbildung der Alten Geschichte in Göttingen: Von Heyne bis Busolt, in: C. J. Classen, Hg., Die Klassische Altertumswissenschaft an der Georg-August-Universität Göttingen, Göttingen 1989, S. 98–128, bes. 102–106. Vgl. außerdem H. W. Blanke, in: R. vom Bruch, R. A. Müller, Hg., Historikerlexikon. Von der Antike bis zur Gegenwart, München ²2002, S. 140–141 s. v. Heeren. Zu Heyne vgl. jetzt D. Graepler, J. Migl, Hg., Das Studium des schönen Altertums. Christian Gottlob Heyne und die Entstehung der Klassischen Archäologie, Göttingen 2007.

10 A. H. L. Heeren, Ideen über die Politik, den Verkehr und den Handel der vornehmsten Völker der alten Welt, Wien 1817, 3, S. 15–42.

11 Heeren, Ideen (wie Anm. 10), S. 84–101.

12 Heeren, Ideen (wie Anm. 10), S. 92–93.

13 Heeren, Ideen (wie Anm. 10), S. 94–98.

14 Heeren, Ideen (wie Anm. 10), S. 197–233.

lassen. Wussten die Alten es vielleicht weniger, wie wichtig die Theilung der Arbeit sei, so blieb ihnen dagegen auch die Schulweisheit der Neuern fremd, welche die Völker zu producirenden Herden machen möchte. Auch die Griechen fühlten es, dass man produciren müsse um zu leben, aber dass man leben solle um zu produciren, ist ihnen freylich nicht eingefallen."[15]

Die weite Verbreitung der Sklaverei hatte nach Heeren zur Folge, dass in der Antike Erwerbstätigkeit anders als im 19. Jahrhundert bewertet wurde: Sie führte nach Heeren zur Verachtung aller Tätigkeiten, die von Sklaven ausgeübt wurden. Dies konnte sogar dazu führen, dass Handwerker vom Bürgerrecht ausgeschlossen wurden. Immerhin war es in demokratischen Städten wie Athen möglich, dass Handwerker Bürger und selbst Magistrate werden konnten.[16] In der Geringschätzung des Gewerbes sieht Heeren eine entscheidende Ursache dafür, dass „ein begüteter Mittelstand" in den griechischen Städten sich viel weniger herausbilden konnte als in den Gesellschaften der Neuzeit.[17] Auch in dem Abschnitt über die Münzprägung [341] und das Steuerwesen werden die Unterschiede zum modernen Finanzsystem hervorgehoben, ohne damit der Gegenwart den Vorrang vor der Antike einzuräumen.[18]

August Boeckh (1785–1867), der 1810 den Ruf an die gerade gegründete Friedrich-Wilhelms Universität Berlin erhalten hatte, war von Friedrich August Wolfs Konzeption der Altertumswissenschaften beeinflusst; Wolf vertrat die Ansicht, dass die Philologie sich nicht mehr darauf beschränken sollte, literarische Texte der Antike sprachlich zu untersuchen, sondern auch die Aufgabe hat, die politischen, militärischen und religiösen Verhältnisse der Antike zu untersuchen. Entsprechend diesem Programm plante Boeckh, wie er 1815 in einem Brief an den badischen Minister von Reitzenstein schrieb, zunächst eine allgemeine Darstellung Griechenlands in der Antike, er konzentrierte sich aber bald auf das bis dahin wenig erforschte Finanzwesen,[19] wobei ein Hinweis Niebuhrs auf Heerens *Ideen* eine Rolle gespielt haben mag.[20]

Im ersten Teil des 1817 veröffentlichten umfangreichen Werkes *Die Staatshaushaltung der Athener* werden Preise, Löhne und Zins in Attika behandelt; nach Meinung von Boeckh war dies eine unabdingbare Voraussetzung für eine angemessene Beschreibung der öffentlichen Finanzen.[21] Thema der folgenden drei Teile des umfangreichen Werkes sind die Finanzverwaltung und die öffentlichen Ausgaben sowie die ordentlichen und die außerordentlichen Einkünfte Athens.

Boeckh hat in dem ersten Teil des Buches keineswegs nur, wie der Titel vermuten lässt, die antiken Angaben über Preise, Löhne und Zins zusammengestellt, sondern die wirtschaftlichen Verhältnisse Attikas in klassischer Zeit in ihrer Gesamtheit dargestellt; er berücksichtigt hier das Geld, die Größe der Bevölkerung, die Landwirtschaft, das Gewerbe, den Handel, den Bergbau, die Sklaverei und darüber hinaus auch noch die Ernährung, die Kleidung, die

---

15 Heeren, Ideen (wie Anm. 10), S. 197.
16 Heeren, Ideen (wie Anm. 10), S. 199–201.
17 Heeren, Ideen (wie Anm. 10), S. 202.
18 Heeren, Ideen (wie Anm. 10), S. 205–233. Vgl. S. 232: „Aber wenn unsere neuern Theoretiker deshalb verächtlich auf die Griechen herab blicken wollen, weil sie ihre Lehren nicht kannten, so mögen sie sich auch erinnern, dass sie so glücklich waren, ihrer viel weniger zu bedürfen [...] Man kann auf Otaheite glücklich leben, ohne das System von Adam Smith."
19 A. Boeckh, Die Staatshaushaltung der Athener, Berlin 1817, 3. Aufl. Berlin 1886. Zu Boeckh vgl. M. Hoffmann, August Boeckh, Leipzig 1901. H. Schneider, August Boeckh, in: M. Erbe, Hg., Berlinische Lebensbilder, Geisteswissenschaftler, Berlin 1989, S. 37–54 [in diesem Band, S. 253–267].
20 Vgl. Schneider, Boeckh (wie Anm. 19), S. 47.
21 Boeckh, Staatshaushaltung (wie Anm. 19), S. 4–5.

Lebenshaltungskosten sowie schließlich auch das Kreditwesen. In allen Abschnitten präsentiert Boeckh umfangreiches Quellenmaterial, wobei neben den literarischen Quellen die griechischen Inschriften eine besondere Rolle spielen.

Bedingt durch die Fragestellung, hat Boeckh zuerst die Edelmetalle und das Münzgeld behandelt; Boeckh stellt fest, dass Silber und Gold der Maßstab der Preise sind, selbst aber wiederum im Verhältnis zu den übrigen Waren teurer oder billiger werden können.[22] Geld kann ebenso wie ungeprägtes Metall Ware sein.[23] Sowohl [342] die Zunahme von Aktivitäten im griechischen und thrakischen Bergbau als auch die Aneignung der Schätze des Perserreiches unter Alexander hatte zur Folge, dass die Menge der Edelmetalle, die den Städten und Königen für die Münzprägung zur Verfügung standen, erheblich wuchs und es damit auch zu einem Anstieg der Geldmenge kam, der dann Rückwirkungen auf die Preise hatte.[24]

Boeckh hat darauf hingewiesen, dass für die Entwicklung der Preise neben der Geldmenge auch die Nachfrage entscheidend war, die wiederum von der Größe der Bevölkerung abhängt; aufgrund dieser Einsicht widmet Boeckh ein längeres Kapitel einer Diskussion der Frage, wie viel Menschen in Attika gelebt haben.[25] Die meisten antiken Angaben sind ungenau, deswegen bezieht sich Boeckh hier vor allem auf die Zählung der Bevölkerung unter Demetrios von Phaleron;[26] strittig ist die hohe Sklavenzahl, die Boeckh aber mit leichter Modifizierung akzeptiert. Die von Boeckh angenommene Gesamtzahl der in Attika lebenden Menschen (ca. 500.000) ist im Licht neuerer Forschungen deswegen wesentlich zu hoch.[27] Boeckh gelangt bei seinen Zahlen immerhin zu einem Verhältnis zwischen Freien und Sklaven von 1 zu 4.

Die Landwirtschaft und das Handwerk werden nur kurz skizziert, in einem längeren Kapitel wird der Handel beschrieben, wobei die Importe im Vordergrund stehen;[28] die Auffassung von Heeren, die Polis habe den Handel im wesentlichen nicht eingeschränkt, und Zölle hätten keine handelspolitische Intention besessen, sondern der Steigerung der öffentlichen Einkünfte gedient, widerspricht Boeckh mit Hinweis auf den „Handelsdespotismus" der Athener;[29] wie die gesetzlichen Bestimmungen zum Seedarlehen zeigen, kam es den Athenern vor allem darauf an, sich den Zugriff auf das Getreide zu sichern, das sie für die Versorgung der Bevölkerung benötigten, und gleichzeitig möglichst viele Waren nach Attika zu bringen, die für den Weiterverkauf bestimmt waren.[30] Obgleich die von Boeckh zugrundegelegten Bevölkerungszahlen heute nicht mehr akzeptiert werden, gehört der Abschnitt über die Getreideversorgung Athens und die Getreideimporte zu den noch heute imponierenden Partien von Boeckhs Werk. Die Abhängigkeit Athens von den Getreideimporten wird klar herausgearbeitet; wie Boeckh betont, haben die Athener durch eine Vielzahl von Gesetzen, die den Kleinhandel oder die Vergabe von Seedarlehen rechtlichen Regelungen unterwarfen, aber auch durch Anlegen öffentlicher Getreidevorräte die Versorgung der Bevölkerung mit Getreide zu sichern versucht.

22 Boeckh, Staatshaushaltung (wie Anm. 19), S. 5.
23 Boeckh, Staatshaushaltung (wie Anm. 19), S. 15.
24 Boeckh, Staatshaushaltung (wie Anm. 19), S. 5–15.
25 Boeckh, Staatshaushaltung (wie Anm. 19), S. 42–52.
26 Zur Volkszählung des Demetrios von Phaleron vgl. Athen. 6, 272c.
27 Vgl. schon die Kritik von J. Beloch, Die Bevölkerung der griechisch-römischen Welt, Leipzig 1886, S. 84–99.
28 Boeckh, Staatshaushaltung (wie Anm. 19), S. 59–77.
29 Boeckh, Staatshaushaltung (wie Anm. 19), S. 69.
30 Boeckh, Staatshaushaltung (wie Anm. 19), S. 70.

[343] Das Werk war gerade auch in methodischer Hinsicht bahnbrechend, denn Boeckh wertete in einer Zeit, in der es noch keine zuverlässigen Editionen griechischer Inschriften gab und Griechenland, das damals noch zum Osmanischen Reich gehörte, für Wissenschaftler mehr oder weniger unzugänglich war, neben den literarischen Texten das epigraphische Material umfassend für seine Fragestellung aus. Der gesamte zweite Band der *Staatshaushaltung* präsentiert das epigraphische Material, das für die Wirtschaft und die Finanzverwaltung Athens von Bedeutung ist. Auf diese Weise gab das Buch den Anstoß zu einer Edition der griechischen Inschriften (CIG), die erst 1877 mit der Publikation des Index abgeschlossen war.[31]

Die Darstellung der antiken Wirtschaft und des antiken Finanzwesens ist bei Boeckh frei von jeglicher Tendenz, die Zustände der Antike zu idealisieren oder mit den Zuständen der Moderne gleichzusetzen; seine Sicht hat Boeckh in dem letzten Absatz seines Werkes prägnant zum Ausdruck gebracht:

> „Nur die Einseitigkeit oder Oberflächlichkeit schaut überall das Ideale im Alterthum; die Lobpreisung des Vergangenen und Unzufriedenheit mit der Mitwelt ist häufig bloß in einer Verstimmung des Gemüthes gegründet oder in Selbstsucht, welche die umgebende Gegenwart gering achtet, und nur die alten Heroen für würdige Genossen ihrer eigenen eingebildeten Größe hält. Es giebt Rückseiten, weniger schön als die gewöhnlich herausgekehrten [...] Die Hellenen waren im Glanze der Kunst und in der Blüthe der Freiheit unglücklicher als die meisten glauben.“[32]

Obwohl das Werk in Deutschland weite Anerkennung fand und 1828 ins Englische übersetzt wurde,[33] konnte es in der deutschen Altertumswissenschaft keine Tradition einer kontinuierlichen sozial- und wirtschaftshistorischen Forschung begründen. Nach der Publikation der *Staatshaushaltung der Athener* dauerte es noch über fünfzig Jahre, bis eine zweite bedeutende Monographie zur antiken Wirtschaftsgeschichte veröffentlicht wurde: 1869 erschien *Besitz und Erwerb im griechischen* [344] *Altertum* von A. B. Büchsenschütz. Es handelt sich um eine systematische Beschreibung der griechischen Wirtschaft der archaischen und klassischen Zeit.[34] Um den Stoff zu strukturieren, hat Büchsenschütz seine Darstellung in zwei etwa gleichgroße Abschnitte unterteilt, die den Besitz und den Erwerb zum Gegenstand haben. In dem Teil, in dem Besitz und Besitzverhältnisse im antiken Griechenland untersucht werden, geht Büchsenschütz vor allem auf zwei Themenbereiche ein, auf den Grundbesitz und

---

31 Vgl. dazu Schneider, Boeckh (wie Anm. 19), S. 50–51.

32 Boeckh, Staatshaushaltung (wie Anm. 19), S. 710. Vgl. auch die postum herausgegebene Vorlesung: A. Boeckh, Enzyklopädie und Methodologie der philologischen Wissenschaften, hrsg. von E. Bratuschek, Leipzig 1876, S. 390–406 (Geschichte des äußeren Privatlebens oder der Wirthschaft). Boeckh betont, dass es in der Antike Entwicklungen gab wie eine zunehmende Differenzierung des Gewerbes, eine fortschreitende Arbeitsteilung (S. 393–394) oder in römischer Zeit die wirtschaftliche Erschließung großer Binnenräume durch eine Verbesserung der Infrastruktur (S. 396), aber er setzt solche Entwicklungen nicht mit denen der Moderne gleich, wie sein Résumé zeigt: „Durch die grossartigen technischen Erfindungen der Neuzeit und durch den Welthandel, der die Erzeugnisse aller Zonen austauscht, hat das Leben unstreitig eine bedeutend zweckmässigere Einrichtung als im Alterthum gewonnen. Die Verkünstelung, welche unsere complicirten Wirthschaftsverhältnisse zeitweilig im Gefolge haben, wird durch den rationellen Fortschritt der Gewerbe wieder aufgehoben.“ (S. 400–401). Vgl. Schneider, Boeckh (wie Anm. 19), S. 51–52.

33 A. Boeckh, The Public Economy of Athens, London 1828 (übersetzt von George Cornewall Lewis Esq.).

34 A. B. Büchsenschütz, Besitz und Erwerb im griechischen Altertum, Halle 1869.

die Sklaverei.[35] Auf diese Weise werden die strukturellen Grundlagen der antiken Wirtschaft erfasst. Büchsenschütz hebt gleich zu Beginn des Kapitels die Bedeutung der Sklaverei für die antike Wirtschaft und Gesellschaft hervor:

> „Einen Teil des Besitzes, welcher für das ganze Altertum von der höchsten Wichtigkeit und von dem einschneidendsten Einflusse für viele Verhältnisse, namentlich aber für die socialen Zustände gewesen ist, bilden die Sklaven."[36]

Büchsenschütz hat die negativen Auswirkungen der Sklaverei am Schluss des Kapitels betont:

> „Der Einfluss, welchen die Sklaverei auf die wirthschaftlichen Verhältnisse Griechenlands im Allgemeinen ausgeübt hat, ist jedenfalls ein nachtheiliger gewesen."[37]

Dies gilt gerade auch für die Bevölkerungsentwicklung; so führt Büchsenschütz den deutlichen Bevölkerungsrückgang in Griechenland im 2. und 1. Jahrhundert v. Chr. und den daraus resultierenden Niedergang der griechischen Städte vor allem auf die Sklaverei zurück.[38]

Im zweiten Teil, in dem Büchsenschütz den Erwerb und die Erwerbstätigkeiten thematisiert, werden zunächst die antiken Wertvorstellungen und Normen untersucht. Auf die Verachtung der handwerklichen Arbeit und des Handels geht Büchsenschütz ausführlich ein, wobei betont wird, dass in verschiedenen Städten eine unterschiedliche Einstellung den Handwerkern gegenüber bestand und dass die Einstellung auch vom jeweiligen politischen System abhängig war. Besonders in aristokratischen Städten wurden Handwerker und Kleinbauern von den Großgrundbesitzern verachtet.[39] Das niedrige Ansehen der Händler steht nach Büchsenschütz in deutlichem Gegensatz zu den Verhältnissen in den „modernen Staaten."[40]

[345] Der Landwirtschaft wird unter allen Erwerbstätigkeiten eine entscheidende Bedeutung beigemessen;[41] Büchsenschütz stellt in diesem Abschnitt fest, dass die Arbeitskräfte auf den größeren Gütern meist Sklaven oder Leibeigne waren,[42] und Verbesserungen im Ackerbau eher durch eine „Verstärkung der Arbeit" als eine „Zuführung von Kapitalien" erreicht wurde. Die landwirtschaftlichen Geräte waren „ausserordentlich einfach" und blieben „mangelhaft."[43] Als strukturelle Gegebenheiten, die hemmend auf die Entwicklung des Handwerks einwirkten, nennt Büchsenschütz die Verachtung des Handwerks und die Produktion für den Eigenbedarf.[44] Die Terminologie bei Büchsenschütz ist unscharf: So spricht er davon, dass in den ‚industriellen Städten' zahlreiche Fabriken existierten und etwa Textilien ‚fabrikmäßig angefertigt' wurden.[45] Immerhin wird gesehen, dass „neben diesen grösseren Werkstätten [...] auch der kleine

---

35 Besitz: Büchsenschütz, Besitz und Erwerb (wie Anm. 34), S. 38–103. Sklaverei: A. a. O. S. 104–207.

36 Büchsenschütz, Besitz und Erwerb (wie Anm. 34), S. 104.

37 Büchsenschütz, Besitz und Erwerb (wie Anm. 34), S. 206.

38 Büchsenschütz, Besitz und Erwerb (wie Anm. 34), S. 207–208.

39 Büchsenschütz, Besitz und Erwerb (wie Anm. 34), S. 266–274.

40 Büchsenschütz, Besitz und Erwerb (wie Anm. 34), S. 275: „Auch der Kaufmannsstand genoss, trotzdem dass man die Nothwendigkeit und Nützlichkeit desselben für den Staat keineswges verkannte, durchaus nicht die Achtung und das Ansehen, welches demselben in den modernen Staaten zu Theil wird."

41 Büchsenschütz, Besitz und Erwerb (wie Anm. 34), S. 293: „Unter den Erwerbsthätigkeiten, zu deren Betrachtung im Einzelnen wir uns nun wenden, steht der Ackerbau oben an."

42 Büchsenschütz, Besitz und Erwerb (wie Anm. 34), S. 296.

43 Büchsenschütz, Besitz und Erwerb (wie Anm. 34), S. 302.

44 Büchsenschütz, Besitz und Erwerb (wie Anm. 34), S. 316–317.

45 Büchsenschütz, Besitz und Erwerb (wie Anm. 34), S. 336–337.

Handwerksbetrieb nicht unbedeutend gewesen sein" kann; gerade in kleineren Städten erreichten „die Gewerbe nur einen geringen Umfang."[46] Der Handel wurde durch die Gründung von Städten außerhalb Griechenlands erheblich gefördert, und zugleich erhielt das Handwerk größere Absatzchancen.[47] Präzise unterscheidet Büchsenschütz zwischen dem Verkauf von Erzeugnissen durch die Produzenten, dem lokalen Kleinhandel und dem Güteraustausch durch professionelle Händler.[48] Das „Verhältnis des Staates zum Handel" ist Gegenstand eines längeren Kapitels; hier weist Büchsenschütz auf eine Vielzahl von Institutionen, Massnahmen und Gesetzen hin, die den Handel förderten, so auf die Proxenie, auf das Vorgehen gegen die Piraterie oder auf den Bau von Hafenanlagen.[49] Daneben wird auch die Aufsicht über den Handel erwähnt.[50] Bemerkenswert ist in diesem Zusammenhang eine Einsicht, die dann auch bei Hasebroek in der Auseinandersetzung mit Ed. Meyer eine große Rolle spielt:

> „Eine Last, die der Handel noch zu tragen hat, bilden endlich die Zölle, die jedoch, wie schon oben bemerkt wurde, nur in der Absicht erhoben wurden, um eine Einnahmequelle für die Staatskasse zu bilden, keineswegs um die Ausfuhr oder Einfuhr irgend einer Waare zu erschweren."[51]

[346] Einzelne Schwächen des Buches sind gerade unter wirtschaftshistorischen Aspekten nicht zu übersehen; so werden Geld und Finanzwesen nicht zusammenhängend analysiert, sondern in verschiedenen Kapiteln behandelt.[52] Ähnliches ist auch für die Rolle der Metoiken im Wirtschaftsleben zu konstatieren.[53] Büchsenschütz unternimmt auch nicht den Versuch, die allgemeinen Merkmale der antiken Wirtschaft systematisch zu erfassen und die antiken Verhältnisse präzise von denen des 19. Jahrhunderts zu unterscheiden. Es bleibt ferner zu fragen, ob die Gliederung des Buches in die beiden Abschnitte *Besitz* und *Erwerb* glücklich ist. In manchen Abschnitten wirkt das Buch als Sammlung von einzelnen Fakten, die nicht hinreichend in die Kontexte der antiken Gesellschaft eingeordnet werden. Davon aber abgesehen und auch abgesehen von der an manchen Stellen problematischen Begrifflichkeit kann das Buch von Büchsenschütz nur als eine herausragende Leistung bewertet werden. Die Darstellung imponiert aufgrund der umfassenden Kenntnis der Quellen, der Fülle von überzeugenden Analysen zu einzelnen wirtschaftshistorischen Problemen und der insgesamt nüchternen und sachlichen Beschreibung der antiken Wirtschaft; Büchsenschütz vermeidet jegliche Idealisierung der Antike und auch jede Gleichsetzung von antiker und moderner Wirtschaft. Das Buch von Büchsenschütz hatte dennoch einen nur geringen Einfluss auf die althistorische Forschung, was sicherlich auch damit zusammenhängt, dass Büchsenschütz selbst keine Stellung an einer deutschen Universität erhielt und ihm damit ein Wirken im Rahmen einer universitären Wissenschaft versagt geblieben ist.

---

46 Büchsenschütz, Besitz und Erwerb (wie Anm. 34), S. 339.
47 Büchsenschütz, Besitz und Erwerb (wie Anm. 34), S. 376. 387.
48 Büchsenschütz, Besitz und Erwerb (wie Anm. 34), S. 454–477.
49 Büchsenschütz, Besitz und Erwerb (wie Anm. 34), S. 512–522.
50 Büchsenschütz, Besitz und Erwerb (wie Anm. 34), S. 522–528. 529–541.
51 Büchsenschütz, Besitz und Erwerb (wie Anm. 34), S. 553.
52 Büchsenschütz, Besitz und Erwerb (wie Anm. 34), S. 240–243 (bewegliches Eigentum); S. 478–494 (Betrieb des Handels).
53 Büchsenschütz, Besitz und Erwerb (wie Anm. 34), S. 322–324 (Gewerbe); S. 412 (Handel).

II

In der Diskussion über die antike Wirtschaft spielte die Oikos-Theorie von Karl Rodbertus (1805–1875) bis hin zu Finleys *The Ancient Economy* eine wichtige Rolle.[54] Rodbertus, der in Göttingen und Berlin Jura studiert hatte, hat sich nach dem Rückzug aus dem preußischen Staatsdienst vor allem mit der sozialen Frage beschäftigt und dabei eine Position entwickelt, die auf einen Staatssozialismus abzielte;[55] im Zuge seiner sozialhistorischen Untersuchungen publizierte er auch mehrere Arbeiten zur antiken Wirtschaftsgeschichte. In der Untersuchung über die römi[347]schen Steuern der Principatszeit[56] hält Rodbertus es für notwendig, zunächst die antike Wirtschaft von der Volkswirtschaft seiner eigenen Zeit abzugrenzen, um damit die Voraussetzung für eine angemessene Darstellung des antiken Steuersystems zu schaffen. Entscheidend für die modernen Verhältnisse ist nach Rodbertus der Tatbestand, dass die Güter im Produktionsprozess durch Kauf und Verkauf mehrmals den Besitzer wechseln.[57] In der Antike bestanden aufgrund der Sklaverei andere wirtschaftliche Verhältnisse, denn die Institution der Sklaverei machte den Arbeiter zur Sache, der damit „wie andere Sachen zum sachlichen Nationalvermögen" gehörte.[58]

> „Davon war eine tatsächliche Folge, dass die Grundbesitzer, welche durch die Sklaven die Rohproduktionsarbeiten vornehmen liessen, auch gleich selbst durch andere Sklaven an dem Rohprodukt die Fabrikationsarbeiten, ja bei denjenigen Produkten, die überhaupt in den Handel gebracht wurden, auch sogar die Transportationsarbeiten bewirkten, so dass also das Nationalprodukt im Laufe seines ganzen produktiven Processes niemals den Besitzer wechselte."[59]

Unter diesen Voraussetzungen „war kein Geld nötig, um das Nationalprodukt während seines Productionsprozesses von Stufe zu Stufe zu heben, denn es wechselte während desselben gar nicht den Besitzer. Jetzt genügte der Wille des Oikenherrn, der seinen Fabrikationssklaven befahl, an dem Product seiner Rohproduktionssklaven weiter zu arbeiten." Die Wirtschaft der Antike war somit wesentlich eine „allgemeine Naturalwirtschaft."[60]

54 Finley, Ancient Economy (wie Anm. 3), S. 26. Finley konstatiert hier kritisch, dass der oikos in der neueren wirtschaftshistorischen Literatur keine Erwähnung findet: „The currently standard work in English on Greek economics has neither "household" nor oikos in its index." Immerhin ist anzumerken, dass im Register seines eigenen Buches oikos nicht erscheint und household nur Verweise enthält; vgl. den Index S. 218 und 219. Der Haushalt und seine Bedeutung für Wirtschaft und Gesellschaft fanden in der Althistorie nach Finley zunehmend Beachtung; vgl. etwa S. Humphreys, Oikos and Polis, in: Dies., The Family, Women and Death. Comparative Studies, London 1983. J. F. Gardner, Th. Wiedemannn, Hg., The Roman Household. A Sourcebook, London 1991.
55 Zu Rodbertus vgl. H. D. Kurz, Neue Deutsche Biographie 21, 1976, S. 689–690, s. v. Rodbertus.
56 K. Rodbertus, Untersuchungen auf dem Gebiete der Nationalökonomie des klassischen Altertums, II. Zur Geschichte der römischen Tributsteuern seit Augustus, in: Jahrbücher für Nationalökonomie und Statistik 4, 1865, 341–427.
57 Rodbertus, Tributsteuern (wie Anm. 56), S. 342–343: „Das ganze Nationalprodukt – von dem Moment an, wo es in seinen materiellen Elementen durch die Rohproducenten aus dem Schosse der Erde hervorgeholt wird, bis zu dem, wo es als Nationaleinkommen in die consumtive Verteilung übergeht – wird, weil es während dieses ganzen Productionsprozesses mehrere Male den Besitzer wechselt, immer nur auf dem Wege des Verkaufs und Kaufs, d. h. mittelst des Geldes, oder in der Geldform mittelst des Credits von Stufe zu Stufe gehoben."
58 Rodbertus, Tributsteuern (wie Anm. 56), S. 343.
59 Rodbertus, Tributsteuern (wie Anm. 56), S. 343.
60 Rodbertus, Tributsteuern (wie Anm. 56), S. 345.

In einer längeren Anmerkung verweist Rodbertus zur Begründung seiner Thesen auf Aristoteles, für den der *oikos* ein wirtschaftliches Ideal gewesen sei. Obgleich dieses Ideal in der Wirklichkeit nicht vollständig realisiert wurde, wie Rodbertus selbst zugesteht, war der *oikos* doch die Grundlage der Polis und bestimmte insbesondere auch das wirtschaftliche Leben der Polis. Die in der antiken Literatur formulierten ökonomischen und finanzpolitischen Prinzipien und insbesondere die [348] Gesetzgebung gegen die Geldwirtschaft bis hin zu Trajan sind nach Rodbertus nur zu verstehen, wenn die „Bedeutung des Oikos" hinreichend beachtet wird.[61]

Die Wirtschaft des *oikos* wird von Rodbertus in Anlehnung an Aristoteles als ein autarker Haushalt beschrieben, der es „dem Oikenherrn oder pater familias [...] gestattete", politisch aktiv tätig zu sein. Das Steuersystem beruhte diesen wirtschaftlichen Verhältnissen entsprechend vor allem auf den „unmittelbaren und unentgeltlichen Leistungen und Lieferungen der Bürger."[62]

Der Nationalökonom Karl Bücher (1847–1930) hat die Oikos-Theorie von Rodbertus in seiner Schrift *Die Entstehung der Volkswirtschaft* rezipiert und mit einer Theorie der Stufen wirtschaftlicher Entwicklung verknüpft:[63] Als erste Stufe erscheint die Hauswirtschaft, als zweite die Stadtwirtschaft und als dritte die Volkswirtschaft.[64] Ein grundlegendes Merkmal der Hauswirtschaft besteht nach Bücher darin, „dass der ganze Kreislauf der Wirthschaft von der Produktion bis zur Konsumtion sich im geschlossenen Kreise des Hauses [...] vollzieht."[65] Bücher hat diese Stufentheorie mit dem Argument begründet, dass die Volkswirtschaft ein Ergebnis einer langen historischen Entwicklung sei und daher „die gewohnten, von den Erscheinungen der modernen Volkswirtschaft abstrahierten Kategorien" nicht auf frühere Wirtschaftsepochen übertragen werden könnten, wie dies in der Nationalökonomie geschehen sei.[66] Die Hauswirtschaft ist am Bedarf der Angehörigen des Hauses orientiert, Tausch ist daher „ursprünglich ganz unbekannt."[67] Der Handel hatte nur einen geringen Umfang und blieb auf seltene Naturprodukte und Luxusgüter beschränkt.[68] Die drei Stufen wirtschaftlicher Entwicklung hat Bücher mit den Epochen der Antike, des Mittelalters und der Neuzeit gleich-

---

61 Rodbertus, Tributsteuern (wie Anm. 56), S. 343, Anm. 3.

62 Rodbertus, Tributsteuern (wie Anm. 56), S. 347. Neben diesen Leistungen und Abgaben erwähnt Rodbertus noch „Dominialgefälle und Zölle", „welche den Rest der Staatsbedürfnisse deckten." Als der Bedarf der Gemeinwesen wuchs, hat „das Geld [...] – für Staaten wie Individuen – eine corrosive Kraft, die sehr bald diese alten selbstgenügenden Haushaltungen zu zersetzen begann." Im wesentlichen besaß das antike Steuersystem nach Rodbertus aber einen „naturalwirtschaftlichen Charakter;" vgl. S. 348.

63 K. Bücher, Die Entstehung der Volkswirtschaft, Tübingen 1893. Solche Theorien gehen auf die Literatur der Aufklärung und die Nationalökonomie des 18. Jahrhunderts zurück; Adam Smith etwa sprach von einer Abfolge der Jäger, der Hirtengesellschaft, der Ackerbauern und der Gewerbegesellschaft. Vgl. etwa A. Smith, Der Wohlstand der Nationen, hg. von H. C. Recktenwald, München 1978, S. 587–590. 601–608. Zu K. Bücher vgl. B. Schefold, Karl Bücher und der Historismus in der deutschen Nationalökonomie, in: N. Hammerstein, Hg., Deutsche Geschichtswissenschaft um 1900, Stuttgart 1988, S. 239–267. Vgl. dazu H. Schneider, Die Bücher-Meyer Kontroverse, in: W. M. Calder III, A. Demandt, Hg., Eduard Meyer. Leben und Leistung eines Universalhistorikers, Leiden 1990 (= Mnemosyne Suppl. 112), S. 417–445, besonders S. 419–423 [in diesem Band, S. 269–291].

64 K. Bücher, Die Entstehung der Volkswirtschaft, Tübingen 1906, S. 91. Nachdruck in: M. I. Finley, Hg., The Bücher-Meyer-Contorversy, New York 1979.

65 Bücher, Entstehung der Volkswirtschaft (wie Anm. 64), S. 92.

66 Bücher, Entstehung der Volkswirtschaft (wie Anm. 64), S. 87. 90.

67 Bücher, Entstehung der Volkswirtschaft (wie Anm. 64), S. 92.

68 Bücher, Entstehung der Volkswirtschaft (wie Anm. 64), S. 111.

gesetzt, wobei die Stufe [349] der Hauswirtschaft ähnlich wie bei Rodbertus der Antike und dem frühen Mittelalter entsprach.[69] Dezidiert stellt Bücher entsprechend diesen theoretischen Voraussetzungen für die Antike fest, dass es „im regelmäßigen Verlauf der Wirtschaft auch keine Waren, keinen Preis, keinen Güterumlauf, keine Einkommensverteilung und demgemäß keinen Arbeitslohn, keinen Unternehmergewinn, keinen Zins als besondere Einkommensarten" gegeben habe.[70]

Der Theorie der Wirtschaftsstufen und der Gleichsetzung von antiker Wirtschaft mit der Stufe der Hauswirtschaft hat Ed. Meyer (1855–1930) in seinem auf dem Historikertag in Frankfurt 1895 gehaltenen Vortrag über *Die wirtschaftliche Entwicklung des Altertums* vehement widersprochen.[71] Der Grund für die Schärfe der Polemik Meyers ist aber nicht allein in dem Bestreben zu suchen, eine als falsch erkannte wissenschaftliche These zu widerlegen, der Vortrag ist vielmehr vor allem auch als eine Reaktion auf bildungspolitische Initiativen dieser Zeit zu verstehen.[72] Die wissenschaftshistorisch so einflussreiche modernistische Sicht der antiken Wirtschaft ist von Meyer in einer politischen Situation, die ebenso von zufälligen personalen Konstellationen wie von langfristigen Entwicklungen geprägt war, formuliert worden.

Eigentlicher Auslöser der bildungspolitischen Initiativen der Zeit nach 1888 war der Wunsch der damaligen preußischen Kronprinzessin, der Tochter der englischen Königin Victoria, ihren Sohn Prinz Wilhelm auf ein staatliches Gymnasium zu schicken. Die Erfahrungen, die Prinz Wilhelm dann als Schüler des Friedrichsgymnasiums in Kassel machte, veranlassten ihn, schon früh für eine Reform des Unterrichts und vor allem für eine Zurückdrängung der alten Sprachen einzutreten. Um diese Ziele zu verwirklichen, wurde 1890 eine Schulkonferenz einberufen, auf der Wilhelm II. die Eröffnungsrede hielt. Mit Nachdruck forderte der junge Kaiser, die traditionelle humanistische Bildung zugunsten neuer Bildungsideale zu ersetzen:

> „Wir müssen als Grundlage das Deutsche nehmen; wir sollen junge Deutsche erziehen, und nicht junge Griechen und Römer. Wir müssen von der Basis abgehen, die jahrhundertelang bestanden hat, von der klösterlichen Erziehung [350] des Mittelalters, wo das Lateinische maßgebend war und ein bißchen Griechisch dazu. Das ist nicht mehr maßgebend."[73]

Für die Altphilologen und auch für die Althistoriker war diese Rede ein Schock, der besonders gut fassbar ist in einem schon 1891 publizierten Aufsatz von Robert von Pöhlmann:[74]

---

69 Bücher, Entstehung der Volkswirtschaft (wie Anm. 64), S. 98.
70 Bücher, Entstehung der Volkswirtschaft (wie Anm. 64), S. 114.
71 Ed. Meyer, Die wirtschaftliche Entwicklung des Altertums, in: Ders. Kleine Schriften 1, 2. Aufl. Halle 1924, S. 81–168. Zu dem Vortrag von Meyer vgl. Schneider, Bücher-Meyer Kontroverse (wie Anm. 63), S. 430–441. Vgl. ferner K. Christ, Von Gibbon zu Rostovtzeff (wie Anm. 1), S. 286–333 und G. A. Lehmann, Eduard Meyer, in: Erbe, Hg., Geisteswissenschaftler (wie Anm. 19), S. 269–286.
72 Zu den politischen und wissenschaftshistorischen Voraussetzungen des Vortrags von Ed. Meyer auf dem Historikertag vgl. Schneider, Bücher-Meyer Kontroverse (wie Anm. 63), S. 423–430 mit weiterer Literatur.
73 Zitiert nach: F. Paulsen, Geschichte des gelehrten Unterrichts II, Berlin – Leipzig ³1921, S. 597. Zur Schulkonferenz 1890 vgl. auch L. Canfora, Wilamowitz und die Schulreform: Das ‚Griechische Lesebuch', in: Ders., Politische Philologie. Altertumswissenschaften und moderne Staatsideologien, Stuttgart 1995, S. 90–110, besonders S. 93–98.
74 Zu R. von Pöhlmann vgl. Christ, Von Gibbon zu Rostovtzeff (wie Anm. 1), S. 201–247. Zur Kritik der Altertumswissenschaftler an der Schulkonferenz, vgl. auch L. Canfora, Wilamowitz und die Schulreform (wie Anm. 73).

„Unter der Fülle von Klagen, welche in unserer Zeit über die humanistischen Studien hereinstür-
men, ist wohl keine schwerwiegender, für die höchsten Interessen der Nation bedeutungsvoller, als
die, welche wir neuerdings aus kaiserlichem Munde vernommen haben, dass die humanistischen
Gymnasien die zu maßgebendem Einfluss auf das Volksleben berufenen Kreise bisher nicht in
der Weise vorgebildet hätten, wie es im Interesse der Erhaltung des modernen Staates und der
Durchführung seiner großen sozialen Aufgaben zu wünschen wäre."[75]

Pöhlmann hat demgegenüber in dem Artikel versucht, die Bedeutung des altsprachlichen
Unterrichtes und der Kenntnis der griechischen und römischen Geschichte für die Gegenwart
nachzuweisen. Die Geschichte der Antike macht nach Pöhlmann deutlich, welche gravierenden
Folgen „bei steigendem Nationalreichtum eine ungesunde Verteilung des Einkommens, d. h.
eine übermäßige Anhäufung des Besitzes in der Hand einer Minderheit" hat, wenn gleichzeitig
„der Mittelstand, insbesondere der Bauernstand, zusammenschmilzt, der besitzlose Arbeiter
zum hoffnungslosen Proletarier, die Armut zum Pauperismus, zum Massenelend wird."[76] Die
Relevanz der Antike für das Bildungssystem beruht nach Pöhlmann also darauf, dass in den
antiken Gesellschaften ähnliche soziale Probleme existierten wie in der Gegenwart und dass
damit ein Unterricht, der diese sozialen Probleme thematisiert, einen wesentlichen Beitrag für
die Bewältigung der gegenwärtigen politischen Aufgaben zu leisten vermag.

Die Ausführungen von Ed. Meyer auf dem Historikertag 1895 hatten eine ähnlich Tendenz.
Es ging Meyer darum, „einen Gegenstand möglichst universeller Art zu besprechen, bei dem
die Bedeutung klar hervortreten könnte, die auch für unsere Gegenwart noch eine richtige
Erkenntnis der Probleme besitzt, welche die alte Ge[351]schichte bewegen."[77] Indem Meyer
die antike Wirtschaft als Thema wählt, besteht für ihn darüber hinaus die Möglichkeit, die
Auffassungen Büchers über die Bedeutung der Hauswirtschaft in der Antike zu widerlegen.
Dabei hat wahrscheinlich eine Rolle gespielt, dass die Meinung bestand, die Theorie der Stufen
wirtschaftlicher Entwicklung sei „für die sozialistische Wissenschaft der Gegenwart zu einem
geschichtlichen Dogma geworden."[78]

Um die Aktualität der Alten Geschichte zu verdeutlichen und die Thesen Büchers zurückzuweisen, skizziert Meyer die Wirtschaft der Antike als frühe Parallele der spätmittelalterlichen
und neuzeitlichen Verhältnisse; der Akzent liegt dementsprechend auf dem Handel und der gewerblichen Produktion. Nach der homerischen Zeit begann mit der griechischen „Kolonisation"
nach Meyers Ansicht eine neue Epoche der wirtschaftlichen Entwicklung der Antike:

„Seit dem achten Jahrhundert nimmt der Seehandel in Griechenland einen gewaltigen Aufschwung", und dadurch bedingt „entwickelt sich eine für den Export arbeitende Industrie."[79]

---

75 R. von Pöhlmann, Das klassische Altertum in seiner Bedeutung für die politische Erziehung des modernen
   Staatsbürgers, in: Ders. Aus Altertum und Gegenwart. Gesammelte Abhandlungen, München ²1911, S.
   1–51, hier S. 1.
76 Pöhlmann, Das klassische Altertum (wie Anm. 75) S. 34.
77 Ed. Meyer, Wirtschaftliche Entwicklung (wie Anm. 71), S. 81.
78 R. von Pöhlmann, Extreme bürgerlicher und sozialistischer Geschichtsschreibung, in: Ders., Aus Altertum
   und Gegenwart (wie Anm. 75), S. 348. Der Aufsatz wurde ursprünglich 1894, also vor Meyers Vortrag,
   publiziert. Pöhlmann kritisiert diese Theorien mit dem Hinweis, „dass alle solchen Versuche, große geschichtliche Entwicklungen in ein enges Schema zu zwängen, den Tatsachen mehr oder weniger Gewalt
   antun" (a. a. O. S. 349).
79 Ed. Meyer, Wirtschaftliche Entwicklung (wie Anm. 71), S. 104–105.

Es entstanden „reine Industriegebiete", der Bedarf an Arbeitskräften wurde durch einen „zuneh-menden Sklavenimport" gedeckt.[80] Eine weitere Folge dieses tiefgreifenden Wandels war das Aufkommen von Münzgeld:

> „Mit dem Handel dringt der Geldverkehr und die Geldwirtschaft in Griechenland ein."[81]

Zusammenfassend kann Meyer von „Handels- und Industriestädten" an den Küsten der Ägäis[82] und von einer „Industrialisierung der griechischen Welt"[83] sprechen und die wirtschaftlichen Verhältnisse der Antike mit denen der Neuzeit vergleichen:

> „Das siebente und sechste Jahrhundert in der griechischen Geschichte entspricht in der Ent-wicklung der Neuzeit dem vierzehnten und fünfzehnten Jahrhundert n. Chr.; das fünfte dem sechzehnten."[84]

[352] Ähnlich wie von Pöhlmann betont auch Meyer, dass die wirtschaftlichen Veränderungen in Griechenland negative Auswirkungen auf die griechische Gesellschaft hatten:

> „Und hier tritt nun die zersetzende Wirkung der Sklaverei hervor, die dieser brotlos geworde-nen Bevölkerung die Beschäftigung in der Industrie, welche sie in der gleichartigen modernen Entwicklung aufnimmt, zwar nicht völlig verschließt aber doch aufs äußerste erschwert und einschränkt. Dadurch entwickelt sich neben dem Großkapital ein immer stärker anwachsender Pauperismus."[85]

Die Großstadt des Hellenismus schließlich wird als „Trägerin der modernen Entwicklung" be-schrieben, als eine Stadt mit einer „dichten Bevölkerung von Industriellen, Kaufleuten und Gewerbetreibenden."[86] Als Fazit seiner Ausführungen stellt Meyer fest, dass diese Zeit „in jeder Hinsicht nicht modern genug gedacht werden kann."[87]

Während in den Abschnitten über die griechische Wirtschaft ‚Export' und ‚Industrie' die Leitbegriffe sind, spielen in den Ausführungen über Rom die Begriffe ‚Kapital' und ‚Kapitalismus' eine zentrale Rolle. Das „ständige Anwachsen des Großkapitals" war nach Meyers Auffassung die entscheidende Ursache für den „Verfall der Landwirtschaft", für die zunehmen-de Verödung der Provinzen und das „gewaltige Anwachsen eines besitzlosen Proletariats" in

---

80 Ed. Meyer, Wirtschaftliche Entwicklung (wie Anm. 71), S. 107–108.
81 Ed. Meyer, Wirtschaftliche Entwicklung (wie Anm. 71), S. 108.
82 Ed. Meyer, Wirtschaftliche Entwicklung (wie Anm. 71), S. 113. Vgl. auch die Bemerkung zu Korinth: „Nach dem Sturz der Tyrannis wird Korinth vollständig zur Handels- und Industriestadt, die zahlreiche Sklaven beschäftigt und in der auch die Mehrzahl der Bürger von der Industrie lebt" (a. a. O. S. 114). Eine ähnliche Bemerkung findet sich zu Megara: „Megara ist dadurch zum Industriestaat geworden" (a. a. O. S. 117).
83 Ed. Meyer, Wirtschaftliche Entwicklung (wie Anm. 71), S. 116.
84 Ed. Meyer, Wirtschaftliche Entwicklung (wie Anm. 71), S. 118–119.
85 Ed. Meyer, Wirtschaftliche Entwicklung (wie Anm. 71), S. 133.
86 Ed. Meyer, Wirtschaftliche Entwicklung (wie Anm. 71), S. 137.
87 Ed. Meyer, Wirtschaftliche Entwicklung (wie Anm. 71), S. 141. Es ist bezeichnend, dass Meyer auch hier wieder Antike und Neuzeit miteinander vergleicht: „Nur darf man nicht das neunzehnte Jahrhundert zum Vergleich heranziehen, sondern das siebzehnte und achtzehnte" (a. a. O. S. 141).

der Principatszeit.[88] Der wirtschaftliche Niedergang beruhte wesentlich auf dem Interesse des Großkapitals am Erwerb von Land:

> „Das Großkapital kauft den Grundbesitz auf und macht die Existenz eines kräftigen Bauernstandes unmöglich."[89]

Auf den Ruin der Landbevölkerung folgte schließlich der Niedergang der Städte und auf diese Weise das Ende der antiken Kultur.[90]

[353] Der wirtschaftshistorische Ertrag der Vorträge Meyers[91] ist eher als gering einzuschätzen. Die meisten Fakten, mit denen Ed. Meyer und Beloch in der Bücher-Meyer Kontroverse ihre Thesen begründet haben, finden sich bereits in *Besitz und Erwerb im griechischen Altertum* von Büchsenschütz; Meyer und Beloch haben in der großen Debatte über die antike Wirtschaft kaum Ergebnisse eigener wirtschaftshistorischer Forschung vorgelegt. Das Bild der „modernen Wirtschaft der Antike" bei Meyer beruht weniger auf neuen Erkenntnissen als vielmehr auf einer modernistischen Interpretation von längst bekannten Fakten.[92]

Bereits 1896 erhob L. M. Hartmann in einer Rezension grundsätzliche Einwände gegen Meyers Vortrag.[93] Beachtenswert ist vor allem die These von Hartmann, dass die Antike weniger

88 Ed. Meyer, Wirtschaftliche Entwicklung (wie Anm. 71), S. 154. Verfall der Landwirtschaft: S. 152. Verödung der Provinzen: S. 153–154.

89 Ed. Meyer, Wirtschaftliche Entwicklung (wie Anm. 71), S. 154–155. Vgl. S. 156–157: „Aber gerade hierdurch zeigt die Stadt ihre korrumpierende Wirkung: [...] am stärksten durch die volle Ausbildung des Kapitalismus, der Geldwirtschaft, des kapitalistischen Rechts mit allen ihren Folgen, durch die sie die ländlichen Verhältnisse durchsetzt und die ihnen natürlichen und unentbehrlichen Lebens- und Verkehrsverhältnisse systematisch vernichtet, unterbindet sie der Landbevölkerung die Existenzmöglichkeit."

90 Ed. Meyer, Wirtschaftliche Entwicklung (wie Anm. 71), S. 157: „... schließlich muss der Zustand eintreten, wo die Folgen klar zutage treten, wo der Ruin der Landbevölkerung auch die Stadt ergreift. Handel und Verkehr beginnen zu stocken, die Industrie steht still, Tausende von arbeitsbegierigen Händen bleiben unbeschäftigt, denn die Grundlagen des Lebens, die Lebensmittel, für die alle Gewerbtätigkeit keinen Ersatz schaffen kann, werden nicht mehr in genügender Masse produziert; und so beginnen die Städte zu veröden, wie vorher das Land."

91 Eine ähnliche Tendenz wie das Referat auf dem Historikertag besitzt auch der Vortrag Die Sklaverei im Altertum, in: Ed. Meyer, Kleine Schriften 1, 2. Aufl. Halle 1924, S. 171–212. Vgl. dazu Schneider, Bücher-Meyer Kontroverse (wie Anm. 63), S. 431–441. Die wichtigste von den Thesen Meyers angeregte Arbeit ist die Studie von Gummerus über die römische Landwirtschaft: H. Gummerus, Der römische Gutsbetrieb als wirtschaftlicher Organismus nach den Werken des Cato, Varro und Columella, 1906 (=Klio Beiheft 5). Gummerus, der ausführlich auf die Bücher-Meyer Kontroverse eingeht, lehnt die Position von Rodbertus und Bücher ab (S. 1–9) und betont in seiner Zusammenfassung den kapitalistischen Charakter der römischen Gutswirtschaft: „Es ist oben [...] bemerkt worden, dass Cato als Landwirt kein einfacher Bauer im altrömischen Sinne ist, sondern ein Kapitalist, der sein Gut schlechterdings als eine Einnahmequelle, nicht wie der Bauer zugleich als seine Heimat betrachtet. In der Tat, sein landwirtschaftliches Betriebssystem steht ganz im Zeichen des Kapitalismus" (S. 94). Kapitalismus und Sklaverei bedingen einander: „Der Kapitalismus war im Altertum unauflöslich mit der Sklavenwirtschaft verbunden" (S. 94).

92 Vgl. dazu Schneider, Bücher-Meyer Kontroverse (wie Anm. 63), S. 441–442.

93 L. M. Hartmann, Eduard Meyer, Die wirtschaftliche Entwicklung des Altertums, in: Zeitschrift für Sozial- und Wirtschaftsgeschichte 4, 1896, S. 153–157. Vgl. S. 153: „Allerdings scheint mir Meyer auf die von dem Bücherschen Schema abweichenden Formen ein viel zu großes Gewicht zu legen; könnte man doch, wenn man die Meyersche Rede liest, fast meinen, dass sich die antike Wirtschaft von der modernen nicht wesentlich unterschieden habe." An dieser Stelle fehlt der Raum, um auf die weiteren Publikationen in der Bücher-Meyer Kontroverse einzugehen. Die wichtigsten Texte hat Finley ediert: M. I. Finley, Hg., The Bücher-Meyer-Contorversy, New York 1979.

durch die Dominanz einer bestimmten Wirtschaftsform als vielmehr durch das Nebeneinander verschiedener Wirtschaftsformen geprägt ist, wobei er von den Wirtschaftsstufen Büchers ausgeht. Damit besteht keine Notwendigkeit mehr, sich in der Diskussion über die antike Wirtschaft zwischen den beiden von Bücher und Meyer vorgetragenen Auffassungen zu entscheiden:

> „Wenn man also das Althertum in seiner Entwicklung überblickt, so findet man, wenn unsere Auffassung richtig ist, ein Nebeneinander und ein Nacheinander verschiedener wirthschaftlicher Typen. Neben Ansätzen zur volkswirthschaftlichen Entwicklung, die man bei den reichen Classen und in den [354] Grossstädten beobachten kann, findet man in manchen Perioden und an manchen Orten eine bis zu einem gewissen Grade ausgebildete Stadtwirthschaft mit Kundenproduction; die große Masse der Bevölkerung aber ist noch im Banne der Eigenproduction und Hauswirthschaft."[94]

Nach L. M. Hartmann lehnte auch Max Weber die Gleichsetzung von antiker und moderner Wirtschaft entschieden ab, dennoch setzte sich die modernistische Sicht der Antike Meyers in den folgenden Jahrzehnten in der internationalen Althistorie weitgehend durch.[95]

III

Obwohl die wichtigsten Arbeiten Webers zur Wirtschaft der Antike bereits kurz nach seinem Tod in den von Marianne Weber herausgegebenen Band seiner sozial- und wirtschaftshistorischen Aufsätze aufgenommen worden waren,[96] fanden sie zunächst nur eine vergleichsweise geringe Resonanz.[97] Erst als das Werk Webers nach dem Zweiten Weltkrieg in der amerikanischen Soziologie eine große Beachtung gefunden hatte, setzte auch in der internationalen Althistorie die Rezeption der Arbeiten Max Webers zur antiken Sozial- und Wirtschaftsgeschichte ein;[98]

---

94 Hartmann, Eduard Meyer (wie Anm. 93), S. 157.

95 Typisch hierfür ist die positive Wertung bei W. L. Westermann, The Economic Basis of the Decline of Ancient Culture, American Hist. Review 20, 1915, 723–743; dt. in: K. Christ, Hg., Der Untergang des römischen Reiches, Darmstadt 1970, S. 109–137. Vgl. besonders S. 124: „Wenn ich auch annehme, dass Eduard Meyer die Modernität des industriellen Charakters des griechischen und römischen Wirtschaftslebens überbetont hat, so bleibt doch die Tatsache bestehen, dass seine Interpretation in ihren größeren Aspekten die richtige und bedeutendste Grundlage für jede weitere Diskussion dieser Frage ist."

96 M. Weber, Gesammelte Aufsätze zur Sozial- und Wirtschaftsgeschichte, hg. von Marianne Weber, Tübingen 1924 (hier abgekürzt: SWg.).

97 J. Hasebroek und F. Oertel waren wohl die einzigen deutschen Althistoriker, die sich in der Zeit zwischen den Weltkriegen explizit auf Max Weber beriefen. Vgl. etwa A. Heuss, Max Webers Bedeutung für die Geschichte des griechisch-römischen Altertums, HZ 201, 1965, S. 529–556, und M. I. Finley, Max Weber und der griechische Stadtstaat, in: J. Kocka, Hg., Max Weber, der Historiker, Göttingen 1986 (= Kritische Studien zur Geschichtswissenschaft 73), S. 90–106. Die Ausführungen von Weber zur römischen Landwirtschaft werden allerdings bereits 1906 zustimmend von H. Gummerus, Der römische Gutsbetrieb (wie Anm. 91), S. 9–11 referiert.

98 Vgl. etwa A. Heuss, Max Webers Bedeutung (wie Anm. 97). M. I. Finley, The Ancient City: From Fustel de Coulanges to Max Weber and Beyond, Comparative Studies in Society and History, 19, 1977, 305–327; auch in: Ders., Economy and Society in Ancient Greece, London 1981, S. 3–23. Kocka, Hg., Max Weber (wie Anm. 97). Chr. Meier, Max Weber und die Antike, in: Chr. Gneuss, J. Kocka, Hg., Max Weber. Ein Symposion, München 1988, S. 11–24. J. R. Love, Antiquity and Capitalism. Max Weber and the sociological foundations of Roman civilization, London 1991. L Capogrossi Colognesi, Max Weber und die Wirtschaft der Antike, Göttingen 2004 (AAWG Phil.-hist. Klasse 259).

nach Alfred Heuß hat insbesondere M. I. Finley in *The Ancient Economy* mit Nachdruck auf Max Webers Thesen hingewiesen.[99] Da der Rang der Arbeiten Webers inzwi[355]schen allgemein anerkannt ist und seine Thesen einen erheblichen Einfluss auf neuere Arbeiten zur antiken Wirtschaft ausüben, scheint es sinnvoll zu sein, sie hier zu berücksichtigen. Von wissenschaftshistorischem Interesse sind die Arbeiten Webers auch deswegen, weil er an verschiedenen Stellen seiner Schriften explizit zu den in der Bücher-Meyer Kontroverse formulierten Positionen Stellung genommen hat. Im Rahmen dieser Ausführungen ist es allerdings nicht möglich, den Beitrag Webers zur Erforschung der antiken Wirtschaft umfassend zu würdigen, es können hier nur einige wenige Texte und Thesen vorgestellt werden.

Max Weber (1864–1920) verfasste nach dem Jurastudium, das er mit einer Dissertation über die Handelsgesellschaften in den italienischen Städten abschloss, als Habilitationsschrift eine längere Studie über rechtliche Aspekte der römischen Agrargeschichte.[100] Bereits 1894 erhielt Weber die Professur für Nationalökonomie an der Universität Freiburg,[101] 1896 ging er als Professor an die Universität Heidelberg. Aus gesundheitlichen Gründen gab Weber 1903 die Professur in Heidelberg auf und widmete sich ausschließlich seinen soziologischen Arbeiten sowie der Mitarbeit im Verein für Socialpolitik.

Die Schriften Webers zur antiken Wirtschaft sind durch seine wissenschaftliche Karriere und wissenschaftliche Arbeit entscheidend geprägt; es handelt sich nicht um eine Erforschung historischer Ereignisse und Entwicklungen, sondern um den Versuch, die wirtschaftlichen Verhältnisse der Antike unter rechtlichen, sozialen und kulturellen Aspekten zu beschreiben. Wenn bei Weber der Schwerpunkt der Forschungen zur Antike auf der Untersuchung der Agrarverhältnisse liegt, so entspricht dies auch seinem sozialwissenschaftlichen Interesse an Fragen der modernen Landwirtschaft, insbesondere an der Lage der Landarbeiter im ostelbischen Deutschland.[102]

Weber hat die theoretischen Voraussetzungen seiner historischen Untersuchungen deutlich formuliert: Er sah als eine zentrale Aufgabe sozialwissenschaftlicher Arbeit die „Erforschung der *allgemeinen Kulturbedeutung der sozialökonomischen Struktur des menschlichen Gemeinschaftslebens* und seiner historischen Organisationsformen" an[103] und bezeichnete die „Pflege der ökonomischen Geschichts[356]*interpretation* als einen „der wesentlichsten Zwecke unserer Zeitschrift."[104] Damit hat Weber seine Fragestellung präzise genannt, die Methode, mit

99 Vgl. Finley, Ancient Economy (wie Anm. 3), S. 26. 117 (economic rationality). 122 (protestant ethic). 125 und 138–139 (cities als centres of consumption).

100 Entwickelung des Solidarhaftprinzips und des Sondervermögens der offenen Handelsgesellschaft aus den Haushalts- und Gewerbegemeinschaften in den italienischen Städten, Diss. Berlin 1889 (= M. Weber, SWg. 344–386). Die römische Agrargeschichte in ihrer Bedeutung für das Staats- und Privatrecht, Stuttgart 1891. Zum Leben Webers vgl. D. Käsler, Einführung in das Studium Max Webers, München 1979, S. 9–29. Zu den historischen Arbeiten vgl. a. a. O. S. 30–55.

101 Zu den Hintergründen dieser Berufung vgl. Käsler, Einführung (wie Anm. 100), S. 14–15 und J. Radkau, Max Weber. Die Leidenschaft des Denkens, München 2005, S. 109.

102 Die Landarbeiterfrage hat Weber nach seiner Habilitation in einer Reihe wichtiger Arbeiten untersucht; eine Bibliographie bietet Käsler, Einführung (wie Anm. 100) S. 250–271.

103 M. Weber, Die „Objektivität" sozialwissenschaftlicher und sozialpolitischer Erkenntnis, in: Ders., Gesammelte Aufsätze zur Wissenschaftslehre, Tübingen 1922, S. 146–214, hier S. 165.

104 M. Weber, Objektivität (wie Anm. 103), S. 167. Weber hat seine Position klar von der „materialistischen Geschichtsauffassung" abgegrenzt; vgl. a. a. O. S. 166–167: „Frei von dem veralteten Glauben, dass die Gesamtheit der Kulturerscheinungen sich als Produkt oder als Funktion „materieller" Interessen-

der die wirtschaftlichen Verhältnisse der Vergangenheit erfasst werden, beruht auf Anwendung des Idealtypus, der gerade am Beispiel der Wirtschaft erläutert wird:

> „Wir haben in der abstrakten Wirtschaftstheorie ein Beispiel jener Synthesen vor uns, welche man als ‚Ideen' historischer Erscheinungen zu bezeichnen pflegt. Sie bieten uns ein Idealbild der Vorgänge auf dem Gütermarkt bei tauschwirtschaftlicher Gesellschaftsorganisation, freier Konkurrenz und streng rationalem Handeln. Dieses Gedankenbild vereinigt bestimmte Beziehungen und Vorgänge des historischen Lebens zu einem in sich widerspruchslosen Kosmos gedachter Zusammenhänge. [...] Ihr Verhältnis zu den empirisch gegebenen Tatsachen des Lebens besteht lediglich darin, dass da, wo Zusammenhänge der in jener Konstruktion abstrakt dargestellten Art, also vom ‚Markt' abhängige Vorgänge, in der Wirklichkeit als in irgend einem Grade wirksam festgestellt sind oder vermutet werden, wir uns die Eigenart dieses Zusammenhangs an einem Idealtypus pragmatisch veranschaulichen und verständlich machen können."[105]

Eine Untersuchung der Arbeiten Webers zur Antike hat einen Tatbestand zu berücksichtigen, auf den Wilfried Nippel hingewiesen hat: Weber ist in der Gegenüberstellung von antiker und mittelalterlicher Stadt von der Situation im Mittelalter ausgegangen und hat „die Fragestellung [...] von dem mittelalterlichen Phänomen her entwickelt."[106] Ähnliches gilt auch für die Sicht der wirtschaftlichen Entwick[357]lung des Imperium Romanum in dem Vortrag *Die sozialen Gründe des Untergangs der antiken Kultur*; Weber stellt hier Altertum und Mittelalter gegenüber, um auf diese Weise die Herausbildung der modernen Wirtschaft erklären zu können.[107] Die Analyse der antiken Agrarverhältnisse wiederum ist vom modernen Kapitalismus stark beeinflusst.

Zu den Thesen Webers, die in der Althistorie nach 1973 am intensivsten diskutiert worden sind, gehört ohne Zweifel die Gegenüberstellung von Konsumentenstadt und Produzentenstadt in dem Kapitel über die Stadt in ‚Wirtschaft und Gesellschaft', wobei nach Weber die Stadt der Antike wesentlich als Konsumentenstadt anzusehen ist.[108] An dieser Stelle soll die Diskussion

konstellationen *deduzieren* lasse, glauben wir unsrerseits doch, dass die *Analyse der sozialen Erscheinungen und Kulturvorgänge* unter dem speziellen Gesichtspunkt ihrer *ökonomischen* Bedingtheit und Tragweite ein wissenschaftliches Prinzip von schöpferischer Fruchtbarkeit war und, bei umsichtiger Anwendung und Freiheit von dogmatischer Befangenheit, auch in aller absehbarer Zeit noch bleiben wird. Die sogenannte „materialistische Geschichtsauffassung" als *Weltanschauung* oder als Generalnenner kausaler Erklärung der historischen Wirklichkeit ist auf das Bestimmteste abzulehnen."

105 M. Weber, Objektivität (wie Anm. 103), S. 190. Die weiteren Erläuterungen zum Idealtypus sind ebenfalls wichtig; s. a. a. O. S. 190: „Diese Möglichkeit kann sowohl heuristisch wie für die Darstellung von Wert, ja unentbehrlich sein. Für die Forschung will der idealtypische Begriff das Zurechnungsurteil schulen; er ist keine „Hypothese", aber er will der Hypothesenbildung die Richtung weisen. Er ist nicht eine Darstellung des Wirklichen, aber er will der Darstellung eindeutige Ausdrucksmittel verleihen." Vgl. außerdem die Bemerkungen zur Funktion des Idealtypus in der historischen Forschung: a. a. O. S. 191. Vgl. die Überlegungen von K. Schreiner, Die mittelalterliche Stadt in Webers Analyse und Deutung des okzidentalen Rationalismus. Typus, Legitimität, Kulturbedeutung, in: Kocka, Hg., Max Weber (wie Anm. 97), S. 119–150.

106 W. Nippel, Die Kulturbedeutung der Antike. Marginalien zu Weber, in: Kocka, Hg., Max Weber (wie Anm. 97), S. 112–118.

107 M. Weber, Die sozialen Gründe des Untergangs der antiken Kultur, in: Ders., Gesammelte Aufsätze zur Sozial- und Wirtschaftsgeschichte, Tübingen 1924, S. 289–311 (ursprünglich Vortrag 1896, publiziert in: Die Wahrheit 6, Mai 1896, S. 57–77), vgl. besonders S. 294–295. 300–301. 308–311.

108 M. Weber, Wirtschaft und Gesellschaft, Tübingen 1922, S. 513–600. S. hier insbesondere S. 515. Bahnbrechend war der Aufsatz von Finley, The Ancient City (wie Anm. 98); vgl. jetzt auch H. Parkins, The

über die antike Stadt nicht fortgeführt werden, sondern es soll vielmehr versucht werden, Webers Sicht der antiken Wirtschaft hier aufgrund von zwei zentralen Texten darzulegen.

In den einleitenden Absätzen seines 1896 in Freiburg gehaltenen Vortrags *Die sozialen Gründe des Untergangs der antiken Kultur*[109] hat Weber die grundlegenden Merkmale der antiken Wirtschaft skizziert. Ausgangspunkt dieser Beschreibung ist die Feststellung, dass die Stadtwirtschaft die Wirtschaftsform der Antike gewesen ist.[110] In dieser Hinsicht ist die griechische Stadt „nicht wesentlich verschieden von der Stadt des Mittelalters."[111] Antike und Mittelalter erscheinen bereits hier im Vergleich, und dieser Vergleich spielt in dem Vortrag noch an anderer Stelle eine wichtige Rolle. Wirtschaftliche Basis der antiken Stadt war der Austausch der städtischen Erzeugnisse mit den Produkten des engeren Umlandes, ein Austausch, der direkt zwischen Produzenten und Konsumenten stattfand. Der Bedarf der Stadt wurde ohne Importe von außen gedeckt, was dem Ideal der Autarkie entsprach. Es existierte über [358] diesem „lokalen Unterbau" ein „internationaler Handel", den Weber allerdings als quantitativ unerheblich bezeichnet.[112]

Drei Gründe gibt Weber für diese Einschätzung an:

1. Der Fernhandel war in der Antike weitgehend auf den Seehandel beschränkt, ein Binnenhandel wie im Mittelalter hat nicht existiert, die römischen Straßen waren „Militär- und nicht Verkehrsstraßen."
2. Es handelte sich bei den Gütern des Fernhandels außerdem vorwiegend um wenige hochwertige Artikel – Weber führt hier „Edelmetalle, Bernstein, wertvolle Gewebe, einige Eisen- und Töpferwaren u. dgl." an; dieser Handel mit Luxusprodukten, deren hoher Preis die Transportkosten rechtfertigte, ist mit dem modernen Handel nicht vergleichbar. Die Getreideversorgung solcher Städte wie Athen und Rom ist als Ausnahme anzusehen.
3. Der Fernhandel war nicht am Bedarf der Massen, sondern an dem Interesse einer kleinen Schicht „besitzender Klassen" orientiert.[113]

Als weiteres Charakteristikum der antiken Wirtschaft erwähnt Weber die Sklaverei. Apodiktisch wird behauptet: „Die antike Kultur ist *Sklavenkultur.*" Es ist überraschend, dass Weber zunächst die Übereinstimmungen zwischen den Verhältnissen der Antike und des Mittelalters hervorhebt:

,consumer city' domesticated? The Roman city in élite economic strategies, in: H. M. Parkins, Roman Urbanism. Beyond the Consumer City, London 1997, S. 83–111.

109 M. Weber, Die sozialen Gründe (wie Anm. 107), S. 289–311. Vgl. K. Christ, Der Untergang des Römischen Reiches in antiker und moderner Sicht, in: Ders., Hg., Der Untergang des Römischen Reiches, Darmstadt 1970, S. 1–31, hier S. 12–16. A. Demandt, Der Fall Roms. Die Auflösung des römischen Reiches im Urteil der Nachwelt, München 1984, S. 288–290. J. Deininger, Eduard Meyer und Max Weber, in: W. M. Calder III, A. Demandt, Hg., Eduard Meyer. Leben und Leistung eines Universalhistorikers, Leiden 1990 (= Mnemosyne Suppl. 112), S. 132–158; zu Webers Vortrag vgl. besonders S. 139–140.

110 Weber, Die sozialen Gründe (wie Anm. 107), S. 291; charakteristisch für die Argumentation Weber ist die Einschränkung auf eine nicht näher bezeichnete Frühzeit: „Auch ökonomisch eignet, wenigstens in der historischen Frühzeit, dem Altertum diejenige Wirtschaftsform, die wir heute ‚Stadtwirtschaft' zu nennen pflegen."

111 Weber, Die sozialen Gründe (wie Anm. 107), S. 291.

112 Weber, Die sozialen Gründe (wie Anm. 107), S. 291–292.

113 Weber, Die sozialen Gründe (wie Anm. 107), S. 292–293.

„Von Anfang an steht neben der freien Arbeit der Stadt die unfreie des platten Landes, neben der freien Arbeitsteilung durch *Tausch*verkehr auf dem städtischen Markt die unfreie Arbeitsteilung durch *Organisation* der eigenwirtschaftlichen Gütererzeugung im ländlichen Gutshof – wiederum wie im Mittelalter.“[114]

Die folgende wirtschaftliche Entwicklung hat allerdings in der Antike einerseits und im Mittelalter sowie in der Neuzeit andererseits zu völlig unterschiedlichen Verhältnissen geführt;[115] während im Mittelalter aus der Arbeitsteilung und einem im Umfang zunehmenden Handel „Betriebsformen für den Absatz auf *fremdem* Markte auf Grundlage *freier* Arbeit entstehen“, wächst in der Antike durch die „Zusammenballung unfreier Arbeit“ der große Sklavenhaushalt an, mit den entsprechenden Folgen für die Distribution der Güter:

„Es schiebt sich so *unter* den verkehrswirtschaftlichen Ueberbau ein stets sich verbreiternder Unterbau mit verkehrs*loser* Bedarfsdeckung: – die fort[359]während Menschen aufsaugenden Sklavenkomplexe, deren Bedarf in der Hauptsache *nicht* auf dem Markt, sondern *eigen*wirtschaftlich gedeckt wird.“[116]

Die römische Expansion hat nach Weber die Tendenz hin zur Subsistenzproduktion im Oikos entscheidend verstärkt, denn in den großen Binnenräumen war die „Einbeziehung in den mittelländischen Kulturkreis“ nur aufgrund des „Emporsteigen[s] einer Grundaristokratie, die auf Sklavenbesitz und unfreier Arbeitsteilung“ beruhte, möglich.[117] In der Principatszeit ist „der Sklavenhalter [...] so der ökonomische Träger der antiken Kultur geworden, die Organisation der Sklavenarbeit bildet den unentbehrlichen Unterbau der römischen Gesellschaft.“ Da der Großgrundbesitz die „Grundform des Reichtums“ war, wendet Weber sich der Produktion und der Arbeit auf dem römischen Gutsbetrieb zu. Aus der Tatsache, dass der „kasernierte Sklave [...] nicht nur eigentumslos, sondern auch familienlos“ war und damit auch keine Kinder hatte, folgt zwingend, dass der römische Gutsbetrieb fortdauernd auf den Kauf von Sklaven und damit auf den Sklavenmarkt angewiesen war.[118]

Die in dem Vortrag formulierte Sicht der antiken Wirtschaft lässt den Einfluss der Thesen von Karl Bücher erkennen und unterscheidet sich in zentralen Punkten von den Ansichten Eduard Meyers. Wie Bücher setzt auch Weber die Antike mit einer der Stufen der wirtschaftlichen Entwicklung gleich; dabei entspricht die Antike bei Weber allerdings nicht der Stufe der

114 Weber, Die sozialen Gründe (wie Anm. 107), S. 293.
115 Weber, Die sozialen Gründe (wie Anm. 107), S. 294. In welchem Maß Weber vom Mittelalter her denkt, zeigt folgende Formulierung: „Damit wird die ökonomische Entwicklung des Altertums in die ihr eigentümliche, vom Mittelalter abweichende Bahn gelenkt.“ Für den Historiker ist deutlich, dass allenfalls die wirtschaftliche Entwicklung des Mittelalters von der der Antike abweichen kann, wenn man überhaupt von Abweichung sprechen will.
116 Weber, Die sozialen Gründe (wie Anm. 107), S. 294. Vgl. auch die Gegenüberstellung am Schluss des Abschnittes: „Im Mittelalter bereitet sich der Uebergang von der lokalen Kundenproduktion zur interlokalen Marktproduktion durch langsames Hereindringen der Unternehmung und des Konkurrenzprinzips von außen nach innen in die Tiefen der lokalen Wirtschaftsgemeinschaft vor, im Altertum lässt der internationale Verkehr die „Oiken“ wachsen, welche der lokalen Verkehrswirtschaft den Nährboden entziehen.“
117 Weber, Die sozialen Gründe (wie Anm. 107), S. 295–296.
118 Weber, Die sozialen Gründe (wie Anm. 107), S. 298. Aus dieser Abhängigkeit von dem Sklavenmarkt resultierte nach Weber der Zusammenbruch der antiken Kultur in dem Augenblick, als die „Sklavenzufuhr“ (a. a. O. S. 299) mit dem Ende der römischen Expansionskriege zu stocken begann.

Hauswirtschaft, sondern ist als Stadtwirtschaft zu bezeichnen. Dennoch besitzt der für den Eigenbedarf wirtschaftende Haushalt, der Oikos, für die Argumentation Webers eine große Bedeutung: Der Oikos steht bei Weber nicht wie bei Rodbertus und Bücher am Anfang der wirtschaftlichen Entwicklung der Antike, sondern an deren Ende. Die eigenwirtschaftliche Deckung des Bedarfs der wachsenden Sklavenkomplexe führte im Imperium Romanum einen Wandel der sozialen und wirtschaftlichen Verhältnisse herbei; der Oikos entzog „der lokalen Verkehrswirtschaft" zunehmend „den Nährboden."[119] Als in der Spätantike auf den großen Gütern die Sklaven zu „unfreien Fronbauern" und die Kolonen zu „hörigen Bauern" wurden, leitete diese Entwicklung zu den Grundherrschaften der [360] Karolingerzeit über.[120] Der Bedarf des Grundherrn wurde in steigendem Maße naturalwirtschaftlich gedeckt, die großen Güter waren nicht mehr auf den städtischen Markt angewiesen. Unter diesen Bedingungen kam der Güteraustausch zwischen Stadt und Land zum Erliegen, was zum Verfall der Städte in der Spätantike führte.[121] Weber hat in dem Vortrag für die Spätantike das geleistet, was er später für eine zentrale Aufgabe der Sozialwissenschaften hielt, nämlich die Geschichte „unter dem speziellen Gesichtspunkt ihrer *ökonomischen* Bedingtheit" zu analysieren.[122]

Ähnlich wie bei Bücher wird dem überregionalen Handel eine größere wirtschaftliche Bedeutung abgesprochen,[123] eine Auffassung, die in krassem Gegensatz zur Position Eduard Meyers steht. Die Akzentsetzung bei Meyer und Weber ist unterschiedlich: Meyer ging von einem eminenten Umfang des Handels in archaischer Zeit aus, der den Aufstieg der für internationale Märkte arbeitenden Industrie und der Sklaverei herbeiführte, während bei Weber die Stadtwirtschaft mit dem primären Austausch zwischen Stadt und Land den Bedarf weitestgehend gedeckt hat, so dass der überregionale Handel quantitativ unerheblich blieb. Bei Meyer stehen Handel und Industrie, bei Weber die Stadt mit ihrem Umland und die Entwicklung der Landwirtschaft, insbesondere der großen Güter, im Zentrum der Analyse der antiken Wirtschaft.

Diese Akzentsetzung bestimmt auch die späteren Arbeiten Webers, vor allem den großen Lexikonartikel *Agrarverhältnisse im Altertum*,[124] der, wie die Herausgeberin Marianne Weber nicht zu Unrecht feststellt, nicht nur einen Überblick über den Agrarbereich gibt, sondern darüber hinaus eine umfassende Sozial- und Wirtschaftsgeschichte des Altertums bietet.[125] Besondere Beachtung verdient vor allem der erste Abschnitt des Artikels; hier unternimmt es Max Weber, eine ökonomische Theorie der antiken Staatenwelt zu entwerfen. Dieser Text kann durchaus als ein kritischer Kommentar zu den Arbeiten von Ed. Meyer gelesen werden.[126] Das Interesse Webers an einer Erklärung der Ursachen für die Entstehung der Moderne in Europa

119 Weber, Die sozialen Gründe (wie Anm. 107), S. 295.
120 Weber, Die sozialen Gründe (wie Anm. 107), S. 300–301. 308–309.
121 Weber, Die sozialen Gründe (wie Anm. 107), S. 295. 304.
122 Weber, Objektivität (wie Anm. 103), S. 166–167.
123 Weber, Die sozialen Gründe (wie Anm. 107), S. 292.
124 M. Weber, Agrarverhältnisse im Altertum, in: Handwörterbuch der Staatswissenschaften, 3. Aufl. Jena 1909, S. 52–188; auch in: Ders., Gesammelte Aufsätze zur Sozial- und Wirtschaftsgeschichte, Tübingen 1924, S. 1–288.
125 Weber, Agrarverhältnisse (wie Anm. 124), S. 1, Anm. 1.
126 Weber, Agrarverhältnisse (wie Anm. 124), S. 1–45. Grundlegend zur Beziehung zwischen Meyer und Weber: J. Deininger, Eduard Meyer und Max Weber (wie Anm. 109), S. 132–158; zur Einleitung des Artikels Agrarverhältnisse vgl. besonders S. 142–145: Deininger arbeitet hier die Bezugnahmen Webers auf die Positionen Meyers klar heraus.

und seine universalhistorischen Perspektiven sind auch in diesem Werk ausschlaggebend für die Darstellung und die Argumentation.[127]

[361] Da Max Weber die soziale und wirtschaftliche Struktur der griechischen Stadt als „Stadtfeudalismus" charakterisiert, stellt sich die Frage nach dem Verhältnis zwischen dieser Form des Feudalismus und der Verkehrswirtschaft. Die möglichen Analogien zwischen der Antike und dem späten Mittelalter hält Weber – trotz Verwendung des Begriffs Feudalismus – allerdings „oft direkt schädlich für die unbefangene Erkenntnis."[128] Es kommt nach Weber darauf an, zunächst die grundlegenden Eigenheiten der antiken Wirtschaft festzustellen, die „sie von der mittelalterlichen wie von der neuzeitlichen scharf unterschieden."[129] Wie in dem Vortrag über die sozialen Gründe des Untergangs der antiken Kultur weist Weber hier auf zwei Tatbestände hin, nämlich darauf, dass die antike Kultur eine Küstenkultur war, und auf die Sklaverei; aufgrund dieser „ökonomischen Konstitution der Antike" ist es nach Weber unmöglich, die für das Mittelalter und die Neuzeit gebräuchlichen Kategorien auf die antike Wirtschaft anzuwenden.[130] Weber hält hier trotz einiger Modifikationen an seiner Ansicht fest, dass der „interlokale und internationale Handel" der Antike „in seiner relativen Bedeutung der umgesetzten Güterquanta [...] hinter dem späten Mittelalter *zurück*bleibt."[131]

Die Diskussion über die Frage, ob die Antike mit den modernen Kategorien und Begriffen angemessen erfasst werden kann, zeichnet Weber nach, indem er auf die Positionen von Rodbertus, Bücher und Ed. Meyer eingeht. Er konzediert dabei Bücher, dass es sich bei der Gleichsetzung von antiker Wirtschaft und Hauswirtschaft um eine „idealtypische Konstruktion einer Wirtschaftsverfassung" handelt; Oikenwirtschaft bedeutet nach Weber „eine, allerdings sehr starke, in ihren Konsequenzen höchst wirksame, *Einschränkung* der Verkehrserscheinungen in ihrer Bedeutung für die Bedarfsdeckung."[132] Im Zusammenhang mit Ed. Meyers Kritik an Büchers Ausführungen betont Weber, dass zentrale Aussagen Meyers in den Quellen nicht belegt werden können; dies trifft gerade auf die von Meyer postulierten Fabriken im archaischen Griechenland zu:

> „Von *gewerblichen* Betrieben, welche ihrer Größe, Dauer und technischen Qualität nach (Konzentration des Arbeitsprozesses in Werkstätten mit Arbeitszerlegung und -vereinigung und mit ‚stehendem Kapital') diesen Namen [362] verdienten, wissen die Quellen als von einer irgendwie verbreiteten Erscheinung *nichts*."[133]

---

127 Weber beginnt den Artikel und den ersten Abschnitt bezeichnenderweise mit Bemerkungen über den Gegensatz zwischen den „Siedlungen des europäischen Okzidents" und „denjenigen der ostasiatischen Kulturvölker," worauf nach Weber die unterschiedlichen Agrarstrukturen in Ostasien und in Europa, vor allem das Fehlen der Allmende in Ostasien, zurückzuführen sind. Außerdem stellt Weber hier Antike und Mittelalter gegenüber: Die „Berufskriegerschaft" der griechischen Städte wird mit dem mittelalterlichen Feudalismus verglichen, die Verhältnisse im antiken Griechenland werden als „Stadtfeudalismus" definiert. Vgl. Weber, Agrarverhältnisse (wie Anm. 124), S. 1–3.
128 Weber, Agrarverhältnisse (wie Anm. 124), S. 4.
129 Weber, Agrarverhältnisse (wie Anm. 124), S. 4.
130 Weber, Agrarverhältnisse (wie Anm. 124), S. 4–7.
131 Weber, Agrarverhältnisse (wie Anm. 124), S. 4.
132 Weber, Agrarverhältnisse (wie Anm. 124), S. 8.
133 Weber, Agrarverhältnisse (wie Anm. 124), S. 9.

Das *ergasterion* hält Weber wesentlich für die „Gesindestube" ohne „differenzierte *Organisation* der Arbeit", und die Geschäftsformen des Handels entsprachen allenfalls den Rechtsformen des Frühen Mittelalters.[134]

Zusammenfassend kann Weber auf der Grundlage dieser Feststellungen die Anschauungen Meyers, insbesondere seine Gleichsetzung von Antike und moderner Welt, dezidiert zurückweisen:

> „Es wäre nichts gefährlicher, als sich die Verhältnisse der Antike „modern" vorzustellen: wer dies tut, der unterschätzt, wie dies oft genug geschieht, die Differenziertheit der Gebilde, welche auch bei uns schon das Mittelalter – aber eben in *seiner* Art – auf dem Gebiet des Kapitalrechts hervorgebracht hatte."[135]

Besonders aufschlussreich für die Sicht Webers sind die im Text folgenden Bemerkungen zum Oikos; gerade hier wird deutlich, dass Weber eher der Position von Rodbertus als der von Meyer zuneigte und der Subsistenzproduktion im Agrarbereich große Beachtung schenkte.[136] Die Einsicht, dass die Produktion für den eigenen Bedarf in der Antike den Güteraustausch durch professionellen Handel stark beschränkte, wird zu einem gewichtigen Argument dafür, deutlich zwischen den wirtschaftlichen Verhältnissen in der Antike einerseits und denen im Mittelalter und in der Neuzeit andererseits zu differenzieren und jegliche Gleichsetzung zwischen antiker und moderner Wirtschaft abzulehnen. Letztlich folgt Weber damit der Auffassung von Rodbertus, dass die modernen Verhältnisse nicht auf die Antike übertragen werden dürften. Auch wenn Weber die Ausführungen von Rodbertus über den Oikos nicht in allen Einzelheiten akzeptiert hat, ist doch eine grundsätzliche Übereinstimmung zu konstatieren, wenn Weber schreibt:

> „Und es ist ferner auch nachdrücklich zu betonen, dass der „Oikos" im Rodbertusschen Sinn tatsächlich in der Wirtschaft des Altertums seine höchst bedeutungsvolle Rolle gespielt *hat*."[137]

---

134 Weber, Agrarverhältnisse (wie Anm. 124), S. 9–10.

135 Weber, Agrarverhältnisse (wie Anm. 124), S. 10.

136 Meyer, der Professor für Alte Geschichte an der Berliner Universität war, besaß in dieser Zeit als Historiker und Wissenschaftler ein überragendes Ansehen sowohl in Deutschland als auch in Europa und den USA. Die Ablehnung der Position Meyers implizierte demnach, dass Weber sich als Soziologe dem führenden Althistoriker Deutschlands auf dessen eigenem Forschungsgebiet überlegen fühlte. Vgl. auch Deininger, Eduard Meyer und Max Weber (wie Anm. 109), S. 132–158.

137 Weber, Agrarverhältnisse (wie Anm. 124), S. 10. Den Unterschied zur Position von Rodbertus bezeichnet Weber wie folgt: „Nur ist er [der Oikos] einerseits [...] für das im Licht der Geschichte liegende hellenischrömische Altertum erst spätes Entwicklungsprodukt (der Kaiserzeit) und zwar im Sinn der Ueberleitung zur feudalen Wirtschaft und Gesellschaft des frühen Mittelalters. Andererseits steht er [...] an den Anfängen der für uns zugänglichen Geschichte, und zwar als Oikos der Könige, Fürsten und Priester" (a. a. O. S. 10). Für die großen Haushalte mit einer hohen Zahl von Sklaven modifiziert Weber hier seine frühere Ansicht: „Dagegen ist das gleiche bei den großen Sklavenvermögen der *klassischen* Zeiten des Altertums durchaus nicht in dem Maße der Fall gewesen, wie Rodbertus glaubte, und wohl nicht einmal in dem Grade, wie auch ich meinerseits es früher anzunehmen geneigt war: in diesem Punkte muß (m. E.) Ed. Meyer und einigen seiner Schüler (Gummerus) recht gegeben werden" (a. a. O. S. 11). Vgl. auch Deininger, Eduard Meyer und Max Weber (wie Anm. 109), S. 144: „In gewisser Weise nimmt Weber in der Meyer-Bücher-Kontroverse also eine mittlere Position ein, die jedoch letztlich, in ihrem Beharren auf der Verwendung ,besonderer ökonomischer Kategorien für das Altertum' (ebd. 8) und in der allgemeinen Orientierung auf die Oikos-Theorie hin, dem ,nationalökonomischen' bzw. Rodbertus-Bücherschen Ansatz klar näher stand als der Meyerschen Interpretation der antiken Wirtschaft."

[363] Angesichts dieser Feststellung ist es überraschend, welche Bedeutung für Weber die Frage besitzt, ob in der Antike eine „kapitalistische Wirtschaft" existiert habe; er widmet – wahrscheinlich unter dem Einfluss der Argumentation von Ed. Meyer und H. Gummerus – der Erörterung dieser Frage lange Abschnitte seines Artikels.[138] Wenn Weber von Kapitalismus in der Antike spricht, ist natürlich nicht die Übertragung der Kategorien und Begriffe moderner kapitalistischer Wirtschaft gemeint, sondern die Verwendung des Begriffs in „rein ökonomischem" Sinn. Der Begriff Kapitalismus ist dann nicht „auf eine bestimmte Kapitalverwertungsart: die Ausnutzung fremder Arbeit durch Vertrag mit dem „freien" Arbeiter, beschränkt," sondern meint die Nutzung von „Besitzobjekte[n], die Gegenstand des Verkehrs sind, von Privaten zum Zweck verkehrswirtschaftlichen Erwerbes."[139] Da „Boden und Sklaven [...] Gegenstand freien Verkehrs" sind und damit als Kapital bezeichnet werden können, besteht nach Weber die Möglichkeit, den Kaufsklavenbetrieb in der antiken Landwirtschaft als „kapitalistischen Betrieb" anzusehen.[140] Immerhin räumt Weber ein, dass der moderne kapitalistische Betrieb in der Antike nicht zu finden ist.[141] Ferner bestehen weitere Unterschiede zwischen antikem und modernem Kapitalismus darin, dass in der Antike die technische Ausstattung der Fabrik, das moderne „stehende Kapital" fehlt, während für die Antike die Sklaverei charakteristisch ist, die in der Moderne nicht gegeben ist.[142] Für die Kapitalverwertung der Antike spielt das Gewerbe kaum eine Rolle, andere Arten der Kapitalverwertung dominieren, [364] darunter die Beteiligung an Steuerpachten, an Bergwerken, am Seehandel, am Plantagenbetrieb oder an Bankgeschäften.[143] Die Vorstellung, es habe einen antiken Kapitalismus gegeben, hat dann erheblichen Einfluss auf die Darstellung der verschiedenen Epochen der Antike;[144] dabei entsteht die Schwierigkeit, dass Weber sich genötigt sieht, fortlaufend zwischen antikem und modernem Kapitalismus zu differenzieren; ein weiteres Problem besteht darin, dass für die antiken Verhältnisse nur schwer zwischen Kapital und privatem Vermögen zu unterscheiden ist.[145]

Ferner muss Weber zugestehen, dass die wichtigste Auswirkung des modernen Kapitalismus, die vollkommene Umgestaltung der gewerblichen Produktion durch die Entstehung des

138 Weber, Agrarverhältnisse (wie Anm. 124), S. 12–33. Zum antiken Kapitalismus bei Max Weber vgl. Deininger, Eduard Meyer und Max Weber (wie Anm. 109), S. 143–145. Im kommentierten Literaturverzeichnis des Lexikonartikels bezeichnet Weber die Studie von Gummerus (wie Anm. 91) ausdrücklich als „gute Arbeit": Vgl. a. a. O. S. 288.

139 Weber, Agrarverhältnisse (wie Anm. 124), S. 15.

140 Weber, Agrarverhältnisse (wie Anm. 124), S. 14–15.

141 Vgl. Weber, Agrarverhältnisse (wie Anm. 124), S. 15: „Der kapitalistische Großbetrieb mit ‚freier' Arbeit endlich, welcher bei gleichem Grade der Kapitalakkumulation die weitaus größere Kapitalintensität des Betriebs an *sachlichen* Produktionsmittel ermöglicht, ist dem Altertum normalerweise auf dem Gebiet der Privatwirtschaft *nicht* als Dauererscheinung bekannt, weder außerhalb noch innerhalb der Landwirtschaft."

142 Weber, Agrarverhältnisse (wie Anm. 124), S. 16.

143 Weber, Agrarverhältnisse (wie Anm. 124), S. 16. Weber nennt außerdem noch Bodenpfand, Überlandhandel und Vermietung von Sklaven.

144 Vgl. insbesondere das Kapitel ‚Grundlagen der Entwicklung in der Kaiserzeit', in: Weber, Agrarverhältnisse (wie Anm. 124), S. 253–278.

145 Dieses Problem ist gravierender als es auf den ersten Blick erscheint; Weber hat in seinen wirtschaftshistorischen Arbeiten immer wieder darauf hingewiesen, dass für ein Unternehmen das Vorhandensein eines Sondervermögens, das von dem privaten Vermögen des Eigentümers getrennt ist, konstitutiv ist; vgl. Weber, Wirtschaft und Gesellschaft (wie Anm. 108), S. 52–53 und ferner Weber, Agrarverhältnisse (wie Anm. 124), S. 268–269.

Fabriksystems, in der Antike gerade nicht gegeben war.[146] Weber kann daher an der Vorstellung einer antiken Wirtschaft, die sich von den modernen Verhältnissen grundsätzlich unterscheidet, nur festhalten, indem er annimmt, dass der antike Kapitalismus nicht zur Entfaltung gelangte. Nach Weber ist eine kapitalistische Entwicklung der antiken Wirtschaft durch bestimmte politische wie wirtschaftliche Faktoren gehemmt worden, so durch die Politik der antiken Gemeinwesen, vor allem durch die „bureaukratische „Ordnung" der monarchischen Staatswirtschaft", die in der Spätantike die „größten Privatkapitalien" aushungerte, „indem sie die wichtigsten Quellen des Profites verstopfte,"[147] durch die begrenzte Marktproduktion, durch die „Labilität" der Kapitalbildung, durch die technischen Grenzen einer Nutzung der Sklavenarbeit im Großbetrieb und durch die Grenzen ökonomischer Kalkulation.[148]

Bei dem Versuch, die Auffassungen Webers wissenschaftshistorisch einzuordnen und zu bewerten, ist auf eine grundlegende Inkonsequenz in der Beschreibung der antiken Wirtschaft hinzuweisen; Weber lehnt die ‚modernistische' Position Ed. Meyers ab und rezipiert mit Modifikationen die Oikentheorie von Rodbertus, ver[365]zichtet gleichzeitig aber nicht darauf, den Begriff ‚Kapitalismus', der die seit dem Beginn der Industrialisierung in Teilen Europas dominierende Form moderner Wirtschaft bezeichnet, auf den römischen Großgrundbesitz und andere spezielle Bereiche der römischen Wirtschaft zu übertragen. Außerdem bleibt zu fragen, inwieweit von einem antiken Kapitalismus gesprochen werden kann, wenn zugleich zugestanden wird, dieser habe sich angesichts der wirtschaftlichen Verhältnisse nicht entfalten können. Damit bleibt der Eindruck, dass Webers Theorie der antiken Wirtschaft in entscheidenden Punkten in sich widersprüchlich ist und das Problem der Einordnung eines überregionalen Handels und einer gewerblichen Produktion für überregionale Märkte in die Wirtschaft einer vorindustriellen Agrargesellschaft nicht wirklich löst. Ungeachtet dieses Tatbestandes ist zu konstatieren, dass eine Reihe von Thesen Webers einen eminenten Einfluss auf die Erforschung der antiken Wirtschaft ausübte, zuerst auf Hasebroek, später auf Finley.

IV

In der Zeit nach dem Ersten Weltkrieg hat als einziger deutscher Althistoriker Johannes Hasebroek (1893–1957)[149] die Auffassungen von Eduard Meyer und Karl Julius Beloch entschieden abgelehnt. Hasebroek, der in Heidelberg und Berlin studiert hatte und 1916 mit einer Arbeit über die *Historia Augusta* promoviert worden war, beschäftigte sich unter dem Eindruck

---

146 Vgl. Weber, Agrarverhältnisse (wie Anm. 124), S. 268: „Wir haben gesehen, dass die Zusammenballung von Dutzenden, ja selbst von Tausenden von Sklaven in einzelnen *Vermögen*, auch da, wo die Sklaven *derselben* gewerblichen Branche angehören, keine Schaffung von ‚Groß*betrieben*' im ökonomischen Sinn war, so wenig wie etwa heute die Anlage eines Vermögens in Aktien verschiedener Brauereien die Schaffung einer neuen Brauerei bedeutet." S. 269: „Der ‚Kapitalismus' auf dem Gebiet des Gewerbes war im Altertum, weil er *Renten*kapitalismus war, in gewissem Sinn direkt *gegen* die Schaffung von ‚Großbetrieben', die ein spezifisches Produkt herstellen, interessiert."

147 Weber, Agrarverhältnisse (wie Anm. 124), S. 30.

148 Weber, Agrarverhältnisse (wie Anm. 124), S. 31–32.

149 Vgl. zu Hasebroek vor allem E. Pack, Johannes Hasebroek, in: W. W. Briggs, W. M. Calder, Hg., Classical Scholarship. A Biographical Encyclopedia, New York – London 1990, 142–151. Christ, Hellas (wie Anm. 4), S. 230–232. Christ spricht von dem „heute weithin vergessenen Johannes Hasebroek" (a. a. O. S. 230), womit er aber vor allem die Situation in Deutschland meint. Immerhin zählten Briggs und Calder Hasebroek zu den fünfzig bedeutenden Altertumswissenschaftlern, denen sie einen Artikel in ihrer ‚Biographical Encyclopedia' widmeten.

der Seminare und Vorlesungen von Ulrich Wilcken und Werner Sombart schon vor seiner Habilitation intensiv mit Themen der griechischen Wirtschaftsgeschichte;[150] 1920 und 1923 erschienen längere Aufsätze zum griechischen Bankwesen und Handel.[151] In diesen Arbeiten hat Hasebroek in genauer Interpretation der antiken Texte, insbesondere der attischen Reden, bereits ein Bild der griechischen Wirtschaft gezeichnet, das sich signifikant von den Auffassungen Meyers unterschied, ohne jedoch auf die Kontroverse zwischen Meyer und Bücher näher einzugehen. In den beiden folgenden Monographien *Staat und Handel im antiken Griechenland* und *Griechische Wirtschafts- und Gesellschaftsgeschichte bis zur Perserzeit*[152] hat Hasebroek dann nicht nur seine Sicht der Wirtschaft und insbesondere des Handels in vorhellenistischer Zeit ausführlich be[366]gründet, sondern auch explizit zu den Thesen von Meyer und Beloch Stellung genommen.

In dem Vorwort zu *Staat und Handel im alten Griechenland* äußert sich Hasebroek über seine eigenen Forschungsziele: Es kommt ihm darauf an, in dem Buch „zu einer Klarstellung des Verhältnisses der griechischen Staatsgewalt der vorhellenistischen Zeit zu den gesamten Äußerungen des Handelslebens zu gelangen und somit das Bild einer Handelspolitik der autonomen Polis zu zeichnen."[153] Knapp, aber präzise charakterisiert Hasebroek die konträren Forschungspositionen zur Frage der antiken Wirtschaft: Die Theorie „von einer hochentwickelten Form der antiken Wirtschaft" überträgt die Begriffe der neuzeitlichen Ökonomie auf die Antike und sieht „in den wirtschaftlichen Erscheinungen der Vergangenheit mehr oder weniger ein Spiegelbild der modernen," wobei die Industrie im 5. und 4. Jahrhundert v. Chr. eine dominierende Stellung in der griechischen Wirtschaft erlangt haben soll. Dem „steht die andere Theorie von der ausgesprochenen Primitivität des antiken Wirtschaftsleben gegenüber, welche die Wirtschaft über die Stufe der ‚geschlossenen Hauswirtschaft' im wesentlichen nicht hinausgekommen sein lässt."[154] Hasebroek selbst vertritt keineswegs die primitivistische Position von Rodbertus und Bücher, er betont aber, dass „die relative Primitivität der Wirtschaft des fünften und vierten Jahrhunderts [...] heute nicht mehr zu leugnen sei."[155] Der These einer Industrialisierung Griechenlands wird vehement widersprochen:

> „Die Anschauungen vom Grade der Industrialisierung der antiken Welt, wie sie die modernisierende Theorie vertrat, haben schon längst stärkste Einschränkung erfahren und das phantastische Bild, insbesondere einer industrialisierten griechischen Welt beginnt mehr und mehr zu verblassen."[156]

Es ist bemerkenswert, dass Hasebroek die „Verzeichnung" der wirtschaftlichen Verhältnisse in der Antike auf die Verwendung von Zeugnissen aus verschiedenen Epochen der griechi-

150 Pack, Hasebroek (wie Anm. 149), S. 145.
151 J. Hasebroek, Griechisches Bankwesen, Hermes 55, 1920, 113–173. Ders., Die Betriebsformen des griechischen Handels im IV. Jahrhundert, Hermes 58, 1923, 393–425.
152 J. Hasebroek, Staat und Handel im alten Griechenland, 1928. J. Hasebroek, Griechische Wirtschafts- und Gesellschaftsgeschichte bis zur Perserzeit, 1931.
153 Hasebroek, Staat (wie Anm. 152), S. VII.
154 Hasebroek, Staat (wie Anm. 152), S. VII–VIII.
155 Hasebroek, Staat (wie Anm. 152), S. VIII
156 Hasebroek, Staat (wie Anm. 152), S. VIII. Hasebroek hat die Thesen der deutschen Geschichtswissenschaft – das sind vor allem die Auffassungen von Ed. Meyer und von Beloch – über die griechische Wirtschaft und die Bedeutung des Handels an mehreren Stellen seines Buches ausführlich kritisiert: Vgl. Hasebroek, Staat (wie Anm. 152), S. 14–16. 45–53. 74–75. 102–105. 110–111.

schen Geschichte zurückführt; er hält es demgegenüber für notwendig, die Unterschiede in der Wirtschaft verschiedener Epochen klar zu erfassen und mit dieser Differenzierung die Voraussetzung für eine angemessene Darstellung der wirtschaftlichen Entwicklung in der Antike zu schaffen.

Der erste Abschnitt des Buches ist der Rolle der Händler im Wirtschaftsleben der griechischen Polis gewidmet; hier formuliert und begründet Hasebroek im wesentlichen zwei Thesen: Bei den *emporoi*, die im Fernhandel tätig sind, handelte es sich in der Regel um „Händler ohne eigenes Kapital"; aus diesem Grund waren die *em*[367]*poroi* auch auf Seedarlehen angewiesen.[157] Es existierte folglich eine „vollständige Trennung" zwischen Geldbesitzern und Händlern, der Geldgeber ist am Handelsgeschäft selbst nicht direkt beteiligt. Unter diesen Voraussetzungen gab es auch „keine Kapitalanhäufung zu dem Zwecke, mit diesem Kapital einen berufsmäßigen Handel zu betreiben."[158] Die zweite These von Hasebroek betrifft den sozialen und rechtlichen Status der *naukleroi* und *emporoi*. In Athen, für das zahlreiche Zeugnisse vorliegen, waren die Händler insgesamt Metoiken, also Fremde, die ihren Wohnsitz durchaus in der Stadt haben konnten, aber keine Bürger waren:

> „Handel und Gewerbe ruhen in der griechischen Welt in weitestgehendem Maße auf einer in den einzelnen Städten und Staaten ansässigen, politisch degradierten, nichtbürgerlichen Fremdenbevölkerung."[159]

Im zweiten Teil des Buches untersucht Hasebroek den griechischen Handel der vorhellenistischen Zeit. Er beginnt seine Ausführungen mit einer Kritik an den Auffassungen von Ed. Meyer, Robert von Pöhlmann und Karl Julius Beloch. Prägnant fasst Hasebroek zunächst die Thesen dieser Althistoriker zur griechischen Wirtschaftsgeschichte zusammen:

> „Die Zeit mehr als zwei Jahrhunderte vor den Perserkriegen ist nach dieser Anschauung die große Zeit der Geldwirtschaft und der Industrie. [...] Die kommerziellen Interessen werden bereits im 8. Jahrhundert vorherrschend, und schon jetzt gewinnen die Handelsstädte der griechischen Welt die Führung. Es entwickelt sich gleichzeitig, so meint man, ein glänzendes städtisches Bürgertum als Träger dieses kommerziellen und industriellen Lebens."[160]

Für Hasebroek besteht ein eklatanter Widerspruch zwischen dieser Sicht und den Quellen; die Behauptung, in Griechenland sei bereits vor den Perserkriegen eine exportierende Industrie entstanden, setzt die Existenz „großer oder größerer industrieller Betriebe, regelrechter ‚Fabriken' voraus", und genau solche Großbetriebe sind in den Quellen nicht nachweisbar.[161]

---

157 Hasebroek, Staat (wie Anm. 152), S. 7.
158 Hasebroek, Staat (wie Anm. 152), S. 9. Hasebroek deutet an dieser Stelle an, dass unter diesen Voraussetzungen Kapital nicht „im Sinne neuzeitlichen kaufmännischen Unternehmertums" eingesetzt werden konnte.
159 Hasebroek, Staat (wie Anm. 152), S. 21. Am Schluss dieses Abschnittes zieht Hasebroek aus dieser Feststellung eine weitreichende Konsequenz: „Das bedeutet aber nicht mehr und nicht weniger, als dass das Gewerbe und in noch stärkerem Maße der Handel, besonders aller interlokaler Handel dieser Zeit, theoretisch im wesentlichen außerhalb des Staates liegt" (S. 44).
160 Hasebroek, Staat (wie Anm. 152), S. 46.
161 Hasebroek, Staat (wie Anm. 152), S. 49: „Daß aber im 8., 7. und 6. Jahrhundert je neben der Hausindustrie und dem kleinen Handwerksbetrieb mit dem Einzelabsatz seiner Erzeugnisse der Großbetrieb mit Massenanfertigung sich ausgebildet hätte, ist zum mindesten nicht zu erweisen."

[368] Ähnliches gilt auch für die postulierte Existenz von Industriestädten. Mit Nachdruck weist Hasebroek darauf hin, dass Städte wie Aigina und Korinth, die in diesem Zusammenhang genannt wurden, nicht als Industriestädte bezeichnet werden können.[162] In einem längeren Abschnitt charakterisiert Hasebroek das im westlichen Nildelta gelegene Naukratis als ein griechisches *emporion*, als „Austauschplatz zwischen dem alten Pharaonenland und der Mittelmeerwelt, durch den Aegypten sich dem auswärtigen Verkehr überhaupt öffnet."[163] Ein solcher Austauschplatz wurde geschaffen, um Fremden Handelsgeschäfte zu ermöglichen und gleichzeitig den direkten Kontakt mit der einheimischen Bevölkerung zu unterbinden.[164]

Die wirtschaftliche Entwicklung im 5. und 4. Jahrhundert bewirkte nach Hasebroek keine strukturellen Veränderungen in der Produktion. Das *ergasterion*, eine Produktionsstätte, die in der Literatur des 4. Jahrhunderts häufig erwähnt wird, ist nicht als Fabrik anzusehen, wie Hasebroek dezidiert feststellt:

> „Von einer kapitalistischen Produktionsweise und einem Fabriksystem der Industrie dieser Zeit kann nicht die Rede sein. Organisation und Produktionsmethode sind handwerksmäßige geblieben."[165]

Der Handel wiederum ist selbst noch im 4. Jahrhundert „ausschließlich Eigenhandel;"[166] anschaulich beschreibt Hasebroek die Situation des Händlers dieser Zeit:

> „Der Händler begleitet seine Waren (sei es auf eigenem, sei es auf fremdem Schiffe) in eigener Person oder durch einen Beauftragten. Ein gewerbsmäßiges Transportgeschäft (Speditionsgeschäft), die fundamentale Voraussetzung allen nachmittelalterlichen Handelsverkehrs, hat sich nicht entwickeln können."[167]

Unter diesen Voraussetzungen hatten politische Eingriffe in den Handel zwei Ziele, die Sicherung der Ernährung der Bevölkerung durch Sicherung der Importe vor allem von Getreide sowie die Sicherung der Einkünfte einer Polis durch die Einnahme von Zöllen und insbesondere von Hafenzöllen.[168] Die Förderung des [369] Handels hat also weitgehend fiskalpolitische Motive, eine Handelspolitik wie die moderner Staaten mit dem „Ziel der Erwerbung auswärtiger Märkte und der Erhaltung des einheimischen Marktes zur Förderung einer einheimischen Produktion

---

162 Hasebroek, Staat (wie Anm. 152), S. 53–61. Es ist aufschlussreich, dass Hasebroek hier (S. 59) H. Francotte, L'industrie dans la Grèce antique, 1900, zustimmend zitiert: „Schon Francotte kommt zu dem Resultat, dass wir ‚bien peu de traces d'une industrie' in Korinth besitzen. ‚Elles ne suffisent pas pour faire de Corinthe une centre industriel.'"

163 Hasebroek, Staat (wie Anm. 152), S. 62–68.

164 Hasebroek, Staat (wie Anm. 152), S. 65: „Der Staat, der sich im Prinzip der Außenwelt gegenüber abschließt und den sein Territorium betretenden Fremden als Feind betrachtet, setzt der Außenwelt gegenüber bestimmte Verkehrsgrenzen fest, innerhalb deren er den Verkehr gestattet." Eine ähnliche Position vertritt jetzt auch A. Möller, Naukratis. Trade in Archaic Greece, Oxford 2000.

165 Hasebroek, Staat (wie Anm. 152), S. 78.

166 Hasebroek, Staat (wie Anm. 152), S. 84.

167 Hasebroek, Staat (wie Anm. 152), S. 84.

168 Hasebroek, Staat (wie Anm. 152), S. 108: „So sind es allein zwei Faktoren, durch die das Verhalten des griechischen vorhellenistischen Staates dem auswärtigen Handel gegenüber bestimmt wird: Auf der einen Seite die Möglichkeit der Ausbeutung des Handels zu rein fiskalischen Zwecken (durch Zölle, Abgaben, Monopole), auf der anderen Seite die Nutzbarmachung des Handels für die ganz elementare Ernährungsfrage der Polis." Vgl. auch S. 138–181.

und einer einheimischen Nationalarbeit"[169] kann hingegen für die griechischen Poleis des 5. und 4. Jahrhunderts nicht festgestellt werden.

In dem wenige Jahre später publizierten Buch *Griechische Wirtschafts- und Gesellschaftsgeschichte bis zur Perserzeit* hat Hasebroek seine Auffassungen noch einmal wiederholt und dabei auch ergänzt. In dem Abschnitt über die Wirtschaft[170] finden sich neben den Ausführungen zum Handel pointierte Bemerkungen zum Handwerk, zur städtischen Wirtschaft und zur Geldwirtschaft. Hasebroek betont hier die Bedeutung der lokalen Produktion von Erzeugnissen des Handwerks[171] und bestimmt die wirtschaftliche Funktion der Stadt ähnlich wie Max Weber:

> „So sind die griechischen Städte auch des 6. Jhd.s Agrarstädte, deren Wirtschaft auf Ackerbau und Viehzucht ruht. Die Polis ist, wie die antike Stadt überhaupt, Konsumenten- nicht Produzentenstadt."[172]

In seiner Zusammenfassung orientiert Hasebroek sich deutlich an den Kategorien der Hauswirtschaft und Stadtwirtschaft von Bücher:

> „Konsumtion und Produktion haben auch im 6. Jhd. den Kreis der Polis nicht überschritten und nicht einmal die Tendenz zur Erweiterung dieses Kreises ist, trotz der geographischen Differenziertheit der Bodenbeschaffenheit der griechischen Welt, für diese Zeit zu erkennen."[173]

Die griechische Wirtschaft der archaischen Zeit hat das „Stadium der Hauswirtschaft überwunden"[174] und wird als Stadtwirtschaft bezeichnet.[175]

Die Darstellung der antiken Wirtschaft bei Hasebroek ist deutlich von der Position Büchers beeinflusst und von einer dezidierten Ablehnung der modernistischen Auffassungen Ed. Meyers geprägt. Hasebroek gesteht zwar zu, dass „die Rodbertus-Büchersche Oikentheorie [...] als das entgegengesetzte Extrem" ebenfalls unhaltbar [370] sei und Bücher die antike Wirtschaft weitgehend unterschätzt habe,[176] aber er hält dessen Kritik an der Sicht Ed. Meyers insgesamt für berechtigt. Nach Meinung von Hasebroek wies Bücher zu Recht „mit aller Schärfe auf die Unmöglichkeit des in der Altertumswissenschaft für kanonisch geltenden Bildes der antiken Wirtschaft" hin.[177] Einzelne Thesen Büchers lehnt Hasebroek ab,[178] zugleich akzeptiert

---

169 Hasebroek, Staat (wie Anm. 152), S. 102.
170 Hasebroek, Wirtschafts- und Gesellschaftsgeschichte (wie Anm. 152), S. 255–291.
171 Hasebroek, Wirtschafts- und Gesellschaftsgeschichte (wie Anm. 152), S. 276: „Den Bedarf an Gebrauchsgütern des täglichen Lebens kann auch in diesen Jahrhunderten überall nur die lokale Produktion, die lokale Werkstätte des Handwerkers mit ihrem Einzelabsatz befriedigt haben."
172 Hasebroek, Wirtschafts- und Gesellschaftsgeschichte (wie Anm. 152), S. 276.
173 Hasebroek, Wirtschafts- und Gesellschaftsgeschichte (wie Anm. 152), S. 283.
174 Hasebroek, Wirtschafts- und Gesellschaftsgeschichte (wie Anm. 152), S. 283.
175 Hasebroek, Wirtschafts- und Gesellschaftsgeschichte (wie Anm. 152), S. 284: „Es ist das Bild der Stadtwirtschaft, auch in den höchst entwickelten städtischen Zentren dieser Zeit, wie etwa in Milet und Korinth, nicht unähnlich der Stadtwirtschaft der mittelalterlichen Städte."
176 Hasebroek, Staat (wie Anm. 152), S. VIII: „.... und auch Bücher gelangte zu seiner zu weitgehenden Unterschätzung der antiken Wirtschaft nicht zum wenigsten deswegen, weil er im wesentlichen die Zeit bis Alexander betrachtete und den Hellenismus ignorierte." Vgl. auch Hasebroek, Wirtschafts- und Gesellschaftsgeschichte (wie Anm. 152), S. VII: Hier wird Büchers Stufentheorie als „verfehlt" bezeichnet.
177 Hasebroek, Staat (wie Anm. 152), S. VIII.
178 Hasebroek, Staat (wie Anm. 152), S. 76 zum *ergasterion* des Lysias, S. 81 zum Verbot der Lieferung von Waffen und Ausrüstungsgegenständen für Kriegsschiffe an Philipp (Demosth. or. 19,286), S. 82 zur

er jedoch dessen Annahme einer lokalen Produktion griechischer, insbesondere attischer Keramik.[179] Neben Bücher hat Hasebroek auch Max Weber rezipiert, auf dessen Unterscheidung von antiker und mittelalterlicher Demokratie er nachdrücklich hinweist.[180] Webers Abschnitt über die Antike in *Wirtschaft* und *Gesellschaft* nennt er „vielleicht das Bedeutendste was hier überhaupt gesagt worden ist."[181] In der deutschen Althistorie hat mit Hasebroek die Rezeption der Forschungsergebnisse von Ökonomen und Sozialwissenschaftlern begonnen, und es ist ein bleibendes Verdienst von Hasebroek, die Gleichsetzung der antiken Wirtschaft mit den wirtschaftlichen Verhältnissen der Neuzeit gerade aufgrund der Kenntnis ökonomischer und sozialwissenschaftlicher Arbeiten zurückgewiesen zu haben.

Es ist die persönliche Tragik des Wissenschaftlers Hasebroek, dass er die weite Anerkennung seiner Auffassungen selbst nicht mehr erleben durfte. Bedingt durch eine politische Denunziation verlor Hasebroek im Jahr 1937 seine Professur in Köln, und aufgrund gesundheitlicher Probleme lehnte er 1946 das Angebot ab, den Lehrstuhl für Alte Geschichte wieder einzunehmen. Die Tatsache, dass Hasebroek seit 1937 nicht mehr an einer deutschen Universität tätig war, hat zweifellos dazu beigetragen, dass seine beiden Monographien in Deutschland weitgehend ignoriert wurden und lange Zeit kaum einen nennenswerten Einfluss auf spätere Arbeiten zur [371] griechischen Geschichte auszuüben vermochten.[182] Immerhin erschien 1933 eine englische Übersetzung von *Staat und Handel im alten Griechenland*, was dem Werk im englischsprachigen Raum eine weite Resonanz sicherte.[183] Ausdruck hierfür ist die Erwähnung Hasebroeks in Finleys *The Ancient Economy*: Nach Finley haben vor allem Max Weber, Johannes Hasebroek und Karl Polanyi die Ansicht vertreten, dass eine marktorientierte ökonomische Analyse nicht auf die Antike angewandt werden kann.[184]

Einfuhr in Athen und S. 95 zur Interpretation des Fragments von Hermippos über Güter, die in Athen importiert wurden.

179 Hasebroek, Staat (wie Anm. 152), S. 52: „Nicht leicht zu nehmen ist Büchers speziell die attischen Vasen betreffende Erwägung, dass die Annahme am einfachsten und natürlichsten ist, die Gefäße seien dort produziert worden, wo sie am meisten gefunden worden sind." Vgl. S. 72: „... die griechischen Vasenfunde – falls nicht überhaupt in der überwiegenden Zahl der Fälle (wie ich mit Bücher glauben möchte) gar kein Import, sondern Produktion an Ort und Stelle vorliegt." Vgl. außerdem Hasebroek, Wirtschafts- und Gesellschaftsgeschichte (wie Anm. 152), S. 281.

180 Hasebroek, Staat (wie Anm. 152), S. 29.

181 Hasebroek, Wirtschafts- und Gesellschaftsgeschichte (wie Anm. 152), S. VII. Max Webers Thesen zur Antike werden mehrmals zustimmend angeführt: Hasebroek, Wirtschafts- und Gesellschaftsgeschichte (wie Anm. 152), etwa S. 120. 156. 268.

182 Pack, Hasebroek (wie Anm. 149), S. 148–150. Beide Bücher Hasebroeks sind 1966 als Nachdruck in Hildesheim erschienen, was aber an dieser Situation zunächst nicht viel änderte.

183 J. Hasebroek, Trade and Politics in Ancient Greece, London 1933. Vgl. Pack, Hasebroek (wie Anm. 149), S. 147.

184 M. I. Finley, Ancient Economy (wie Anm. 3), S. 26: „More recently the inapplicability to the ancient world of a market-centred analysis was powerfully argued by Max Weber and by his most important disciple among ancient historians, Johannes Hasebroek; in our own day by Karl Polanyi."

V

Mit *The Social and Economic History of the Roman Empire* und *The Social and Economic History of the Hellenistic World* hat M. I. Rostovtzeff (1870–1952) zentrale Werke zur antiken Sozial- und Wirtschaftsgeschichte und überhaupt zur Alten Geschichte verfasst.[185] Rostovtzeff, der in den Jahren vor dem Ersten Weltkrieg enge Kontakte zu deutschen Althistorikern besaß und eine Reihe von Monographien zu speziellen Fragen der römischen Wirtschaftsgeschichte veröffentlicht hatte,[186] verließ nach der Revolution von 1917 Russland und lehrte seit 1925 als Althistoriker in Yale.[187] In seiner 1926 veröffentlichten Darstellung der Sozial- und Wirtschaftsgeschichte der Principatszeit vertrat Rostovtzeff ähnliche Positionen wie Ed. Meyer, was für die spätere wirtschaftshistorische Forschung weitreichende Folgen hatte. Die Darstellung von Rostovtzeff, die ein geschlossenes Bild der wirtschaftlichen Entwicklung des Imperium Romanum in der Zeit vom 1. bis zum 3. Jahrhundert bot, [372] erschloss eine unglaubliche Fülle von literarischen, epigraphischen und archäologischen Quellen. In methodischer Hinsicht beeindruckte vor allem die umfassende Einbeziehung des archäologischen Materials in die historische Darstellung; die archäologischen Artefakte und Überreste dienten bei Rostovtzeff nicht mehr der bloßen Illustration der Texte, sondern wurden als wichtige Quellen interpretiert und ausgewertet; der Bildteil mit seinen Erläuterungen belegt das große Interesse Rostovtzeffs an diesem Quellenmaterial. Das Werk faszinierte viele Altertumswissenschaftler und beeinflusste auf diese Weise die in der Alten Geschichte vorherrschende Auffassung über die antike Wirtschaft. Die Vorzüge dieses Werkes waren so beeindruckend, dass die Konzeption, die hinter den Ausführungen zur römischen Wirtschaft stand, zunächst nicht kritisch diskutiert wurde.

Rostovtzeff beschreibt die wirtschaftliche Entwicklung Italiens und später auch der Provinzen als ‚process of industrialization',[188] einen Prozess, der sich in Italien nicht auf die großen Städte beschränkte, sondern auch die kleinen Städte erfasste.[189] Der wirtschaftliche Aufschwung des Gewerbes in den Provinzen führte nach Rostovtzeff unter den Flaviern und den

---

185 M. I. Rostovtzeff, The Social and Economic History of the Roman Empire, Oxford 1926. M. I. Rostovtzeff, The Social and Economic History of the Hellenistic World, Oxford 1941.

186 Geschichte der Staatspacht in der römischen Kaiserzeit bis Diokletian, Philologus Ergänzungsband 9, 1902, S. 331–512. Römische Bleitesserae. Ein Beitrag zur Sozial- und Wirtschaftsgeschichte der römischen Kaiserzeit, Leipzig 1905 (= Klio Beiheft 3). Studien zur Geschichte des römischen Kolonates. Archiv f. Papyrusforschung Beiheft 1, 1910.

187 Zu Rostovtzeff vgl. M. Reinhold, Historian of the Classic World: A Critique of Rostovtzeff, Science and Society 10,1946, 361–391. A. Momigliano, M. I. Rostovtzeff, in: Ders.: Studies in Historiography, London 1966, S. 91–104. Christ, Von Gibbon zu Rostovtzeff (wie Anm. 1), S. 334–349. J. R. Fears, M. Rostovtzeff, in: Briggs, Calder, Hg., Classical Scholarship. (wie Anm. 149), S. 405–418. M. A. Wes, Michael Rostovtzeff, Historian in Exile. Russian Roots in an American Context, Stuttgart 1990 (Historia Einzelschr. 65). H. Heinen, Michail Ivanovich Rostovtzeff, in: L. Raphael, Hg., Klassiker der Geschichtswissenschaft, Band 1, München 2006, S. 172–189. Wichtig ist auch: G. Kreucher, Hg., Rostovtzeffs Briefwechsel mit deutschsprachigen Altertumswissenschaftlern. Einleitung, Edition und Kommentar, Wiesbaden 2005 (Philippika. Marburger altertumskundliche Abhandlungen 6).

188 M. I. Rostovtzeff, The Social and Economic History of the Roman Empire, 2. Aufl. Oxford 1957 revised by P. M. Fraser, S. 174.

189 Rostovtzeff, Roman Empire (wie Anm. 188), S. 72: „Another important phenomenon in the development of industry in Italy is the gradual industrialization of life not merely in large cities like Puteoli and Aquileia, which were great export harbours and centres of important trade routes, but also in smaller local centres and ports."

Antoninen zum Niedergang der Produktion in Italien;[190] Gallien wurde in dieser Zeit „greatest industrial land of the West".[191] In den größeren Städten entwickelte sich eine „capitalistic mass production."[192] Allerdings gesteht Rostovtzeff zu, dass die kleinen Werkstätten nicht vollständig verdrängt wurden wie im 19. und 20. Jahrhundert.[193]

[373] Die Ausführungen von Rostovtzeff über die Gesellschaft und die soziale Entwicklung im Imperium Romanum besitzen eine ähnliche Tendenz: Häufig verwendet Rostovtzeff den Begriff *bourgeoisie*, um die städtische Oberschicht zu bezeichnen, wobei die Aussagen über die Position dieser *bourgeoisie* im Wirtschaftsleben unscharf sind. Für die Zeit der Bürgerkriege beschreibt Rostovtzeff diese soziale Schicht in folgender Weise:

> „The cities of Italy were inhabited by a-to-do, sometimes even rich bourgeoisie. Most of them were landowners; some were owners of houses, let a rent, and of various shops; some carried on money-lending and banking operations."[194]

An anderer Stelle wird die *bourgeoisie* mit den „business men" gleichgesetzt.[195] Es ist nicht deutlich zu erkennen, wie Rostovtzeff sich die Sozialstruktur des Imperium Romanum vorstellte: Einerseits waren einige Angehörige der Bourgeoisie einfache römische Bürger, die keinen Anteil an der Verwaltung der Städte besaßen, andererseits gehörten Senatoren und Equites ebenfalls zur Bourgeoisie, wie folgende Feststellung zeigt: „The government of the cities was in the hands of the upper section of the *bourgeoisie*, some members of which belonged to the senatorial and the equestrian classes, while the rest were at least Roman citizens."[196] Das Wachstum der Städte und die städtische Kultur beruhten wesentlich auf dem Reichtum der Bourgeoisie, die in diesem Zusammenhang auch als "bourgeois class" bezeichnet wird.[197] Rostovtzeff unterscheidet ferner zwischen „the upper class of the city *bourgeoisie*" und „the petty *bourgeoisie*",

---

190 Vgl. die prägnante Formulierung Rostovtzeff, Roman Empire (wie Anm. 188), S. 174: „Decentralization of industry stopped the growth of large industrial capitalism in Italy, and it was now stunting the growth of large industrial concerns in the provinces. We cannot indeed deny that the process of industrialization which had begun in Italy spread over most of the provinces, and that in many small provincial towns we may follow the same evolution as took place at Pompeii. Most of the cities in the provinces which had been originally centres of agricultural life and headquarters of the administration of a larger or smaller agricultural territory developed an important local industry." S. 162: „Italy was losing the dominant position in commercial life which she has inherited from the Greek East and had held, not without success, for about two centuries, during which she developed her agriculture and industry side by side with trade." S. 172: „With the extension of civilization and city-life to the Western provinces Italy lost her leading position as the centre of industrial activity in the West."

191 Rostovtzeff, Roman Empire (wie Anm. 188), S. 173.

192 Rostovtzeff, Roman Empire (wie Anm. 188), S. 174.

193 Rostovtzeff, Roman Empire (wie Anm. 188), S. 174: „Local shops of petty artisans competed successfully in many fields with larger capitalistic organizations. The small artisans were not wiped out by the great industrial firms as they have been wiped out in Europe and America in the nineteenth and twentieth centuries."

194 Rostovtzeff, Roman Empire (wie Anm. 188), S. 31.

195 Rostovtzeff, Roman Empire (wie Anm. 188), S. 57: „These business men were not confined to the city of Rome. Most of them lived in fact not in Rome but in the Italian cities and in the provinces. They were the city bourgeoisie spoken of in the first chapter."

196 Rostovtzeff, Roman Empire (wie Anm. 188), S. 186.

197 Rostovtzeff, Roman Empire (wie Anm. 188), S. 187: „The constant growth of new cities throughout the Empire and the brilliant development of city life, which was based on the wealth of the bourgeoisie, show that in the first two centuries A.D. the bourgeois class rapidly increased in numbers."

der „the shopowners, the retail-traders, the money-changers, the artisans" angehörten.[198] Das Konzept einer Bourgeoisie, die eine Klasse darstellt, die sowohl aus Landbesitzern als auch aus Geschäftsleuten und Handwerkern bestand, ist in sich widersprüchlich und trägt wenig zu einer klaren Analyse der römischen Gesellschaft bei.[199]

Im 2. Jahrhundert n. Chr. wurde die Bourgeoisie von einer neuen Schicht reicher Geschäftsleute verdrängt, die städtische Wirtschaft im Imperium Romanum wurde nicht mehr von „modest landowners like the municipal *bourgeoisie* of Italy in the Republican and the early Imperial periods", sondern von „big men, capitalists on the [374] large scale" dominiert.[200] Wichtigste Einnahmequelle dieser reichen Oberschicht war der Handel; die Gewinne aus den Handelsgeschäften wurden dann in Landbesitz angelegt.[201]

Rostovtzeff hat allerdings auch deutliche Unterschiede zwischen den Verhältnissen der Antike und der modernen Wirtschaft wahrgenommen; so wird die Annahme, der antike Handel habe sich schrittweise der Form des modernen kapitalistischen Handels angenähert, mit Nachdruck abgelehnt.[202] Auch die Grenzen der Urbanisierung und der Entwicklung von Handel und Gewerbe werden für einzelne Provinzen wahrgenommen und betont, so etwa für Nordgallien:

> „The remains of these cities, however, are in no way comparable with those of Southern Gaul. The main source of prosperity was, however, no longer the commerce and industry of the cities, but the land."[203]

In der Zusammenfassung des Kapitels über die Provinzen in der Zeit der Flavier und Antoninen wird die Bedeutung der Landwirtschaft hervorgehoben:

> „The survey which we have given will enable the reader to grasp and appreciate many salient features of the economic and social life of the provinces of the Roman empire. One of the most striking is the capital importance of the part played by agriculture. It is no exaggeration to say that most of the provinces were almost exclusively agricultural countries [...]. Though statistics are

---

198   Rostovtzeff, Roman Empire (wie Anm. 188), S. 190.
199   Vgl. zu Rostovtzeffs Konzept der Bourgeoisie auch M. Reinhold, Historian of the Classic World (wie Anm. 178).
200   Rostovtzeff, Roman Empire (wie Anm. 188), S. 153.
201   Rostovtzeff, Roman Empire (wie Anm. 188), S. 153: „As far as I can judge from the evidence I have got together, the main source of large fortunes, now as before, was commerce. Money acquired by commerce was increased by lending it out mostly on mortgage, and it was invested in land." Vgl. S. 172 und 530.
202   Rostovtzeff, Roman Empire (wie Anm. 188), S. 170–171: „The existence of great numbers of associations both of wholesale and retail merchants, and of shipowners and transporters, may seem to indicate that the commerce of the first and second centuries began to lose its individualistic character and gradually to assume the form of modern capitalistic commerce, based on large and wealthy trade-companies. The facts, however, do not support this view. Business life throughout the history of the Greco-Roman world remained wholly individualistic.[...] Roman law never mentions the type of companies that is so familiar in modern times, clearly because such companies did not exist."
203   Rostovtzeff, Roman Empire (wie Anm. 188), S. 219. Vgl. auch die Bemerkungen über Afrika a. a. O. S. 326: „And yet, in spite of the widespread extension of city life which impresses every one who visits the ruins of Northern Africa, the cities were only a superstructure based on a developed rural and agricultural life, and the city residents formed but a minority in comparison with the large numbers of actual tillers of the soil, the peasants, who were mostly natives, rarely descendants of immigrants."

lacking, we may safely affirm that the largest part of the population of the Empire was engaged in agriculture, either actually tilling the soil or living on an income drawn from the land."[204]

[375] Solche Feststellungen zeigen, dass Rostovtzeff sich weit von der Position Meyers entfernt hat. Trotz solcher Differenzierungen ist das Gesamtbild der römischen Wirtschaft und Gesellschaft bei Rostovtzeff aber insgesamt von eher modernistischen Auffassungen geprägt.

Die Position, die Rostovtzeff in dieser Zeit vertrat, wird noch deutlicher, wenn man auch den 1929/1930 publizierten Aufsatz über die wirtschaftlichen Erklärungen für den Niedergang der antiken Welt[205] berücksichtigt, denn hier nimmt Rostovtzeff explizit Stellung zu den Thesen von Karl Bücher und Max Weber. Büchers Behauptung, die Antike sei in wirtschaftlicher Hinsicht von der Hauswirtschaft geprägt gewesen, wird mit dem Argument zurückgewiesen, Bücher habe nur die wirtschaftlichen Verhältnisse im klassischen Athen und im Imperium Romanum der Zeit des Diocletianus untersucht; daher hätten die Ergebnisse Büchers keine Gültigkeit für den Hellenismus und für die römische Wirtschaft.[206] Obgleich Rostovtzeff ähnlich wie Ed. Meyer auch von einem „geschlossenen Zyklus" der wirtschaftlichen Entwicklung der Antike spricht, betont er hier die Unterschiede zwischen antiker und moderner Wirtschaft:

> „Ich muss sogar noch weiter gehen und feststellen, dass ich ganz allgemein zwischen der Entwicklung des Wirtschaftslebens in der Alten und in der modernen Welt sehr wenig Ähnlichkeit sehe. Es gibt zwar einige ähnliche Erscheinungen, aber die allgemeine Tendenz ist völlig verschieden."[207]

Die Differenz zwischen antiker und moderner Entwicklung ist nach Rostovtzeff auf die unterschiedliche Rolle des Staates im Wirtschaftsleben zurückzuführen.[208] Für das römische Wirtschaftssystem stellt Rostovtzeff jedoch auch Übereinstimmungen mit der modernen Wirtschaft fest: In Rom hatte sich nach Meinung von Rostovtzeff eine besondere Form des Kapitalismus, der als „Konzentration von Gütern in der Hand weniger Einzelner" definiert wird, herausgebildet, „für die es weder in der Alten noch in der modernen Welt Parallelen gibt."[209] Überraschend für den Leser [376] werden dann aber die Ähnlichkeiten zwischen dem

---

204 Rostovtzeff, Roman Empire (wie Anm. 188), S. 343. Es entsteht aufgrund von solchen Feststellungen der Eindruck von konzeptionellen Widersprüchen bei Rostovtzeff, worauf bereits Momigliano hingewiesen hatte; vgl. Momigliano, M. I. Rostovtzeff, (wie Anm. 187), S. 101: „One easily sees that the Social and Economic History of the Roman Empire is a book not very clearly and coherently thought out."

205 M. I. Rostovtzeff, The Decay of the Ancient World and its Economic Explanations, in: Economic History Review 2, 1929/1930, S. 197–214. Dt. auch: Der Niedergang der Alten Welt und seine wirtschaftlichen Erklärungen, in: Christ, Hg., Untergang (wie Anm. 95), S. 228–253.

206 Rostovtzeff, Niedergang (wie Anm. 205), S. 234.

207 Rostovtzeff, Niedergang (wie Anm. 205), S. 239.

208 Rostovtzeff, Niedergang (wie Anm. 205), S. 239. Vgl. auch S. 240: „Es kann auch kein Zweifel daran bestehen, dass der Staat ebenso als treibende und organisierende wie auch als restriktive und zerstörerische Kraft in der Wirtschaft der Antike eine überragende Rolle spielte."

209 Rostovtzeff, Niedergang (wie Anm. 205), S. 242. Rostovtzeffs Definition des Kapitalismus bezeichnet allerdings jegliche Vermögenskonzentration auch in praemodernen Gesellschaften als kapitalistisch und ist damit kaum geeignet, die Merkmale einer kapitalistischen Wirtschaft angemessen zu erfassen. In der modernen Wirtschaftstheorie wird Kapitalismus als ein Wirtschaftssystem der „auf dem Privateigentum am Produktivkapital beruhenden Marktwirtschaft" verstanden; vgl. A. Schüller, Vahlens Großes Wirtschaftslexikon 3, 1987, Sp. 978–979 s. v. Kapitalismus.

römischen und dem modernen Kapitalismus betont.[210] Die Grenzen der Entwicklung der römischen Wirtschaft werden aber gerade im Vergleich mit dem modernen Kapitalismus hervorgehoben: Der römische Kapitalismus „bestand kaum länger als 150 Jahre, er schuf keine Industrie, die man mit der Europas im 19. und 20. Jahrhundert vergleichen könnte: keine Maschinen, keine Verbesserung des Transports, keine Organisation eines öffentlichen Postsystems, keine großen Mengen freier Arbeitskräfte – und dies, obwohl fast alle technischen Mittel für die Entwicklung dieser Dinge bereitlagen und obwohl sämtliche oben erwähnten Einrichtungen in Ansätzen den Römern der frühen Kaiserzeit ebensogut bekannt waren wie den hellenistischen Monarchien."[211]

In dem 1941 veröffentlichten monumentalen Werk *The Social and Economic History of the Hellenistic World* setzt Rostovtzeff andere Akzente als in dem Band über Rom:[212] Er beschreibt im zusammenfassenden Überblick am Ende des Werkes[213] die Wirtschaft im Zeitalter des Hellenismus in kohärenter Weise als eine vormoderne Wirtschaft. Diese Ausführungen bieten kaum Anhaltspunkte für die These, Rostovtzeff habe die Unterschiede zwischen der antiken und der modernen Wirtschaft verkannt. Im Abschnitt über die hellenistische Gesellschaft wird zwar wiederum das Konzept der Bourgeoisie aufgegriffen,[214] aber dieses Konzept hat wenig Einfluss auf die Beschreibung der Wirtschaft im Zeitalter des Hellenismus.

Rostovtzeff beginnt seine zusammenfassenden Bemerkungen zur hellenistischen Wirtschaft prägnant mit der Feststellung, die Landwirtschaft sei im Hellenismus der wichtigste Wirtschaftszweig geblieben.[215] Als wichtiger Wandel in der Agrarstruktur wird der Rückgang des von Bauern bewirtschafteten Landes zugunsten des Landbesitzes von Städten, Tempeln oder Großgrundbesitzern erwähnt.[216] Nach Rostovtzeff sind die landwirtschaftlichen Geräte und die Anbaumethoden kaum [377] verbessert worden, der Wechsel von Anbau und Brache wurde beibehalten.[217] Als grundlegende Faktoren, die in hohem Maße die wirtschaftliche Entwicklung bestimmten, werden der allgemein niedrige Lebensstandard, die Armut des größten Teils der Bevölkerung und die daraus resultierende geringe Kaufkraft genannt.[218] Die

---

210 Rostovtzeff, Niedergang (wie Anm. 205), S. 242–243: „Das liberale römische Wirtschaftssystem führte jedoch dazu, dass sich die eben erwähnte Form des spezifisch römischen ‚Kapitalismus' zu einem Typ entwickelte, der mit dem modernen Kapitalismus einige Ähnlichkeit hat."

211 Rostovtzeff, Niedergang (wie Anm. 205), S. 243.

212 Rostovtzeff, Hellenistic World (wie Anm. 185).

213 Some Features of Economic Life, in: Rostovtzeff, Hellenistic World (wie Anm. 185), S. 1134–1301, besonders 1180–1301.

214 Rostovtzeff, Hellenistic World (wie Anm. 185), S. 1115–1126. Ökonomisch wird die Bourgeoisie a. a. O. S. 1116 wie folgt beschrieben: „The main and most characteristic feature of the bourgeoisie from an economic standpoint was, however, not their manner in investing their capital, but the fact, that they were not professionals, craftsmen of one kind or another, salaried employees, or the like, but investors of accumulated capital and employers of labour."

215 Rostovtzeff, Hellenistic World (wie Anm. 185), S. 1180–1181: „Agriculture remained during the Hellenistic age what it had previously been – the chief industry of all the States that formed the Hellenistic world."

216 Rostovtzeff, Hellenistic World (wie Anm. 185), S. 1181.

217 Rostovtzeff, Hellenistic World (wie Anm. 185), S. 1186–1187.

218 Rostovtzeff, Hellenistic World (wie Anm. 185), S. 1203–1204: „In dealing with the development of industry in the Hellenistic period we must bear in mind certain fundamental facts already discussed. To begin with, the mode of life remained as simple as it had previously been. Articles of clothing continued to be few and plain […] House furniture was very scanty […] The large majority of the population, as I have

Abhängigkeit vieler griechischer Städte von Getreideimporten wird ebenso wie die Häufigkeit von Hungerkatastrophen betont.[219]

Bemerkenswert ist die Auffassung von Rostovtzeff, der Handel mit Handwerkserzeugnissen habe in der hellenistischen Welt keinen größeren Umfang erreicht.[220] Es gab nach Rostovtzeff auch keine neuen Organisationsformen des Handels:

> "The business of merchants of the Hellenistic period retained its earlier individualistic character. No trading companies are known to have existed."[221]

Diese Sicht des Handels steht im Widerspruch zu der Position von Ed. Meyer und nimmt zumindest in Ansätzen die Argumentation vorweg, die dann von M. I. Finley und seinen Schülern vorgetragen wurde.[222]

Die beiden großen Werke von Rostovtzeff wurden in England immer wieder neu aufgelegt, *The Social and Economic History of the Roman Empire* erschien 1957 in einer zweiten, von P. M. Fraser überarbeiteten Ausgabe.[223] Es darf dabei aber nicht übersehen werden, dass in der Zeit zwischen den Weltkriegen neben den Werken von J. Hasebroek und M. I. Rostovtzeff eine Reihe weiterer wichtiger Untersuchungen, Darstellungen und Handbüchern zur antiken Wirtschaft erschienen, die bis heute als grundlegende Standardwerke anzusehen sind. Die althistorische Forschung zur griechischen und römischen Wirtschaft beruhte in steigendem Maße auf einer internationalen Zusammenarbeit, an der neben Gelehrten aus Deutschland und den USA insbesondere auch Althistoriker aus Frankreich beteiligt waren.

Als herausragendes Werk dieser Zeit ist an erster Stelle die unter der Leitung von T. Frank (1876–1939) publizierte monumentale Quellensammlung zur römischen [378] Wirtschaft *An Economic Survey of Ancient Rome* zu nennen.[224] Der erste Band erfasst die Quellen zur Wirtschaft der römischen Republik, die folgenden Bände präsentieren das Quellenmaterial zu den römischen Provinzen in der Principatszeit, und ein Band ist Rom sowie Italien seit Augustus gewidmet. Frank selbst war als Herausgeber für die Bände zur Republik und zum kaiserzeitlichen Italien verantwortlich, die Abschnitte zu den einzelnen Provinzen wurden jeweils von Kennern der entsprechenden Region bearbeitet.[225] Die Bände sind für die Forschungen zur römischen

---

said, had very modest incomes. Most of the working class lived from hand to mouth and their purchasing power was very low."

219 Rostovtzeff, Hellenistic World (wie Anm. 185), S. 1249–1250.

220 Rostovtzeff, Hellenistic World (wie Anm. 185), S. 1257: „A few words about the trade in manufactured goods will suffice. It was never important in Hellenistic times. The need for these in any given place, as I have shown, was met either by production in home or by local artisans."

221 Rostovtzeff, Hellenistic World (wie Anm. 185), S. 1269.

222 Finley, Ancient Economy (wie Anm. 3), S. 129–139. 158–163. Vgl. ferner P. Garnsey, K. Hopkins, C. R. Whittaker, Hg., Trade in the Ancient Economy, London 1983.

223 Rostovtzeff, Roman Empire (wie Anm. 188).

224 T. Frank, Hg., An Economic Survey of Ancient Rome, 6 Bände, Baltimore 1933–1940. T. Frank hat darüber hinaus mehrere Bücher zur römischen Wirtschaft verfasst, darunter Aspects of Social Behavior in Ancient Rome, Cambridge/Mass. 1932. Zu T. Frank vgl. T. R. S. Broughton, Tenney Frank, in: Briggs, Calder III, Hg., Classical Scholarship (wie Anm. 149), S. 68–76.

225 Bd. 1: T. Frank, Rome and Italy of the Republic, 1933; Bd. 2: A. C. Johnson, Roman Egypt to the Reign of Diocletian, 1936; Bd. 3: R. G. Collingwood, Roman Britain. J. J. van Nostrand, Roman Spain. V. M. Scramuzza, Roman Sicily. A. Grenier, La Gaule Romaine, 1937; Bd. 4: R. M. Haywood, Roman Africa. F. M. Heichelheim, Roman Syria. J. A. O. Larsen, Roman Greece. T. R. S. Broughton, Roman Asia, 1938; Bd. 5: T. Frank, Rome and Italy of the Empire, 1940.

Wirtschaft bis heute eine wertvolle Hilfe, auch wenn heute eine Reihe neuer Zeugnisse in manchen Bereichen unsere Kenntnis erheblich erweitert hat. Die Namen der Herausgeber zeigen, dass T. Frank Althistoriker, die später auch weitere bedeutende Werke publiziert haben, für die große Aufgabe zu gewinnen wusste. Die eigene methodische Position hat T. Frank mit wenigen Worten gekennzeichnet:

> "It is not our purpose here to theorize. The early work in Roman economic history was produced largely in the day when Hegelian methods had popularised aprioristic habits of thought in historical interpretation, and we believe that it is now wise to return to the sources."[226]

Dabei war es auch ein Ziel, die archäologischen Quellen für die römische Wirtschaftsgeschichte zu erschließen.[227]

In Frankreich erschienen zwischen 1920 und 1940 mehrere Arbeiten zur antiken Wirtschaft, darunter etwa *Les classes, les métiers, le trafic* von Paul Cloché;[228] auch für diesen Band ist die Auswertung der archäologischen Funde charakteristisch. In den Kapiteln *La vie rurale* und *La vie industrielle* werden die einzelnen Arbeiten präzise beschrieben, die Rolle der Metoiken und Sklaven im attischen Handwerk wird betont.[229] Ein Akzent liegt auf der Darstellung technischer Sachverhalte; [379] berücksichtigt werden neben dem Bergbau vor allem die Keramikherstellung, die Metallurgie, die Bautechnik und die Textilherstellung. Das Kapitel über den Handel bietet auch einen Überblick über wichtige Häfen der griechischen Welt. Ergänzt wird die Darstellung durch vierzig Tafeln, die einen Eindruck vom archäologischen Material, vor allem von den Werkstattbildern auf attischen Vasen, vermitteln. Die Photographie hat sich jetzt als Mittel, das archäologische Material zu präsentieren, gegenüber der Zeichnung, die in früheren Publikationen dominierte, durchgesetzt. Als Standardwerk kann noch heute die 1939 in Belgien veröffentlichte Monographie zur Wirtschaft des Ptolemaierreiches von Claire Préaux gelten.[230] Wichtige ältere Arbeiten auf diesem Gebiet waren die Textpublikationen von Ulrich Wilcken[231] und die Monographie von M. Schnebel zur Landwirtschaft im hellenistischen Ägypten.[232]

Unter den deutschen Althistorikern war es vor allem Friedrich Oertel (1884–1975), der mit zahlreichen Publikationen die wirtschaftshistorische Forschung voranzutreiben suchte;[233]

---

226 T. Frank, Economic Survey (wie Anm. 224), Bd. 1, S. VIII.
227 T. Frank, Economic Survey (wie Anm. 224), Bd. 1, S. VII. Unter den englischsprachigen Arbeiten dieser Zeit ist auch zu nennen: W. E. Heitland, Agricola. A study of agriculture and rustic life in the Greco-Roman world from the point of view of labour, Cambridge 1921. Die Gliederung dieses Werkes orientiert sich an den antiken Autoren, die Aussagen zur Landwirtschaft gemacht haben. Über die Fachliteratur hinaus sind auch historische sowie philosophische Texte und die Dichtung berücksichtigt.
228 P. Cloché, Les classes, les métiers, le trafic, Paris 1931.
229 Cloché, Les classes (wie Anm. 228), S. 27: „En Attique, la part des métèques est prépondérante dans la pluspart des industries urbaines [...] et dans le trafic naval."
230 C. Préaux, L'économie des Lagides, Brüssel 1939.
231 U. Wilcken, Griechische Ostraka aus Aegypten und Nubien. Ein Beitrag zur antiken Wirtschaftsgeschichte, Leipzig – Berlin 1899.
232 M. Schnebel, Die Landwirtschaft im hellenistischen Ägypten, München 1925 (= Münchener Beitr. zur Papyrusforschung und antiken Rechtsgeschichte 7).
233 Die wirtschaftshistorischen Arbeiten von Oertel liegen in einem von H. Braunert herausgegebenen Band vor: F. Oertel, Kleine Schriften zur Wirtschafts- und Sozialgeschichte des Altertums, Bonn 1975 (= Antiquitas, Reihe 1, Band 22). Zu Oertel vgl. Christ, Hellas (wie Anm. 4), München 2001, S. 232–234.

Oertel nahm zu der Kontroverse zwischen Bücher und Meyer und zur folgenden Debatte deutlich Stellung; er hat weder die Auffassung von Meyer noch die von Bücher oder Hasebroek übernommen, sondern eine eigene Position formuliert, wie gerade auch seine Rezensionen zeigen.[234] So lehnt Oertel die Behauptung ab, es habe im 5. und 4. Jahrhundert v. Chr. eine Großindustrie gegeben.[235] In dem Nachwort zur dritten Auflage von Pöhlmanns *Geschichte der sozialen Frage und des Sozialismus in der antiken Welt* vertritt Oertel hingegen mit Nachdruck die These, „dass ‚kapitalistische' Denk- und Wirtschaftsweise im Altertum vorhanden waren."[236] Bei der Überprüfung der Thesen Büchers gelangt Oertel zu dem Ergebnis, dass „die extremen Behauptungen Büchers [...] sich nicht aufrechterhalten" lassen;[237] in der Untersuchung des attischen Gewerbes ergibt sich [380] nach Meinung Oertels aber auch, „dass die vorherrschende Betriebsform der Kleinbetrieb gewesen sein wird." Die Existenz größerer Werkstätten wird zwar eingeräumt, aber es wird auch deutlich gemacht, dass in ihnen „in extensiver Weise Handwerkstechnik gehäuft war", aber „nicht in kapitalistischer Weise produziert wurde. [...] Von einem sich steigernden Fabriksystem wird man [...] nicht sprechen können."[238]

Der Beitrag zur *Cambridge Ancient History* über die römische Wirtschaft lehnt sich stark an die Thesen und an die Begrifflichkeit von Rostovtzeff an.[239] Oertel spricht von einer Bourgeoisie, die vom Staat gefördert wurde und „deren Hauptinteressen wirtschaftlicher Natur" waren; die Wirtschaftsform beruhte „auf der alten Stadtkultur" und war „durch Individualismus und privaten Unternehmergeist charakterisiert."[240] In welchem Ausmaß die Beschreibung der wirtschaftlichen Entwicklung des 2. und 3. Jahrhunderts n. Chr. von den politischen Konstellationen des 19. und 20. Jahrhunderts geprägt war, zeigt etwa folgende Bemerkung: „So barg das auf freies Unternehmertum gegründete und zu Individualismus und Freiheit tendierende Wirtschaftssystem den Keim einer Gegenbewegung im Sinne eines kontrollierten Staatssozialismus in sich."[241] Oertel übernimmt auch im Abschnitt über die Krise des 3. Jahrhunderts Ansichten von Rostovtzeff, wenn er davon spricht, dass die politischen Maßnahmen der Kaiser von dem Wunsch bestimmt waren, „die privilegierte Stellung der Bourgeoisie zu vernichten," und dass „die Unmenschlichkeit des Kampfes zum Teil auf dem Hass beruhte, den die bäuerlichen Soldaten aus den untersten Schichten gegenüber der Bourgeoisie empfanden; nach Meinung von Oertel können die Bürgerkriege des 3. Jahrhunderts aber nicht als „soziale Revolution" bezeichnet werden."[242] Oertel hat seine Auffassung zur Kontroverse über die antike Wirtschaft nur in Aufsätzen, Buchbeiträgen und Rezensionen formuliert, je-

---

234 Rez. Hasebroek, Staat und Handel, in: Oertel, Kl. Schr. (wie Anm. 233), S. 150–160. Rez. Hasebroek, Griechische Wirtschafts- und Gesellschaftsgeschichte, a. a. O. S. 161–167. Rez. E. Ziebarth, Beiträge zur Geschichte des Seeraubs und Seehandels im alten Griechenland., a. a. O. S. 172–183. Vgl. auch: Zur Frage der attischen Großindustrie, a. a. O. S. 184–201.

235 Vgl. Oertel, Kl. Schr. (wie Anm. 233), S. 201: „Eine entscheidende Rolle haben diese industriellen Unternehmungen nicht gespielt, und sie haben sie nicht spielen können, weil sie über keine überlegene Betriebsformen verfügten, weil sie nicht kapitalistisch produzierten, weil sie keine Fabriken waren."

236 Oertel, Kl. Schr. (wie Anm. 233), S. 43.

237 Oertel, Kl. Schr. (wie Anm. 233), S. 49.

238 Oertel, Kl. Schr. (wie Anm. 233), S. 63.

239 Das Wirtschaftsleben des Imperiums, in: Oertel, Kl. Schr. (wie Anm. 233), S. 364–416 (ursprünglich: The economic life of the Empire, in: CAH 12, 1939, S. 232–281).

240 Oertel, Kl. Schr. (wie Anm. 233), S. 364.

241 Oertel, Kl. Schr. (wie Anm. 233), S. 388.

242 Oertel, Kl. Schr. (wie Anm. 233), S. 397.

doch keine größere wirtschaftshistorische Arbeit verfasst, was seine Wirkung auf den engeren Kreis der Fachleute beschränkte.

Im Gegensatz zu Oertel legte Fritz M. Heichelheim (1900–1968)[243] – noch nicht vierzig Jahre alt – eine dreibändige Geschichte der antiken Wirtschaft vor. Heichelheim, der in Gießen von Richard Laqueur[244] promoviert und 1929 habilitiert worden war, emigrierte 1933 nach England und ging schließlich nach Kanada, wo er zuletzt in Toronto Professor für Alte Geschichte war. Angeregt durch seinen Vater, der in [381] Gießen Bankdirektor war, hatte Heichelheim sich schon früh mit Wirtschaftsgeschichte beschäftigt.[245] Er verfasste vor 1938 zahlreiche Arbeiten zur antiken Wirtschaft, darunter den Abschnitt über Syrien in T. Franks *An Economic Survey of Ancient Rome*.[246] 1938 erschien dann in Leiden sein Hauptwerk, die *Wirtschaftsgeschichte des Altertums*,[247] eine Darstellung, die in ihrer beeindruckenden thematischen Breite an Heerens Ideen erinnert. Es ist hier nicht möglich, das Werk im einzelnen zu würdigen, es ist aber zu hervorzuheben, dass die Terminologie bei Heichelheim sich stark von der Ed. Meyers, Belochs oder Rostovtzeffs unterscheidet. Es fehlen weitestgehend modernisierende Begriffe und Kategorien, Heichelheim bietet eine nüchterne und differenzierte Beschreibung der wirtschaftlichen Verhältnisse; das Handwerk in Athen etwa wird in enger Anlehnung an die Quellen beschrieben, ohne dass die Existenz von Fabriken postuliert oder die Arbeitsteilung innerhalb des *ergasterion* überschätzt wird, während die zunehmende Spezialisierung betont wird. In den Abschnitten über die Gesellschaft vermeidet Heichelheim die Verwendung solcher Begriffe wie Bourgeoisie.

Die theoretischen Voraussetzungen seiner Darstellung hat Heichelheim in der Einleitung seines Werkes kurz erläutert: Er sieht in dem „spätkapitalistischen Maschinenzeitalter [...] eine ökonomische und welthistorische Revolution."[248] Diese Sicht verhindert jegliche Gleichsetzung von Antike und Moderne, hat aber nicht zur Folge, dass die Wirtschaftsgeschichte der Antike für die Orientierung in der Gegenwart ohne Bedeutung ist:

„Sie hat zugleich durch Stoffauswahl und Sinngebung den Zeitgenossen, zu denen sie auch spricht, [...] aus eigenem Erkennen und Erleben eine Mahnung und ein Weiser für die Deutung der eigenen Zeit [...] zu sein."[249]

243 Zu Heichelheim vgl. Christ, Hellas (wie Anm. 4). S. 234.
244 An dieser Stelle sei nur kurz darauf hingewiesen, dass auch R. Laqueur (1881–1959) gezwungen war, nach 1933 Deutschland zu verlassen und in die USA ging, ohne allerdings eine Stelle an einer Universität zu erhalten. Vgl. K. Christ, Geschichte und Existenz, Berlin 1991, S. 71–73.
245 Vgl. F. M. Heichelheim, Wirtschaftsgeschichte des Altertums. Vom Paläolithikum bis zur Völkerwanderung der Germanen, Slaven und Araber, Leiden 1938, ND 1969, S. VII.
246 F. M. Heichelheim, Wirtschaftliche Schwankungen der Zeit von Alexander bis Augustus, Jena 1930. Ders., Roman Syria, in: Frank, Hg., Economic Survey (wie Anm. 224), Bd. 4, 1938, S. 121–257.
247 F. M. Heichelheim, Wirtschaftsgeschichte des Altertums (wie Anm. 245). Im Vorwort erwähnt Heichelheim kurz die Umstände, unter denen das Buch zu Ende geschrieben worden ist: Heichelheim hatte von der Classics Faculty in Cambridge und von der Rockefeller Foundation die Möglichkeit erhalten, sich zwei Jahre lang ganz auf die Vollendung des Buches zu konzentrieren.
248 F. M. Heichelheim, Wirtschaftsgeschichte des Altertums (wie Anm. 245), S. 2.
249 F. M. Heichelheim, Wirtschaftsgeschichte des Altertums (wie Anm. 245), S. 1.

VI

Bei einem Überblick über die zwischen 1800 und dem Beginn des Zweiten Weltkriegs publizierten Arbeiten zur antiken Wirtschaft wird deutlich, dass die wirtschaftshistorischen Forschungen stark von einer kritischen Sicht der klassischen Altertumswissenschaften oder von politischen Vorstellungen und Zielsetzungen beeinflusst waren. Die Wirtschaftsgeschichte sollte einen Beitrag entweder zu einer [382] Neuorientierung der klassischen Altertumswissenschaften oder zu einer Lösung gegenwärtiger politischer, sozialer und wirtschaftlicher Probleme leisten.

Bereits in der Vorrede zu Heerens *Ideen über die Politik, den Verkehr und den Handel der vornehmsten Völker der alten Welt* wird die Untersuchung von Verkehr und Handel der Antike mit der allgemeinen Tendenz der Wissenschaften zu einer stärker praxisorientierten Forschung begründet; es lohnt sich, diese Passage hier wörtlich zu zitieren:

> „Wenn es überhaupt ein Verdienst der neuern Zeiten ist, dass den Wissenschaften eine mehr practische Richtung gegeben wurde, so gilt dieses auch besonders von der Alterthumskunde. Lange Zeit hindurch blieb diese entweder bloße Sprachforschung, oder beschäftigte sich auch mit so geringfügigen Untersuchungen, dass sie sich selbst dadurch herabsetzte. Allein der Geist der Zeit, der so vieles umformte, gab auch ihr eine andere Gestalt. Man fing an einzusehen, dass es außer den Worten auch Sachen gebe, welche die Aufmerksamkeit verdienten; und dass nur auf diesem Wege die Wissenschaft in Achtung erhalten werden könne."[250]

Bei August Boeckh finden sich ähnliche Formulierungen:

> „Ein Entwurf des Ganzen, mit wissenschaftlichem Geiste und umfassenden Ansichten gearbeitet, und nach festen Begriffen geordnet, [...] ist um so mehr ein Bedürfnis des gegenwärtigen Zeitalters, jemehr sich die Masse der Alterthumsgelehrten, der jüngern vorzüglich, in einer an sich keineswegs verächtlichen, aber meist auf das Geringfügigste gerichteten Sprachforschung und kaum mehr Wort- sondern Silben- und Buchstabenkritik selbstgenügsam gefällt, bei welcher die ächten Philologen früherer Jahrhunderte ihre Beruhigung nicht gefunden hatten und wodurch diejenigen, die ihrem Namen zufolge des Eratosthenes Nachfolger, im Besitz der ausgebreitetsten Kunde sein sollten, in der Form untergehend zu vornehmen Grammatisten einschrumpfen, und unsere Wissenschaft dem Leben und dem jetzigen Standpunkte der Gelehrsamkeit immer mehr entfremden."[251]

Ed. Meyer und R. Pöhlmann waren besondere Exponenten einer Althistorie, die politisch wirken wollte und auch politische Lehren bereit hielt. Ed. Meyer hat besonders in dem Vortrag über die antike Sklaverei[252] den Zeitbezug der Forschungen zur antiken Wirtschaft hervorgehoben; die Position von Bücher wird hier deswegen abgelehnt, weil seine Theorie der Wirtschaftsstufen „der wirtschaftlichen Entwicklung des Altertums nur noch ein historisches Interesse" zubilligt; waren die wirtschaftlichen Verhältnisse der Antike „in der Tat von den unseren in dieser Weise [383] fundamental verschieden, so versteht es sich von selbst, dass unsere Zeit aus ihnen nichts mehr lernen kann." Meyer selbst sieht aber die „wichtigste Aufgabe" der Wirtschaftsgeschichte darin, deutlich zu machen, dass in der Antike „dieselben Einflüsse und Gegensätze maßgebend gewesen sind, welche auch die moderne Entwicklung beherrschen."[253] Er zieht in diesem

---

250 Heeren, Ideen (wie Anm. 10), 1. Teil, 1. Abteilung, S. V.
251 Boeckh, Staatshaushaltung (wie Anm. 10), S. XIX.
252 Meyer, Sklaverei (wie Anm. 91), S. 175. 178. 201. 207.
253 Meyer, Sklaverei (wie Anm. 91), S. 175.

Vortrag deutliche Parallelen zwischen den sozialen Problemen der Antike und der Gegenwart: Die „verhängnisvolle und zersetzende Wirkung" der Sklaverei auf die antike Gesellschaft beruhte nach Meinung Meyers darauf, dass sie „zahlreichen freien Bürgern das Brot wegnahm und sie zwang, ihre Zeit in Müßiggang zu vergeuden, der es ihnen daher auch unmöglich machte, zu heiraten und Kinder aufzuziehen."[254] In der Gegenwart gibt es nach Meyer strukturell vergleichbare soziale Probleme:

> „Die Arbeitslosigkeit und die Versorgung unbeschäftigter und hungernder Existenzen schaffen auch unserer Zeit schwere Sorgen; aber bis jetzt scheint es zu gelingen, ihrer wenigstens notdürftig in der Form der Armenpflege und des Versicherungswesens Herr zu werden."[255]

Die Verarmung der römischen Landbevölkerung aufgrund der Expansion der auf Sklavenarbeit beruhenden Landgüter vergleicht Meyer mit der Situation in der Lausitz:

> „aber wie stark die Landbevölkerung in die Städte abfließt, ist bekannt, und wenn jetzt jemand etwa in der Lausitz oder in der Provinz Sachsen aufs Land hinausgeht und sieht, wie viele kleine Besitzer hier den hoffnungslosen Kampf um ihre Existenz führen, wie gering auf der anderen Seite auf den Gütern die Zahl der dauernd angestellten deutschen Knechte und Tagelöhner ist, wie aus dem Gutsdorf oft kein einziger Mann mehr beschäftigt wird, weil ihre Arbeit zu teuer und ihre Ansprüche zu groß geworden sind, wenn er dann sieht, wie Jahr für Jahr beim Beginn der Feldarbeit auf den Bahnhöfen gewaltige Scharen polnischer Arbeiter ausgeschifft und auf die Güter verteilt werden, so wird er sich ähnlicher Gedanken [wie denen der Gracchen] nicht erwehren können."[256]

Max Weber hat diese Instrumentalisierung historischer Forschung für unwissenschaftlich gehalten; in dem Vortrag *Die sozialen Gründe des Unterganges der antiken Kultur* äußert Weber dezidiert die Auffassung, für „unsere heutigen sozialen Probleme" sei „aus der Geschichte des Altertums wenig oder nichts zu lernen."[257] [384] Immerhin hat Weber in den letzten Absätzen seines Lexikonartikels *Agrarverhältnisse im Altertum* die Existenz struktureller Übereinstimmungen zwischen der Antike und der Gegenwart eingestanden, wenn er konstatiert, die „Unterbindung der privaten ökonomischen Initiative durch die Bureaukratie" sei „nichts der Antike Spezifisches."[258] Weber zeichnet hier eine klare Zukunftsperspektive, die letztlich eine Rückkehr zur Antike bedeutet:

> „Die Bureaukratisierung der Gesellschaft wird bei uns des Kapitalismus aller Voraussicht nach irgendwann ebenso Herr werden, wie im Altertum. Auch bei uns wird dann an Stelle der ‚Anarchie

---

254 Meyer, Sklaverei (wie Anm. 91), S. 201.
255 Meyer, Sklaverei (wie Anm. 91), S. 201.
256 Meyer, Sklaverei (wie Anm. 91), S. 208.
257 Weber, Die sozialen Gründe (wie Anm. 107), S. 291: „Es kommt dem Eindruck, den der Erzähler macht, zu gut, wenn sein Publikum die Empfindung hat: de te narratur fabula, und wenn er mit einem discite moniti! schließen kann. In dieser günstigen Lage befindet sich die folgende Erörterung nicht. Für unsere heutigen sozialen Probleme haben wir aus der Geschichte des Altertums wenig oder nichts zu lernen. [...] Unsere Probleme sind völlig anderer Art."
258 Weber, Agrarverhältnisse (wie Anm. 124), S. 277.

der Produktion' jene ,Ordnung' treten, welche, im Prinzip ähnlich, die römische Kaiserzeit und, noch mehr, das ,neue Reich' in Aegypten und die Ptolemäerherrschaft auszeichnet.“[259]

Rostovtzeff hat ebenfalls geglaubt, dass die Kenntnis der Antike eine deutliche Warnung für die Gegenwart bereithält:

> „The evolution of the ancient world has a lesson and a warning for us. Our civilization will not last unless it be a civilization not for one class, but of the masses. The Oriental civilizations were more stable and lasting than the Greco-Roman, because, being chiefly based on religion, they were nearer to the masses. Another lesson is that violent attempts at levelling have never helped to uplift the masses. They have destroyed the upper classes, and resulted in accelerating the process of barbarization.“[260]

Diese Sätze beruhen allerdings eher auf den persönlichen Erfahrungen Rostovtzeffs in der Zeit der Russischen Revolution als auf objektiver historischer Erkenntnis der Antike.

Die persönlichen Erfahrungen mit den totalitären Systemen des 20. Jahrhunderts hatten Einfluss auch auf Heichelheims Darstellung der antiken Wirtschaft; Heichelheim war der Auffassung, dass die Gegenwart von „noch nie dagewesene[n] Zusammenballungen von totalen Planstaaten über gewaltige Erdräume hin“ bestimmt ist und dass der Wirtschaftsgeschichte unter diesen Voraussetzungen die Aufgabe zukommt, „durch Klarstellung der Ursprünge und Wurzeln des zugleich bedrohlichen und tragischen Sachverhalts unserer historischen Situation vielleicht ein wenig zu einem organischeren weltgeschichtlichen Umbau“ anzuregen.[261]

[385] In der folgenden Zeit, nach dem Ende des Zweiten Weltkrieges, haben die meisten Althistoriker die Vorstellung aufgegeben, die Wirtschaftsgeschichte der Antike sei vor allem deswegen von besonderem Interesse, weil sie Aufschluss über die eigene Zeit oder über die Zukunft der eigenen Gesellschaft gewähren könne. Eine Funktionalisierung der antiken Wirtschaftsgeschichte für bestimmte politische Positionen findet weithin keine Zustimmung mehr. Die Relevanz der Wirtschaftsgeschichte der Antike beruht heute nicht mehr auf der Annahme einer vermeintlichen Aktualität, sondern vielmehr auf der Einsicht, dass ohne eine umfassende Kenntnis der wirtschaftlichen Verhältnisse die politische, gesellschaftliche und kulturelle Entwicklung Griechenlands und Roms nicht wirklich verstanden werden kann. Wenn es darüber hinaus noch Erkenntnisziele einer antiken Wirtschaftsgeschichte gibt, so sind sie vornehmlich in der Intention zu sehen, Wirtschaft als System, wirtschaftliches Handeln und wirtschaftliche Entwicklungen allgemein besser als bisher zu begreifen.

---

259 Weber, Agrarverhältnisse (wie Anm. 124), S. 278. Aus Gründen der Methodik hat Weber solche Aussagen abgelehnt: Vgl. Weber, Objektivität (wie Anm. 103), S. 157: „Die stete Vermischung wissenschaftlicher Erörterung der Tatsachen und wertender Raisonnements ist eine der zwar noch verbreitetsten, aber auch schädlichsten Eigenarten von Arbeiten unseres Faches.“
260 Rostovtzeff, Roman Empire (wie Anm. 188), S. 541.
261 F. M. Heichelheim, Wirtschaftsgeschichte des Altertums (wie Anm. 245), S. 3.

Erinnerungen an eine untergegangene Welt: Eva Ehrenberg

zuerst in:
D. Bussiek, S. Göbel (Hrsg.), Kultur, Politik und Öffentlichkeit,
FS Jens Flemming, Kassel: kassel university press, 2009, S. 391–408.

Im Jahr 1963 erschien in einem kleinen, heute unbekannten Verlag ein schmales, nicht einmal einhundert Seiten umfassendes Buch, das einige wenige Miniaturen aneinander reiht, die für den Historiker auf den ersten Blick nur wenig Bedeutung zu besitzen scheinen.[1] Es handelt sich um die Erinnerungen von Eva Ehrenberg an die Eltern, an unbeschwerte Mädchenjahre, aber auch an die Emigration und an Reisen nach Deutschland in der Zeit nach dem Zweiten Weltkrieg.[2] Eva Ehrenberg hat das Schicksal so vieler Menschen geteilt, die in der furchtbaren ersten Hälfte des 20. Jahrhunderts gelebt haben, die zu Flucht und Emigration gezwungen wurden, deren Verwandte in den Lagern, die zum Kennzeichen dieses Jahrhunderts geworden sind, umkamen und die erleben mussten, wie die Welt, in der sie aufgewachsen sind, die Kultur, der sie sich verbunden fühlten, und die religiösen Traditionen, die für sie Gültigkeit besaßen, von menschenverachtenden politischen Bewegungen zerstört wurden.

Das Buch von Eva Ehrenberg scheint vollständig vergessen zu sein; in Kassel ist es kaum bekannt, im Katalog der Universitätsbibliothek Kassel ist es nicht zu finden. Selbst John C. G. Röhl erwähnt es in seiner monumentalen Arbeit über die Jugend von Kaiser Wilhelm II. nicht, obwohl er die Freundschaft zwischen Evas Vater Siegfried Sommer und Prinz Wilhelm, die beide in der Zeit zwischen 1874 und 1877 dieselbe Klasse des Friedrichsgymnasiums in Kassel besucht haben, ausführlich darstellt, war doch die enge Beziehung zwischen dem künftigen Kaiser und einem jüdischen Jungen zu einem Politikum geworden.[3] Die Bemerkungen Eva Ehrenbergs über Wilhelm II. beleuchten durchaus eine Facette in der Persönlichkeit des letzten deutschen Kaisers [392] und sind somit ein vielleicht nicht unwichtiges Dokument, das bei einer Beurteilung von Wilhelm II. berücksichtigt werden sollte.

Auch in Arbeiten zur Jüdischen Gemeinde in Kassel oder zur jüdischen Kultur in der Weimarer Republik fehlt jeder Hinweis auf die Erinnerungen von Eva Ehrenberg.[4] Während

---

1 Eva Ehrenberg: Sehnsucht – mein geliebtes Kind. Bekenntnisse und Erinnerungen, Oberursel 1963. Das Buch erschien im Ner-Tamid-Verlag, ein Verlagsort ist nicht angegeben (im Impressum findet sich die Angabe: „Druck: Carl F. Abt, Oberursel (Ts)"; wahrscheinlich handelt es sich um einen Frankfurter Verlag, der in der Zeit um 1960 auf die Veröffentlichung jüdischer Literatur spezialisiert gewesen sein scheint).

2 Eva Ehrenberg wurde 1891 als Tochter des Juristen Siegfried Sommer (1859–1935) geboren und kam 1904 mit ihrer Familie nach Kassel, nachdem ihr Vater zum Oberlandesgerichtsrat ernannt worden war: „Er war damit der erste und für lange Zeit der einzige jüdische Oberlandesgerichtsrat in Preußen." Vgl. Ehrenberg (wie Anm. 1), S. 16. Eva Ehrenberg starb vor 1974; vgl. J. Vogt Victor Ehrenberg, Gnomon 48 (1976), S. 426.

3 Vgl. John C. G. Röhl: Wilhelm II. Die Jugend des Kaisers 1859-1888, München 1993, S. 232–239. Die Freundschaft zwischen Prinz Wilhelm und Siegfried Sommer wurde 1876 in einem polemischen Artikel der „Neuen Börsenzeitung" kritisch bewertet; der Artikel hatte immerhin ein Dementi des Kronprinzen zur Folge. Vgl. Ebenda, S. 238.

4 Vgl. etwa Dietfried Krause-Vilmar: Streiflichter zur neueren Geschichte der Jüdischen Gemeinde in Kassel, in: Jens Flemming u.a. (Hrsg.): Juden in Deutschland. Streiflichter aus Geschichte und Gegenwart, Kassel 2007, S. 9–26 oder Michael Brenner: Jüdische Kulur in der Weimarer Republik, München 2000. Vgl. auch

der bedeutende Einfluss, den der Philosoph Hans Ehrenberg auf Franz Rosenzweig (1886–1929) und dessen „Stern der Erlösung" ausgeübt hat, unlängst untersucht worden ist, blieb der intellektuelle Austausch zwischen dem Ehepaar Victor und Eva Ehrenberg auf der einen Seite und Franz Rosenzweig auf der anderen Seite bislang wohl weitgehend unbeachtet.[5] Victor Ehrenberg, jüngerer Bruder von Hans Ehrenberg, war Cousin von Franz Rosenzweig; zwischen dem Ehepaar Ehrenberg und Franz Rosenzweig bestand eine tiefe Freundschaft, die weit über die verwandtschaftliche Beziehung hinausging und insbesondere von dem gemeinsamen Interesse an den religiösen Traditionen des Judentums getragen wurde. Diese Konstellation macht die Aufzeichnungen von Eva Ehrenberg ohne Zweifel zu einem bedeutsamen Zeugnis der jüdischen Kultur in Deutschland vor 1933.

Immerhin sind die Erinnerungen von Eva Ehrenberg von der Wissenschaft nicht gänzlich übersehen worden. Einen Hinweis auf das Buch findet man an einer Stelle, an der man dies zunächst nicht erwartet hätte: Karl Christ hat in einem 1991 erschienenen Aufsatz, der das Schicksal emigrierter Althistoriker thematisiert, den Bericht Eva Ehrenbergs über die Emigration ihrer Familie im Jahr 1938 kurz erwähnt[6], und ein Jahr später hat der amerikanische Althistoriker W. M. Calder III. das Buch in der von ihm herausgegebenen Bibliographie zur Wissenschaftsgeschichte der Altertumswissenschaften erfasst.[7] Die Erinnerungen Eva Ehrenbergs wurden also vor [393] allem deswegen wahrgenommen, weil ihr Mann Victor Ehrenberg zu den bedeutenden Althistorikern des 20. Jahrhunderts gehörte.

In Altona 1891 geboren war Victor Ehrenberg mit seinen Eltern 1901 nach Kassel gekommen, wo er das Friedrichsgymnasium besuchte, an dem er auch das Abitur ablegte. Nach dem Studium in Göttingen (1912–1914) und Tübingen (1919–1920) wurde Ehrenberg in Frankfurt mit einer Arbeit über die innere Neuordnung der griechischen Städte im 6. Jahrhundert v. Chr. („Neugründer des Staates", 1925) habilitiert. Als grundlegendes Werk der griechischen Verfassungsgeschichte ist die Monographie „Der griechische Staat" (zuerst 1932, dann 2. Auflage 1965) anzusehen. 1929 erhielt Ehrenberg die Professur für Alte Geschichte an der deutschen Universität in Prag; er setzte sich bereits vor 1932 kritisch mit den Thesen jener Althistoriker auseinander, die – wie etwa Helmut Berve – in ihren Arbeiten rassistische Auffassungen vertraten. Im Frühjahr 1939 konnte Ehrenberg mit seiner Familie im letzten Moment vor dem deutschen Einmarsch Prag verlassen und nach England gelangen. Seit 1939 lehrte er in England Ancient History, seit 1946 zunächst als Lecturer, dann als Professor am Bedford College in London. Weitere wichtige Monographien wie etwa „The People of Aristophanes" (1943, dt. 1968) verschafften Ehrenberg eine internationale Anerkennung.[8]

den Eintrag Otto Ehrenberg, in: Helmuth Burmeister / Michael Dorhs (Hrsg.): Fremde im eigenen Land, Hofgeismar 1985, S. 49. Es fehlt jeder Hinweis auf den Sohn Victor Ehrenberg und auf Eva Ehrenberg.

5   Vgl. Wolfdietrich Schmied-Kowarzik: Hans Ehrenbergs Einfluss auf die Entstehung des Sterns der Erlösung, in: Ders.: Rosenzweig im Gespräch mit Ehrenberg, Cohen und Buber, Freiburg i.Br. 2006, S. 61–90. In den Literaturhinweisen taucht die Schrift Eva Ehrenbergs nicht auf; vgl. ebenda, S. 243.

6   Vgl. Karl Christ: Die Verdrängten – Zur Existenz des Historikers, in: Ders.: Geschichte und Existenz, Berlin 1991, S. 51–89, hier S. 79: „Eva Ehrenberg hat über die Einzelheiten der Auswanderung und des Neuanfangs in Großbritannien einen erschütternden Bericht geschrieben."

7   Vgl. William M. Calder III / Daniel J. Kramer (Hrsg.): An Introductory Bibliography to the History of Classical Scholarship Chiefly in the XIXth and XXth Centuries, Hildesheim 1992, S. 151, Nr. 1175 (Beautifully written memoirs and selected poetry „a book as a slide-lecture").

8   Vgl. Hans Schäfer: Victor Ehrenbergs Beitrag zur historischen Erforschung des Griechentums, in: Ders.: Probleme der Alten Geschichte. Gesammelte Abhandlungen und Vorträge, hrsg. von Ursula Weidemann /

Im April 1919 hatten Victor Ehrenberg, der während des Ersten Weltkrieges Soldat gewesen war, und Eva Sommer geheiratet. Das Paar lebte in den folgenden Jahren zunächst in Tübingen und dann in Frankfurt, wo Victor Ehrenberg als Privatdozent an der Universität Alte Geschichte lehrte; 1921 und 1923 wurden die beiden Söhne geboren, die dann in Prag aufwuchsen.

Es mag allerdings auch gefragt werden, ob Eva Ehrenberg und ihre sehr persönlich formulierten Aufzeichnungen für unsere Gegenwart noch von Interesse sein können, ob ihr Buch zu unserer Kenntnis der Geschichte des 20. Jahrhunderts überhaupt noch etwas beitragen kann. Diese Fragen zu formulieren heißt zugleich, sie eindeutig zu be[394]antworten. Das Schicksal keines Menschen, der in diesem Jahrhundert Opfer der großen Ideologien geworden ist, darf uns gleichgültig sein, jeder dieser Menschen verdient unsere Beachtung. Das große Mosaik, das die historische Erinnerung von der Vergangenheit entwirft, entsteht erst aus der Kenntnis einer Vielzahl von Einzelschicksalen, die das historische Geschehen jeweils unter einem anderen Gesichtspunkt erhellen.

Insbesondere für Kassel und für die Geschichte dieser Stadt in der Zeit nach 1900 sind die Erinnerungen von Eva Ehrenberg von eminenter Bedeutung, denn sie ist nicht nur in dieser Stadt aufgewachsen, sondern sie beschreibt auch das soziale und intellektuelle Milieu jüdischer Familien in Kassel, die einerseits die jüdischen Traditionen bewahrt haben und andererseits der deutschen Kultur mit großer Offenheit und sogar Bewunderung gegenüberstanden. Eine Jens Flemming gewidmete Festschrift ist ein angemessener Ort, die Aufzeichnungen von Eva Ehrenberg zu würdigen, denn Jens Flemming hat als Historiker an der Universität Kassel sich immer wieder mit der Geschichte dieser Stadt, mit ihren sozialen und politischen Entwicklungen, mit ihren demokratischen Traditionen, aber auch mit ihrer jüdischen Vergangenheit beschäftigt.[9]

Dabei ist jedoch zu betonen, dass die „Bekenntnisse und Erinnerungen von Eva Ehrenberg"[10] weit über die Lokalgeschichte hinaus das Interesse jener Philosophen und Historiker beanspruchen dürften, die sich mit der jüdischen Kultur in Deutschland vor 1933, mit Franz Rosenzweig, mit der Geschichte der Emigration oder mit der Wissenschaftsgeschichte der Althistorie beschäftigen. An dieser Stelle können allein schon wegen des begrenzten Umfangs, der in diesem Band zu Verfügung steht, nicht alle Themen, die Eva Ehrenberg in ihren Aufzeichnungen berührt hat, angemessen dargestellt werden, vielmehr soll hier nur auf einzelne, mir wichtig erscheinende Probleme und Themenkomplexe eingegangen werden. Um dem Leser aber Denken und Stil von Eva Ehrenberg angemessen zu vermitteln, werden zentrale Stellen aus dem Buch wörtlich zitiert; es kommt darauf an, auf ein Buch aufmerksam zu machen, das als Dokument

---

Walter Schmitthenner, Göttingen 1963, S. 428-440; Christ (wie Anm. 6), S. 74–83; Ders.: Hellas. Griechische Geschichte und deutsche Geschichtswissenschaft, München 1999, S. 195–202, 271–273, 313–314; Ders.: Klios Wandlungen, Die deutsche Althistorie vom Neuhumanismus bis zur Gegenwart, München 2006. S. 74-77; Hartmut Beister: s. v. Ehrenberg, Victor, in: Rüdiger vom Bruch / Rainer A. Müller (Hrsg.): Historikerlexikon. Von der Antike bis zur Gegenwart, 2. Auflage, München 2002, S. 83; Joseph Vogt: Nachruf Victor Ehrenberg, Gnomon 48 (1976), S. 423–426.

9 Vgl. die Arbeiten „Herrenloß gesinde..." – Existenzen am Rande des Minimums, in: Heide Wunder u. a. (Hrsg.): Kassel im 18. Jahrhundert. Residenz und Stadt, Kassel 2000, S. 296–307. Jens Flemming / Christina Vanja (Hrsg,): „Dieses Haus ist gebaute Demokratie". Das Ständehaus in Kassel und seine parlamentarische Tradition, Kassel 2007; Flemming, Juden in Deutschland (wie Anm. 4).

10 So der Untertitel des Buches.

der deutsch-jüdischen Geschichte und der deutschen Wissenschafts[395]geschichte in vieler Hinsicht dem Bericht von Karl Löwith[11] an die Seite gestellt werden kann und das es verdient hat, erneut gelesen zu werden.

Familie

Im Zentrum der Familie von Eva Ehrenberg stand während ihrer Kindheit und Jugend ihr Vater Siegfried Sommer, Oberlandesgerichtsrat am Landgericht in Cassel (so die damalige Schreibweise). Der Jurist Sommer, Sohn eines Kaufmanns in Rotenburg an der Fulda, hatte seinen jüdischen Glauben nicht aufgegeben und war nicht zum Christentum übergetreten, was zur Folge hatte, dass er bis 1903 keine hohen Positionen im Gerichtswesen erhielt. Eva Ehrenberg charakterisierte die Haltung ihres Vaters zum Judentum mit folgenden Worten: „Mein Vater hat sein Judentum nie verleugnet und fühlte sich durchaus als Jude. Er erzog uns nach denselben Grundsätzen und ermahnte uns, ‚der Fahne treu zu bleiben‘, schon aus dem Grunde, dass man doppelt verpflichtet war, anständig zu sein, weil andere es nicht waren.“[12]

Die Versetzung ihres Vaters nach Kassel hatte eine Vorgeschichte, die Eva Ehrenberg erzählt und die ein Licht auf die Verhältnisse im Deutschen Reich und auf die Haltung Wilhelms II. wirft, der seit der gemeinsamen Schulzeit in Kassel mit Siegfried Sommer befreundet war:

> „Es gab viele Wiedersehen, wichtig war vor allem die Audienz am 23. Dezember 1903. Der Prinz war inzwischen deutscher Kaiser geworden, mein Vater Richter in Frankfurt am Main. Im damaligen Preussen konnte kein Jude ein hoher Richter werden. Der Kaiser fragte meinen Vater, dem er kurz vorher einen Orden verliehen hatte, warum er eigentlich nicht befördert werde. Die Antwort meines Vaters war: ‚Man hat mir die Gründe nicht gesagt, aber es besteht für mich kein Zweifel, dass sie nur in meinem Glaubensbekenntnis liegen, und Ew. Majestät werden verzeihen, wenn es schmerzt, dass es schadet, wenn man Treue hält.‘ Der Kaiser zeigte sich sehr bewegt. Die Unterhaltung ging dann noch lange weiter, das Thema wurde nicht mehr berührt, aber schon nach zwei Monaten wurde mein Vater durch persönliches Eingreifen des Kaisers an das Oberlandesgericht Cassel versetzt. Er war damit der erste und für lange Zeit der einzige jüdische Oberlandesgerichtsrat in Preussen. Der [396] Kaiser hatte veranlasst, dass die erste freiwerdende Stelle in Cassel, wo die Freundschaft begonnen hatte, an meinen Vater gegeben werde.“[13]

Die Freundschaft zwischen den beiden Männern dauerte bis zum Tod Siegfried Sommers; vor dem Krieg war der Vater jedes Jahr zur Audienz eingeladen, und nach seinem Tod gab es ein letztes Zeichen der Verbundenheit, nachdem die Mutter die Nachricht vom Tod ihres Mannes nach Doorn geschickt hatte:

> „Wenige Tage darauf wurde sie auf den jüdischen Friedhof in Frankfurt gebeten, dort stand der Regierungspräsident mit einem Kranz und sagte: ‚Ich lege diesen Kranz auf dieses Grab im Namen eines alten, treuen Freundes.‘“[14]

Von 1904 bis 1912 wohnte die Familie Sommer in der Sophienstraße, und dort wurde ein bestimmter Stil, der „Stil der Sophienstraße“, wie eine Freundin im Rückblick schrieb[15], gepflegt,

---

11 Vgl. Karl Löwith: Mein Leben in Deutschland vor und nach 1933. Ein Bericht, Stuttgart 1986.
12 Ehrenberg (wie Anm. 1), S. 17.
13 Ehrenberg (wie Anm. 1), S. 16.
14 Ebenda.
15 Ehrenberg (wie Anm. 1), S. 32.

der vor allem vom Vater geprägt worden ist. Es gab Grundsätze, die schließlich auf ein entscheidendes Prinzip zurückgeführt wurden:

> „... ich spreche Euch vom Guten, das ist das Einzige, was der Mensch tun kann. Wir müssen glauben und hoffen und lieben, wir können es gar nicht genug tun und nichts ohne das; aber wir müssen die drei großen Nebenlinien auf die eine große Hauptlinie führen, die der Weg des Guten ist."[16]

Zu diesem Stil gehörte auch eine spartanische Lebensführung, vor allem die Fähigkeit zum Verzicht, auch der Verzicht auf Taschengeld oder auf die Tanzstunde; aber es wurde auch ein geselliges Leben gepflegt, so Tanzabende mit den Referendaren des Vaters.

Judentum und „Deutschtum" waren für den Vater von Eva Ehrenberg keine Gegensätze, sie haben sich ergänzt:

> „Mit aller Betonung muss ich jedoch festlegen, dass mein Vater ebenso durchaus Deutscher war wie Jude. Er war es in einem Maße, das heutzutage vielleicht überpatriotisch genannt werden würde. Er lebte in der deutschen Musik, in Bach und Mozart, Schubert, Wagner und Hugo Wolf. Das Nibelungenlied, die Gedichte Walthers von der Vogelweide, des Knaben Wunderhorn, sie waren seine Bibel ebenso [397] wie die Propheten. Er verkörperte in sich die Verbindung von Deutschtum und Judentum."[17]

Das Ende des Ersten Weltkrieges, die Rückkehr der deutschen Truppen, empfand Siegfried Sommer als Untergang Preußens[18]; seine Tochter weist an dieser Stelle auf den anderen Untergang hin, auf den des Judentums: „Ich wage mir nicht auszudenken, wie er gelitten hätte, hätte er erlebt, dass das deutsche Judentum zu Grabe getragen wurde."[19]

Die Mutter von Eva Ehrenberg stammte aus einer jüdischen Familie, die in Worms lebte. Der Großvater Marcus Edinger war Fabrikant, der aus sozialer Verantwortung heraus einen „Vorschuss- und Kreditverein" gegründet hatte und für Krankenkassen, Wohnungsvereine und Genossenschaften aktiv war.[20] Ihre literarische Bildung verdankte Eva Ehrenberg vornehmlich ihrer Mutter:

> „Als ich zehn Jahre alt war, begann meine Mutter mit mir Goethe zu lesen, zuerst die Gedichte, dann weiter. Später war sie mein Führer zu Dante, wie Vergil der seine. Aus ihrem Munde hörte ich zum ersten Male die begeisterten, begeisternden Worte: ‚Sie hatte die schwarzen, strahlenden Augen der Blide', mit denen Niels Lyhne beginnt – sie kam und sah nach mir, wenn ich zu lange in den Jugendbriefen Nietzsches gelesen hatte oder Shakespeare: ‚Mir träumt, es lebt ein Feldherr Marc Anton, noch ein solcher Traum, dass ich noch einmal sähe einen solchen Mann!'"[21]

Im Denken der Mutter spielte Goethe eine zentrale Rolle, wie ihre Bemerkung: „Ich lebe in der Sonne Goethe'scher Weltanschauung" deutlich macht; noch zuletzt, kurz vor ihrem Tode, hat sie Verse aus dem West-östlichen Divan zu zitieren versucht.[22]

16 Ehrenberg (wie Anm. 1), S. 13.
17 Ehrenberg (wie Anm. 1), S, 17.
18 Ebenda: „Er kehrte sich ab und sagte unter Tränen: ‚Sie tragen Preussen zu Grabe.'"
19 Ehrenberg (wie Anm. 1), S. 17.
20 Ehrenberg (wie Anm. 1), S. 19.
21 Ehrenberg (wie Anm. 1), S. 10.
22 Ehrenberg (wie Anm. 1), S. 22f.

Für die junge Eva Sommer und ihre Jugendfreundinnen war die Literatur ein wichtiger Teil des intellektuellen Lebens:

> „Und wir tobten durch die Wälder auf Wilhelmshöhe, wie wir durch Goethe und Rilke, durch Thomas Mann und Anatole France tobten. Wir schrieben uns Worte auf wie ‚On aura beaucoup vécu si on aura beaucoup souffert‘ – was wussten wir davon? Und wir berauschten uns an Sätzen, die ich noch auswendig weiß, wie den Schlusssatz aus Thais: ‚Il était devenu si hideux qu'en passant la main sur sa figure it sentait sa [398] laideur.‘[23] Wieder und wieder lasen wir Niels Lyhne von J. P. Jacobsen: ‚Sie hatte die schwarzen strahlenden Augen der Blide‘ – wir begeisterten uns, wir wälzten Probleme, wir tanzten, wir ‚mockierten uns‘, das war eine Hauptbeschäftigung, wir liebten unsere gegenseitigen Elternhäuser. Wir zitierten damals, als es noch völlig sinnlos war, aus Goethes Gedicht an Frau von Stein:
>
>> ‚Glücklich, dass das Schicksal, daß uns quälet,
>> Uns doch nicht verändern mag.‘“[24]

Der durchaus selbstkritische Hinweis auf die Bedeutung, die den Versen Goethes für das eigene Leben beigemessen wurde, findet seine Ergänzung in den aufschlussreichen Bemerkungen Eva Ehrenbergs über ihre eigene Einstellung zum Leben in der Zeit vor 1914.[25] Die Welt wurde von ihr im Rückblick als eine Welt ohne Schwierigkeiten, Mühen und Probleme, als eine Welt des Friedens wahrgenommen; es ist signifikant, dass dieser Realität aber nicht das eigene Verhalten entsprach; es ging der Generation von Eva Ehrenberg um Überwindung von Schwierigkeiten, um Bewältigung von Problemen, um Bewährung im Kampf:

> „Wir nahmen alles schwer, wie ich es heute, in diesem Augenblick noch tue. Unsere großen Wahlsprüche: ‚Allen Gewalten zum Trotz sich erhalten‘, wo nirgends Gewalten waren! Um uns herum war Glätte, aber unsere Kraft wollte Hindernisse. Wir schufen uns in uns die Schwierigkeiten, die wir in Wirklichkeit nicht kannten. Wir wollten überwinden, so kämpften wir in unsren Herzen, in unseren Hirnen; wir hatten auf der Erde keine Mühen, so holten wir uns die ‚Probleme‘ aus der Luft. Wir suchten den Streit, weil wir im Frieden lebten.“[26]

Sehnsucht[27], die kein festes Ziel besaß, war charakteristisch für ihre Generation, und so ist es auch verständlich, dass gerade der Roman „Niels Lyhne“ von Jens Peter Jacobsen eine solche Faszination auf die junge Eva Sommer ausübte.[28]

---

23 Thais, ein Roman von Anatole France, beschreibt das Schicksal einer Hetäre im römischen Ägypten, die von einem Mönch bekehrt wird, die christliche Askese auf sich nimmt und dann stirbt, während der Mönch in der Begegnung mit Thais seine eigene Sinnlichkeit entdeckt und das asketische Leben abzulehnen beginnt.

24 Ehrenberg (wie Anm. 1), S. 32, Die Verse Goethes stammen aus dem Gedicht „Warum gabst du uns die tiefen Blicke“, Goethes Werke, Hamburger Ausgabe Bd. 1, S. 122–123.

25 Ehrenberg (wie Anm. 1), S. 9–12, besonders S. 11.

26 Ehrenberg (wie Anm. 1), S. 11.

27 Ehrenberg (wie Anm. 1), S. 11: „Wie lebten in großer Fülle und hatten immer noch Hunger. Sehnsucht hatten wir.“

28 Vgl. Ehrenberg (wie Anm. 1), S. 10, 32. Das Phänomen einer Mentalität, die Realitäten als solche nicht mehr wahrzunehmen vermochte, ist in der neueren Literatur zum 19. Jahrhundert und speziell zum wilhelminischen Deutschland mehrmals thematisiert worden; vgl. insbesondere Peter Gay: Kult der Gewalt. Aggression im bürgerlichen Zeitalter, München 1996 und Joachim Radkau: Das Zeitalter der Nervosität. Deutschland zwischen Bismarck und Hitler, München 1998.

[399] Die Musik nahm ebenso wie die Literatur eine wichtige Stellung im familiären Leben ein; die Mutter sang Beethovens Adelaide oder die Rosen-Arie aus Mozarts Figaro.[29] Sogar ihren Vornamen verdankte Eva Ehrenberg der Musikbegeisterung ihrer Eltern:

> „Aus ihrer gemeinsamen Liebe für die ‚Meistersinger‘ wurde ich Eva genannt."[30]

In einem einzigen Satz fasst Eva Ehrenberg zusammen, was ihr Leben vor 1914 bestimmte:

> „Haus und Garten, Bücher und Menschen, Reisen und Tanzen, Musik!"[31]

Neben der Familie spielten Freundschaften eine große Rolle für die junge Eva Sommer; und gerade in den Freundschaften wurde deutlich, dass ein jüdisches Mädchen in der sozialen Ordnung des Deutschen Reiches eine prekäre Stellung innehatte; Eva Sommer hatte viele Freundinnen aus adligen Familien, aber die Tatsache ihrer Zugehörigkeit zum Judentum schuf Probleme und wurde auch nie vergessen, selbst dann nicht, wenn andere Mädchen sich um die Freundschaft mit Eva Sommer bemühten; Eva Ehrenberg hat diese Situation in einem nach dem Zweiten Weltkrieg geschriebenen Brief an eine Jugendfreundin reflektiert, in ihren Erinnerungen zitiert sie Passagen aus diesem Brief:

> „Ihr hattet, wie Du mir anfangs erzähltest, bisher auf Eurem Gut nur Viehjuden gekannt. Du musstest darum kämpfen, mich einladen zu dürfen, und Dein strenger Vater hätte es vielleicht nie erlaubt, hättest Du nicht eine holländische Mutter gehabt, und der holländische Adel war anders."[32]

In demselben Brief kommt Eva Ehrenberg auf den alltäglichen Antisemitismus zu sprechen, der auch das Leben junger Mädchen nicht unberührt ließ:

> „Es ist der Hintergrund unserer Schulzeit. Der selbstverständliche Antisemitismus hatte eine ganz merkwürdige Wirkung auf Euch, er machte mich interessant, ich war etwas Neues für Euch, etwas, das Euch anzog. Da waren die offenen und heimlichen Briefe, die ihr mir aus den Ferien schriebt oder auch in der Klasse zustecktet, mit Fragen über Fragen, mit backfischhaft schwärmerischen Erklärungen; und auf der Straße durften mich Ermgard v. E., Marie zur L., Marie v. D. nicht grüßen."[33]

[400] Es gab in diesem Leben viele Inkonsistenzen, die für das Wilhelminische Deutschland insgesamt charakteristisch waren; die Freundschaft mit einer Tochter eines Majors der Husaren konnte durchaus Einladungen zu hochrangigen gesellschaftlichen Ereignissen zur Folge haben:

> „Auf ihrer Hochzeit 1913 im ‚Kaiserhof‘ (!) in Berlin war ich Brautjungfer und tanzte mit Exzellenz von Mackensen."[34]

Der Ausbruch des Ersten Weltkrieges stellte im Leben von Eva Ehrenberg die erste tiefgreifende Zäsur dar, und ihrer Erinnerung nach hatte sie sofort eine Ahnung von dem Zusammenbruch der Welt, in der sie sich sicher gefühlt hatte:

29 Ehrenberg (wie Anm. 1), S. 10.
30 Ehrenberg (wie Anm. 1), S. 21.
31 Ehrenberg (wie Anm. 1), S. 34.
32 Ehrenberg (wie Anm. 1), S. 31.
33 Ebenda.
34 Ebenda.

„Eines Tages schien die Sonne unvergesslich hell auf unsere Rosen, es war am 28. Juni 1914. Ich
war mit einem Freunde beim Rennen. In einer Pause sprangen wir über die Bänke zum Schwarzen
Brett, wir erwarteten das Resultat des Derby, das aus England gemeldet werden sollte. Wir fanden
statt dessen die Nachricht von der Ermordung des österreichischen Erzherzogs Franz Ferdinand
in Sarajevo. Wir wussten, ohne zu wissen, was es bedeutete: das Ende nicht nur unserer Jugend."[35]

Franz Rosenzweig

Auf der Hochzeit von Victor und Eva Ehrenberg hielt Franz Rosenzweig im Jahr 1919 die
Rede auf das Brautpaar, einer alten familiären Tradition entsprechend die „Becherrede", in der
des gemeinsamen Urgroßvaters gedacht wurde, des Leiters der Samsonschule in Wolfenbüttel.
Diesem Urgroßvater hatten 1833 ehemalige Schüler einen Becher zur Silberhochzeit geschenkt,
der bei jedem Familienfest – so bestimmte es das Testament – „gefüllt mit deutschem Weine
gereicht" werden sollte. Franz Rosenzweig, geht dann auf den Dank der Schüler ein, die davon
sprachen, dass dieser Urgroßvater „an jenem göttlichen Werk der Gewissensbefreiung" mitgear-
beitet habe. An diesen Dank schließt Rosenzweig eigene Überlegungen zur jüdischen Existenz
in Deutschland an:

„Deutschland und Freiheit – die beiden Worte, wohl hervortretend auf einem Untergrund ererb-
ter Besonderheit väterlicher Sitte und Gesinnung, aber doch zu selbständigem Werte sich entwi-
ckelnd, die beiden Worte müssen den besten Inhalt [401] seines Lebens umschrieben haben – denn
was gibt unserem Leben Inhalt als unsere Sehnsucht und unser Wille!"[36]

Die Sehnsucht war nach Rosenzweig die „nach dem staatlich geeinten Deutschland", und eben
dieser deutsche Staat war mit dem Ende des Ersten Weltkrieges zerbrochen. Rosenzweig beschreibt die Situation Deutschlands, indem er sie in eine historische Perspektive stellt:

„Noch stehen wir dem Geschehen zu nah, als dass wir uns unterfangen dürften, Schuld und
Schicksal in ihm zu scheiden. Aber dass hier etwas geschah von säkularem Maß, dass hier eine
Wunde geschlagen wurde, die nicht Jahre, nicht Jahrzehnte, höchstens Jahrhunderte wieder heilen
werden, das lehrt der Tag alltäglich mehr selbst die, welche sich in der Flucht hinter Vergleiche
von Fall und Erhebung 1806 und 1813, Umsturz und Nationalversammlung von 1848, anfangs
über das Ausmaß des Geschehenen tröstender Täuschung hinzugeben suchten. Deutschland ist
kein Staat mehr."[37]

Angesichts dieses Verlustes sieht Rosenzweig nur die Möglichkeit, „die Schätze deutschen
Lebens und Wesens" im Inneren „des Hauses" zu bewahren, und gerade darin besteht seiner
Auffassung nach auch die Aufgabe der Ehe. Mit wenigen Worten kommentiert Eva Ehrenbeig
im Rückblick diese Rede:

„So sprach Franz Rosenzweig, der Deutsche, nach der Niederlage im ersten Weltkrieg. So sah er
voraus, was sich in Wirklichkeit 1945 vollendete."[38]

---

35 Ehrenberg (wie Anm. 1), S. 34.
36 Ehrenberg (wie Anm. 1), S. 40.
37 Ebenda.
38 Ehrenberg (wie Anm. 1), S. 41.

Der Krankheit und Leidenszeit, dem Tod von Franz Rosenzweig widmet Eva Ehrenberg einen ergreifenden Abschnitt in ihren Aufzeichnungen. Sie spricht von dem Wunder, unter den Bedingungen der Krankheit das Werk vollendet zu haben, und sei es auch unter vollständiger Beanspruchung all der Menschen, die ihm in dieser Zeit zur Seite standen; zwei Menschen der nächsten Umgebung erlebten seinen Tod, seine Mutter und seine Frau, an die er höchste Forderungen stellte:

> „Durch Jahre, Tage und Stunden hat er sie besessen, unbedingt wie sich selbst, er in der Forderung, sie in der Hingabe. Beide durch seine Kraft, die immer wieder in sie einströmte. So hat die eine alles für ihn gelitten, die andere alles für ihn getan, obschon die eine auch genug getan, die andere genug gelitten hat."[39]

[402] Eva Ehrenberg erwähnt dann auch das Kind und die Unerbittlichkeit, mit der Rosenzweig verlangte, das Kind solle bei ihm, dem Kranken, bleiben; sie beendet ihre Erinnerungen an Rosenzweig mit Sätzen, die nicht nur prägnant die vorangegangenem Bemerkungen zusammenfassen, sondern auch die Voraussetzungen des Werks von Franz Rosenzweig benennen: „Gott gab ihm die Kraft, die beiden Frauen gaben ihm ihr Leben, das Kind gab ihm das Glück. Unvergesslich das Leuchten seiner übergroßen Augen, das Strahlen, wenn er von einem zum andern sah."

Mit dem „Stern der Erlösung" hat Eva Ehrenberg sich intensiv beschäftigt; Zeugnis dafür ist ihre Besprechung des Buches aus dem Jahr 1921, ein Text, der deutlich macht, wie dieses Werk von einer jungen Jüdin gelesen und verstanden worden ist.[40] Der „Stern der Erlösung" wird als ein religiöses, als ein jüdisches Werk interpretiert: „Der dies schreibt, ist Jude; ein Stolzer im Volke, von dem er im Buche über das ‚ewige Leben' Zeugnis ablegt, dessen ‚Feuer' auch sein Feuer ist."[41] Eva Ehrenberg betont, dass die Auffassung des Wissens bei Rosenzweig von der religiösen Sicht her bedingt ist:

> „Der Verfasser weiß, und das ist all seines Wissens Größtes, ‚dass es das Wesen der Wahrheit ist, zuteil zu sein'; niemals kann ein Mensch die ganze Wahrheit besitzen, und ‚auch die ganze Wahrheit ist Wahrheit nur, weil sie Gottes Teil ist (...). Das bedingt und bestimmt die Wahrheit, die er empfängt und gibt: ihm wird sie im Bilde des Davidsternes zuteil und in einer letzten, schon fast überirdischen Schau erscheint ihm in dem Licht gewordenen Zeichen das Antlitz Gottes mit den eigenmenschlichen Zügen.'"[42]

Auch die letzten Sätze dieses Textes sind Ausdruck jüdischen Denkens und Glaubens:

> „Nicht willkürlich sind die Bilder, nicht willkürlich wird dem Gläubigen teilgegeben an seinem Gotte als sein Teil, als Anteil seines Kelches am Tag, da er ihn ruft. Und doch: bis zu dem Tage, da er selber kommt: ecce Deus! um uns zu erleuchten, sind alle seine Verkünder gleiche Priester am Altar des Einen unbekannten Gottes."[43]

---

39 Ehrenberg (wie Anm. 1), S. 44.
40 Ehrenberg (wie Anm. 1), S. 35–39.
41 Ehrenberg (wie Anm. 1), S. 38.
42 Ebenda.
43 Ehrenberg (wie Anm. 1), S. 38f.

[403] **Versuch über jüdische Geschichte**

Die Reflexionen Eva Ehrenbergs über die jüdische Geschichte beginnen mit einer dezidierten Aussage, die das Leid zum Wesen jüdischer Existenz erklärt: „Der Leitfaden der jüdischen Geschichte ist ein Leidfaden."[44] Die jüdische Geschichte wird von Eva Ehrenberg immer unter zwei Aspekten gesehen, unter dem der Vergangenheit und dem der Gegenwart. In der Vergangenheit bedeutete jüdische Geschichte immer „von Volk zu Volk zu gehen, nie in einem Volke aufzugehen, nie als Volk unterzugehen", die Gegenwart ist bestimmt von der Vernichtung des deutschen Judentums durch Hitler. Hitler-Deutschland wird begriffen als „das Werkzeug, das in Raum und Zeit eingesetzt wird", damit die jüdische Geschichte eine Geschichte des Leides bleibt. Damit werden die Verbrechen Hitlers und seiner Mitschuldigen nicht entschuldigt, sie können auch nicht entschuldigt werden, aber so wird das Unbegreifliche für Eva Ehrenberg aus jüdischer Perspektive verstehbar.[45]

Das jüdische Schicksal bestand stets darin, „als Emigranten über die Welt hin zerstreut" zu sein, in fremden Ländern zu leben und durch „Angleichung" das eigene Überleben zu sichern.[46] In dem Text von Eva Ehrenberg finden sich selbstkritische Reflexionen, in denen auch mit schonungsloser Offenheit von jüdischer Schuld gesprochen wird, von der Schuld, die Opfer der Pogrome in Russland, Polen und Rumänien nicht wahrgenommen zu haben: „Als die Überlebenden nach Deutschland kamen, waren sie uns peinlich, fremd – die Ostjuden. Wir kümmerten uns nicht, d. h. wir machten uns keinen Kummer um ihr Elend; wir fühlten uns besser als sie, als wir es noch besser hatten, blind und blöd wie wir waren."[47]

Die Juden sind nach Eva Ehrenberg mit den verschiedenen Völkern, unter denen sie lebten, immer eine enge Verbindung eingegangen, die auch das jüdische Denken jeweils in besonderer Weise geprägt und geformt hat; so ging der Talmud aus der Verbindung mit der babylonischen Kultur, Maimonides aus der Verbindung mit der arabischen Kultur hervor, so war Spinoza von seiner Umwelt in Holland beeinflusst, und in Polen bildeten sich Kabbala und Chassidismus heraus. Dabei kam es durch die [404] Dynamik der Juden immer auch zu einem Übergewicht, das wiederum eine Trennung geradezu notwendig werden ließ. Bereits in den Anfängen des Judentums wird dieser Ablauf der Ereignisse in der Josephsgeschichte exemplarisch verdeutlicht:

> „Da kam ein Einzelner, macht- und mittellos, zu einem fremden Volke, stieg schnell und kerzengerade auf, die Gunst des Herrschers erlangend, der ihn zum Herrn über vieles Land machte; dann kamen die Angehörigen nach, und es vermehrten sich die Kinder Israel. Eine Zeit lang lebten sie erfolgreich und glücklich in der neuen ‚Heimat', bis zu dem Augenblicke, ‚da ein neuer Pharao kam, der von Joseph nichts wusste'. Der entfesselte die inzwischen angesammelte Wut der Masse. ‚Denn ihr seid Fremdlinge gewesen in Ägyptenland.' Der immer gleiche Verlauf: der Anfang auf der Höhe, das Ende in den Niederungen der Völker. Der Leitfaden – der Leidfaden der jüdischen Geschichte."[48]

Angesichts der Ermordung der Juden und der Vernichtung des Judentums übersieht Eva Ehrenberg nicht, dass im Verlauf und Ergebnis des Zweiten Weltkrieges auch die Deutschen Opfer wurden:

44 Ehrenberg (wie Anm. 1), S. 47.
45 Ebenda.
46 Ebenda.
47 Ehrenberg (wie Anm. 1), S. 48.
48 Ehrenberg (wie Anm. 1), S. 50

„Nach dem Leid, das Hitler über die deutschen Juden brachte, wurde sein eigenes Volk sein letztes Opfer. Auch das ist ein historischer Ablauf; denn jedes Land, das die Juden vertrieb, tat es auf eigene Kosten. Vom Roten Meer zur Oder-Neisse-Linie ... Deutschland klagt um ungezählte Tote, Deutsche wurden vertrieben, Deutschland wurde zerschlagen."[49]

Es muss jedoch betont werden, dass in der Sicht Eva Ehrenbergs die Deutschen Opfer Hitlers waren, nicht etwa Opfer der alliierten Politik oder der alliierten Kriegführung. Es stellt sich bereits auch für Eva Ehrenberg die Frage, wie nach der Zeit des Nationalsozialismus, nach dem nationalsozialistischen Antisemitismus und nach der Ermordung der Juden das Zusammenleben von Deutschen und Juden in Deutschland vor 1933 eigentlich beurteilt werden muss, eine Frage, die ja bis in die letzten Jahre hinein: in der Geschichtswissenschaft immer wieder kontrovers diskutiert worden ist. Eva Ehrenberg kennt die kritische Sicht, weist sie aber entschieden zurück:

„Die jüdisch-deutsche Lebensgemeinschaft vom 18. Jahrhundert bis 1933 war keine Illusion, wie jetzt oft behauptet wird. Es gab Illusion auf jüdischer und Antisemitismus [405] auf deutscher Seite. Aber der uneingeschränkten, ungerechten Behauptung muss widersprochen werden. Sie ist unwahr."[50]

Es kommt Eva Ehrenberg nicht darauf an, eine Perspektive für die Zukunft zu gewinnen; lakonisch stellt sie fest: „Nach Deutschland gibt es kein Zurück."[51] An dieser Stelle geht es darum, die deutsch-jüdische Vergangenheit nicht aufgrund der Vernichtung des deutschen Judentums durch den Nationalsozialismus einseitig negativ zu bewerten:

„Die Gemeinschaft liegt hinter uns. Aber sie war da, so vollkommen wie irgendwo. Mit Moses Mendelssohn und seiner Freundschaft mit Lessing begann sie, raketenartig war wieder der Aufstieg, Heine und Schumann (Heine in Frankreich war Heine im Heimweh), Felix Mendelssohn und die Matthäuspassion, Mahler und des Knaben Wunderhorn, Hugo von Hofmannsthal und Richard Strauß – warum Namen heraussuchen, wenn es unzählige Namen gibt und über die Gipfel hinweg den Blick auf die Symbiose der Juden mit den Deutschen, der wir das Glück hatten anzugehören?"[52]

Mit dieser Sicht auf die Geschichte wird nichts von den nationalsozialistischen Verbrechen relativiert, im Gegenteil, diese Verbrechen sind von dieser Vergangenheit her nur umso schwerer zu verstehen, sind ein umso härterer Bruch mit der Vergangenheit. Wenn die deutsche Geschichte, wie bisweilen behauptet wurde, geradezu zwangsläufig auf die Ermordung der Juden durch die Nationalsozialisten hinausgelaufen wäre, dann hätte es kaum noch eine wirk-

---

49 Ehrenberg (wie Anm. 1), S. 51.
50 Ebenda.
51 Ebenda. Die Möglichkeit einer Rückkehr nach Deutschland hat bestanden: Victor Ehrenberg erhielt 1947 einen Ruf an die Universität München, den er ablehnte. Vgl. dazu Karl Christ: Der andere Stauffenberg. Der Historiker und Dichter Alexander von Stauffenberg, München 2008, S. 63–64. In dem Schreiben Ehrenbergs wird auf die Opfer in der Familie explizit hingewiesen: „Ich finde es unmöglich, jetzt nach Deutschland zurückzukehren, sozusagen in der Woge einer ‚Konjunktur', die die abgelöst hat, die mich vertrieben hat. ... Sie werden mein Empfinden und meine Absage vielleicht am ehesten verstehen, wenn ich Ihnen sage, dass eine Schwester meiner Frau von München aus deportiert und dann ermordet wurde. Andere Verwandte und Freunde sind auf ähnliche Weise umgekommen. Das sind Dinge, die sich nie vergessen lassen" (zitiert nach Christ, ebenda, S. 64). Vgl. Vogt (wie Anm. 8), S. 425.
52 Ehrenberg (wie Anm. 1), S. 51.

liche Verantwortung der Täter gegeben. Die Schuld der Täter ist angesichts ihrer Verbrechen unermesslich, gleichgültig unter welchen historischen Voraussetzungen die Verbrechen begangen wurden; aber gerade die Tatsache, dass eine „jüdisch-deutsche Lebensgemeinschaft vom 18. Jahrhundert bis 1933" existierte, macht diese Verbrechen zu einem Willensakt, für den [406] auch die Verantwortung zu übernehmen ist, und gerade deswegen ist auch die Schuld für diese Taten anzuerkennen.

Emigration

Auswanderung ist ein Abschnitt in den Erinnerungen überschrieben, und es ist kennzeichnend für Eva Ehrenberg, dass sie das Geschehen mit Zitaten aus der Dichtung zu fassen sucht; es sind hier aber nicht mehr Goethe oder Dante, die dem Geschehen gerecht werden, sondern es sind Verse aus Bert Brechts „Mutter Courage", die dem Empfinden derer entsprachen, die Deutschland verließen:

> „... Seid alle vorsichtig, ihr habt's nötig. Und jetzt steigen wir auf und fahren weiter."

Es sind ergreifende, erschütternde Worte, die Eva Ehrenberg an den Anfang des Kapitels setzt:

> „Unsere Mutter hatte nur einen Namen, sie hieß Deutschland. Wir, ihre Kinder, hießen nach ihr Deutsche. Wir hießen nicht nur so. Weil wir sie so inbrünstig liebten, glaubten wir, sie liebte uns auch. Wir hätten es allerdings besser wissen können, d.h. schlechter. Deutschland liebte uns nicht, aber wir konnten dort glücklich sein. Man konnte nicht alles werden, aber man konnte alles sein."[53]

Durch ein Stipendium in London erhielt Victor Ehrenberg eine sehr kurz befristete Einreisegenehmigung für England, die aber auf ihn und seine Frau beschränkt war: Es kam zu einem Wettlauf mit der Zeit, denn der Einmarsch der Deutschen in die Tschechoslowakei stand unmittelbar bevor. Schon im Herbst 1938 hatte Eva Ehrenberg das Gefühl, dass „uns in Prag das Messer an der Kehle saß – die Deutsche Universität und das Deutsche Gymnasium waren schon vor Hitlers Einmarsch gleichgeschaltet."[54] Schließlich gelang es durch die Beziehung zu einer Engländerin, die 1910 als Erzieherin einer Freundin in Kassel gelebt hatte, die Söhne in einem englischen Internat unterzubringen, und damit konnte die Familie Ehrenberg dem Tod [407] entkommen, der andere Familienmitglieder bald ereilen sollte, so die Schwester Elisabeth, die als Dienstmädchen mit den Ehrenbergs hätte nach England mitgehen können, dies aber ablehnte und 1941 mit einem Kindertransport erschossen wurde[55], so eine Tante, die Schwester der Mutter, die in Theresienstadt starb, oder die andere Schwester der Mutter, die sich selbst tötete, als der Abtransport drohte.[56]

In England, in Victoria Station, London, erwartete die Familie Ehrenberg ein Schild: „Mrs. Mattingly erwartet Mrs. Ehrenberg an der Sperre."[57] Dieses Schild war ein Symbol für die Hilfsbereitschaft englischer Freunde und Kollegen, die solange halfen, bis Victor Ehrenberg

53 Ehrenberg (wie Anm. 1), S. 52.
54 Ehrenberg (wie Anm. 1), S. 54.
55 Ehrenberg (wie Anm. 1), S. 55.
56 Ehrenberg (wie Anm. 1), S. 71.
57 Ehrenberg (wie Anm. 1), S. 56.

schließlich an der Universität London als Lecturer und dann Professor Ancient History lehren konnte.[58]

Dankbarkeit den Freunden in England gegenüber ist das Motiv für Eva Ehrenberg gewesen, das Kapitel über die Auswanderung und die ersten Jahre in England zu schreiben. Unproblematisch war dieses Leben während der Kriegsjahre nicht:

> „Auf den Herzen der Freunde allein stand unser Dasein während der Jahre, der Kriegsjahre, als wir im Leeren lebten, mit nichts als ein paar Ausweispapieren zum Schutz, der Polizei verpflichtet, dem wahllosen Geschick ausgeliefert. Aber da waren Freunde, an jeder Klippe, vor jedem Abgrund. Nach acht Jahren wurden wir adoptiert, dann hießen wir auch nach unserer Retterin. Bis heute ist kein Tag ohne Dank."[59]

[408] England war für die Familie Ehrenberg, für das Ehepaar und die Söhne[60], die neue Heimat geworden; die Erinnerung an eine kleine Szene am Rande ist für Eva Ehrenberg hierfür symptomatisch. Bei der Rückkehr von einer Reise nach Deutschland kam das Schiff nach einer stürmischen Überfahrt in Newhaven an:

---

58 Es ist im Übrigen bemerkenswert, wie die Emigration Ehrenbergs in älteren Würdigungen von deutschen Althistorikern dargestellt wurde. Schäfer bezeichnet die beiden Monographien Ehrenbergs über Aristophanes und über Sophokles und Perikles als „Früchte seines englischen Aufenthaltes", ohne weiter auf die Emigration einzugehen (Schäfer wie Anm. 8, S. 438), und Vogt schreibt, Ehrenberg habe „die Gefährdung des Judentums und nun auch die Bedrohung von Prag durch Hitler-Deutschland rechtzeitig erkannt" und „seit seiner Teilnahme am Internationalen Historikerkongress in Zürich im Sommer 1938 ... den Weg der Emigration gesucht" (Vogt wie Anm. 8, S. 425). Eva Ehrenberg hat das anders gesehen; die Familie Ehrenberg suchte nicht den Weg in die Emigration, sondern war zur Auswanderung gezwungen, aus der Heimat verstoßen; es ging dabei um das Überleben: „Ich überlebte mit meinem Mann und zwei Söhnen. Die aus der Heimat Verstoßenen nahm England auf" (Ehrenberg wie Anm. 1, S. 53). Aber die Karrieren sind eben unterschiedlich verlaufen; Schäfer war seit 1937 Mitglied der NSDAP, und Vogt war einer der führenden Exponenten einer nationalsozialistischen Althistorie. In dem von ihm herausgegebenen Band „Rom und Karthago" (1943) übertrug er die nationalsozialistische Rassenideologie auf die Antike, indem er einen rassischen Gegensatz zwischen Römern und Karthagern konstruierte. Vgl. dazu Karl Christ: Neue Profile der Alten Geschichte. Darmstadt 1990, S. 63–124, besonders S. 92–95.

59 Ehrenberg (wie Anm. 1), S. 53. Die Annahme der englischen Staatsbürgerschaft veranlasst Eva Ehrenberg zu einer überraschenden Bemerkung über Parallelen in der Geschichte von Familien: „Meine Großmutter hatte im Kriege [1870/71] Verwundete gepflegt, unter der Leitung der Großherzogin Alice von Hessen, der Tochter der Königin Victoria von England. Der Urenkel, Philip, wurde der Gemahl der Königin Elizabeth II. Seine Naturalisierung im Jahre 1947 stand in der gleichen Nummer der London Gazette wie die unsere." Ebenda, S. 20.

60 Eva Ehrenberg geht in ihrem Buch nur kurz auf die wissenschaftlichen Karrieren ihrer Söhne in England ein; vgl. Ehrenberg (wie Anm. 1). S. 57. Deswegen sei an dieser Stelle nur erwähnt, dass beide Söhne in England studierten und später an englischen Universitäten lehrten; sie wurden – wie ihre Eltern – englische Staatsbürger. Sie haben noch während des Krieges ihren deutschen Nachnamen abgelegt und den Namen Elton angenommen. Der ältere, Geoffrey Rudolph Elton (1921–1994), war Historiker am Clare College in Cambridge und 1983–1988 Regius Professor of Modern History; er schrieb zahlreiche Bücher über die englische Geschichte der Tudorzeit und gehörte zu den führenden englischen Historikern der zweiten Hälfte des 20. Jahrhunderts; die Anerkennung seiner Leistungen fand ihren Ausdruck auch in der Ernennung zum Sir durch die englische Königin. Vgl. Helmut Flachenecker: s. v. Elton, Geoffrey Rudolph, in: vom Bruch / Müller (wie Anm. 8), S. 86.

„It is good to be home again', sagte eine alte Dame, als sie vor mir den Landungssteg hinunterging. Man konnte in diesem Augenblick von keinem Engländer ein anderes Wort erwarten. Indeed, we are home. Wir waren wieder zu Hause, im Lande der Liebe auf den ersten Blick."[61]

Gerade auf späteren Reisen nach Deutschland drängt sich Eva Ehrenberg die Frage nach ihrer Beziehung zu diesem Land auf, und sie gibt auch eine Antwort:

„Ich fühlte Ungewissheit und Zerrissenheit, und auf Goethes Frage ,Deutschland aber wo liegt: es?', fand ich – mit der Landschaft meiner Liebe im Herzen – die Antwort: In der Emigration."[62]

---

61 Ehrenberg (wie Anm. 1), S. 64.
62 Ehrenberg (wie Anm. 1), S. 65. Eva Ehrenberg zitiert hier eine der Xenien Goethes: „Deutschland? Aber wo liegt es? Ich weiß das Land nicht zu finden. Wo das gelehrte beginnt, hört das politische auf" (Goethes Werke [Sophienausgabe], Weimar 1887–1919, I 5,1, S. 218. Diese Verse sind übrigens nicht in die Hamburger Ausgabe aufgenommen worden).

Schriftenverzeichnis

Helmuth Schneider

1974

1. Wirtschaft und Politik. Untersuchungen zur Geschichte der späten römischen Republik, Erlangen (Erlanger Studien 3) <Dissertation>

1976

2. (Hrsg.) Zur Sozial- und Wirtschaftsgeschichte der späten römischen Republik, Darmstadt (WdF 413).
3. Sozialer Konflikt in der Antike: Die späte römische Republik, in: GWU 27, S. 597–613.

1977

4. Die Entstehung der römischen Militärdiktatur – Krise und Niedergang einer antiken Republik, Köln.

1979

5. Protestbewegungen stadtrömischer Unterschichten, in: JfG 3, S. 16–20.

1980

6. (Hrsg.) Geschichte der Arbeit. Vom Alten Ägypten bis zur Gegenwart, Köln.
7. Die antike Sklavenwirtschaft: Das Imperium Romanum, in: Geschichte der Arbeit, S. 95–154.

1981

8. (Hrsg.) Sozial- und Wirtschaftsgeschichte der römischen Kaiserzeit, Darmstadt (WdF 552).

1982

9. Die Säulen des Vespasian – Arbeitslosigkeit, Arbeitsbeschaffung und technischer Fortschritt in der Antike, in: JfG 6, S. 4–9.
10. (Rez.) P. Garnsey (ed.), Non-Slave Labour ..., in: Gnomon 54, S. 698–700.

1983

11. Die politische Rolle der plebs urbana während der Tribunate des L. Appuleius Saturninus, in: An.Soc. 13/14, S. 193–221.
12. Die Getreideversorgung der Stadt Antiochia im 4. Jh. n. Chr., in: MBAH II 1, S. 59–72.
13. Nachwort zur Ausgabe 1983, in: H. Schneider (Hrsg.), Geschichte der Arbeit, Frankfurt/Berlin/Wien 1983, S. 415–421.
14. (Rez.) P. W. de Neeve, Colonus. Privégrondpacht in Romeins Italie ..., in: Gnomon 55, S. 764–765 1, S. 59–72.

1984

15.   (Rez.) H. Kalcyk, Untersuchungen zum attischen Silberbergbau – P. Rosumek, Technischer Fortschritt und Rationalisierung im antiken Bergbau, in: Technikgeschichte 51, S. 219–221.

16.   (Rez.) D. P. S. Peacock, Pottery in the Roman World, in: Technikgeschichte 51, S. 221–223.

1985

17.   Cloaca Maxima – Schmutz und Sauberkeit im antiken Rom, in: JfG 4, S. 12–17.

18.   (Rez.) R. Meiggs, Trees and Timber in the Ancient Mediterranean World, in: Technikgeschichte 52, S. 267–268.

19.   (Rez.) I. Scheibler, Griechische Töpferkunst, in: Technikgeschichte 52, S. 268–270.

20.   (Rez.) K. M. Girardet, Die Ordnung der Welt, in: Gnomon 57, S. 602–605.

1986

21.   Der moderne Markt und die antike Gesellschaft – Über Moses Finley, in: Freibeuter 29, S. 143–146.

1987

22.   (Rez.) E. Brödner, Die römischen Thermen, in: Technikgeschichte 54, S. 31–32.

23.   (Rez.) K. D. White, Greek and Roman Technology, in: Technikgeschichte 54, S. 32–34.

24.   (Rez.) P. Oleson, Bronze Age Greek and Roman Technology, in: Technikgeschichte 54, S. 311–312.

25.   (Rez.) P. C. Bol, Antike Bronzetechnik, Technikgeschichte 54, S. 318–319.

26.   (Rez.) F. Hinard, Les proscriptions ..., in: HZ 244, S. 392–393.

27.   (Rez.) Ö. Wikander, Exploitation of Water-Power ..., in: Gnomon 59, S. 372–374.

1988

28.   Schottische Aufklärung und antike Gesellschaft, in: P. Kneißl – V. Losemann, (Hrsg.), Alte Geschichte und Wissenschaftsgeschichte. Festschrift für Karl Christ, Darmstadt, S. 431–464.

29.   (Rez.) J.-N. Robert, Les plaisirs à Rome, in: Gnomon 60, S. 172–173.

1989

30.   Das griechische Technikverständnis. Von den Epen Homers bis zu den Anfängen der technologischen Fachliteratur, Darmstadt <Habilitationsschrift>.

31.   August Boeckh, in: M. Erbe (Hrsg.), Berlinische Lebensbilder – Geisteswissenschaftler, Berlin, S. 37–54.

1990

32.   Infrastruktur und politische Legitimation im frühen Principat, in: Opus 5, S. 23–51.

33.   Die Bücher-Meyer-Kontroverse, in: W. M. Calder – A. Demandt (Hrsg.), Eduard Meyer. Leben und Leistung eines Universalhistorikers, Leiden, S. 417–445.

34.   (Rez.) C. R. Whittaker (ed.), Pastoral Economies ..., in: Gnomon 62, S. 226–229.

1991

35. Die Gaben des Prometheus – Technik im antiken Mittelmeerraum zwischen 750 v. Chr. und 500 n. Chr., in: W. König (Hrsg.), Propyläen Technikgeschichte Bd. 1: Landbau und Handwerk 750 v. Chr. bis 1000 n. Chr., Berlin, S. 17–313; 509–518.

1992

36. Einführung in die antike Technikgeschichte, Darmstadt.
37. Sozialwissenschaftliche Orientierung. Alte Geschichte und moderne Sozialwissenschaften, in: R. Faber – B. Kytzler (Hrsg.), Antike heute, Würzburg, S. 81–92.

1993

38. Natur und technisches Handeln im antiken Griechenland, in: L. Schäfer – E. Ströker, (Hrsg.), Naturauffassungen in Philosophie, Wissenschaft, Technik, Bd. I, Antike und Mittelalter, Freiburg, S. 107–160.

1994

39. Die Aufhebung von Privateigentum und Familie bei Aristophanes und Platon, in: R. Faber (Hrsg.), Sozialismus in Geschichte und Gegenwart, Würzburg, S. 61–76.
40. Wirtschaft und Verkehr, in: J. Martin (Hrsg.), Das Alte Rom, Geschichte und Kultur des Imperium Romanum, München, S. 231–255.
41. (Rez.) B. Cotterell – J. Kamminga, Mechanics of Pre-Industrial Technology ..., in: HZ 258, S. 726–728.

1995

42. Antike Technik und moderne Technikgeschichte, in: G. Henke-Bockschatz (Hrsg.), Geschichte und historisches Lernen – Jochen Huhn zum 65. Geburtstag, Kassel, S. 131–147.
43. Perspektiven einer interdisziplinären Erforschung der Wasserversorgung in der Geschichte, in: A. Hoffmann (Hrsg.), Antike und mittelalterliche Wasserversorgung in Mitteleuropa, Kassel (Kasseler Wasserbau-Mitteilungen 3), S. 11–24.
44. (Rez.) A. Giovannini, Hrsg., Nourrir la plèbe, in: HZ 260, S. 183–184.
45. (Rez.) A. Schürmann, Griechische Mechanik und antike Gesellschaft, in: HZ 260, S. 520.

1996

46. (Hrsg. zus. mit H. Cancik) Der Neue Pauly, Enzyklopädie der Antike, Bd. 1, Stuttgart/ Weimar.
47. Krieg und Technik im Zeitalter des Hellenismus, in: Berichte zur Wissenschaftsgeschichte 19, S. 76–80.

1997

48. (Hrsg. zus. mit H. Cancik) Der Neue Pauly, Enzyklopädie der Antike, Bd. 2, Stuttgart/ Weimar.

49. (Hrsg. zus. mit H. Cancik) Der Neue Pauly, Enzyklopädie der Antike, Bd. 3, Stuttgart/
     Weimar.
50. Nero, in: M. Clauss (Hrsg.), Die römischen Kaiser, München, S. 77–86.
51. Columella, in: Metzler Lexikon Antiker Autoren, Stuttgart, S. 182–183.
52. Vitruv, in: Metzler Lexikon Antiker Autoren, Stuttgart, S. 752–755.
53. Biton, in: DNP 2, Sp. 703.
54. Blei, in: DNP 2, Sp. 707–709.
55. Bodenschätze II, Wirtschaft und Politik, in: DNP 2, Sp. 717–719.
56. Elfenbein, in: DNP 3, Sp. 987–988.
57. Entwässerung, in: DNP 3, Sp. 1051–1052.

1998

58. (Hrsg. zus. mit H. Cancik) Der Neue Pauly, Enzyklopädie der Antike, Bd. 4, Stuttgart/
     Weimar.
59. (Hrsg. zus. mit H. Cancik) Der Neue Pauly, Enzyklopädie der Antike, Bd. 5, Stuttgart/
     Weimar.
60. Das Imperium Romanum: Subsistenzproduktion – Redistribution – Markt, in: P. Kneißl
     – V. Losemann (Hrsg.), Imperium Romanum – Studien zu Geschichte und Rezeption.
     Festschrift für Karl Christ, Stuttgart, S. 654–673.
61. Ernährung, in: DNP 4, Sp. 81–82; 83–89.
62. Fiscus, in: DNP 4, Sp. 531.
63. Gold III, Wirtschaft und Politik, IV, Literatur und Mythos, in: DNP 4, Sp. 1138–1140.
64. Hebegeräte, in: DNP 5, Sp. 216–217.
65. Holzfässer, in: DNP 5, Sp. 681–682.
66. Hyginus als Agrarschriftsteller, in: DNP 5, Sp. 779.
67. Jagd, in: DNP 5, Sp. 834–836.

1999

68. (Hrsg. zus. mit H. Cancik) Der Neue Pauly, Enzyklopädie der Antike, Bd. 6, Stuttgart/
     Weimar.
69. (Hrsg. zus. mit H. Cancik) Der Neue Pauly, Enzyklopädie der Antike, Bd. 7, Stuttgart/
     Weimar.
70. Innovative Umbrüche in der antiken Technik, in: S. Buchhaupt (Hrsg.), Gibt es Re-
     volutionen in der Geschichte der Technik?, Darmstadt, S. 77–83.
71. Kalk, in: DNP 6, Sp. 171–172.
72. Kastration von Tieren, in: DNP 6, Sp. 326–327.
73. Landwirtschaft III; V, in: DNP 6, Sp. 1110–1111; 1116–1120.
74. Liberalitas D, in: DNP 7, Sp. 142–143.

2000

75. (Hrsg. zus. mit H. Cancik) Der Neue Pauly, Enzyklopädie der Antike, Bd. 8, Stuttgart/
     Weimar.
76. (Hrsg. zus. mit H. Cancik) Der Neue Pauly, Enzyklopädie der Antike, Bd. 9, Stuttgart/
     Weimar.

77. (Hrsg. zus. mit A. Hoffmann) Technik und Zauber historischer Wasserkünste in Kassel, Von den Kaskaden Guernieros zu den Wasserfällen Steinhöfers, Kassel.

78. (Hrsg. zus. mit H.-J. Gehrke) Geschichte der Antike, Ein Studienbuch, Stuttgart.

79. Das Ende des Imperium Romanum im Westen, in: R. Lorenz (Hrsg.), Das Verdämmern der Macht – Vom Untergang großer Reiche, Frankfurt/M., S. 26–43.

80. „Wahrhaft glückliche Tage" – Kassel und die Antike im 18. Jahrhundert, in: H. Wunder – C. Vanja – K.-H. Wegner (Hrsg.), Kassel im 18. Jahrhundert. Residenz und Stadt, Kassel, S. 88–103.

81. Politisches System und wirtschaftliche Entwicklung in der späten römischen Republik, in: E. Lo Cascio – D. W. Rathbone (ed.), Production and Public Powers in Classical Antiquity, Cambridge, S. 55–62.

82. Rom von den Anfängen bis zum Ende der Republik (6. Jh. bis 30 v. Chr.), in: H.-J. Gehrke – H. Schneider (Hrsg.), Geschichte der Antike, Stuttgart, S. 229–300.

83. Vom Garten des Alkinoos zu den Kaskaden des Barockzeitalters, in: A. Hoffmann – H. Schneider (Hrsg.), Technik und Zauber historischer Wasserkünste in Kassel, Kassel, S. 38–51.

84. Metallurgie III, in: DNP 8, Sp. 72–76.

85. Militärtechnik III, in: DNP 8, Sp. 188–191.

86. Onasandros 2, in: DNP 8, Sp. 1202–1203.

87. Opera, in: DNP 8, Sp. 1226–1227.

88. Pigmentarius, in: DNP 9, Sp. 1010.

89. (Rez.) B. Meißner, Die technologische Fachliteratur der Antike, in: Technikgeschichte 67, S. 233–234.

90. (Rez.) K. Grewe, Licht am Ende des Tunnels, Planung und Trassierung im antiken Tunnelbau, in: Technikgeschichte 67, S. 234.

2001

91. (Hrsg. zus. mit H. Cancik) Der Neue Pauly, Enzyklopädie der Antike, Bd. 10, Stuttgart/Weimar.

92. (Hrsg. zus. mit H. Cancik) Der Neue Pauly, Enzyklopädie der Antike, Bd. 11, Stuttgart/Weimar.

93. Überschwemmungen und Hochwasserschutz im antiken Rom, in: A. Hoffmann (Hrsg.), Wasserwirtschaft im Wandel, FS Frank Tönsmann, Kassel, S. 203–207.

94. Purpur, in: DNP 10, Sp. 604–605.

95. Rationen II Antike, in: DNP 10, Sp. 783.

96. Schraube, in: DNP 11, Sp. 216–217.

97. Schwein III Antike, in: DNP 11, Sp. 292–294.

98. Simon 2, in: DNP 11, Sp. 570.

99. Sklavenaufstände, in: DNP 11, Sp. 616–619.

100. Sozialpolitik, in: DNP 11, Sp. 760–762.

101. Sozialstruktur IV Rom, in: DNP 11, Sp. 768–771.

102. Stahl, in: DNP 11, Sp. 914–915.

103. Takelage, in: DNP 11, Sp. 1225–1226.

104. Taktik II Rom, in: DNP 11, Sp. 1227–1228.

105. Italien II.1. Antike, in: RGG[4], Bd. 4, Sp. 315–317.

106. (Rez.) J.-P. Adam, Roman Building. Materials and Techniques, in: HZ 273, S. 726–728.

2002

107. (Hrsg. zus. mit H. Cancik) Der Neue Pauly, Enzyklopädie der Antike, Bd. 12,1, Stuttgart/ Weimar.
108. (Hrsg. zus. mit H. Cancik) Der Neue Pauly, Enzyklopädie der Antike, Bd. 12,2, Stuttgart/ Weimar.
109. (Hrsg. zus. mit H. Cancik, M. Landfester und C. Salazar) Brill's New Pauly, Encyclopaedia of the Ancient World, Vol 1, Leiden/Boston.
110. Technik, Technologie I, III, in: DNP 12,1, Sp. 68; 69–74.
111. Triere II, Rekonstruktion der T., in: DNP 12,1, Sp. 812–813.
112. Univira, in: DNP 12,1, Sp. 1003–1004.
113. Vermögensverteilung, in: DNP 12,2, Sp. 73–76.
114. Veteranen [I Republik, III Spätantike], in: DNP 12,2, Sp. 141–143; 145.
115. Vexillatio, in: DNP 12,2, Sp. 157–158.
116. Vogelfang, in: DNP 12,2, Sp. 290–291.
117. Vorratswirtschaft, in: DNP 12,2, Sp. 336–338.
118. Wasserhebegeräte, in: DNP 12,2, Sp. 396–402.
119. Ziegelei, in: DNP 12,2, Sp. 803–804.
120. Speiseöle, in: DNP, 12,2, Sp. 1118–1122.
121. Überschwemmung, in: DNP 12,2, Sp. 1178–1180.

2003

122. Überschwemmungen und Hochwasserschutz in der Spätantike, in: A. Hoffmann (Hrsg.), Gezähmte Flüsse – Besiegte Natur, Gewässerkultur in Geschichte und Gegenwart, Kassel, S. 5–8.
123. Die Erben der Brüder Grimm – Wissenschaft und Forschung an der Universität Kassel, in: G. Lewandowski (Hrsg.), Leben in Kassel. Eine Liebeserklärung, Kassel, S. 145–155.
124. Sozial- und Wirtschaftsgeschichte, in: DNP, 15,3, Sp. 83–92.
125. Technikgeschichte, in: DNP 15,3, Sp. 364–373.

2004

126. Spätantike und Subantike, in: RGG⁴, Bd. 7, Sp. 1545–1547.

2005

127. Wirtschaft, III. Wirtschaft und Religion 2. Griechische und römische Antike, in: RGG⁴, Bd. 8, Sp. 1611–1612.
128. Zins IV. Außerchristliche Antike, in: RGG⁴, Bd. 8, Sp. 1866–1867.
129. (Rez.) Marcus Terentius Varro, Gespräche über die Landwirtschaft, hrsg. v. D. Flach, in: Zeitschrift für Agrargeschichte und Agrarsoziologie 53, S. 105–110.
130. (Rez.) P. Cartledge – E. E. Cohen – L. Foxhall, Money, Labour and Land. Approaches to the economics of ancient Greece, in: Zeitschrift für Agrargeschichte und Agrarsoziologie 53, Heft 2, S. 110–112.

2006

131. (Hrsg. zus. mit H.-J. Gehrke) Geschichte der Antike. Ein Studienbuch, 2. erweiterte Aufl., Stuttgart.

132. (Hrsg. zus. mit D. Rohde) Hessen in der Antike. Die Chatten vom Zeitalter der Römer bis zur Alltagskultur der Gegenwart, Kassel.

133. Die Erschaffung der zweiten Natur, in: Technology Review 2006 Nr. 2, S. 78–83.

134. Die Techniker der Antike, in: W. Kaiser – W. König (Hrsg.), Geschichte des Ingenieurs. Ein Beruf in sechs Jahrtausenden, München, S. 33–69.

135. Die Brücken im Imperium Romanum, in: F. Tönsmann (Hrsg.), Brücken. Historische Wege über den Fluss (13. Kasseler Technikgeschichtliches Kolloquium), Kassel, S. 1–20.

136. Die Alte Geschichte als wissenschaftliche Disziplin: Die Geschichte der althistorischen Forschung. Die Quellen der Alten Geschichte, in: Geschichte der Antike, Ein Studienbuch, 2. erweiterte Aufl., Stuttgart, S. 1–18.

137. Die Chatten: Der Widerstand eines germanischen Stammes gegen die imperiale Macht der Römer, in: Hessen in der Antike, S. 8–26.

138. (Rez.) G. Forsythe, A Critical History of Early Rome. From Prehistory to the First Punic War, in: sehepunkte 6, Nr. 9.

2007

139. Geschichte der antiken Technik, München.

140. (Hrsg. zus. mit H.-J. Gehrke) Geschichte der Antike. Quellenband, Stuttgart.

141. (Hrsg. zus. mit W. König) Die technikhistorische Forschung in Deutschland von 1800 bis zur Gegenwart, Kassel.

142. Rom von den Anfängen bis zum Ende der Republik (6. Jh. bis 30 v. Chr.), in: Geschichte der Antike. Quellenband, S. 205–271.

143. Von Hugo Blümner bis Franz Maria Feldhaus: Die Erforschung der antiken Technik zwischen 1874 und 1938, in: Die technikhistorische Forschung in Deutschland von 1800 bis zur Gegenwart, S. 85–115.

144. Die antike Technik in der deutschen Archäologie nach 1945, in: Die technikhistorische Forschung in Deutschland von 1800 bis zur Gegenwart, S. 191–205.

145. Technology, in: W. Scheidel – I. Morris – R. Saller (ed.), The Cambridge Economic History of the Greco-Roman World, Cambridge 2007, S. 144–171.

146. (Rez.) H.-J. Drexhage – H. Konen – K. Ruffing, Hrsg., Die Wirtschaft des Römischen Reiches (1.–3. Jahrhundert), in: Gnomon 79, 2007, S. 82–84.

147. (Rez.) R. Netz – W. Noel, Der Kodex des Archimedes. Das berühmteste Palimpsest der Welt wird entschlüsselt, in: Süddeutsche Zeitung 23. November 2007, S. 16.

2008

148. (Hrsg.) Feindliche Nachbarn. Rom und die Germanen, Köln.

149. Italien in der Zeit der römischen Republik, in: A. Jünemann – E. Richter – G. Thiemeyer (Hrsg.), Italien und Europa. Festschrift für Hartmut Ullrich zum 65. Geburtstag, Frankfurt, S. 21–42.

150. Das römische Handwerk in althistorischer Sicht, in: Zeitschrift für Schweizerische Archäologie und Kunstgeschichte 65, S. 11–16.

151. Werner Eck und die Erforschung der römischen Wasserversorgung. Laudatio für Werner Eck, in: Werner Eck, Roms Wassermanagement im Osten. Staatliche Steuerung des öffentlichen Lebens in den römischen Provinzen? Kassel 2007 (Kasseler Universitätsreden 17), S. 9–20.

152. Einleitung. Die Germanen in einem Zeitalter der Zerstörung und Gewalt, in: H. Schneider (Hrsg.), Feindliche Nachbarn. Rom und die Germanen, Köln, S. 9–24.

153. Von den Kimbern und Teutonen zu Ariovist, Die Kriege Roms gegen germanische Stämme in der Zeit der römischen Republik. in: H. Schneider (Hrsg.), Feindliche Nachbarn. Rom und die Germanen, Köln, S. 25–46.

154. Bergbau, in: Handwörterbuch der antiken Sklaverei, Stuttgart.

155. Bücher-Meyer-Kontroverse, in: Handwörterbuch der antiken Sklaverei, Stuttgart.

2009

156. (Hrsg. zus. mit F. Tönsmann), Denis Papin. Erfinder und Naturforscher in Hessen-Kassel.

157. La técnica en el mundo antiguo: Una introducción, Madrid (span. Übersetzung von Nr. 139).

158. Die Erforschung der antiken Wirtschaft vom Ende des 18. Jahrhunderts bis zum Zweiten Weltkrieg: Von A. H. L. Heeren zu M. I. Rostovtzeff, in: V. Losemann (Hrsg.), Alte Geschichte zwischen Wissenschaft und Politik. Gedenkschrift Karl Christ, Wiesbaden (Philippika 29), S. 337–385

159. Erinnerungen an eine untergegangene Welt: Eva Ehrenberg, in: D. Bussiek – S. Göbel (Hrsg.), Kultur, Politik und Öffentlichkeit, FS Jens Flemming, Kassel, S. 391–408.

160. Zur Archäologie der Dampfmaschine: Heron von Alexandria, in: Denis Papin. Erfinder und Naturforscher in Hessen-Kassel, S. 14–32.

161. Die Voraussetzungen wissenschaftlicher Forschung in der Antike: Schrift, Buch, Bibliothek, in: M. Fansa (Hrsg.), Ex oriente lux? Wege zur neuzeitlichen Wissenschaft, Mainz, S. 20–27.

162. Die Entwicklung der antiken Technik: Die Einflüsse aus dem Orient und dem hellenistischen Osten, in: M. Fansa (Hrsg.), Ex oriente lux? Wege zur neuzeitlichen Wissenschaft, Mainz, S. 114–123.

163. Alexandria, in: M. Fansa (Hrsg.), Ex oriente lux? Wege zur neuzeitlichen Wissenschaft, Mainz, S. 268–269.

164. Heron, *De Automatorum Fabrica*, in: M. Fansa (Hrsg.), Ex oriente lux? Wege zur neuzeitlichen Wissenschaft, Mainz, S. 280–281.

165. (Rez.) J. P. Oleson (Hrsg.), The Oxford Handbook of Engineering and Technology in the Classical World, Oxford 2008, in: Technikgeschichte 76, S. 277–279.

2010

166. (Hrsg. zus. mit H.-J. Gehrke) Geschichte der Antike. Ein Studienbuch, 3. erweiterte Aufl., Stuttgart.

167. Die Wasserversorgung im Imperium Romanum, in: M. Fansa – K. Aydin (Hrsg.), Wasserwelten. Badekultur und Technik, Oldenburg, S. 72–87.

2011

168. Infrastruktur und Naturraum im Imperium Romanum, in: B. Herrmann (Hrsg.), Beiträge zum Göttinger Umwelthistorischen Kolloquium 2010–2011, Göttingen, S. 59–77.

169. *Atque nos omnia plura habere volumus* – Die Senatoren im Wirtschaftsleben der späten römischen Republik, in: W. Blösel – K.-J. Hölkeskamp (Hrsg.), Von der *militia equestris* zur *militia urbana*. Prominenzrollen und Karrierefelder im antiken Rom. Beiträge einer internationalen Tagung vom 16. bis 18. Mai 2008 an der Universität Köln, Stuttgart, S. 113–135.

170. (Rez.) S. Cuomo, Technology and Culture in Greek and Roman Antiquity, in: HZ 293, S. 748–749.

171. (Rez.) Chr. Rollinger, Solvendi sunt nummi. Die Schuldenkultur der späten römischen Republik im Spiegel der Schriften Ciceros, in: HZ 293, S. 759–760.

2012

172. Geschichte der antiken Technik, 2., durchgesehene Auflage, München.

173. (Hrsg. zus. mit P. Kuhlmann) Geschichte der Altertumswissenschaften. Biographisches Lexikon, Stuttgart (= DNP Suppl. 6).

174. (zus. mit P. Kuhlmann) Die Altertumswissenschaften von Petrarca bis zum 20. Jh., in: DNP Suppl. 6, S. XV–XLVI.

175. Büchsenschütz, Albert Bernhard, in: DNP Suppl. 6, Sp. 165–166.

176. Ehrenberg, Victor, in: DNP Suppl. 6, Sp. 350–353.

177. Finley, Moses I., in: DNP Suppl. 6, Sp. 401–405.

178. Hume, David, in: DNP Suppl. 6, Sp. 603–605.

179. Pöhlmann, Robert von, in: DNP Suppl. 6, Sp. 997–999.

180. Polanyi, Karl, in: DNP Suppl. 6, Sp. 999–1001.

181. Rodbertus, Karl, in: DNP Suppl. 6, Sp. 1071–1072.

182. Rostovtzeff, Michael I., in: DNP Suppl. 6, Sp. 1083–1089.

183. Weber, Max, in: DNP Suppl. 6, Sp. 1294–1297.

184. (Rez.) B. Cech, Technik in der Antike, in: Klio 94, S. 199–201.

2013

185. (Hrsg. zus. mit H.-J. Gehrke) Geschichte der Antike. Ein Studienbuch, 4. erweiterte Auflage, Stuttgart.

186. (Hrsg. zus. mit H.-J. Gehrke) Geschichte der Antike. Quellenband, 2. erweiterte Auflage, Stuttgart.

187. Die Antike als Epoche der europäischen Geschichte, in: Geschichte der Antike, Ein Studienbuch, 4. erweiterte Auflage, Stuttgart, S. 1–8.

188. Die Mär von der bissigen Mähre. Woher hatte Jörg Breu die Idee zu seinem aggressiven Pferd? Die Lösung eines ikonographischen Rätsels, Frankfurter Allgemeine Zeitung, 16.10.2013, S. N3.

189. *Tertia ratio opera vicerit Gigantum*: Innovations in Roman Mining on the Iberian Peninsula, in: S. Burmeister – S. Hansen – M. Kunst – N. Müller-Scheeßel (eds), Metal Matters. Innovative Technologies and Social Change in Prehistory and Antiquity,

Rahden 2013 (Menschen – Kulturen– Traditionen. Studien aus den Forschungsclustern des Deutschen Archäologischen Instituts 12), S. 261–271.

190. Cog wheel, in: R. S. Bagnall et al. (eds), The Encyclopedia of Ancient History, Chichester 2013, vol. 3, p. 1601.

191. Infrastructure, in: R. S. Bagnall et al. (eds), The Encyclopedia of Ancient History, Chichester 2013, vol. 6, p. 3460–3462.

192. Lifting Devices, in: R. S. Bagnall et al. (eds), The Encyclopedia of Ancient History, Chichester 2013, vol 7, p. 4085–4087.

193. Mill, in: TR. S. Bagnall et al. (eds), The Encyclopedia of Ancient History, Chichester 2013, vol. 8, p. 4507–4509.

194. Pneumatics, in: TR. S. Bagnall et al. (eds), The Encyclopedia of Ancient History, Chichester 2013, vol. 10, p. 5368–5369.

195. Presses, in: R. S. Bagnall et al. (eds), The Encyclopedia of Ancient History, Chichester 2013, vol. 10, p. 5521–5522.

196. Screw, in: R. S. Bagnall et al. (eds), The Encyclopedia of Ancient History, Chichester 2013, vol. 11, p. 6081.

2014

197. (Hrsg. zusammen mit P. Kuhlmann) History of Classical Scholarship. A Biographical Dictionary, Leiden (Brill's New Pauly, Supplements 6. Englische Übersetzung von Nr. 171).

198. Infrastruktur und politisches System im Imperium Romanum, in: C. Lundgreen (Hrg.), Staatlichkeit in Rom? Diskurse und Praxis (in) der römischen Republik, Stuttgart (Staatsdiskurse Band 28), S. 211–229.

199. Infrastruktur und politische Legitimation im frühen Principat, in: A. Kolb (Hrsg.), Infrastruktur und Herrschaftsorganisation im Imperium Romanum. Herrschaftsstrukturen und Herrschaftspraxis III. Akten der Tagung in Zürich 19.–20.10.2012, Berlin 2014, S. 21–51 (durchgesehene und erweiterte Version von Nr. 32).

200. Die griechisch-römische Antike. Handwerker, Werkzeug und Werk- statt, in: R. S. Elkar – K. Keller – H. Schneider (Hrsg.), Handwerk. Von den Anfängen bis zur Gegenwart, Darmstadt 2014, S. 38–75.

201. Kaiserliche Repräsentation in Hafenstädten, in: Öffentlichkeit – Monument – Text, in: W. Eck – P. Funke (Hrsg.), XIV Congressus Internationalis Epigraphiae Graecae et Latinae, 27–31. Augusti MMXII, Berlin 2014, S. 436–438.

202. Macht und Wohlfahrt: Wasser und Infrastruktur im Imperium Romanum, in: B. Förster – M. Bauch (Hrsg.), Wasserinfrastrukturen und Macht von der Antike bis zur Gegenwart, München 2014 (= HZ Beihefte NF 63), S. 82–104.

2015

203. Das Zeitalter der Phoiniker, Griechen und Etrusker: Urbanisierung, Handel und kultureller Wandel im Mittelmeerraum zwischen 1000 und 500 v. Chr., in: R. Faber – A. Lichtenberger (Hrsg.), Ein pluriverses Universum. Zivilisationen und Religionen im antiken Mittelmeerraum, Paderborn Mittelmeerstudien Band 7), S. 73–111.

204. Developments in Science and Tec(hnology c. 800 BCE – c. 800 CE, in: C. Benjamin (ed.), The Cambridge World History vol. IV: A World with States, Empires, and Networks, 1200 BCE–900 CE, Cambridge, S. 120–153.

205. *Statuaria ars*: Bronzestatuen in der griechischen und römischen Literatur, in: E. Deschler-Erb – P. Della Casa (eds), New Research on Ancient Bronzes. Acta of the XVIIIth International Congress on Ancient Bronzes (Zurich Studies in Archaeology 10), S. 349–356.

206. (Rez.) Chr. Grieshaber, Frühe Abolitionisten. Die Rezeption der antiken Sklaverei zur Zeit der schottischen Aufklärung und deren Einfluss auf die britische Abolitionsbewegung (1750–1833), in: HZ 300, S. 131–133.

Register

Personen

Quellen

Ain. Takt. 32	165	App. civ. 1,94	20
Aischyl. Ag. 1382 f.	148	App. civ. 1,96	20
Aischyl. Choeph. 585 ff.	152	App. civ. 1,102	20
Aischyl. Choeph. 980 ff.	148	App. civ. 1,107	20
Aischyl. Prom. 110 f.	144	Apul. met. 9,13,1–2	177
Aischyl. Prom. 462 ff.	149	Ar. An. 2,16–24	166
Aischyl. Prom. 545 ff.	152	Archyt. DK 47 B 1. 4	160
Amm. 14,7,2	26; 27	Aristoph. Eccl. 106 ff.	37
Amm. 14,7,5	25	Aristoph. Eccl. 174 ff.	37
Amm. 14,7,6	29	Aristoph. Eccl. 205 ff.	37
Amm. 15,13,2	27; 29	Aristoph. Eccl. 216 ff.	37
Amm. 16–25	79	Aristoph. Eccl. 224 ff.	42
Amm. 22,13,4	26	Aristoph. Eccl. 236 ff.	42
Amm. 22,14,1	26; 28	Aristoph. Eccl. 565 f.	42
Amm. 22,14,2	27	Aristoph. Eccl. 591 ff.	38
Amm. 22,16,12–18	171	Aristoph. Eccl. 599 ff.	38
Amm. 22,16,13	191	Aristoph. Eccl. 605 ff.	38
Amm. 31,1–13	82	Aristoph. Eccl. 613 ff.	38
Amm. 31,5,12	107	Aristoph. Eccl. 617 ff.	38
Anth. Gr. 7,379	206	Aristoph. Eccl. 673 ff.	39
Anth. Gr. 9,418	175	Aristoph. Plut. 535 ff.	39
Anth. Gr. 9,708	206	Aristoph. Plut. 981 ff.	40
App. Celt. 13	108	Aristot. an. post. 76a 4 ff.	160
App. civ. 1,10	13; 91; 126	Aristot. an. post. 78a 32 ff.	160
App. civ. 1,11	92	Aristot. cael. 289b 1 ff.	159
App. civ. 1,26	9	Aristot. gen. an. 730b	176
App. civ. 1,27–28	111	Aristot. hist. an. 573a 32 ff.	155
App. civ. 1,28	16; 17	Aristot. hist. an. 595a 15 ff.	155
App. civ. 1,28–32	8; 10	Aristot. hist. an. 631b 19 ff.	155
App. civ. 1,28ff.	3; 7	Aristot. mech, 847a 11 ff.	159
App. civ. 1,29	8; 13; 20	Aristot. mech. 849 a–849b 19	159
App. civ. 1,29–31	8; 111	Aristot. mech. 857 b 21 ff.	160
App. civ. 1,30ff.	8; 20	Aristot. metaph. 1078a 9 ff.	160
App. civ. 1,31	9	Aristot. metaph. 1078a 14 ff.	159
App. civ. 1,32	10	Aristot. mot. an. 698a 20 ff.	160
App. civ. 1,32–33	111	Aristot. mot. an. 702a 25 ff.	160
App. civ. 1,34	4	Aristot. part. an. 687a ff.	147
App. civ. 1,52	17	Aristot. phys. 194a 21 ff.	158
App. civ. 1,64	4	Aristot. phys. 194a 34 f.	155
App. civ. 1,92 f.	20	Aristot. phys. 199a 12 ff.	158

1   Die Abkürzungen antiker Autoren und Werke folgen soweit möglich DNP 3 (1997), XXXVI–XLIV.

Philippika. Altertumswissenschaftliche Abhandlungen / Contributions to the Study of Ancient World Cultures

Herausgegeben von / Edited by Joachim Hengstl, Elizabeth Irwin, Andrea Jördens, Torsten Mattern, Robert Rollinger, Kai Ruffing und Orell Witthuhn

---

91: Boris Dunsch, Felix M. Prokoph (Hg.)

Geschichte und Gegenwart

Beiträge zu Cornelius Nepos aus Fachwissenschaft, Fachdidaktik und Unterrichtspraxis
Mit einem Forschungsbericht und einer Arbeitsbibliographie

2016. VI, 461 Seiten, 6 Abb., 2 Diagramme,
4 Tabellen, gb
170x240 mm
ISBN 978-3-447-10506-4
⊙ *E-Book: ISBN 978-3-447-19446-4*
je € 78,– (D)

Den *Viten berühmter Männer* des Cornelius Nepos (ca. 100–28 v.Chr.) widmete sich eine Tagung an der Philipps-Universität Marburg. Anliegen dieser Tagung war es, das Werk des Nepos ebenso aus der Perspektive von Fachwissenschaft und aktueller Forschung wie aus derjenigen von Fachdidaktik und Unterrichtspraxis zu beleuchten. Die Ergebnisse sind in diesem Band versammelt.

Es ist gleichermaßen Ansatz und Ergebnis der in diesem Band versammelten Beiträge, sein Werk in erster Linie in den Kontext seiner eigenen, bewegten Zeit einzuordnen und seine Haltung gegenüber Geschichte und Gegenwart anhand seiner Viten zu erschließen und mithin seine Relevanz als Schulautor neu zu konturieren.

Der Band erhält schließlich kompendialen Charakter dadurch, dass er für die weitere Beschäftigung mit Nepos zwei wichtige Arbeitsinstrumente bereitstellt: einen von Joachim Klowski verfassten Forschungsbericht und eine umfangreiche Arbeitsbibliografie, die Forschung und Schulpraxis gleichermaßen dienen soll. Ein Stellenverzeichnis rundet den Band ab.

92: Erich Kistler, Birgit Öhlinger, Martin Mohr, Matthias Hoernes (Eds.)

Sanctuaries and the Power of Consumption

Networking and the Formation of Elites in the Archaic Western Mediterranean World
Proceedings of the International Conference in Innsbruck, 20th–23rd March 2012

2015. XXXII, 554 pages, 18 diagrams, 213 ill.,
13 maps, 3 tables, hc
170x240 mm
ISBN 978-3-447-10507-1
⊙ *E-Book: ISBN 978-3-447-19441-9*
each € 120,– (D)

In the 6th and early 5th centuries BC, the western Mediterranean formed a hub for trade and transactions, and Greeks, Phoenicians, and Etruscans were the main actors. As people moved, their knowledge, religions, technologies, and fashions moved as well. The migration of people, ideas and goods connected diverse ethnic groups in the Mediterranean region either directly or indirectly. In this shared world, the sacred zones of sanctuaries and places of worship functioned as contact zones of different cultural and ethnic elites under the 'protection of the altar'.

The general aim of the Innsbruck conference was – and the present volume continues to pursue this objective – to study western Mediterranean sanctuaries and cult places as arenas of far-reaching networking and the formation of elites, focusing on the power of consumption and the consumption of power. This focus is as much the program as the main question of this volume: Did intercultural entanglements or the 'settings' and 'resettings' of privileges, i.e., the appropriation of goods and technologies of foreign cultures, serve to form and sustain local power claims?

HARRASSOWITZ VERLAG · WIESBADEN

www.harrassowitz-verlag.de · verlag@harrassowitz.de